Einführung in die Nachrichtentechnik
Herausgegeben von Alfons Gottwald

Im Zeitalter der Kommunikation ist die ELEKTRISCHE NACHRICHTENTECHNIK eine vielschichtige Wissenschaft: Ihre rasche Entwicklung und Auffächerung zwingt Studenten, Fachleute und Spezialisten immer wieder, sich erneut mit sehr unterschiedlichen physikalischen Erscheinungen, mathematischen Hilfsmitteln, nachrichtentechnischen Theorien und ihren breiten oder sehr speziellen praktischen Anwendungen zu befassen.

EINFÜHRUNG IN DIE NACHRICHTENTECHNIK ist daher eine ebenso vielfältige Aufgabe. Dieser Vielfalt wollen unsere Autoren gerecht werden: Aus ihrer fachlichen und pädagogischen Erfahrung wollen sie in einer REIHE verschiedenartiger Darstellungen verschiedener Schwierigkeitsgrade EINFÜHRUNG IN DIE NACHRICHTENTECHNIK vermitteln.

VLSI-Entwurf

Modelle und Schaltungen

von
Professor Dr.-Ing. Kurt Hoffmann

4., durchgesehene Auflage

Mit 307 Bildern, 15 Tabellen, 14 Beispielen
und 77 Aufgaben

R. Oldenbourg Verlag München Wien 1998

Die Deutsche Bibliothek - CIP-Einheitsaufnahme

Hoffmann, Kurt:
VLSI-Entwurf : Modelle und Schaltungen ; mit 15 Tabellen, 14 Beispielen und 77 Aufgaben / von Kurt Hoffmann. – 4., durchges. Aufl. – München ; Wien : Oldenbourg, 1998
(Einführung in die Nachrichtentechnik)
ISBN 3-486-24788-3

Rosenheimer Straße 145, D-81671 München
Telefon: (089) 45051-0, Internet: http://www.oldenbourg.de

Lektorat: Margarete Metzger
Herstellung: Rainer Hartl
Umschlagkonzeption: Kraxenberger Kommunikationshaus, München
Gedruckt auf säure- und chlorfreiem Papier
Gesamtherstellung: Grafik + Druck, München

Inhaltsverzeichnis

Formelzeichen und Symbole 13
Umrechnungsfaktoren und Konstanten 16
1.0 Grundlagen der Halbleiterphysik 17
1.1 Theorie des Bändermodells 17
1.2 Dotierte Halbleiter 22
1.3 Gleichungen für den Halbleiter im thermodyn. Gleichgewicht 24
1.3.1 Fermi-Verteilungsfunktion 24
1.3.2 Ladungsträgerkonzentration im thermodyn. Gleichgewicht 27
1.3.3 Das Dichteprodukt im thermodyn. Gleichgewicht 29
1.3.4 Elektronenenergie, Spannung und elektrische Feldstärke 33
1.4 Ladungsträgertransport 36
1.4.1 Driftgeschwindigkeit 36
1.4.2 Driftstrom 38
1.4.3 Diffusionsstrom 41
1.4.4 Kontinuitätsgleichung 42
1.5 Störungen des thermodyn. Gleichgewichts 44
Übungen 52
Die wichtigsten Beziehungen 54
Literaturhinweise 55
2.0 Die Diode 56
2.1 Inhomogener n-Typ-Halbleiter 56
2.2 Der pn-Übergang im thermodyn. Gleichgewicht 58
2.3 Die pn-Diode bei Anlegen einer Spannung 60
2.3.1 Die pn-Diode in Durchlaßrichtung 61
2.3.2 Die pn-Diode in Sperrichtung 63
2.3.3 Das Dichteprodukt bei Abweichungen v.thermodyn.Gleichgewicht. 65
2.4 PN-Diodengleichung 67
2.4.1 Ideale Diodengleichung 67
2.4.2 Abweichungen von der idealen Diodengleichung 70
2.4.3 Spannungsbezugspunkt 73
2.5 Kapazitätsverhalten des pn-Übergangs 74
2.5.1 Sperrschichtkapazität 74
2.5.2 Diffusionskapazität 80
2.6 Modellierung der pn-Diode 85
2.6.1 Dynamisches Großsignal-Ersatzschaltbild 86
2.6.2 Kleinsignal-Ersatzschaltbild 90
2.6.3 Diodenmodell für CAD-Anwendungen 92
2.7 Schaltverhalten der pn-Diode 93
2.8 Temperaturverhalten 95
2.9 Durchbruchverhalten 96
2.10 Metall-Halbleiter-Übergang 98

2.10.1 Schottky-Diode 99
2.10.2 Ohmsche Kontakte 105
Übungen 107
Die wichtigsten Beziehungen 110
Literaturhinweise 111
3.0 **Bipolarer Transistor** 112
3.1 Wirkungsweise des bipolaren Transistors 112
3.1.1 Transistor im normalen Verstärkerbetrieb 116
3.1.2 Transistor im inversen Verstärkerbetrieb 123
3.1.3 Transistor im normalen Sättigungsbetrieb 127
3.2 Effekte zweiter Ordnung 130
3.2.1 Abhängigkeit der Stromverstärkung vom Arbeitspunkt 130
3.2.2 Basisweitenmodulation 134
3.2.3 Emitterrandverdrängung 138
3.2.4 Temperaturverhalten 141
3.2.5 Durchbruchverhalten 143
3.3 Modellierung des bipolaren Transistors 146
3.3.1 Dynamisches Großsignal-Ersatzschaltbild 146
3.3.2 Kleinsignal-Ersatzschaltbild 150
3.4 Transistormodell für CAD-Anwendungen 159
3.4.1 Modellrahmen 159
3.4.2 Transportmodell 162
3.4.3 Gummel-Poon-Modell 163
Übungen 174
Die wichtigsten Beziehungen 177
Literaturhinweise 179
4.0 **Integrierte bipolare Schaltungen** 181
4.1 Herstellung einer integrierten bipolaren Schaltung 181
4.2 Transistorstrukturen 187
4.2.1 Zusammenfassung mehrerer npn-Transistoren 187
4.2.2 pnp-Transistor 188
4.3 Passive Bauelemente 190
4.3.1 Widerstände 191
4.3.2 Kondensatoren 195
4.3.3 Dioden 197
4.4 Bipolarer Inverter 199
4.4.1 Störabstand beim Inverter 201
4.4.2 Schaltverhalten des Inverters 204
4.4.3 Ungesättigter Inverter 207
4.5 Gesättigte Gatterschaltungen 208
4.5.1 Transistor-Transistor Logik (TTL) 211
4.6 Ungesättigte Gatterschaltungen 213
4.6.1 Schottky-TTL 213
4.6.2 CML-Schaltungen 215
4.6.3 ECL-Schaltungen 220

Übungen ... 227
Die wichtigsten Beziehungen ... 229
Literaturhinweise ... 230
5.0 **Feldeffekttransistor** ... 231
5.1 MOS-Struktur ... 231
5.1.1 Charakteristik der MOS-Struktur ... 233
5.1.2 Kapazitätsverhalten der MOS-Struktur ... 236
5.1.3 Flachbandspannung ... 238
5.1.4 Gleichungen der MOS-Struktur ... 243
5.1.4.1 Ladung in der Raumladungszone ... 243
5.1.4.2 Ladung in der Inversionsschicht ... 245
5.1.4.3 Einsatzspannung ... 251
5.2 Wirkungsweise des MOS-Transistors ... 253
5.2.1 Ableitung der Transistorgleichungen ... 254
5.2.2 Genauere Transistorgleichungen ... 259
5.3 Effekte zweiter Ordnung ... 260
5.3.1 Beweglichkeitsdegradation ... 261
5.3.2 Kanallängenmodulation ... 262
5.3.3 Einsatzspannungsveränderung bei kleinen Geometrien ... 265
5.3.4 MOS-Transistor bei schwacher Inversion ... 269
5.3.5 Implantierte MOS-Transistoren ... 271
5.3.6 Temperaturverhalten des MOS-Transistors ... 273
5.3.7 Durchbruchverhalten des MOS-Transistors ... 274
5.3.8 Bipolareffekte bei MOS-Transistoren ... 276
5.4 Modellierung des MOS-Transistors ... 280
5.4.1 Dynamisches Großsignal-Ersatzschaltbild ... 280
5.4.2 Kleinsignal-Ersatzschaltbild ... 283
5.5 Transistormodell für CAD-Anwendungen ... 286
5.5.1 Modellrahmen ... 286
5.5.2 Inneres Transistormodell ... 288
5.5.3 Ladungsmodell des inneren Transistors ... 291
5.5.4 Bestimmung der Modellparameter ... 293
5.6 Sonderbauelemente ... 296
5.6.1 Ladungsverschiebeelemente ... 296
5.6.2 Ein-Transistor-Speicherzelle ... 298
5.6.3 Nichtflüchtige Speicherzellen ... 301
Übungen ... 304
Die wichtigsten Beziehungen ... 308
Literaturhinweise ... 309
6.0 **Grundlagen integrierter MOS-Schaltungen** ... 312
6.1 Herstellung einer integrierten CMOS-Schaltung ... 312
6.2 Herstellung einer integrierten NMOS-Schaltung ... 320
6.3 Geometrische Entwurfsregeln ... 320
6.4 Elektrische Entwurfsregeln ... 323
6.5 CAD-Werkzeuge beim physikalischen Entwurf integr. Schaltungen ... 325

6.6 MOS-Inverter 327
6.6.1 NMOS-Inverter 329
6.6.2 CMOS-Inverter 333
6.6.3 Schaltverhalten der NMOS-Inverter 339
6.6.4 Schaltverhalten der CMOS-Inverter 344
6.6.5 Dimensionierung der MOS-Inverter 346
6.7 Treiberschaltungen 349
6.8 Transfer-Elemente 356
Übungen 357
Die wichtigsten Beziehungen 362
Literaturhinweise 363
7.0 Schaltnetze und Schaltwerke in CMOS-Technik 364
7.1 Statische Schaltnetze 364
7.1.1 Statische Gatterschaltungen 365
7.1.2 Layout statischer Gatterschaltungen 368
7.1.3 Transfer - Gatterschaltungen 371
7.2 Getaktete Schaltnetze 374
7.2.1 Getaktete Gatterschaltungen (C^2MOS) 375
7.2.2 Dominoschaltungen 377
7.2.3 Modifizierte Dominoschaltung (NORA) 379
7.2.4 Differentiell kaskadierte Schaltung (DCVS) 382
7.2.5 Schaltverhalten der Gatter 383
7.3 Logische Felder 385
7.3.1 Dekoder 386
7.3.2 Programmierbare Logikanordnung (PLA) 390
7.4 Schaltwerke 392
7.4.1 Flipflops 393
7.4.2 Register und Zähler 396
7.4.3 MOS-Speicher 399
Übungen 415
Literaturhinweise 420
8.0 Integrierte BICMOS-Schaltungen 422
8.1 Herstellung einer BICMOS-Schaltung 422
8.2 Vergleich von CMOS- und Bipolargattern 424
8.3 BICMOS-Treiber und -Gatter 427
8.4 Bandabstands-Referenzspannung 432
8.5 ECL-Peripherieschaltungen 440
8.6 Statische BICMOS-Speicher 444
Übungen 448
Literaturhinweise 450
Sachregister 452

Vorwort

Den Entwurf von VLSI-(very large scale integrated) Schaltungen kann man grob in die Aufgaben System-, Logik-, Schaltungs- und Layoutentwurf gliedern. Will man über diese Thematik ein Buch schreiben, so ist dies wegen des enormen Umfangs nur oberflächlich oder gar nicht möglich. Deshalb wurde in dem vorliegenden Buch der Schwerpunkt auf den physikalischen Entwurf von VLSI-Schaltungen gelegt, der die Gebiete Schaltungs- und Layoutentwurf sowie die dazu benötigten Modelle beinhaltet.

Dieser Themenbereich wurde ausgewählt, da er einerseits für die Hersteller, d.h. Schaltungsentwickler, Technologen, Qualitätsentwickler und andererseits für die Anwender von integrierten Schaltungen von großer Wichtigkeit ist. Beim Anwender kommt dies z.B. bei der Qualifikation von Bausteinen und im besonderen bei dem Entwurf von anwendungsspezifischen Schaltungen, bei dem Anwender und Hersteller besonders eng zusammenarbeiten, zum Ausdruck.

Um bei dem genannten Interessentenkreis eine gemeinsame Basis zu schaffen, wird mit einer kurzen Einführung in die Halbleiterphysik begonnen. Die daraus gewonnenen Erkenntnisse werden dann dazu verwendet, das Verhalten von Bauelementen integrierter Schaltungen zu beschreiben. Die hergeleiteten Gleichungen werden für überschlägige Berechnungen sowie in erweiterter Form für CAD (computer aided design)-Anwendungen verwendet. Hierbei wird versucht, weitestgehende Übereinstimmung mit den Modellen des weitverbreiteten Schaltungssimulationsprogramm SPICE (simulation program with integrated circuit emphasis) zu erreichen. Aufbauend auf den Kenntnissen der Bauelemente werden die wesentlichsten Schaltungstechniken für den Entwurf von digitalen Bipolar-, CMOS- und BICMOS-Schaltungen vorgestellt.

Das Buch enthält Inhalte einer zweitrimestrigen Vorlesung, die vom Verfasser an der Universität der Bundeswehr für Studierende der Elektrotechnik nach dem Vordiplom gehalten wird, sowie Teile, die der betrieblichen Weiterbildung von ausgebildeten Ingenieuren und Physikern dienen.

Bedanken möchte sich der Autor bei ehemaligen Kollegen der Firma Siemens sowie Seminarteilnehmern für wertvolle fachliche Hinweise und Anregungen. Ferner bei den Herren Dr. Kowarik und Dr. Kraus für unermüdliche Diskussion und die Korrekturlesung. Bedanken möchte sich der Autor ebenso bei Frau Lynch und Herrn Barth für das mit großer Sorgfalt geschriebene Manuskript und die angefertigten Zeichnungen. Weiterer Dank gilt der Familie des Autors und dem Oldenbourg Verlag, die mit großer Geduld auf die Fertigstellung des Buches gewartet haben.

München, im Herbst 1992 Kurt Hoffmann

Zum Inhalt des Buches

Aus den im Vorwort angeführten Gründen ergibt sich die im Bild skizzierte Gliederung des Buches. Sie gibt Aufschluß über die Abhängigkeit der Kapitel zueinander und mögliche Kapitelfolgen bei dem Studium.

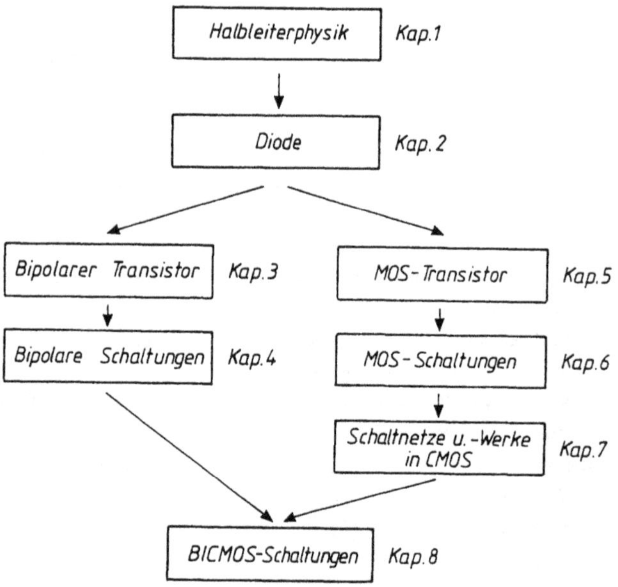

Kapitel 1:

Ausgehend von dem Bänderdiagramm wird die Dichte der Elektronen und Löcher bestimmt. Anschließend wird der Ladungsträgertransport, der durch Drift oder Diffusion entsteht, analysiert. Mit Hilfe von zwei theoretischen Experimenten werden die Begriffe Lebensdauer und Diffusionslänge abgeleitet. Das örtliche Verhalten von Minoritätsträgern wird beschrieben und kann direkt auf den pn-Übergang übertragen werden.

Kapitel 2:

Die Kenntnis der pn-Diode ist die Voraussetzung für das Verständnis der in den folgenden Kapiteln behandelten Transistoren. Die Diodengleichung wird hergeleitet und das Kapazitätsverhalten durch zwei nichtlineare Kleinsignal-Kapazitäten beschrieben. Eine kurze Einführung in das Modellieren von Halbleiterbauelementen für CAD (computer aided design)-Anwendungen wird gegeben. Hierbei wird, genau wie in den folgenden Kapiteln versucht, Modellgleichungen herzuleiten, die mit denjenigen des weit verbreiteten Schaltungssimulationsprogramms SPICE übereinstimmen.

Kapitel 3:

Aufbauend auf dem physikalischen Verhalten des bipolaren Transistors wird ein einfaches Ersatzschaltbild, das sog. Transportmodell hergeleitet. Hierbei werden u.a. die wichtigen Begriffe, wie Stromverstärkung, Transportstrom und Transitzeit für den Normal- und Inversbetrieb eingeführt. Das Transportmodell wird anschließend zum Gummel-Poon Modell erweitert, um Effekte zweiter Ordnung zu berücksichtigen. Genau wie bei der Diode wird die Bestimmung der wichtigsten Parameter vorgestellt.

Kapitel 4:

In diesem Kapitel wird ein typischer Herstellablauf eines bipolaren Prozesses beschrieben und verschiedenste Transistorstrukturen betrachtet. Die Realisierung passiver Bauelemente wird diskutiert und zur Implementierung von Grundschaltungen verwendet. An einem einfachen Inverter werden Stör- und Schaltverhalten analysiert. Die am ungesättigten Inverter gewonnenen Kenntnisse bilden den Übergang zu entsprechenden Gatterschaltungen. Schottky-TTL- und ECL-Gatterfamilien werden näher betrachtet.

Kapitel 5:

Das grundsätzliche Verhalten des MOS-Transistors wird analysiert. Dabei wird von einer einfachen MOS-Struktur ausgegangen und die Beziehungen zur Berechnung der Flachband- und Einsatzspannung hergeleitet. Mit den gewonnenen Gleichungen wird anschließend das Verhalten des Transistors beschrieben. Hierbei wird zwischen einfachen und genaueren Transistorgleichungen unterschieden. Die genaueren Beziehungen führen zu Modellgleichungen, die Verwendung bei den Rechnermodellen finden. Effekte zweiter Ordnung, wie z.B. Kurzkanaleffekte, Kanallängenmodulation und Bipolareffekte werden beschrieben. Das Kapitel wird mit einer Betrachtung von Speicherelementen abgeschlossen.

Kapitel 6:

Elektrische und geometrische Entwurfsunterlagen eines CMOS-Prozesses werden vorgestellt. Mit Hilfe dieser Unterlagen wird die Dimensionierung von verschiedensten Invertern durchgeführt. Anschließend wird daran der Einfluß der Einsatzspannung, die Wirkung des Substratsteuerfaktors und das Schaltverhalten analysiert. Treiberschaltungen werden vorgestellt und Transfer-Elemente betrachtet.

Kapitel 7:

Ausgehend von den in dem vorhergehenden Kapitel gewonnenen Kenntnissen, werden detaillierte Schaltungs- und Layouttechniken anhand von Schaltnetzen und Schaltwerken in CMOS-Technik vorgestellt. Die Vor- und Nachteile statischer und getakteter CMOS-Schaltungen werden diskutiert. Logische Felder, wie z.B. Dekoder- und PLA-Anordnungen werden beschrieben und die verschiedensten Flipflop-Realisierungen betrachtet. Mit einem Überblick über Halbleiterspeicher wird das Kapitel abgeschlossen.

Kapitel 8:

Die Kombination von bipolarer und CMOS-Schaltungstechnik (BICMOS) bietet die Möglichkeit, die Vorteile der verschiedensten Techniken optimal zu nutzen. Dazu werden in diesem Kapitel zuerst die charakteristischen Daten von CMOS- und Bipolarschaltungen verglichen. An einem BICMOS-Treiber werden Entwurfskriterien diskutiert. Bandabstands-Referenzschaltungen sowie ECL-Peripherieschaltungen werden vorgestellt und als Beispiel die Auswirkung von BICMOS auf Halbleiterspeicher betrachtet.

Vorwort zur vierten Auflage

Nachdem die ersten drei Auflagen rasch vergriffen waren, liegt hiermit die vierte Auflage als durchgesehener und verbesserter Nachdruck der dritten Auflage vor.

Formelzeichen und Symbole

Allgemein

Symbol	Bedeutung	Einheit
C	Kapazität	F
C'	Kapazität pro Fläche	Fm^{-2}
C^*	Kapazität pro Länge	Fm^{-1}
Q	Ladung	C
ρ	Ladung pro Volumen	Cm^{-3}
σ	Ladung pro Fläche	Cm^{-2}
Φ	Spannung im Halbleiter	V
U	Zugeführte Spannung	V

Detailliert

A	Fläche	m^2
B_N, B_I	Stat. Stromverstärkung; Normal, Invertiert	
BU	Durchbruchspannung	V
C_d	Diffusionskapazität	F
C_j	Sperrschichtkapazität	F
C_{j0}	Sperrschichtkapazität bei U_{PN}=0V	F
C_{BE}, C_{BC}	BE- bzw. BC-Kapazität	F
$C_{jE}, C_{jC},$	BE- und BC-Sperrschichtkapazität	F
$C_{jEO}, C_{jCO},$	BE- und BC-Sperrschichtkapazität bei U=0V	F
C'_{ox}	Oxidkapazität pro Fläche	Fm^{-2}
D	Elektrische Flußdichte	Cm^{-2}
D_n, D_p	Diffusionskonstante der Elektronen bzw. Löcher	m^2s^{-1}
d_{ox}	Dicke der Oxidschicht	m
E	Elektrische Feldstärke	Vm^{-1}
E_{ox}, E_{Si}	Elektrische Feldstärke im Oxid bzw. Silizium	Vm^{-1}
F	Besetzungswahrscheinlichkeit	
f	Frequenz	s^{-1}
G	Generationsrate	$m^{-3}s^{-1}$
g_o	Ausgangsleitwert	Ω^{-1}
g_m	Steilheit	AV^{-1}
g_{mb}	Substratsteilheit	AV^{-1}
g_{mg}	Gatesteilheit	AV^{-1}
g_π	Eingangsleitwert	Ω^{-1}
I	Strom	A
I_C, I_E, I_B	Kollektor- Emitter- und Basisstrom	A
I_{KN}, I_{KI}	Knickstrom; Normal- bzw. Inversbetrieb	A
I_S	Sperrstrom, Transportstrom	A
I_{DS}	Drain-Sourcestrom	A
J_n, J_p	Stromdichte der Elektronen bzw. Löcher	Am^{-2}
k	Boltzmann-Konstante	$1{,}38 \cdot 10^{-23} JK^{-1}$
k_n, k_p	Verstärkungsfaktor des Prozesses n- bzw. p-Kanal	AV^{-2}
L	Länge, Kanallänge (Zeichenmaß)	m
l	Wirksame Kanallänge	m
L_n, L_p	Diffusionslänge der Elektronen bzw. Löcher	m
M	Kapazitätskoeffizient	
N	Emissionskoeffizient	
N_A, N_D	Akzeptor- bzw. Donatorkonzentration	m^{-3}

Symbol	Bedeutung	Einheit
N_C, N_V	Äquivalente Zustandsdichten (Elektronen,Löcher)	m^{-3}
n_o, p_o	Elektronen- bzw. Löcherdichte im therm. Gleichgew.	m^{-3}
n_n, p_n	Elektronen- bzw. Löcherdichte im n-Gebiet	m^{-3}
n_{no}, p_{no}	Ladungsträgerdichten, n-Gebiet b.therm.Gleichgew.	m^{-3}
n_p, p_p	Elektronen- bzw. Löcherdichte im p-Gebiet	m^{-3}
n_{po}, p_{po}	Ladungsträgerdichten, p-Gebiet b.therm.Gleichgew.	m^{-3}
n_i	Intrinsicdichte	m^{-3}
n'_p	Überschußdichte der Elektronen im p-Gebiet	m^{-3}
p'_n	Überschußdichte der Löcher im n-Gebiet	m^{-3}
P	Verlustleistung	W
q	Elementarladung	$1{,}602 \cdot 10^{-19}$C
Q_p, Q_n	Ladung der Löcher bzw. Elektronen	C
Q_{BO}	Majoritätsträgerladung der Basis	C
R	Widerstand	Ω
R	Rekombinationsrate	$m^{-3}s^{-1}$
R_E	Emitterwiderstand	Ω
R_B	Basiswiderstand	Ω
R_C	Kollektorwiderstand	Ω
R_S	Bahnwiderstand	Ω/□
T	Tempèratur	K
t	Zeit	s
t_r	Anstiegszeit	s
t_f	Abfallzeit	s
t_s	Speicherzeit	s
U	Spannung	V
U	Netto Generationsrate	$m^{-3}s^{-1}$
U_{AN}, U_{AI}	Early-Spannung;Normalbetrieb,Inversbetrieb	V
U_{BC}	Basis-Kollektorspannung	V
U_{BE}	Basis-Emitterspannung	V
U_{CC}, U_{EE}	Batteriespannungen	V
U_{CE}	Kollektor-Emitterspannung	V
U_{DS}	Drain-Sourcespannung	V
U_{FB}	Flachbandspannung	V
U_{GB}	Gate-Rückseitenspannung (Bulk)	V
U_{GS}	Gate-Sourcespannung	V
U_I	Eingangsspannung	V
U_{MH}	Klemmenspannung zwischen Metall und Halbleiter	V
U_{PN}	Klemmenspannung zwischen p- und n-Gebiet	V
U_Q	Ausgangsspannung	V
U_{SB}	Source-Rückseitenspannung (Bulk-Spannung)	V
U_{SC}	Substrat-Kollektorspannung	V
U_{Ton}, U_{Top}	Einsatzspannung n-bzw. p-Kanaltransistor (U_{SB}=0V)	V
U_{Tn}, U_{Tp}	Einsatzspannung des n- bzw. p-Kanaltransistors	V
v_n, v_p	Geschwindigkeit der Elektronen bzw. Löcher	ms^{-1}
W	Energie	eV
W_F, W_C, W_V	Energie: Ferminiveau, Leitungs-u.Valenzbandkante	eV
W_i	Energie: Intrinsicniveau	eV
W_g	Bandabstand	eV
w	Weite MOS-Transistor und RLZ (pn-Übergang)	m
x_i	Dicke der Inversionsschicht	m
x_d	Weite der Raumladungszone beim MOS-Transistor	m
x_j	Tiefe der Source-Draindiffusion	m
x_p, x_n	Weite der Raumladungszone im p- bzw. n-Gebiet	m

Symbol	Bedeutung	Einheit
x_B	Basisweite	m
β_n, β_p	Verstärkungsfaktor des n- bzw. p-Kanal-Trans.	AV^{-2}
γ	Substratsteuerfaktor	$V^{1/2}$
ε_o	Dielektrizitätskonstante des Vakuums	$8{,}854 \cdot 10^{-12} Fm^{-1}$
ε_{ox}	Dielektrizitätskonstante des SiO_2, relativ	3,9
ε_{Si}	Dielektrizitätskonstante des Siliziums, relativ	11,9
ε_r	Relative Dielektrizitätskonstante	
λ	Kanallängenmodulationsfaktor	V^{-1}
μ_n, μ_p	Beweglichkeit der Elektronen bzw. Löcher	$m^2V^{-1}s^{-1}$
ρ_d	Ladung der Raumladungszone pro Volumen	Cm^{-3}
σ_n	Ladung der Inversionsschicht pro Fläche	Cm^{-2}
σ_d	Ladung der Raumladungszone pro Fläche	Cm^{-2}
σ_{SS}	Grenzschichtladung pro Fläche	Cm^{-2}
σ_L	Leitfähigkeit	$(\Omega m)^{-1}$
τ_T	Transitzeit	s
τ_n, τ_p	Minoritätsträger-Lebensdauer (Elektronen,Löcher)	s
τ_N, τ_I	Transitzeit; Normal, Invertiert	s
Φ	Spannung im Halbleiter	V
Φ_F	Fermispannung	V
Φ_i	Diffusionsspannung	V
Φ_K	Kanalspannung, Kontaktspannung	V
Φ_{ox}	Spannung am Oxid	V
Φ_S	Oberflächenspannung	V

Umrechnungsfaktoren und Konstanten

1. Umrechnungsfaktoren

1 eV = $1{,}602 \cdot 10^{-19}$ J [Ws]

1 m = 10^{3} mm = 10^{6} µm = 10^{9} nm

1 F = 10^{6} µF = 10^{9} nF = 10^{12} pF = 10^{15} fF

2. Physikalische Konstanten

Konstante	Bedeutung	Zahlenwert
q	Elementarladung	$1{,}602 \cdot 10^{-19}$ C[As]
k	Boltzmann-Konstante	$1{,}38 \cdot 10^{-23}$ JK^{-1}[Ws K^{-1}]
kT/q		0,026V bei 300K
ε_0	Dielektrizitätskonstante des Vakuums	$8{,}854 \cdot 10^{-14}$ Fcm^{-1}
ε_{ox}	Relative Dielektrizitäts-Konstante des Siliziumdioxids (SiO_2)	3,9

3. Wichtige Daten der Halbleiter

bei Raumtemperatur (300K)

	Ge-	Si-	GaAs	Einheit
Bandabstand W_g:	0,66	1,12	1,42	eV
Relative Dielektrizitätskonstante ε_r:	16	11,9	13,1	
Intrinsicdichte n_i:	$2{,}4 \cdot 10^{13}$	$1{,}45 \cdot 10^{10}$	$1{,}79 \cdot 10^{6}$	cm^{-3}
Äquivalente Zustandsdichten: Leitungsband N_C	$1{,}04 \cdot 10^{19}$	$2{,}8 \cdot 10^{19}$	$4{,}7 \cdot 10^{17}$	cm^{-3}
Valenzband N_V	$6{,}0 \cdot 10^{18}$	$1{,}04 \cdot 10^{19}$	$7{,}0 \cdot 10^{18}$	cm^{-3}

1.0 Grundlagen der Halbleiterphysik

In diesem Kapitel werden einige wichtige Grundlagen der Halbleiterphysik behandelt, die zum Verständnis der Halbleiter-Bauelemente unbedingt benötigt werden. Ausgangspunkt dazu ist das Bändermodell und die Entstehung von freien Elektronen und Löchern, deren Dichte bestimmt wird. Anschließend wird der Ladungsträgertransport, der durch Drift oder Diffusion entsteht, beschrieben. Das Kapitel wird mit zwei theoretischen Experimenten abgeschlossen, bei denen durch Störungen im Halbleiter die charakteristischen Begriffe Lebensdauer und Diffusionslänge abgeleitet werden. Der Einfluß von Generation und Rekombination auf die Ladungsträgerdichte wird dabei analysiert.

Die gewonnenen Beziehungen, insbesondere die Beschreibung des örtlichen Verhaltens von Minoritätsträgern, bilden die Grundlage für die folgenden Kapitel.

1.1 Theorie des Bändermodells

Nach dem Bohrschen Atommodell wird ein positiv geladener Atomkern von Elektronen umkreist. Die Elektronen befinden sich in sog. Schalen. Jeder Schale ist eine bestimmte Anzahl von Elektronen mit ihrem jeweiligen Spin zugeordnet. Innerhalb der Schale nehmen dabei die Elektronen infolge des quantenmechanischen Verhaltens unterschiedliche diskrete Energiezustände, auch Energieniveaus genannt, ein (Bild 1.1a).

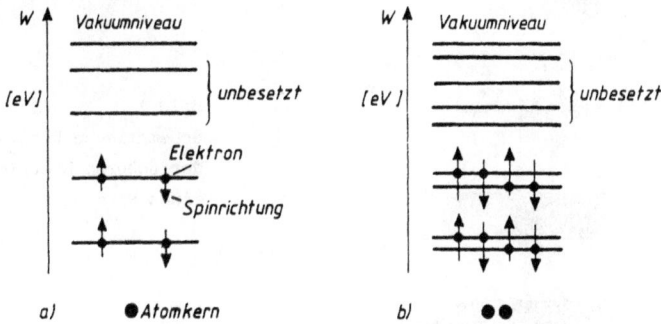

Bild 1.1
Schematische Darstellung der Energieniveaus; a) Einzelatoms; b) zwei eng benachbarte Atome

Entsprechend dem Pauli-Prinzip können jedoch nur maximal zwei Elektronen mit unterschiedlichem Spin dasselbe Niveau besetzen. Das negativ geladene Elektron hat infolge der Coulombschen Kräfte um so mehr Energie, je weiter es vom positiven Atomkern entfernt ist. Es ist frei, wenn es das Vakuumniveau erreicht hat. Dies kann man durch beliebig viele Energieniveaus beschreiben, die das Elektron dort annehmen kann. Ausgedrückt wird die Energie in Elektronenvolt. Dies ist die Energie, die ein Elektron annimmt, wenn es eine Potentialdifferenz von 1V überwindet. Somit ist: $1eV=1V\cdot 1{,}6\cdot 10^{-19}As$.

Was passiert nun, wenn zwei Atome in Wechselwirkung zueinander gelangen? Abhängig von den Abständen zwischen den Atomen überlappen die Elektronenwellenfunktionen, wobei sich die Energieniveaus aufspalten (Bild 1.1b). Treten z.B. N Atome in Wechselwirkung, so geschieht eine N-fache Aufspaltung aller Energieniveaus. Da N bei den meisten Materialien mit ca. 10^{23} Atome/cm^3 sehr groß ist, entstehen entsprechend viele sehr dicht benachbarte Energieniveaus, die durch Elektronen eingenommen oder anders ausgedrückt, besetzt werden können. Man spricht in diesem Fall von Energiebändern.

Bändermodell des Halbleiters

In Bild 1.2 sind die Energiebänder eines Halbleiterkristalles schematisch dargestellt.

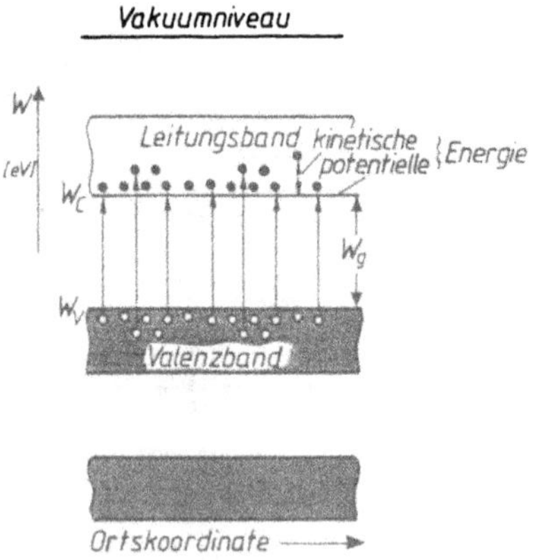

Bild 1.2
Schematische Darstellung der äußeren Energiebänder eines Kristalls

Beim Halbleiter sind von diesen Bändern nur das oberste, das sog. Leitungsband und das tiefer liegende sog. Valenzband von Interesse. Der Grund dafür ist, daß alle darunter befindlichen Bänder mit Elektronen voll besetzt sind. Diese können dadurch innerhalb dieser Bänder keine kinetische Energie aufnehmen und keinen Beitrag zum elektrischen Strom liefern. Zur leichteren Unterscheidung werden die Elektronen im Leitungsband häufig Leitungsbandelektronen und diejenigen im Valenzband, Valenzbandelektronen genannt. Der Energieabstand W_g, der die Bänder trennt, kann als sog. verbotene Zone betrachtet werden, in der keine zu besetzenden Energieniveaus vorhanden sind.

Bei sehr tiefer Temperatur sind keine Elektronen im Leitungsband anzutreffen, wogegen im Valenzband alle Energieniveaus durch Elektronen besetzt sind. Durch Erhöhen der Temperatur sind Elektronen in der Lage, den Energieabstand W_g zu überwinden und vom Valenz- ins Leitungsband zu gelangen. Dadurch entstehen gleichzeitig unbesetzte Niveaus im Valenzband. Im Leitungsband können die Elektronen als frei beweglich betrachtet werden. Sie sind innerhalb des Bandes in der Lage, energetisch höher oder tiefer liegende Niveaus zu besetzen und dabei kinetische Energie aufzunehmen oder abzugeben. An der Leitungsbandkante W_c haben die Elektronen ihre geringste Energie. Diese entspricht ihrer potentiellen Energie innerhalb des Bandes.

Den im vorhergehenden beschriebenen Vorgang kann man auch wie folgt beschreiben: Bei endlicher Temperatur führen die Atome des Halbleiters Schwingungen um ihre Ruhelage aus, und es besteht eine gewisse Wahrscheinlichkeit für das Aufbrechen kovalenter Verbindungen, wodurch freie Elektronen entstehen.

Löcherkonzept

Die Elektronen, die ins Leitungsband gelangen, hinterlassen im Valenzband unbesetzte Niveaus. In diese können benachbarte Elektronen (Valenzelektronen) wandern, wodurch an anderen Stellen wiederum unbesetzte Niveaus entstehen. Diese Wanderung der unbesetzten Niveaus kann man, wie die Wanderung positiver Ladungen, auch Löcher genannt, betrachten. Dies wird im folgenden gezeigt.

Bei Anliegen eines Feldes ist die Stromdichte

$$J = \rho v \tag{1-1}$$

proportional zur Ladungsdichte pro Volumen ρ und deren mittlerer Geschwindigkeit v. Demnach beträgt die Stromdichte, die durch die Leitungselektronen des Leitungsbandes entsteht

$$\begin{aligned} J_n &= \rho v_n \\ &= -qnv_n, \end{aligned} \tag{1-2}$$

wobei n die Zahl der Leitungsbandelektronen pro Volumen, v_n deren mittlere Geschwindigkeit und -q die Ladung des Elektrons ($q=1{,}6\cdot10^{-19}$As) ist.

Betrachtet man die Stromdichte, die durch die Valenzelektronen entsteht, so ist die Situation anders, da den sehr vielen Elektronen nur sehr wenige unbesetzte Niveaus gegenüberstehen. Anstatt nun den Beitrag aller Valenzelektronen zur Stromdichte zu berücksichtigen, ist es einfacher, nur die Wanderung eines freien Zustandes zu betrachten. Wie man sich dies vorstellen kann, ist in Bild 1.3a skizziert.

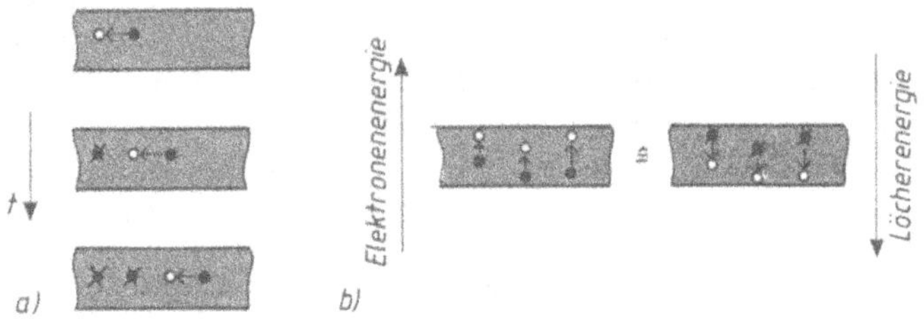

Bild 1.3
Darstellung im Valenzband; a) Löcherwanderung; b) Löcherenergie

In die Leerstelle springt ein Elektron. Dies hinterläßt dadurch an anderer Stelle eine neue Leerstelle, in die wiederum ein Elektron springen kann usw. Dadurch entsteht eine Leerstellenwanderung, auch Löcherwanderung genannt, die entgegengesetzt zu der der Valenzbandelektronen ist. Entsprechend diesem Modell kann die Löcherwanderung wie die Wanderung positiv geladener Teilchen aufgefaßt werden, die eine Stromdichte

$$J_p = +qpv_p \tag{1-3}$$

zur Folge haben, wobei p die Löcherdichte pro Volumen, v_p deren mittlere Geschwindigkeit und +q die Löcherladung beschreibt. Mit den unterschiedlichen Ladungen von Elektronen und Löchern ergeben sich somit die in Bild 1.4 gezeigten Teilchenbewegungen, wenn ein elektrisches Feld E am Halbleiter anliegt.

Bild 1.4
Teilchenbewegungen im Halbleiter

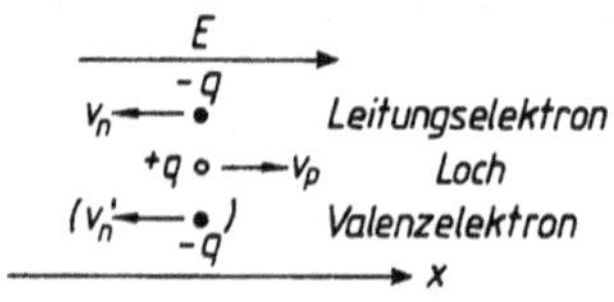

Der Anstieg der Löcherenergie ist entgegengesetzt zu der der Elektronenenergie. Dies ist, wie in Bild 1.3b gezeigt, wie folgt zu verstehen: Im Valenzband ist eine Leerstelle vorhanden. Durch Zuführen von Energie kann ein energetisch niedriger liegendes Valenzelektron dorthin gelangen, wobei es eine Leerstelle hinterläßt. Demnach hat das Loch an der Valenzbandkante W_V die kleinstmögliche Energie, die der potentiellen Energie entspricht. Innerhalb des Bandes kann das Loch als frei beweglich betrachtet werden und kinetische Energie aufnehmen oder abgeben.

Bändermodelle im Vergleich

In Bild 1.5 ist ein Vergleich der Bändermodelle von Metallen, Isolatoren und Halbleitern dargestellt.

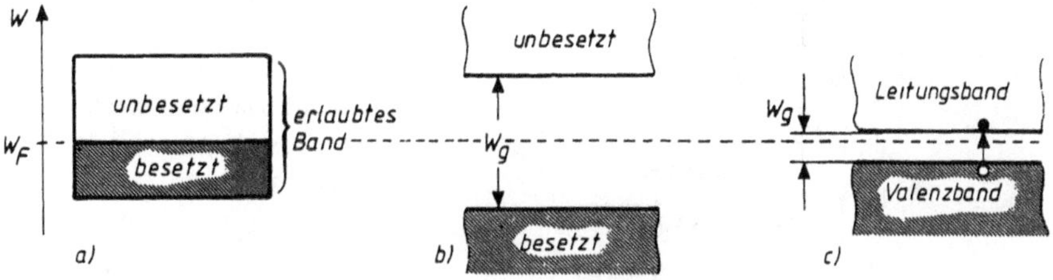

Bild 1.5
Vergleich der Bändermodelle; a) Metall; b) Isolator; c) Halbleiter

Metalle besitzen mehrere überlappende Bänder ohne Bandabstand. Elektronen sind damit in der Lage, bereits bei sehr geringer Energiezufuhr, kinetische Energie aufzunehmen und unbesetzte Energieniveaus zu belegen. Dadurch kommt es schon bei sehr kleinen Feldstärken zu einem Stromfluß. Beim Isolator ist die Situation genau entgegengesetzt, es ist ein großer Bandabstand vorhanden, der z.B. bei Siliziumdioxid 8eV beträgt. Dadurch können unter normalen Bedingungen keine Elektronen diese Barriere überwinden. Da ein Band vollkommen besetzt und das andere leer ist, ist ein Stromfluß nicht möglich. Im Vergleich dazu ist der Bandabstand des Halbleiters (1,1eV bei Si) gering, so daß bereits bei Raumtemperatur im Silizium $1{,}45 \cdot 10^{10}$ Elektronen und Löcher pro cm^{-3} entstehen.

Intrinsicdichte

Durch Zuführung ausreichender thermischer Energie gelangen aus dem Valenzband über die sog. verbotene Zone Elektronen in das Leitungsband. Es entstehen Elektron-Loch-Paare. Dieser Vorgang wird als Generation bezeichnet. Gleichzeitig läuft ein gegenläufiger Vorgang ab, bei dem Elektronen Energie verlieren und über die verbotene Zone zurück ins Valenzband gelangen. Beide Ladungsträger verschwinden. Dieser Vorgang wird Rekombination genannt. Ein thermodynamisches Gleichgewicht zwischen Generation und Rekombination stellt sich ein. Bei einem reinen Halbleiter ist die Konzentration der Elektronen gleich der der Löcher. Diese Konzentration wird Eigenleitungsträgerdichte oder Intrinsicdichte n_i genannt. Sie ist eine Funktion der Temperatur T sowie der Breite der verbotenen Zone W_g. Dies ist ersichtlich aus den experimentellen Daten /1/ von Bild 1.6.

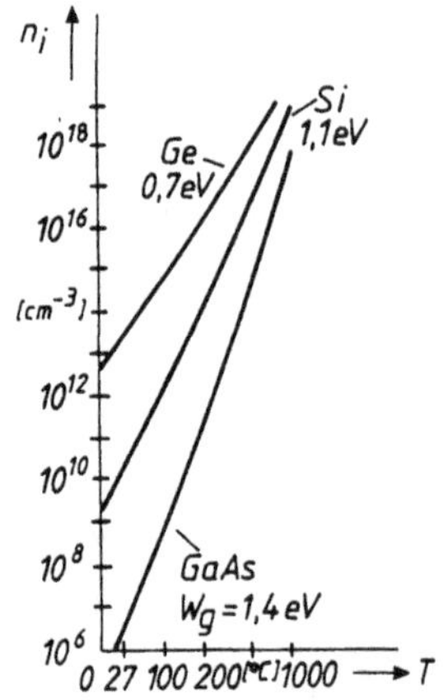

Bild 1.6
Temperaturabhängigkeit der Intrinsicdichten von Ge, Si und GaAs

Wie erwartet, ist die Intrinsicdichte um so größer, je kleiner der Bandabstand und je höher die Temperatur ist.

Von den in Bild 1.6 dargestellten Halbleitern nimmt Silizium eine dominierende Rolle ein. Nahezu alle integrierten Schaltungen werden daraus hergestellt. Aus diesem Grund wird in dem gesamten Text nur dieses Element betrachtet.

1.2 Dotierte Halbleiter

Die elektrischen Eigenschaften von Halbleitern können durch den Einbau von Fremdatomen, Dotierung genannt, so verändert werden, daß Halbleiter-Bauelemente entstehen.

Silizium ist ein Element der IV. Gruppe im Periodensystem. Es besitzt auf der äußeren Schale 4 Elektronen, die sog. Valenzelektronen. Da 8 äußere Elektronen zu einer vollständigen Schale gehören, ergeben sich 4 Elektronenpaarverbindungen zu vier gleichartigen Atomen, wodurch jedes Atom quasi 8 äußere Elektronen besitzt. Diese Art der Bindung wird kovalente Bindung genannt.

Wird an den Gitterplatz des Siliziums ein fünfwertiges Atom (z.B. Phosphor) gebracht, so ist bei diesem Atom eine Valenzbindung ungesättigt (Bild 1.7a). Den 5 Valenzelektronen des Phosphors stehen 4 Valenzelektronen des Siliziums gegenüber.

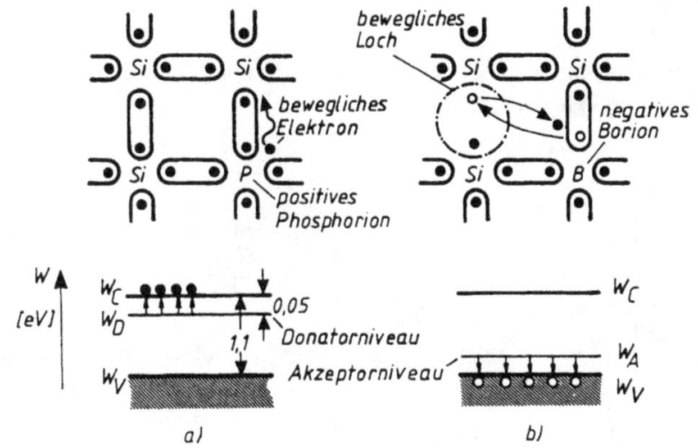

Bild 1.7
Strukturschema und Bänderdiagramm; a) n-Typ Halbleiter b) p-Typ Halbleiter

Dies bedeutet, daß das zusätzliche Elektron des Phosphoratoms sehr leicht vom Atomkern abzuspalten ist. Das ist auch ersichtlich bei Betrachtung des Bänderdiagramms. Die für die Abspaltung des Elektrons benötigte Energie, die Ionisationsenergie, ist mit ca. $(W_C - W_D) = 0{,}05$eV sehr viel kleiner als die des Bandabstandes. Deshalb reicht bereits eine sehr geringe Energie aus, um das Phosphoratom im Siliziumgitter zu ionisieren, wodurch ein frei bewegliches Elektron und ein positiv geladenes, ortsfestes Phosphorion entsteht. Da die beweglichen Ladungsträger negativ geladen sind, spricht man vom n-Typ Halbleiter, und das Dotierungsatom nennt man Donator, da es ein Elektron gespendet hat.

Eine analoge Situation zu der vorherigen ergibt sich, wenn in das Gitter des Siliziums ein dreiwertiges Atom (z.B. Bor) eingebaut wird. Da ein dreiwertiges Atom ein Valenzelektron weniger hat als das Silizium, kann aus einer benachbarten Verbindung leicht ein Elektron an diese Stelle gelangen. Im Bänderdiagramm bedeutet dies, daß bei der Energiezufuhr $(W_A - W_V)$ Valenzelektronen zum Akzeptorniveau gelangen, wodurch ein negativ geladenes ortsfestes Borion und ein frei bewegliches Loch entsteht. Da die Löcher positiv geladen sind, nennt man diese Art p-Typ Halbleiter und das Dotierungsatom Akzeptor.

Gemessene Ionisationsenergien von verschiedensten Dotierstoffen sind in /2/ enthalten.

Extrinsicdichte

Das Temperaturverhalten dotierter Halbleiter ist am Beispiel eines n-Typ-Halbleiters in Bild 1.8 dargestellt.

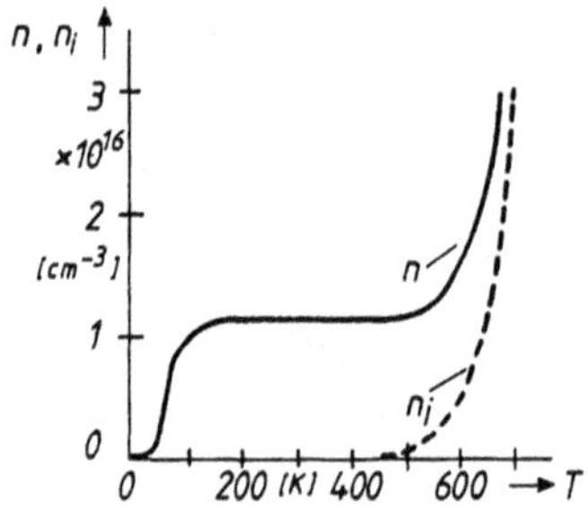

Bild 1.8
Elektronenkonzentrationen im n-Typ-Halbleiter als Funktion der Temperatur /3/

Ab etwa 100K sind nahezu alle Dotieratome ionisiert, so daß die dadurch erzeugten Elektronen dominieren. Diese Dichte wird Extrinsicdichte genannt. Ab etwa 400K beginnt die Zahl der aufgebrochenen kovalenten Verbindungen n_i bereits merkbare Werte anzunehmen, so daß bei noch höherer Temperatur die Intrinsicdichte überwiegt.

Im technisch interessanten Bereich (-50°C bis 125°C) dominiert die Extrinsicdichte. Durch die Wahl der Dotierungsdichte kann diese eingestellt werden, so daß Halbleiterbauelemente realisiert und optimiert werden können.

1.3 Gleichungen für den Halbleiter im thermodyn. Gleichgewicht

In diesem Abschnitt werden Gleichungen für den Halbleiter im thermodynamischen Gleichgewicht abgeleitet, mit denen die Ladungsträgerkonzentrationen für dotierte und undotierte Halbleiter berechnet werden können.

1.3.1 Fermi-Verteilungsfunktion

Für die Berechnung der Ladungsträgerkonzentration wird die Fermi-Verteilungsfunktion benötigt. Mit ihrer Hilfe kann die Wahrscheinlichkeit F(W), daß ein Energieniveau W von Elektronen besetzt ist, berechnet werden /4/.

Für thermodynamisches Gleichgewicht gilt:

$$F(W) = \frac{1}{1 + e^{[W - W_F]/kT}} \tag{1-4}$$

wobei k die Boltzmannkonstante ($k = 8{,}62 \cdot 10^{-5}$ eV/K $= 1{,}38 \cdot 10^{-23}$ J/K) und T die absolute Temperatur in Kelvin ist. Die Energie W_F wird Ferminiveau genannt. Sie ist eine wichtige Größe, die im folgenden näher betrachtet wird.

Hat ein Energieniveau W den Wert des Ferminiveaus, so ergibt sich eine Besetzungswahrscheinlichkeit von:

$$F(W=W_F) = \frac{1}{1 + e^{[W_F - W_F]/kT}} = \frac{1}{2}.$$

D.h. mit einer Wahrscheinlichkeit von 50 % wäre dieses Energieniveau mit Elektronen besetzt. Dies ist in Bild 1.9 dargestellt, bei dem Ordinate und Abszisse vertauscht wurden, um das Resultat der Funktion leichter ins Bänderdiagramm zu übertragen.

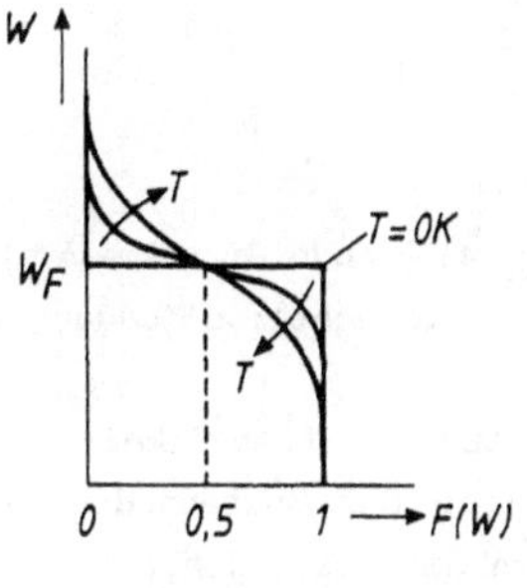

Bild 1.9
Fermi-Verteilungsfunktion

Eine weitere Betrachtung der Gleichung (1-4) ergibt, daß bei T→0K die Verteilungsfunktion eine rechteckige Form annimmt. Bei dieser Temperatur ist für $W<W_F$ $F(W)=1$ und für $W>W_F$ $F(W)=0$. Dies bedeutet, daß unterhalb der Energie W_F alle Energieniveaus mit Elektronen besetzt und oberhalb W_F alle unbesetzt sind. Bei endlicher Temperatur verändert sich die Besetzungswahrscheinlichkeit stetig, wie Bild 1.9 zeigt.

Für Energien W, die mehr als ca. 0,1 eV bei Raumtemperatur über oder unter dem Ferminiveau liegen, kann die Fermi-Verteilungsfunktion (Gl.1-4) durch die einfachere Boltzmann-Verteilungsfunktion

$$F(W) \approx e^{-[W - W_F]/kT} \quad \text{bei } W > W_F \tag{1-5}$$

$$F(W) \approx 1 - e^{-[W_F - W]/kT} \quad \text{bei } W < W_F \tag{1-6}$$

ersetzt werden. Der Fehler ist dabei kleiner 2%. Die Anwendung der Fermi-Verteilungsfunktion auf einen reinen Halbleiter ist in Bild 1.10 dargestellt. Ausgangspunkt bei dieser Betrachtung ist die Zustandsdichte N(W). Diese ergibt sich aus den Überlegungen des 1. Abschnitts. Aus je einem diskreten Energieniveau eines Atoms ergaben sich bei einem Kristall mit N Atomen N Energieniveaus, die jeweils mit maximal 2 Elektronen unterschiedlicher Spins besetzt werden können. Ein Energieniveau hat somit zwei verfügbare Plätze. Ein verfügbarer Platz im Band wird Zustand genannt. Die Zustandsdichte N(W) ist demnach die Anzahl der Zustände pro Volumen- und Energieeinheit im Leitungs- oder Valenzband, die durch die Elektronen bzw. Löcher besetzt werden können. Dies ist in Bild 1.10 dargestellt.

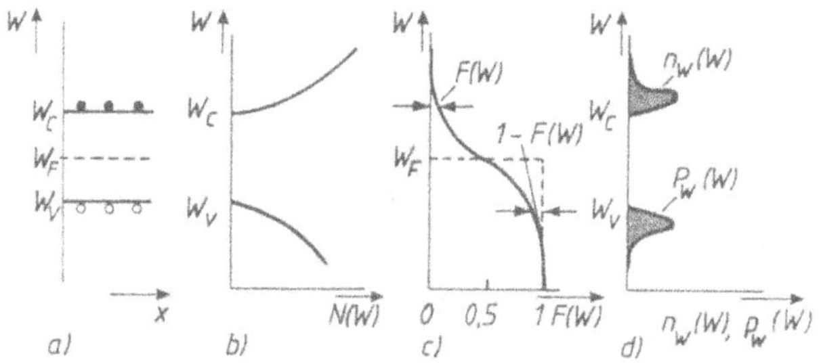

Bild 1.10

Intrinsic-Halbleiter; a) Bänderdiagramm; b) Zustandsdichte; c) Verteilungsfunktion (nicht maßstabsgerecht); d) Ladungsträgerverteilung

Die Ladungsträgerdichten in Abhängigkeit der Energie $n_w(W)$ bzw. $p_w(W)$ erhält man durch Multiplikation der Zustandsdichte N(W) mit der entsprechenden Besetzungswahrscheinlichkeit F(W), d.h.:

$$n_w(W) = N(W)F(W) \text{ und} \tag{1-7}$$

$$p_w(W) = N(W)[1 - F(W)]. \tag{1-8}$$

In Gleichung (1-8) ist [1-F(W)] die Wahrscheinlichkeit für das Nichtantreffen von Elektronen, d.h. für das Antreffen von Löchern.

Im Leitungsband ist die Zustandsdichte sehr groß. Da jedoch die Besetzungswahrscheinlichkeit dieser Zustände gering ist, sind nur relativ wenig Elektronen im Leitungsband vorhanden. Im Gegensatz dazu sind nahezu alle Zustände im Valenzband mit Elektronen besetzt, da die Besetzungswahrscheinlichkeit nahe eins ist. Dort sind somit nur relativ wenig unbesetzte Zustände, d.h. Löcher vorhanden.

Bei einem n-Typ-Halbleiter ist, wie in Bild 1.11 gezeigt, nahe der Leitungsbandkante ein Donatorniveau, das eine Zustandsdichte N_D besitzt, vorhanden.

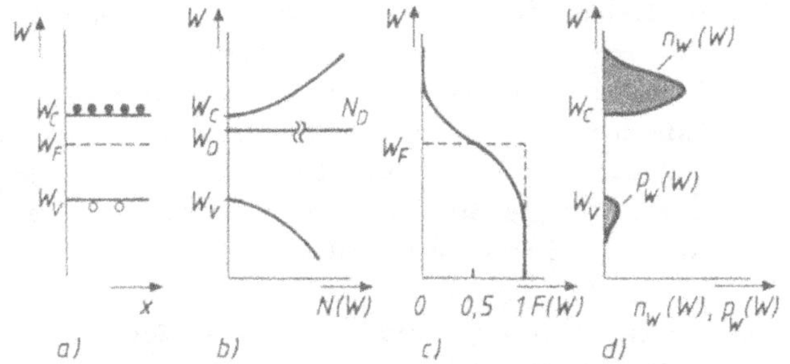

Bild 1.11
Extrinsic-Halbleiter (n-Typ); a) Bänderdiagramm; b) Zustandsdichte; c) Verteilungsfunktion (nicht maßstabsgerecht); d) Ladungsträgerverteilung

Bereits bei sehr kleinen Energien sind von diesem Niveau aus Elektronen in das Leitungsband gelangt und haben die freien Zustände besetzt. Damit muß dort die Besetzungswahrscheinlichkeit zunehmen. Dies geschieht durch das Anheben des Ferminiveaus und damit der gesamten Verteilungskurve in Richtung Leitungsband. Im Gegensatz dazu wird beim p-Typ-Halbleiter die gesamte Verteilungskurve in Richtung Valenzband verschoben. Die genaue Lage des Ferminiveaus kann, wie es am Ende dieses Abschnitts gezeigt wird, aus der Ladungsneutralität des Halbleiters hergeleitet werden.

1.3.2 Ladungsträgerkonzentration im thermodyn. Gleichgewicht

Die Gesamtzahl der vorhandenen Elektronen n_0 pro Volumen ergibt sich durch Integration von $n_W(W)$ über dem Leitungsband zu:

$$n_0 = \int_{W_C}^{\text{Leitungs-bandende}} N(W)F(W)dw \qquad (1\text{-}9)$$

Der Index Null bei der Trägerkonzentration wird zur Kennzeichnung des thermodynamischen Gleichgewichts verwendet. Das Resultat der Integration ist bei Anwendung der Boltzmann-Verteilungsfunktion

$$n_0 = N_C\, e^{-[W_C - W_F]/kT} \qquad (1\text{-}10)$$

und analog dazu

$$p_0 = N_V \, e^{-[W_F - W_V]/kT}. \qquad (1\text{-}11)$$

N_C bzw. N_V sind in diesen Gleichungen die äquivalenten Zustandsdichten für Elektronen und Löcher, die mit Hilfe der Quantentheorie berechnet werden können /5,6/. Diese Zustandsdichten kann man sich unmittelbar an der entsprechenden Bandkante, wo sie mit der für die Bandkante gültigen Wahrscheinlichkeit besetzt werden, vorstellen. Dies geht aus den in den Bildern gezeigten Ladungsträgerverteilungen nicht hervor, da zur Verbesserung der Anschaulichkeit die Verteilungsfunktion nicht maßstabsgerecht aufgetragen wurde.

Bei Raumtemperatur (300 K) betragen die äquivalenten Dichten für Silizium: $N_C=2{,}8 \cdot 10^{19}\,cm^{-3}$ und $N_V=1{,}04 \cdot 10^{19}\,cm^{-3}$. Der Unterschied zwischen N_C und N_V ist auf die verschiedenen effektiven Massen von Elektronen und Löcher zurückzuführen, die den Einfluß des Kristallgitters auf die Ladungsträgerbewegung berücksichtigen.

Alternative Beziehungen zur Bestimmung der Ladungsträgerdichten

In den vorhergehenden Gleichungen sind die Ladungsträgerdichten als Funktion der äquivalenten Zustandsdichten angegeben. Im folgenden werden alternative Gleichungen hergeleitet, die sich auf die Intrinsicdichte und das Intrinsicniveau beziehen.

Für den reinen (intrinsic) Halbleiter, bei dem Elektronen und Löcher immer als Paar auftreten, gilt:

$$n_0 = p_0 = n_i$$

$$N_C \, e^{-[W_C - W_F]/kT} = N_V \, e^{-[W_F - W_V]/kT} = n_i \qquad (1\text{-}12)$$

woraus sich ein Ferminiveau von

$$W_F = W_i = \frac{1}{2}[W_C + W_V] + \frac{1}{2} kT \ln \frac{N_V}{N_C} \qquad (1\text{-}13)$$

ergibt, das auch Intrinsicniveau W_i bezeichnet wird. Der rechte Term dieser Gleichung ist vernachlässigbar klein (<0,01eV bei Raumtemperatur). Damit liegt das Ferminiveau für einen reinen Halbleiter nahezu in der Mitte des verbotenen Bandes.

Mit $W_F=W_i$ ergibt sich aus Beziehung (1-10)

$$n_0 = N_C \, e^{-[W_C - W_F]/kT}$$

und Gleichung (1-12)

$$n_i = N_C\, e^{-[W_C - W_i]}$$

nach Division der beiden eine Elektronendichte von

$$n_o = n_i\, e^{[W_F - W_i]/kT} \tag{1-14}$$

und analog dazu eine Löcherdichte von

$$p_o = n_i\, e^{[W_i - W_F]/kT}. \tag{1-15}$$

Bei diesen beiden alternativen Beziehungen hat das Energieniveau W_i die Bedeutung einer Bezugsenergie.

1.3.3 Das Dichteprodukt im thermodyn. Gleichgewicht

Eine weitere äußerst wichtige Beziehung ergibt sich, wenn man das Dichteprodukt aus Gleichungen (1-10) und (1-11) bzw. (1-14) und (1-15)

$$\begin{aligned} p_o n_o &= N_V N_C\, e^{-W_g/kT} \\ &= n_i^2 \end{aligned} \tag{1-16}$$

bildet, wobei $W_g = W_C - W_V$ ist.

Diese Gleichung sagt aus, daß das Dichteprodukt unabhängig vom Ferminiveau ist und somit unabhängig von der Dotierung. Warum dies so ist, wird im folgenden näher betrachtet. Die Generationsrate von Elektron-Lochpaaren G(T) ist nur eine Funktion von der Temperatur. Die Rekombinationsrate dagegen hängt von der Konzentration der Elektronen und Löcher ab, da nur deren Wechselwirkung zum paarweisen Verschwinden führt. Somit kann die Rekombinationsrate

$$R = n_o p_o\, r(T) \tag{1-17}$$

als Produkt der beiden Ladungsträgerarten sowie einer Funktion r(T), die den Rekombinationsmechanismus im Kristall als Funktion der Temperatur wiedergibt, beschrieben werden. Dies ist einleuchtend, da im Fall, wenn eine Ladungsträgerart nicht vorhanden ist, die Rekombinationsrate 0 sein muß. Im thermodynamischen Gleichgewicht ist G=R und damit das Dichteprodukt

$$n_0 p_0 = G(T)/r(T) = n_i^2(T) \tag{1-18}$$

nur eine Funktion von der Temperatur. Dies ist in Bild 1.12 für den intrinsic- und n-dotierten Halbleiter skizziert. Im letzten Fall stehen der erhöhten Generation eine erhöhte Rekombination gegenüber, wodurch die Zahl der Löcher gegenüber derjenigen beim Intrinsic-Halbleiter abnimmt (vergleiche Bilder 1.10d und 1.11d).

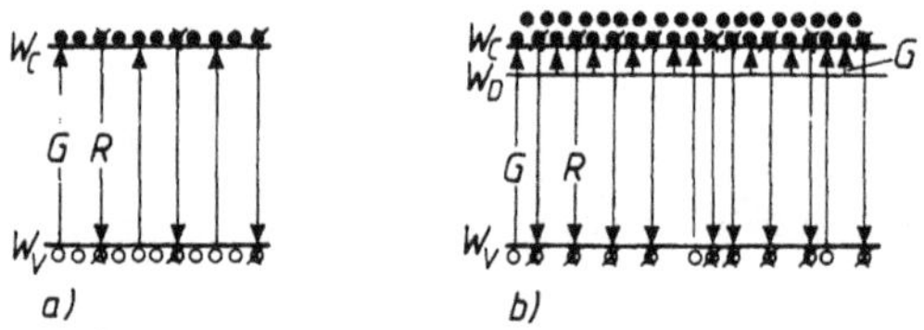

Bild 1.12
Darstellung von Generation und Rekombinationsraten; a) Intrinsic-Halbleiter; b) n-dotierter Halbleiter

Temperaturabhängigkeit der Intrinsicdichte

Die Temperaturabhängigkeit der Intrinsicdichte ergibt sich aus Gleichung (1-16) zu

$$n_i = \sqrt{N_C N_V}\, e^{-W_g/2kT}. \tag{1-19}$$

Zusätzlich sind die äquivalenten Zustandsdichten N_C und N_V noch temperaturabhängig. Wird dies berücksichtigt, resultiert

$$n_i = C\left(\frac{T}{[K]}\right)^{3/2} e^{-W_g(T)/2kT} \tag{1-20}$$

wobei C eine Konstante und [K] die Einheit für Kelvin ist. Außerdem ist eine leichte Abhängigkeit des Bandabstandes von der Temperatur vorhanden /2/. Die Temperaturabhängigkeit der Intrinsicdichte ist in Bild 1.6 dargestellt.

Ferminiveau in Abhängigkeit von den Dotierungsdichten

Bisher wurden die Trägerdichten als Funktion der Bandabstände beschrieben. Im folgenden sollen diese in Abhängigkeit von der Dotierungsdichte bestimmt werden.

Der Lösungsansatz hierzu ist folgender:
Ein homogen dotierter oder undotierter Halbleiter ist im thermodynamischen Gleichgewicht elektrisch neutral. Damit müssen sich die Ladungen der Elektronen und Löcher mit denen der ionisierten Donatoren N_D und Akzeptoren N_A

$$q[p_0 - n_0 + N_D - N_A] = 0 \tag{1-21}$$

kompensieren. Hierbei wurde 100%ige Ionisation der Dotieratome, was für die meisten praktischen Anwendungsfälle zutrifft, vorausgesetzt (Aufgabe 1.2). Damit ergibt sich, wenn eine Überschuß-Donator-Dotierung ($N_D > N_A$) vorliegt, aus den Gleichungen (1-21) und (1-16) eine Elektronendichte von

$$\begin{aligned} n_{no} &= \frac{1}{2}\left[N_D - N_A + \sqrt{(N_D - N_A)^2 + 4n_i^2}\right] \\ &\approx N_D - N_A, \end{aligned} \tag{1-22}$$

wobei der erste Index den Halbleitertyp (n-Typ) bezeichnet. Die Näherung ist in nahezu allen Fällen gültig, da $(N_D - N_A) \gg n_i$ ist. Aus obiger Beziehung ist ersichtlich, daß die Elektronendichte von der netto Dichte der ionisierten Donatoren abhängig ist. D.h. ein p-Typ-Halbleiter kann in einen n-Typ-Halbleiter umdotiert werden, wenn $N_D > N_A$ ist.

Die Ladungsträger n_{no} im n-Typ-Halbleiter werden Majoritätsträger genannt. Minoritätsträger sind dagegen die Löcher, die sich aus Beziehungen (1-22) und (1-16)

$$p_{no} = \frac{n_i^2}{n_{no}} = \frac{n_i^2}{N_D - N_A} \tag{1-23}$$

bestimmen lassen.

Da die Ladungsträgerdichten bekannt sind, ergibt sich aus Gleichung (1-14) der gewünschte Zusammenhang

$$\begin{aligned} W_F - W_i &= kT \ln \frac{n_{no}}{n_i} \\ &= kT \ln \frac{N_D - N_A}{n_i} \end{aligned} \tag{1-24}$$

zwischen der Lage des Ferminiveaus und den Dotierungsdichten.

Für einen p-Typ-Halbleiter $[N_A > N_D]$ gilt analog:

$$p_{po} = \frac{1}{2}\left[N_A - N_D + \sqrt{[N_A - N_D]^2 + 4n_i^2}\right].$$

$$\approx N_A - N_D \qquad (1\text{-}25)$$

$$n_{po} = \frac{n_i^2}{N_A - N_D} \qquad (1\text{-}26)$$

und

$$W_i - W_F = kT \ln \frac{N_A - N_D}{n_i}. \qquad (1\text{-}27)$$

An einem Beispiel wird die Anwendung der abgeleiteten Gleichungen demonstriert.

Beispiel:

Ein Siliziumhalbleiter ist mit 10^{17} Phosphoratome/cm^3 dotiert (V-wertig). Gesucht wird die Majoritäts- und Minoritätsträgerkonzentration bei 300 K sowie die Lage des Ferminiveaus.

Majoritätsträger: $n_{no} = N_D = 10^{17}\ cm^{-3}$

Minoritätsträger: $p_{no} = \frac{n_i^2}{N_D} = \frac{2{,}10 \cdot 10^{20}}{10^{17}} =$

$= 2{,}1 \cdot 10^{3}\ cm^{-3}$

Bandabstand:

$$W_F - W_i = kT \ln \frac{n_o}{n_i} = 0{,}026\ eV \ln \frac{10^{17}}{1{,}45 \cdot 10^{10}} = 0{,}41 eV$$

Skizze des Bänderdiagramms

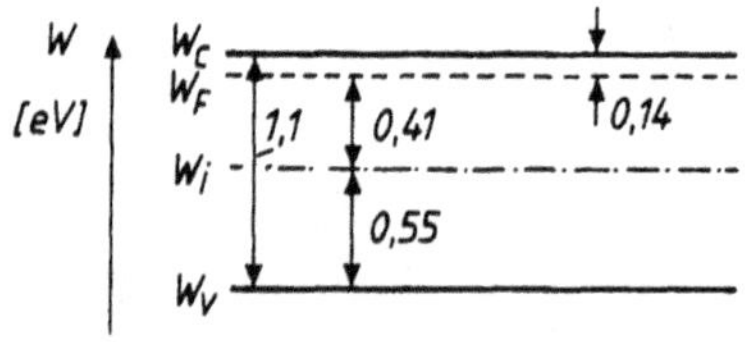

1.3.4 Elektronenenergie, Spannung und elektrische Feldstärke

Das Bänderdiagramm gibt die Gesamtenergie W der Elektronen, bestehend aus kinetischem und potentiellem Anteil wieder. Dem potentiellen Energiewert an der Leitungsbandkante W_C kann man ein Potential zuordnen. Darunter versteht man das auf die negative Ladung des Elektrons bezogene Energieäquivalent

$$\psi_C = \frac{W_C}{-q}. \qquad (1\text{-}28)$$

Im Bänderdiagramm interessieren meist nur die Energiedifferenzen. Aus diesem Grund wird den Energiedifferenzen eine Potentialdifferenz, d.h. Spannung

$$\Phi_C = \psi_C - \psi_{Ref} = \frac{W_C - W_{Ref}}{-q} \qquad (1\text{-}29)$$

zugeordnet, wobei ψ_{Ref} ein beliebiges Referenzpotential bzw. W_{Ref} eine beliebige Referenzenergie sein kann.

Zur leichteren Unterscheidung gegenüber von außen an den Halbleiter zugeführten Spannungen mit dem Symbol U, werden diejenigen im Halbleiter durch das Symbol Φ gekennzeichnet.

Weitere Spannungszuordnungen sind in Bild 1.13 an einem Bänderdiagramm mit gekrümmten Bandkanten demonstriert. Diese kommen dadurch zustande, daß wie in Kapitel 2 beschrieben ist, inhomogene Dotierungen vorliegen.

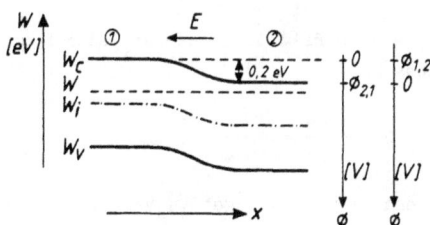

Bild 1.13
Bänderdiagramm eines inhomogen dotierten n-Typ Halbleiters mit zwei möglichen Spannungszuordnungen

Demnach beträgt die Spannung zwischen den Bereichen 2 und 1

$$\Phi_{2,1} = \frac{W_C(2) - W_C(1)}{-q} = \frac{-0{,}2V \cdot 1{,}6 \cdot 10^{-19}As}{-1{,}6 \cdot 10^{-19}As} = 0{,}2V$$

oder zwischen den Bereichen 1 und 2

$$\Phi_{1,2} = \frac{W_C(1) - W_C(2)}{-q} = \frac{0{,}2\mathrm{V}\cdot 1{,}6\cdot 10^{-19}\mathrm{As}}{-1{,}6\cdot 10^{-19}\mathrm{As}} = -0{,}2\mathrm{V}.$$

Der negative Wert der Energiedifferenz $W_C(2)-W_C(1)$ kommt dadurch zustande, daß $W_C(1)>W_C(2)$ ist. Die Elektronenenergie ist nach oben gerichtet und die Spannung, wie erwartet, entgegengesetzt, da das negative Vorzeichen der Elektronenladung die Richtung der Spannungskoordinate umkehrt.

Ebenso ist es möglich, die Spannungen

$$\Phi_{CF}(x) = \frac{W_C - W_F}{-q} \tag{1-30}$$

oder

$$\Phi_{FC}(x) = \frac{W_F - W_C}{-q} \tag{1-31}$$

zu definieren. Da W_i parallel zu W_C verläuft, ist ebensogut die Definition

$$\Phi_F = \frac{W_F - W_i}{-q}, \tag{1-32}$$

die Fermispannung genannt wird, möglich. Nach dieser Definition ist $\Phi_F<0$ im n-Typ- und $\Phi_F>0$ im p-Typ Halbleiter. In diesem Zusammenhang wird darauf hingewiesen, daß in der Literatur auch häufig die Definition $\Phi_F=(W_i-W_F)/-q$ angetroffen wird, wodurch sich Vorzeichenänderungen ergeben. Im Text wird nur Gleichung (1-32) verwendet.

Liegt, wie in Bild 1.13 gezeigt, eine Spannungsänderung vor, so muß ein elektrisches Feld

$$E = -\frac{\partial\psi}{\partial x} = -\frac{\partial\Phi}{\partial x} \tag{1-33}$$

vorhanden sein. Das negative Vorzeichen ist nötig, da das Feld definitionsgemäß immer vom höheren zum niedrigeren Potential gerichtet ist. Damit ergibt sich ein Zusammenhang zwischen elektrischem Feld und Elektronenenergie (Gl.1-28) von

$$E = \frac{1}{q}\frac{\partial W}{\partial x}. \tag{1-34}$$

Dies bedeutet, daß eine örtliche Änderung der Bandkanten ein Maß für die Größe und Richtung der Feldstärke ist.

Poissonsche Gleichung

Diese wird benötigt, um den Spannungsverlauf $\Phi(x)$ im Halbleiter als Funktion der Ladung zu bestimmen. Ausgangspunkt für diese Gleichung ist die Integralform des Gaußschen Gesetzes für elektrische Felder

$$\oint \vec{D} \cdot d\vec{A} = Q, \tag{1-35}$$

bei dem D die elektrische Flußdichte ist /7/. Diese Gleichung sagt aus, daß der durch eine geschlossene Fläche aus- bzw. eintretende elektrische Fluß gleich der im Volumen enthaltenen Ladung Q sein muß. Das Integral gibt somit die Quellenstärke des elektrischen Feldes wieder. Um die Quellenstärke eines Feldes in einem bestimmten Punkt zu bestimmen, bildet man das Verhältnis von elektrischem Fluß zum umhüllenden Volumen V für $\Delta V \to 0$. Dieses Verhältnis wird Quellendichte oder Divergenz des Feldes

$$\mathrm{div}\vec{D} = \lim_{\Delta V \to 0} \frac{\oint \vec{D} \cdot d\vec{A}}{\Delta V} = \rho \tag{1-36}$$

genannt, wobei ρ die Ladung pro Volumen ist. Im eindimensionalen Fall gilt

$$\frac{\partial D}{\partial x} = \rho. \tag{1-37}$$

Dies bedeutet, daß die Quellendichte in jedem Punkt gleich der lokalen Ladungsdichte ρ ist.

Die elektrische Flußdichte ist über die sog. Materialgleichung

$$D = \varepsilon_0 \varepsilon_r E \tag{1-38}$$

mit dem elektrischen Feld verknüpft, wobei ε_r und ε_0 die relative und absolute Dielektrizitätskonstanten sind. Damit ergibt sich aus den genannten Beziehungen die Poissongleichung für den eindimensionalen Fall zu

$$\frac{\partial E}{\partial x} = \frac{\rho}{\varepsilon_0 \varepsilon_r}$$

$$\frac{\partial^2 \Phi}{\partial x^2} = - \frac{\rho}{\varepsilon_0 \varepsilon_r}. \tag{1-39}$$

1.4 Ladungsträgertransport

In den vorhergehenden Abschnitten wurde die Entstehung von freien Elektronen und Löchern beschrieben und deren Dichte bestimmt. Aus der Bewegung dieser Teilchen kann das Stromverhalten abgeleitet werden, das eine der wesentlichsten elektrischen Eigenschaften des Halbleiters ist.

Ladungsträgerbewegungen können durch elektrische Felder oder zerfließende Ladungsträgeranhäufungen entstehen. Die damit verbundenen Ströme werden entsprechend der Ursache in Drift- und Diffusionsströme eingeteilt.

Im folgenden werden diese näher analysiert. Zuerst wird jedoch der Begriff der Driftgeschwindigkeit erläutert.

1.4.1 Driftgeschwindigkeit

Die freien Ladungsträger führen in einem Halbleiter infolge thermischer Energie Bewegungen aus. Diese werden durch Stöße, die sie aus ihrer Richtung ablenken, unterbrochen. Für die Stöße sind verantwortlich:

1. Gitteratome, die infolge der endlichen Temperatur thermische Schwingungen ausführen. Die Wechselwirkung zwischen freien Ladungsträgern und thermischer Gitterschwingung wird Phononenstreuung genannt.

2. Fremdatome oder Kristallunregelmäßigkeiten (Störstellenstreuung), die ebenfalls zu Stößen mit den freien Ladungsträgern führen.

Jede Richtungskomponente ist bei einem homogenen Halbleiter gleich wahrscheinlich (Bild 1.14a).

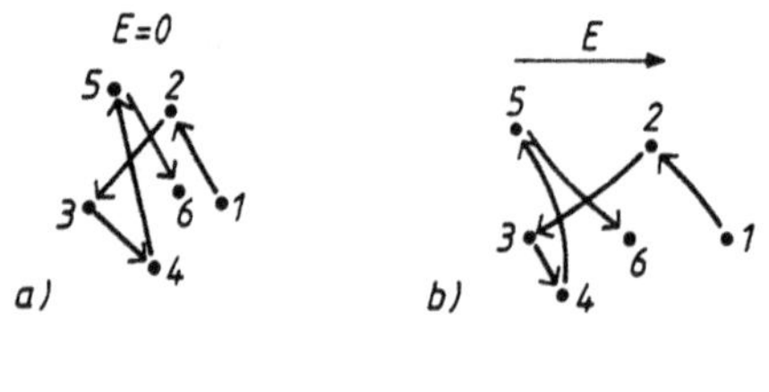

Bild 1.14
Darstellung der Bewegung eines Elektrons im Halbleiter; a) ohne elektr. Feld; b) mit elektr. Feld

Liegt an dem Halbleiter ein elektrisches Feld an, so erfahren die Ladungsträger zu ihrer wahlfreien thermischen Bewegung eine zusätzlich gerichtete Geschwindigkeitskomponente, die Driftgeschwindigkeit genannt wird (Bild 1.14b). Um diese für Elektronen zu bestimmen, kann man von der folgenden sehr vereinfachten Betrachtung ausgehen.

Unter dem Einfluß eines äußeren Feldes wird das Elektron so lange beschleunigt, bis es durch Zusammenstoß mit einem der erwähnten Hindernisse seine aufgenommene Energie ganz oder teilweise an das Gitter abgibt. Es sei angenommen, daß die Geschwindigkeit dabei auf $v_n=0$ sinkt und der Beschleunigungsvorgang von neuem beginnt, usw. Die Beschleunigung, die das negativ geladene Elektron während der Zeit zwischen zwei Zusammenstößen τ_{cn} erfährt, ist entsprechend dem 2. Newton'schen-Gesetz

$$b = \frac{-qE}{m_n}, \tag{1-40}$$

wobei m_n die effektive Masse des Elektrons im Kristallgitter ist. Sie ist eine rechnerische Größe, die anstelle der Masse eines freien Elektrons tritt und den Einfluß der inneren Kräfte des Kristalls auf das Elektron berücksichtigt.

Damit ergibt sich eine mittlere Geschwindigkeit der Elektronen zwischen zwei Zusammenstößen von

$$v_n = \frac{v_e}{2} = \frac{1}{2} b\tau_{cn} = \frac{-qE}{2m_n}\tau_{cn} = -\mu_n E, \tag{1-41}$$

wobei v_e die Endgeschwindigkeit des Elektrons vor dem Zustammenstoß ist. Analog gilt für die Löcher

$$v_p = \mu_p E, \tag{1-42}$$

wobei μ_n und μ_p Beweglichkeiten $[\frac{cm^2}{Vs}]$ genannt werden.

In der bisherigen vereinfachten Analyse wurde davon ausgegangen, daß die Zeit zwischen zwei Zusammenstößen unabhängig von der elektrischen Feldstärke ist und damit die Geschwindigkeit der Ladungsträger linear von der Feldstärke abhängt. Dies ist bei großen Feldstärken nicht mehr der Fall (Bild 1.15), wodurch mehr Energie von den Ladungsträgern an das Kristallgitter abgegeben wird. Die Driftgeschwindigkeit erreicht eine Sättigungsgeschwindigkeit, die der thermischen Geschwindigkeit der Ladungsträger von 10^7 cm/s entspricht.

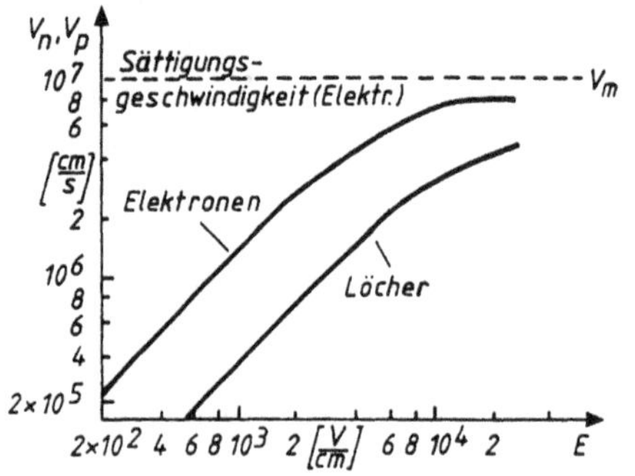

Bild 1.15
Driftgeschwindigkeit als Funktion der Feldstärke für Elektronen und Löcher im Silizium bei Raumtemperatur /8/

Wie bereits erwähnt, erfahren die Ladungsträger Stöße durch Gitterschwingungen und Störstellen. Diese Auswirkungen auf die Beweglichkeit der Elektronen und Löcher sind in Bild 1.16 gezeigt.

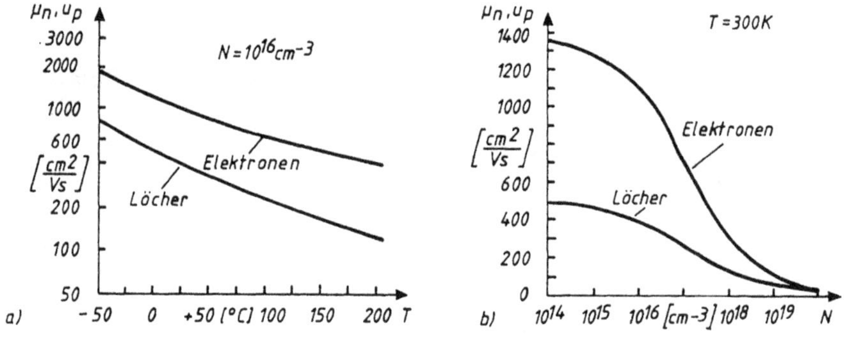

Bild 1.16
Abhängigkeit der Elektronen- und Löcherbeweglichkeit im Silizium; a) von der Temperatur; b) von der Dotierung ($N = N_A+N_D$)

1.4.2 Driftstrom

Die Ladungsträgerbewegung im Halbleiter als Folge einer elektrischen Feldstärke wird Driftstrom genannt. Die Stromdichte der Elektronen J_n ist damit (Gl.1-1)

$$J_n = \rho v_n = -qnv_n = qn\mu_n E \tag{1-43}$$

und die der Löcher

$$J_p = \rho v_p = qpv_p = qp\mu_p E. \qquad (1\text{-}44)$$

Nehmen an der Ladungsträgerbewegung Elektronen und Löcher teil, so ist die Driftstromdichte

$$J = J_n + J_p = q[\mu_n n + \mu_p p]E. \qquad (1\text{-}45)$$

Daraus resultiert eine Leitfähigkeit von

$$\sigma_L = q[\mu_n n + \mu_p p]. \qquad (1\text{-}46)$$

Die Gesamtstromdichte setzt sich, wie erwartet, aus dem Beitrag der Leitungs- und Valenzbandelektronen (Löcher) zusammen. Damit ergibt sich der in Bild 1.17 gezeigte Zusammenhang zwischen Teilchenbewegungen (vergl. mit Bild 1.4) und Stromdichten.

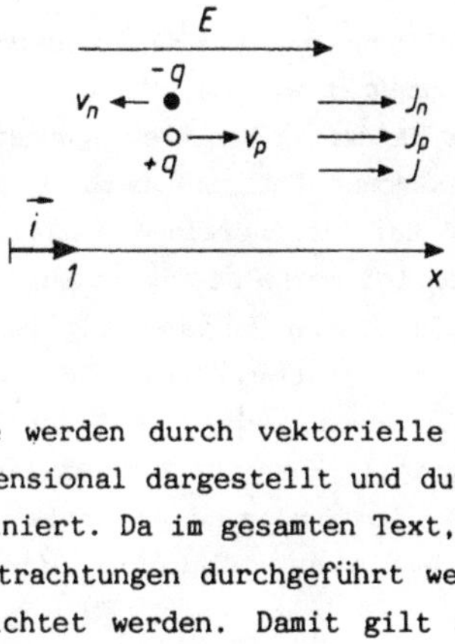

Bild 1.17
Zusammenhänge zwischen Teilchenbewegungen und Stromdichten

Die aufgeführten Zusammenhänge werden durch vektorielle Größen beschrieben. Diese sind in Bild 1.17 eindimensional dargestellt und durch den Einheitsvektor $\vec{i}$ parallel zur x-Achse definiert. Da im gesamten Text, bis auf wenige Ausnahmen, nur eindimensionale Betrachtungen durchgeführt werden, kann auf eine vektorielle Schreibweise verzichtet werden. Damit gilt als vereinbart: $\vec{J} = J\cdot\vec{i}$, $\vec{v} = v\cdot\vec{i}$ und $\vec{E} = E\cdot\vec{i}$.

In Bild 1.18 werden die beschriebenen Zusammenhänge an einem homogenen Halbleiterstab, an dem zwischen den Klemmen N und M eine Spannung $U_{NM}>0$ zugeführt wird, demonstriert.

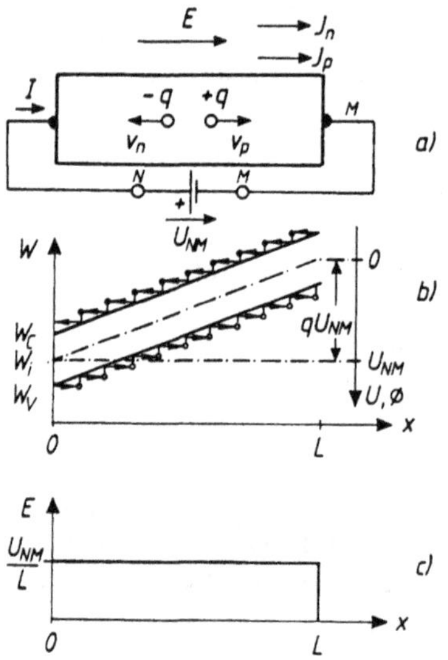

Bild 1.18
a) Homogener Halbleiterstab mit anliegender Spannung;
b) Ortsabhängigkeit von Elektronenenergie und Spannung;
c) Feldstärkeverlauf

Durch die anliegende Spannung wird das Bänderdiagramm am Ort x=0 energiemäßig gegenüber dem Referenzpunkt Wi bei x=L, um qU_{NM} abgesenkt. Die Elektronen erfahren während ihrer Wanderung Beschleunigungen und Stöße. Bei der Beschleunigung nehmen die Elektronen Energie oberhalb der Leitungsbandkante W_c an und fallen nach dem Stoß auf die Energie der Leitungsbandkante zurück. Dabei verlieren die Elektronen teilweise oder ganz ihre kinetische Energie, die in Wärme umgesetzt wird. In diesem Zusammenhang sei daran erinnert, daß die Leitungsbandkante der potentiellen Energie des Elektrons im Leitungsband entspricht. D.h., das Elektron verliert bei der Wanderung von rechts nach links die zugeführte potentielle Energie. Ähnlich ist es mit dem Loch, das seine potentielle Energie bei der Wanderung von links nach rechts verliert. Die anliegende Spannung U_{NM} hat eine Feldstärke (Bild 1.18c) von $E=-\partial\psi/\partial x=U_{NM}/L$ zur Folge.

Der Widerstand des Halbleiterstabs ergibt sich aus seiner Geometrie und der Leitfähigkeit zu

$$R = \frac{1}{\sigma_L}\frac{L}{A} = \frac{1}{q[\mu_n n + \mu_p p]}\frac{L}{A}, \qquad (1\text{-}47)$$

wobei A der Querschnitt des Stabes ist.

1.4.3 Diffusionsstrom

Im vorhergehenden wurde der Driftstrom, der eine Folge der elektrischen Feldstärke ist, behandelt. Erfolgt ein Zerfließen von Ladungsträgeranhäufungen durch thermische Bewegungen, so entsteht ein Diffusionsstrom, der in diesem Abschnitt näher betrachtet wird. Dazu sei angenommen, daß sich die in Bild 1.19 gezeigte Löcher- oder Elektronendichte in x-Richtung verändere.

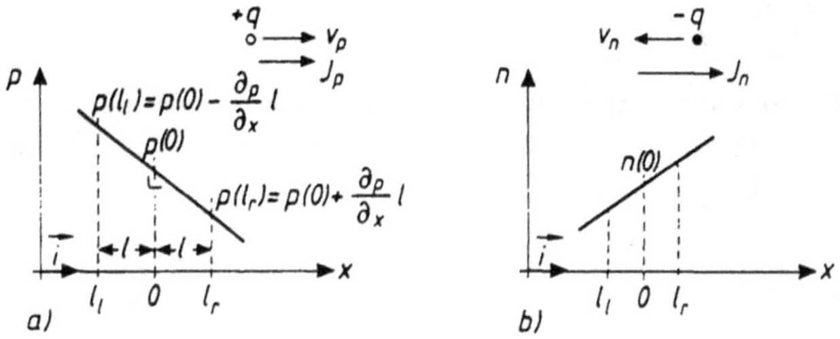

Bild 1.19
Inhomogene Ladungsträgerverteilungen mit Netto-Ladungsträgerbewegung und -Stromdichte; a) für Löcher; b) für Elektronen

Hierbei wird die Zahl der Ladungsträger betrachtet, die infolge ihrer thermischen Geschwindigkeit v_{th} bei l_l oder l_r starten und die Fläche bei x=0 von rechts oder links ausgehend passieren. Dabei ist $l_l=l_r=l$ die freie Weglänge, die die Ladungsträger zurücklegen. Entsprechend dieser Überlegung ergibt sich eine netto Diffusion von Ladungsträgern, die dem Ladungsträgergradienten entspricht. Diese hat eine Stromdichte bei Berücksichtigung der in Bild 1.17 festgelegten Vektorvereinbarung von

$$J_p = \underbrace{\frac{1}{2}\, q p(l_l) v_{th}}_{l_l \rightarrow 0} - \underbrace{\frac{1}{2}\, q p(l_r) v_{th}}_{0 \leftarrow l_r}$$

$$= \frac{1}{2}\, q\left[p(o) - \frac{\partial p}{\partial x} l\right] v_{th} - \frac{1}{2}\, q\left[p(o) + \frac{\partial p}{\partial x} l\right] v_{th}$$

$$= -q\, v_{th}\, l\, \frac{\partial p}{\partial x} \tag{1-48}$$

zur Folge. Der Faktor 1/2 wurde im Ansatz verwendet, da nach einer Kollision eines Elektrons die Wahrscheinlichkeit 1/2 ist, daß es nach rechts oder links wandert (eindimensionale Betrachtung). Werden v_{th} und l zu einer Konstanten zusammengefaßt, resultiert eine Löcherstromdichte von

$$J_p = -qD_p \frac{\partial p}{\partial x} \tag{1-49}$$

und analog dazu eine Elektronenstromdichte von

$$J_n = qD_n \frac{\partial n}{\partial x} . \tag{1-50}$$

D wird Diffusionskonstante $[cm^2/s]$ genannt. Diese kann bei thermodynamischem Gleichgewicht mit Hilfe der sogenannten Einstein-Beziehung /6/ in Abhängigkeit der Beweglichkeit ausgedrückt werden.

$$D_p = \frac{kT}{q} \mu_p(T) \tag{1-51}$$

$$D_n = \frac{kT}{q} \mu_n(T) \tag{1-52}$$

Es ist verständlich, daß die Diffusionskonstanten proportional zur Temperatur sind, da die beschriebenen Diffusionsvorgänge durch ein Zerfließen von Ladungsträgeranhäufungen infolge thermischer Bewegung verursacht werden.

Treten die in den Bildern 1.19a und b gezeigten Dichteänderungen in einem Halbleiter gleichzeitig auf, so addieren sich die Ströme. Dies muß so sein, wenn man bedenkt, daß die Lochwanderung nichts anderes ist, als die Wanderung eines Valenzbandelektrons in entgegengesetzter Richtung (vergl. mit Bild 1.4).

Fließen in einem Halbleiter Drift- und Diffusionsströme, so ergeben sich die Elektronen- und Löcherstromdichten aus der Summe der einzelnen Beträge

$$J_n = q\mu_n nE + qD_n \frac{\partial n}{\partial x} \tag{1-53}$$

$$J_p = q\mu_p pE - qD_p \frac{\partial p}{\partial x}. \tag{1-54}$$

1.4.4 Kontinuitätsgleichung

Mit den vorhergehenden Gleichungen können die Drift- und Diffusionsströme berechnet werden. Voraussetzung dazu ist, daß die Feldverteilung sowie die Ladungsverteilung bekannt sind. Diese hängen jedoch wiederum von den Strömen ab, so daß ein Zusammenhang zwischen Strömen und der zeitlichen Änderung der Ladungsträger benötigt wird. Diese Beziehung, die man Kontinuitätsgleichung nennt, wird im folgenden für den einfachen eindimensionalen Fall abgeleitet. Bild 1.20 zeigt einen Halbleiterstab mit der infinitesimalen Dicke dx.

Bild 1.20
Halbleiter mit der infinitesimalen Dicke dx

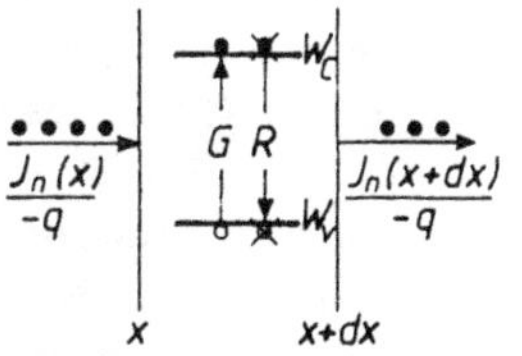

Die Zahl der Elektronen innerhalb des Stabes kann sich durch einen Elektronenzufluß $J_n(x)$ oder durch eine erhöhte Generationsrate (G) von Elektron-Loch-Paaren (z.B. durch Wärmezufuhr) vergrößern. Dagegen verringert sich die Zahl der Elektronen durch einen Elektronenabfluß $J_n(x+dx)$ sowie durch eine erhöhte Rekombinationsrate (R) von Elektronen und Löchern.
Somit kann die Änderung der Zahl der Elektronen innerhalb des Stabes pro Zeiteinheit mit der Gleichung

$$\frac{\partial n}{\partial t}\, dx = \left[\frac{J_n(x)}{-q} - \frac{J_n(x + dx)}{-q}\right] + [G - R]dx \qquad (1\text{-}55)$$

bestimmt werden, wobei $J_n/-q = nv_n = n\partial x/\partial t$ die Zahl der Elektronen pro Fläche ist, die pro Zeiteinheit in den Halbleiter gelangt oder aus ihr herausfließt.

Da

$$\lim_{dx \to 0} \frac{J_n(x + dx) - J_n(x)}{dx} = \frac{\partial J_n}{\partial x} \qquad (1\text{-}56)$$

ist, ergibt sich aus Beziehung (1-55) die Kontinuitätsgleichung für Elektronen

$$\frac{\partial n}{\partial t} = \frac{1}{q}\frac{\partial J_n}{\partial x} + G - R \qquad (1\text{-}57)$$

und analog die für Löcher

$$\frac{\partial p}{\partial t} = -\frac{1}{q}\frac{\partial J_p}{\partial x} + G - R. \qquad (1\text{-}58)$$

Diese Gleichungen gelten uneingeschränkt, ob thermodynamisches Gleichgewicht vorliegt oder nicht.

1.5 Störungen des thermodyn. Gleichgewichts

Halbleiterbauelemente werden nicht unter thermodynamischen Gleichgewichtsbedingungen betrieben. Dadurch ist das pn-Produkt verschieden von n_i^2. Störungen im Halbleiter treten somit durch Veränderung der Ladungsträgerdichten, d.h. von Majoritäts- und Minoritätsträgern auf. Mit Hilfe von zwei theoretischen Experimenten werden die Begriffe Lebensdauer und Diffusionslänge abgeleitet.

Die Analyse wird wesentlich vereinfacht, wenn man bei der Erhöhung von Minoritäts- und Majoritätsträgerdichten, Injektion genannt, zwischen schwacher und starker Injektion unterscheidet. Definitionsgemäß sind bei der schwachen Injektion die Minoritätsträgerdichten klein gegenüber den Majoritätsträgerdichten, d.h. bei einem n-Typ-Halbleiter (Bild 1.21) ist $p_n \ll n_n$. Die prozentuale Änderung der Majoritätsträgerdichte ist somit vernachlässigbar klein. Bei der starken Injektion haben dagegen die Minoritäts- und Majoritätsträgerdichten die gleiche Größenordnung. Diese Unterteilung hat den Vorteil, daß bei der schwachen Injektion, wie gezeigt werden wird, der Einfluß eines selbstinduzierten elektrischen Feldes auf die Minoritätsträger vernachlässigt werden kann. Die Ursache eines selbstinduzierten Feldes ist auf unterschiedliche Majoritäts- und Minoritätsträgerverteilungen zurückzuführen. Durch diese Vereinfachung sind bei vielen Aufgabenstellungen analytische Lösungen möglich.

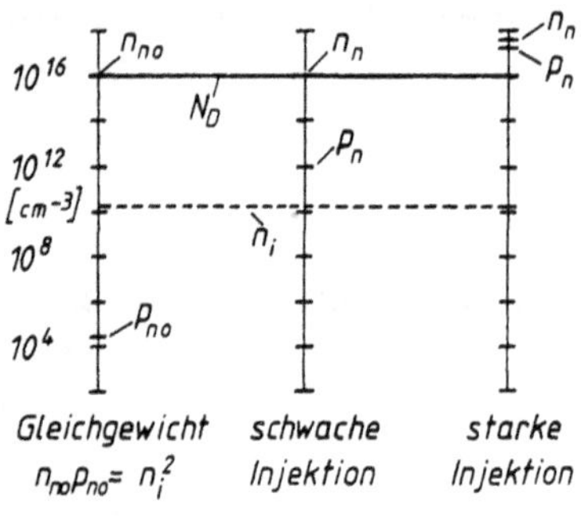

Bild 1.21
Elektronen- und Löcherkonzentration in einem n-Typ-Si-Halbleiter bei Raumtemperatur

<u>1. Experiment</u>

In der in Bild 1.22 gezeigten n-Typ Siliziumprobe werden Majoritäts- und Minoritätsträgerdichten gegenüber denjenigen im thermodynamischen Gleichgewicht zu gleichen Teilen erhöht bzw. erniedrigt.

Bild 1.22
Minoritätsträger beim n-Typ-Halbleiter;
a) Überschußdichte $p'_L>0$;
b) Überschußdichte $p'_L<0$;

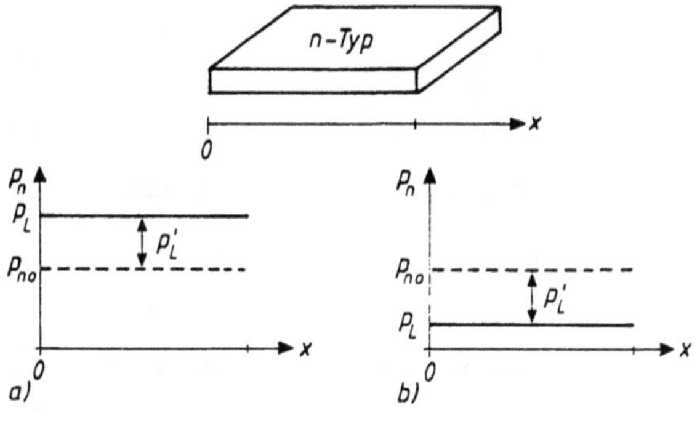

Die Erhöhung kann z.B. durch Lichtbestrahlung erfolgen, wodurch Elektronen-Lochpaare durch das Aufbrechen kovalenter Verbindungen entstehen. Die Ursache zur Erniedrigung der Ladungsträgerdichten ist dagegen nicht so einfach zu beschreiben, was jedoch für das Experiment von untergeordneter Bedeutung sein soll.

Wird nun die Ursache, die die Ladungsträgerdichten verändert, beseitigt, so stellt sich die Frage, wodurch und wie der Ausgleichsvorgang zum thermodynamischen Gleichgewicht erfolgt.

Um diese Frage zu beantworten, muß zuerst die netto Rekombinationsrate U im Halbleiter näher betrachtet werden. Im einfachsten Fall, bei schwacher Injektion, kann diese beim n-Typ bzw. p-Typ Si-Halbleiter durch die Beziehungen /9/

$$U = R(n,p) - G$$

$$= \frac{1}{\tau_p}[p_n - p_{no}] \qquad (1\text{-}59)$$

und

$$U = R(n,p) - G$$

$$= \frac{1}{\tau_n}[n_p - n_{po}] \qquad (1\text{-}60)$$

angegeben werden, wobei τ_p und τ_n die Lebensdauer der jeweiligen Minoritätsträger, wie gezeigt werden wird, beschreiben. Wie diese netto Rekombination zu verstehen ist, ist in Bild 1.23 veranschaulicht.

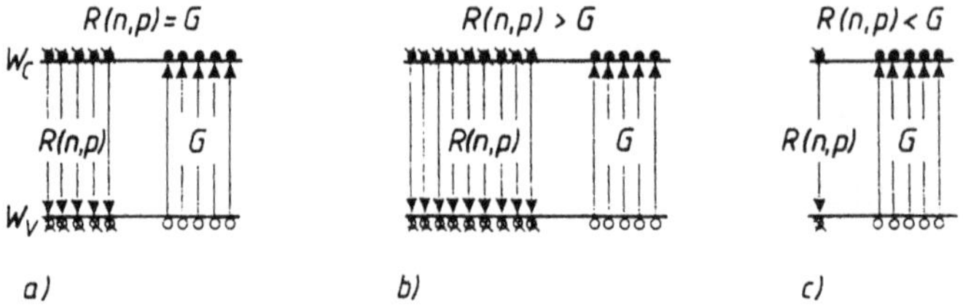

Bild 1.23
Darstellung der netto Rekombinationsrate; a) $p_n = p_{no}$; b) $p_n > p_{no}$; c) $p_n < p_{no}$

Die Generationsrate G(T) ist nur eine Funktion von der Temperatur, da das Licht abgeschaltet wurde. Die Rekombinationsrate hängt dagegen, wie im Abschnitt 1.3.3 bereits beschrieben wurde, von dem Produkt ($R \propto np$) der beiden Ladungsträgerarten ab, da diese nur paarweise verschwinden können. Somit kann die Rekombinationsrate entsprechend den vorliegenden Ladungsträgerdichten größer (Fall b) oder kleiner (Fall c) im Vergleich zum thermodynamischen Gleichgewicht (Fall a) sein.

Da in der Probe keine Ladungsträger zu- oder abfließen, ist $\partial J_p/\partial x = 0$, wodurch sich die Kontinuitätsgleichung (Gl.1-58) zu

$$\frac{\partial p_n}{\partial t} = G - R(n,p) = -\frac{p_n - p_{no}}{\tau_p} \qquad (1\text{-}61)$$

ergibt. Wenn die Überschußdichte

$$p'_n = p_n - p_{no} \qquad (1\text{-}62)$$

verwendet wird, läßt sich die Beziehung zu

$$\frac{\partial p_n}{\partial t} = \frac{\partial p'_n}{\partial t} = -\frac{p'_n}{\tau_p} \qquad (1\text{-}63)$$

vereinfachen.

Mit der Anfangsbedingung $p'_n(t=0) = p_L - p_{no} = p'_L$ liefert die Lösung der Differentialgleichung

$$p'_n(t) = p'_L \, e^{-t/\tau_p} \qquad (1\text{-}64)$$

die Beschreibung des Ausgleichvorgangs zum thermodynamischen Gleichgewicht, wobei τ_p eine Zeitkonstante ist, die die Minoritätsträger-Lebensdauer beschreibt.

Abhängig vom Experiment kann $p'_L \gtrless 0$ sein. Ist $p'_L > 0$ und damit $U > 0$, so geschieht der Ausgleichsvorgang (Bild 1.24)

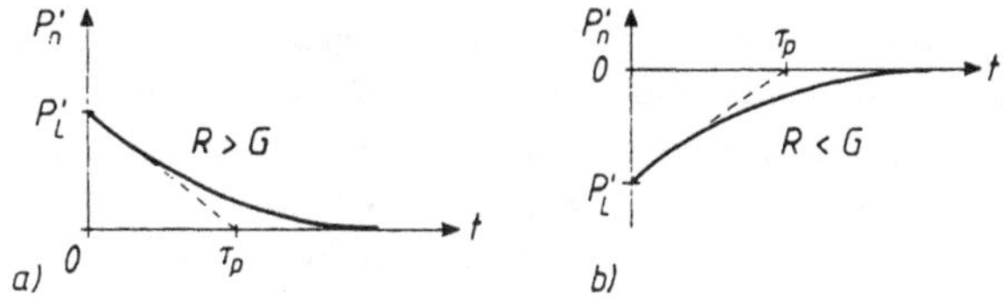

Bild 1.24
Ausgleichsvorgang zum thermodynamischen Gleichgewicht; a) Überschußdichte $p'_L > 0$; b) Überschußdichte $p'_L < 0$

durch überwiegende Rekombination (Bild 1.23b). Ist dagegen $p'_L < 0$ und $U < 0$, so findet der Ausgleichsvorgang durch überwiegende Generation statt (Bild 1.23c). Bei dem vorhergehenden Experiment wurde der zeitliche Ausgleichsvorgang zum thermodynamischen Gleichgewicht und die Minoritätsträger-Lebensdauer beschrieben. Im folgenden zweiten Experiment wird das räumliche Verhalten der Ladungsträger betrachtet und der Begriff der Diffusionslänge erklärt.

2. Experiment

Man stelle sich eine n-Typ Halbleiterprobe, wie in Bild 1.25 gezeigt vor, bei der durch irgendeine Ursache an der Stelle $x=0$ die Konzentration der Majoritäts- und Minoritätsträger durch Zufließen (Injektion) erhöht oder durch Abfließen (Extraktion) erniedrigt wird.

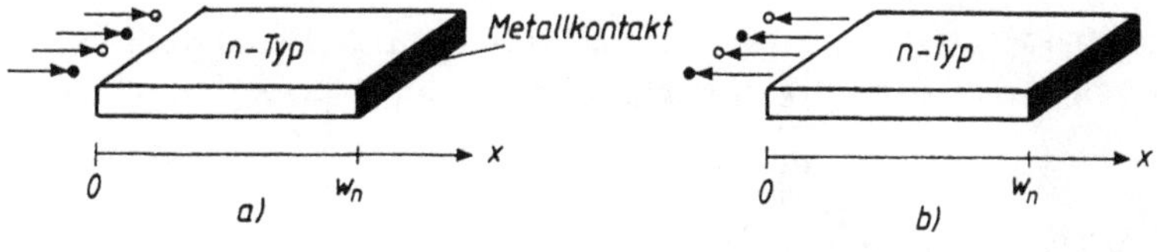

Bild 1.25
Störung des thermodynamischen Gleichgewichts; a) einseitige Injektion; b) einseitige Extraktion von Majoritäts- und Minoritätsträgern

Diese beiden Fälle sind vergleichbar, wie in Kapitel 2 gezeigt ist, mit dem Verhalten eines pn-Übergangs in Sperr- bzw. Durchlaßrichtung. Die Ergebnisse des Experiments können dadurch bei der Herleitung der Diodengleichung direkt übertragen werden.

Der Gesamtstrom in der Probe ist überall 0, da den Elektronen immer die Löcher, die ja nichts anderes als Valenzband Elektronen sind, entgegenwirken.

Von Interesse ist das örtliche Verhalten der Ladungsträger. Ansatz zur Lösung ist wiederum die Kontinuitätsgleichung (Gl.1-58). Da sich die Ladungsträger bei diesem Experiment im stationären Zustand befinden, d.h. keine zeitlichen Veränderungen auftreten, ist $\partial p_n/\partial t=0$. Da außerdem vorausgesetzt wird, daß schwache Injektion vorliegt, ergibt sich der Zusammenhang

$$0 = -\frac{1}{q}\frac{\partial J_p}{\partial x} - \frac{p'_n}{\tau_p}, \tag{1-65}$$

wobei Beziehung (1-59) zur Beschreibung der netto Rekombination verwendet wurde.

Die Löcherstromdichte ist mit Beziehung (1-54)

$$J_p = \underbrace{q\mu_p p_n E}_{\text{Drift}} - \underbrace{qD_p \frac{\partial p_n}{\partial x}}_{\text{Diffusion}}$$

berechenbar. Der Driftstromdichteanteil kann bei schwacher Injektion als vernachlässigbar klein angenommen werden, wie im nächsten Abschnitt bewiesen werden wird.

Damit resultiert nach Substitution dieser Beziehung in Gleichung (1-65)

$$D_p \frac{\partial^2 p'_n}{\partial x^2} - \frac{p'_n}{\tau_p} = 0, \tag{1-66}$$

wobei $\partial p_n/\partial x=\partial p'_n/\partial x$ ist. Diese ist eine lineare Differentialgleichung 2. Ordnung, die mit den Randbedingungen $p'_n(w_n)=0$ und $p'_n(x=0)=p'_L$ die Lösung

$$p'_n(x) = p'_L \frac{\sinh \frac{w_n - x}{L_p}}{\sinh \frac{w_n}{L_p}} \tag{1-67}$$

liefert. In dieser Gleichung ist

$$L_p = \sqrt{D_p\tau_p} \tag{1-68}$$

die Diffusionslänge der Löcher, die das räumliche Verhalten der Minoritätsträger beschreibt.

Bei dieser allgemeinen Lösung sind zwei spezielle Fälle von besonderer Bedeutung und zwar, wenn die Abmessungen der Probe sehr kurz bzw. sehr lang sind.

Lange Abmessungen $w_n \gg L_p$

Mit dieser Bedingung liefert Beziehung (1-67) die Lösung

$$p'_n(x) = p'_L \, e^{-x/L_p} \, . \qquad (1\text{-}69)$$

Diese ist in Bild 1.26 für die Fälle Injektion ($p'_L > 0$) und Extraktion ($p'_L < 0$) dargestellt.

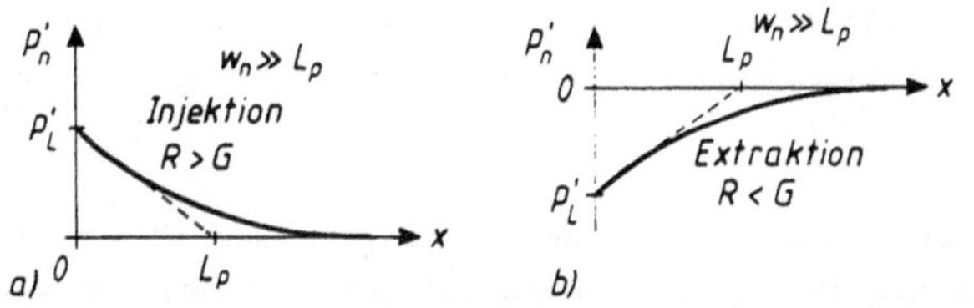

Bild 1.26
Örtliche Veränderung der Minoritätsträger; a) Injektion; b) Extraktion

Das örtliche Verhalten bei der Injektion wird dabei durch die erhöhte Rekombination $R(n,p) > G$ bestimmt. Bei der Extraktion dagegen ist die thermische Generation für das Verhalten verantwortlich, da eine niedrigere Rekombination $R(n,p) < G$ vorliegt. Da $w_n \gg L_p$ ist, ist die Störung schon abgeklungen, d.h. thermodynamisches Gleichgewicht erreicht, bevor sie am Kontakt bei w_n ankommt. Somit hat der Kontakt keinen Einfluß auf das Ladungsträgerverhalten.

Kurze Abmessungen $w_n \ll L_p$

Mit dieser Bedingung ergibt sich aus Gleichung (1-67) eine lineare örtliche Minoritätsträgerverteilung von

$$p'_n(x) = p'_L(0) \left[1 - \frac{x}{w_n}\right] . \qquad (1\text{-}70)$$

Da $w_n \ll L_p$ ist, haben die injizierten Ladungsträger keine Möglichkeit zu rekombinieren, bevor sie den Metallkontakt erreichen. Dieser stellt im Idealfall bei $x = w_n$ thermodynamisches Gleichgewicht her (Bild 1.27).

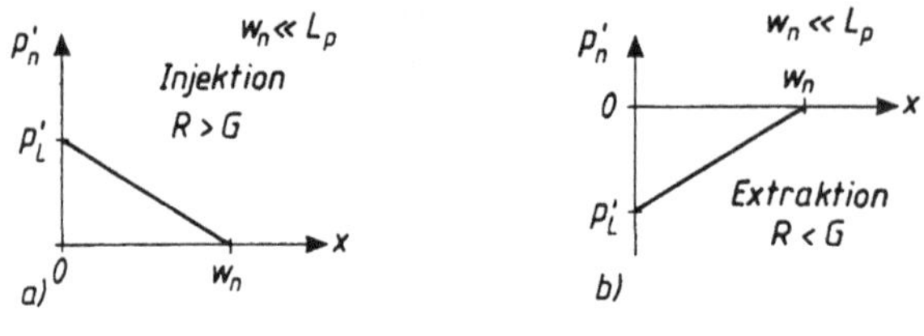

Bild 1.27
Örtliche Veränderung der Minoritätsträger; a) Injektion; b) Extraktion

so daß $p'_n(w_n)=n'_n(w_n)=0$ bleiben. Diesen Vorgang, der in Kapitel 2.10.1 näher beschrieben ist, kann man sich wie folgt veranschaulichen:

Bei der Injektion (Bild 1.25a) wandern Elektronen und Löcher zum Metall. Die Löcherwanderung ist gleichbedeutend mit der Wanderung eines Valenzbandelektrons aus dem Metall in den Halbleiter. Dadurch entstehen im Metall zeitweise nichtbesetzte Zustände, die durch die zum Metall gelangenden Elektronen aufgefüllt werden.

Bei der Extraktion (Bild 1.25b) wandern Elektronen und Löcher aus dem Metall. Die Löcherwanderung ist gleichbedeutend mit der Wanderung von Valenzbandelektronen ins Metall, die dort zeitweise freie Zustände besetzen. Diese Zustände entstehen dadurch, daß Leitungsbandelektronen aus dem Metall zum Halbleiter wandern. Somit bewirkt das Metall einen ständigen Ausgleich zwischen Leitungs- und Valenzbandelektronen.

Einfluß des elektrischen Feldes auf Minoritäts- und Majoritätsträger

Die Differentialgleichung (1-66) wurde unter der Voraussetzung abgeleitet, daß bei schwacher Injektion bei der Löcherstromdichte

$$J_p = \underbrace{q\mu_p p_n E}_{\text{Drift}} - \underbrace{qD_p \frac{\partial p_n}{\partial x}}_{\text{Diffusion}}$$

der Driftanteil gegenüber dem Diffusionsanteil vernachlässigt werden kann. Ausgangspunkt für die folgende Überlegung ist, daß, wie bereits erwähnt, die Gesamtstromdichte, bestehend aus Löcher- und Elektronenstromdichte, im Halbleiter überall 0 ist. Damit kann das elektrische Feld wie folgt berechnet werden

$$J_p = -J_n$$

$$q\mu_p p_n E - qD_p \frac{\partial p_n}{\partial x} = -[q\mu_n n_n E + qD_n \frac{\partial n_n}{\partial x}]$$

$$E = \frac{1}{\mu_p p_n + \mu_n n_n}[D_p \frac{\partial p_n}{\partial x} - D_n \frac{\partial n_n}{\partial x}]. \qquad (1\text{-}71)$$

Der resultierende Minoritätsträgerstrom ist:

$$J_p = \underbrace{\frac{q}{1+\frac{\mu_n}{\mu_p}\frac{n_n}{p_n}}[D_p \frac{\partial p_n}{\partial x} - D_n \frac{\partial n_n}{\partial x}]}_{\text{Drift}} - \underbrace{qD_p \frac{\partial p_n}{\partial x}}_{\text{Diffusion}}. \qquad (1\text{-}72)$$

Da bei schwacher Injektion $p_n \ll n_n$ ist, kann die Driftstromdichte als vernachlässigbar klein gegenüber der Diffusionsstromdichte angenommen werden. Im Gegensatz dazu ist diese Aussage, wie durch eine ähnliche Ableitung bewiesen werden kann, nicht bei den Majoritätsträgern zulässig.

Die Betrachtung der Minoritätsträger vereinfacht somit bei schwacher Injektion die Analyse, da der Einfluß des elektrischen Feldes nicht berücksichtigt zu werden braucht. Dieses Resultat ist sogar auf Fälle übertragbar, bei denen ein Gesamtstrom fließt.

Als Fazit aus den Experimenten kann damit folgendes gesagt werden:

- Die Minoritätsträgerlebensdauer beschreibt den zeitlichen Ausgleichsvorgang zum thermischen Gleichgewicht.

- Die Diffusionslänge kennzeichnet das örtliche Verhalten der Minoritätsträger.

- Bei Injektion überwiegt die Rekombination und bei Extraktion die Generation, die für das örtliche Verhalten der Minoritätsträger verantwortlich sind.

- Bei schwacher Injektion kann bei den Minoritätsträgern der Driftstromanteil als vernachlässigbar klein gegenüber dem Diffusionsanteil angenommen werden.

Übungen

Aufgabe 1.1

Bei einer Ge-Probe liegt das Ferminiveau 0,15 eV unter der Leitungsbandkante.

a) Berechnen Sie die Wahrscheinlichkeit, mit welcher die Valenzbandkante und die Leitungsbandkante von Elektronen besetzt sind und vergleichen Sie die Werte mit den Wahrscheinlichkeiten für einen Intrinsichalbleiter.
(kT = 26 meV ≙ Zimmertemperatur)
b) Berechnen Sie die Elektronendichte im Leitungsband und die Löcherdichte im Valenzband für den obigen Halbleiter.
Über welche Beziehung sind die aus b) erhaltenen Ergebnisse direkt miteinander verknüpft?

Aufgabe 1.2

Gegeben ist ein n-Typ Si-Halbleiter, dessen Donatorniveau 0,05 eV unter der Leitungsbandkante liegt. Die Dichte der ionisierten Donatoratome N_D^+ (Bild 1.11) beträgt

$$N_D^+ = N_D\,[1 - F(W_D)] = N_D\left[1 - \frac{1}{1 + \frac{1}{2}\exp\frac{W_D - W_F}{kT}}\right],$$

wobei $[1 - F(W_D)]$ die Wahrscheinlichkeit für das Fehlen eines Elektrons ist und der Faktor 1/2 den einfach ionisierten Donator berücksichtigt /4/.

a) Berechnen Sie bei Raumtemperatur die Ferminiveaus bei folgenden Dotierungen: $N_D = 10^{16}\,cm^{-3}$, $10^{18}\,cm^{-3}$ und $10^{19}\,cm^{-3}$. Dabei wird vorausgesetzt, daß 100%ige Ionisation der Donatoren vorliegt.
b) Verwenden Sie dann die berechneten Ferminiveaus, um die Voraussetzung der 100%igen Ionisation zu überprüfen.

Aufgabe 1.3

Gegeben ist ein Si-Halbleiter mit $5 \cdot 10^{16}$ Boratome/cm^3 und 10^{15} Phosphoratome/cm^3. Berechnen Sie bei Raumtemperatur:
a) die Elektronen- und Löcherkonzentration; b) die Leitfähigkeit und c) den Abstand des Fermi- zum Intrinsicniveau. Die Beweglichkeiten sind dem Bild 1.16b zu entnehmen.

Aufgabe 1.4

In einem sehr langen homogen dotierten p-Typ Silizium Halbleiter werden an der Stelle x=0 kontinuierlich Elektronen injiziert.

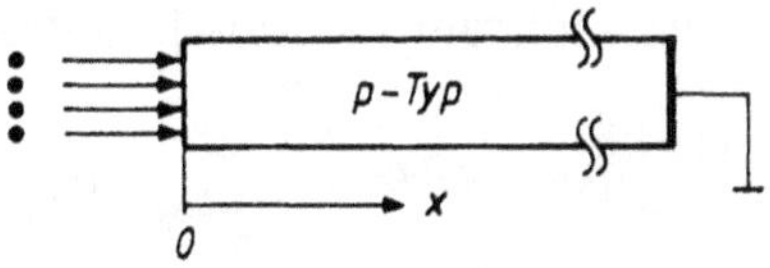

An der Stelle x=0 ist die Elektronendichte $n(o)=10^{10}cm^{-3}$. Die Elektronen- und Löcherbeweglichkeiten betragen $\mu_n = 1200cm^2/Vs$ und $\mu_p = 400cm^2/Vs$.
Der Halbleiter hat eine Dotierung von $N_A=10^{15}cm^{-3}$.
Die Diffusionslänge der Elektronen beträgt 22µm.

a) Zeichnen Sie den Verlauf von Elektronenstromdichte J_n und Löcherstromdichte J_p als Funktion des Ortes. Wie groß ist die Gesamtstromdichte?
b) Welchen Wert hat die elektrische Feldstärke für $x \rightarrow \infty$?

Die wichtigsten Beziehungen

Ladungsträgerdichte im thermodynamischen Gleichgewicht

$$\left.\begin{aligned} n_0 &= N_C\, e^{-[W_C - W_F]/kT};\quad n_0 = n_i\, e^{[W_F - W_i]/kT} \\ p_0 &= N_V\, e^{-[W_F - W_V]/kT};\quad p_0 = n_i\, e^{[W_i - W_F]/kT} \end{aligned}\right\}\quad n_0 p_0 = n_i^2$$

Majoritätsträger: $n_{no} = N_D - N_A \qquad p_{po} = N_A - N_D$

Minoritätsträger: $p_{no} = \dfrac{n_i^2}{N_D - N_A} \qquad n_{po} = \dfrac{n_i^2}{N_A - N_D}$

Diffusionslängen: $L_n = \sqrt{D_n \tau_n};\; L_p = \sqrt{D_p \tau_p}$

Einsteinbeziehung: $D_n = \dfrac{kT}{q}\mu_n;\; D_p = \dfrac{kT}{q}\mu_p$

Drift- und Diffusionsstrom:

$$J_n = q\mu_n nE + qD_n \frac{\partial n}{\partial x}$$

$$J_p = q\mu_p pE - qD_p \frac{\partial p}{\partial x}$$

$$J = J_n + J_p$$

Kontinuitätsgleichung:

$$\frac{\partial n}{\partial t} = \frac{1}{q}\frac{\partial J_n}{\partial x} + G - R$$

$$\frac{\partial p}{\partial t} = -\frac{1}{q}\frac{\partial J_p}{\partial x} + G - R$$

Leitfähigkeit: $\sigma_L = q[\mu_p p + \mu_n n]$ Widerstand: $R = \dfrac{1}{\sigma_L}\dfrac{L}{A}$

Störungen des thermodynamischen Gleichgewichts

	n-Typ	p-Typ
Zeitliches Abklingen der Minoritätsträger	$p'_n(t) = p'_n(0)e^{-t/\tau_p}$	$n'_p(t) = n'_p(0)e^{-t/\tau_n}$
Räumliches Abklingen der Minoritätsträger	$p'_n(x) = p'_n(0)e^{-x/L_p}$	$n'_p(x) = n'_p(0)e^{-x/L_n}$

Literaturhinweise

[1] C.D. Thurmond: "The Standard Thermodynamic Function of the Formation of Electrons and Holes in Ge, Si, GaAs and GaP;" J. Electrochem. Soc. 122, 1133 (1975).

[2] S.M. Sze: "Physics of Semiconductor Devices"; Wiley Interscience (1981)

[3] F.J. Morin et al: Electrical Properties of Silicon Containing Arsenic and Boron; Phys.Rev. 96,28 (1954)

[4] R. Müller: "Grundlagen der Halbleiter-Elektronik", Springer-Verlag (1975)

[5] C. Kittel: "Einführung in die Festkörperphysik"; R. Oldenbourg, John Wiley (1973)

[6] Paul: "Halbleiterphysik"; Hüthig Verlag, Heidelberg (1975)

[7] A.J. Schwab: "Begriffswelt der Feldtheorie"; Springer-Verlag (1985)

[8] E.J. Ryder: "Mobility of Holes and Electrons in High Electric Fields"; Physical Review, Vol 90, No.5, pp 760-769 (1953)

[9] A.S. Grove: "Physic and Technology of Semiconductor Devices"; John Wiley (1967)

2.0 Die Diode

In diesem Kapitel werden die pn- und Schottky-Diode behandelt. Die pn-Diode nimmt dabei die dominierende Rolle ein, da sie die Grundlage für das Verständnis der in den folgenden Kapiteln behandelten Transistoren bildet. Die ideale Diodengleichung wird entwickelt, wobei die Erkenntnisse des 1. Kapitels direkt übernommen werden können. Das Kapazitätsverhalten wird durch zwei nichtlineare Kleinsignal-Kapazitäten, nämlich die Sperrschicht- und Diffusionskapazität beschrieben. Bei der Herleitung der wichtigsten Beziehungen wird zwischen langen und kurzen Diodenabmessungen unterschieden, so daß Geometrien, wie sie beim bipolaren Transistor vorkommen, ebenfalls berücksichtigt werden. Die Messung der Diodenparameter wird vorgestellt. Eine kurze Einführung in das Modellieren von Halbleiterbauelementen für CAD (computer aided design)-Anwendungen wird gegeben und am Beispiel der Diode vertieft. Hierbei wird genau wie in den folgenden Kapiteln versucht, Modellbeschreibungen herzuleiten, die mit denjenigen des weit verbreiteten Schaltungssimulationsprogramms SPICE (simulation program with integrated circuit emphasis) übereinstimmen.

2.1 Inhomogener n-Typ-Halbleiter

Zur Analyse des pn-Übergangs ist es zweckmäßig, zuerst einen inhomogen dotierten n-Typ-Halbleiter zu betrachten, um das Verständnis für die Transportmechanismen der Ladungsträger und des Bänderdiagramms zu erweitern.

In Bild 2.1 ist ein inhomogener Halbleiter dargestellt. Als Beispiel wurde ein n-Typ Siliziumstab gewählt, dessen örtliche Dotierungsverteilung sich bei $x=0$ abrupt verändert. Dadurch stehen sich sehr unterschiedliche Elektronendichten n gegenüber, die sich über den Diffusionsvorgang (Kapitel 1.4.3) auszugleichen versuchen. Dies hat zur Folge, daß bei $x>0$ eine Elektronenverringerung und bei $x<0$ eine Elektronenanhäufung entsteht. Diese unterschiedliche Ladung verursacht ein elektrisches Feld, das eine Elektronenbewegung (Drift), die entgegengesetzt zu der Diffusion ist, hervorruft. Diese Elektronenbewegungen sind symbolisch im Bänderdiagramm (Bild 2.1b) dargestellt. Thermodynamisches Gleichgewicht wird erreicht, wenn sich Drift- und Diffusionsströme kompensieren, d.h. wenn nach Gleichung (1-53) die Stromdichte

$$J_n = q\mu_n n_n E + qD_n \frac{\partial n_n}{\partial x} = 0 \text{ ist.} \tag{2-1}$$

Aus diesem Ansatz resultiert

$$E\partial x = -\frac{D_n}{\mu_n}\frac{\partial n_n}{n_n} \tag{2-2}$$

und eine Spannung (Gl.1-33) zwischen den Bereichen hoher und niedriger Dotierung von

$$\Phi_i = -\int_{x \ll 0}^{x \gg 0} E dx, \tag{2-3}$$

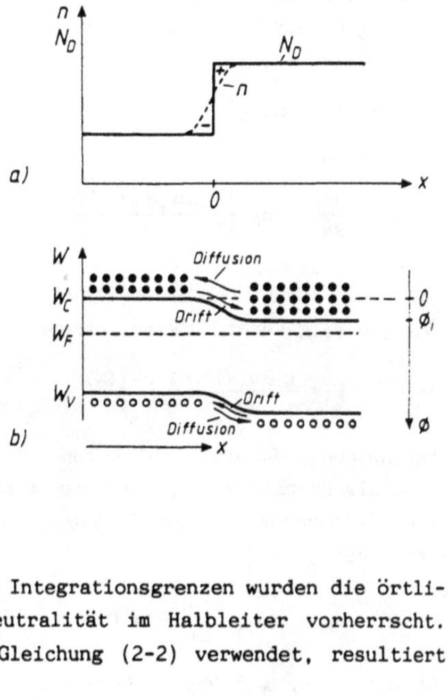

Bild 2.1
Inhomogener n-Typ-Halbleiter;
a) Dotierung und Elektronenverteilung;
b) Bänderdiagramm

die Diffusionsspannung genannt wird. Als Integrationsgrenzen wurden die örtlichen Werte gewählt, ab denen Ladungsneutralität im Halbleiter vorherrscht. Wird die Einsteinbeziehung (1-52) und Gleichung (2-2) verwendet, resultiert eine Diffusionsspannung von

$$\Phi_i = \frac{kT}{q}\int_{N_D(x \ll 0)}^{N_D(x \gg 0)} \frac{dn_n}{n_n} = \frac{kT}{q}\ln\frac{N_D(x \gg 0)}{N_D(x \ll 0)}, \tag{2-4}$$

die in Bild 2.1b eingetragen ist.

Bisher wurden nur die Majoritätsträger betrachtet. Von Interesse ist aber auch das Verhalten der Minoritätsträger. Es stehen sich unterschiedliche Löcherdichten gegenüber. Wegen $p=n_i^2/N_D$ ist diese im niedriger dotierten n-Bereich ($x<0$) am größten. Dadurch kommt es zu einer Diffusion von Löchern in den höher dotierten n-Bereich ($x>0$), sowie einer entsprechenden Drift von Löchern in entgegengesetzter Richtung. Im Vergleich zu den Majoritätsträgern sind Drift- und Diffusionsrichtung vertauscht. Im thermodynamischen Gleichgewicht kompensieren sich ebenfalls die entgegengesetzt wirkenden Löcherbewegungen.

Örtliches Verhalten des Ferminiveaus im thermodynamischen Gleichgewicht

Aus der Tatsache, daß die Stromdichte im thermodynamischen Gleichgewicht (2-1)

$$J_n = q\mu_n n_n E(x) + qD_n \frac{\partial n_n}{\partial x} = 0 \text{ ist,}$$

kann das örtliche Verhalten des Ferminiveaus abgeleitet werden. Der zur Lösung benötigte Gradient $\partial n/\partial x$ ergibt sich aus der Elektronenkonzentration (Gl.1-14)

$$n_n = n_i \, e^{[W_F(x) - W_i(x)]/kT} \tag{2-5}$$

zu

$$\frac{\partial n_n}{\partial x} = n_n \frac{1}{kT} \left[\frac{\partial W_F(x)}{\partial x} - \frac{\partial W_i(x)}{\partial x}\right]. \tag{2-6}$$

Weiterhin wird noch eine Beziehung zwischen dem elektrischen Feld und der Energie W_i gesucht. Dieser Zusammenhang ist in Gl.(1-34)

$$E = \frac{1}{q} \frac{\partial W(x)}{\partial x} = \frac{1}{q} \frac{\partial W_i(x)}{\partial x} \tag{2-7}$$

beschrieben. Da das Feld E von dem Gradienten der Energie W bestimmt wird, kann als Energie W_C, W_V oder wie im obigen Fall, W_i verwendet werden. Mit diesen Gleichungen und der Einsteinbeziehung (1-52) resultiert ein Elektronenstrom von

$$J_n = \mu_n n_n \frac{\partial W_F(x)}{\partial x} = 0. \tag{2-8}$$

Da $J_n=0$ ist, muß $\partial W_F(x)/\partial x=0$ sein. D.h., im thermodynamischen Gleichgewicht verläuft das Ferminiveau auf gleicher energetischer Höhe, da jede Abweichung davon einen Stromfluß verursachen würde (Bild 2.1b).

2.2 Der pn-Übergang im thermodyn. Gleichgewicht

Ein abrupter pn-Übergang entsteht, wenn ein p- und n-Typ Halbleiter in Kontakt gebracht werden. An der Schnittstelle der beiden Halbleitertypen stehen sich, ähnlich wie beim inhomogenen n-Typ-Halbleiter unterschiedliche Konzentrationen von Elektronen und Löchern gegenüber. Die Konzentrationsunterschiede sind jedoch wesentlich größer. Als Folge dieser Konzentrationsunterschiede entstehen Diffusionsströme von Elektronen und Löchern, die eine Ladungsträgerverteilung, wie in Bild 2.2b gezeigt, hervorrufen. In der Umgebung von x=0 bildet sich eine positive und negative Raumladung (Bild 2.2c) durch nicht mehr ladungsmäßig voll kompensierte Donator- und Akzeptorionen. Diese Zone wird Raumladungszone (RLZ) genannt. Auf die unterschiedlich großen Bereiche x_p und x_n der Raumladungszone, die durch die verschiedenen Dotierungsdichten $N_D > N_A$ hervorgerufen werden, wird im Abschnitt 2.5.1 näher eingegangen. Die Raumladungszone ist Ursache für ein elektrisches Feld (Bild 2.2d). Als Folge dieses Feldes entstehen Driftströme, die den Diffusionsströmen des jeweiligen Ladungsträgertyps entgegenwirken. Kompensieren sich Drift- und Diffusionsströme des jeweiligen Ladungsträgertyps an jeder Stelle innerhalb der Raumladungszone (Bild 2.2e), stellt sich ein thermodynamisches Gleichgewicht ein.

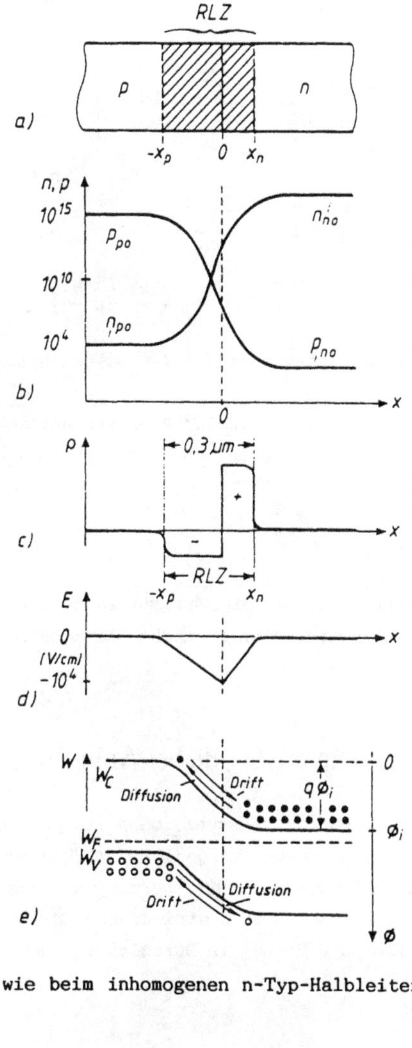

Bild 2.2
pn-Übergang im thermodynamischen Gleichgewicht; a) abrupter pn-Übergang mit $N_D > N_A$; b) Trägerdichten; c) Raumladungsdichte; d) Feldstärke; e) Bänderdiagramm mit Majoritätsträger-Bewegungen

Aus dem elektrischen Feld kann, genau wie beim inhomogenen n-Typ-Halbleiter, eine Diffusionsspannung (Gl.2-3)

$$\Phi_i = -\int_{-x_p}^{x_n} E dx$$

abgeleitet werden. Dabei kann man bei der folgenden Ableitung von der Elektronen- oder Löcherstromdichte ausgehen, da beide im thermodynamischen Gleichgewicht Null sein müssen.

<u>Löcherstromdichte</u>

$$J_p = q\mu_p pE - qD_p \partial p/\partial x = 0$$

$$Edx = \frac{D_p}{\mu_p} \frac{\partial p}{p}$$

$$\Phi_i = -\frac{kT}{q} \int_{p_{po}}^{p_{no}} \frac{dp}{p} = \frac{kT}{q} \ln \frac{p_{po}}{p_{no}}$$

mit:

$$p_{po} = N_A \text{ und } p_{no} = \frac{n_i^2}{N_D}$$

<u>Elektronenstromdichte</u>

$$J_n = q\mu_n nE + qD_n \partial n/\partial x = 0$$

$$Edx = -\frac{D_n}{\mu_n} \frac{\partial n}{n}$$

$$\Phi_i = \frac{kT}{q} \int_{n_{po}}^{n_{no}} \frac{dn}{n} = \frac{kT}{q} \ln \frac{n_{no}}{n_{po}} \qquad (2\text{-}9)(2\text{-}10)$$

mit:

$$n_{no} = N_D \text{ und } n_{po} = \frac{n_i^2}{N_A}$$

$$\Phi_i = \frac{kT}{q} \ln \frac{N_A N_D}{n_i^2}. \qquad (2\text{-}11)$$

Ein typischer Wert für Φ_i ist bei Silizium 0,7 V.

Gleichungen (2-9,2-10) kann man umgekehrt benutzen. Dabei wird die Diffusionsspannung vorgegeben und nach den entsprechenden Minoritätsträgerdichten

$$p_{no} = p_{po}\, e^{-\frac{q}{kT}\Phi_i} \qquad (2\text{-}12) \qquad\qquad n_{po} = n_{no}\, e^{-\frac{q}{kT}\Phi_i} \qquad (2\text{-}13)$$

gefragt. Diese Gleichungen werden für die späteren Berechnungen der Minoritätsträgerdichten im nicht thermodynamischen Gleichgewicht benötigt.

2.3 Die pn-Diode bei Anlegen einer Spannung

Eine pn-Diode entsteht, wenn ein pn-Übergang an den Enden mit Kontakten versehen wird, zwischen denen eine Spannung angelegt werden kann (Bild 2.3). Ist diese Null, herrscht thermodynamisches Gleichgewicht. Ist die Spannung verschieden von Null, wird dieses Gleichgewicht gestört. Man unterscheidet zwei Fälle: die Polung in Durchlaßrichtung ($U_{PN}>0$) und in Sperrichtung ($U_{PN}<0$).

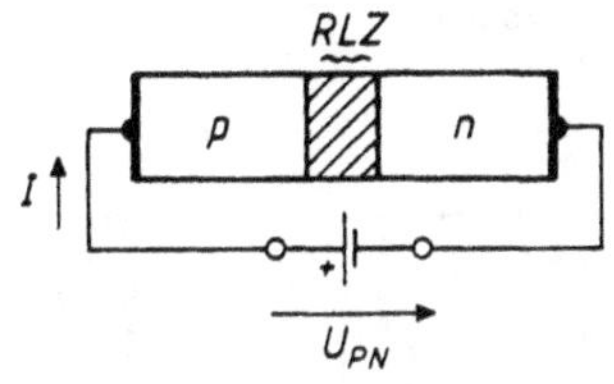

Bild 2.3
pn-Diode mit angelegter Spannung

Als Bezugspunkt wird die n-Seite der Diode gewählt.

2.3.1 Die pn-Diode in Durchlaßrichtung

In den folgenden Betrachtungen wird davon ausgegangen, daß die n- und p-Gebiete sowie die Kontakte so niederohmig sind, daß eine von außen zugeführte Spannung nur an der hochohmigen Raumladungszone abfällt. Die Raumladungszone ist deswegen so hochohmig, weil die Dichte der Ladungsträger dort vernachlässigbar gering ist. Für den Fall der Polung in Durchlaßrichtung ($U_{PN}>0$) bedeutet dies, daß das p-Gebiet energiemäßig um qU_{PN} gegenüber dem n-Gebiet abgesenkt wird. Dadurch wird die Spannung an der Raumladungszone auf (Φ_i-U_{PN}) verringert (vergleiche Bilder 2.2e und 2.4b). Es werden Löcher in den n-Bereich und Elektronen in den p-Bereich injiziert. Diese injizierten Minoritätsträger rekombinieren an den Rändern der Raumladungszone mit den jeweiligen Majoritätsträgern (vergl. mit 2. Experiment Bild 1.26a), da dort die netto Rekombinationsrate U>0 ist. D.h. die Rekombination R(n,p) überwiegt dort gegenüber der unveränderten thermischen Generation. Es resultieren die in Bild 2.4b skizzierten netto Ladungsträgerbewegungen, wodurch Minoritätsträger-Diffusionsströme I_p im n-Gebiet und I_n im p-Gebiet entstehen (Bild 2.4d).

Die zur Rekombination, z.B. im n-Gebiet benötigten Majoritätsträger werden zunächst aus dem Reservoir des n-Gebiets entnommen. Diese werden aber aus Neutralitätsgründen durch einen Elektronenstrom I_n vom n-Gebietsende sofort nachgeliefert. Im n-Gebiet ändert sich entlang des Ortes das Verhältnis von Minoritätsträgerstrom I_p zu Majoritätsträgerstrom I_n kontinuierlich [Aufgabe 1.4]. In der Raumladungszone bleiben die Ströme unverändert, da die Rekombination und Generation in diesem Bereich als vernachlässigbar betrachtet wird. Der Gesamtstrom I ist im gesamten Halbleiter aus Kontinuitätsgründen konstant.

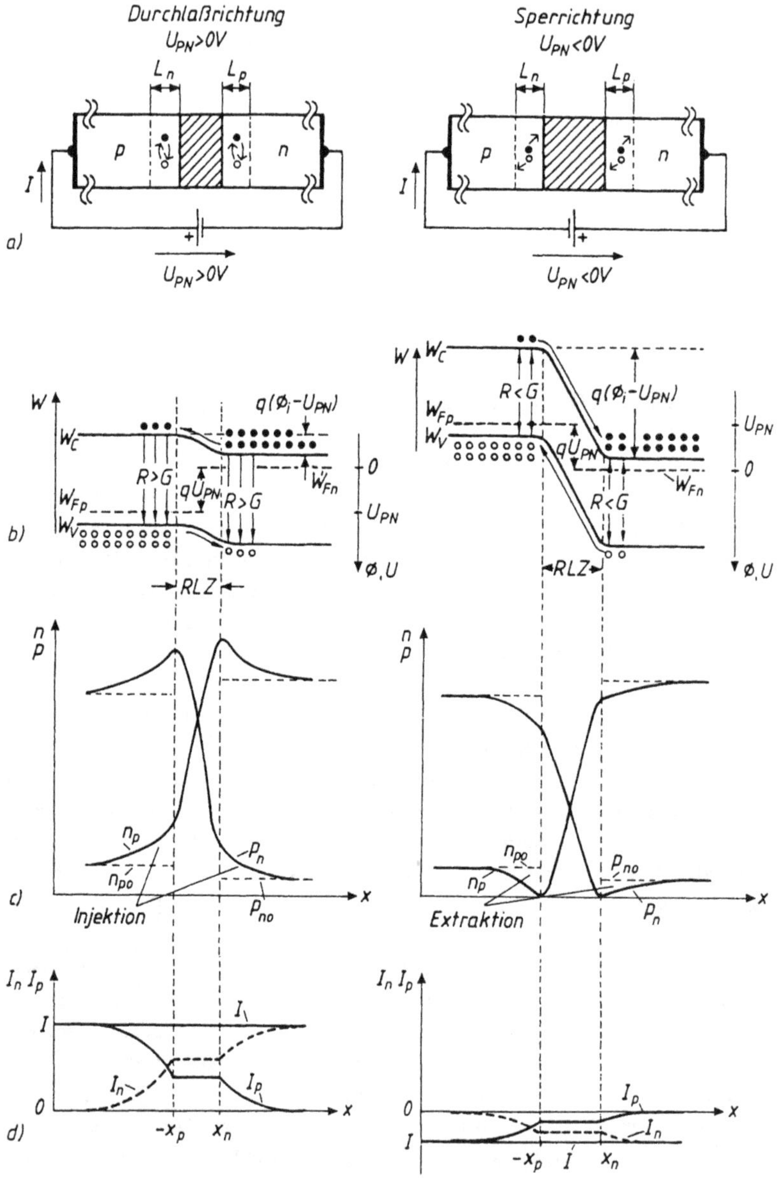

Bild 2.4

a) Diode bei Anlegen einer Spannung; b) Bänderdiagramm mit netto Trägerbewegungen; c) Minoritätsträger- und Majoritätsträgerverteilung (nicht maßstabsgerecht); d) Stromaufteilung

Nachdem die Minoritätsträgerverteilung betrachtet wurde, stellt sich die Frage nach der Majoritätsträgerverteilung. Ausgangspunkt für diese Überlegung ist ein Vergleich zwischen der Injektion bei der Diode und derjenigen beim 2. Experiment (Kapitel 1.5). Während nämlich im 2. Experiment gleichzeitig Majoritäts- und Minoritätsträger injiziert werden (Bild 1.25), sind dies bei der Diode nur Minoritätsträger. Die Majoritätsträger nehmen aus Neutralitätsgründen innerhalb von ca. 10^{-12}s eine Verteilung an, die der der Minoritätsträger entspricht. Dieser Vorgang wird dielektrische Relaxation genannt. Bei den herkömmlichen Halbleitern spielt diese Zeit keine Rolle und kann daher vernachlässigt werden. Nach der dielektrischen Relaxation verhält sich der Halbleiter damit so, als wären Majoritäts- und Minoritätsträger gleichzeitig injiziert. Man muß deshalb nicht zwischen der Injektion von Majoritäts- plus Minoritätsträgern oder der Injektion von nur Minoritätsträgern unterscheiden /1/. Die Ergebnisse des Experiments sind somit voll auf den pn-Übergang übertragbar.

2.3.2 Die pn-Diode in Sperrichtung

Überall in der Diode bilden sich durch thermische Generation Elektron-Loch-Paare. Liegt keine externe Spannung an, rekombinieren ebenfalls überall Elektronen und Löcher, wodurch die netto Rekombinationsrate U=0 ist. Befindet sich die Diode in Sperrichtung ($U_{PN}<0$), dann wird das p-Gebiet gegenüber dem n-Gebiet energiemäßig um qU_{PN} angehoben und die Spannung an der Raumladungszone auf einen Wert von (Φ_i-U_{PN}) erhöht (Bild 2.4b). Diese erhöhte Spannung hat zur Folge, daß Elektron-Loch-Paare, die durch thermische Generation entstehen, an den Rändern der Raumladungszone getrennt und die Minoritätsträger über die Raumladungszone abgesaugt werden (Bilder 2.4b,c). Dies führt dort zu einer netto Rekombination von U<0, da dort die Rekombination R(n,p) gegenüber der unveränderten thermischen Generation G abgenommen hat.

Aus Neutralitätsgründen wandern die Minoritätsträger zu den jeweiligen Enden des Halbleitergebiets. Das Verhältnis Minoritäts- zu Majoritätsträgerströmen ändert sich entlang des Ortes kontinuierlich (Bild 2.4d). In der Raumladungszone bleiben die Ströme unverändert, da Rekombination und Generation, wie bereits erwähnt, dort als vernachlässigbar angenommen werden. Der Gesamtstrom I ist im gesamten Halbleiter aus Kontinuitätsgründen ebenfalls konstant.

Aus den vorhergehenden Betrachtungen ergibt sich damit folgende wesentliche Erkenntnis über den Strommechanismus: In Durchlaßrichtung wird dieser durch eine erhöhte Rekombination und in Sperrichtung durch eine überwiegende Generation an den Rändern der Raumladungszone bestimmt.

Minoritätsträgerdichten an den Rändern der Raumladungszone

Will man die Minoritätsträgerdichten an den Rändern der Raumladungszone bei Anlegen einer äußeren Spannung bestimmen, kann man von der folgenden Überlegung ausgehen. Im thermodynamischen Gleichgewicht beschreiben Gleichungen (2-12,2-13) den Zusammenhang zwischen Minoritätsträgerdichte und Diffusionsspannung. Wird diese durch eine äußere Spannung verändert, wie es in Bild 2.4 gezeigt ist, ändern sich entsprechend die Minoritätsträgerdichten an den Rändern der Raumladungszone zu

$$p_n(x_n) = p_{po}\, e^{-\frac{q}{kT}[\Phi_i - U_{PN}]} \qquad (2\text{-}14)$$

und

$$n_p(-x_p) = n_{no}\, e^{-\frac{q}{kT}[\Phi_i - U_{PN}]}, \qquad (2\text{-}15)$$

wobei der Spannungsabfall an den n- und p-Gebieten sowie Kontakten vernachlässigbar klein gegenüber dem in der Raumladungszone ist. Dies bedeutet, wie erwartet, für $U_{PN}>\Phi_i$ eine Anhebung und für $U_{PN}<\Phi_i$ eine Absenkung der Minoritätsträgerdichten.

Die beiden Gleichungen können noch vereinfacht wiedergegeben werden, wenn die Majoritäts- durch Minoritätsträger (Gl.2-12, 2-13) ersetzt werden. Es resultiert:

$$p_n(x_n) = p_{no}\, e^{\frac{q}{kT} U_{PN}} \qquad (2\text{-}16) \qquad\qquad n_p(-x_p) = n_{po}\, e^{\frac{q}{kT} U_{PN}} \qquad (2\text{-}17)$$

und als Überschußdichten ausgedrückt

$$p'_n(x_n) = p_n(x_n) - p_{no} = p_{no}[e^{\frac{q}{kT} U_{PN}} - 1] \qquad (2\text{-}18)$$

$$n'_p(-x_p) = n_p(-x_p) - n_{po} = n_{po}[e^{\frac{q}{kT} U_{PN}} - 1]. \qquad (2\text{-}19)$$

Diese Beziehungen werden bei der Diodengleichung dazu verwendet, das örtliche Verhalten der injizierten oder extrahierten Minoritätsträger zu beschreiben.

2.3.3 Das Dichteprodukt bei Abweichungen vom thermodyn. Gleichgewicht

Die vorhergehende Bestimmung der Minoritätsträgerdichten an den Rändern der Raumladungszone war mehr intuitiver Natur. Die folgende Überlegung führt über Quasi-Ferminiveaus zu dem gleichen Ergebnis, jedoch erlaubt diese Betrachtung eine detailliertere Analyse von schwacher und starker Injektion.

Im thermodynamischen Gleichgewicht kennzeichnet die Lage des Ferminiveaus die Bandbesetzung (Gl.1-14, 1-15), d.h. die Ladungsträgerdichten

$$n_o = n_i\, e^{\frac{1}{kT}[W_F - W_i]} \quad \text{und} \quad p_o = n_i\, e^{\frac{1}{kT}[W_i - W_F]} .$$

Verändert sich die Lage des Ferminiveaus zu höheren Elektronenenergien, nimmt die Elektronendichte zu und die Löcherdichte ab. Wird dagegen eine Abweichung vom thermodynamischen Gleichgewicht z.B. dadurch erzeugt, daß Elektronen in den Halbleiter eingebracht werden, so muß W_F in Richtung höherer Energien wandern, um obige Gleichung zu erfüllen. Umgekehrt verursacht die Störung aus Neutralitätsgründen einen Anstieg der Löcher, was ein Absenken des Ferminiveaus erfordert. Diese gegensätzlichen Anforderungen an die Verschiebung des Ferminiveaus werden durch die Einführung von sog. Quasi-Ferminiveaus W_{Fn} und W_{Fp} berücksichtigt. Damit können die Trägerdichten unabhängig voneinander in der Form

$$n = n_i\, e^{\frac{1}{kT}[W_{Fn} - W_i]} \quad (2\text{-}20) \qquad \text{und} \qquad p = n_i\, e^{\frac{1}{kT}[W_i - W_{Fp}]} \quad (2\text{-}21)$$

beschrieben werden. Dies führt zu einem Dichteprodukt von

$$pn = n_i^2\, e^{\frac{1}{kT}[W_{Fn} - W_{Fp}]} . \quad (2\text{-}22)$$

Da die Differenz der Quasi-Ferminiveaus bei der Diode proportional zur angelegten Spannung

$$U_{PN} = \frac{W_{Fp} - W_{Fn}}{-q} \quad (2\text{-}23)$$

ist, kann das Dichteprodukt

$$pn = n_i^2\, e^{\frac{q}{kT} U_{PN}} \quad (2\text{-}24)$$

auch in Abhängigkeit der anliegenden Spannung angegeben werden. Dies bedeutet, daß bei $U_{PN}>0$ $[pn>n_i^2]$ ist und eine Trägerüberschwemmung auftritt, während bei $U_{PN}<0$ $[pn<n_i^2]$ eine Trägerverarmung entsteht.

Mit Hilfe des Dichteprodukts (Gl.2-24) können die gesuchten injizierten Minoritätsträgerdichten an den Rändern der Raumladungszone in guter Näherung /2/ bestimmt werden.

So gilt z.B. am Rand der Raumladungszone x_n (Gl.2-24)

$$p_n(x_n) = \frac{n_i^2}{n_n(x_n)} e^{\frac{q}{kT} U_{PN}} . \tag{2-25}$$

Diese Beziehung wird im folgenden für die beiden interessierenden Fälle schwache und starke Injektion (Bild 1.21) betrachtet.

<u>Schwache Injektion:</u> $n_n \approx N_D$

$$p_n(x_n) \approx \frac{n_i^2}{N_D} e^{\frac{q}{kT} U_{PN}}$$

$$\approx p_{no} e^{\frac{q}{kT} U_{PN}} . \tag{2-26}$$

Diese Gleichung entspricht, wie erwartet, der abgeleiteten Beziehung (2-16).

<u>Starke Injektion:</u> $p_n(x_n) \approx n_n(x_n)$

$$p_n(x_n) \approx \frac{n_i^2}{p_n(x_n)} e^{\frac{q}{kT} U_{PN}}$$

$$\approx n_i e^{\frac{q}{2kT} U_{PN}} . \tag{2-27}$$

Der Faktor 1/2 im Exponenten besagt, daß bei starker Injektion die Minoritätsträgerdichten weniger stark mit der Spannung U_{PN} zunehmen. Der Übergang von schwacher zu starker Injektion beginnt um so früher, je niedriger die Dotierung, in diesem Fall N_D, ist. Dies hat einen starken Einfluß auf das Verhalten von Dioden und bipolaren Transistoren, wie in den entsprechenden Abschnitten gezeigt werden wird.

2.4 PN-Diodengleichung

2.4.1 Ideale Diodengleichung

Die Beschreibung der Diodengleichung wurde erstmals 1949 von W. Shockley /3/ durchgeführt. Sie beschreibt das Strom-Spannungsverhalten der pn-Diode. In diesem Kapitel wird diese Gleichung unter folgenden Voraussetzungen abgeleitet:

a) der Spannungsabfall an den n- und p-Gebieten sowie Kontakten ist vernachlässigbar klein gegenüber dem an der Raumladungszone,
b) es liegt schwache Injektion vor,
c) Generation und Rekombination in der Raumladungszone werden vernachlässigt.

Damit sind die Ergebnisse des 2. Experiments (Kapitel 1.5) voll auf den pn-Übergang übertragbar und die Ladungsträgerdichten an den Rändern der Raumladungszone bestimmbar. Es resultiert folgender Lösungsweg:

a) Bestimmung der Minoritätsträgerverteilungen,
b) Berechnung der Minoritätsträger-Diffusionsströme und
c) Bestimmung des Gesamtstroms.

Dabei wird, ähnlich wie bei der Silizium-Probe des 2. Experiments, zwischen Dioden mit langen und kurzen Abmessungen unterschieden.

<u>Lange Abmessungen</u>

Die Minoritätsträgerverteilung im n-Gebiet ergibt sich für den Fall, daß $w_n \gg L_p$ direkt aus Gleichung (1-69) zu

$$p'_n(x) = p'_n(x_n)\, e^{-\frac{[x - x_n]}{L_p}}, \tag{2-28}$$

wobei die veränderte Ortskoordinate berücksichtigt wurde. Wird Beziehung (2-18), die den Zusammenhang zwischen der angelegten Spannung U_{PN} und der Minoritätsträgerdichte am Rand der Raumladungszone ($x=x_n$) beschreibt eingesetzt, resultiert:

$$p'_n(x) = p_{no}[e^{\frac{q}{kT} U_{PN}} - 1]\, e^{-\frac{[x - x_n]}{L_p}}. \tag{2-29}$$

Durch Differentiation der Minoritätsträgerverteilung und Multiplikation mit dem Querschnitt A erhält man daraus den Minoritätsträger-Diffusionsstrom (Gl.1-49) im n-Gebiet

$$I_p = -qAD_p \frac{\partial p_n}{\partial x} = -qAD_p \frac{\partial p'_n}{\partial x} \tag{2-30}$$

und analog dazu aus der Minoritätsträgerverteilung im p-Gebiet den Minoritätsträger-Diffusionsstrom im p-Gebiet.

$$I_n = qAD_n \frac{\partial n_p}{\partial x} = qAD_n \frac{\partial n'_p}{\partial x} \tag{2-31}$$

Da die Majoritätsträgerströme nicht bekannt sind, kann der gesamte durch die Diode fließende Strom nur durch die Addition der beiden Minoritätsträger-Diffusionsströme

$$I = I_p(x_n) + I_n(-x_p) = -qAD_p \frac{\partial p'_n}{\partial x}(x_n) + qAD_n \frac{\partial n'_p}{\partial x}(-x_p). \tag{2-32}$$

an den Rändern der Raumladungszone (Bild 2.4d) bestimmt werden. Dies ist möglich, da Generation und Rekombination in der Raumladungszone als vernachlässigbar angenommen wurden und die Ströme sich demnach in diesem Bereich nicht ändern können. Nach der Ausführung der Differentiation erhält man die Minoritätsträgerströme

$$I_p(x_n) = qA \frac{D_p}{L_p} p_{no}[e^{\frac{q}{kT} U_{PN}} -1] \tag{2-33}$$

und

$$I_n(-x_p) = qA \frac{D_n}{L_n} n_{po}[e^{\frac{q}{kT} U_{PN}} -1]. \tag{2-34}$$

Der Gesamtstrom I ergibt sich aus der Summe dieser Ströme zu

$$I = I_S[e^{\frac{q}{kT} U_{PN}} -1], \tag{2-35}$$

wobei

$$I_S = qA[\frac{D_p}{L_p} p_{no} + \frac{D_n}{L_n} n_{po}] \text{ ist.} \tag{2-36}$$

I_S wird Reststrom oder Sperrstrom genannt. Dies ist die gesuchte ideale Diodengleichung bei langen Abmessungen der p- und n-Gebiete.

Kurze Abmessungen

Sind beide Seiten der Diode sehr kurz, d.h. $|w_n - x_n| \ll L_p$ und $|w_p - x_p| \ll L_n$ (Bild 2.5),

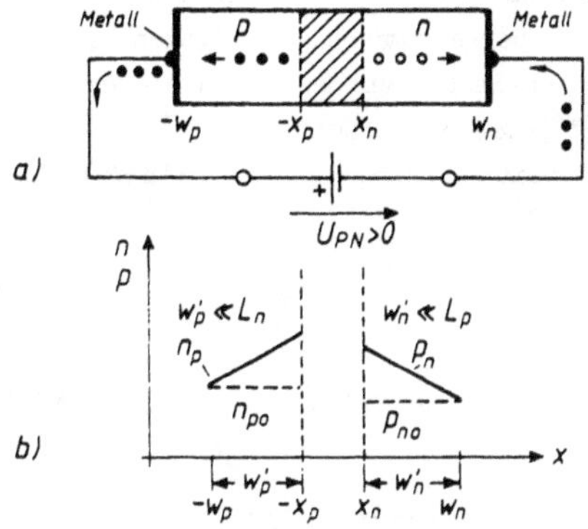

Bild 2.5
a) Diode mit kurzen Abmessungen;
b) Minoritätsträgerverteilung

so haben die injizierten Minoritätsträger so gut wie keine Möglichkeit zu rekombinieren, bevor sie den entsprechenden Metallkontakt erreichen. Im Idealfall stellen diese thermodynamisches Gleichgewicht her (siehe 2. Experiment Kapitel 1.5). Dies bedeutet, daß sie als Senke für die injizierten Elektronen wirken $[n'_p(-w_p)=0]$, die über die externe Verbindung weiter fließen. Im n-Halbleiter dagegen, wirkt der Metallkontakt als Rekombinationszentrum, in dem die Löcher mit den zufließenden Elektronen rekombinieren $[p'_n(w_n)=0]$.

Die Minoritätsträgerverteilung im p-Gebiet ergibt sich aus Beziehung (1-70) mit den hier vorliegenden veränderten Ortskoordinaten zu

$$p'_n(x) = p'_n(x_n)\left[1 - \frac{x - x_n}{w'_n}\right]$$

$$= p_{no}\left[e^{\frac{q}{kT}U_{PN}} - 1\right]\left[1 - \frac{x - x_n}{w'_n}\right], \tag{2-37}$$

wobei $w'_n = w_n - x_n$ (2-38)

ist. Analog dazu ist die Minoritätsträgerverteilung im p-Gebiet. Nach Differentiation resultiert ein Diodenstrom, wie in Gleichung (2-35) von

$$I = I_p + I_n$$

$$= I_S\left[e^{\frac{q}{kT}U_{PN}} - 1\right], \tag{2-39}$$

wobei der Sperrstrom durch die Beziehung

$$I_S = qA\left[\frac{D_p}{w'_n} p_{no} + \frac{D_n}{w'_p} n_{po}\right] \tag{2-40}$$

beschrieben wird. Die Diode mit kurzen Abmessungen unterscheidet sich somit nur im Sperrstromverhalten gegenüber derjenigen mit langen Abmessungen. Die Diffusionslängen wurden durch die entsprechenden geometrischen Abmessungen der n- und p-Gebiete ersetzt.
Die Diodengleichung ist in Bild 2.6 für zwei unterschiedliche Strombereiche dargestellt.

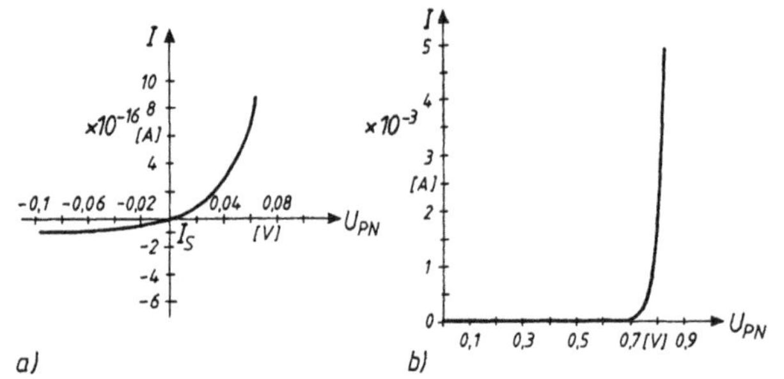

Bild 2.6
Ideale Diodenkennlinie; a) im fA-Bereich; b) im mA-Bereich (I_S=10^{-16}A)

Hat U_{PN} einen Wert negativer als -4kT/q≈-100 mV, dann ist der Wert der e-Funktion in Gleichung (2-35) vernachlässigbar klein gegenüber -1 und der Reststrom unabhängig von der Spannung. Der Grund für diese Spannungsunabhängigkeit des Reststroms ist aus der Minoritätsträgerverteilung (Bild 2.4c) erkennbar. Ab dieser Spannung sind die Minoritätsträgerdichten an den Rändern der Raumladungszone auf 0 abgesunken. Damit tritt keine weitere Veränderung der Minoritätsträgerdichten auf und der Diodenstrom I=-I_S bleibt konstant.

Vergleicht man die Größenordnung der Ströme, so fließt in Durchlaßrichtung bei Silizium und U_{PN}~0,6V ein Strom von einigen mA und in Sperrichtung bei U_{PN}<0 ein Reststrom von nur einigen fA.

2.4.2 Abweichungen von der idealen Diodengleichung

Gemessene Diodenkennlinien weichen je nach Diodentyp und Betriebsbedingung von der idealen Diodengleichung in Sperr- und Durchlaßrichtung ab.

Sperrichtung:

Für den Reststrom ist die netto Generation von Elektron-Loch-Paaren nahe der Raumladungszone im n- und p-Gebiet verantwortlich (Bild 2.4b). Die Generation in der Raumladungszone wurde bisher vernachlässigt. Diese kann jedoch unter Umständen einen großen Beitrag zum Reststrom liefern, der Generationsstrom I_G genannt wird. Dieser ergibt sich nach /4/ zu

$$I_G = qA \frac{w(U_{PN})}{\tau_o} n_i, \tag{2-41}$$

wobei τ_o die effektive Minoritätsträger-Lebensdauer in der Raumladungszone ist. Der Generationsstrom ist proportional zur Weite w der Raumladungszone. Da diese mit negativ werdender Spannung größer wird (Abschnitt 2.5.1), steigt ebenso der Reststrom an. Damit ergibt sich z.B. bei langen Diodenabmessungen ein gesamter Reststrom aus der Summe der einzelnen Beiträge (Gl.2-36, 2-41) von

$$I_S = qA[\frac{D_p}{L_p} p_{no} + \frac{D_n}{L_n} n_{po}] + qA \frac{w}{\tau_o} n_i. \tag{2-42}$$

Mit $p_{no} = n_i^2/N_D$ und $n_{po} = n_i^2/N_A$ kann dieser in Abhängigkeit der Intrinsicdichte

$$I_S = qA[\frac{D_p}{L_p}\frac{1}{N_D} + \frac{D_n}{L_n}\frac{1}{N_A}]n_i^2 + qA \frac{w}{\tau_o} n_i \tag{2-43}$$

wiedergegeben werden. Mit dieser Beziehung wird die starke Temperaturabhängigkeit des Reststroms deutlich, da sich die Intrinsicdichte (Gl.1-20) exponentiell mit der Temperatur verändert.

Durchlaßrichtung:

Die Abweichungen von der idealen Diodenkennlinie in Durchlaßrichtung sind in der halblogarithmischen Darstellung in Bild 2.7 gezeigt. Im mittleren Diodenbereich herrscht über mehr als 6 Dekaden Übereinstimmung zwischen Messung und Theorie. Lediglich in den 3 folgenden Bereichen sind Abweichungen vorhanden.

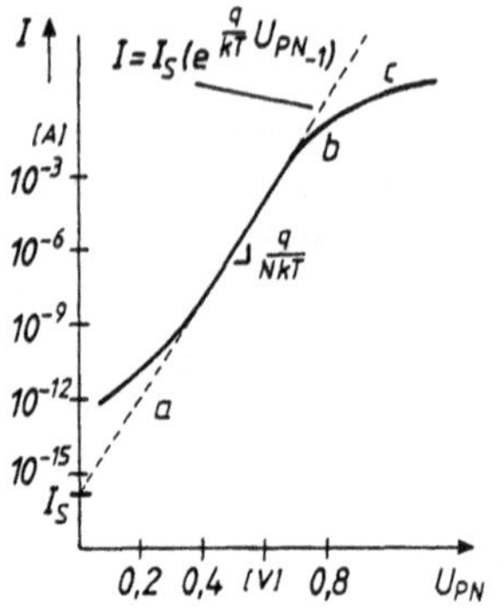

Bild 2.7
Vergleich zwischen realer und idealer Diodenkennlinie in halblogarithmischer Darstellung

Kennlinienbereich a

Für den Strom in Durchlaßrichtung ist die netto Rekombination nahe der Raumladungszone im n- und p-Gebiet verantwortlich. Die Rekombination in der Raumladungszone wurde vernachlässigt. Diese liefert jedoch einen Beitrag zum Gesamtstrom, der bei kleinen Strömen besonders bemerkbar ist.

Kennlinienbereich b

Die ideale Diodenkennlinie wurde unter der Annahme schwacher Injektion abgeleitet, d.h. eine Änderung der Majoritätsträgerdichte wurde nicht berücksichtigt. Mit zunehmender Spannung in Durchlaßrichtung und dadurch starker Injektion ist die Voraussetzung zu dieser Annahme jedoch nicht mehr gegeben und es kommt zu einer exponentiellen $(q/2kT)U_{PN}$ (Gl.2-27) Abhängigkeit, wodurch die Minoritätsträgerdichten an den Rändern der Raumladungszonen weniger stark zunehmen.

Kennlinienbereich c

Bei sehr großen Strömen ist zusätzlich der Spannungsabfall in den n- und p-Gebieten nicht mehr vernachlässigbar. Der Diodenstrom wird weiter verringert, da die Spannung U_{PN} am pn-Übergang nicht mehr voll wirksam ist.

Die beschriebenen Abweichungen von der idealen Diodenkennlinie können empirisch in folgender Form ausgedrückt werden

$$I = I_S[e^{\frac{q}{NkT}U_{PN}} - 1], \tag{2-44}$$

wobei N Emissionskoeffizient genannt wird und Werte zwischen 1 und 2 annehmen kann.

Bestimmung von I_S und N

Im Durchlaßbereich mit U_{PN}>100mV kann der -1 Term in obiger Beziehung vernachlässigt werden, so daß der Strom in logarithmischer Form

$$\ln\frac{I}{[A]} \approx \ln\frac{I_S}{[A]} + \frac{q}{NkT}U_{PN} \tag{2-45}$$

angegeben werden kann, wobei A das Symbol für Ampère ist.
Damit ergibt sich in einer halblogarithmischen Darstellung ein linearer Zusammenhang, aus dem durch Extrapolation der Meßwerte der Sperrstrom I_S ermittelt werden kann (Bild 2.7). In der Praxis ist dieser Wert nicht mit dem Sperrstrom (Bild 2.6) identisch. Letzterer kann vielmehr durch Effekte zweiter Ordnung, wie z.B. Leckströme an der Halbleiteroberfläche, um einige Zehnerpotenzen größer sein. Zur korrekten Beschreibung des Durchlaßbereichs ist es somit unumgänglich, den Sperrstrom aus den Messungen im Durchlaßbereich zu ermitteln. Der Emissionsfaktor kann nach Beziehung (2-45) aus der Steigung bestimmt werden. Im mittleren Bereich der Kennlinie ist bei integrierten Siliziumdioden I_S typisch 10^{-16}A und N=1.

2.4.3 Spannungsbezugspunkt

In den bisher betrachteten Bänderdiagrammen, die durch eine äußere Spannung beeinflußt wurden, z.B. Bild 1.18 oder Bild 2.4, sind die Energien auf eine Referenzenergie und die Potentiale auf ein Referenzpotential bezogen. Im folgenden wird der Frage nachgegangen, wie das Nullpotential der Schaltung (Masse), das als negativster Anschluß der Versorgungsspannung gewählt wird, zu den in den Bänderdiagrammen gewählten Referenzen zu sehen ist. Zur Klärung sind in Bild 2.8 zwei verschiedene Halbleiterstrukturen dargestellt.

Bild 2.8
a) pn-Ringstruktur
b) kurzgeschlossene pn-Diode
c) pn-Diode mit anliegender Spannung; Z = Zählrichtung

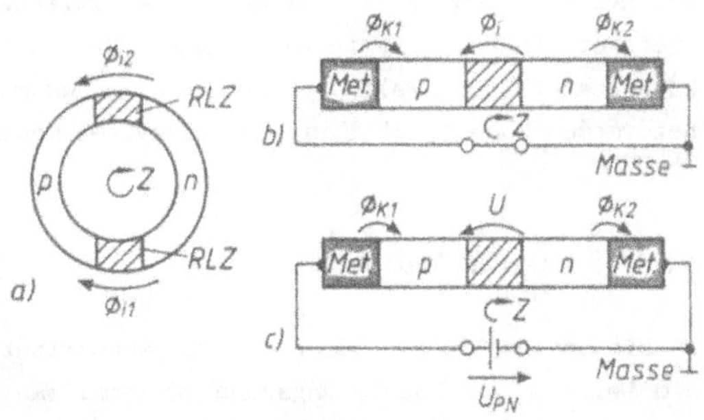

Bei Betrachtung der pn-Ringstruktur stellt sich die Frage, kann in dem Ring, thermodynamisches Gleichgewicht vorausgesetzt, infolge der Diffusionsspannungen Φ_{i1} und Φ_{i2} ein Strom fließen? Natürlich nicht, denn die Summe der Diffusionsspannungen $\Phi_{i1} + [-\Phi_{i2}] = 0$, da $\Phi_{i1} = \Phi_{i2}$ ist.

Ähnlich ist die Situation bei der pn-Diode (Bild 2.8b). Hier wurden noch zusätzlich die Metall-Halbleiterkontakte eingezeichnet. An diesen stellen sich sog. Kontaktspannungen Φ_{K1} und Φ_{K2} ein, die von den Materialien und den sich ergebenden Ladungsträgerverteilungen abhängig sind. Der ohmsche Charakter dieser Kontakte bleibt dabei voll erhalten (Abschnitt 2.10.2). Wird die Diode kurzgeschlossen, fließt selbstverständlich ebenfalls kein Strom. Die Summe aller Spannungen ist $\Phi_{K1} + [-\Phi_i] + \Phi_{K2} = 0$, wodurch

$$\Phi_i = \Phi_{K1} + \Phi_{K2} \tag{2-46}$$

sein muß. Wird zwischen die Klemmen der Diode eine Spannung U_{PN} (Bild 2.8c) gelegt, ändert sich nur die Spannung am pn-Übergang

$$\begin{aligned} U &= \Phi_{K1} + \Phi_{K2} - U_{PN} \\ &= \Phi_i - U_{PN}, \end{aligned} \tag{2-47}$$

denn die Metall-Halbleiterkontakte, sowie die n- und p-Gebiete sind sehr niederohmig im Vergleich zum pn-Übergang. Dies entspricht auch den bisher gemachten Annahmen (Abschnitt 2.4), wonach die äußere Spannung direkt am pn-Übergang wirkt. Die Kontaktspannungen treten somit bei den Berechnungen nicht in Erscheinung. Der Bezugspunkt Nullpotential der Schaltung (Masse) ist jedoch um den Wert der Kontaktspannung Φ_{K2} verschieden von dem Bezugspunkt des n-Typ Halbleiters im Bänderdiagramm.

2.5 Kapazitätsverhalten des pn-Übergangs

Bei dem pn-Übergang unterscheidet man zwischen zwei voneinander unabhängigen Speichereffekten, die zu einer Sperrschichtkapazität und zu einer Diffusionskapazität führen. Welche Ursachen diese Kapazitäten haben und wie sie berechnet werden können, wird in diesem Kapitel behandelt.

2.5.1 Sperrschichtkapazität

Um die Sperrschicht- oder Raumladungskapazität C_j zu berechnen, muß als erstes die Weite w der Raumladungszone bestimmt werden. Man stelle sich dazu einen abrupten pn-Übergang nach Bild 2.9 vor.

Weite der Raumladungszone

Für die Raumladungszone kann in guter Näherung angenommen werden, daß die Ladung der freien Ladungsträger vernachlässigbar klein gegenüber der der ionisierten Dotieratome ist, wenn man von den Übergangszonen an den Rändern der Raumladungszone absieht (Bild 2.9b).

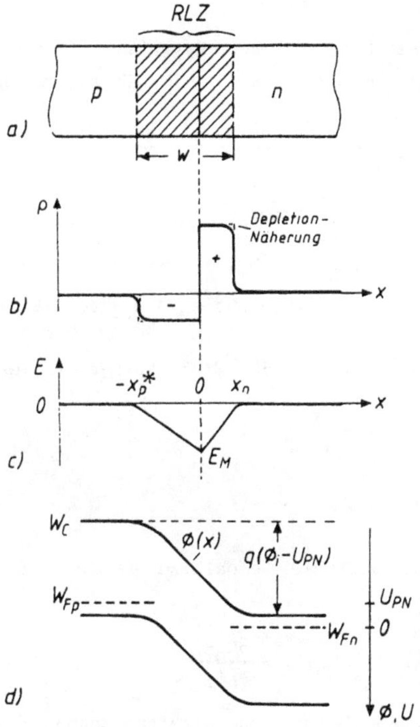

Bild 2.9
a) Abrupter pn-Übergang;
b) Raumladungsdichte;
c) Feldstärke;
d) Bänderdiagramm
(* Bei dieser Definition ist x_p eine positive Zahl)

Diese Übergangszonen sind so klein, daß man die Raumladung durch eine rechteckige Verteilung der ionisierten Dotieratome

$$-x_p \leqq x < 0 \quad : \quad \rho = -qN_A \tag{2-48}$$

und

$$0 < x \leqq x_n \quad : \quad \rho = qN_D \tag{2-49}$$

beschreiben kann. Diese Vereinfachung wird Depletion-Näherung genannt.

Diese Näherung ist dagegen nicht auf den inhomogen dotierten Halbleiter anwendbar, wo zwar ebenfalls eine Raumladungszone vorhanden ist, aber die Zahl der Ladungsträger nicht vernachlässigt werden kann.

Aus der Poissonschen Gleichung (Gl.1-39)

$$\frac{\partial^2 \Phi(x)}{\partial x^2} = - \frac{\rho_d}{\varepsilon_0 \varepsilon_r}$$

und der Beziehung für das elektrische Feld $E = -\partial\Phi/\partial x$ resultiert aus der oben angeführten Ladungsverteilung der Zusammenhang

$$-x_p \leqq x < 0 : \quad \frac{\partial E(x)}{\partial x} = - \frac{qN_A}{\varepsilon_0 \varepsilon_r} \tag{2-50}$$

$$0 < x \leqq x_n : \quad \frac{\partial E(x)}{\partial x} = \frac{qN_D}{\varepsilon_0 \varepsilon_r}, \tag{2-51}$$

wobei ε_r die relative - und ε_0 die absolute Dielektrizitätskonstante ist.

Werden Gleichungen (2-50, 2-51) integriert, erhält man den Feldstärkenverlauf

$$E(x) = - \frac{q}{\varepsilon_0 \varepsilon_r} N_A[x + x_p] \qquad -x_p \leqq x < 0 \tag{2-52}$$

$$E(x) = E_M + \frac{q}{\varepsilon_0 \varepsilon_r} N_D x \qquad 0 < x \leqq x_n. \tag{2-53}$$

E_M ist die maximale Feldstärke am Ort x=0. Sie ergibt sich aus Gleichung (2-52) zu

$$E(x{=}0) = E_M = - \frac{qN_A x_p}{\varepsilon_0 \varepsilon_r}. \tag{2-54}$$

Die an der Raumladungszone wirksame Spannung $\Phi_i - U_{PN}$ am pn-Übergang (Bild 2.8c) ist mit dem elektrischen Feld durch die Beziehung (2-3)

$$\Phi_i - U_{PN} = - \int_{-x_p}^{x_n} E dx \tag{2-55}$$

verknüpft. Löst man diese Gleichung, indem E(x) durch die Gleichungen (2-52,2-53) ersetzt wird, erhält man

$$\Phi_i - U_{PN} = - \frac{1}{2} E_M w. \tag{2-56}$$

Diese Spannungsdifferenz entspricht der Fläche unter der Feldstärke (Bild 2.9c), wobei die Weite der Raumladungszone

$$w = x_p + x_n \text{ ist.} \tag{2-57}$$

Außerhalb der Raumladungszone können die elektrischen Felder als vernachlässigbar klein angenommen werden. D.h. die Ladung jeder Seite des pn-Überganges ist gleich groß, hat aber entgegengesetzte Polarität. Daraus resultiert:

$$N_A x_p = N_D x_n. \tag{2-58}$$

Aus den obigen Beziehungen kann die Weite der Raumladungszone im p- bzw. n-Bereich

$$x_p = \sqrt{\frac{2\varepsilon_0\varepsilon_r[\Phi_i - U_{PN}]}{qN_A[1 + \frac{N_A}{N_D}]}} \quad (2\text{-}59) \qquad \text{und} \qquad x_n = \sqrt{\frac{2\varepsilon_0\varepsilon_r[\Phi_i - U_{PN}]}{qN_D[1 + \frac{N_D}{N_A}]}} \quad (2\text{-}60)$$

bestimmt werden. Die gesamte Weite der Raumladungszone

$$w = \sqrt{\frac{2\varepsilon_0\varepsilon_r}{q}[\frac{1}{N_A} + \frac{1}{N_D}][\Phi_i - U_{PN}]}. \tag{2-61}$$

setzt sich damit aus den beiden Anteilen zusammen. Man erkennt aus dieser Beziehung, daß die Weite mit zunehmender Spannung abnimmt.

In der Praxis tritt besonders häufig der Fall auf, daß die Konzentration der Dotierung einer Seite wesentlich größer ist als die der anderen Seite.
Man spricht dann von einem einseitig abrupten p^+n-Übergang oder pn^+-Übergang und kennzeichnet den höher dotierten Bereich durch ein hochgestelltes + Zeichen. Mit $N_A \gg N_D$ ergibt sich aus Gleichung (2-61)

$$w = \sqrt{\frac{2\varepsilon_0\varepsilon_r}{q}\frac{1}{N_D}[\Phi_i - U_{PN}]}. \tag{2-62}$$

D.h. die geringer dotierte Seite des pn-Übergangs bestimmt die Weite der Raumladungszone.

Sperrschichtkapazität

Aus den vorhergehenden Gleichungen geht hervor, daß mit einer Änderung der angelegten Spannung eine Weitenänderung der Raumladungszone verbunden ist.

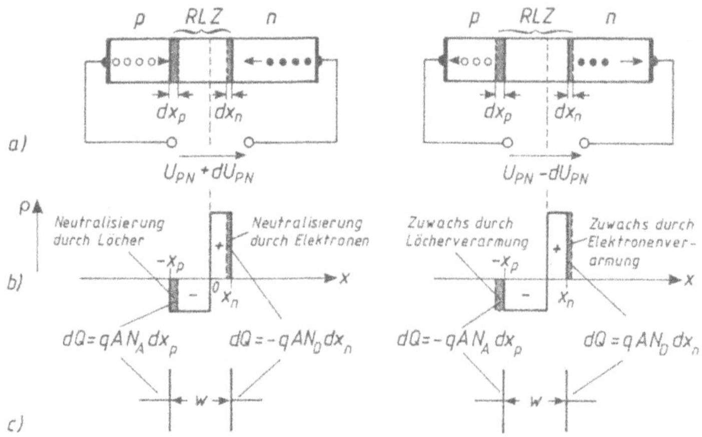

Bild 2.10

Sperrschichtkapazität; a) Änderung der Weite der Raumladungszone; b) Änderung der Ladungsverteilung; c) Darstellung als Plattenkondensator

Wird der Spannung U_{PN} eine positive Spannung von $dU_{PN}>0$ überlagert, verringert sich die Weite der Raumladungszone um dx_p im p-Bereich und dx_n im n-Bereich (Bild 2.10). Diese Weitenänderung hat die Lieferung von Majoritätsträgern zur Folge, die zur Neutralisation der in den p- und n-Bereichen befindlichen Ionen dient. Wird dagegen eine negative Spannungsänderung $dU_{PN}<0$ angelegt, vergrößert sich die Weite der Raumladungszone, wodurch Majoritätsträger infolge der zusätzlichen Ionisation abfließen.

Dieses Verhalten entspricht dem einer Kleinsignalkapazität entsprechend der Definition von

$$C_j = \frac{\partial Q}{\partial U_{PN}} = \frac{\partial Q}{\partial x_p}\,\frac{\partial x_p}{\partial U_{PN}}. \qquad (2\text{-}63)$$

Mit $\quad dQ = qAN_A dx_p \qquad (2\text{-}64)$

erhält man den Faktor $\partial Q/\partial x_p$ der Kapazitätsgleichung und durch Differentiation der Gleichung (2-59) den zweiten Faktor $\partial x_p/\partial U_{PN}$ und damit eine Sperrschichtkapazität von

$$C_j = A\sqrt{\frac{q\varepsilon_0\varepsilon_r}{2\left[\frac{1}{N_A}+\frac{1}{N_D}\right]\Phi_i}}\;\sqrt{\frac{1}{1-\frac{U_{PN}}{\Phi_i}}}\;. \qquad (2\text{-}65)$$

Diese Gleichung läßt sich in der vereinfachten allgemeinen Form

$$C_j = C_{j0}\left[1 - \frac{U_{PN}}{\Phi_i}\right]^{-M} \quad (2\text{-}66)$$

wiedergeben, wobei C_{j0} die Sperrschichtkapazität bei U_{PN}=0V ist. M wird Kapazitätskoeffizient (grading coefficient) genannt. Die beiden Parameter C_{j0} und M hängen stark von dem Dotierungsprofil ab. M kann Werte zwischen 1/2 für den vorliegenden einseitig abrupten und 1/3 für einen linearen pn-Übergang /5/ (Bild 2.11) annehmen.

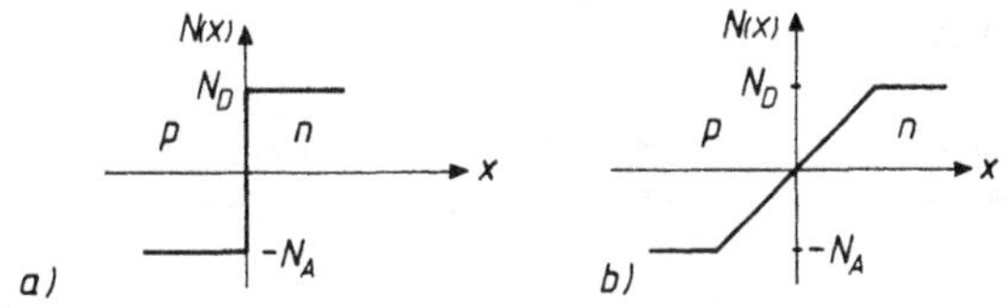

Bild 2.11
Dotierungsverlauf
$N(x)=N_D-N_A$;
a) abrupter Übergang;
b) linearer Übergang

Die Abhängigkeit der Sperrschichtkapazität von der Spannung U_{PN} ist in Bild 2.12 dargestellt.

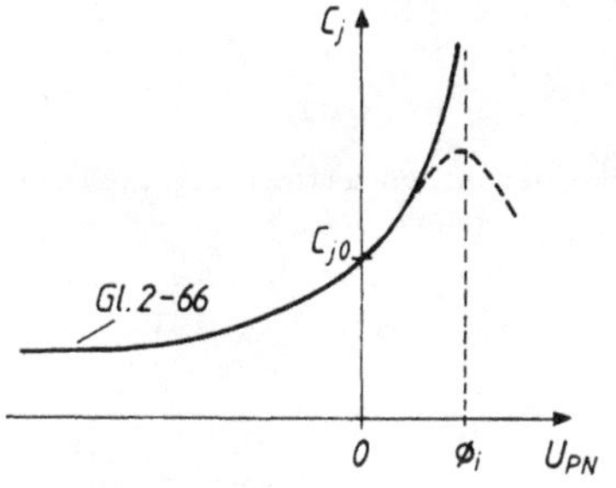

Bild 2.12
Sperrschichtkapazität in Abhängigkeit der Spannung U_{PN}

In Durchlaßrichtung liegt bei $U_{PN}=\Phi_i$ eine Unstetigkeitsstelle vor. Genauere Analysen /6,7/ zeigen, daß ein Abknicken des Kapazitätsverlaufs bei großen Strömen auftritt und daß bis etwa $U_{PN}=\Phi_i/2$ Gleichung (2-66) das Kapazitätsverhalten sehr gut beschreibt. Der Grund für diese Diskrepanz liegt in der Depletion-Näherung, die bei der Bestimmung der Weite der Raumladungszone angewendet wurde. Diese Näherung besagte, daß die Ladung der freien Ladungsträger in der Raumladungszone vernachlässigbar klein gegenüber der der ionisierten Dotieratome ist, was in Durchlaßrichtung bei größeren Strömen nicht mehr zutrifft. Selbstverständlich gilt somit Gleichung (2-61) in Durchlaßrichtung ebenfalls nur bedingt.

Bestimmung von C_{j0}, Φ_i und M

Die Kapazität C_{j0} kann direkt aus der Messung der in Bild 2.12 gezeigten $C_j(U_{PN})$-Abhängigkeit ermittelt werden. Bei dieser Kapazitätsmessung muß jedoch sichergestellt sein, daß die Diode nie in Durchlaßrichtung gelangt. In diesem Fall dominiert nämlich die Diffusionskapazität, auf die im nächsten Abschnitt näher eingegangen wird. Die Kapazitätsmessung ist somit zweckmäßigerweise nur bis ca. U_{PN} = -0,5V durchzuführen und das Wechselspannungssignal auf <100mV zu begrenzen. Der Wert von C_{j0} kann dann durch Extrapolation bestimmt werden.

Die Parameter Φ_i und M müssen durch Anpassung (curve fitting) der berechneten an die gemessene $C_j(U_{PN})$-Charakteristik ermittelt werden.

Analogie zum Plattenkondensator

Die Sperrschichtkapazität kann mit der eines Plattenkondensators verglichen werden. Um dies zu demonstrieren, wird Gleichung (2-65) in die Form

$$C_j = \frac{A\varepsilon_0\varepsilon_r}{\sqrt{\frac{2\varepsilon_0\varepsilon_r}{q}\left[\frac{1}{N_A} + \frac{1}{N_D}\right][\Phi_i - U_{PN}]}} \tag{2-67}$$

gebracht. Vergleicht man diese Beziehung mit der für die Weite der Raumladungszone (2-61), dann ergibt sich die Sperrschichtkapazität zu

$$C_j = A\,\frac{\varepsilon_0\varepsilon_r}{w}\,. \tag{2-68}$$

Dies ist die Beschreibung eines Plattenkondensators mit Plattenabstand w, wie er in Bild 2.10c dargestellt ist.

2.5.2 Diffusionskapazität

Zusätzlich zu der Sperrschichtkapazität ist noch eine Diffusionskapazität vorhanden, die durch einen ganz und gar unterschiedlichen Mechanismus entsteht. Dieser beruht auf der Eigenschaft der n- und p-Gebiete, Minoritäts- und Majoritätsträgerladung zu speichern. Wie dies zu verstehen ist, ist in Bild 2.13 skizziert, wobei die Weitenänderung der Raumladungszone nicht betrachtet wird. Wird die anliegende Spannung um dU_{PN} erhöht, dann diffundieren entsprechend die Minoritätsträger in die n- und p-Gebiete, bis sie ihren Endzustand (gestrichelt in Bild 2.13 eingezeichnet) erreicht haben. Die Majoritätsträger folgen, wie in Abschnitt 2.3.1 beschrieben, aus Neutralitätsgründen den Minoritätsträgern innerhalb der dielektrischen Relaxationszeit von ca. 10^{-12}s.

Wird dagegen die Spannung um dU_{PN} verringert, rekombinieren die Ladungsträger, bis sie wiederum ihren Endzustand erreicht haben. Dieses Verhalten, daß sich die Ladung in Abhängigkeit von der Spannung ändert, entspricht dem einer Kleinsignalkapazität (Gl.2-63). Es handelt sich hierbei jedoch nicht um eine

Kapazität, die mit einem Plattenkondensator zu vergleichen ist, sondern um räumlich verteilte Kapazitäten. Ladung und Gegenladung bilden die Minoritäts- und Majoritätsträger in ihrem jeweiligen Gebiet.

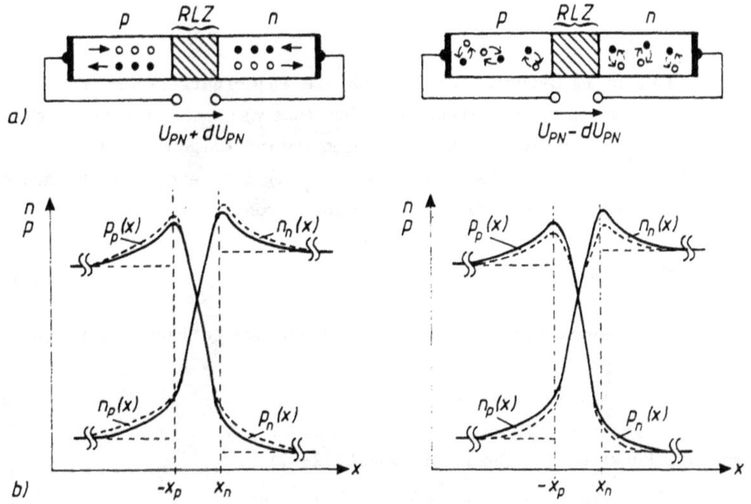

Bild 2.13
Darstellung der Diffusionskapazität; a) Ladungsträgerbewegungen, die durch eine Spannungsänderung dU_{PN} verursacht werden; b) Majoritäts- und Minoritätsträgerverteilungen (nicht maßstabsgerecht)

Um die Diffusionskapazität zu berechnen, muß zuerst die gesamte positive Ladung in der Diode bestimmt werden. Diese besteht im n-Gebiet aus injizierten Löchern, deren Verteilung durch Beziehung (2-29)

$$p'_n(x) = p_{no}\left[e^{\frac{q}{kT}U_{PN}} - 1\right] e^{\frac{-(x - x_n)}{L_p}}$$

beschrieben ist. Durch Integration und Multiplikation mit der Fläche A erhält man die injizierte positive Ladung

$$Q_p = qA \int_{x_n}^{\infty} p'_n(x)dx = qAL_p p_{no}\left[e^{\frac{q}{kT}U_{PN}} - 1\right] \qquad (2\text{-}69)$$

im n-Gebiet. Durch Einsetzen des Löcherstroms (Gl.2-33), der eine Folge dieser Ladung ist, resultiert die einfache Form

$$Q_p = \frac{L_p^2}{D_p} I_p(x_n) = \tau_p\, I_p(x_n), \tag{2-70}$$

wobei Gleichung (1-68) mit verwendet wurde. Diese Beziehung besagt, daß die injizierte Ladung um so größer ist, je größer die Lebensdauer und der Strom sind.

Die positive Ladung im p-Gebiet wird durch die Majoritätsträger erzeugt, die, wie bereits erwähnt, aus Neutralitätsgründen innerhalb der dielektrischen Relaxationszeit den Minoritätsträgern in diesem Gebiet folgen. Da die Verteilung der Minoritätsträger bekannt ist und $n_p(x) = p_p(x)$ ist, ergibt sich nach einer ähnlichen Herleitung eine Majoritätsträgerladung von

$$Q_p = -Q_n = \tau_n I_n(-x_p) \tag{2-71}$$

im p-Gebiet. Die gesamte positive Ladung in der Diode beträgt damit

$$Q = \tau_n\, I_n(-x_p) + \tau_p\, I_p(x_n). \tag{2-72}$$

Diese kann als Funktion des Gesamtstroms (Gl.2-32)

$$I = I_n(-x_p) + I_p(x_n)$$

in der Form

$$Q = \tau_T\, I \tag{2-73}$$

ausgedrückt werden. τ_T wird Transitzeit genannt. Sie bestimmt, wie in Abschnitt 2.7 gezeigt wird, maßgeblich das Schaltverhalten der Diode. Ihre Abhängigkeit von Strömen und Lebensdauern ergibt sich direkt aus den Beziehungen (2-72) und (2-73) zu

$$\tau_T = \tau_n \frac{I_n(x_p)}{I} + \tau_p \frac{I_p(x_n)}{I}. \tag{2-74}$$

Ladungsträgeränderungen lassen sich, wie bereits erwähnt, durch eine Kleinsignalkapazität entsprechend der Definition (2-63)

$$C_d = \frac{\partial Q}{\partial U_{PN}}$$

beschreiben.
Um diese zu bestimmen, geht man von der positiven Ladung des pn-Übergangs, die durch Beziehung (2-73) beschrieben wird, aus:

$$Q = \tau_T I$$

$$= \tau_T I_S [e^{\frac{q}{kT} U_{PN}} - 1]. \qquad (2\text{-}75)$$

Es resultiert eine Diffusionskapazität von

$$C_d = \frac{\partial Q}{\partial U_{PN}}$$

$$= \tau_T \frac{q}{kT} I_S \, e^{\frac{q}{kT} U_{PN}} . \qquad (2\text{-}76)$$

Die gesamte Kleinsignalkapazität des pn-Übergangs setzt sich aus dem Diffusions- und Sperrschichtanteil

$$C = C_d + C_j$$

$$= \tau_T \frac{q}{kT} I_S \, e^{\frac{q}{kT} U_{PN}} + C_{j0} [1 - \frac{U_{PN}}{\Phi_i}]^{-M} \qquad (2\text{-}77)$$

zusammen. Da die Diffusionskapazität exponentiell von der Spannung U_{PN} abhängt, ist sie im Sperrbereich ($U_{PN}<0$) vernachlässigbar klein gegenüber der Sperrschichtkapazität. Im Durchlaßbereich ($U_{PN}>0$) ist sie dagegen dominierend.

Diffusionskapazität bei kurzen Diodenabmessungen

Im vorhergehenden wurde die Diffusionskapazität für lange Diodenabmessungen bestimmt. Sind die Abmessungen kurz, erhält man genau die gleiche Beziehung. Die physikalischen Zusammenhänge sind jedoch verschieden, wie gezeigt wird.

Die Verteilung der Löcher im n-Bereich ist entsprechend Gleichung (2-37)

$$p'_n(x) = p_{no} \, [e^{\frac{q}{kT} U_{PN}} - 1] \; [1 - \frac{x - x_n}{w_n'}]$$

und die gesamte injizierte Löcherladung damit

$$Q_p = qA \int_{x_n}^{w_n} p'_n(x)dx$$

$$= qA \frac{w_n'}{2} p_{no}[e^{\frac{q}{kT} U_{PN}} -1].$$

$$= \frac{[w_n']^2}{2D_p} I_p$$

$$= \tau_{pw} I_p. \qquad (2\text{-}78)$$

Die Konstante

$$\tau_{pw} = \frac{[w_n']^2}{2D_p} \qquad (2\text{-}79)$$

hat, wie τ_p im vorhergehenden Fall die Dimension Zeit, was jedoch nicht bedeutet, daß es sich um eine Lebensdauer handelt.

Um den physikalischen Hintergrund zu klären, wird auf die Definition des Stromes (Gl.1-1)

$$I = A\rho v = A\rho \frac{dx}{dt} = \frac{dQ}{dt}$$

hingewiesen, wobei dx der Weg ist, den die Ladung ρ in der Zeit dt durchwandert. Handelt es sich um einen endlichen Weg, so wird dazu eine mittlere Zeit von

$$t = \frac{\int dQ}{I} = \frac{Q}{I} \qquad (2\text{-}80)$$

benötigt. Das Verhältnis von Ladung zu Strom gibt somit die mittlere Zeit wieder, die die Minoritätsträger benötigen, eine endliche Wegstrecke zu durchwandern. Auf das n-Gebiet der Diode angewendet bedeutet dies, daß die Löcher eine mittlere Zeit von τ_{pw} benötigen, die Strecke w_n' zu durchwandern. Diese Zeit wird Laufzeit der Löcher genannt. Entsprechend ist die Laufzeit der Elektronen

$$\tau_{nw} = \frac{[w_p']^2}{2D_n}. \qquad (2\text{-}81)$$

Damit ergibt sich eine Beschreibung für die gesamte positive Ladung in der Diode von

$$Q = \tau_{pw} I_p + \tau_{nw} I_n$$

$$= \tau_T I, \quad (2\text{-}82)$$

die mit derjenigen von Gleichung (2-73) identisch ist, jedoch in der Interpretierung verschieden.

Die durchgeführte Ableitung der Diffusionskapazität wird quasi statische Beschreibung genannt. Quasi statisch bedeutet dabei, daß zu jeder anliegenden Spannung U_{PN} immer eine bestimmte Ladung und Diffusionskapazität gehört. Dieses Verhalten ist unabhängig davon, wie schnell sich die Spannung U_{PN} verändert. Hierbei wird also nicht berücksichtigt, daß Diffusions- und Rekombinationsvorgänge nicht unendlich schnelle Vorgänge sind. Diese Betrachtung ist jedoch bei integrierten Schaltungen generell gebräuchlich, da einerseits die Abmessungen sehr klein sind und/oder die Transitzeit sehr viel kürzer ist, als die Schaltzeiten der Bauelemente.

2.6 Modellierung der pn-Diode

Bevor die Modellierung der Diode im Detail betrachtet wird, ist es zweckmässig, sich generell über das Ziel einer Modellierung von Halbleiterbauelementen im klaren zu sein. Die klassische Arbeitsweise zur Entwicklung einer Schaltung war bis ca. 1965 dadurch geprägt, daß diese fast ausschließlich im Versuchsaufbau erprobt und optimiert wurde. Diese Vorgehensweise ist bei integrierten Schaltungen nicht möglich, da einerseits die Schaltung auf Grund der geringen Abmessung im diskreten Aufbau total falsch wiedergegeben würde und andererseits die Komplexität im allgemeinen so gut wie nicht handhabbar ist. Eine probeweise Herstellung einer integrierten Schaltung scheidet meist aus Kosten- und Zeitgründen aus. Deshalb bedient sich der Schaltungsentwickler ausschließlich der Schaltungssimulation /8/ auf dem Rechner (2.14).

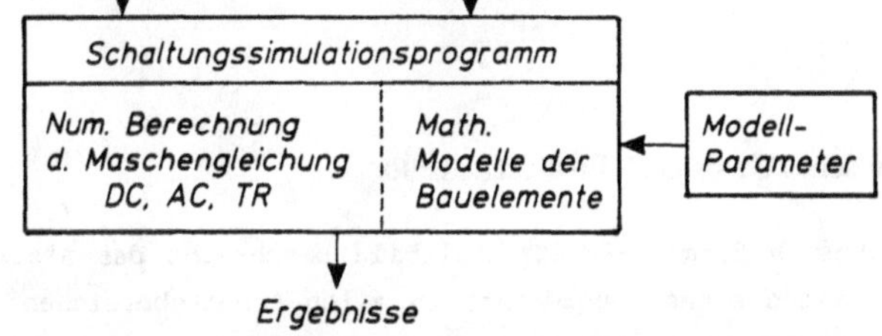

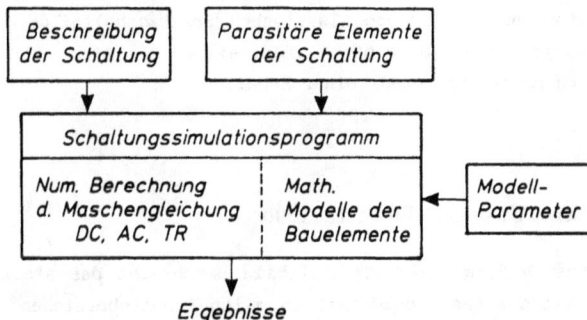

Bild 2.14
Schaltungssimulation mit Eingabedaten

Dazu gibt es Schaltungssimulationsprogramme, die numerisch die Maschengleichung der eingegebenen Schaltung lösen. Ein wesentlicher Bestandteil dabei ist die Modellierung, d.h. mathematische Beschreibung der aktiven und passiven Halbleiterbauelemente. Die dazu benötigten Parameter sind technologieabhängig und werden beim Hersteller erfaßt. Die parasitären Elemente ergeben sich aus dem gezeichneten Layout der Schaltung. Darunter versteht man die geometrische Wiedergabe einer Schaltung, die als Maskenvorlage zur Herstellung der Schaltung dient.

Die gebräuchlichsten Simulationsarten sind:

- Gleichstromanalyse (DC) zur Ermittlung der Arbeitspunkte (Ströme, Spannungen) im eingeschwungenen Zustand.
- Wechselstromanalyse (AC). Hierbei wird die Schaltung bei konstanten Arbeitspunkten und sinusförmiger Anregung analysiert. Da dies bei sehr geringer Amplitude geschieht (Kleinsignalanalyse), kann das Verhalten der Schaltung als linear betrachtet werden.
- Transientenanalyse (TR). In diesem Fall wird das Zeitverhalten der Schaltung betrachtet.

Die Genauigkeit einer Schaltungssimulation kann natürlich nicht größer sein, als diejenige, mit der die Transistoren modelliert und deren Parameter bestimmt werden. Daraus folgt, daß möglichst alle Transistoreffekte beschrieben werden müssen. Dies führt zu relativ aufwendigen mathematischen Beschreibungen, die zudem nicht einheitlich von Anwender zu Anwender sind und außerdem einer kontinuierlichen Weiterentwicklung unterliegen. Die heute weltweit am weitest verbreitesten Simulationsprogramme beruhen auf der Grundlage des Programms SPICE 2G /9 /. Aus diesem Grund werden die dort eingesetzten Modelle bevorzugt behandelt.

Ein Nachteil der Modelle ist, daß im allgemeinen die Genauigkeit gegenüber der physikalischen Anschaulichkeit im Vordergrund steht. In diesem Text wird deshalb, um die Anschaulichkeit nicht zu vernachlässigen, bei der Herleitung der Modellbeschreibungen jeweils von klassischen Ersatzschaltbildern ausgegangen. Da diese im allgemeinen sehr einfach sind, eignen sie sich außerdem zur überschlägigen Berechnung (von Hand) einer Schaltung.

2.6.1 Dynamisches Großsignal-Ersatzschaltbild

Ein dynamisches Großsignal-Ersatzschaltbild beschreibt das statische und dynamische Verhalten eines Bauelements in allen Arbeitsbereichen. Deshalb kann es zur Gleichstrom-, Wechselstrom- und Transientenanalyse in einer Schaltung verwendet werden. Für die Diode ist dieses Ersatzschaltbild in Bild 2.15 dargestellt.

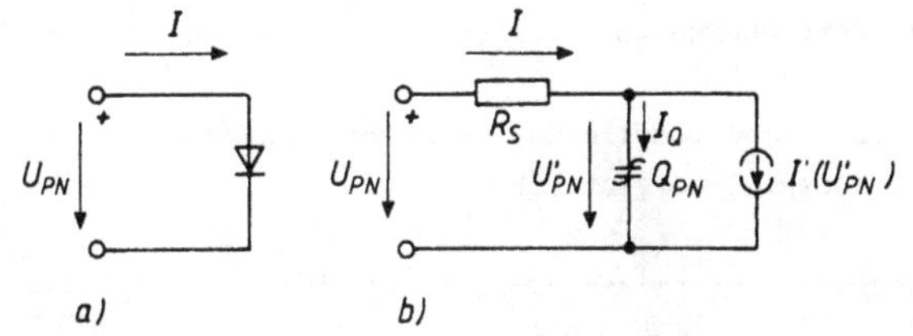

Bild 2.15
a) Diode; b) Dynamisches Großsignal-Ersatzschaltbild

Es besteht aus einem spannungsgesteuerten Stromgenerator, dessen Verhalten durch die Diodengleichung (Gl.2-35)

$$I' = I_S[e^{\frac{q}{kT}U'_{PN}} - 1])$$

beschrieben wird. Außerdem aus einem Widerstand R_S, der die Spannungsabfälle an den n- und p-Bereichen berücksichtigt, so daß die wirksame Diodenspannung auf U'_{PN} reduziert wird.

Die gesamte Ladung in der Diode wird durch das Ladungselement Q_{PN} mit der Ladung (Gl.2-75, 2-66)

$$Q_{PN} = \tau_T\ I_S[e^{\frac{q}{kT}U'_{PN}} - 1] + C_{j0}\int_0^{U'_{PN}} [1 - \frac{U}{\Phi_i}]^{-M}\,dU \qquad (2\text{-}83)$$

berücksichtigt. Dieses Ladungselement kann man auch als spannungsabhängige Kleinsignalkapazität, wie sie durch Gleichung (2-77) beschrieben ist, darstellen.

Damit ergibt sich ein Gesamtstrom, der in der Diode fließt, von

$$I = I'(U'_{PN}) + \frac{dQ_{PN}(U'_{PN})}{dt}$$

$$= I'(U'_{PN}) + C(U'_{PN})\frac{dU'_{PN}}{dt}\ . \qquad (2\text{-}84)$$

Der Term dQ_{PN}/dt erfaßt dabei die Tatsache, daß die Ladung in der Diode während der Zeit zu- oder abnehmen kann.

Das dynamische Großsignal-Ersatzschaltbild beschreibt das quasi statische Verhalten der Diode, bei der die Ladung, wie bereits bei der Diffusionskapazität beschrieben, zu jedem Zeitpunkt der anliegenden Spannung U'_{PN} entspricht. Dies ist nicht der Fall bei Höchstfrequenz-Betrachtungen, so daß in diesen Fällen die angeführten Beziehungen zu unkorrekten Berechnungen führen können.

Um den Einsatz des Diodenmodells bei CAD-Anwendung zu demonstrieren, wird folgendes einfache Beispiel vorgestellt.

Beispiel:

An eine Diode wird über einen Widerstand abrupt eine Spannung U_o in Sperrichtung angelegt. Gesucht wird das zeitliche Spannungsverhalten an der Diode.

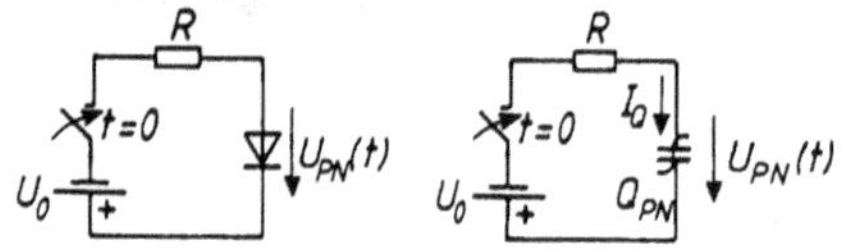

Da die Diode in Sperrichtung angesteuert wird, ist nur die Sperrschichtkapazität wirksam, wodurch ein Strom

$$I_Q = C_{j0}[1 - \frac{U_{PN}}{\Phi_i}]^{-M} \frac{dU_{PN}}{dt}$$

während des Aufladens fließt.

Um das zeitliche Verhalten dieser Stromgleichung herzuleiten, wird diese diskretisiert.

$$I_Q^{n+1} = C_{j0}[1 - \frac{U_{PN}^{n}}{\Phi_i}]^{-M} \frac{U_{PN}^{n+1} - U_{PN}^{n}}{\Delta t} .$$

Hierbei ergibt sich der Strom zur Zeit t=n+1 aus der Differenz der Spannungen zur Zeit t=n+1 und t=n. Die Spannung U_{PN}^n ist bekannt und damit auch der Kapazitätswert. Dieser wird als konstant während des Zeitintervalls Δt angenommen, wodurch die Kapazität als stückchenweise linear genähert wird. Δt kann zur Erhöhung der Rechengenauigkeit beliebig klein gewählt werden.

Da weiterhin gilt:

$$U_{PN}^{n+1} = U_o - RI_Q^{n+1} ,$$

ergibt sich die diskretisierte Beschreibung des Aufladevorgangs

$$U_{PN}^{n+1} = \frac{U_o + R\,\frac{C_{jO}}{\Delta t}\left[1 - \frac{U_{PN}^{n}}{\Phi_i}\right]^{-M} U_{PN}^{n}}{1 + R\,\frac{C_{jO}}{\Delta t}\left[1 - \frac{U_{PN}^{n}}{\Phi_i}\right]^{-M}} .$$

Mit den Werten: $U_{PN}(t=0)=0V$; $\Phi_i=0{,}7V$; $\Delta t=1{,}0\cdot10^{-9}s$; $M=0{,}5$; $C_{jO}=1pf$; $U_o=-5V$ und $R=5k\Omega$ ist dieser Aufladevorgang im folgenden Bild dargestellt.

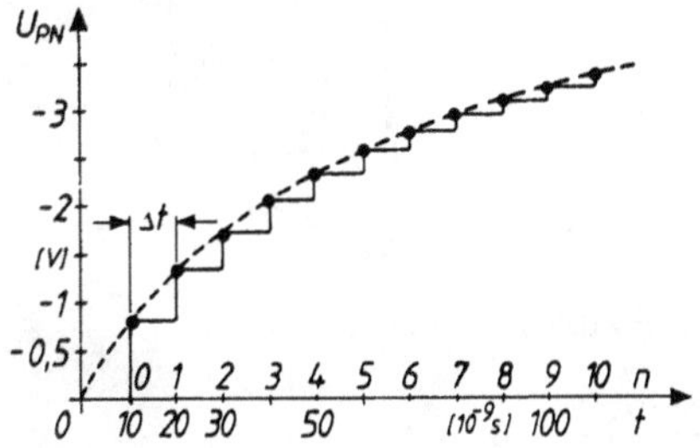

Das vorhergehende Beispiel war besonders einfach, da nur eine Diskretisierung aber keine Iteration benötigt wurde. Dies stellt bei dem Einsatz eines Schaltungssimulationsprogrammes kein Problem dar, ist jedoch bei Rechnungen von Hand mühsam. Wie es dazu kommt und wie man diese Iteration umgehen kann, ist im nächsten Beispiel dargestellt.

Beispiel:

Eine Diode ist über einen Wiederstand von $R=5k\Omega$ mit einer Spannung von 5V in Durchlaßrichtung verbunden. Wie groß ist der Strom I?
In Durchlaßrichtung ist $U_{PN} > 100mV$, so daß

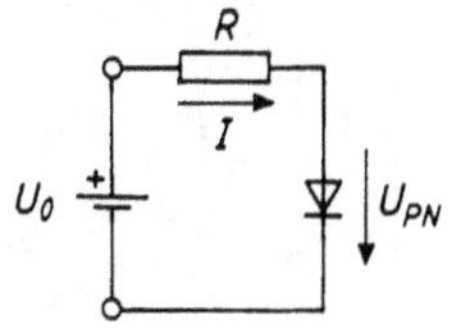

$$I \approx I_S\, e^{\frac{q}{kT} U_{PN}}$$ ist.

Da außerdem gilt

$$I = \frac{U_o - U_{PN}}{R},$$

ergibt sich aus diesen Beziehungen ein Strom von

$$I = \frac{U_o - \frac{kT}{q}\ln\frac{I}{I_S}}{R}.$$

Dies ist eine transzendente Funktion, die nur iterativ lösbar ist. Um dies möglichst bei Rechnungen von Hand zu vermeiden, kann die Diodenkennlinie in Durchlaßrichtung durch eine Knickkennlinie mit einer konstanten Schleusenspannung U_S approximiert werden.

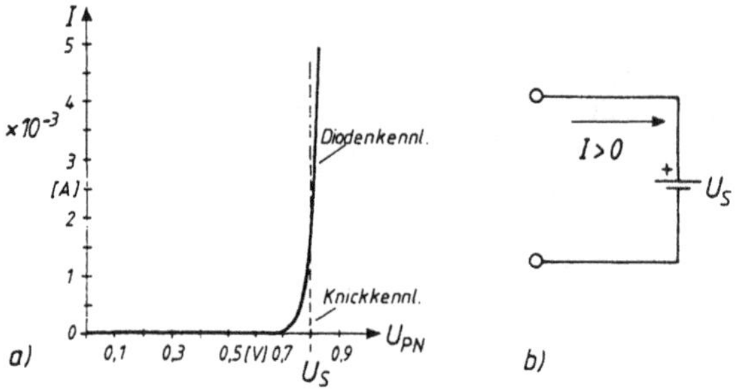

Durch die Vereinfachung ergibt sich ein Strom von

$$I = \frac{U_O - U_S}{R} = \frac{5V - 0{,}8V}{5k\Omega} = 0{,}84mA.$$

In diesem Beispiel ist es relativ unbedeutend, ob für die Schleusenspannung 0,75V oder 0,85V verwendet wird, da U_O mit 5V sehr groß gegenüber dieser Spannung ist.

2.6.2 Kleinsignal-Ersatzschaltbild

Um das Verhalten der Diode bei Kleinsignal-Ansteuerung zu analysieren, wird sie durch ein Kleinsignal-Ersatzschaltbild beschrieben. Ausgangspunkt dazu ist die Kleinsignal-Ansteuerung der Diode, wie in Bild 2.16 dargestellt.

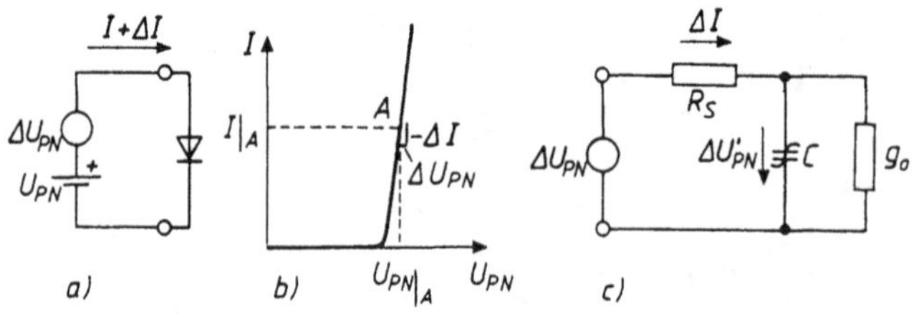

Bild 2.16

a) Kleinsignal-Ansteuerung der Diode; b) Diodenkennlinie mit Arbeitspunkt A; c) Kleinsignal-Ersatzschaltbild

Für sehr kleine Ansteuerungen um einen festen Arbeitspunkt A herum (Bild 2.16b) kann die Diodenkennlinie als linear betrachtet werden. Der Kleinsignal-Leitwert ergibt sich dabei für diesen Arbeitspunkt durch Differenzieren der Diodengleichung (2-35) zu

$$g_O = \left.\frac{\partial I}{\partial U'_{PN}}\right|_A \approx \frac{\Delta I}{\Delta U_{PN}}$$

$$= I_S \frac{q}{kT} e^{\frac{q}{kT} U'_{PN}}$$

$$\approx \frac{q}{kT} I, \tag{2-85}$$

Der Kleinsignal-Leitwert ist somit proportional zum Strom I. Die Kleinsignal-Kapazität im Ersatzschaltbild kann direkt aus der Beziehung (2-77) für den festgelegten Arbeitspunkt $U_{PN}|_A$ berechnet werden.

Das Kleinsignal-Ersatzschaltbild hat natürlich auch dann seine Gültigkeit, wenn statt der angeführten Strom- bzw. Spannungsänderungen zeitvariante Änderungen vorliegen.

Genauigkeit des Kleinsignal-Ersatzschaltbildes

Um die Grenzen des Kleinsignal-Ersatzschaltbildes zu demonstrieren, wird die folgende Analyse durchgeführt.

Der Gesamtstrom durch die Diode ist

$$I + \Delta I = I_S e^{\frac{q}{kT}[U'_{PN} + \Delta U'_{PN}]}$$

$$= I_S e^{\frac{q}{kT} U'_{PN}} e^{\frac{q}{kT} \Delta U'_{PN}}$$

$$\approx I e^{\frac{q}{kT} \Delta U'_{PN}} . \tag{2-86}$$

Wird die e-Funktion als Reihe entwickelt und eingesetzt, resultiert:

$$\Delta I = I \frac{\Delta U'_{PN}}{kT/q} + \frac{I}{2!}\left[\frac{\Delta U'_{PN}}{kT/q}\right]^2 + \frac{I}{3!}\left[\frac{\Delta U'_{PN}}{kT/q}\right]^3 + \ldots \tag{2-87}$$

Ist $\Delta U'_{PN} \ll kT/q$, d.h. wesentlich kleiner 26mV bei Raumtemperatur, so können die höheren Terme vernachlässigt werden. Dadurch erhält man den selben Kleinsignal-Leitwert, wie er in Gleichung (2-85) abgeleitet wurde. Für die Praxis bedeutet dies, daß das Kleinsignal-Ersatzschaltbild nur anwendbar ist, solange ΔU_{PN} nicht 10mV übersteigt.

2.6.3 Diodenmodell für CAD-Anwendungen

In dem in diesem Kapitel erwähnten Schaltungssimulationsprogramm Spice wird das in Bild 2.15 gezeigte dynamische Großsignal-Ersatzschaltbild verwendet. Dies wird durch die Beziehungen (2-44)

$$I' = I_S[e^{\frac{q}{NkT}U'_{PN}} - 1]$$

und (2-83)

$$Q_{PN} = \tau_T I_S[e^{\frac{q}{NkT}U'_{PN}} - 1] + C_{j0}\int_0^{U'_{PN}} [1 - \frac{U}{\Phi_i}]^{-M} dU,$$

beschrieben, wobei zur Beschreibung aller Arbeitsbereiche der Emissionsfaktor N wieder verwendet wurde. Somit werden die in Tabelle 2.1 aufgeführten Parameter benötigt, um die Diode zu beschreiben.

Text	SPICE	Beschreibung	Beispiel	Dimension
I_S	IS	Sperrstrom	10^{-16}	A
R_S	RS	Serienwiderstand	10	Ω
N	N	Emissionskoeffizient	1	
τ_T	TT	Transitzeit	50	ps
C_{j0}	CJO	Sperrschichtkapazität bei U_{PN}=0V	60	fF
Φ_i	PB	Diffusionsspannung	0,80	V
M	M	Kapazitätskoeffizient	0,5	

Tabelle 2.1: Eingabedaten für eine Si-Diode [Abmessung $A=16\mu m^2$]

Zur einfachen Handhabung sind die in Spice verwendeten Bezeichnungen mit aufgeführt.

Wird eine rechnerunterstützte Wechselspannungsanalyse durchgeführt, so werden die Kleinsignal-Werte automatisch aus dem dynamischen Großsignal-Ersatzschaltbild abgeleitet.

2.7 Schaltverhalten der pn-Diode

In Abschnitt 2.5.2 wurde die Diffusionskapazität beschrieben. Diese beruht auf der Eigenschaft der n- und p-Gebiete, Minoritätsträger zu speichern. Wie sich dieses Verhalten beim Schalten der Diode auswirkt, wird im folgenden betrachtet. Die Diode befindet sich in Durchlaßrichtung (Bild 2.17).

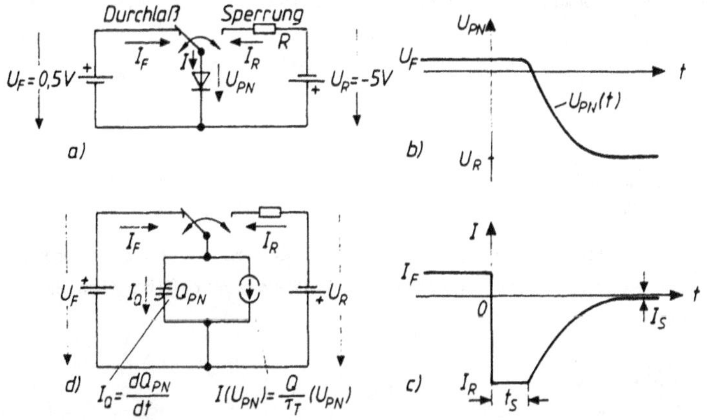

Bild 2.17
Schaltverhalten der pn-Diode; a) Versuchsanordnung; b) Spannungsverlauf am pn-Übergang; c) Stromverhalten; d) Versuchsanordnung mit Ersatzschaltbild

An ihr liegt die Spannung U_F und es fließt ein Strom I_F. Dabei ist eine Ladung (Gl.2-83) von

$$Q_{PN} = \tau_T\, I_S[e^{\frac{q}{kT}U'_{PN}} - 1] + C_{j0}\int_0^{U'_{PN}} [1 - \frac{U}{\Phi_i}]^{-M} dU$$

in der Diode vorhanden. Zur Zeit t=0 wird der Schalter in Sperrichtung umgeschaltet. Der Sperrstrom erreicht einen Momentanwert von $I_R \approx U_R/R$, wobei U_R = -5V beträgt. Dieser unerwartet hohe Strom (Bild 2.17c) kommt durch die in der Diode gespeicherte Überschußladung zustande, die verhindert, daß die Diodenspannung U_{PN} sich sprungartig ändert. Erst wenn die gesamte Überschußladung abgebaut ist, ändert sich die Spannungsrichtung an der Diode. Die bis dahin benötigte Zeit wird Speicherzeit t_s genannt. Ab diesem Zeitpunkt geht die Diode in den gesperrten Zustand über und die Sperrschichtkapazität C_j der Diode wird aufgeladen. Der Sperrstrom sinkt nach Beendigung der Aufladung von C_j auf den Wert I_S.

Die Speicherzeit kann auf einfache Weise bestimmt werden, wenn man von dem Ersatzschaltbild der Diode (Bild 2.17d) ausgeht. Danach gilt im Zeitbereich $t<0$, in dem keine zeitliche Ladungsänderung auftritt (Gl.2-73)

$$I_F = \frac{Q}{\tau_T}. \tag{2-88}$$

In der Zeit $0<t<t_s$ ändert sich die Ladung in der Diode, der Strom I_R bleibt jedoch konstant. Somit gilt (siehe Bild 2.17d)

$$I_R = \frac{Q}{\tau_T} + \frac{dQ_{PN}}{dt} \tag{2-89}$$

$$\approx \frac{Q}{\tau_T} + \frac{dQ}{dt},$$

wenn die verhältnismäßig geringe Ladungsänderung in der Raumladungszone (Sperrschichtkapazität) vernachlässigt wird. Daraus ergibt sich eine zeitliche Änderung der Ladung von

$$\frac{dQ}{dt} = - \frac{Q}{\tau_T} + I_R. \tag{2-90}$$

Diese Beziehung beschreibt den Abbau der Überschußladung, der durch zwei Ursachen erfolgt:

1. den Strom I_R und
2. bei Dioden mit langen Abmessungen durch Rekombination und bei denjenigen mit kurzen Abmessungen durch das Wandern der Ladung zu den Kontakten.

Die Differentialgleichung ist sehr einfach lösbar, wenn $|I_R| \gg I_F = Q/\tau_T$ ist. Dann gilt:

$$\frac{dQ}{dt} \approx I_R$$

$$\int_0^{t_s} dt \approx \frac{1}{I_R} \int_Q^0 dQ$$

$$t_s \approx - \frac{Q}{I_R} \approx -\tau_T \frac{I_F}{I_R}. \tag{2-91}$$

Dieses wichtige Resultat, das direkt auf das Schaltverhalten des bipolaren Transistors übertragbar ist (Abschnitt 4.4.2) besagt, daß die Speicherzeit proportional zum Verhältnis der Ströme in Durchlaß- zu Sperrichtung ist.

Will man die Speicherzeit durch technologische Maßnahmen reduzieren, muß die Transitzeit τ_T verringert werden. Dies kann durch die Reduzierung der Minoritätsträger-Lebensdauer geschehen. Dazu können Goldatome ins Silizium eingebracht werden. Die Goldatome wirken dabei wie zusätzliche Rekombinationszentren /6/. Eine andere Möglichkeit besteht darin, die Geometrieabmessungen der Diode möglichst kurz zu gestalten (Gl.2-79).

2.8 Temperaturverhalten

Das Temperaturverhalten der Diode ergibt sich direkt aus den Beziehungen 2-43 und 2-39

$$I_S(T) = qA\left[\frac{D_p}{L_p}\frac{1}{N_D} + \frac{D_n}{L_n}\frac{1}{N_A}\right]n_i^2(T) + qA\frac{w}{\tau_o}n_i(T)$$

$$I(T) = I_S(T)\left[e^{\frac{q}{kT}U_{PN}} - 1\right]$$

sowie der Temperaturabhängigkeit der Intrinsicdichte (1-20)

$$n_i = C\left(\frac{T}{[K]}\right)^{3/2} e^{-W_g(T)/2kT} .$$

Streng genommen, müßte zusätzlich noch der Temperatureinfluß auf D_p, L_p, D_n und L_n berücksichtigt werden. Da dieser Einfluß jedoch relativ gering ist, wird darauf verzichtet.

Nicht nur die Ströme, sondern auch das kapazitive Verhalten der Diode ist temperaturabhängig. Dies wird deutlich, wenn man die Kleinsignalkapazität (Gl.2-77)

$$C(T) = \tau(T)\frac{q}{kT}I_S(T)e^{\frac{q}{kT}U_{PN}} + C_{j0}(T)\left[1 - \frac{U_{PN}}{\Phi_i(T)}\right]^{-M}$$

betrachtet. Die Diffusionskapazität ist durch den exponentiellen Term sowie durch den Sperrstrom am stärksten temperaturabhängig. Die Sperrschichtkapazität hängt dagegen im wesentlichen nur von der Änderung der Diffusionsspannung (Gl.2-11)

$$\Phi_i(T) = \frac{kT}{q}\ln\frac{N_A N_D}{n_i^2(T)}$$

ab.

2.9 Durchbruchverhalten

In Sperrichtung zeigen pn-Dioden ab einer Sperrspannung BU einen sehr stark ansteigenden Strom (Bild 2.18). Man spricht vom Durchbruch des pn-Überganges. Verantwortlich für diesen Durchbruch können der Lawinen- oder der Tunneleffekt sein.

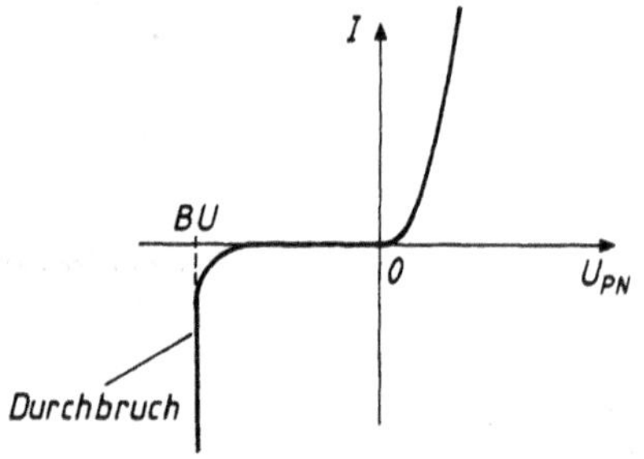

Bild 2.18
Durchbruchverhalten einer pn-Diode

Lawinendurchbruch

Bei Dioden und Transistoren begrenzt in den meisten Fällen der Lawineneffekt die maximale Sperrspannung. Ist die pn-Diode in Sperrichtung gepolt, fließt ein Sperrstrom, der durch die thermische Generation von Elektron-Loch-Paaren verursacht wird. Ist die elektrische Feldstärke infolge der anliegenden Spannung in der Raumladungszone genügend groß, so können die erzeugten Ladungsträger eine so große kinetische Energie annehmen, daß sie beim Stoß mit Gitteratomen Elektron-Loch-Paare erzeugen. Diese wiederum nehmen eine so große kinetische Energie auf, daß sie ebenfalls Elektron-Loch-Paare generieren. Da die Ladungsträger beim Stoß lediglich Energie verlieren aber nicht verschwinden, nimmt die Zahl der Ladungsträger lawinenartig zu (Bild 2.19a).

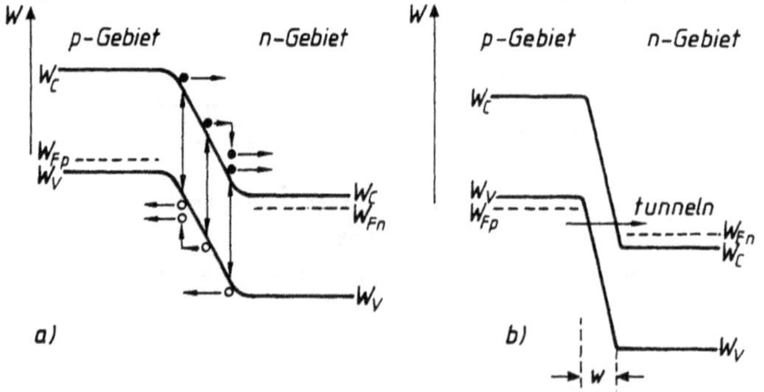

Bild 2.19
Durchbruchmechanismen; a) Lawineneffekt; b) Tunneleffekt (Energien nicht maßstabsgerecht gezeichnet)

Der dabei fließende Strom kann in der Form

$$I_{SM} = M \cdot I_S \tag{2-92}$$

wiedergegeben werden, wobei I_S der Sperrstrom der Diode ist und M ein Faktor, der die Multiplikation der Ladungsträger beschreibt. Empirisch kann er in Abhängigkeit der anliegenden Spannung

$$M = \frac{1}{1 - \left[\frac{U_{PN}}{BU}\right]^n}, \tag{2-93}$$

wie in /10,11/ ausgeführt, approximiert werden. Werte für n liegen typisch zwischen 2 und 6. Der Durchbruch der Diode findet somit statt, wenn U_{PN}=BU ist und $M \to \infty$ geht.

Um die Durchbruchspannung BU in erster Näherung zu bestimmen, kann man von Bild 2.9 ausgehen. Erreicht das maximale elektrische Feld E_M den kritischen Wert E_C, bei dem der Lawineneffekt einsetzt, dann ergibt sich aus Gleichung (2-56)

$$E_M = E_C = -2\,\frac{\Phi_i - BU}{w}, \tag{2-94}$$

wobei die Spannung U_{PN} durch den Wert der Durchbruchspannung BU ersetzt wurde. Diese Gleichung besagt, daß bei der kritischen Feldstärke E_C die Durchbruchspannung um so niedriger ist, je kleiner die Weite der Raumladungszone ist. Mit der Beziehung für die Weite der Raumladungszone eines einseitig abrupten p^+n-Übergangs (Gl.2-62) und der Näherung Φ_i-BU≈-BU kann die Durchbruchspannung in der Form

$$BU \approx -\frac{\varepsilon_0 \varepsilon_r}{2qN_D}\,E_C{}^2 \tag{2-95}$$

wiedergegeben werden. Man erkennt aus dieser Gleichung, daß mit höherer Dotierung die Durchbruchspannung abnimmt. Dies ist verständlich, da mit höherer Dotierung die Weite der Raumladungszone abnimmt.

Tunneldurchbruch

Erhöht man die Dotierung weiter (Ferminiveaus wandern in die Bänder), wird schließlich die Weite der Raumladungszone so schmal, daß die kurze Wegstrecke nicht mehr ausreicht, einen Lawineneffekt auszulösen. Aber es besteht durch die geringe Weite w eine ausreichend hohe Wahrscheinlichkeit, daß Valenzband-Elektronen des p-Gebiets direkt ins n-Gebiet gelangen (Bild 2.19b). Dieser Effekt wird Tunneldurchbruch bzw. Zenerdurchbruch genannt.

Wird die pn-Diode im Durchbruchbereich betrieben, bedeutet dies keine Zerstörung der Diode, so lange gewährleistet wird, daß der Strom begrenzt und somit die zulässige Temperatur nicht überschritten wird. Der Betrieb im Durchbruchbereich wird dazu verwendet, Spannungsreferenzen zu erzeugen.

2.10 Metall-Halbleiter-Übergang

Bisher wurde ausführlich der Übergang zwischen einem p- und n-Halbleiter behandelt. Im folgenden wird ein andersartiger Übergang vorgestellt, der durch den metallurgischen flächenhaften Kontakt zwischen Metall und Halbleiter entsteht. Dieser kann Diodencharakter oder ohmschen Charakter besitzen. Im letzten Fall wird der Übergang zum Verbinden von n- oder p-Gebieten mit Metallbahnen in einer integrierten Schaltung verwendet. Als Diode benutzt man ihn z.B. in integrierten bipolaren Schaltungen (Kapitel 4.6.1), um deren Schaltverhalten zu verbessern.

Ausgangsbasis für die Betrachtung des Übergangs sind die Bänderdiagramme von Metall und Halbleiter (Bild 2.20).

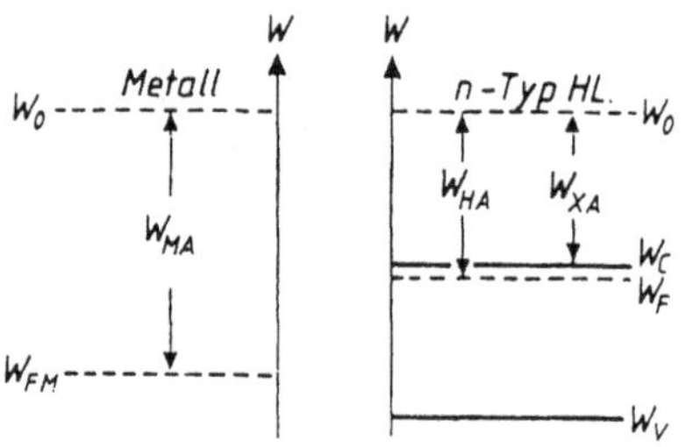

Bild 2.20
Bänderdiagramme von Metall und Halbleiter mit $W_{HA}<W_{MA}$

Als Referenzenergie wurde die Energie W_0 eines gerade freien Elektrons gewählt. D.h. bei einer von außen zugeführten Energie von $W_{MA}>W_0$ oder $W_{HA}>W_0$ unterliegen die Elektronen, die sich auf dem Ferminiveau befanden, nicht mehr dem Einfluß eines bestimmten Materials. Diese zugeführte Energie, die der Differenz zwischen W_0 und den Ferminiveaus entspricht, wird Austrittsarbeit (zweiter Index A) genannt. Sie ist, wie aus dem Vorhergehenden erkennbar, um so kleiner, je größer die Fermienergie eines Materials ist. In diesem Zusammenhang sei noch einmal darauf hingewiesen, daß ein Energieniveau bei $W=W_F$ mit einer Wahrscheinlichkeit von 50% mit Elektronen besetzt ist (Abschnitt 1.3.1). Das Ferminiveau befindet sich im Metall in einem durchgehenden, nur teilweise besetzten Band, während es sich beim Halbleiter in der verbotenen Zone befindet (Bild 1.5). Da dort keine Elektronen zu finden sind, wird beim Halbleiter zusätzlich die Elektronenaffinität W_{XA} angegeben. Sie gibt die Energie wieder, die benötigt wird, um Elektronen, die sich energiemäßig auf der Leitungsbandkante W_C befinden, zum Verlassen des Halbleiters zu bringen.

2.10.1 Schottky-Diode

Was passiert nun im Idealfall, wenn Metall und Halbleiter zu einem Kontakt zusammengefügt werden? Prinzipiell können Elektronen aus dem Metall zum Halbleiter und vom Halbleiter zum Metall gelangen. Dieser Vorgang dauert so lange, bis sich thermodynamisches Gleichgewicht einstellt und das Ferminiveau (Abschnitt 2.1) auf gleicher energetischer Höhe verläuft. Das Vakuumniveau folgt dabei der Änderung der Leitungsbandkante W_C, da die Elektronenaffinität als konstant betrachtet werden kann. Zur genaueren Analyse betrachten wir die in Bild 2.21 aufgeführten Bänderdiagramme.

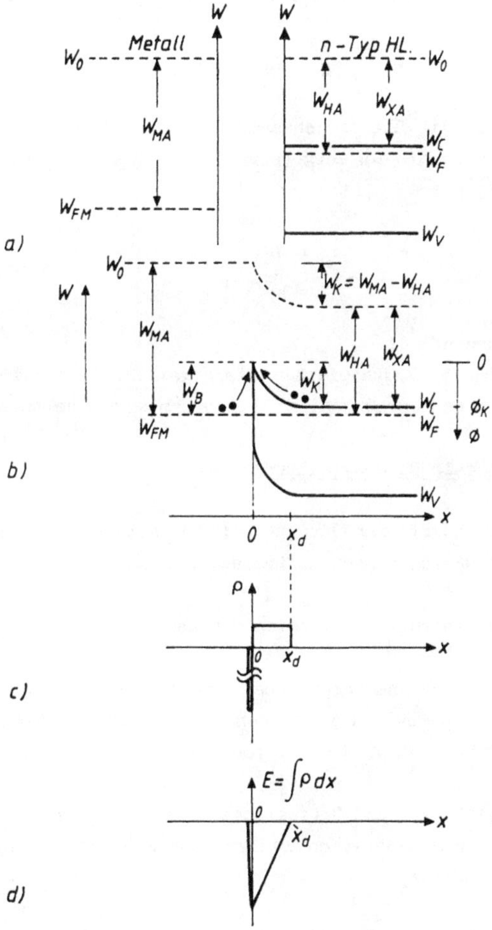

Bild 2.21
Metall-n-Typ-Halbleiterübergang mit $W_{HA}<W_{MA}$;
a) Bänderdiagramme vor Kontaktieren; b) Bänderdiagramm nach Kontaktieren (nicht maßstabsgerecht);
c) Ladungsverteilung;
d) Feldverlauf

Die Austrittsarbeit des Halbleiters W_{HA} ist geringer als die des Metalls W_{MA}. Dadurch ist die Wahrscheinlichkeit, daß Elektronen infolge ihrer höheren Energie vom Halbleiter zum Metall wandern, größer als in umgekehrter Richtung. Es kommt zu einer netto Elektronenwanderung vom Halbleiter zum Metall. Das Metall wird dadurch negativ geladen und die Halbleiterrandschicht durch nicht mehr kompensierte Donatoren positiv (Bild 2.21c). Es entsteht eine Verarmungszone im Halbleiter, die wesentlich weiter ist, als die mit Elektronen angereicherte Schicht im Metall. Die entstandene Verarmungszone hat ein elektrisches Feld, das zu einer Kontaktspannung Φ_K führt und eine Bandverbiegung, die der Dichte der Elektronen in diesem Bereich entspricht, zur Folge. Diese Situation ist vergleichbar mit der bei einem einseitig abrupten p^+n-Übergang. Aus der Differenz der Austrittsarbeiten entsteht eine Barriere im Halbleiter

$$W_K = q\Phi_K = W_{MA} - W_{HA}, \tag{2-96}$$

die die Elektronenwanderung vom Halbleiter zum Metall bestimmt. Die Elektronen, die in entgegengesetzter Richtung wandern, werden durch die Schottky-Barriere

$$\begin{aligned} W_B = q\Phi_B &= W_{MA} - W_{XA} \\ &= W_K + [W_C - W_F] \end{aligned} \tag{2-97}$$

beeinflußt.
Im thermodynamischen Gleichgewicht kompensieren sich die gegenläufigen Elektronenbewegungen, so daß es zu keinem netto Elektronenfluß kommt.

<u>Ideale Diodengleichung</u>

Grundsätzlich können beim Metall-Halbleiterübergang drei wesentliche Stromflußmechanismen auftreten. /5, 12/

a) Thermische Emission von Ladungsträgern über die Barriere.

b) Quantenmechanisches Tunneln von Ladungsträgern durch die Schottkybarriere, wie es bei sehr hochdotierten Halbleitern vorkommt. Dieser Stromflußmechanismus wird meist zur Erzeugung ohmscher Kontakte verwendet.

c) Drift- und Diffusionsströme, wie beim pn-Übergang infolge von Rekombination und Generation in der Raumladungszone und im anschließenden Halbleiterbereich.

Alle erwähnten Theorien führen zu einer exponentiellen Strom-Spannungsbeziehung. Sie unterscheiden sich dagegen in der Beschreibung des Reststromverhaltens.

Die thermische Emission ist in der Praxis meist dominierend. Aus diesem Grund wird im folgenden die ideale Diodengleichung für diesen Fall hergeleitet. Ideal bedeutet dabei, daß Oberflächenzustände (Kapitel 5.1.3) sowie der Einfluß von Spiegelladungen vernachlässigt werden und die Energiebarriere W_K größer als kT ist.

Bei den bisherigen Betrachtungen befand sich der Übergang im thermodynamischen Gleichgewicht. Dieses thermodynamische Gleichgewicht wird verletzt, wenn eine äußere Spannung U_{MH} zwischen Metall und Halbleiter angelegt wird. Geht man davon aus, daß an dem Metall kein Spannungsabfall auftritt und daß außerdem der Spannungsabfall im Halbleiterinnern als vernachlässigbar klein angesehen werden kann, so fällt die angelegte Spannung nur an der Verarmungszone des Halbleiters ab und ändert dessen Barrierenhöhe. Die Schottky-Barriere bleibt dagegen konstant. Wird das Ferminiveau des Halbleiters als Referenzpotential verwendet (Bild 2.22),

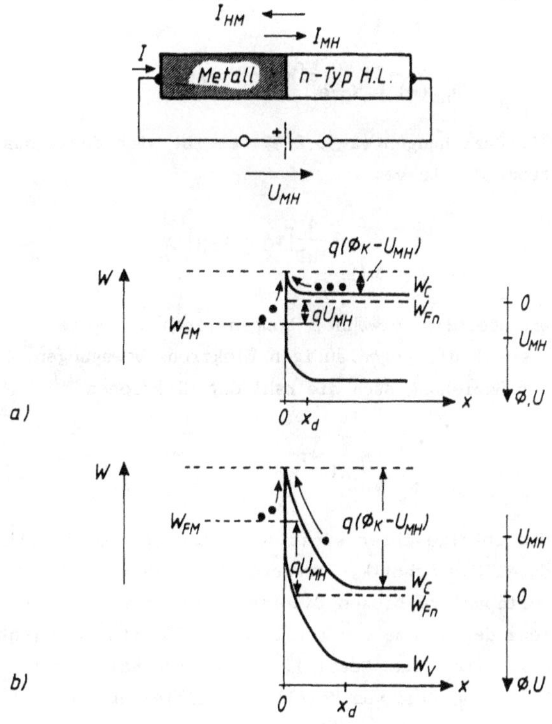

Bild 2.22
Schottky-Diode;
a) Durchlaßrichtung $U_{MH}>0$;
b) Sperrichtung $U_{MH}<0$

erniedrigt eine positive Spannung ($U_{MH}>0$) das Ferminiveau W_{FM} gegenüber W_F und somit die Barriere im Halbleiter auf $q(\Phi_K-U_{MH})$. Es kommt dadurch zu einem erhöhten Elektronenfluß vom Halbleiter zum Metall, da mehr Elektronen infolge ihrer kinetischen Energie über die Barriere gelangen können. Im entgegengesetzten Fall ($U_{MH}<0$) wird die Barriere erhöht (Bild 2.22b) und der Elektronenfluß vom Halbleiter zum Metall stark reduziert. Der Elektronenfluß vom Metall zum Halbleiter wird dagegen wegen der bereits erwähnten konstanten Schottky-Barriere von der anliegenden Spannung nicht beeinflußt. Nimmt man an, daß die Elektronen eine Maxwellsche Geschwindigkeitsverteilung besitzen, so ergibt sich die Zahl der Elektronen, die genügend kinetische Energie besitzen, um die Barriere bei x=0 vom Halbleiter zum Metall zu überwinden, zu /12/

$$n(o) = n_{no}(\infty) e^{-\frac{q}{kT}[\Phi_K - U_{MH}]} . \qquad (2\text{-}98)$$

Diese Beziehung ist vergleichbar mit derjenigen (Gl.2-15), die die Minoritätsträgerdichte am Rand der Raumladungszone beschreibt. Die Ladungsträgerdichte im Halbleiterinnern beträgt (Gl.1-10)

$$n_{no}(\infty) = N_C\, e^{-[W_C - W_F]/kT} .$$

Mit Beziehungen (2-96,2-97) ergibt sich damit aus Gleichung (2-98) eine Elektronendichte von

$$n(o) = N_C\, e^{-\frac{q}{kT}[\Phi_B - U_{MH}]} . \qquad (2\text{-}99)$$

Wie bereits erwähnt, kompensieren sich im thermodynamischen Gleichgewicht ($U_{MH}=0$) die gegenläufigen Elektronenbewegungen. Dadurch kann aus vorhergehender Beziehung auch die Zahl der Elektronen

$$n = N_C\, e^{-\frac{q}{kT}\Phi_B} , \qquad (2\text{-}100)$$

die infolge ihrer kinetischen Energie vom Metall zum Halbleiter gelangen und dabei die Schottky-Barriere überwinden, bestimmt werden. Die Ströme sind proportional zu diesen Dichten. Somit resultiert ein netto Strom aus der Differenz der Ströme vom Metall zum Halbleiter I_{MH} (entsprechend Elektronenfluß vom Halbleiter zum Metall), sowie vom Halbleiter zum Metall I_{HM} (entsprechend Elektronenfluß vom Metall zum Halbleiter) von

$$I = I_{MH} - I_{HM}$$

$$= KN_C\, e^{-\frac{q}{kT}[\Phi_B - U_{MH}]} - KN_C\, e^{-\frac{q}{kT}\Phi_B}$$

$$= I_o[e^{\frac{q}{kT}U_{MH}} - 1], \qquad (2\text{-}101)$$

wobei $I_o = KN_C\, e^{-\frac{q}{kT}\Phi_B}$ (2-102)

der Reststrom und K eine Proportionalitätskonstante ist.

Beziehung (2-101) beschreibt die ideale Diodengleichung, die bis auf den Reststrom vergleichbar ist mit der pn-Diode (Gl.2-35). Der Reststrom ist abhängig von der Schottky-Barriere, die im Idealfall nur von den Austrittsarbeiten der Materialien gegeben ist. Praktisch gilt dies jedoch nur bedingt, da Oberflächenzustände nicht zu vermeiden sind. Diese entstehen durch ungesättigte kovalente Verbindungen und Verunreinigungen an den zu kontaktierenden Oberflächen (Kapitel 5.1.3) und verändern die Schottky-Barriere.

Übergang Metall auf p-Typ-Halbleiter

Bisher wurde nur der Übergang von Metall auf einen n-Typ-Halbleiter behandelt. Der Übergang auf einen p-Typ-Halbleiter verhält sich ganz analog zum Vorhergehenden. Die Resultate sind übertragbar, bereiten jedoch häufig zum Verstehen mehr Schwierigkeiten. Aus diesem Grund wird im folgenden kurz darauf eingegangen. Dabei wird vorausgesetzt, daß die Austrittsarbeit des Metalls kleiner ist, als die im Halbleiter (Bild 2.23).

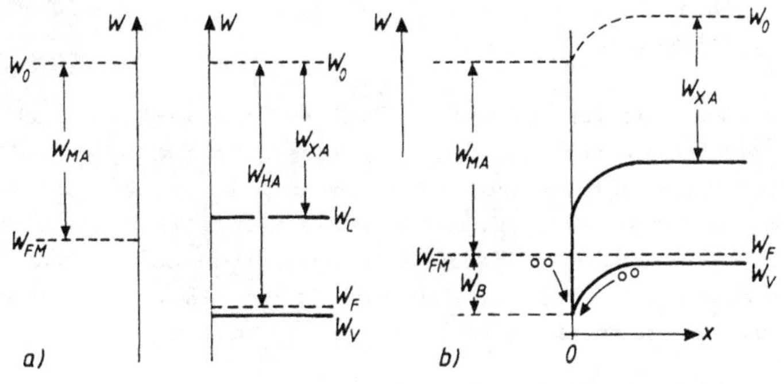

Bild 2.23
Metall-p-Typ-Halbleiterübergang; a) Bänderdiagramm $W_{MA}<W_{HA}$; b) Bänderdiagramm nach Kontaktieren

Damit treten Löcher leichter vom p-Halbleiter zum Metall über, als in umgekehrter Richtung. Dadurch wird das Metall positiv gegenüber dem Halbleiter geladen. In diesem Zusammenhang sei noch einmal an die Energiedarstellungen in Bild 1.3 erinnert. Es entsteht eine Schottky-Barriere W_B. Im thermodynamischen Gleichgewicht kompensieren sich die entgegengesetzt wandernden Löcherflüsse. Zum besseren Verständnis dieser Löcherwanderungen wird die folgende Überlegung angestellt.

Die Wanderung eines Loches aus dem Halbleiter zum Metall entspricht am Übergang der Rekombination eines Loches mit einem Metallelektron, wodurch das Loch aus dem Halbleiter verschwindet. In umgekehrter Richtung bedeutet die Wanderung eines Loches aus dem Metall zum Halbleiter, daß ein Valenzelektron aus dem Halbleiter einen zeitweilig freien Elektronenzustand im Metall besetzt, wodurch ein Loch am Übergang im Halbleiter entsteht.

Vergleicht man Schottky-Dioden mit pn-Dioden, so ergeben sich folgende wesentliche Unterschiede:

1. Der Stromfluß durch die Schottky-Diode erfolgt im Gegensatz zur pn-Diode beinahe ausschließlich durch Majoritätsträger. Minoritätsträger haben einen fast immer vernachlässigbaren Einfluß. Dies gilt, so lange die Barriere (W_F-W_V) an der Stelle x=0 (Bild 2.21) groß ist /5/.

2. Die typische Schleusenspannung einer Schottky-Diode ist mit ca. 0,4V kleiner, als die von pn-Si-Dioden mit etwa 0,7V.

3. Der Reststrom der Schottky-Diode ist größer und stärker spannungsabhängig, als der der pn-Si-Dioden.

Die Verwendung von Schottky-Dioden in integrierten Schaltungen wird in Kapitel (4.4.3) näher betrachtet.

Kapazitätsverhalten

Da der Stromfluß, wie bereits erwähnt, bei der Schottky-Diode durch Majoritätsträger erfolgt und Minoritätsträger nur eine vernachlässigbare Rolle spielen, entsteht keine nennenswerte Diffusionskapazität wie bei der pn-Diode. Dies ist von großem Vorteil, da dadurch extrem kleine Schaltzeiten von unter 50ps erreicht werden können. Die Sperrschichtkapazität des in Bild 2.21 gezeigten Übergangs ist jedoch vergleichbar mit dem eines abrupten p^+n-Übergangs. In Analogie zu Beziehung (2-65) mit $N_A \gg N_D$ resultiert:

$$C_j = A\sqrt{\frac{q\varepsilon_0\varepsilon_r N_D}{2[\Phi_i - U_{MH}]}}. \qquad (2\text{-}103)$$

2.10.2 Ohmsche Kontakte

Ein ohmscher Kontakt kommt zustande, wenn die Austrittsarbeit des Metalls W_{MA} geringer ist, als die des Halbleiters W_{HA} (Bild 2.24).

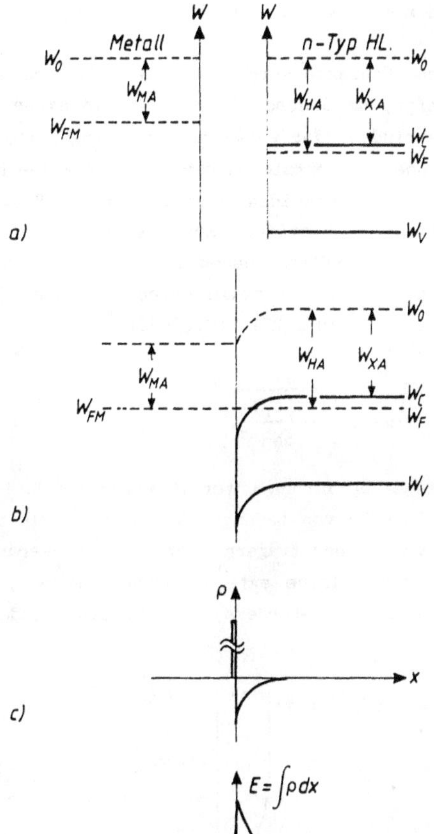

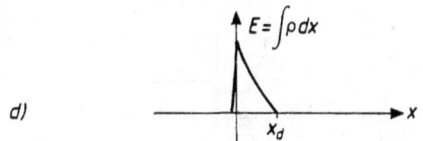

Bild 2.24
Metall-Halbleiterübergang mit $W_{HA}>W_{MA}$:
a) Bänderdiagramme vor Kontaktieren;
b) Bänderdiagramm nach Kontaktieren;
c) Ladungsverteilung;
d) Feldverlauf

In diesem Fall gelangen nach dem Kontaktieren der Materialien mehr Elektronen vom Metall in den Halbleiter, als in umgekehrter Richtung. Dadurch kommt es zu einer Elektronenakkumulation (negativen Ladung) im Halbleiter und einem Elektronendefizit (positive Ladung) im Metall. Thermodynamisches Gleichgewicht stellt sich ein. Es bildet sich, im Gegensatz zu Bild 2.21, jedoch keine Raumladungszone, sondern ein Bereich, in dem die Majoritätsträger, d.h. Elektronendichte erhöht ist. Dadurch befindet sich der höchste Widerstandsbereich im Halbleiterinnern. Wird an diesen Übergang eine Spannung von außen angelegt, entsteht somit nur dort ein Spannungsabfall. Dies ist auch der Fall, wenn die Polung der angelegten Spannung geändert wird. Der Strom ist somit nur abhängig von dem Widerstand im Halbleiterinnern.

Ohmsche Kontakte werden zum Verbinden von n- oder p-Gebieten mit Metallbahnen benötigt, um dadurch Bauelemente in einer integrierten Schaltung miteinander zu verbinden oder Versorgungsspannungen zuzuführen. Wird als Metall Aluminium verwendet, so entstehen unerwünschterweise Übergänge mit Diodencharakteristik. Um diese zu vermeiden, verwendet man z.B. bei einem n-Typ-Halbleiter eine zusätzliche hochdotierte meist entartete n^+-Schicht (Ferminiveau im Leitungsband) im oberflächennahen Halbleiterbereich. Diese kann z.B. durch Ionenimplantation oder Epitaxie erzeugt werden. Dadurch wird die Weite der Verarmungszone (Bild 2.25), (Gl.2-62)

$$x_d = \sqrt{\frac{2\varepsilon_0\varepsilon_r\Phi_i}{qN_D}} \qquad (2\text{-}104)$$

bei hoher Dotierung unter 10nm reduziert. Dies ermöglicht das quantenmechanische Tunneln von Ladungsträgern durch die Schottky-Barriere, die somit nicht mehr von Ladungsträgern überwunden zu werden braucht. Es reichen dadurch bereits sehr kleine externe Spannungen aus, um große Ladungsmengen in beiden Richtungen zu befördern, wodurch sehr niederohmige Kontaktwiderstände entstehen.

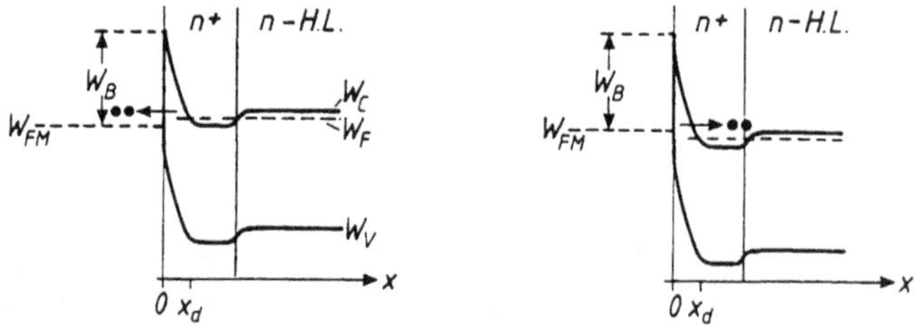

Bild 2.25
Tunnelvorgang bei Metall-Halbleiter-Kontakt; a) Tunneln von Halbleiter zu Metall; b) Tunneln vom Metall zu Halbleiter

Übungen

Aufgabe 2.1

Gegeben ist ein n-Typ Siliziumstab mit einer nicht homogenen Dotierungsverteilung (siehe Skizze).

a) Skizzieren Sie für diesen Fall das Bänderdiagramm.
b) Existiert zwischen den verschieden dotierten Zonen eine Spannung? Wenn ja, welchen Wert hat diese bei Raumtemperatur?

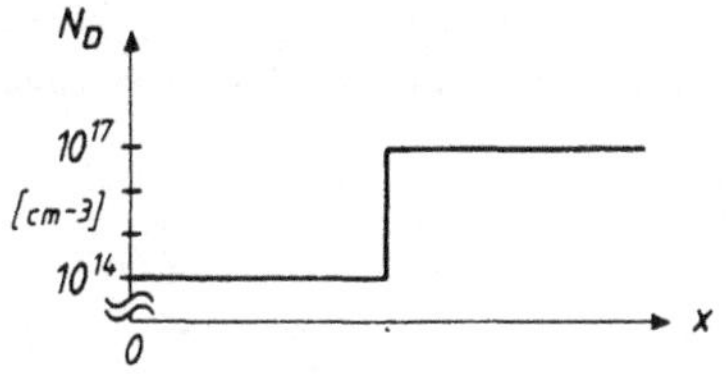

Aufgabe 2.2

Eine abrupte pn-Siliziumdiode hat die Dotierungen $N_A=10^{15}cm^{-3}$ und $N_D=2\cdot10^{17}cm^{-3}$.
a) Berechnen Sie die Diffusionsspannung bei Raumtemperatur. b) Bestimmen Sie die Weite der Raumladungszone und die entsprechende maximale Feldstärke für U_{PN}=0V und -10V.

Aufgabe 2.3

Gegeben ist eine Si-Diode mit abruptem pn-Übergang und sehr langen Abmessungen. In Durchlaßrichtung fließt bei Raumtemperatur ein Strom von 1mA. Die Daten der Diode sind:

$N_A = 10^{15}cm^{-3}$; $N_D = 6\cdot10^{17}cm^{-3}$; $\mu_p = 400cm^2/Vs$;
$\mu_n = 1200cm^2/Vs$; $\tau_n = 40\mu s$ und $A = 10^{-2}cm^2$.

a) Welche Spannung liegt an den Klemmen der Diode? b) Wie groß ist die Weite der Raumladungszone? c) Wie groß sind die Sperrschicht- und Diffusionskapazität in Durchlaßrichtung bei 1mA?

Aufgabe 2.4

In einer Versuchsschaltung nach Bild 2.17 mit U_F=0,55V, U_R=-10V und R=1kΩ wird bei Raumtemperatur bei einer Silizium p^+n-Diode mit langen Abmessungen eine Speicherzeit von t_s=0,3µs und ein Durchlaßstrom von I_F=1mA gemessen. Die Daten der Diode sind $\mu_p = 400cm^2/Vs$ und $A = 5\cdot10^{-4}cm^2$.

a) Wie groß ist der Sperrstrom der Diode? b) Welcher Strom fließt kurz nach dem Umschalten der Diode in Sperrichtung? c) Wie groß ist die Donatordichte N_D?

Aufgabe 2.5

Skizzieren Sie für eine Diode, die in Durchlaßrichtung betrieben wird die Minoritätsträger- und Stromverteilung. Dies jedoch nicht für lange Abmessungen, wie in Bild 2.4 gezeigt, sondern für kurze Abmessungen ($W'_p \ll L_n$; $W'_n \ll L_p$).

Aufgabe 2.6

Im thermodynamischen Gleichgewicht kompensieren sich die Drift- und Diffusionsströme beim pn-Übergang. Bestimmen Sie ungefähr eine dieser Stromdichtekomponenten, wenn $N_A=10^{18}cm^{-3}$ $N_D=5 \cdot 10^{15}cm^{-3}$ und die Weite der Raumladungszone $46 \cdot 10^{-6}cm$ beträgt.

Die Beweglichkeit der Löcher soll 500 $\frac{cm^2}{V \cdot S}$ betragen.

Aufgabe 2.7

In Bild 2.1 ist ein inhomogener n-Typ-Halbleiter dargestellt. Beschreiben Sie das Strom-Spannungsverhalten. Kommt es zu einer Gleichrichterwirkung?

Aufgabe 2.8

Gegeben ist ein Al-n-Si-Übergang mit $W_B=0{,}72eV$ und $N_D=10^{16}cm^{-3}$. Wie groß ist bei Raumtemperatur die Elektronendichte bei x=0, die Kontaktspannung, die Weite der Raumladungszone und die flächenspezifische Sperrschichtkapazität bei $U_{MH}=0V$?

Aufgabe 2.9

Gegeben sind die dargestellten Bänderdiagramme eines Si-Halbleiters.

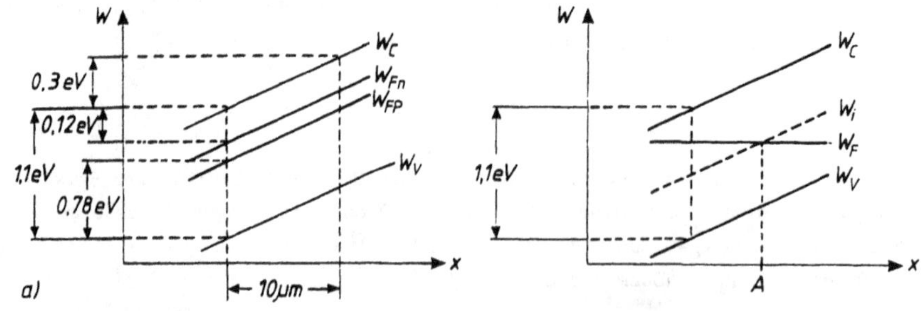

Für Fall a:

1. Berechnen Sie die Dichten der Majoritäts- und Minoritätsträger (bei Zimmertemperatur).
2. Bestimmen Sie das elektrische Feld in diesem Halbleiter.
3. Tragen Sie im Bänderdiagramm ein, in welche Richtung sich Elektronen und Löcher infolge des elektrischen Feldes bewegen und in welchem Energieband deren Bewegung jeweils stattfindet.
4. Berechnen Sie die Stromdichte in diesem Halbleiter (μ_n=1200cm²/Vs, μ_p=500cm²/Vs)

Für Fall b:

1. Wie groß ist der Strom, der durch den Halbleiter fließt?
2. Bestimmen Sie die Elektronen- und Löcherdichte am Ort A.

Aufgabe 2.10

An der skizzierten Si-Diode mit abruptem pn-Übergang liegt eine Spannung U_{PN}=0,5V an. Es fließt ein Strom I=10mA.
Daten der Diode: $N_A = N_D = 1\cdot10^{16}cm^{-3}$; $W_p = W_n = 0{,}5\mu m$; $L_p = 125\mu m$; $L_n = 50\mu m$; $N = 1$; $\mu_n = 1200cm^2/Vs$; $\mu_p = 500cm^2/Vs$

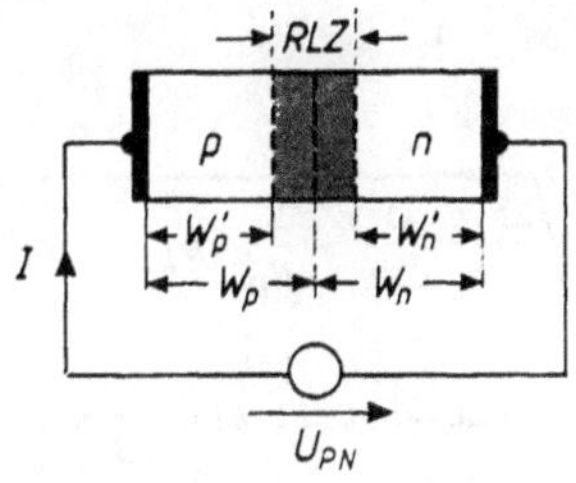

Für die angegebenen Betriebsbedingungen berechnen Sie:
a) Weite der Raumladungszone; b) Sperrschichtkapazität pro Fläche; c) Transitzeit und d) Diffusionskapazität pro Fläche

Aufgabe 2.11

Am pn-Übergang der Diode ist eine Diffusionsspannung wirksam. Entsteht ein Stromfluß, wenn die Diode von außen kurzgeschlossen wird? Begründen Sie die Aussage.

Die wichtigsten Beziehungen

Diffusionsspannung: $\Phi_i = \frac{kT}{q} \ln \frac{N_A N_D}{n_i^2}$

Überschußdichten an den Rändern der Raumladungszone

$$p'_n(x_n) = p_{no}[e^{\frac{q}{kT}U_{PN}} - 1] \qquad n'_p(-x_p) = n_{po}[e^{\frac{q}{kT}U_{PN}} - 1]$$

Diodengleichung

$I = I_S[e^{\frac{q}{NkT}U_{PN}} - 1]$; Emissionskoeffizient: $1 \leq N \leq 2$

lange Abmessungen

$$I_S = qA[\frac{D_p}{L_p} p_{no} + \frac{D_n}{L_n} n_{po}]$$

kurze Abmessungen

$$I_S = qA[\frac{D_p}{w'_n} p_{no} + \frac{D_n}{w'_p} n_{po}]$$

Sperrschichtkapazität

Weite der RLZ (abrupt): $w = \sqrt{\frac{2\varepsilon_0\varepsilon_r}{q}[\frac{1}{N_A} + \frac{1}{N_D}][\Phi_i - U_{PN}]}$

$C_j = \frac{C_{j0}}{[1 - \frac{U_{PN}}{\Phi_i}]^M}$ Kapazitätskoeffizient: $\frac{1}{3} < M < \frac{1}{2}$

Diffusionskapazität: $C_d = \tau_T \frac{q}{kT} I_S e^{\frac{q}{kT}U_{PN}}$

Speicherzeit: $t_s \approx \tau_T \frac{I_F}{|I_R|}$ wenn $|I_R| \gg I_F$ ist.

Literaturhinweise

[1] R. Müller: "Grundlagen der Halbleiter-Elektronik"; Springerverlag, 2. Auflage (1975)

[2] R. Paul: "Halbleiterdioden"; VEB Verlag Technik, Berlin, 1976

[3] W. Shockley: "The Theory of pn-Junctions in Semiconductors and p-n Junction Transistors"; Bell Syst. Techn. J. 28, 435 (1949); Electrons and Holes in Semiconductors, D.Van Nostrand Princeton, N.J., 1950

[4] A.S. Grove: "Physics and Technology of Semiconductor Devices"; John Wiley and Sons, Inc. (1967)

[5] S.M. Sze: "Physics of Semiconductor Devices"; Wiley Interscience (1981)

[6] B.R. Chawla, H.K. Gummel: "Transition Region Capacitance of Diffused pn-Junctions"; IEEE Trans. Electron Devices, Vol. ED-18, pp 178-195 March 1971

[7] H.C. Poon, H.K. Gummel: "Modeling of Emitter Capacitance", Proc. IEEE, Vol. 57, pp 2181-2182, Dec. 1969

[8] Donald A. Calahan: "Rechnergestützter Schaltungsentwurf"; R. Oldenbourg Verlag, München, Wien, 1973

[9] L.W. Nagel: "SPICE 2: A computer program to simulate semiconductor circuits"; Memorandum No. ERL-M520 9.Mai75, Electronics Research Laboratorium University of California, Berkley

[10] S.L. Miller: "Avalanche Breakdown in Germanium"; Phys.Rev., 99, 1234 (1955)

[11] S.M. Sze, G. Gibbons: "Avalanche Breakdown Voltages of Abrupt and Linearly Graded pn-Junctions in Ge, Si, GaAs and GaP"; App. Phys. Lett., 8, 111 (1966)

[12] B.L. Sharma: "Metal-Semiconductor Schottky Barrier Junctions and Their Applications"; Plenum Press; New York (1984)

3.0 Bipolarer Transistor

In diesem Kapitel wird das grundsätzliche Verhalten des bipolaren Transistors erklärt, wobei die in Kapitel 2 beim pn-Übergang gewonnenen Erkenntnisse voll zur Geltung gelangen. Aufbauend auf dem physikalischen Verhalten des Transistors wird ein Ersatzschaltbild, das sog. Transportmodell abgeleitet. Hierbei werden u.a. die wichtigen Begriffe Stromverstärkung und Transportstrom für den Normal- und Inversbetrieb des Transistors eingeführt. Anhand des Kleinsignalmodells wird die Definition der Transitzeit vorgestellt. Das Transportmodell wird später zum Gummel-Poon Modell erweitert, um Effekte zweiter Ordnung zu berücksichtigen. Die gewonnenen Modellgleichungen bilden die Grundlage nahezu aller heutigen Rechnermodelle für bipolare Transistoren /1/. Genau wie bei der Diode wird die Bestimmung der wichtigsten Parameter beschrieben. Mit einer Zusammenfassung der Modellgleichungen wird das Kapitel abgeschlossen.

3.1 Wirkungsweise des bipolaren Transistors

Der bipolare Transistor besteht im Prinzip aus zwei pn-Übergängen, die durch Einbringen von Dotierstoffen - im Kapitel 4 wird hierauf näher eingegangen - in einem Siliziumkristall erzeugt werden (Bild 3.1).

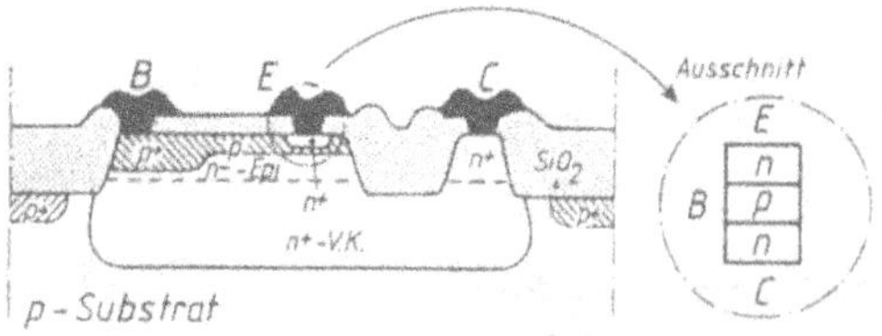

Bild 3.1
Querschnitt durch einen bipolaren npn-Transistor (siehe Kapitel 4.1)

Die Anschlüsse an die Bereiche werden Emitter E, Basis B und Kollektor C genannt. Bei den folgenden Betrachtungen wird von dem in Bild 3.1 gezeigten Transistorausschnitt ausgegangen, der als innerer Transistor betrachtet werden kann. Die Einflüsse des realen Transistors werden in einem späteren Abschnitt berücksichtigt. Zur Definition der Betriebsarten sind in Bild 3.2 zwei Transistorschaltungen mit einem npn- bzw. pnp-Transistor dargestellt.

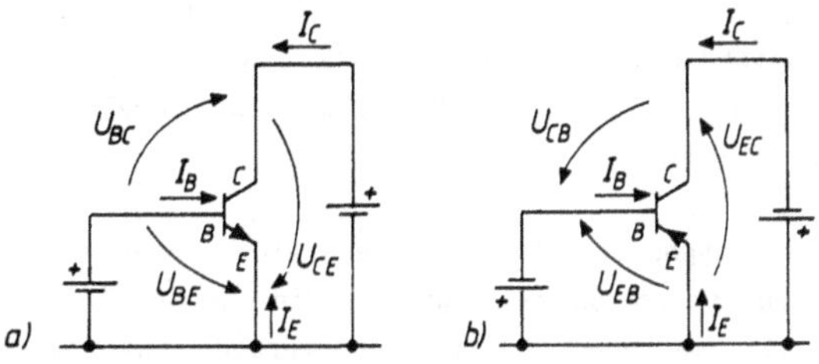

Bild 3.2
Transistorschaltungen;
a) npn-Transistor;
b) pnp-Transistor

Um Unklarheiten bei der Bezeichnung der Spannungen zu vermeiden, wird deren Definition kurz erläutert. Eine Spannung zwischen den Punkten x und y wird mit U_{xy} bezeichnet. Definitionsgemäß ist der Wert von U_{xy} dann positiv, wenn der Punkt x positiv gegenüber dem Punkt y ist. Der Wert von U_{xy} ist negativ, wenn der Punkt x negativ gegenüber dem Punkt y ist.

Entsprechend dieser Definition ist ein pn-Übergang, wie bei der Diode (Kapitel 2.3) gesperrt, wenn die anliegende Spannung <0 ist und leitend, wenn die Spannung >0 ist.

In Abhängigkeit von den Transistorspannungen ergeben sich z.B. die in Tabelle 3.1 gezeigten Betriebsarten bei einem npn-Transistor. Ähnliches gilt für den pnp-Transistor.

Betriebsart	BE-Übergang	BC-Übergang
Normalbetrieb		
Verstärkung	$U_{BE}>0V$	$U_{BC}<0V$
Sättigung	$U_{BE}>0V$	$U_{BC}>0V$
Inversbetrieb		
Verstärkung	$U_{BE}<0V$	$U_{BC}>0V$
Sättigung	$U_{BE}>0V$	$U_{BC}>0V$
Sperrbetrieb	$U_{BE}<0V$	$U_{BC}<0V$

Tabelle 3.1
Betriebsarten eines npn-Transistors

Der Inversbetrieb unterscheidet sich gegenüber dem Normalbetrieb dadurch, daß die Funktionen von Kollektor und Emitter vertauscht sind.

Da bei nahezu allen bipolaren Herstellverfahren (Kapitel 4.1) normalerweise nur npn-Transistoren erzeugt werden, wird dieser Typ bevorzugt behandelt. Selbstverständlich sind die gewonnenen Erkenntnisse auf einen pnp-Transistor übertragbar. Dieser hat nämlich den Nachteil, daß bei der Herstellung das Bor des Emitters stark ausdiffundiert, wodurch kleine Basisweiten und damit verbunden, große Verstärkungen und kurze Schaltzeiten nicht optimal realisiert werden können.

Die Wirkungsweise des npn-Transistors kann veranschaulicht werden, wenn man von zwei pn-Übergängen ausgeht, die zuerst als voneinander unabhängig und später als verkoppelt betrachtet werden. Der EB-Übergang in Bild 3.3 ist in Durchlaßrichtung ($U_{BE}>0$) und der BC-Übergang in Sperrichtung ($U_{BC}<0$) gepolt. Die Ladungsträgerbewegungen sind eingezeichnet.

Bei dem in Durchlaßrichtung gepolten BE-Übergang werden Elektronen in den p-Bereich und Löcher in den n-Bereich injiziert. Diese Ladungsträger rekombinieren mit den entsprechenden Majoritätsträgern. Es fließt ein relativ großer Strom.

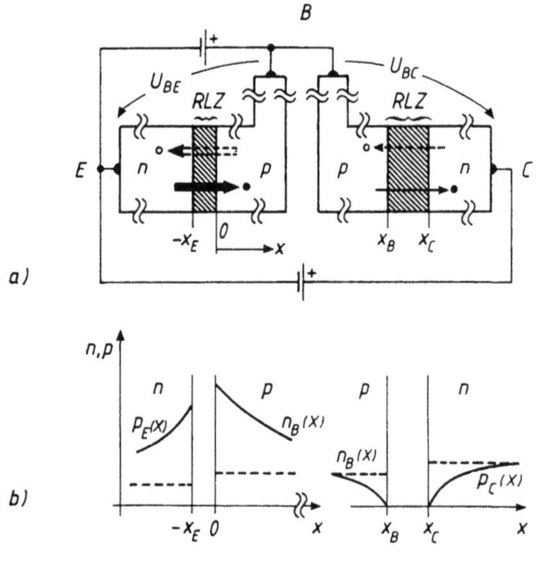

Bild 3.3
a) pn-Übergänge in Durchlaß- und Sperrrichtung;
b) Minoritätsträgerverteilung

Im Vergleich dazu ist der sehr kleine Reststrom des gesperrten BC-Übergangs, der durch die Generation von Ladungsträgern nahe oder in der Raumladungszone erzeugt wird, vernachlässigbar gering ($<10^{-16}$A). Die zugehörigen Minoritätsträgerverteilungen sind in Bild 3.3b wiedergegeben. Die Indizes wurden entsprechend den Halbleiterbereichen gewählt.

Bringt man die beiden p-Bereiche der Übergänge zusammen, so entsteht bei ausreichend kleiner Basisweite x_B ein npn-Transistor (Bild 3.4). Die Majoritätsträger des Emitters (Elektronen) werden in die Basis injiziert.

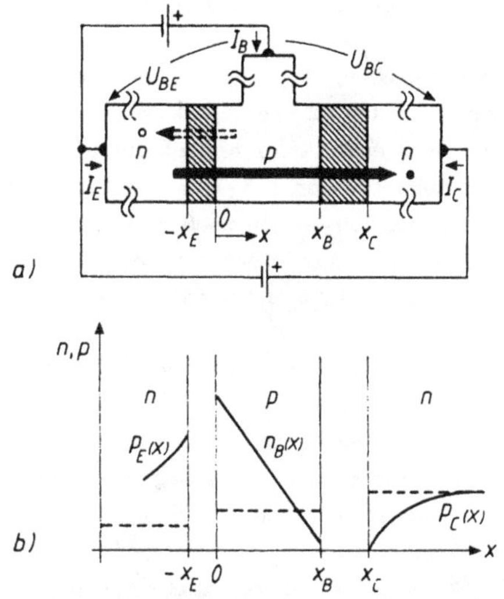

Bild 3.4
a) npn-Transistor;
b) Minoritätsträgerverteilung

Da die Basisweite bei heutigen Transistoren sehr klein ist (x_B<0,2µm), kann die Rekombination in diesem Bereich vernachlässigt werden. Somit gelangen alle Elektronen in den Feldbereich der BC-Raumladungszone. Dieser saugt sie hin zum n-Gebiet des Kollektors, von wo aus die Elektronen als Majoritätsträger zum Kollektoranschluß gelangen. Dies ist auch aus der Minoritätsträgerverteilung in der Basis erkennbar (Bild 3.4b). Die Elektronendichte nimmt linear von x=0 bis $x=x_B$ ab. Bei $x=x_B$ werden die Ladungsträger abgesaugt. Die Ladungsträgerdichte ist dort annähernd Null.

Aus den bisherigen Überlegungen kann man die Verstärkerwirkung des Transistors erkennen, wenn man von der in Bild 3.5 gezeigten Schaltung ausgeht.

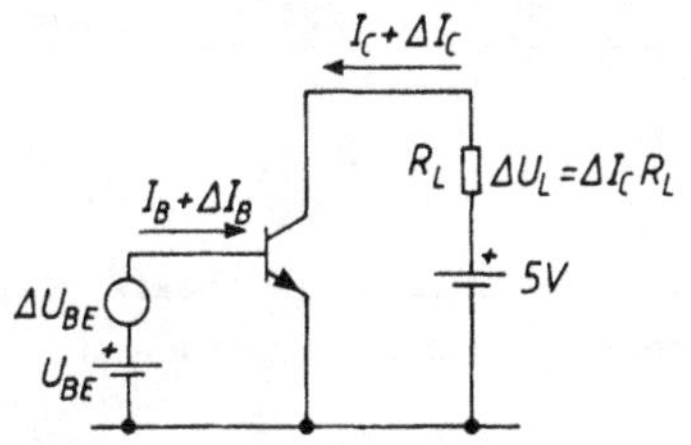

Bild 3.5
Schaltung zur Erklärung der Verstärkerwirkung

Eine Spannungsänderung zwischen Basis und Emitter um ΔU_{BE} hat eine exponentielle Emitter- und damit Kollektorstromänderung ΔI_C zur Folge, die eine Spannungsänderung $\Delta U_L=\Delta I_C R_L$ am Widerstand R_L hervorruft. Damit ergibt sich eine Spannungsverstärkung von $\Delta U_L/\Delta U_{BE}$.

3.1.1 Transistor im normalen Verstärkerbetrieb

Für den im vorhergehenden Kapitel beschriebenen normalen Verstärkerbetrieb des npn-Transistors mit $U_{BE}>0$ und $U_{BC}<0$ werden im folgenden die Transistorgleichungen abgeleitet. Dabei wird die ideale Diodengleichung (Kapitel 2.4) angewendet. Die Voraussetzungen schwache Injektion und Vernachlässigung von Generation und Rekombination in den Raumladungszonen sowie aller Serienwiderstände werden beibehalten. Der Einfachheit halber werden abrupte pn-Übergänge und homogene Dotierungsverteilung angenommen.

Die Ableitung der Transistorgleichungen erfolgt ähnlich, wie bei der Diode bereits demonstriert wurde, durch

1. Bestimmung der Ortsabhängigkeit der Minoritätsträger und
2. Berechnung der Ströme durch Bildung der Minoritätsträger-Gradienten an den Rändern der Raumladungszonen.

Damit ist die Minoritätsträgerverteilung von Bild 3.4b, die in Bild 3.6 noch einmal mit Dotierungswerten bei schwacher Injektion wiedergegeben ist, Ausgangspunkt für das weitere Vorgehen.

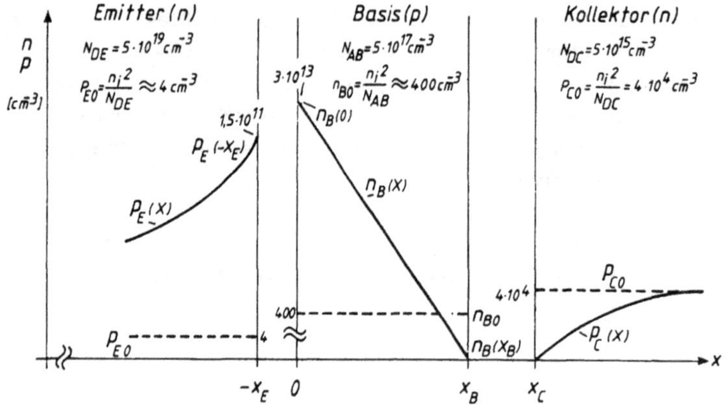

Bild 3.6
Minoritätsträgerverteilung in Emitter und Basis bei homogener Dotierungsverteilung (linearer Maßstab; Werte nicht maßstabsgerecht)

Die Ortsabhängigkeit der Minoritätsträger-Überschußdichte in dem Emitter $(x<-x_E)$ ergibt sich in Analogie zum pn-Übergang (Gl.2-28) zu

$$p'_E(x) = p'_E(-x_E)\, e^{\frac{x + x_E}{L_{pE}}}$$

$$= p_{Eo}\left[e^{\frac{q}{kT} U_{BE}} - 1\right] e^{\frac{x + x_E}{L_{pE}}} , \qquad (3\text{-}1)$$

wobei die entsprechenden Koordinaten des Transistors berücksichtigt wurden.

Wie bereits erwähnt, ist die Basisweite x_B bei heutigen Transistoren sehr klein und dadurch die Rekombination der injizierten Elektronen mit Majoritätsträgern in der Basis vernachlässigbar /2/. Außerdem kann die Minoritätsträgerdichte an der Stelle x_B annähernd zu Null angenommen werden, da alle Ladungsträger infolge des großen Feldes am gesperrten BC-Übergang abgesaugt werden und zum Kollektor wandern. Es resultiert eine lineare Ladungsträgerverteilung in der Basis

$$n'_B(x) = n'_B(0)\left[1 - \frac{x}{x_B}\right]$$

$$= n_{Bo}\left[e^{\frac{q}{kT} U_{BE}} - 1\right]\left[1 - \frac{x}{x_B}\right]. \qquad (3\text{-}2)$$

Der Einfachheit halber wurde in obiger Beziehung $n_B(x) \approx n'_B(x)$ gesetzt. Der dabei gemachte Fehler ist jedoch sehr gering, wie das Zahlenbeispiel von Bild 3.6 beweist.

Damit ergibt sich der Emitterstrom (Bild 3.7) aus den Stromkomponenten an den Rändern der EB-Raumladungszone (Gl.2-32) zu

$$I_E = I_{nE}(0) + I_{pE}(-x_E)$$

$$= AqD_{nB} \frac{\partial n'_B}{\partial x}(0) - AqD_{pE} \frac{\partial p'_E}{\partial x}(-x_E)$$

$$= \underbrace{- \frac{AqD_{nB}\, n_{Bo}}{x_B} \left[e^{\frac{q}{kT} U_{BE}} - 1\right]}_{I_{nE}} \underbrace{- \frac{AqD_{pE}\, p_{Eo}}{L_{pE}} \left[e^{\frac{q}{kT} U_{BE}} - 1\right]}_{I_{pE}} \qquad (3\text{-}3)$$

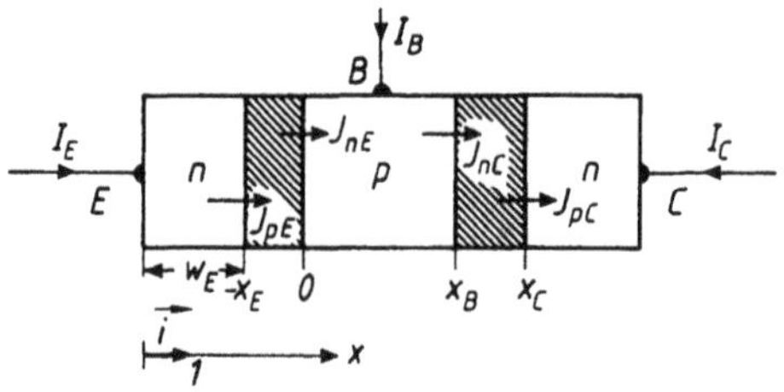

Bild 3.7
Elektronen- und Löcherstromdichte im npn-Transistor
(siehe Definition der vektoriellen Größen Bild 1.17)

Die Ortsabhängigkeit der Minoritätsträger-Überschußdichten in dem Kollektor ($x>x_C$) kann analog zur Beziehung (2-29)

$$p'_C(x) = p_{Co}\left[e^{\frac{q}{kT}U_{BC}} - 1\right] e^{-\frac{[x - x_C]}{L_{pC}}} \tag{3-4}$$

abgeleitet werden. Daraus erhält man den Kollektorstrom entsprechend den in Bild 3.7 gezeigten Stromrichtungen

$$- I_C = I_{nC}(x_B) + I_{pC}(x_C)$$

$$= AqD_{nB}\frac{\partial n'_B}{\partial x}(x_B) - AqD_{pC}\frac{\partial p'_C}{\partial x}(x_C) \tag{3-5}$$

aus der Summe der einzelnen Ströme an den Rändern der BC-Raumladungszone. Da eine lineare Ladungsträger-Verteilung in der Basis vorliegt, ist

$$\frac{\partial n'_B}{\partial x}(x_B) = \frac{\partial n'_B}{\partial x}(0). \tag{3-6}$$

Unter Verwendung von Beziehung (3-2) und (3-4) ergibt sich damit ein Kollektorstrom von

$$I_C = \underbrace{\frac{AqD_{nB}\,n_{Bo}}{x_B}\left[e^{\frac{q}{kT}U_{BE}} - 1\right]}_{I_{nC}} - \underbrace{\frac{AqD_{pC}\,p_{Co}}{L_{pC}}\left[e^{\frac{q}{kT}U_{BC}} - 1\right]}_{I_{pC}\ \text{vernachlässigbar}}. \tag{3-7}$$

Im normalen Vorwärtsbetrieb ist $U_{BC}<0$, wodurch der rechte Term gegenüber dem linken in der vorhergehenden Gleichung vernachlässigt werden kann. Dieser Term entspricht dem sehr kleinen Reststrom I_{pC} des gesperrten BC-Übergangs. Damit vereinfacht sich die Beschreibung des Kollektorstroms zu

$$I_C = \frac{AqD_{nB}\, n_{Bo}}{x_B}\left[e^{\frac{q}{kT}U_{BE}} - 1\right]. \tag{3-8}$$

Dieser Strom besteht somit nur aus dem Elektronenstromanteil des Emitterstromes. Dies wird auch durch Vergleich von Beziehung (3-8) mit (3-3) ersichtlich. Der Kollektorstrom ist unabhängig von der Kollektorspannung, wodurch der Transistor wie ein idealer Stromgenerator wirkt.

Der Basisstrom errechnet sich entsprechend den festgelegten Stromrichtungen (Bild 3.7) zu

$$I_E + I_C + I_B = 0$$

$$I_B = - I_C - I_E$$

$$= \underbrace{\frac{AqD_{pE}\, p_{Eo}}{L_{pE}}\left[e^{\frac{q}{kT}U_{BE}} - 1\right]}_{I_{pE}}. \tag{3-9}$$

D.h., der Basisstrom liefert den Löcheranteil I_{pE} des Emitterstroms.

Stromverstärkung

Das Verhältnis von Kollektor- zu Basisstrom

$$B_N = \frac{I_C}{I_B} \tag{3-10}$$

wird statische Stromverstärkung genannt. Der Index N zeigt den Normalbetrieb an. Die Stromverstärkung ergibt sich aus den Gleichungen (3-8) und (3-9) zu

$$B_N = \frac{D_{nB}}{D_{pE}}\,\frac{n_{BO}}{p_{EO}}\,\frac{L_{pE}}{x_B}$$

$$= \frac{D_{nB}}{D_{pE}}\,\frac{N_{DE}}{N_{AB}}\,\frac{[n_i(B)]^2}{[n_i(E)]^2}\,\frac{L_{pE}}{x_B}$$

$$= \frac{D_{nB}}{D_{pE}}\,\frac{N_{DE}}{N_{AB}}\,\frac{L_{pE}}{x_B}\,, \tag{3-11}$$

wobei $n_{Bo}=n_i^2(B)/N_{AB}$ und $p_{Eo}=n_i^2(E)/N_{DE}$ durch die entsprechenden Dotierungsdichten ersetzt wurde und $n_i(B)=n_i(E)$ ist. Auf unterschiedliche Intrinsicdichten in Basis und Emitter wird später im Zusammenhang mit dem Temperaturverhalten des Transistors näher eingegangen.

Bei den meisten integrierten Transistoren ist der Emitterkontakt so nahe an der Basis, daß die Weite w_E des Emitters (Bild 3.7) viel kleiner ist, als die Diffusionslänge L_{pE} der Löcher im Emitter. In diesem Fall kann in Analogie zu den Beziehungen (2-36, 2-40) L_{pE} durch w_E ersetzt werden, so daß eine Verstärkung von

$$B_N = \frac{D_{nB}}{D_{pE}} \frac{N_{DE}}{N_{AB}} \frac{w_E}{x_B} \tag{3-12}$$

resultiert.
Um eine große Stromverstärkung zu erhalten, wird die Basisweite x_B möglichst klein gehalten und das Verhältnis der Dotierungen N_{DE}/N_{AB} groß gewählt. Typische Verstärkungswerte liegen zwischen 50 und 200.

Eine weitere Kenngröße des Transistors ist die statische Stromverstärkung

$$A_N = \frac{I_C}{-I_E}\,, \tag{3-13}$$

die das Verhältnis von Kollektor- zu Emitterstrom in Vorwärtsrichtung beschreibt. Das negative Vorzeichen berücksichtigt die festgelegten Stromrichtungen (Bild 3.7), so daß A_N eine positive Zahl ist. Beide Verstärkungen sind über die Beziehung

$$B_N = \frac{I_C}{I_B} = \frac{I_C}{-I_C - I_E}$$

$$= \frac{A_N}{1 - A_N} \tag{3-14}$$

verknüpft.
Die beschriebenen Strom-Spannungszusammenhänge sind als Ausgangskennlinien des Transistors, die I_C als Funktion von U_{CE} mit dem Basisstrom als Parameter zeigen, in Bild 3.8 dargestellt.

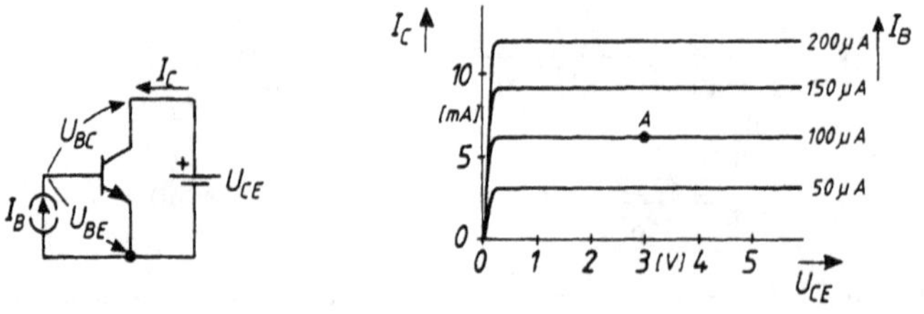

Bild 3.8
Ausgangskennlinien I_C=f(U_{CE}) mit I_B als Parameter

Der Kollektorstrom bleibt, wie erwartet, bei Veränderung der U_{CE}-Spannung konstant. Der Transistor hat am Arbeitspunkt A eine Stromverstärkung von $B_N=I_C/I_B=6mA/100\mu A=60$.

Transportstrom

Der Kollektor- und Basisstrom (Gl.3-8, 3-10) kann in der sog. Moll-Ross-Form /3/

$$I_C = I_S[e^{\frac{q}{kT} U_{BE}} -1] \tag{3-15}$$

$$I_B = \frac{I_S}{B_N}[e^{\frac{q}{kT} U_{BE}} -1] \tag{3-16}$$

beschrieben werden, wobei

$$I_S = \frac{AqD_{nB}\, n_{Bo}}{x_B} \tag{3-17}$$

ist. Dieser Strom wird Transportstrom genannt. Er ist jedoch kein Sperrstrom, sondern ein Stromparameter, der den Kollektorstrom beschreibt. Typische Werte liegen um 10^{-17}A. Seine Bestimmung wird in Abschnitt 3.1.2 behandelt.

Der Transportstrom kann als Funktion der Majoritätsträgerladung in der Basis (Gl.1-26)

$$I_S = \frac{qAD_{nB}\, n_i^2}{x_B p_B}$$

$$= \frac{q^2 A^2 D_{nB}\, n_i^2}{Q_{BO}} \tag{3-18}$$

ausgedrückt werden, wobei diese einen Wert von

$$Q_{BO} = qAx_B p_B \tag{3-19}$$

hat und $N_{AB} = p_B$ ist. Gleichung (3-18) behält auch ihre Gültigkeit, wenn eine inhomogene Majoritätsträgerverteilung in der Basis vorliegt und

$$Q_{BO} = qA \int_0^{x_B} N_{AB}(x)dx \tag{3-20}$$

ist. Dieser Fall tritt auf, wenn die Basis inhomogen dotiert ist (Bild 4.2).

Die Zahl der Dotieratome pro Fläche in der Basis

$$G_B = \int_0^{x_B} N_{AB}(x)dx \qquad (3\text{-}21)$$

wird Gummelzahl genannt. Sie ist eine wichtige Größe, da sie über I_S den Kollektorstrom stark beeinflußt. Um eine große Verstärkung B_N (Gl.3-11) zu erzielen, soll diese Zahl möglichst klein sein. Typische Werte liegen bei ca. 10^{12} Dotieratome/cm^2.

Aus dem Vorhergehenden kann ein statisches Großsignal-Ersatzschaltbild (Bild 3.9b) abgeleitet werden.

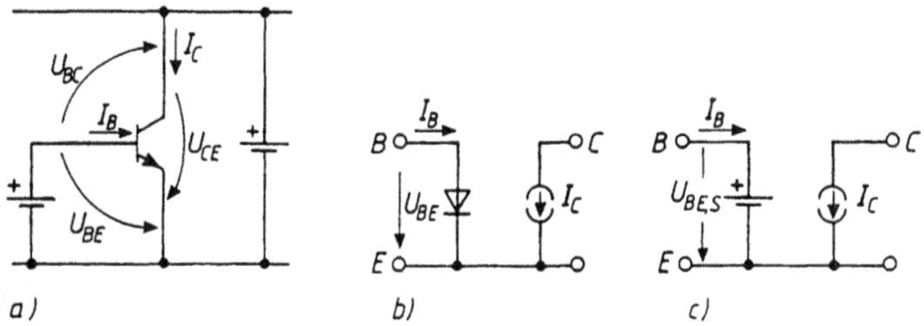

Bild 3.9
a) Transistorschaltung im normalen Verstärkerbetrieb; b) statisches Großsignal-Ersatzschaltbild; c) Ersatzschaltbild für überschlägige Berechnungen

Es besteht aus einer Basis-Emitter-Diode und einem spannungsgesteuerten Stromgenerator zwischen Kollektor und Emitter, der durch Gleichung (3-15)

$$I_C = I_S\left[e^{\frac{q}{kT}U_{BE}} - 1\right]$$

beschrieben ist. Durch die Diode fließt ein Basisstrom (3-16) von

$$I_B = \frac{I_S}{B_N}\left[e^{\frac{q}{kT}U_{BE}} - 1\right].$$

Ein noch einfacheres Ersatzschaltbild zur überschlägigen Berechnung ist in Bild 3.9c wiedergegeben. Hierbei ist die BE-Diode durch eine Spannungsquelle mit der Schleusenspannung $U_{BE,S}$ ersetzt, wodurch das Verhalten der Diode durch eine Knickkennlinie approximiert wird. Dies entspricht der Vorgehensweise, die bereits in Kapitel 2.6.1 bei der Diode vorgestellt wurde. Typische Spannungswerte bei Si-Transistoren sind 0,7 bis 0,8V. Der Nutzen dieses einfachen Ersatzschaltbildes wird im folgenden Beispiel demonstriert.

Beispiel:
In der dargestellten Schaltung wird der Kollektorstrom gesucht.

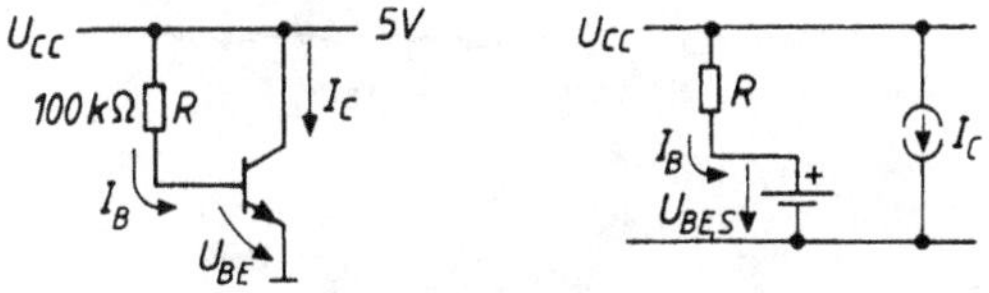

Die Werte des Transistors betragen B_N=100 und $I_S=10^{-16}$A.

Damit ist:

$$I_C = B_N I_B = B_N \frac{U_{CC} - U_{BE}}{R}$$

und

$$U_{BE} = \frac{kT}{q} \ln \frac{I_C}{I_S},$$

wodurch sich ein Kollektorstrom von

$$I_C = B_N \frac{U_{CC} - \frac{kT}{q} \ln \frac{I_C}{I_S}}{R}$$

einstellt. Dies ist eine transzendente Funktion, die nur iterativ lösbar ist. Wird zur Berechnung das einfache Ersatzschaltbild 3.9c verwendet, so ergibt sich ein Kollektorstrom von

$$I_C = B_N \frac{U_{CC} - U_{BE,S}}{R} = 100 \frac{5V-0{,}7V}{100k\Omega} = 4{,}3mA.$$

In diesem Beispiel ist es relativ unbedeutend, ob für die Schleusenspannung 0,7V oder 0,8V verwendet wird, da U_{CC} mit 5V sehr groß gegenüber dieser Spannung ist.

3.1.2 Transistor im inversen Verstärkerbetrieb

Im inversen Verstärkerbetrieb ist der BC-Übergang in Durchlaßrichtung (U_{BC}>0) und der BE-Übergang in Sperrichtung (U_{BE}<0) gepolt, wodurch die Funktion von Kollektor und Emitter vertauscht sind. Die sich dabei ergebenden Stromgleichungen sind in Analogie zum normalen Verstärkerbetrieb

$$I_C = \underbrace{-\frac{AqD_{nB}\,n_{Bo}}{x_B}\left[e^{\frac{q}{kT}U_{BC}}-1\right]}_{I_{nC}} - \underbrace{\frac{AqD_{pC}\,p_{Co}}{L_{pC}}\left[e^{\frac{q}{kT}U_{BC}}-1\right]}_{I_{pC}} \tag{3-22}$$

$$I_E = \underbrace{\frac{AqD_{nB}\,n_{Bo}}{x_B}\left[e^{\frac{q}{kT}U_{BC}}-1\right]}_{I_{nE}} - \underbrace{\frac{AqD_{pE}\,p_{Eo}}{L_{pE}}\left[e^{\frac{q}{kT}U_{BE}}-1\right]}_{I_{pE}\ \text{vernachlässigbar}} \tag{3-23}$$

$$I_B = \underbrace{\frac{AqD_{pC}\,p_{Co}}{L_{pC}}\left[e^{\frac{q}{kT}U_{BC}}-1\right]}_{I_{pC}}. \tag{3-24}$$

Im normalen Betrieb ist beim Kollektorstrom (Gl.3-7) I_{pC} vernachlässigbar klein und im inversen Betrieb beim Emitterstrom (Gl.3-23) I_{pE}, da die entsprechenden Übergänge gesperrt sind. Aus einem Vergleich dieser beiden Beziehungen ist ersichtlich, daß der Kollektorstrom I_{nC} und der Emitterstrom I_{nE} durch dieselbe Konstante, die nichts anderes als der Transportstrom (Gl.3-17) ist, bestimmt werden. Dies ist nicht überraschend, da durch die Vernachlässigung der kleinen Restströme durch die gesperrten Übergänge, der Kollektorstrom im Normalbetrieb und der Emitterstrom im Inversbetrieb nur noch von den Eigenschaften der Basis bestimmt werden. Damit ergibt sich aus Beziehung (3-23) der einfache Zusammenhang

$$I_E = I_S\left[e^{\frac{q}{kT}U_{BC}}-1\right] \tag{3-25}$$

und

$$I_B = \frac{I_S}{B_I}\left[e^{\frac{q}{kT}U_{BC}}-1\right]. \tag{3-26}$$

Der Transportstrom beschreibt somit das Verhalten des Transistors im normalen und inversen Betrieb. Die Stromverstärkung B_I im inversen Betrieb (Index I) ist in Analogie zu den Beziehungen (3-10, 3-11)

$$B_I = \frac{I_E}{I_B} = \frac{D_{nB}}{D_{pC}} \frac{N_{DC}}{N_{AB}} \frac{L_{pC}}{x_B} . \tag{3-27}$$

Bei typischen integrierten Transistoren liegt B_I zwischen 1 und 20. Der Grund für die geringe inverse Verstärkung kommt durch den Aufbau und die Optimierung der Dotierungen für die Vorwärtsverstärkung zustande, wobei $N_{DE}/N_{AB} \gg N_{DC}/N_{AB}$ ausgeführt wird.

Das resultierende statische Großsignal-Ersatzschaltbild im inversen Verstärkerbetrieb ist in Bild 3.10 dargestellt. Es besteht aus einer Basis-Kollektor-Diode und einem Stromgenerator zwischen Emitter und Kollektor. Die Emitter- und Basisströme werden durch Beziehungen (3-25) und (3-26) beschrieben.

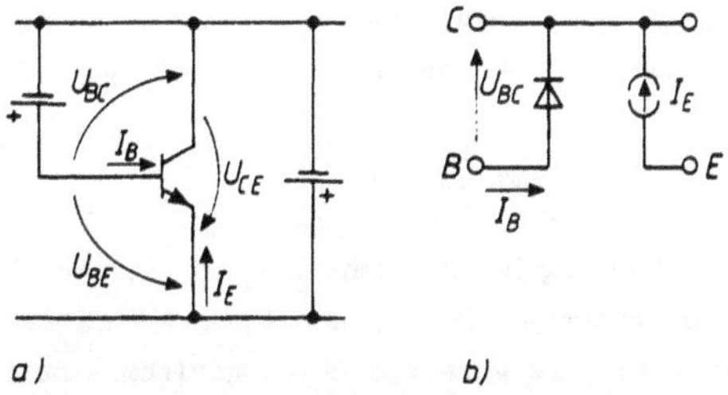

Bild 3.10
a) Transistorschaltung im inversen Verstärkerbetrieb;
b) statisches Großsignal-ersatzschaltbild mit Diode

Die Ströme sind im normalen Verstärkerbetrieb nur von der U_{BE}-Spannung und im inversen Verstärkerbetrieb nur von der BC-Spannung abhängig. Infolge dieses voneinander unabhängigen Spannungsverhaltens kann ein gemeinsames Ersatzschaltbild (Bild 3.11), das den normalen und inversen Betrieb beschreibt, durch Superposition der Ersatzschaltbilder 3.9b und 3.10b wiedergegeben werden.

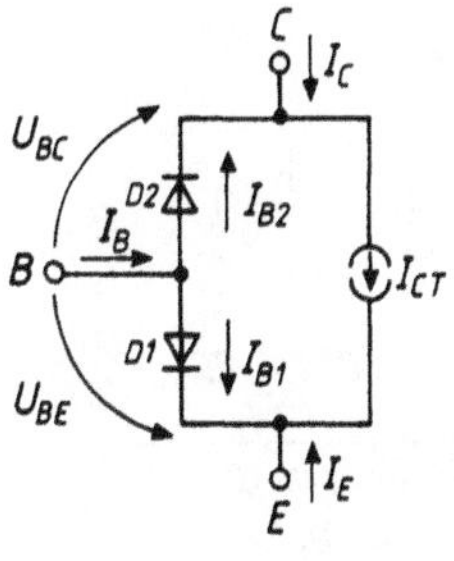

Bild 3.11
Statisches Großsignal-Ersatzschaltbild des Transistors für normalen und inversen Betrieb

Dabei ist

$$I_{CT} = I_S\left[e^{\frac{q}{kT} U_{BE}} - e^{\frac{q}{kT} U_{BC}}\right] \text{ und} \tag{3-28}$$

$$I_B = I_{B1} + I_{B2} = \frac{I_S}{B_N}\left[e^{\frac{q}{kT}U_{BE}} - 1\right] + \frac{I_S}{B_I}\left[e^{\frac{q}{kT}U_{BC}} - 1\right]. \tag{3-29}$$

Diese Gleichungen reduzieren sich, wie erwartet, im normalen bzw. inversen Betrieb zu den Beziehungen (3-15) und (3-16) bzw. (3-25) und (3-26).

Im gesperrten Zustand sind $U_{BE}<0$ und $U_{BC}<0$, so daß I_{CT} und I_B vernachlässigbar klein sind.

Obiges Ersatzschaltbild, das Transportmodell /4/ genannt wird, ist das einfachste statische Ersatzschaltbild und eine Sonderform des Ebers-Moll Modells /5/, das sehr leicht erweiterbar ist, um Effekte zweiter Ordnung zu berücksichtigen. Diese einfache Form ist die Ausgangsbasis für die in den Abschnitten 3.3 und 3.4 beschriebenen Ersatzschaltbildern.

Bestimmung von I_S, B_N, B_I

Aus dem Vorhergehenden geht hervor, daß zur Beschreibung des Ersatzschaltbildes die Parameter I_S, B_N und B_I benötigt werden. Um diese zu bestimmen, wird die in Bild 3.12 gezeigte halblogarithmische Darstellung gewählt.

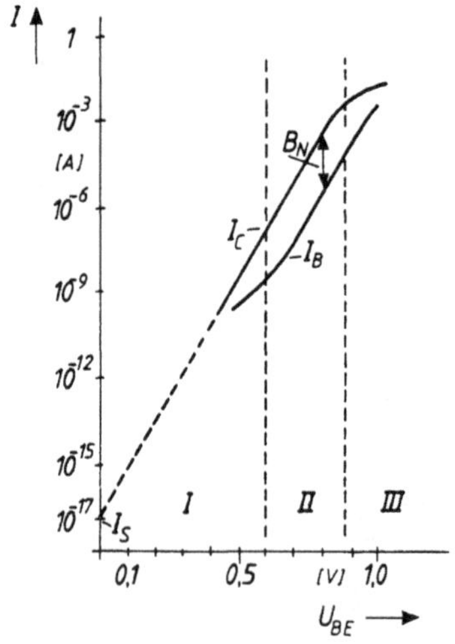

Bild 3.12
Halblogarithmische Darstellung des Kollektor- und Basisstroms im Normalbetrieb

Der Transportstrom I_S wird genau wie bei der Diode (Bild 2.7) durch Extrapolation gewonnen. Es sei jedoch noch einmal darauf hingewiesen, daß es sich in diesem Fall um keinen Reststrom, sondern um einen Stromparameter handelt, der den Kollektorstrom beschreibt. Da der Transportstrom nur von den Basiseigenschaften abhängt, beschreibt er ebenso den Emitterstrom im inversen Betrieb. Der Wert von B_N bzw. B_I ergibt sich aus dem Quotienten der beiden Kurven I_C/I_B im normalen bzw. I_E/I_B im inversen Betrieb. Auf die unterschiedlichen Stromverstärkungen in den Bereichen I bis III wird im Abschnitt 3.2.1 näher eingegangen.

3.1.3 Transistor im normalen Sättigungsbetrieb

Bisher wurde der Verstärkungsbetrieb des Transistors im normalen und inversen Betrieb betrachtet. Wird der Transistor als Schalter verwendet, wie dies der Fall bei digitalen Schaltungen ist, so ergibt sich ein Zustand, bei dem beide Übergänge leitend sind und die Verstärkerwirkung des Transistors abnimmt. Dieser Arbeitsbereich wird Sättigung genannt. Er ist bei den Ausgangskennlinien erkennbar, die I_C als Funktion von U_{CE} bei kleinen U_{CE}-Werten zeigen (Bild 3.13b).

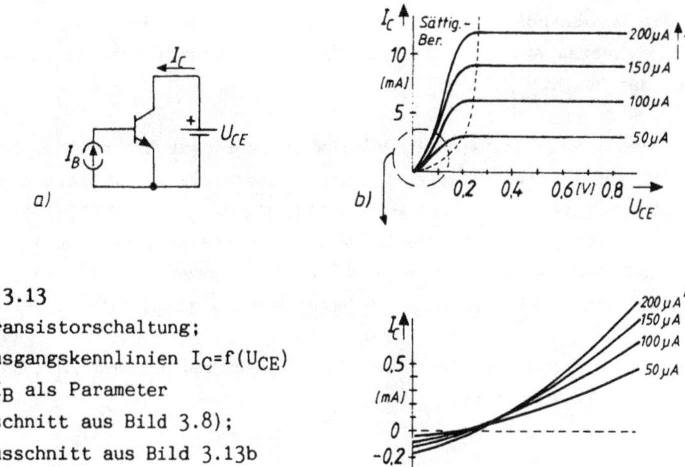

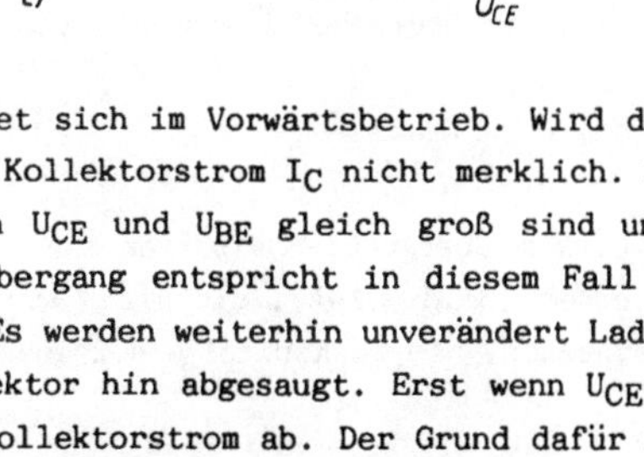

Bild 3.13
a) Transistorschaltung;
b) Ausgangskennlinien $I_C=f(U_{CE})$ mit I_B als Parameter (Ausschnitt aus Bild 3.8);
c) Ausschnitt aus Bild 3.13b

Der Transistor in Bild 3.13a befindet sich im Vorwärtsbetrieb. Wird die Spannung U_{CE} reduziert, ändert sich der Kollektorstrom I_C nicht merklich. Dies ist auch der Fall, wenn die Spannungen U_{CE} und U_{BE} gleich groß sind und somit $U_{BC}=0$ ist. Der Feldverlauf im BC-Übergang entspricht in diesem Fall dem des pn-Übergangs (Bild 2.2) mit $U_{PN}=0$. Es werden weiterhin unverändert Ladungsträger infolge dieses Feldes zum Kollektor hin abgesaugt. Erst wenn $U_{CE}<U_{BE}$ und damit U_{BC} positiv wird, nimmt der Kollektorstrom ab. Der Grund dafür ist, daß sich jetzt beide Übergänge in Durchlaßrichtung befinden. Die sich dabei in der Basis ergebende Minoritätsträger-Verteilung zeigt Bild 3.14.

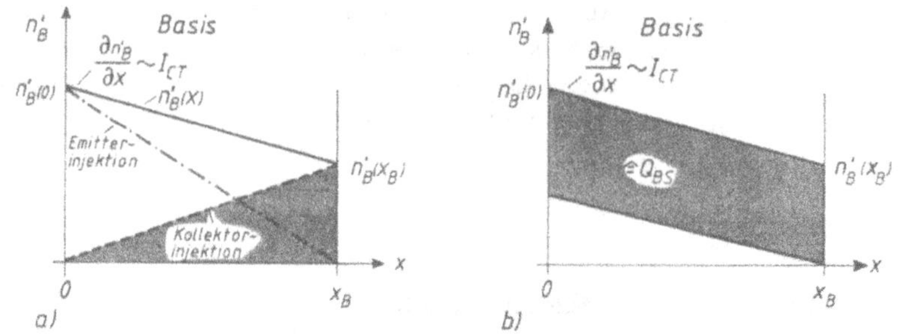

Bild 3.14
Minoritätsträger-Verteilung $n'_B(x)$ in der Basis bei Sättigung; a) Darstellung mit Ladunsträgerinjektion von Emitter und Kollektor; b) Darstellung mit resultierender Sättigungsladung

Es werden Minoritätsträger von der Emitterseite $n'_B(0)$ und von der Kollektorseite $n'_B(x_B)$ in die Basis injiziert. Dabei ist $n'_B(0)$ nur von der Spannung U_{EB} und $n'_B(x_B)$ nur von der Spannung U_{BC} abhängig. Die Spannungen U_{EB} und U_{BC} sind unabhängig voneinander. Aus diesem Grund ergibt sich durch Superposition der beiden injizierten Anteile eine resultierende Minoritätsträger-Verteilung von $n'_B(x)$ in der Basis.

Der Gradient dieser Minoritätsträger $\partial n'_B/\partial x$ ist geringer als der der Minoritätsträger, die vom Emitter alleine injiziert werden. Da I_{CT} proportional dem resultierenden Minoritätsträger-Gradienten ist, ergibt sich somit eine Erklärung für die in Bild 3.13b gezeigte Reduktion des Kollektorstromes in Sättigung. Dieser kann Null oder sogar negative Werte annehmen (Bild 3.13c), wenn wie aus dem Ersatzschaltbild (Bild 3.11) hervorgeht, $I_{CT} \leq I_{B2}$ ist.

Wie aus dem Vorhergehenden ersichtlich, ist der Kollektorstrom in Sättigung kleiner als im Verstärkerbetrieb

$$I_C < I_B B_N, \tag{3-30}$$

wodurch sich ein Überschuß-Basisstrom von

$$I_{BS} = I_B - \frac{I_C}{B_N} \tag{3-31}$$

ergibt. Diesem Überschuß-Basisstrom kann eine sog. Sättigungsladung Q_{BS} zugeordnet werden (Bild 3.14b), die nicht zur Stromverstärkung beiträgt, aber das Schaltverhalten, wie in Kapitel 4.4.2 gezeigt wird, negativ beeinflußt.

Damit der Transistor in den gesättigten Zustand gelangt, wird ein Basisstrom $I_B > I_C/B_N$ angelegt (Bild 3.15).

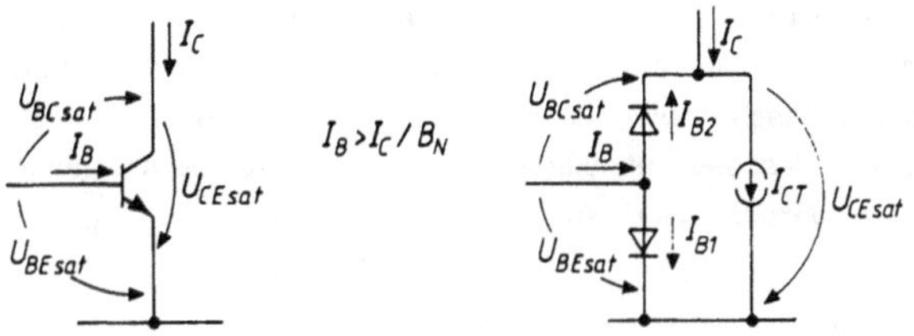

Bild 3.15
Sättigungsbetrieb; a) Transistor; b) Ersatzschaltbild

Die sich dabei am Transistor einstellenden Spannungen können aus dem Ersatzschaltbild und den Beziehungen (3-28) und (3-29) direkt ermittelt werden. Unter der Voraussetzung, daß die Spannungen U_{BCsat} und $U_{BEsat} > 100mV$ sind, kann man die -1 Terme vernachlässigen. Wird außerdem angenommen, daß $B_N \gg B_I + 1$ ist, was in der Praxis fast immer zutrifft, dann ergeben sich die folgenden Sättigungsspannungen

$$U_{BCsat} = \frac{kT}{q} \ln \frac{B_I[B_N I_B - I_C]}{I_S B_N} \tag{3-32}$$

$$U_{BEsat} = \frac{kT}{q} \ln \frac{I_C + I_B[1 + B_I]}{I_S} \tag{3-33}$$

$$U_{CEsat} = U_{BEsat} - U_{BCsat}$$

$$= \frac{kT}{q} \ln \frac{B_N[I_C + I_B(1 + B_I)]}{B_I[B_N I_B - I_C]} \quad . \tag{3-34}$$

Die Spannung U_{CEsat} ist die wichtigste von den Sättigungsspannungen. Sie muß bei Digitalschaltungen möglichst klein sein, um einen sicheren Schaltbetrieb zu garantieren.

Beispiel:
Die Daten eines Transistors sind $B_N=150$ und $B_I=10$. Das Verhältnis von Kollektorstrom I_C zu Basisstrom I_B beträgt $I_C/I_B=20$.
Damit ergibt sich aus Gleichung (3-34) eine Sättigungsspannung von

$$U_{CEsat} = \frac{kT}{q} \ln \frac{B_N[I_C/I_B + (1 + B_I)]}{B_I[B_N - I_C/I_B]}$$

$$= 26mV \ln \frac{150[20 + 11]}{10[150 - 20]} = 33mV.$$

3.2 Effekte zweiter Ordnung

Im vorhergehenden wurde die grundsätzliche Wirkungsweise des inneren bipolaren Transistors analysiert. Genauere Betrachtungen zeigen, daß Effekte zweiter Ordnung die Wirkungsweise z.T. stark beeinflussen. Die wesentlichsten Effekte, die im folgenden beschrieben werden, sind: Abhängigkeit der Stromverstärkung vom Arbeitspunkt, Basisweitenmodulation, Emitterrandverdrängung sowie das Temperatur- und Durchbruchverhalten.

3.2.1 Abhängigkeit der Stromverstärkung vom Arbeitspunkt

In der bisherigen Analyse wurde davon ausgegangen, daß die Stromverstärkung unabhängig von der Größe des Kollektorstromes und unabhängig von U_{BC} ist. Wie Bild 3.16 demonstriert, ist dies jedoch bei realen Transistoren nicht der Fall.

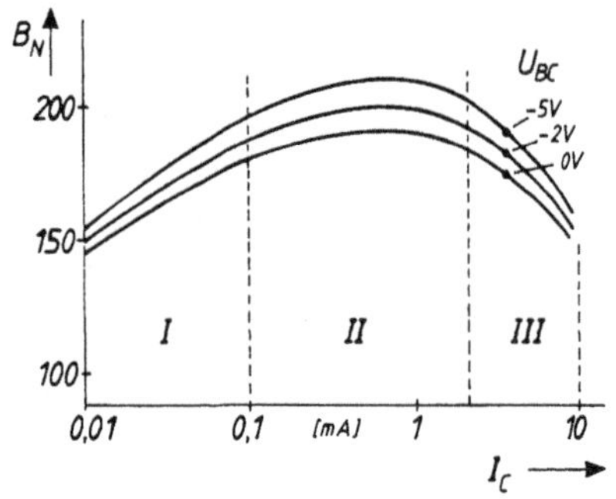

Bild 3.16
Typische Abhängigkeit der Stromverstärkung B_N vom Kollektorstrom mit U_{BC} als Parameter

Die Stromverstärkung kann in die Bereiche geringer - (I), mittlerer -(II) und großer Kollektorströme (III) eingeteilt werden. Diese Bereiche waren bereits in der halblogarithmischen Darstellung (Bild 3.12) ausgewiesen und sollen im folgenden näher betrachtet werden. Im Anschluß daran wird die Basisweitenmodulation beschrieben, die eine Erklärung für die Abhängigkeit der Stromverstärkung von U_{BC} liefert.

Bereich I

In dem Bereich geringer Kollektorströme kann die Rekombination von Ladungsträgern in der EB-Raumladungszone nicht mehr vernachlässigt werden. Sie liefert einen Beitrag zum Basisstrom I_B, wodurch das Verhältnis I_C/I_B, d.h. die Stromverstärkung abnimmt.

Bereich II

Der mittlere Strombereich wird durch die abgeleitete Transistortheorie (Gl.3-15, 3-16) beschrieben.

Bereich III

Wird die Spannung U_{BE} erhöht, nimmt der Kollektorstrom ab. Wenn man von dem auftretenden Spannungsabfall im Kollektorgebiet absieht, dann kann dieses Verhalten auf zwei Effekte zurückgeführt werden, nämlich starke Injektion am BE- und BC-Übergang.

1. Starke Injektion am BE-Übergang

Am BE-Übergang ist bei starker Injektion die Minoritätsträgerdichte $n_B(o) \gg N_{AB}$. Dadurch ergibt sich, ähnlich wie in Gleichung (2-27) beschrieben, eine spannungsabhängige Injektion von

$$n_B(o) \approx n_i \, e^{\frac{q}{2kT} U_{BE}} , \tag{3-35}$$

die gegenüber Beziehung (3-2) um den Faktor 2 im Exponenten reduziert ist. Dies hat zur Folge, daß der Kollektorstrom

$$I_C \approx \frac{AqD_{nB} \, n_i}{x_B} \, e^{\frac{q}{2kT} U_{BE}} \tag{3-36}$$

entsprechend abnimmt.

2. Starke Injektion am BC-Übergang

Im Verstärkerbetrieb ist der BC-Übergang gesperrt und die in die Basis injizierten Minoritätsträger werden an der Stelle x_B zum Kollektor hin abgesaugt. Diese Betrachtung führte dazu, daß nach der bisherigen Theorie die Ladungsträger am Ort x_B zu null angenommen wurden. Da jedoch Ladungsträger die BC-Raumladungszone durchqueren, muß diese Annahme verletzt werden. Haben die Elektronen innerhalb der BC-Raumladungszone ihre Sättigungsgeschwindigkeit v_m erreicht (siehe Bild 1.15), so kann der Kollektorstrom nur durch Vergrößerung der Zahl der Ladungsträger erhöht werden. Dieser Effekt wird Kirkeffekt /6/ genannt. Aus Beziehung (1-43) läßt sich die Zahl der Ladungsträger

$$n = -\frac{I_{nC}}{qAv_m} = \frac{I_C}{qAv_m} \tag{3-37}$$

berechnen.

Mit zunehmendem Kollektorstrom wird dadurch die Ladung der BC-Raumladungszone

$$qN(x) = -qN_{AB}(x) + qN_{DC}(x) \tag{3-38}$$

verändert. Damit ergibt sich in Analogie zur Feldberechnung bei der Diode (Gl.2-50) der Zusammenhang

$$\frac{\partial E}{\partial x} = \frac{1}{\varepsilon_0 \varepsilon_{Si}}[qN(x) - qn]$$

$$= \frac{1}{\varepsilon_0 \varepsilon_{Si}}[qN(x) - \frac{I_C}{Av_m}] \tag{3-39}$$

und ein Feldverlauf von

$$E(x) = \frac{1}{\varepsilon_0 \varepsilon_{Si}} \int_{x_B}^{x} [qN(x) - \frac{I_C}{Av_m}]dx. \tag{3-40}$$

Da außerdem gilt (Gl.2-55)

$$\Phi_{iC} - U_{BC} = - \int_{x_B}^{x_C} E(x)dx, \tag{3-41}$$

wobei Φ_{iC} die Diffusionsspannung des BC-Übergangs ist, muß bei konstanter Spannung U_{BC}, das Integral über dem Feld auch konstant sein. Es resultiert ein Feldverlauf /7/, wie er in Bild 3.17b skizziert ist.

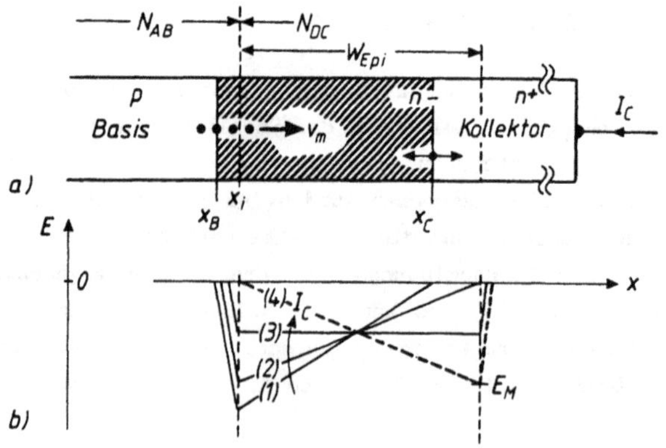

Bild 3.17
a) Starke Injektion am BC-Übergang; b) Feldverlauf bei konstanter U_{BC}-Spannung

Der Kollektor in Bild 3.17 ist, wie bei integrierten Transistoren gebräuchlich, aus einem hochdotierten n^+-Gebiet und einer niedriger dotierten n^--Schicht (Epitaxie) mit der Weite W_{Epi} aufgebaut (Kapitel 4.1). x_i gibt dabei den Ort der metallurgischen Verbindung zwischen Basis und Kollektor an.

Bei einem relativ kleinen Kollektorstrom ergibt sich der Feldverlauf (1) in Bild 3.17. Nimmt der Kollektorstrom zu, wandert das Feld in Richtung Epitaxiekante W_{Epi} (2). Bei einem Strom von $I_C=qAN_{DC}v_m$ beträgt die Nettoladung in der Epitaxieschicht Null, wodurch ein gleichförmiger Feldverlauf (3) resultiert. Durch eine weitere Erhöhung des Stromes wird bei x_i letztlich die Feldstärke ungefähr Null (4). Eine weitere Zunahme des Kollektorstroms bei konstanter U_{BC}-Spannung ist damit nicht mehr möglich, da dann bereits die basisseitige Feldgrenze in Richtung Kollektor wandert, wodurch die Basisweite zunimmt /8/. Der Grenzstrom I_{CG}, bei dem dies passiert, soll im folgenden bestimmt werden.

In diesem Fall liegt der in Bild 3.17b gestrichelt gezeigte Feldverlauf (4) vor, womit sich aus Gleichung (3-40) und (3-41) der Zusammenhang

$$E_M = \frac{1}{\varepsilon_o \varepsilon_r} \int_{x_i}^{x_i+W_{Epi}} [qN_{DC} - \frac{I_{CG}}{Av_m}]dx$$

$$= \frac{1}{\varepsilon_o \varepsilon_r} [qN_{DC} - \frac{I_{CG}}{Av_m}]W_{Epi} \qquad (3\text{-}42)$$

und

$$\Phi_{ic} - U_{BC} = - \int_{x_i}^{x_i+W_{Epi}} E(x)dx$$

$$= - \frac{W_{Epi}}{2} E_M \qquad (3\text{-}43)$$

ergibt, wobei E_M die maximale Feldstärke angibt. Daraus resultiert ein Grenzstrom von

$$I_{CG} = Av_m[qN_{DC} + (\Phi_{ic} - U_{BC}) \frac{2\varepsilon_o \varepsilon_{Si}}{(W_{Epi})^2}]. \qquad (3\text{-}44)$$

Dieser Grenzstrom ist damit um so kleiner, je niedriger die Epitaxiedotierung und je größer die Epitaxieweite W_{Epi} ist.

Beispiel:

Bei einem Transistor mit den Daten: $N_{DC}=10^{15}cm^{-3}$ $W_{Epi}=0{,}6\mu m$, $U_{BC}=-5V$ $A_E=24\cdot10^{-8}cm^2$, $\Phi_{ic}\approx0{,}7V$ und $v_m=10^7 cm/s$ ergibt sich ein Grenzstrom von

$$I_{CG} = 24\cdot10^{-8}cm^2 10^7\frac{cm}{s}[1{,}6\cdot10^{-19}As\cdot10^{15}cm^{-3}+\frac{4{,}3V\cdot2\cdot8{,}85\cdot10^{-14}\frac{As}{cm}\cdot12}{(0{,}6\cdot10^{-4}cm)^2}] = 6{,}5mA$$

3.2.2 Basisweitenmodulation

Bisher wurde davon ausgegangen, daß sich der Transistor im normalen Verstärkerbetrieb wie ein idealer Stromgenerator verhält, d.h. daß der Kollektorstrom unabhängig von der Kollektor-Basis- bzw. Kollektor-Emitter-Spannung ist. Bei Transistoren mit besonders kurzer Basisweite ergibt sich jedoch eine Abweichung von diesem idealen Verhalten, wie die Ausgangskennlinien in Bild 3.18 zeigen. Wird z.B. die Spannung U_{BC} zu negativen Werten hin erhöht, nimmt der Kollektorstrom zu.

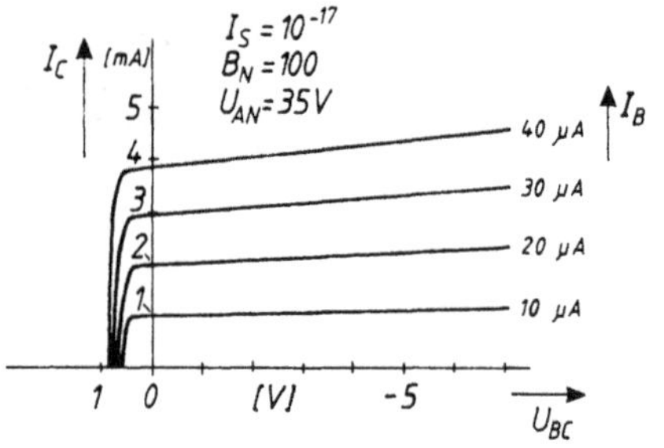

Bild 3.18
Ausgangskennlinien $I_C=f(U_{BC})$ mit I_B als Parameter

Diese Abhängigkeit des Kollektorstroms von der U_{BC}-Spannung ist um so ausgeprägter, je größer der Kollektorstrom ist. Der Grund für dieses Verhalten ergibt sich aus der sich ändernden Minoritätsträger-Verteilung in der Basis (Bild 3.19).

Bild 3.19
Einfluß der U_{BC}-Spannung auf die Minoritätsträgerverteilung in der Basis

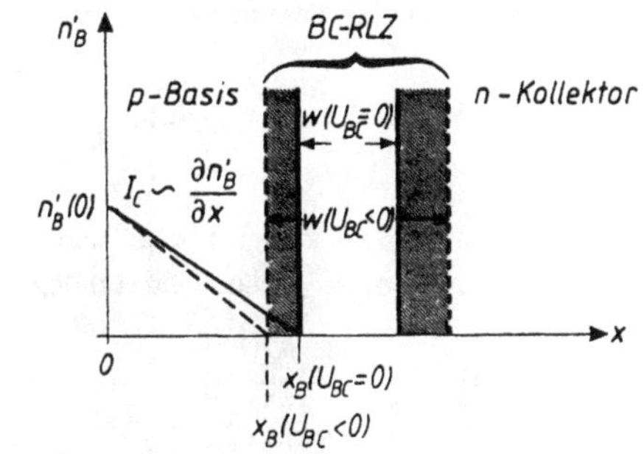

Die Weite w der BC-Raumladungszone ist entsprechend Gleichung (2-61) von der anliegenden U_{BC}-Spannung abhängig. Wird die Spannung zu negativen Werten hin vergrößert, nimmt die Weite der Raumladungszone zu und entsprechend die Basisweite x_B ab. Damit vergrößert sich der Kollektor- bzw. Transportstrom (Gl.3-15, 3-17)

$$I_C = \frac{AqD_{nB}n_{BO}}{x_B(U_{BC})}\left[e^{\frac{q}{kT}U_{BE}}-1\right]$$

$$= I_S(U_{BC})\left[e^{\frac{q}{kT}U_{BE}}-1\right],$$

da dieser umgekehrt proportional zur Basisweite ist. Dieser Effekt wird Basisweitenmodulation oder Early-Effekt genannt.

Early-Spannung

Die Basisweitenänderung $x_B(U_{BC})$ könnte unter Zuhilfenahme von Beziehung (2-59) beschrieben werden. Um jedoch die Basisweitenmodulation durch einen leicht zu ermittelnden Parameter, nämlich die Early-Spannung, beschreiben zu können, wird eine etwas andere Vorgehensweise gewählt.

Die Basisweite ist eine Funktion von U_{BC}, die als Taylor-Serie ausgedrückt werden kann. Werden Terme höherer Ordnung vernachlässigt, so ergibt sich der lineare Zusammenhang um U_{BC}=0 herum von

$$x_B(U_{BC}) = x_B(U_{BC}=0) + \frac{\partial x_B}{\partial U_{BC}}(U_{BC}=0)U_{BC}$$

$$\frac{x_B(U_{BC})}{x_B(U_{BC}=0)} = 1 + \frac{1}{x_B(U_{BC}=0)}\frac{\partial x_B}{\partial U_{BC}}(U_{BC}=0)U_{BC} \qquad (3\text{-}45)$$

Mit der Definition der Spannung (zweiter Index N für Normalbetrieb)

$$U_{AN} = x_B(U_{BC}{=}0)\frac{\partial U_{BC}}{\partial x_B}(U_{BC}{=}0), \tag{3-46}$$

die Early-Spannung /9/ genannt wird und beim npn-Transistor positiv ist, vereinfacht sich die vorhergehende Beziehung zu

$$\frac{x_B(U_{BC})}{x_B(U_{BC}{=}0)} = 1 + \frac{U_{BC}}{U_{AN}}. \tag{3-47}$$

Der Transportstrom ist, wie im vorhergehenden gezeigt wurde, umgekehrt proportional zur Basisweite. Diese Abhängigkeit kann unter Berücksichtigung der Beziehung (3-47) in der folgenden Form

$$I_S(U_{BC}) = I_S(U_{BC}{=}0)\frac{x_B(U_{BC}{=}0)}{x_B(U_{BC})}$$

$$= \frac{I_S(U_{BC}{=}0)}{[1 + \frac{U_{BC}}{U_{AN}}]}$$

$$\approx I_S(U_{BC}{=}0)[1 - \frac{U_{BC}}{U_{AN}}] \tag{3-48}$$

beschrieben werden, wobei angenommen wurde, daß $|U_{BC}/U_{AN}| \ll 1$ ist. Der resultierende Kollektorstrom hat damit die U_{BC}-Abhängigkeit von

$$I_C = I_S(U_{BC}{=}0)[1 - \frac{U_{BC}}{U_{AN}}][e^{\frac{q}{kT}U_{BE}} - 1]. \tag{3-49}$$

Die Early-Spannung kann leicht interpretiert werden, wenn man die Steigung von $I_C(U_{BC})$ bestimmt. Aus Beziehung (3-49) ist diese

$$\frac{\partial I_C}{\partial U_{BC}} = -\frac{I_S(U_{BC}{=}0)}{U_{AN}}[e^{\frac{q}{kT}U_{BE}} - 1]$$

$$= -\frac{I_C(U_{BC}{=}0)}{U_{AN}}. \tag{3-50}$$

D.h. die Steigung ist proportional dem Verhältnis von I_C bei $U_{BC}{=}0$ zu U_{AN} (Bild 3.20).

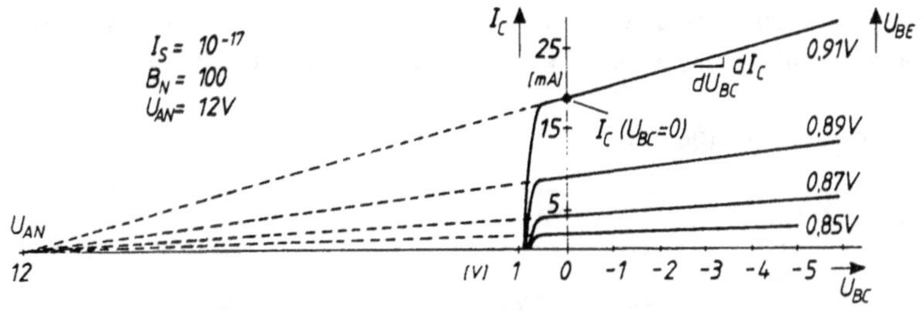

Bild 3.20
Ausgangskennlinie $I_C(U_{BC}, U_{BE})$ mit zeichnerischer Ermittung von U_{AN} (Basisweitenmodulation stark übertrieben dargestellt)

Damit ergibt sich U_{AN} durch den Schnittpunkt der extrapolierten $I_C(U_{BC})$-Kennlinien. Typische Werte von U_{AN} liegen zwischen 30 und 60V.

Die Stromverstärkung (Gl.3-12) ist, wie der Transportstrom, umgekehrt proportional zur Basisweite und damit abhängig von U_{BC}, wie es in Bild 3.16 gezeigt wurde. Wird dies berücksichtigt, ergibt sich aus dem Vorhergehenden die folgende Beschreibung für die Stromverstärkung

$$B_N(U_{BC}) = B_N(U_{BC}=0)\,\frac{x_B(U_{BC}=0)}{x_B(U_{BC})}$$

$$\approx B_N(U_{BC}=0)\left[1 - \frac{U_{BC}}{U_{AN}}\right]. \qquad (3\text{-}51)$$

<u>Abhängigkeit der Early-Spannung von der Majoritätsträgerladung</u>

Bei dem in Abschnitt 3.4.3 beschriebenen Gummel-Poon Modell wird die Early-Spannung als Funktion der Majoritätsträgerladung in der Basis benötigt. Diese alternative Beschreibung wird im folgenden abgeleitet. Nach Gleichung (3-46) ist die Early-Spannung

$$U_{AN} = x_B(U_{BC}=0)\,\frac{\partial U_{BC}}{\partial x_B}(U_{BC}=0)$$

$$= x_B(U_{BC}=0)\,\frac{\partial U_{BC}}{\partial Q_C}\,\frac{dQ_C}{dx_B}(U_{BC}=0)$$

$$= x_B(U_{BC}=0)\,\frac{1}{C_{jCO}}\,\frac{dQ_C}{dx_B}(U_{BC}=0). \qquad (3\text{-}52)$$

Die Erweiterung der Beziehung durch die veränderliche Majoritätsträgerladung in der Basis dQ_C (Bild 3.21) erlaubt den linken Differentialquotienten, in Analogie zur Gleichung (2-63), als Sperrschichtkapazität des BC-Überganges

$$C_{jC0} = \frac{\partial Q_C}{\partial U_{BC}}(U_{BC}=0) \tag{3-53}$$

anzugeben.

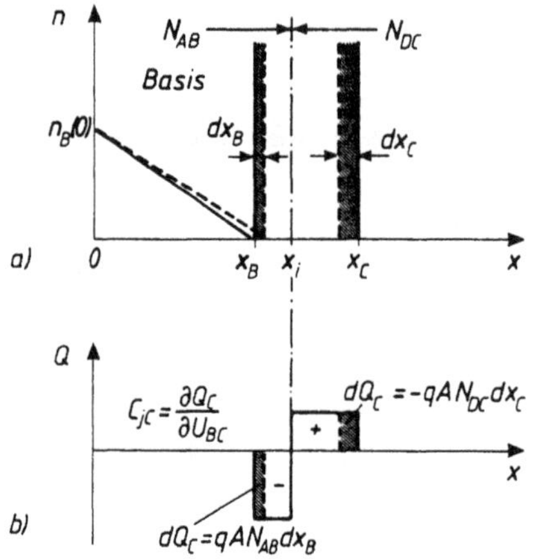

Bild 3.21
Einfluß der Spannungsänderung $dU_{BC}>0$;
a) auf Weite der BC-RLZ;
b) auf Ladung der BC-RLZ

Da

$$dQ_C = qAN_{AB}dx_B \tag{3-54}$$

ist (vergleiche die Bilder 3.21 u. 2.10), ergibt sich aus Gl.(3-52) die gewünschte Beschreibung der Early-Spannung

$$U_{AN} = \frac{Q_{B0}}{C_{jC0}}, \tag{3-55}$$

wobei

$$Q_{B0} = qAN_{AB}x_B(U_{BC}=0) \tag{3-56}$$

die Majoritätsträgerladung in der Basis ist.

3.2.3 Emitterrandverdrängung

Bisher wurde davon ausgegangen, daß die Stromdichte entlang der gesamten Emitterfläche konstant ist. Bei großen Strömen konzentriert sich der Strom jedoch am Rand des Emitters nahe zum Basiskontakt.

Betrachten wir zur Analyse dieses Effekts die Transistorstruktur von Bild 3.22.

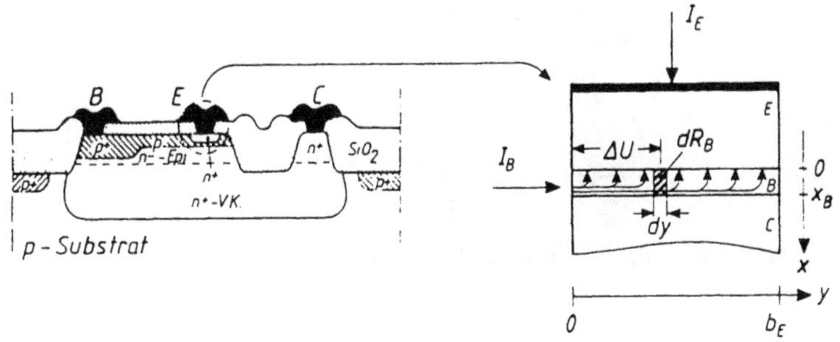

Bild 3.22
Darstellung der Emitterrandverdrängung

Der Basisstrom fließt in der Basis annähernd rechtwinklig zum Emitterstrom und erzeugt entlang der Basis in y-Richtung einen Spannungsabfall, der die wirksame Spannung zwischen Basis und Emitter verringert. Hierbei ist zu bedenken, daß die Emitter- bzw. Kollektorstromdichten exponentiell von dieser Spannung abhängen. Eine Erniedrigung der wirksamen U_{BE}-Spannung um nur $[kT/q]=26mV$ senkt die Stromdichten bereits auf ca. ein Drittel ihres maximalen Wertes ab.

Von der gesamten Emitterfläche ist somit bei großen Strömen fast nur der linke Emitterbereich am Basiskontakt aktiv. Dadurch sind die Voraussetzungen für starke Injektion dort bereits bei relativ kleinen Gesamtströmen gegeben.

Um die Größenordnung der Emitterrandverdrängung abzuschätzen, kann man von folgender stark vereinfachten Überlegung ausgehen (eine genauere Analyse ist in /10/ enthalten).

Der Spannungsabfall in der Basis (Bild 3.22) ergibt sich aus dem Ansatz

$$dU = I_B(y)\,dR_B$$

$$= I_B(y)\,\frac{\rho_B}{x_B l_E}\,dy, \qquad (3\text{-}57)$$

wobei l_E die Länge des Emitters (ins Papier hinein) und ρ_B der spezifische Widerstand der Basis ist. Wird die Ortsabhängigkeit des Basisstroms durch den linearen Zusammenhang $[I_B(y=0)=I_B;\ I_B(y=b_E)=0]$

$$I_B(y) = I_B\left[1 - \frac{y}{b_E}\right] \qquad (3\text{-}58)$$

angenähert, dann entsteht ein ortsabhängiger Spannungsabfall

$$\Delta U(y) = I_B \frac{\rho_B}{x_B L_E} \int_0^y \left[1 - \frac{y}{b_E}\right] dy$$

$$= I_B \frac{\rho_B}{x_B L_E} \left[y - \frac{y^2}{2b_E}\right] \tag{3-59}$$

bzw. ein mittlerer Spannungsabfall in der Basis von

$$\overline{\Delta U} = \frac{1}{b_E} \int_0^{b_E} \Delta U(y) dy$$

$$= I_B \frac{\rho_B}{3x_B} \frac{b_E}{L_E}. \tag{3-60}$$

Hat dieser einen Wert von ca. kT/q, spricht man von dem Beginn der Emitterrandverdrängung. Die Möglichkeiten, diese durch Veränderung von ρ_B und x_B zu verringern sind begrenzt, da diese Parameter bereits durch die Forderung nach einer guten Stromverstärkung festliegen. Damit beschränkt sich die Optimierung auf das Geometrieverhältnis b_E/l_E. Viele Transistoren besitzen deshalb eine Kammstruktur mit großem Emitterrand.

Der mittlere Basiswiderstand ist entsprechend der vorhergehenden Ableitung

$$R_B = \frac{\overline{\Delta U}}{I_B} = \frac{\rho_B}{3x_B} \frac{b_E}{l_E}. \tag{3-61}$$

Dieser kann auf einen Wert von

$$R_B = \frac{\rho_B}{12x_B} \frac{b_E}{l_E} \tag{3-62}$$

reduziert werden, wenn zusätzlich zu dem linken Basiskontakt (Bild 3.22a) ein rechter vorgesehen wird. Der Basiswiderstand zeigt eine typische Stromabhängigkeit, wie sie in Bild 3.23 skizziert ist.

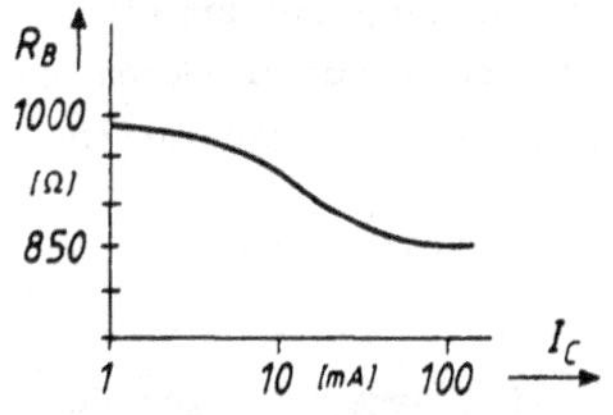

Bild 3.23
Stromabhängigkeit
des Basiswiderstandes

Die anfängliche Reduzierung des Widerstandes ist darauf zurückzuführen, daß die Emitterrandverdrängung auftritt. Dies kann wie eine Reduzierung der Basisbreite b_E interpretiert werden. Mit weiter zunehmendem Kollektorstrom setzt starke Injektion ein, die den Widerstand weiter herabsetzt. Die Ursache hierfür ist, daß aus Neutralitätsgründen die Majoritätsträgerdichte in der Basis ebenfalls stark ansteigt. Dieser Effekt wird Leitfähigkeitsmodulation genannt.

3.2.4 Temperaturverhalten

Im folgenden wird die Abhängigkeit der Stromverstärkung und des Kollektorstroms von der Temperatur näher betrachtet.

Temperaturabhängigkeit der Stromverstärkung B_N

Diese ist in Bild 3.24 als Funktion des Kollektorstromes dargestellt.

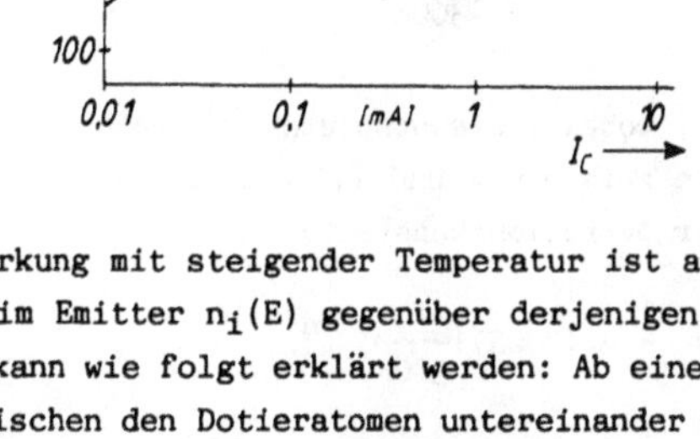

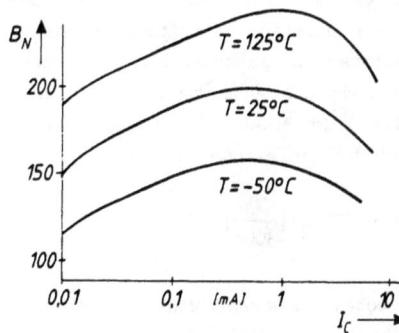

Bild 3.24
Typische Abhängigkeit
der Stromverstärkung
B_N vom Kollektorstrom
und von der Temperatur

Die Zunahme der Stromverstärkung mit steigender Temperatur ist auf die Veränderung der Intrinsicdichte im Emitter $n_i(E)$ gegenüber derjenigen in der Basis $n_i(B)$ zurückzuführen. Dies kann wie folgt erklärt werden: Ab einer Dotierungsdichte $N > 10^{19}\,cm^{-3}$ treten zwischen den Dotieratomen untereinander und den Siliziumatomen Wechselwirkungen auf, die zu einer Abnahme ΔW_g des Bandabstandes $W_g=W_C-W_V$ führen. Da die Emitterdotierung entsprechend groß ist, ergibt sich die folgende Temperaturabhängigkeit der Intrinsicdichte im Emitter

$$n_i(E) = C\left(\frac{T}{[K]}\right)^{3/2} e^{-[W_g(T) - \Delta W_g]/2kT} \quad . \tag{3-63}$$

Diejenige in der Basis wird dagegen wegen der niedrigen Dotierung weiterhin durch Beziehung (1-20)

$$n_i(B) = C\left(\frac{T}{[K]}\right)^{3/2} e^{-W_g(T)/2kT}$$

beschrieben, so daß sich eine Temperaturabhängigkeit der Strömverstärkung (Gl.3-11) von

$$B_N(T) = B_N(T_R)e^{-\frac{\Delta W_g}{k}\left[\frac{1}{T} - \frac{1}{T_R}\right]} \tag{3-64}$$

ergibt, wobei $B_N(T_R)$ die Stromverstärkung bei einer Referenztemperatur T_R, z.B. Raumtemperatur ist. Aus dieser Beziehung wird häufig die Bandverengung ΔW_g ermittelt. Dies kann jedoch u.U. zu einem unzulässig großen Fehler führen, wenn die Diffusionskonstanten, die ebenfalls temperaturabhängig sind, nicht berücksichtigt werden /11/.

Temperaturabhängigkeit des Kollektorstroms

Bei den meisten Schaltungen ist eine genaue Beschreibung der Abhängigkeit des Kollektorstroms von der Temperatur wichtiger, als diejenige von der Stromverstärkung, da diese meistens ausreichend groß ist. Um die Temperaturabhängigkeit des Kollektorstroms zu bestimmen, wird zusätzlich zu der sich ändernden Intrinsicdichte noch die Änderung der Diffusionskonstante sowie des Bandabstandes benötigt. Die Beweglichkeitsänderungen (Bild 1.16) können z.B. für Elektronen durch die empirische Beziehung

$$\mu_n(T) = \mu_n(300K)\left(\frac{T}{300K}\right)^{-a_n} \tag{3-65}$$

erfaßt werden, wobei T die absolute Temperatur in Kelvin und a_n eine Konstante ist, die Werte zwischen 1 und 1,5 annehmen kann. Hieraus ergibt sich eine Abhängigkeit der Diffusionskonstante von

$$D_{nB} = \frac{kT}{q}\,\mu_n(300K)\left(\frac{T}{300K}\right)^{-a_n} \tag{3-66}$$

Mit den Gleichungen (3-15, 1-20 und 3-66) resultiert daraus eine Temperaturabhängigkeit des Kollektorstroms von

$$I_C = \frac{AqD_{nB}n_{Bo}}{x_B}\left[e^{\frac{q}{kT}U_{BE}} - 1\right]$$

$$= E\left(\frac{T}{300K}\right)^{(4-a_n)} e^{-\frac{W_g(T)}{kT}} \left[e^{\frac{q}{kT}U_{BE}} - 1\right], \qquad (3\text{-}67)$$

wobei E eine temperaturunabhängige Konstante in Ampère ist.
Wird die U_{BE}-Spannung (U_{BE}>100mV) eingeprägt, dann ergibt sich ein Kollektorstromverhältnis von

$$\frac{I_C}{I_{CR}} = \left(\frac{T}{T_R}\right)^{(4-a_n)} e^{-\frac{1}{k}\left[\frac{W_g(T)}{T} - \frac{W_g(T_R)}{T_R}\right]} e^{\frac{q}{k} U_{BE} \left[\frac{1}{T} - \frac{1}{T_R}\right]}, \qquad (3\text{-}68)$$

wobei I_{CR} der Kollektorstrom ist, der bei der Referenztemperatur T_R fließt. Messungen, wie sich der Bandabstand mit der Temperatur verändert, wurden von einigen Autoren durchgeführt. Die Resultate sind in /12/ zusammengefaßt. Für überschlägige Berechnungen kann hierzu die lineare Beziehung /13/

$$W_g(T)/q = U_g(T) = U_{go} + \varepsilon T \qquad (3\text{-}69)$$

verwendet werden. Hierbei ist U_{go} die Spannung, die dem extrapolierten Wert des Bandabstandes W_{go}/q für T→0 entspricht. ε hat dabei einen Wert von -2,8 10^{-4} V/K.

3.2.5 Durchbruchverhalten

Die maximalen Transistorspannungen werden durch das Durchbruchverhalten der pn-Übergänge bestimmt. Zwei typische Ausgangskennlinienfelder (Bild 3.25) in Basisschaltung (gemeinsamer Pol für Ausgangs- und Eingangskreis ist die Basis) und Emitterschaltung (gemeinsamer Pol Emitter) beschreiben diese Charakteristik.

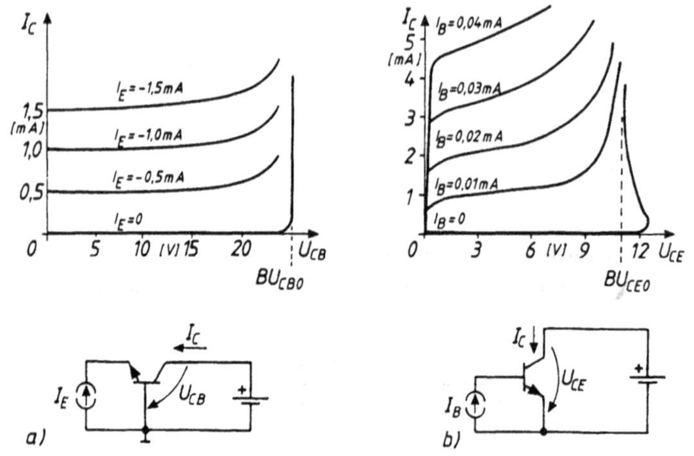

Bild 3.25
Ausgangskennlinien mit Durchbruchverhalten; a) Basisschaltung; b) Emitterschaltung

Basisschaltung

In der Basisschaltung tritt bei der Spannung BU_{CBO} und I_E=0 ein Kollektor-Basisdurchbruch auf. Dieser kommt durch den auftretenden Lawineneffekt, der bereits in Kapitel 2.9 beschrieben wurde, zustande. Eine Folge davon ist, daß bei den gezeigten Transistorkennlinien bereits ab ca. 25V die Stromverstärkung $I_C/-I_E$ größer 1 ist. Damit ergibt sich ein Kollektorstrom von

$$I_C = -A_N I_E M, \tag{3-70}$$

wobei

$$M = \frac{1}{1 - \left[\frac{U_{CB}}{BU_{CBO}}\right]^n} \tag{3-71}$$

ein Faktor ist, der die Ladungsträgermultiplikation wiedergibt (Gl.2-93). Der Betrieb des Transistors in der Nähe des Durchbruchs führt nur dann zur Zerstörung, wenn die zulässige Temperatur überschritten wird.

Emitterschaltung

Die Durchbruchspannung BU_{CEO} in Emitterschaltung bei I_B=0 (Bild 3.25b) ist niedriger als diejenige in Basisschaltung. Zu einer Zerstörung kommt es ebenfalls nur, wenn die zulässige Temperatur des Transistors überstiegen wird. Um die Durchbruchspannung zu ermitteln, ist es zweckmäßig, zuerst die Ladungsträgerbewegung zu Beginn des Durchbruchs (Bild 3.26) zu betrachten.

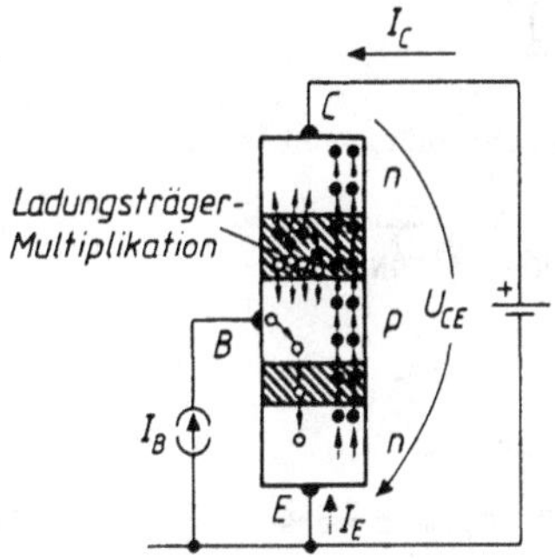

Bild 3.26
Ladungsträgerbewegungen bei Durchbruch

Im BC-Übergang entstehen infolge des beginnenden Lawinendurchbruchs Elektron-Lochpaare, wobei die erzeugten Elektronen einen Beitrag zum Kollektorstrom und die Löcher einen entsprechenden Beitrag zum Basisstrom liefern. Letzterer bewirkt dadurch eine effektive Verstärkungserhöhung des Transistors und Zunahme des Kollektorstromes.

Der Basisstrom ergibt sich auch in diesem Fall aus (3-9)

$$I_B = -I_C - I_E,$$

so daß aus Beziehung (3-70 und 3-13) ein Kollektorstrom von

$$\begin{aligned} I_C &= -I_B - I_E \\ &= -I_B + \frac{I_C}{A_N M} \\ &= I_B \frac{A_N M}{1 - A_N M} \end{aligned} \qquad (3\text{-}72)$$

resultiert. Daraus ist ersichtlich, daß I_C bereits dann gegen unendlich geht, wenn

$$A_N M = 1 \qquad (3\text{-}73)$$

wird. Im vorhergehenden Fall mußte dazu $M \to \infty$ gehen. Aus obiger Bedingung und Gleichung (3-71) läßt sich die Durchbruchspannung BU_{CEO} ermitteln. Nahe dem Durchbruch ist U_{BE} klein gegenüber den anderen Spannungen, so daß $U_{CB} \approx U_{CE}$ ist.

Damit ergibt sich

$$\frac{A_N}{1 - \left[\frac{BU_{CEO}}{BU_{CBO}}\right]^n} = 1 \qquad (3\text{-}74)$$

und daraus eine Durchbruchspannung in Emitterschaltung von

$$BU_{CEO} = BU_{CBO} \sqrt[n]{1 - A_N}$$

$$\approx BU_{CBO} [B_N]^{-\frac{1}{n}}, \qquad (3\text{-}75)$$

wobei Beziehung (3-14) mit verwendet wurde. Diese Gleichung zeigt, daß BU_{CEO} beträchtlich kleiner als BU_{CBO} ist und mit steigender Stromverstärkung abnimmt.

Mit diesem Zusammenhang kann auch die besondere Charakteristik des Durchbruchverhaltens in Bild 3.25b bei I_B=0 erklärt werden. Wird U_{CE} von einem niedrigen Wert ausgehend erhöht, fließt zuerst nur ein sehr kleiner Kollektorstrom. Da bei diesem geringen Strom B_N klein ist (Bild 3.16), muß somit BU_{CEO} groß sein. Steigt der Kollektorstrom an, nimmt B_N zu und damit BU_{CEO} ab. Die negative Durchbruchkennlinie resultiert.

3.3 Modellierung des bipolaren Transistors

Im folgenden wird ein einfaches Großsignal- und Kleinsignal-Ersatzschaltbild hergeleitet. Effekte zweiter Ordnung werden erst bei dem aufwendigen CAD-Modell in Abschnitt 3.4 berücksichtigt.

3.3.1 Dynamisches Großsignal-Ersatzschaltbild

Das dynamische Großsignal-Ersatzschaltbild beschreibt das statische und dynamische Verhalten des Transistors für alle Arbeitsbereiche. Diese Beschreibung wird benötigt, um die im Kapitel 2.6 beschriebenen Schaltungssimulationen durchführen zu können. Die Ausgangsbasis dazu ist das in Bild 3.11 dargestellte Ersatzschaltbild, das in Bild 3.27 in erweiterter Form zur besseren Beschreibung eines realen Transistors wiedergegeben ist.

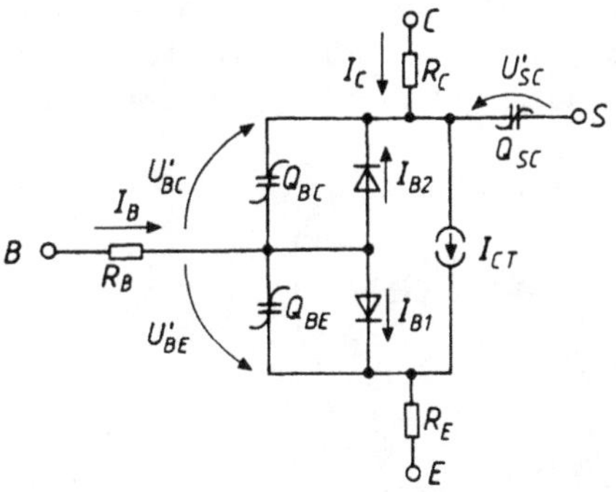

Bild 3.27
Dynamisches Großsignal-Ersatzschaltbild

Mit aufgenommen wurden Emitter, Basis- und Kollektorwiderstände sowie eine Sperrschichtkapazität zum Substrat. Auf diese Elemente wird in Abschnitt 3.4.1 noch näher eingegangen. Damit ändern sich die Spannungen U_{BE} und U_{BC} der Transistorgleichungen (3-28) und (3-29) in die wirksamen Spannungen U'_{BE} und U'_{BC}, so daß gilt

$$I_C = I_{CT} - I_{B2}$$

$$= I_S\left[e^{\frac{q}{kT}U'_{BE}} - e^{\frac{q}{kT}U'_{BC}}\right] - \frac{I_S}{B_I}\left[e^{\frac{q}{kT}U'_{BC}} - 1\right] \tag{3-76}$$

und

$$I_B = \frac{I_S}{B_N}\left[e^{\frac{q}{kT}U'_{BE}} - 1\right] + \frac{I_S}{B_I}\left[e^{\frac{q}{kT}U'_{BC}} - 1\right]). \tag{3-77}$$

Die Ladungsspeicherung im Transistor wird, wie bei der Diode (Gl.2-82) durch die Ladungselemente Q_{BE} bzw. Q_{BC} berücksichtigt. Diese erfassen die injizierten Ladungen sowie die Ladungen der Raumladungszonen, im normalen und inversen Betrieb.

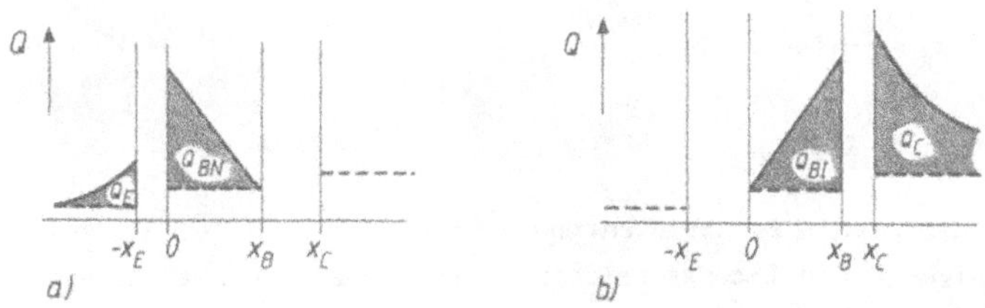

Bild 3.28
Injizierte Ladungen bei Verstärkung; a) Normalbetrieb; b) Inversbetrieb

Im normalen Vorwärtsbetrieb können die injizierten Basis-und Emitterladungen (Bild 3.28) Q_{BN} und Q_E, die für den Kollektorstrom verantwortlich sind, genau wie bei der Diode (Gl.2-72,2-73), in der Form

$$\begin{aligned} Q_N &= Q_{BN} + Q_E \\ &= \tau_n I_C + \tau_p I_B \\ &= \tau_{BN} I_C + \tau_E I_C \\ &= \tau_N I_C \end{aligned} \tag{3-78}$$

wiedergegeben werden, wobei $\tau_n = \tau_{BN}$ und $\tau_E = \tau_p / B_N$ ist.

τ_E wird Emitterverzögerung, τ_{BN} Basislaufzeit und τ_N Transitzeit des Transistors genannt, wobei der Index N den Normalbetrieb anzeigt. Die Basislaufzeit hat einen Wert, ähnlich wie derjenige bei der Diode mit kurzen Abmessungen (Gl.2-81) von

$$\tau_{BN} = \frac{(x_B)^2}{2D_n} , \tag{3-79}$$

da $x_B \ll L_n$ ist. Sie beschreibt damit die mittlere Zeit, die die Elektronen benötigen, die Basisstrecke zu durchwandern. Die Basislaufzeit ist demnach um so kürzer, je schmäler die Basisweite ist.

Diese Zeit kann noch kürzer sein, wenn keine homogene Dotierungsverteilung, wie in Bild 4.2 gezeigt ist, vorliegt. In diesem Fall entsteht ein Driftfeld (Gl.2-2), das die Wanderung der Minoritätsträger unterstützt (Aufgabe 3.8).

Wird der Transistor invers betrieben, so gilt analog zum Vorhergehenden (Bild 3.28b)

$$\begin{aligned} Q_I &= Q_{BI} + Q_C \\ &= \tau_{BI} I_E + \tau_C I_E \\ &= \tau_I I_E . \end{aligned} \tag{3-80}$$

Die Transitzeiten im normalen und inversen Betrieb τ_N, τ_I beschreiben somit die Fähigkeit der Ladungsspeicherung im Transistor. Meßtechnisch können sie aus dem Frequenzverhalten (Abschnitt 3.3.2) oder dem Schaltverhalten des Transistors ermittelt werden.

Damit sind die Ladungselemente Q_{BE} und Q_{BC} in Analogie zu Beziehung (2-83) in der Form

$$Q_{BE} = \underbrace{\tau_N I_S [e^{\frac{q}{kT} U'_{BE}} - 1]}_{Q_N} + \underbrace{C_{jEO} \int_0^{U'_{BE}} [1 - \frac{U}{\Phi_{iE}}]^{-ME} dU}_{Q_{jE}} \qquad (3\text{-}81)$$

und

$$Q_{BC} = \underbrace{\tau_I I_S [e^{\frac{q}{kT} U'_{BC}} - 1]}_{Q_I} + \underbrace{C_{jCO} \int_0^{U'_{BC}} [1 - \frac{U}{\Phi_{iC}}]^{-MC} dU}_{Q_{jC}} \qquad (3\text{-}82)$$

beschreibbar. In diesen Gleichungen sind Φ_{iE}, Φ_{iC}, ME, MC und C_{jEO}, C_{jCO} die Diffusionsspannungen, Kapazitätskoeffizienten und Sperrschichtkapazitäten bei 0V der BE- und BC-Übergänge.

Die Ladungselemente können als spannungsabhängige Kleinsignalkapazitäten

$$C_{BE} = \frac{\partial Q_{BE}}{\partial U'_{BE}} = C_{dE} + C_{jE} = \tau_N \frac{q}{kT} I_S e^{\frac{q}{kT} U'_{BE}} + C_{jEO} [1 - \frac{U'_{BE}}{\Phi_{iE}}]^{-ME} \qquad (3\text{-}83)$$

und

$$C_{BC} = \frac{\partial Q_{BC}}{\partial U'_{BC}} = C_{dC} + C_{jC} = \tau_I \frac{q}{kT} I_S e^{\frac{q}{kT} U'_{BC}} + C_{jCO} [1 - \frac{U'_{BC}}{\Phi_{iC}}]^{-MC} \qquad (3\text{-}84)$$

dargestellt werden. Auf das Temperaturverhalten dieser Kapazitäten wurde in Kapitel 2.8 bereits näher eingegangen.

Die Isolierung benachbarter Transistoren geschieht durch S_iO_2-Isolierringe und durch das gemeinsame p-Substrat, das mit der negativsten Spannung der Schaltung verbunden ist. Dadurch wirkt der Kollektor gegenüber dem Substrat wie ein gesperrter pn-Übergang, auf den in Abschnitt 3.4.1 noch näher eingegangen wird. Die in dem gesperrten pn-Übergang gespeicherte Ladung bzw. Kleinsignalkapazität (Bild 3.27) betragen

$$Q_{SC} = Q_{jS} = C_{jSO} \int_{o}^{U'_{SC}} [1 - \frac{U}{\Phi_{iC}}]^{-MS} dU \tag{3-85}$$

und

$$C_{jS} = C_{jSO} [1 - \frac{U'_{SC}}{\Phi_{iC}}]^{-MS} . \tag{3-86}$$

3.3.2 Kleinsignal-Ersatzschaltbild

Das im vorhergehenden vorgestellte dynamische Großsignal-Ersatzschaltbild beschreibt den gesamten Arbeitsbereich des Transistors. Im Gegensatz dazu wird bei der Wechselstromanalyse der Transistor mit sehr kleinen Spannungs- oder Stromänderungen um einen festen Arbeitspunkt herum angesteuert. Sind die Spannungsänderungen dabei < kT/q (Kapitel 2.6.2), dann kann das nichtlineare Großsignal-Ersatzschaltbild durch ein lineares Ersatzschaltbild ersetzt werden. Da der Transistor bei diesen Anwendungen fast immer im normalen Verstärkerbetrieb (U_{BE}>0, U_{BC}<0) eingesetzt wird, ergeben sich die drei in Bild 3.29 gezeigten Kleinsignal-Ansteuerungen und deren Auswirkungen auf die Transistorkennlinien.

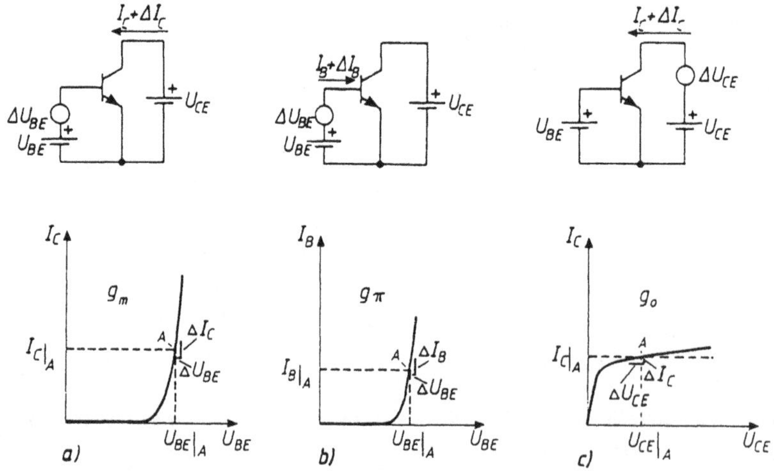

Bild 3.29

Kleinsignal-Ansteuerung des Transistors und ihre Auswirkung auf die Transistorkennlinien; a) Übertragungskennlinie (U_{CE}=konst); b) Eingangskennlinie (U_{CE}=konst); c) Ausgangskennlinie (U_{BE}=konst)

Die Ansteuerung wurde dabei jeweils auf den Emitter bezogen. Die Auswirkungen auf jede Spannungsänderung kann durch Leitwertparameter beschrieben werden. Im einzelnen sind dies:

Steilheit

$$g_m = \left.\frac{\partial I_C}{\partial U_{BE}}\right|_{U_{CE}} \tag{3-87}$$

Eingangsleitwert

$$g_\pi = \left.\frac{\partial I_B}{\partial U_{BE}}\right|_{U_{CE}} \tag{3-88}$$

Ausgangsleitwert

$$g_o = \left.\frac{\partial I_C}{\partial U_{CE}}\right|_{U_{BE}}, \tag{3-89}$$

wobei die konstanten Spannungen, die den Arbeitspunkt des Transistors beschreiben, mit aufgenommen wurden.

Werden alle Spannungen gleichzeitig verändert, ergeben sich die folgenden Kollektor- und Basisstromänderungen

$$\Delta I_C = \left.\frac{\partial I_C}{\partial U_{BE}}\right|_{U_{CE}} \Delta U_{BE} + \left.\frac{\partial I_C}{\partial U_{CE}}\right|_{U_{BE}} \Delta U_{CE}$$

$$= g_m \Delta U_{BE} + g_o \Delta U_{CE} \tag{3-90}$$

$$\Delta I_B = \left.\frac{\partial I_B}{\partial U_{BE}}\right|_{U_{CE}} \Delta U_{BE}$$

$$= g_\pi \Delta U_{BE}. \tag{3-91}$$

Diese Zusammenhänge werden durch das in Bild 3.30a dargestellte Ersatzschaltbild wiedergegeben.

Eine erweiterte Form, das sog. Hybrid-π-Ersatzschaltbild (Bild 3.30b) ergibt sich, wenn die Basis- und Kollektorwiderstände sowie die Kleinsignal-Kapazitäten mit eingeführt werden. Diese sind dem dynamischen Großsignal-Ersatzschaltbild entnommen. Das Ersatzschaltbild hat natürlich auch dann seine Gültigkeit, wenn statt der Strom- bzw. Spannungsänderungen zeitvariante Änderungen vorliegen.

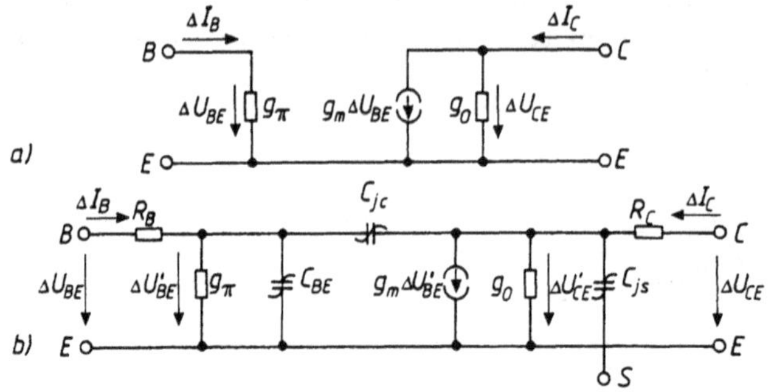

Bild 3.30
Kleinsignal-Ersatzschaltbild; a) bei sehr niedrigen Frequenzen; b) bei hohen Frequenzen (R_E vernachlässigbar klein)

Ausgehend von den Gleichungen (3-76, 3-77) des Großsignal-Ersatzschaltbildes, ergeben sich, wenn $U_{BE}>0$ und $U_{BC}<0$ sind, die folgenden Leitwerte:

Steilheit

Durch Differentiation von Gleichung (3-76) erhält man

$$g_m = \left.\frac{\partial I_C}{\partial U'_{BE}}\right|_{U'_{CE}} = \frac{q}{kT} I_C, \tag{3-92}$$

d.h. die Steilheit ist proportional zum Kollektorstrom.

Eingangsleitwert:

Entsprechend der Definition (Gl.3-88) kann der Eingangsleitwert bei Verwendung der Gleichungen (3-77) und (3-92) als

$$g_\pi = \left.\frac{\partial I_B}{\partial U'_{BE}}\right|_{U'_{CE}} = \left.\frac{\partial I_B}{\partial I_C}\,\frac{\partial I_C}{\partial U'_{BE}}\right|_{U'_{CE}} = \frac{g_m}{\beta_N} \tag{3-93}$$

beschrieben werden, wobei

$$\beta_N = \left.\frac{\partial I_C}{\partial I_B}\right|_{U'_{CE}} \tag{3-94}$$

die Kleinsignal Stromverstärkung ist. Ist B_N um den Arbeitspunkt herum unabhängig von I_C, dann ist $\beta_N=B_N$, was für die meisten praktischen Fälle angenommen werden kann.

Ausgangsleitwert:

In dem dynamischen Großsignal-Ersatzschaltbild (Bild 3.27) wurde I_C als unabhängig von U'_{CE} dargestellt. Der Ausgang des Transistors verhält sich somit wie ein idealer Stromgenerator, bei dem $g_o=0$ ist. Wird dagegen die Basisweitenmodulation berücksichtigt, ergibt sich entsprechend Beziehung (3-50) ein Ausgangsleitwert von

$$g_o = \left.\frac{\partial I_C}{\partial U'_{CE}}\right|_{U'_{BE}} = -\left.\frac{\partial I_C}{\partial U'_{BC}}\right|_{U'_{BE}} = \frac{I_C(U_{BC}=0)}{U_{AN}} , \tag{3-95}$$

da $\partial U'_{CE}=\partial U'_{CB}=-\partial U'_{BC}$ ist. Der Leitwert beschreibt somit die Steigung der Ausgangskennlinie um den Arbeitspunkt herum.

Ladungsspeicherung

Diese wird, wie bereits erwähnt, durch die Kleinsignalkapazitäten (Gleichungen 3-83, 3-84, 3-86) erfaßt. Im normalen Verstärkerbetrieb ($U_{BE}>0$; $U_{BC}<0$) vereinfachen sie sich wie folgt:

$$C_{BC} = \frac{\partial Q_{BC}}{\partial U'_{BC}} = C_{jC} = C_{jCO}\left[1 - \frac{U'_{BC}}{\Phi_{iC}}\right]^{-MC} \tag{3-96}$$

$$C_{SC} = \frac{\partial Q_{SC}}{\partial U'_{SC}} = C_{jS} = C_{jSO}\left[1 - \frac{U'_{SC}}{\Phi_{iS}}\right]^{-MS} \tag{3-97}$$

$$C_{BE} = \frac{\partial Q_{BE}}{\partial U'_{BE}} = C_{dE} + C_{jE}$$

$$= \tau_N g_m + C_{jEO}\left[1 - \frac{U'_{BE}}{\Phi_{iE}}\right]^{-ME} \tag{3-98}$$

Bei C_{BE} wurde zur Vereinfachung Beziehung (3-92) mitverwendet.

Da die Sperrschichtkapazität C_{jE} in Durchlaßrichtung (Kapitel 2.5.1) nur sehr schwer bestimmbar ist, wird sie häufig zur überschlägigen Berechnung durch $2C_{jEO}$ genähert, so daß gilt

$$C_{BE} \approx \tau_N g_m + 2C_{jEO}. \tag{3-99}$$

Beispiel:

Bei einem npn-Transistor sind die Transistorparameter und der Arbeitspunkt bekannt. Es sollen die Werte des Hybrid-π-Ersatzschaltbildes bei Raumtemperatur ermittelt werden.

Parameter: $\beta_N = 175$, $\tau_N = 30ps$, $U_{AN} = 35V$
$R_B = 850\Omega$, $R_C = 150\Omega$, R_E vernachlässigbar klein
$C_{jSO} = 240fF$, $C_{jCO} = 120fF$, $C_{jEO} = 65\ fF$
$\Phi_{iS} \approx \Phi_{iB} = 0{,}6V$, $MC \approx MS \approx ME \approx 0{,}5$

Arbeitspunkt: $U_{BC} = -5V$, $U_{SC} = -12V$, $I_C(U_{BC}=0) = 5mA$

Steilheit (Gl.3-92)

$$g_m = \frac{q}{kT} I_C = \frac{5\cdot 10^{-3}A}{0{,}026V} = 192mA/V$$

Eingangsleitwert (Gl.3-93)

$$g_\pi = \frac{g_m}{\beta_N} = \frac{192\cdot 10^{-3}A/V}{175} = 1{,}1/k\Omega$$

Ausgangsleitwert (Gl.3-95)

$$g_o = \frac{I_C(U_{BC}=0)}{U_{AN}} = \frac{5\cdot 10^{-3}A}{35V} = 0{,}14/k\Omega$$

Basis-Emitterkapazität (Gl.3-99)

$$C_{BE} \approx g_m \tau_N + 2C_{jEO}$$

$$= 192\cdot 10^{-3}A/V\cdot 30\cdot 10^{-12}s + 2\cdot 65\cdot 10^{-15}As/V = 5{,}89pf$$

Basis-Kollektorkapazität (Gl.3-96) mit $U'_{BC} \approx U_{BC}$

$$C_{jC} = \frac{C_{jCO}}{[1 - U'_{BC}/\Phi_{iC}]^{MC}} = \frac{120fF}{[1 - \frac{-5V}{0{,}6V}]^{0{,}5}} = 39{,}3fF$$

Substrat-Kollektorkapazität (Gl.3-97)

$$C_{jS} = \frac{C_{jSO}}{[1 - U'_{SC}/\Phi_{iS}]^{MS}} = \frac{240fF}{[1 - \frac{-12V}{0{,}6V}]^{0{,}5}} = 52{,}4fF$$

Transitfrequenz

Das Hochfrequenzverhalten des Transistors wird im wesentlichen durch seine Kapazitäten bestimmt. Als Gütezahl wird meist die Transitfrequenz angegeben, bei der die Kleinsignal-Stromverstärkung eines am Ausgang wechselspannungsmäßig kurzgeschlossenen Transistors in Emitterschaltung (Bild 3.31a) auf den Wert 1 abfällt.

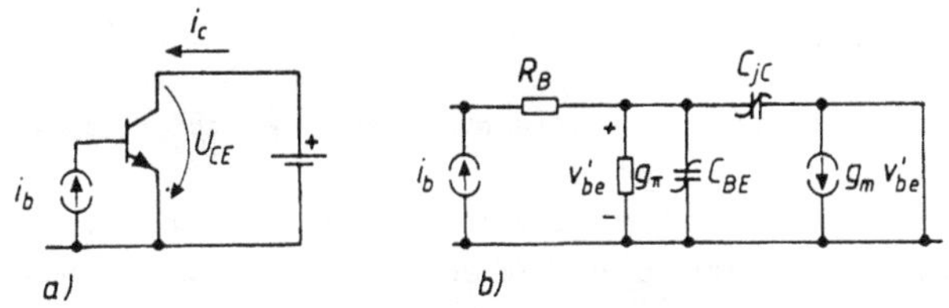

Bild 3.31
a) Schaltung zur Bestimmung von f_T; b) Kleinsignal-Ersatzschaltbild der Schaltung

Für diese Schaltung, bei der die Batterie als Kurzschluß für den Wechselstrom i_C zu betrachten ist, kann ein Kleinsignal-Ersatzschaltbild (Bild 3.31b) angegeben werden, wozu das vorgestellte Hybrid-π-Ersatzschaltbild die Grundlage bildet. Hierbei wurde R_C als vernachlässigbar klein angenommen. Diese Vereinfachung hat zur Folge, daß C_{jS} und g_o wegen des kurzgeschlossenen Ausgangs keinen Einfluß auf das Frequenzverhalten haben. Die Änderungen der Spannungen und Ströme wurden durch Kleinbuchstaben gekennzeichnet, um anzudeuten, daß es sich um Kleinsignal-Wechselspannungen und -Ströme handelt.

Aus dem Ersatzschaltbild der Schaltung kann das Verhältnis der Kleinsignalströme

$$\beta(j\omega) = \frac{i_C}{i_b}(j\omega)$$

$$= \frac{\beta_N}{1 + j\omega\frac{\beta_N}{g_m}[C_{BE} + C_{jC}]}, \qquad (3\text{-}100)$$

als Funktion der Kreisfrequenz $\omega=2\pi f$ direkt angegeben werden (Aufgabe 3.9), wobei Beziehung (3-93) mitverwendet wurde.

Bei hohen Frequenzen ist der Imaginärteil des Nenners in Gleichung (3-100) dominierend, so daß sich diese Beziehung zu

$$ß(j\omega) \approx \frac{g_m}{j\omega[C_{BE} + C_{jC}]} \tag{3-101}$$

vereinfachen läßt.

Aus dieser Gleichung kann die gewünschte Transitfrequenz f_T abgeleitet werden, bei der $|ß(j\omega)|=1$ ist. Es resultiert:

$$f_T = \frac{1}{2\pi}\frac{g_m}{C_{BE} + C_{jC}}. \tag{3-102}$$

Die Transitfrequenz ist somit um so niedriger, je größer die Kapazitäten des Transistors sind.

Eine detailliertere Analyse erhält man, wenn die Beziehungen (3-92, 3-98) in obige Gleichung eingesetzt werden. Es ergibt sich der Zusammenhang

$$f_T = \frac{1}{2\pi}\frac{1}{\tau_N + \frac{kT}{q}\frac{1}{I_C}[C_{jE} + C_{jC}]}, \tag{3-103}$$

der eine Abhängigkeit der Transitfrequenz vom Kollektorstrom I_C beschreibt. Mit größer werdendem Kollektorstrom steigt f_T stark an und erreicht einen maximalen Wert bei $I_C \to \infty$ von

$$f_{TMAX} \approx \frac{1}{2\pi}\frac{1}{\tau_N}. \tag{3-104}$$

Dieses Verhalten ist in Bild 3.32 dargestellt, wobei die Transitfrequenz ca. 5 GHz beträgt.

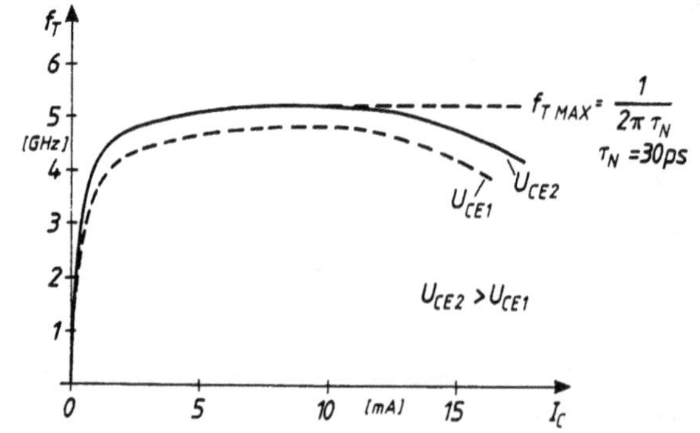

Bild 3.32
Typische Transitfrequenz als Funktion des Kollektorstromes

Das in Gleichung (3-103) nicht vorhergesagte Absinken der Grenzfrequenz bei großen Kollektorströmen wird durch eine Vergrößerung der Transitzeit τ_N bei starker Injektion (Abschnitt 3.2.1) verursacht, bei der eine Aufweitung der Basis auftritt. Die Erhöhung der Transitfrequenz, wenn die U_{CE}-Spannung zunimmt ($U_{CE2}>U_{CE1}$), kann auf die Basisweitenmodulation zurückgeführt werden.

Frequenzverhalten

Das Frequenzverhalten der Transistorschaltung von Bild 3.31a wird durch Beziehung (3-100) beschrieben. Diese kann in der Form

$$\beta(jf) = \frac{\beta_N}{1 + j\dfrac{f}{f_\beta}} \tag{3-105}$$

wiedergegeben werden, wobei

$$f_\beta = \frac{g_m}{2\pi\beta_N[C_{BE} + C_{jC}]} \tag{3-106}$$

die 3dB-Frequenz der Schaltung ist. Dies wird aus Bild 3.33 verständlich, in dem die Stromverstärkung aufgetragen ist.

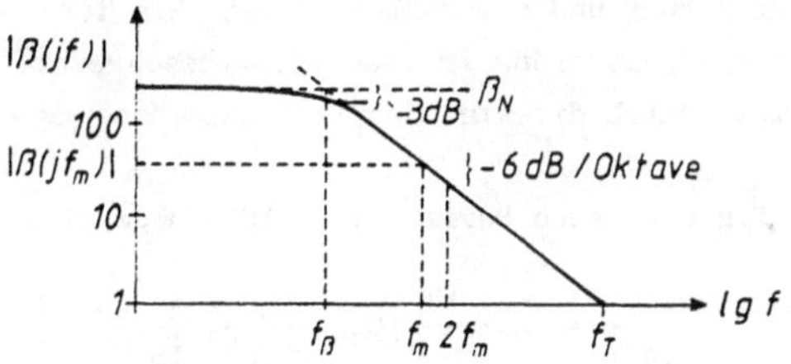

Bild 3.33
Kleinsignal-Stromverstärkung als Funktion der Frequenz

Bei niedrigen Frequenzen beträgt die Stromverstärkung β_N. Sie nimmt gegenüber diesem Wert bei f_β um

$$20\lg\left|\frac{\beta(jf_\beta)}{\beta_N}\right| = 20\lg\left|\frac{1}{1 + j\dfrac{f_\beta}{f_\beta}}\right| = 20\lg\frac{1}{\sqrt{2}} = -3\text{dB} \tag{3-107}$$

ab.

Bei höheren Frequenzen $f>f_\beta$ (Realteil vernachlässigbar) wird die Stromverstärkung jeweils um

$$20\lg\left|\frac{\beta(j2f_m)}{\beta(jf_m)}\right| = -\ 6\text{dB/Oktave} \tag{3-108}$$

verringert, bis sie den Wert 1 bei der Transitfrequenz f_T erreicht.

Bestimmung der Transitfrequenz f_T

Ähnlich läßt sich für diesen -6dB/Oktave Bereich aus Beziehung (3-105) der Zusammenhang

$$f_T = f_m \mid ß(jf_m) \mid \tag{3-109}$$

ermitteln. D.h. die Transitfrequenz kann durch Messung der Kleinsignalverstärkung bei einer Frequenz f_m indirekt aus obiger Beziehung ermittelt werden /3/. Damit ist es möglich, auf eine aufwendigere und schwierigere Direktmessung von f_T zu verzichten.
Alternativ kann die Transitfrequenz durch Beziehung

$$f_T = ß_N f_ß \tag{3-110}$$

bestimmt werden. Dieser Zusammenhang ergibt sich, indem Gleichung (3-106) in (3-102) eingesetzt wird.

Bestimmung der Vorwärtstransitzeit τ_N

Wie in Abschnitt 3.3.1 beschrieben ist, erfaßt die Transitzeit τ_N die Emitterverzögerung und die Basislaufzeit. Sie ist somit die wichtigste Größe, die die Ladungsspeicherung im Transistor beschreibt. Diese kann, wie in Bild 3.33 gezeigt, durch direkte oder indirekte Messung ermittelt werden.

Häufig wird auch Beziehung (3-103) umgeschrieben

$$\frac{1}{2\pi f_T} = \tau_N + \frac{kT}{q} \left[C_{jE} + C_{jC}\right] \frac{1}{I_C}$$

und linear, wie in Bild 3.34 gezeigt, aufgetragen.

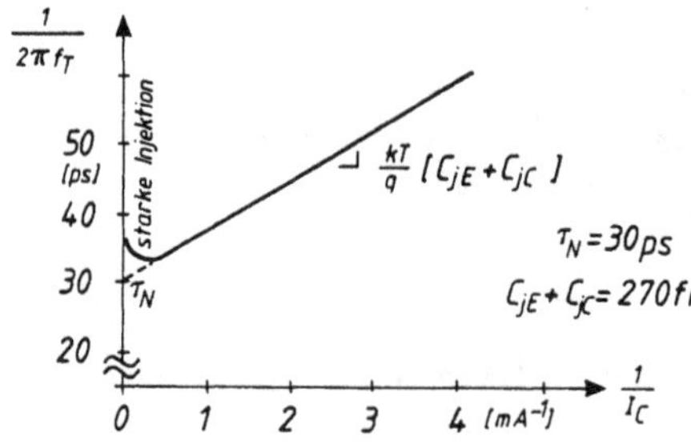

Bild 3.34
Ermittlung der Transitzeit τ_N

Durch Extrapolation erhält man dann bei $1/I_C=0$ die Transitzeit τ_N. Voraussetzung dazu ist, daß der Gradient $kT/q[C_{jE}+C_{jC}]$ annähernd konstant ist. Dies ist der Fall, wenn der I_C-Bereich nicht mehr als um ca. 1:5 variiert wird (Aufgabe 3.10).

3.4 Transistormodell für CAD-Anwendungen

Bei den CAD-Transistormodellen steht im allgemeinen die Genauigkeit gegenüber der physikalischen Anschaulichkeit im Vordergrund. Dies wird besonders bei dem Gummel-Poon-Modell deutlich, auf das nach der Beschreibung des Modellrahmens und des Transportmodells näher eingegangen wird.

3.4.1 Modellrahmen

Zur Vereinfachung der Beschreibung wurde in den vorhergehenden Kapiteln meistens nur der innere Transistor betrachtet. Eine realer Transistor wird jedoch stark durch äußere Elemente beeinflußt, wie im folgenden gezeigt wird.

Bei integrierten Schaltungen mit sehr vielen Transistoren im gleichen Substrat müssen diese elektrisch entkoppelt werden. Eine gebräuchliche Methode (Kapitel 4.1), dies zu erreichen, besteht darin, S_iO_2-Isolationsringe im p-Substrat einzubringen (Bild 3.35) und das p-Substrat mit der negativsten Spannung der Schaltung zu versehen, so daß die Isolierung des Transistors zum Substrat elektrisch wie eine gesperrte Diode wirkt. Durch den Aufbau des Transistors ergeben sich die sog. äußeren Elemente, die das elektrische Verhalten des Transistors wesentlich beeinflussen. Diese Elemente bilden den Modellrahmen für den inneren Transistor. Die benötigte Genauigkeit der Beschreibung des Modellrahmens hängt stark von den geometrischen Abmessungen des Transistors und dem Frequenzbereich ab, in dem der Transistor betrieben wird. In Bild 3.35 sind aus diesem Grund zwei mögliche Modellrahmen angegeben. Hierbei ist zu bedenken, daß es sich in Realität um verteilte Elemente handelt, die mehr oder weniger gut approximiert werden.

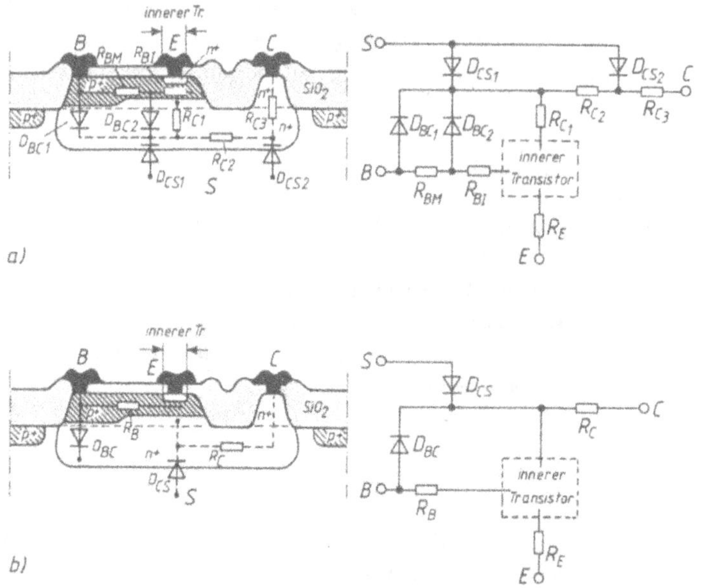

Bild 3.35
Querschnitt und Modellrahmen des npn-Transistors; a) aufwendige Darstellung; b) vereinfachte Darstellung

<u>Basis-Kollektordiode D_{BC}</u>

Diese Diode bzw. Dioden beschreiben das Strom-Spannungs- und Ladungsverhalten des p^+n-Bereichs, der nicht zum inneren Transistor gehört.

<u>Kollektor-Substratdiode D_{SC}</u>

Ähnlich wie im vorhergehenden, so beschreibt diese Diode bzw. so beschreiben diese Dioden das Strom-Spannungs- und Ladungsverhalten des n^+p-Kollektor-Substratübergangs. Da diese Diode bzw. Dioden immer gesperrt sind, wird häufig nur das Ladungsverhalten durch eine entsprechende Sperrschichtkapazität berücksichtigt.

<u>Kollektorwiderstand R_C</u>

Dieser setzt sich aus dem Widerstand R_{C1} der n^--Epischicht, dem Widerstand R_{C2} des n^+-Bereich des vergrabenen Kollektors und dem Anschlußbereich R_{C3} zusammen. Wie in Kapitel 4.1 beschrieben ist, haben diese zusammen einen Wert von ca. 150Ω für den gezeigten Transistor.
Die Auswirkung des Kollektorwiderstands auf das $I_C(U_{CE})$-Verhalten ist in Bild 3.36 dargestellt.

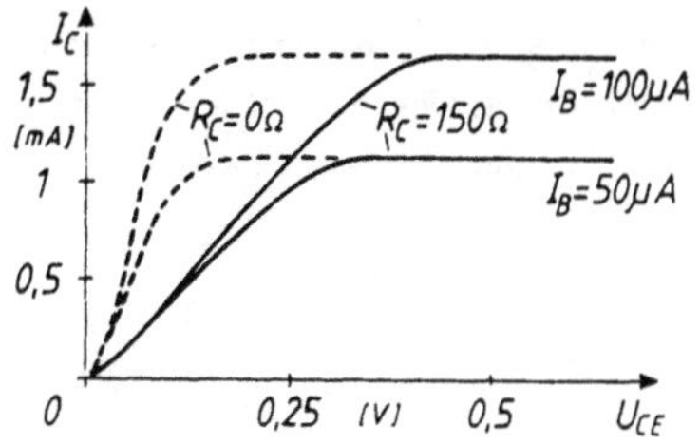

Bild 3.36
Einfluß des Kollektorwiderstandes auf das $I_C(U_{CE})$-Verhalten

Wie zu ersehen, beeinflußt R_C die Steigung der Kennlinie im Sättigungsbereich relativ stark.

Emitterwiderstand R_E

Der Emitter ist der am stärksten dotierte Bereich des Transistors. Aus diesem Grund ist sein Widerstand im allgemeinen mit typisch 1 bis 3Ω sehr niedrig.

Basiswiderstand R_B

Diesen kann man sich, wie in Bild 3.35a gezeigt ist, in zwei Widerstände, den äußeren R_{BM} und den inneren R_{BI} aufgeteilt denken. Der Widerstand R_{BM} ist infolge der höheren Dotierung der p^+-Zuführung und wegen der größeren Schichtdicke meist sehr klein, während der eingeschnürte Widerstand der Basis sehr groß ist. Wie in Abschnitt 3.2.3 gezeigt wurde, ist R_{BI} sehr stark von der Stromverteilung in der Basis und der Größe des Kollektorstroms abhängig. Der Einfluß der Widerstände R_E und R_B auf das Stromverhalten des Transistors ist in Bild 3.37 dargestellt.

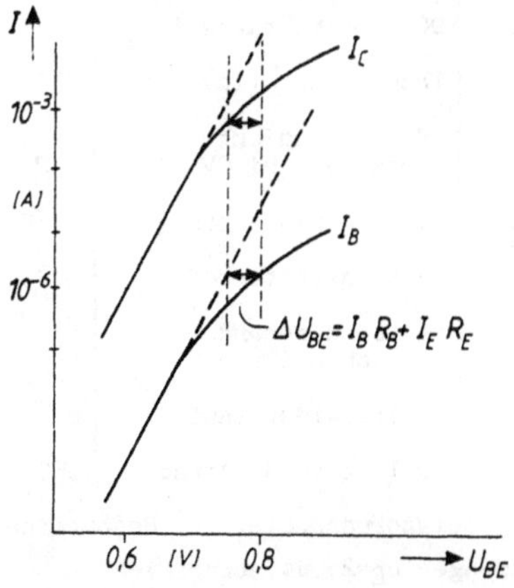

Bild 3.37
Auswirkung von R_E und R_B auf das Verhalten von $I_C(U_{BE})$ und $I_B(U_{BE})$ in halblogarithmischer Darstellung

Die Widerstände verursachen eine Reduzierung der U_{BE}-Spannung um ΔU_{BE}, wodurch die Ströme niedriger als erwartet sind. Bei dieser Darstellung ist zu bedenken, daß abhängig von der Größe der Widerstände und dem Beginn der starken Injektion die Ursache für das Abbiegen der Ströme nicht immer eindeutig bestimmbar ist.

3.4.2 Transportmodell

Dieses einfache Modell wird durch die Beziehungen (3-76, 3-77, 3-81, 3-82) beschrieben. Vom Modellrahmen (Bild 3.35b) wurden die Widerstände und die Sperrschichtkapazität der Kollektor-Substratdiode (D_{CS}) übernommen. Damit werden die Transistorparameter, die in Tabelle 3.1 angegeben sind, benötigt.

Text	Spice	Beschreibung	Beispiel	Dimension
I_S	IS	Transportstrom	$4 \cdot 10^{-17}$	A
B_N	BF	Max. Stromverstärkung (normal)	175	
B_I	BR	Max. Stromverstärkung (invers)	15	
C_{jE0}	CJE	BE-Sperrschicht-kapazität bei 0V	65	fF
Φ_{iE}	VJE	BE-Diffusionsspanng.	0,85	V
ME	MJE	BE-Kapazitätskoeff.	0,40	
τ_N	TF	Transitzeit (normal)	30	ps
C_{jC0}	CJC	BC-Sperrschicht-kapazität bei 0V	120	fF
Φ_{iC}	VJC	BC-Diffusionsspannng	0,45	V
MC	MJC	BC-Kapazitätskoeff.	0,25	
τ_I	TR	Transitzeit (invers)	250	ps
C_{jS0}	CJS	CS-Sperrschicht-kapazität bei 0V	240	fF
Φ_{iS}	VJS	CS-Diffusionsspannng	0,60	V
MS	MJS	CS-Kapazitätskoeff.	0,40	
R_B	RBM	Basiswiderstand bei hohem Strom	850	Ω
R_E	RE	Emitterwiderstand	2	Ω
R_C	RC	Kollektorwiderstand	150	Ω

Tabelle 3.1 Transistorparameter zur Beschreibung des Transportmodells (Emitterabmessungen b_E=2,0µm; L_E=8µm)

Zur einfachen Handhabung sind die in Spice gebräuchlichen Bezeichnungen als Referenz mit angegeben. Dieses einfache Modell vernachlässigt 3 wesentliche Effekte, die Rekombination in der Basis-Emitter bzw. Basis-Kollektor Raumladungszone, die einen Verstärkungsabfall bei kleinen Strömen verursacht, die Basisweitenmodulation und den Verstärkungsabfall bei großen Strömen infolge der starken Injektion. Diese Effekte werden in dem folgenden Gummel-Poon-Modell berücksichtigt.

3.4.3 Gummel-Poon-Modell

Bei diesem Modell, das Gummel-Poon-Modell /14, 15/ genannt wird, steht, wie bereits angedeutet, die Genauigkeit gegenüber der physikalischen Anschaulichkeit im Vordergrund. Es wird durch Erweiterung des beschriebenen Transportmodells gebildet. Die Beschreibung der Ladungsspeicherung wird dagegen unverändert vom Transportmodell übernommen.

In Bild 3.38 ist dieses Modell dargestellt. Gegenüber dem Transportmodell wurde es um zwei Dioden D3 und D4 erweitert. Diese simulieren die Zunahme des Basisstroms bei niedrigen Strömen,

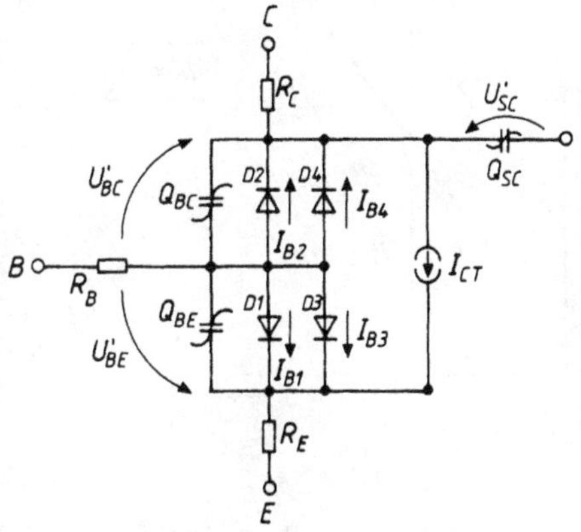

Bild 3.38
Gummel-Poon-Modell

die durch die bisher vernachlässigte Rekombination von Ladungsträgern in den Raumladungszonen Basis-Emitter (D3) im Normalbetrieb und Basis-Kollektor im Inversbetrieb (D4) zustande kommt. Mit den zusätzlichen Dioden ergibt sich für den allgemeinen Fall ein Basisstrom von

$$I_B = I_{B1} + I_{B2} + I_{B3} + I_{B4}$$

$$= \underbrace{\frac{I_{SS}}{B_N}\left[e^{\frac{q}{kT}U'_{BE}} - 1\right]}_{D1} + \underbrace{\frac{I_{SS}}{B_I}\left[e^{\frac{q}{kT}U'_{BC}} - 1\right]}_{D2}$$

$$+ \underbrace{I_{SE}\left[e^{\frac{q}{N_E kT}U'_{BE}} - 1\right]}_{D3} + \underbrace{I_{SC}\left[e^{\frac{q}{N_C kT}U'_{BC}} - 1\right]}_{D4}, \qquad (3\text{-}111)$$

wobei I_{SE} und I_{SC} Stromparameter sind, die das Verhalten der Dioden D3 bzw. D4 im Durchlaßbereich beschreiben. Der Sinn dieser Vorgehensweise wird deutlich, wenn man Bild 3.39 betrachtet, das die Ströme des Transistors im Normalbetrieb in halblogarithmischer Darstellung zeigt.

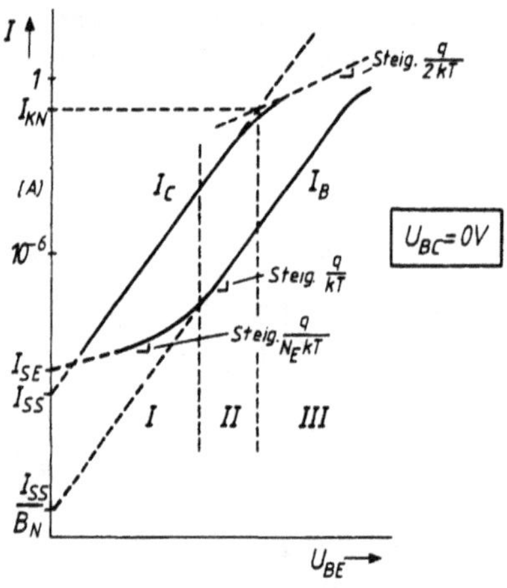

Bild 3.39
Halblogarithmische Darstellung des Kollektor- und Basisstromes im Normalbetrieb

Da Normalbetrieb vorliegt, sind im Gummel-Poon Modell nur die Ströme I_{B1} und I_{B3} wirksam. Im Bereich I überwiegt I_{B3} durch Diode D3 und im Bereich II I_{B1} durch Diode D1. Die Stromparameter I_{SE} und I_{SS}/B_N der Dioden können, wie in Bild 3.39 gezeigt, durch Extrapolation auf die Stromachse ermittelt werden. Den Emissionskoeffizienten N_E erhält man aus der Steigung des Basisstromes im Bereich I. Analog lassen sich die Werte I_{SC} und N_C im Inversbetrieb ermitteln.

Durch die zusätzlichen Dioden verändert sich der Basisstrom (Gl.3-111), wodurch sich auch ein veränderter Kollektorstrom im Normalbetrieb von

$$I_C = I_{CT} - I_{B2} - I_{B4}$$

$$= \frac{I_{SS}}{q_b}\left[e^{\frac{q}{kT}U'_{BE}} - e^{\frac{q}{kT}U'_{BC}}\right] - \frac{I_{SS}}{B_I}\left[e^{\frac{q}{kT}U'_{BC}} - 1\right] - I_{SC}\left[e^{\frac{q}{N_C kT}U'_{BC}} - 1\right] \qquad (3\text{-}112)$$

ergibt. Der Strom I_{CT} wird im Gummel-Poon-Modell auf eine normierte Majoritätsträgerladung in der Basis q_b bezogen. Mit dieser Ladung werden die beiden Effekte Basisweitenmodulation und Verstärkungsabfall bei großen Strömen erfaßt. Auf die Gründe, die zu diesem Vorgehen führen, wird im folgenden eingegangen.

Majoritätsträgerladung in der Basis

Ausgangsbasis für das Gummel-Poon Modell ist die Majoritätsträgerladung in der Basis, die in der allgemeinen Form

$$Q_B = qA \int_{0'}^{x'_B} p_B(x)dx \qquad (3\text{-}113)$$

angegeben werden kann. Hierbei beschreibt $p_B(x)$ nicht nur die Dichte bei schwacher, sondern auch bei starker Injektion in der Basis. Die Integrationsgrenzen wurden im Gegensatz zu bisher als spannungsabhängige Größen angegeben (hochgestellter Strich). Dadurch ist es möglich, die Basisweitenmodulation im Normal- und Inversbetrieb zu beschreiben. Bei $U'_{BE}=U'_{BC}=0$ ist $x'_B=x_B$, $0'=0$ und die Injektion von Minoritätsträgern Null und damit die Majoritätsträgerladung in der Basis

$$Q_{BO} = qA \int_0^{x_B} N_{AB}(x)dx, \qquad (3\text{-}114)$$

da $p_B(x)=N_{AB}(x)$ ist. Dies entspricht dem in Beziehung (3-20) hergeleiteten Resultat. Mit der Majoritätsträgerladung nach Gleichung (3-113) erhält man einen Transportstrom analog zu Beziehung (3-18) von

$$I_S = q^2A^2D_{nB}\,n_i^2\left[qA\int_{0'}^{x'_B} p_B(x)dx\right]^{-1}$$

$$= \frac{q^2A^2D_{nB}\,n_i^2}{Q_B}. \tag{3-115}$$

Wird dieser Ausdruck durch die Majoritätsträgerladung bei $U'_{BE}=U'_{BC}=0$ erweitert (Gl.3-114), ergibt sich der Zusammenhang

$$I_S = \frac{q^2A^2D_{nB}\,n_i^2}{Q_B}\,\frac{Q_{BO}}{Q_{BO}}$$

$$= I_{SS}\frac{Q_{BO}}{Q_B} = \frac{I_{SS}}{q_b} \tag{3-116}$$

wobei

$$I_{SS} = \frac{q^2A^2D_{nB}\,n_i^2}{Q_{BO}} \tag{3-117}$$

der Transportstrom bei $U'_{BE}=U'_{BC}=0$ ist.

Im Gummel-Poon-Modell wird somit der bisher als konstant betrachtete Transportstrom I_S durch I_{SS}/q_b ersetzt. Die normierte Ladung q_b ist dabei eine Variable, die wie bereits erwähnt, die Basisweitenmodulation und die starke Injektion beschreibt.

Zur Erfassung dieser Effekte wird die Majoritätsträgerladung in der Basis Q_B in einzelne spannungsabhängige Beiträge

$$Q_B = Q_{BO} + Q_{jC} + Q_{jE} + Q_{BN} + Q_{BI} \tag{3-118}$$

aufgeteilt. Die benötigte normierte Form ergibt sich daraus zu

$$q_b = \frac{Q_B}{Q_{BO}} = 1 + \frac{Q_{jC}}{Q_{BO}} + \frac{Q_{jE}}{Q_{BO}} + \frac{Q_{BN}}{Q_{BO}} + \frac{Q_{BI}}{Q_{BO}}. \tag{3-119}$$

Im einzelnen haben die Majoritätsträgerladungen folgende Bedeutung (Bild 3.40):

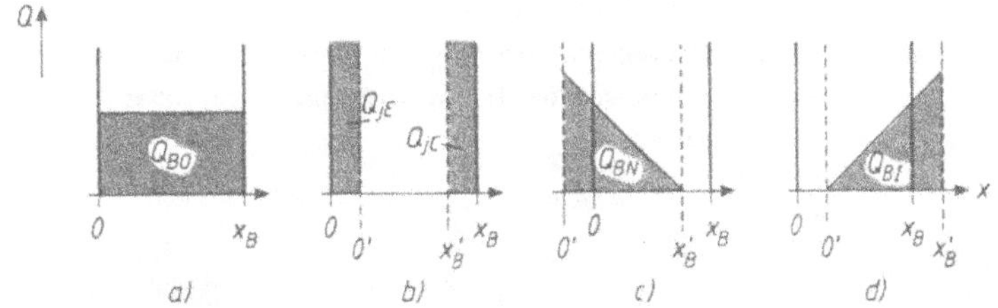

Bild 3.40
Aufteilung der Majoritätsträgerladungen in der Basis; a) $U'_{BE}=U'_{BC}=0$; b) $U'_{BE}<0$, $U'_{BC}<0$; c) $U'_{BE}>0$, $U'_{BC}<0$; d) $U'_{BE}<0$, $U'_{BC}>0$)

$\underline{Q_{BO}}$: Majoritätsladung in der Basis, wenn $U'_{BC} = U'_{BE} = 0V$ ist.

$\underline{Q_{jC}}$:
Diese Ladung entspricht der Veränderung der Majoriätsträgerladung in der Basis, wenn die Spannung U_{BC} angelegt wird und sich die Weite der BC-Raumladungszone verändert. Dadurch wird die Basisweitenmodulation im Normalbetrieb erfaßt. Die Ladung Q_{jC} kann als Funktion der BC-Sperrschichtkapazität

$$Q_{jC} = \int_{0}^{U'_{BC}} C_{jC} dU \tag{3-120}$$

und in der normierten Form

$$\frac{Q_{jC}}{Q_{BO}} = \frac{1}{Q_{BO}} \int_{0}^{U'_{BC}} C_{jC} dU \tag{3-121}$$

ausgedrückt werden. Der Wert von Q_{jC} ist entsprechend der U'_{BC}-Spannung positiv oder negativ (vergleiche mit Bild 2.10b). Wird $\bar{C}_{jC}$ als eine mittlere spannungsunabhängige Kapazität angenommen, so resultiert

$$\frac{Q_{jC}}{Q_{BO}} = \frac{\bar{C}_{jC}}{C_{jCO}} \frac{U'_{BC}}{U_{AN}} \approx \frac{U'_{BC}}{U_{AN}}, \tag{3-122}$$

wobei die Beziehung (3-55), für die Early-Spannung U_{AN} verwendet wurde.

Q_{jE}:

Dieser Beitrag berücksichtigt, genau wie Q_{jC} die Basisweitenmodulation, jedoch für den Fall, daß sich der Transistor im Inversbetrieb befindet. In Analogie zum vorhergehenden ergibt sich

$$\frac{Q_E}{Q_{BO}} = \frac{\bar{C}_{jE}}{C_{jEO}} \frac{U'_{BE}}{U_{AI}} \approx \frac{U'_{BE}}{U_{AI}}, \tag{3-123}$$

wobei U_{AI} die Early-Spannung im Inversbetrieb ist.

Q_{BN}:

Mit dieser Ladung wird nicht nur die schwache, sondern auch die starke Injektion im Normalbetrieb ($U'_{BC}<0$) erfaßt. Dazu wird die injizierte Majoritätsträgerladung bestimmt, die in die Basis gelangt, wenn eine Spannung $U'_{BE}>0$ anliegt. Da die Majoriätsträger aus Neutralitätsgründen den Minoritätsträgern folgen, ergibt sich aus Beziehungen (3-78 und 3-112) eine Überschuß-Majoriätsträgerladung von

$$Q_{BN} = \tau_{BN} I_C = \tau_{BN} \frac{I_{SS}}{q_b} [e^{\frac{q}{kT} U'_{BE}} -1] \tag{3-124}$$

und normiert

$$\frac{Q_{BN}}{Q_{BO}} = \frac{\tau_{BN} I_{SS}}{Q_{BO} q_b} [e^{\frac{q}{kT} U'_{BE}} -1]. \tag{3-125}$$

Q_{BI}:

Injizierte Majoritätsträger im Inversbetrieb ($U'_{BE}<0$), die aus dem Kollektor in die Basis gelangen, wenn $U'_{BC}>0$ ist. In Analogie zum vorhergehenden resultiert

$$\frac{Q_{BI}}{Q_{BO}} = \frac{\tau_{BI} I_{SS}}{Q_{BO} q_b} [e^{\frac{q}{kT} U'_{BC}} -1]. \tag{3-126}$$

Damit ergibt sich aus Gleichung (3-119)

$$q_b = 1 + \frac{U'_{BC}}{U_{AN}} + \frac{U'_{BE}}{U_{AI}} + \frac{\tau_{BN} I_{SS}}{Q_{BO} q_b} [e^{\frac{q}{kT} U'_{BE}} -1]$$

$$+ \frac{\tau_{BI} I_{SS}}{Q_{BO} q_b} [e^{\frac{q}{kT} U'_{BC}} -1]. \tag{3-127}$$

Diese Beziehung läßt sich mit den Abkürzungen

$$q_1 = 1 + \frac{U'_{BC}}{U_{AN}} + \frac{U'_{BE}}{U_{AI}} \tag{3-128}$$

und

$$q_2 = \frac{\tau_{BN}}{Q_{BO}} I_{SS}[e^{\frac{q}{kT}U'_{BE}} - 1] + \frac{\tau_{BI}}{Q_{BO}} I_{SS}[e^{\frac{q}{kT}U'_{BC}} - 1] \tag{3-129}$$

zu

$$q_b = q_1 + \frac{q_2}{q_b}$$

$$= \frac{q_1}{2} + \sqrt{[\frac{q_1}{2}]^2 + q_2} \tag{3-130}$$

vereinfachen.
q_1 beschreibt dabei die Basisweitenmodulation und q_2 die schwache und starke Injektion, wie aus den Gleichungen (3-128) bzw. (3-129) zu ersehen ist.

Im vorhergehenden wurde zwischen einer Basislaufzeit τ_{BN} und τ_{BI} unterschieden. Dies ist nötig, um den Einfluß einer nichthomogenen Dotierungsverteilung in der Basis auf die Laufzeiten zu berücksichtigen.

Zur Veranschaulichung der hergeleiteten Beziehungen werden im folgenden die schwache und starke Injektion genauer betrachtet.

<u>Schwache Injektion im normalen Verstärkerbetrieb</u>

In diesem Fall ist in Gleichung (3-130)

$$q_2 \ll [\frac{q_1}{2}]^2 \tag{3-131}$$

und damit

$$q_b \approx q_1 . \tag{3-132}$$

Aus Beziehung (3-112) resultiert mit $U'_{BC}<0$ und $|U'_{BC}/U_{AN}|>|U'_{BE}/U_{AI}|$ ein Kollektorstrom von

$$I_C \approx \frac{I_{SS}}{q_1} e^{\frac{q}{kT} U'_{BE}} \approx \frac{I_{SS}}{1 + U'_{BC}/U_{AN}} e^{\frac{q}{kT} U'_{BE}}$$

$$\approx I_{SS} e^{\frac{q}{kT} U'_{BE}} [1 - \frac{U'_{BC}}{U_{AN}}], \qquad (3\text{-}133)$$

bei dem ähnlich, wie in Gl.(3-49) die Basisweitenmodulation berücksichtigt wird.

Ist die Spannung $U'_{BC}=0$, so vereinfacht sich die Beziehung zu

$$I_C \approx I_{SS} e^{\frac{q}{kT} U'_{BE}} . \qquad (3\text{-}134)$$

Dies ist die Beschreibung der in Bild 3.39 gezeigten Asyptoten des Kollektorstroms bei schwacher Injektion.

Starke Injektion im normalen Verstärkerbetrieb

In diesem Fall ist in Gleichung (3-130)

$$q_2 \gg [\frac{q_1}{2}]^2 \qquad (3\text{-}135)$$

und damit

$$q_b \approx \sqrt{q_2}$$

$$\approx \sqrt{\frac{\tau_{BN} I_{SS}}{Q_{BO}}[e^{\frac{q}{kT} U'_{BE}} -1]}, \qquad (3\text{-}136)$$

wobei $U'_{BC}<0$ ist. Damit fließt ein Kollektorstrom (Gl.3-112) von

$$I_C \approx \frac{I_{SS}}{q_b} e^{\frac{q}{kT} U'_{BE}} = \sqrt{\frac{Q_{BO} I_{SS}}{\tau_{BN}}} e^{\frac{q}{2kT} U'_{BE}} . \qquad (3\text{-}137)$$

Der Strom steigt, wie erwartet durch den Faktor 1/2 im Exponent weniger stark mit der U'_{BE}-Spannung an (vergleiche mit Beziehung 3-36).

An dieser Stelle ist es zweckmäßig, den Verlauf des Kollektorstromes von Bild 3.39 beim Übergang von schwacher (II) zu starker Injektion (III) genauer zu betrachten (Bild 3.41).

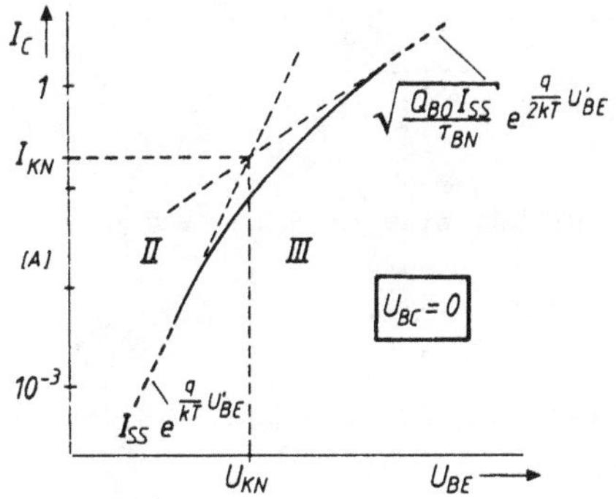

Bild 3.41
Halblogarithmische Darstellung des Kollektorstromes im Vorwärtsbetrieb

Dieser Übergang geschieht am Kreuzungspunkt der Asymptoten I_{KN}, U_{KN} für den gilt

$$I_{KN}\Big|_{II} = I_{SS}\, e^{\frac{q}{kT} U_{KN}} \tag{3-138}$$

$$I_{KN}\Big|_{III} = \sqrt{\frac{Q_{BO}\, I_{SS}}{\tau_{BN}}}\; e^{\frac{q}{2kT} U_{KN}} \,. \tag{3-139}$$

Diese Gleichungen, nach dem sog. Knickstrom aufgelöst, ergeben

$$I_{KN} = \frac{Q_{BO}}{\tau_{BN}} \,. \tag{3-140}$$

Damit läßt sich q_2 (Gl.3-129) durch die leicht bestimmbaren Knickströme I_{KN} und I_{KI} im Normal- und Inversbetrieb

$$q_2 = \frac{I_{SS}}{I_{KN}} \left[e^{\frac{q}{kT} U'_{BE}} - 1\right] + \frac{I_{SS}}{I_{KI}} \left[e^{\frac{q}{kT} U'_{BC}} - 1\right] \tag{3-141}$$

bestimmen.

Die Stromverstärkung bei starker Injektion ($U'_{BC}<0$; $N_E \approx 2$) ergibt sich aus den Beziehungen (3-111) und (3-112) zu

$$B_{NK} = \frac{I_C}{I_B} = \frac{B_N}{q_b} . \tag{3-142}$$

Da, wie gezeigt wurde, in diesem Fall (Gl.3-136, 3-140)

$$q_b = \sqrt{\frac{I_{SS}}{I_{KN}}[e^{\frac{q}{kT}U'_{BE}} - 1]}$$

$$= \sqrt{\frac{B_N I_B}{I_{KN}}} \tag{3-143}$$

ist, resultiert eine vom Basis- und Knickstrom abhängige Stromverstärkung von

$$B_{NK} = \sqrt{\frac{I_{KN}}{I_B} B_N}\,. \tag{3-144}$$

Dieses Resultat wird in Kapitel 8.3 verwendet, um BICMOS-Treiber zu analysieren.

Der besseren Übersicht wegen sind die Gleichungen, die beim Gummel-Poon-Modell die statischen Ströme für einen npn-Transistor beschreiben, zusammenfassend wiedergegeben.

$$I_C = \frac{I_{SS}}{q_b}[e^{\frac{q}{kT}U'_{BE}} - e^{\frac{q}{kT}U'_{BC}}] - \frac{I_{SS}}{B_I}[e^{\frac{q}{kT}U'_{BC}} - 1]$$
$$- I_{SC}[e^{\frac{q}{N_C kT}U'_{BC}} - 1]$$

$$I_B = \frac{I_{SS}}{B_N}[e^{\frac{q}{kT}U'_{BE}} - 1] + \frac{I_{SS}}{B_I}[e^{\frac{q}{kT}U'_{BC}} - 1]$$
$$+ I_{SE}[e^{\frac{q}{N_E kT}U'_{BE}} - 1] + I_{SC}[e^{\frac{q}{N_C kT}U'_{BC}} - 1]$$

$$q_b = \frac{q_1}{2} + \sqrt{[\frac{q_1}{2}]^2 + q_2}$$

$$q_1 = 1 + \frac{U'_{BC}}{U_{AN}} + \frac{U'_{BE}}{U_{AI}}$$

$$q_2 = \frac{I_{SS}}{I_{KN}}[e^{\frac{q}{kT}U'_{BE}} - 1] + \frac{I_{SS}}{I_{KI}}[e^{\frac{q}{kT}U'_{BC}} - 1]$$

Das Gummel-Poon-Modell benötigt somit die zusätzlichen Parameter, die in Tabelle 3.2 angegeben sind.

Text	Spice	Beschreibung	Beispiel	Dimension
I_{SS}	I_S	Transportstrom bei U_{BC}=0V	$3{,}5\cdot10^{-17}$	A
I_{SE}	ISE	BE-Stromparameter	10^{-16}	A
I_{SC}	ISC	BC-Stromparameter	$5\cdot10^{-16}$	A
N_E	NE	BE-Emissionskoeffizient	1,5	
N_C	NC	BC-Emissionskoeffizient	2,0	
U_{AN}	VAF	Early-Spannung (normal)	35	V
U_{AI}	VAR	Early-Spannung (invers)	16	V
I_{KN}	IKF	Knickstrom (normal)	$4\cdot10^{-3}$	A
I_{KI}	IKR	Knickstrom (invers)	$0{,}5\cdot10^{-3}$	A

Tabelle 3.2: Ergänzung der Transistorparameter

Das Gummel-Poon-Modell liefert eine wesentlich verbesserte Genauigkeit gegenüber dem Transportmodell, indem der Verstärkerabfall bei kleinen und großen Strömen sowie die Basisweitenmodulation erfaßt werden. Effekte, wie die Zunahme der Transitzeit bei starker Injektion (Bild 3.34) sowie der Einfluß des Kollektorstromes auf den Basiswiderstand (Bild 3.23) sind in dem beschriebenen Modell nicht enthalten. Der letzt genannte Effekt, der in Bild 3.42

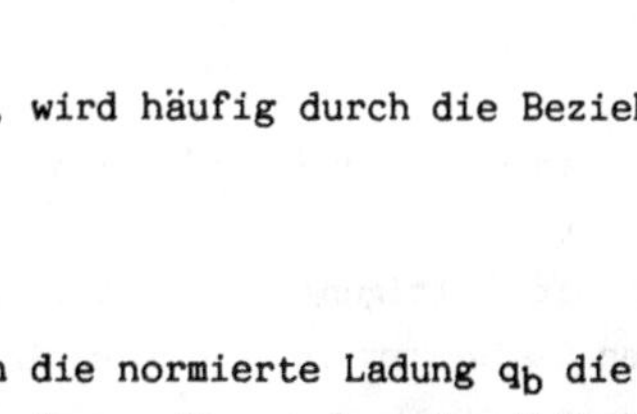

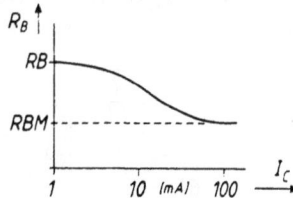

Bild 3.42
Stromabhängigkeit des Basiswiderstandes

noch einmal dargestellt ist, wird häufig durch die Beziehung

$$R_B = RBM + \frac{RB - RBM}{q_b} \qquad (3\text{-}145)$$

genähert. Hierbei wird durch die normierte Ladung q_b die Leitfähigkeitsmodulation in etwa berücksichtigt. Denn mit zunehmendem Kollektorstrom, d.h. zunehmender U_{BE}-Spannung nimmt die normierte Ladung (Gl.3-127) zu und somit der Basiswiderstand ab.

Übungen

Aufgabe 3.1

Gegeben ist ein npn Si-Transistor mit folgenden Daten:
Dotierung: $N_{DE} = 10^{19}\,cm^{-3}$, $N_{AB} = 10^{17}\,cm^{-3}$; $N_{DC} = 5\cdot10^{15}\,cm^{-3}$; Mittlere Diffusionskonstanten: $D_{pE} = 8cm^2/s$; $D_{nB} = 25cm^2/s$; $D_{pC} = 10cm^2/s$; Emitter- und Kollektorabmessungen sehr lang.
Minoritätsträgerlebensdauer: $\tau_{pC} = 60ps$; $\tau_{pE} = 25s$; Basisweite: $X_B = 0{,}3\cdot10^{-4}cm$ und aktive Fläche $A = 0{,}1\cdot10^{-4}\,cm^2$
Betriebszustand: normal, $U_{BE} = 650\,mV$.
Gesucht: Transportstrom I_S; Kollektorstrom I_C im Normalbetrieb und die Stromverstärkungen B_N und B_I.

Aufgabe 3.2

Durch einen npn-Si-Transistor mit einer Fläche von $10^{-4}cm^2$ fließt ein Kollektorstrom von 0,5mA bei $U_{BE} = 0{,}7V$. Wie groß ist die Akzeptordichte und die Gummelzahl in der Basis, wenn $x_B = 1\mu m$ und $D_{nB} = 20\ cm^2/s$ betragen?

Aufgabe 3.3

Gegeben ist die gezeigte Schaltung, wobei der Transistor die Daten $B_N = 200$, $B_I = 2$ und $I_S = 10^{-15}A$ besitzt.

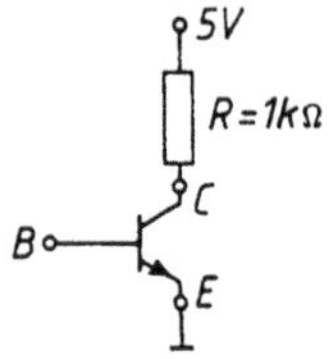

a) Bei $U_{BE} = 0{,}7V$ befindet sich der Transistor im Normalbetrieb. Berechnen Sie hierfür I_C, I_B und U_{CE}.
b) Der Transistor soll in Sättigung geschaltet werden, wobei U_{CE} auf 100mV sinken soll. Welcher Basisstrom I_B muß dazu eingeprägt werden? Wie groß ist U_{BCsat} und U_{BEsat}?

Aufgabe 3.4

Der Transistor in der gezeigten Schaltung hat eine Stromverstärkung von $B_N = 100$.

Wie groß sind die Ströme I_B, I_C, I_E und die Ausgangsspannung U_o?

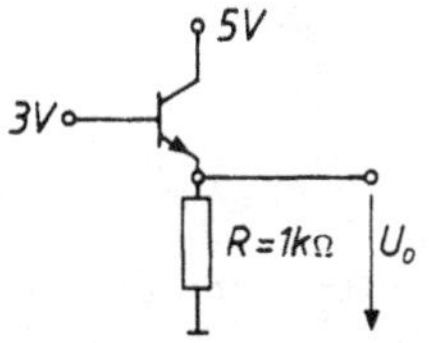

Aufgabe 3.5

Gegeben ist ein Transistor mit den Daten:
$N_{AB} = 10^{17}cm^{-3}$; $N_{DC} = 10^{16}cm^{-3}$; $x_B = 2\mu m$; $D_{nB} = 18\ \frac{cm^2}{s}$; $A = 2 \cdot 10^{-5}cm^2$.

Gesucht wird: Die Early-Spannung U_{AN} und die Steigung $\partial I_C/\partial U_{BC}$ des Kollektorstroms bei $U_{BC} = 0V$ und $U_{BE} = 0,7V$.

Aufgabe 3.6

Das Kriterium für den Beginn der Emitterrandverdrängung ist gegeben, wenn der Spannungsabfall in der Basis größer als kT/q ist. Bestimmen Sie den Kollektorstrom, bei dem die Emitterrandverdrängung bei einem homogen dotierten npn-Transistor einsetzt. Die Daten des Transistors sind: $N_{AB} = 10^{17}cm^{-3}$; $\mu_p = 400\ cm^2/Vs$; $x_B = 1\mu m$; $B_N = 50$; einseitiger Basiskontakt, wie in Bild 3.22 gezeigt, mit $l_E = 30\mu m$ und $b_E = 20\mu m$.

Aufgabe 3.7

Zeichnen Sie das Bänderdiagramm für einen npn-Transistor im Normalbetrieb bei Verstärkung.

Aufgabe 3.8

Ein Transistor hat die im Bild gezeigte exponentielle Dotierungsverteilung in der Basis.

Wie groß ist das dadurch erzeugte elektrische Feld? Welchen Einfluß hat das Feld auf die Basislaufzeit?

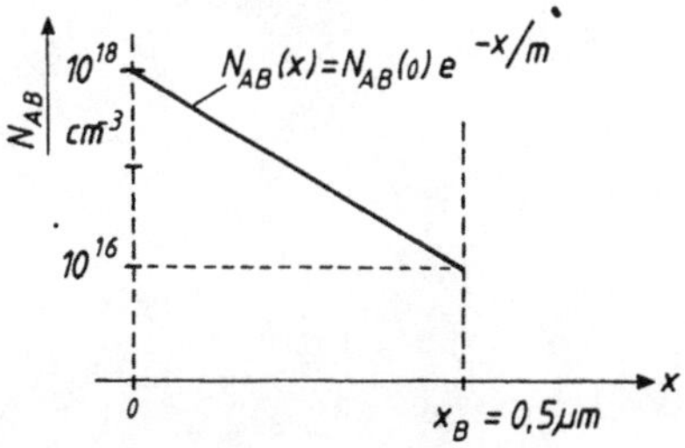

Aufgabe 3.9

Leiten Sie aus dem Kleinsignal-Ersatzschaltbild (Bild 3.31b) das Verhältnis der Kleinsignalströme i_c/i_b, wie es durch Beziehung (3-100) beschrieben ist, ab.

Aufgabe 3.10

Bei einem npn-Transistor in Emitterschaltung und kurzgeschlossenem Ausgang (Bild 3.31) wurden bei 100MHz die folgenden Kleinsignal-Stromverstärkungen gemessen: $|\beta(j\omega)| = 4$ bei $I_C = 1mA$ und $|\beta(j\omega)| = 4.8$ bei $I_C = 3mA$. Die gemessene Kleinsignal-Kapazität C_{jC} beträgt 0,25pf. Bestimmen Sie aus den Angaben C_{jE} und τ_N. Dabei wird vorausgesetzt, daß starke Injektion noch nicht auftritt und C_{jE} und τ_N konstant bleiben.

Die wichtigsten Beziehungen

Normalbetrieb

$$I_C = I_S\left[e^{\frac{q}{kT}U_{BE}} - 1\right]$$

$$I_B = \frac{I_S}{B_N}\left[e^{\frac{q}{kT}U_{BE}} - 1\right]$$

Inversbetrieb

$$I_E = I_S\left[e^{\frac{q}{kT}U_{BC}} - 1\right]$$

$$I_B = \frac{I_S}{B_I}\left[e^{\frac{q}{kT}U_{BC}} - 1\right]$$

$$I_S = \frac{AqD_{nB}\, n_i^2}{N_{AB}\, x_B}$$

Sättigungsspannungen

$$U_{BCsat} = \frac{kT}{q}\ln\frac{B_I[B_N I_B - I_C]}{I_S B_N}$$

$$U_{BEsat} = \frac{kT}{q}\ln\frac{I_C + I_B[1 + B_I]}{I_S}$$

$$U_{CEsat} = U_{BEsat} - U_{BCsat}$$

$$= \frac{kT}{q}\ln\frac{B_N[I_C + I_B(1 + B_I)]}{B_I[B_N I_B - I_C]}.$$

Stromverstärkungen

Normalbetrieb: $A_N = \frac{I_C}{-I_E}$; $B_N = \frac{I_C}{I_B} = \frac{D_{nB}}{D_{pE}}\frac{N_{DE}}{N_{AB}}\frac{L_{pE}}{x_B}$

$$B_N = \frac{A_N}{1 - A_N}$$

Inversbetrieb: $A_I = \frac{I_E}{-I_C}$; $B_I = \frac{I_E}{I_B} = \frac{D_{nB}}{D_{pC}}\frac{N_{DC}}{N_{AB}}\frac{L_{pC}}{x_B}$

$$B_I = \frac{A_I}{1 - A_I}$$

Kleinsignalgrößen (Vorwärtsbetrieb)

Steilheit: $g_m = \frac{q}{kT} I_C$

Eingangsleitwert: $g_\pi = \frac{g_m}{\beta_N}$

Ausgangsleitwert: $g_o = \frac{I_C(U_{BC}=0)}{U_{AN}}$

BC-Kleinsignalkapazität: $C_{jC} = C_{j0} \left[1 - \frac{U'_{BC}}{\Phi_{iC}}\right]^{-MC}$

SC-Kleinsignalkapazität: $C_{jS} = C_{jSO} \left[1 - \frac{U'_{SC}}{\Phi_{iS}}\right]^{-MS}$

BE-Kleinsignalkapazität: $C_{BE} = \tau_N g_m + C_{jEO} \left[1 - \frac{U'_{BE}}{\Phi_{iE}}\right]^{-ME}$

$$\approx \tau_N g_m + 2C_{jEO}$$

3dB-Frequenz: $f_\beta = \frac{g_m}{2\pi\beta_N[C_{BE} + C_{jC}]}$

Transitfrequenz: $f_T = \frac{1}{2\pi} \frac{1}{\tau_N + \frac{kT}{q} \frac{1}{I_C}[C_{jE} + C_{jC}]}$

Literaturhinweise

[1] L.W. Nagel: "Spice 2: A computer program to simulate semiconductor circuits"; Memorandum No. ERL-M520 9.Mai 75; Electronic Research Laboratorium University of California, Berkeley

[2] H.S. Grove: "Physics and Technology of Semiconductor Devices"; John Wiley and Sons, Inc., 1967

[3] J.L. Moll and I.M. Ross: "The Dependance of Transistor Parameters on Base Resistivity"; Proc. IRE 44, pp 72-78; (1956)

[4] Jan E. Getreu: "Modeling the Bipolar Transistor"; Elsevier Scientific publishing company, 1978

[5] J.J. Ebers, J.L. Moll: "Large-Signal Behavior of Junction Transistors"; Proc. IRE 42, 1761 (1954)

[6] C.T. Kirk: "A Theory of Transistor Cutoff Frequency Falloff at High Current Densities;" IRE Trans.Electron Devices, ED-9, 164 (1962)

[7] R.J. Whittier; D.A. Tremere: "Current Gain and Cutoff Frequency Falloff at High Currents"; IEEE Transactions on Electron Devices, Vol. ED-16, No 1, Jan 1969

[8] H.C. Poon et al: "High Injektion in Epitaxial Transistors"; IEEE Trans. Electron Devices, ED-16, 455 (1969)

[9] J.M. Early: "Effects of Space-Charge Layer Widening in Junction Transistors"; Proc. IRE, Vol.40, pp 1401-1406, Nov.1952

[10] H.N. Gosh: "A distributed model of the junction transistor and its application in the prediction of the emitter-base diode characteristic, base impedance, and pulse response of the device"; IEEE Trans. Electron Dev. ED-12; pp 513-531, 1965

[11] H.M. Rein et al: "A contribution to the current gain temperature dependence of bipolar transistors"; Solid-State Electronics, Vol. 21 pp 439-442, 1978

[12] Y.P. Tsividis: "Accurate Analysis of Temperature Effects in I_C-V_{BE} Characteristics with Application to Bandgap Reference Source"; IEEE Journal of Solid-State Circuits, Vol. SC-15, No. 6, Dec. 1980, pp 1076 -1084

[13] W.D. Barber: "Effective mass and intrinsic concentration in Silicon"; Solid-State Electron. 10; 1976; pp. 1039 - 1051

[14] H.K. Gummel, H.C. Poon: "An Integral Charge Control Model of Bipolar Transistors"; Bell Syst. Techn.J. Vol.49, pp 827-852, May 1970

[15] M.I. Elmansry: "Digital Bipolar Integrated Circuits"; Wiley-Interscience Publication, 1983

4.0 Integrierte bipolare Schaltungen

In diesem Kapitel werden, ausgehend von der Beschreibung des Herstellablaufs eines bipolaren Prozesses, typische elektrische Parameter der Transistoren vorgestellt. Anschließend werden verschiedene Transistorstrukturen mit mehrfachen Emitter- und Basisanschlüssen betrachtet sowie laterale pnp-Transistoren analysiert. Die Realisierung verschiedenster passiver Bauelemente wird diskutiert. Diese werden dann zur Implementierung von Grundschaltungen mitverwendet. Hierbei wird zuerst ein einfacher Inverter betrachtet, um daran das Stör- und Schaltverhalten zu analysieren. Die am ungesättigten Inverter gewonnenen Erkenntnisse bilden den Übergang zu entsprechenden Gatterschaltungen. Hierbei werden die Schottky-TTL- und ECL-Gatterfamilien näher betrachtet.

4.1 Herstellung einer integrierten bipolaren Schaltung

Bei der Herstellung einer integrierten Schaltung müssen die Transistoren elektrisch voneinander isoliert werden. Dies geschah bei den älteren Herstellverfahren durch einen p^+-Isolierring, der um die jeweiligen npn-Transistoren angeordnet war. Dieses Verfahren, das relativ einfach ist, hat den Nachteil, daß der Platzbedarf des Transistors sowie die Sperrschichtkapazität vom Kollektor zum Substrat und zur p^+-Isolierung relativ groß sind. Zur Verringerung dieser Nachteile wurden spezielle Isolierverfahren entwickelt /1/. Das heute wichtigste Verfahren ist die Oxidwall-Isolation, die auch unter der Bezeichnung LOCOS (<u>loc</u>al <u>o</u>xidation of <u>s</u>ilicon) bekannt ist. Am Beispiel eines heute typischen Herstellablaufs /2,3/, bei dem Strukturabmessungen <2µm verwendet werden, wird darauf näher eingegangen.

In der Beschreibung werden die wesentlichen Prozeßschritte besprochen, die zur Herstellung eines npn-Transistors, der Teil einer integrierten Schaltung sein soll, benötigt werden.

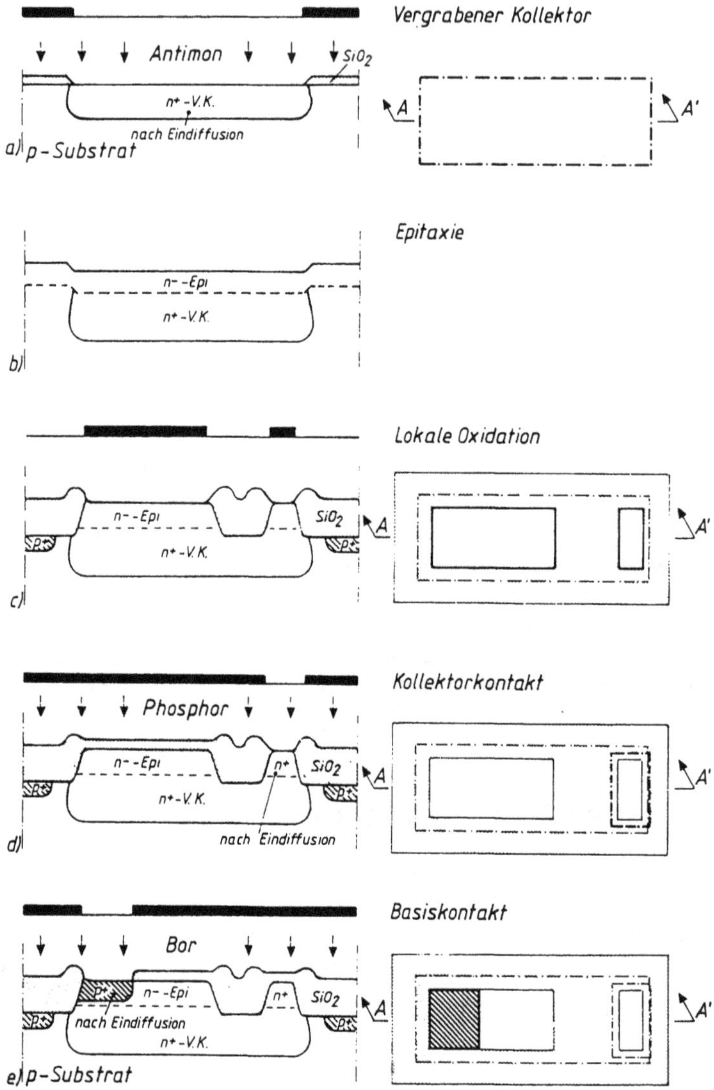
Vergrabener Kollektor
Antimon
SiO2
n+-V.K.
nach Eindiffusion
a) p-Substrat
A
A'
Epitaxie
n--Epi
n+-V.K.
b)
Lokale Oxidation
n--Epi
SiO2
p+
n+-V.K.
c)
Kollektorkontakt
Phosphor
n--Epi
n+
SiO2
n+-V.K.
nach Eindiffusion
d)
Basiskontakt
Bor
p+
n--Epi
n+
SiO2
nach Eindiffusion
n+-V.K.
e) p-Substrat

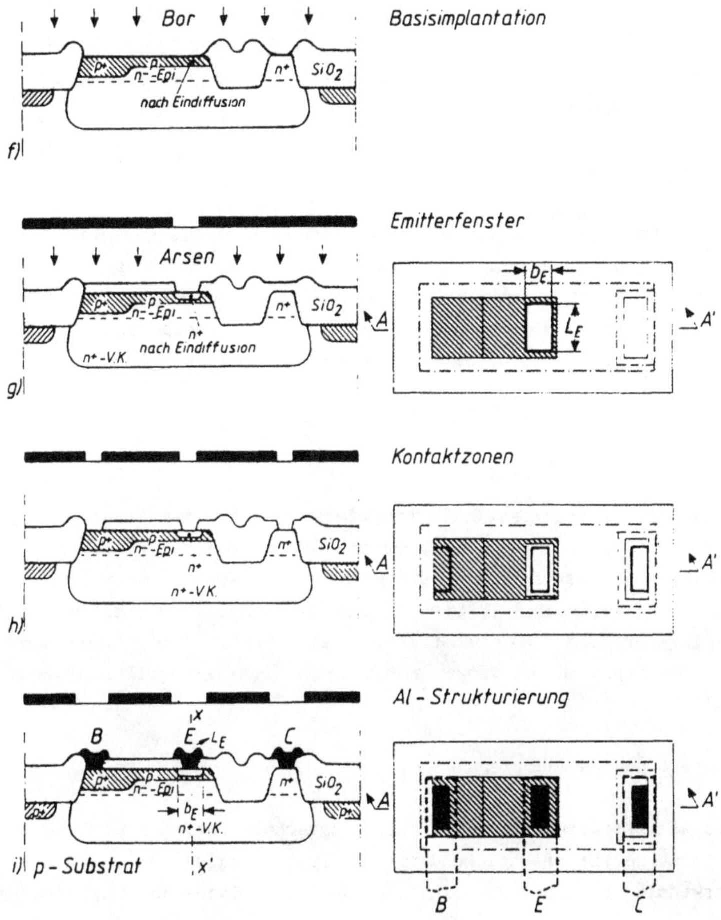

Bild 4.1
Herstellablauf eines integrierten bipolaren npn-Transistors mit Maskenvorlage (Layout)

Vergrabener Kollektor und Epitaxie

Das Anfangsmaterial ist eine leicht dotierte p-Siliziumscheibe ($N_A=10^{15}cm^{-3}$), auf die man ganzflächig eine SiO_2-Schicht durch thermische Oxidation aufbringt. Danach wird die Scheibe mit einem Fotolack beschichtet und durch die 1. Maske, die die Struktur des vergrabenen Kollektors enthält, belichtet. Nach dem Entwickeln des Fotolacks und einigen weiteren Prozeßschritten wird dann das Oxid (SiO_2) an den Stellen weggeätzt, an denen der vergrabene n^+-Kollektor (V.K.) zur Verringerung des Kollektorwiderstands entstehen soll. Dazu wird die Scheibe ganzflächig mit Antimon implantiert, das anschließend bei ca. 1050°C eindiffundiert wird (Bild 4.1a), wobei das Oxid als Maskierung dient. Der Bahnwiderstand des vergrabenen Kollektors beträgt etwa 25Ω/□. Nachdem das Oxid weggeätzt ist, wird eine n^--Epitaxieschicht ($N_D=10^{16}cm^{-3}$), wie in Bild 4.1b gezeigt, aufgewachsen.

Lokale Oxidation

Im Anschluß daran erfolgt durch eine weitere Fototechnik und einigen Herstellschritten eine Grabenätzung mit anschließender lokaler Oxidation (SiO_2). Der Zweck des Oxides ist es, die Transistoren voneinander elektrisch zu isolieren. Um zu vermeiden, daß zwischen den Transistoren unterhalb des Oxids Restströme fließen, werden diese Bereiche vor der Oxidation mit Bor höher dotiert (Kapitel 6.1).

Kollektorkontakt

Damit man den vergrabenen Kollektor niederohmig an der Halbleiteroberfläche anschließen kann, wird durch eine weitere Fototechnik der Kollektorkontakt von Oxid freigeätzt. Dadurch entsteht nach einer Phosphorimplantation mit anschließender Eindiffusion (Bild 4.1d) ein niederohmiger n^+-Bereich zum vergrabenen Kollektor. Wegen der benötigten relativ tiefen Eindiffusion wurde Phosphor bei der Implantation verwendet, da dieser sehr gute Diffusionseigenschaften besitzt.

Basiskontakt und Basisdotierung

Der Basiskontakt wird mit Hilfe einer Fototechnik freigeätzt. Es erfolgt eine Borimplantation mit anschließender Eindiffusion (Bild 4.1e), wodurch ein Basiskontakt mit ca. 0,5µm Eindringtiefe und einem Bahnwiderstand von 60Ω/□ resultiert. Danach wird das Oxid abgeätzt und die Scheibe ganzflächig mit Bor geringer Dosis implantiert und eindiffundiert (Bild 4.1f). Dadurch entsteht die eigentliche p-Basis mit ca. 0,4µm Eindringtiefe und einem Basiswiderstand von ca. 700Ω/□, die über den p^+-Bereich niederohmig angeschlossen werden kann. Eine Umdotierung im Kollektorbereich findet nicht statt, da die dortige n^+-Dotierung wesentlich größer ist als die durchgeführte p-Basisdotierung.

Emitter

Durch eine weitere Fototechnik wird das Emitterfenster geöffnet. In einer darauffolgenden Arsenimplantation mit anschließender Eindiffusion wird in dem Fensterbereich der n^+-Emitter erzeugt. Arsen wurde verwendet, da es relativ schlecht eindiffundiert. Dies ist wünschenswert, um eine geringe Eindringtiefe von ca. 0,25µm zu erreichen. Durch die Emitterdiffusion wurde die Basisweite unterhalb des Emitters eingeschnürt, wodurch sich dort ein relativ hoher Bahnwiderstand von ca. 10kΩ/□ ergibt.

Kontaktieren und Verdrahten

Anschließend versieht man die Scheibe ganzflächig mit einer Zwischenoxidschicht, in die mit Hilfe einer weiteren Fototechnik Öffnungen geätzt werden (4.1h). Diese Öffnungen dienen als Kontaktzonen für das anschließende Verdrahten der Transistoren. Dazu wird die Scheibe in einem weiteren Prozeßschritt, ganzflächig mit einem Metall, bestehend aus einer Verbindung von Al, Ti und Si beschichtet (gesputtert) und entsprechend der Verdrahtung strukturiert (Bild 4.1i). Danach wird eine Schutzschicht z.B. aus Siliziumnitrid (Si_3N_4) auf die ganze Scheibe aufgebracht. In einem weiteren Fototechnikschritt (nicht gezeigt) werden dann die Anschlußflecken freigeätzt, mit denen der Chip mit den Gehäusebeinchen verbunden werden kann. Zur Erhöhung der Packungsdichte einer Schaltung werden bei den heutigen Herstellprozessen meist noch weitere, voneinander unabhängige, Metallverdrahtungsebenen verwendet.
In Bild 4.1 ist zusätzlich zur Herstellfolge der Aufbau der Maskenvorlage, auch Layout genannt, gezeigt. Darunter versteht man die geometrische Abbildung einer Schaltung, oder wie in diesem Beispiel eines Transistors, wie sie zur Herstellung der Masken verwendet wird.

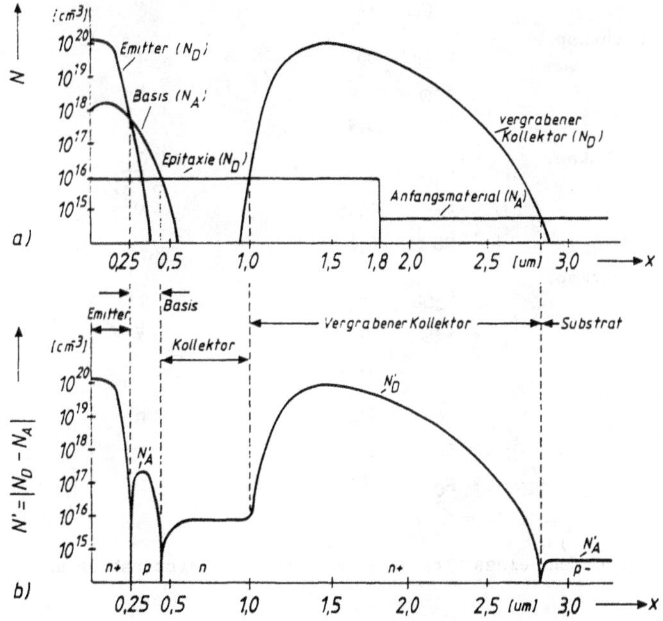

Bild 4.2

a) Konzentrationsverlauf der Dotieratome (siehe Schnitt x-x' Bild 4.1i);

b) netto Dotierungskonzentration $N'(x) = |N_D - N_A|$

Für das beschriebene Herstellverfahren ist in Bild 4.2 der Konzentrationsverlauf mit netto Dotierungskonzentration $N'(x) = |N_D - N_A|$ dargestellt.

Die sich in diesem Beispiel ergebende metallurgische Basisweite, d.h. Weite des p-Bereichs der Basis ist ca. 0,2µm.

Mit den Geometrieabmessungen (Zeichenmaße) des Emitters von b_E=2,0µm und L_E=8µm ergeben sich die in Tabelle 4.1 gezeigten typischen Transistorkenndaten.

			Dimension
Stromverst.vorw.	B_N	175	
Stromverst.invers	B_I	15	
Early-Spannung vorw.	U_{AN}	35	V
Transportstrom	I_S	$4 \cdot 10^{-17}$	A
Transitzeit vorw.	τ_N	30	ps
Transitzeit invers	τ_I	250	ps
Durchbruchspannungen			
	BU_{EBO}	4,5	V
	BU_{CBO}	25	V
	BU_{CEO}	11	V
BE-Sperrschichtkap.			
	C_{jEO}	65	fF
	Φ_{iE}	0,85	V
	ME	0,40	
BC-Sperrschichtkap.			
	C_{jCO}	120	fF
	Φ_{iC}	0,45	V
	MC	0,25	
CS-Sperrschichtkap.			
	C_{jSO}	240	fF
	Φ_{iS}	0,60	V
	MS	0,40	
Widerstände			
	R_B	850	Ω
	R_E	2	Ω
	R_C	150	Ω

Tabelle 4.1
Typische Kenndaten eines Transistors mit den Emitterabmessungen b_E=2,0µm; L_E=8µm

Wie aus der Tabelle zu ersehen, ist die Early-Spannung infolge der sehr kurzen Basisweite relativ niedrig. Der Basisemitterübergang hat die niedrigste Durchbruchspannung, da hier die höchsten Dotierungsdichten vorhanden sind. Die größte Sperrschichtkapazität existiert zwischen Kollektor und Substrat infolge des relativ großen vergrabenen Kollektors.

4.2 Transistorstrukturen

Bisher wurden Transistoren betrachtet, die jeweils in einer Isolationsinsel eingebettet sind. Im folgenden werden mehrere Transistoren in einer Insel sowie laterale pnp-Transistoren analysiert.

4.2.1 Zusammenfassung mehrerer npn-Transistoren

Um die Fläche für Isolationsinseln möglichst gering zu halten, können mehrere Transistoren in einer Insel vereinigt werden. Dabei ist es möglich, für verschiedene Transistoren einen gemeinsamen Kollektor zu verwenden (Bild 4.3a) oder Transistoren mit einer gemeinsamen Basis und Kollektor (Bild 4.3b) zu schaffen.

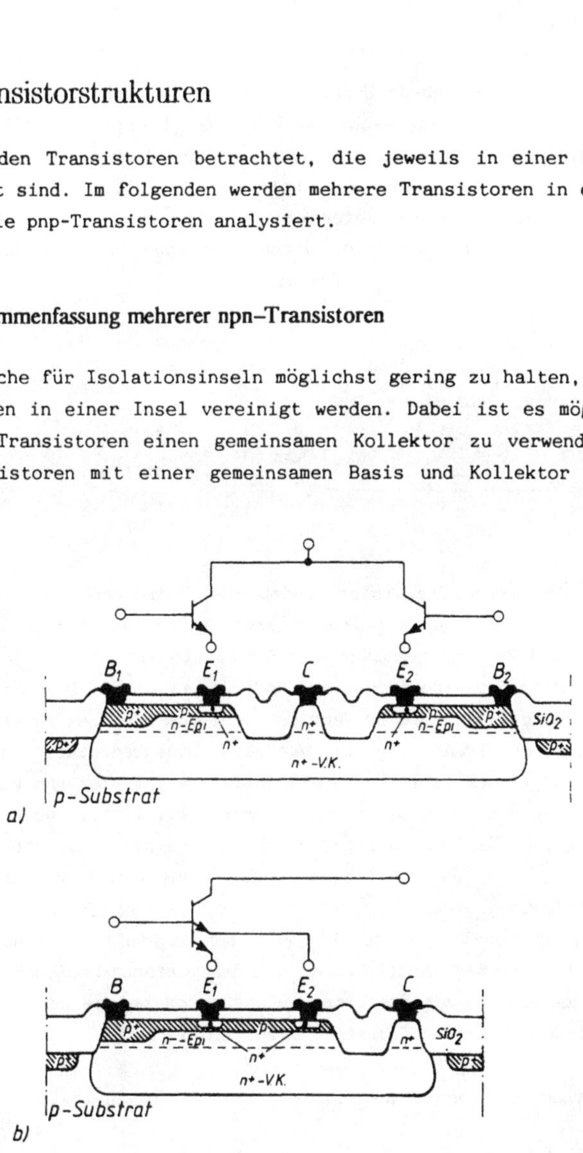

Bild 4.3
Zusammenfassung mehrerer npn-Transistoren; a) gemeinsamer Kollektoranschluß; b) gemeinsame Basis- und Kollektoranschlüsse

Diese sog. Multiemitter-Transistoren werden z.B. bei den Eingangsstufen von TTL-Schaltungen (Abschnitt 4.5.1) verwendet. Betreibt man die Multiemitter-Struktur im Inversbetrieb, so sind die Funktionen von Emitter und Kollektor vertauscht und es entsteht eine Multikollektor-Struktur.

4.2.2 pnp–Transistor

Das in Kapitel 4.1 beschriebene Herstellverfahren ist so ausgelegt, daß npn-Transistoren mit optimalen Eigenschaften hergestellt werden. Häufig kann eine integrierte Schaltung verbessert werden, wenn zusätzlich pnp-Transistoren zur Verfügung stehen, auch wenn diese kein optimales Verhalten zeigen. Bei unverändertem Prozeßablauf kann ein lateraler pnp-Transistor (Bild 4.4) erzeugt werden, indem Emitter und Kollektor durch denselben Prozeßschritt, nämlich durch die Basisimplantation des npn-Transistors

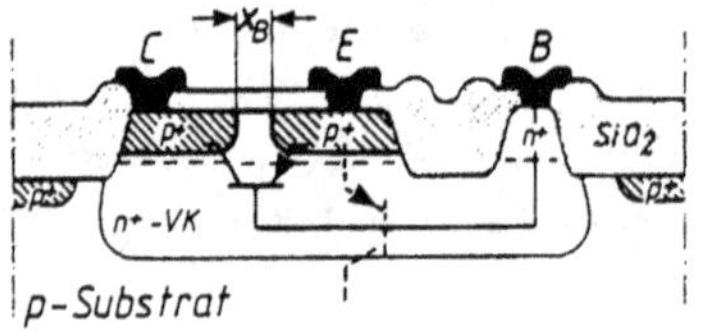

Bild 4.4
Lateraler pnp-Transistor

erzeugt werden. In diesem Transistor findet die Stromverstärkung in der lateralen Richtung, d.h. parallel zur Halbleiteroberfläche statt. Der Abstand zwischen Kollektor und Emitter bestimmt die Basisweite x_B. Infolge von Maskentoleranz, Ausdiffusion der p-Dotierung und Anforderung an die Durchbruchspannung ist dieser Abstand ca. 3µm. Dieser Wert ist somit um ein Vielfaches größer als der des vertikalen npn-Transistors mit $x_B \approx 0{,}2\mu m$. Dies bedeutet, daß die Stromverstärkung (Gl.3-11) des lateralen pnp-Transistors entsprechend geringer ist. Typische Werte liegen bei dem beschriebenen Herstellverfahren um 20. Eine weitere Folge der großen Basisweite ist die erhöhte Basislaufzeit und damit Transitzeit τ_N (Gl.3-78) von ca. 5ns, wodurch die Transitfrequenz (Gl.3-102) bis auf ca. 30MHz reduziert wird. Diese ist damit um mehr als 1/100 niedriger als bei einem typischen npn-Transistor. Ein weiterer Nachteil des Transistors resultiert, wie im folgenden gezeigt wird, aus der geringen Basisdotierung (Epitaxie), die einen Abfall der Stromverstärkung schon bei relativ kleinen Kollektorströmen infolge starker Injektion verursacht.

Der Kollektorstrom beim pnp-Transistor ergibt sich in Analogie zur Beziehung (3-8) zu

$$I_C = \frac{AqD_{pB}}{x_B} p'_B(0), \tag{4-1}$$

woraus sich eine injizierte Minoritätsträgerdichte am Ort x=0 von

$$p'_B(0) = \frac{I_C x_B}{qAD_{pB}} \tag{4-2}$$

ermitteln läßt. So lange diese Konzentration merklich unter der der Majoritätsträgerkonzentration liegt, herrscht schwache Injektion. Da diese jedoch im Fall des lateralen Transistors relativ gering ist, setzt die starke Injektion

$$p'_B(0) \geq N_D \tag{4-3}$$

schon bei kleinen Kollektorströmen ein.

Beispiel:

Die Basisdotierung und die wirksame Emitterfläche eines lateralen pnp-Transistors sind $N_D=10^{16}cm^{-3}$ und $28\mu m^2$. Die Basisweite soll $3\mu m$ betragen und die Diffusionskonstante $D_{pB}=9cm^2/s$.

Damit beginnt die starke Injektion und ein Abfall der Stromverstärkung bei diesem Transistor schon bei einem Kollektorstrom von

$$I_C = \frac{AqD_{pB}}{x_B} N_D = \frac{28\cdot10^{-12}m^2\cdot1{,}6\cdot10^{-19}As\cdot9\cdot10^{-4}m^2/s\cdot10^{22}m^{-3}}{3\cdot10^{-6}m} = 13{,}4\mu A$$

Ein weiterer Effekt, der den lateralen pnp-Transistor nachteilig beeinflußt, ist ein vertikaler pnp-Transistor zum Substrat (in Bild 4.4 gestrichelt eingezeichnet). Dieser reduziert den Basisstrom des lateralen Transistors und es fließt ein Strom über den vertikalen Transistor zum Substrat. Um die Wirkung dieses Transistors so klein wie möglich zu halten, wurde die vergrabene n^+-Schicht (vergrabener Kollektor) beibehalten. Dieser wirkt mit dem n-Gebiet der Basis wie ein inhomogener Halbleiter (Kapitel 2.1), der infolge seines Feldes eine Barriere für die vom Emitter in das Substrat injizierten Löcher bildet /4/, wodurch die Stromverstärkung des vertikalen Transistors auf etwa 1 absinkt.

Umgibt man den Emitter des lateralen Transistors vollkommen mit dem Kollektor (Bild 4.5), so wird die Saugwirkung des Kollektors wesentlich erhöht. Der prozentuale Anteil des Stroms, der über den vertikalen Transistor zum Substrat fließt, kann so noch weiter gesenkt werden.

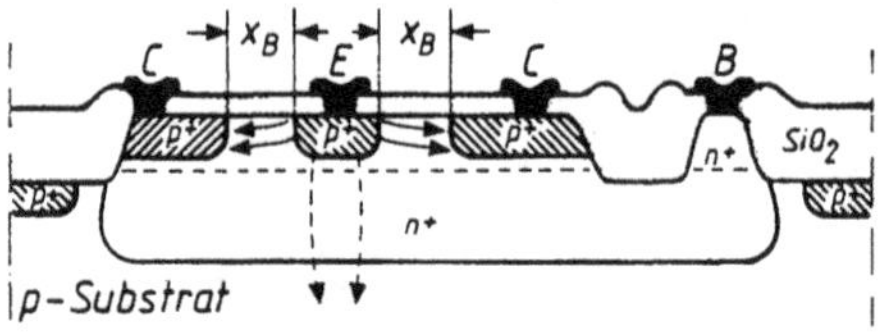

Bild 4.5
Lateraler pnp-Transistor mit eingeschlossenem Emitter

Der parasitäre pnp-Subtrattransistor existiert nicht nur beim lateralen pnp-Transistor, sondern auch beim npn-Transistor (Bild 4.6).

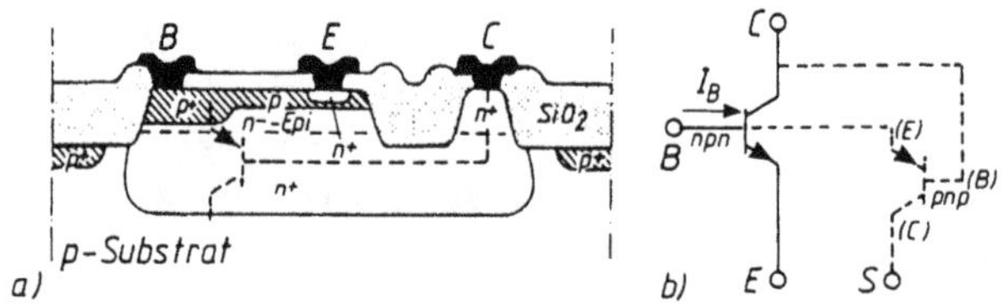

Bild 4.6
a) npn-Transistor mit parasitärem Substrattransistor; b) Ersatzschaltbild

Er wird dann wirksam, wenn der npn-Transistor in Sättigung und damit sein BC-Übergang in Durchlaßrichtung gelangt. In diesem Fall ist nämlich der EB-Übergang des pnp-Transistors in Durchlaßrichtung geschaltet. Der wirksame Basisstrom I_B des npn-Transistors wird somit um den Stromanteil verringert, der über den pnp-Transistor zum Substrat S fließt. Die Folge davon ist eine Erhöhung der Sättigungsspannung. Dieser Effekt ist jedoch meist vernachlässigbar, da der vergrabene Kollektor, wie bereits erwähnt, die Verstärkerwirkung des parasitären Substrattransistors stark reduziert.

4.3 Passive Bauelemente

In diesem Abschnitt werden passive Bauelemente beschrieben, die bei der Herstellung einer integrierten Schaltung gemeinsam mit den Transistoren realisiert werden können. Dies sind verschiedene Arten von Widerständen, Kapazitäten und Dioden.

4.3.1 Widerstände

Für die Realisierung von Widerständen, in dem in Abschnitt 4.1 beschriebenen Herstellverfahren, stehen vier leitende Schichten zur Verfügung. Die Auswahl der Schicht hängt dabei von dem Leitwert, der zulässigen Toleranz und dem geforderten Temperaturverhalten des Widerstandes ab.

p-Schicht

Relativ genaue Widerstände werden als diffundierte p-Bahnen ausgeführt und gemeinsam mit der Basisdiffusion des Transistors hergestellt (Bild 4.7).

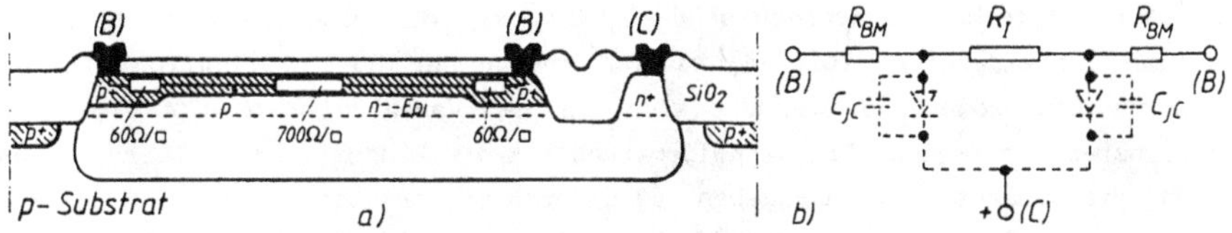

Bild 4.7
Basiszone als Widerstand; a) Querschnitt; b) Ersatzschaltbild

Die Isolierung des Widerstandes ist genau wie beim Transistor ausgeführt. Damit der mit dem Widerstand verbundene pn-Übergang immer gesperrt ist, wird der Kollektoranschluß C mit der positivsten Spannung der Schaltung verbunden. Der gesperrte pn-Übergang besitzt eine Sperrschichtkapazität C_{jC}, die im Ersatzschaltbild ebenfalls berücksichtigt ist.

Der Wert des Widerstandes ergibt sich aus Beziehung (1-47) zu

$$R = \frac{1}{\sigma_L(x)} \frac{L}{A} = \frac{1}{\sigma_L(x) x_j} \frac{L}{W} = R_S \frac{L}{W}, \qquad (4\text{-}4)$$

wobei L die Länge, W die Weite und x_j die Eindringtiefe der p-Diffusion ist. R_S wird Bahn- oder Schichtwiderstand genannt, auf dessen Bedeutung im folgenden näher eingegangen wird.

Da in der Basis eine inhomogene Dotierungsverteilung vorliegt (Bild 4.2), ist in diesem Beispiel die Leitfähigkeit (Gl.1-46)

$$\sigma_L(x) = q\mu_p(x)[N_A(x) - N_D] \tag{4-5}$$

ortsabhängig, wodurch sich ein Bahnwiderstand von

$$R_S = [\int_0^{x_j} \sigma_L(x)dx]^{-1} \tag{4-6}$$

ergibt. Die Bedeutung des Bahnwiderstandes liegt darin begründet, daß er nur von technologischen Parametern abhängig ist. Ist der Bahnwiderstand bekannt, so kann der Widerstand (Gl.4-4) einer Struktur durch Multiplikation mit der Zahl der Leiterbahnquadrate, die sich aus dem Verhältnis von L/W ermitteln läßt, berechnet werden. Der Bahnwiderstand hat die Einheit Ohm. Er wird jedoch in Ohm pro Quadrat (Ω/□) angegeben, um dadurch hervorzuheben, daß sich der Widerstand aus dem Produkt der Zahl der Leiterbahnquadrate und dem Bahnwiderstand bestimmen läßt.

Beispiel:

Gegeben sind die Strukturen nach Bild 4.8. Wie groß sind die Widerstände, wenn der Bahnwiderstand der Diffusion 700Ω/□ beträgt?

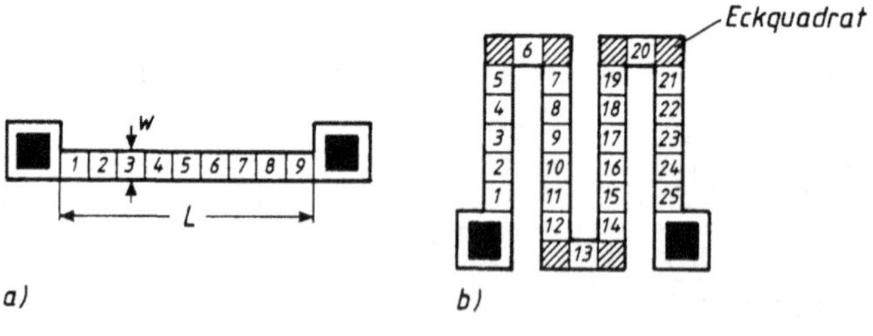

Bild 4.8
Draufsicht auf Strukturen diffundierter Widerstände (Isolationsring und Epitaxiekontakt nicht dargestellt)

Struktur a) hat ein W/L-Verhältnis von 9 und eine entsprechende Zahl von Leiterbahnquadraten, so daß ein Widerstand von $R = 700\Omega/\square \cdot 9^{\square} = 6{,}3k\Omega$ resultiert. Die Anschlußwiderstände wurden dabei vernachlässigt.

Die mäanderförmige Struktur b) wird für größere Widerstandswerte verwendet. Sie hat 25 Leiterbahnquadrate und 6 Eckquadrate, deren Bahnwiderstand mit $0{,}55R_S$ berücksichtigt wird /5/. Somit ergibt sich ein Widerstand von

$$R = 700\Omega/\square\ (25 + 0{,}55 \cdot 6)^{\square} = 19{,}8k\Omega.$$

Wie das Beispiel zeigt, wird die Berechnung eines Widerstandes durch die Verwendung des Bahnwiderstandes stark vereinfacht. Aus diesem Grunde werden bei integrierten Schaltungen allgemein die Widerstände der Schichten als Bahnwiderstände angegeben.

Eingeschnürte p-Schicht

Werden sehr hochohmige Widerstände benötigt, so sind sehr lange und schmale Diffusionsbahnen erforderlich. Diese benötigen trotz mäanderförmiger Anordnung relativ viel Chipfläche. Um dies zu vermeiden, wird häufig die Basis des Transistors als Widerstand verwendet (Bild 4.9).

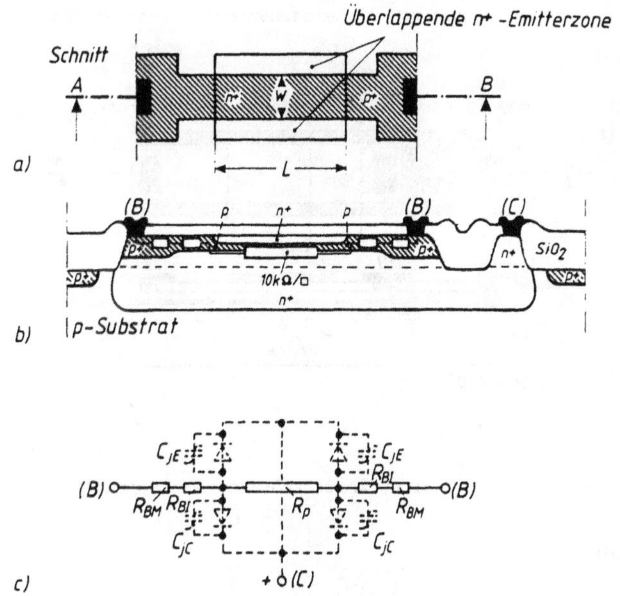

Bild 4.9

Basis eines Transistors als Widerstand; a) Draufsicht; b) Querschnitt; c) Ersatzschaltbild

Der wirksame Querschnitt der p-Basisdiffusion wurde durch die anschließende n^+-Emitterdiffusion wesentlich verringert, so daß sich in dem eingeschnürten Bereich ein Bahnwiderstand von typisch 10kΩ/□ ergibt. Dieser Widerstand wird häufig Pinch-Widerstand genannt.

Damit die BC- und BE-Übergänge immer gesperrt sind, werden die n-Bereiche mit der positivsten Spannung des Widerstandes oder der Schaltung versehen. Die n^+-Emitterzone ist mit der n-Kollektorzone im Überlappungsbereich (Bild 4.9a) direkt verbunden, so daß keine zusätzliche Verbindung zu diesem Gebiet benötigt wird. Von Nachteil ist, daß die Sperrschichtkapazität des Widerstandes um den Wert der Basis-Emitterkapazität vergrößert ist. Ein weiterer Nachteil ist die große Streuung des Widerstandswertes von ca. ± 50 % infolge von Schwankungen bei den Eindringtiefen der Dotierstoffe während der Herstellung.

n^+-Schicht

Die n^+-Schicht des Emitters kann ebenfalls als Widerstand verwendet werden. Da der Bahnwiderstand jedoch mit ca. 10Ω/□ sehr niederohmig ist, wird diese Schicht fast nur zur Kreuzung von Al-Leiterbahnen eingesetzt (Bild 4.10).

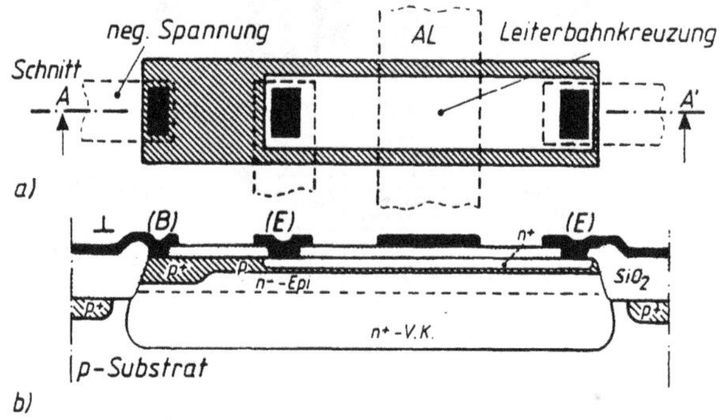

Bild 4.10
Kreuzungen von Al-Leiterbahnen; a) Draufsicht; b) Querschnitt

Epitaxieschicht

Wird auf die vergrabene n^+-Kollektorzone verzichtet, so kann die n-Epitaxieschicht ebenfalls als hochohmiger Widerstand verwendet werden. Bei einer 1,8μm dicken Epitaxieschicht mit 0,8Ωcm resultiert dann ein Bahnwiderstand von 4,4kΩ/□.

Eine Zusammenfassung der wesentlichsten Eigenschaften integrierter Widerstände ist in Tabelle 4.2 enthalten.

Mit aufgenommen wurde dabei eine p-Schicht, die durch Ionenimplantation und entsprechender Phototechnik sehr genau erzeugt werden kann. Von Nachteil ist jedoch, daß diese Schicht durch zusätzliche Herstellungsschritte erkauft werden muß.

Typ	Bahnw. (Ω/□)	Toleranz %	Temp.Koeffiz. (%/°C)
p-Schicht	700	± 20	+0,1
eingeschnürte p-Schicht	10k	± 50	+0,8
n^+-Schicht	10	± 30	+0,1
n-Epitaxie	4,4k	± 30	+0,8
implantierte p-Schicht	wählbar	± 10	+0,5

Tabelle 4.2
Typische Kenndaten integrierter Widerstände

4.3.2 Kondensatoren

In integrierten Schaltungen können Kondensatoren auf einer wirtschaftlich vertretbaren Chipfläche nur mit sehr kleinen Kapazitätswerten im pf-Bereich realisiert werden. Mit dem im Abschnitt 4.1 beschriebenen Herstellverfahren ergeben sich dabei zwei vorteilhafte Möglichkeiten, Kondensatoren aus Sperrschichtkapazitäten zu realisieren. Da diese sehr unterschiedliche elektrische Eigenschaften, wie flächenspezifische Kapazität, Durchbruchspannung sowie parasitäre Kapazitäten und Widerstände besitzen, ist eine Auswahl entsprechend der Anwendung in der Schaltung erforderlich. Dabei ergibt sich folgender nachteiliger Zusammenhang: je größer die Sperrschichtkapazität, z.B. eines einseitig abrupten pn-Übergangs (Gl.2-65)

$$C_{j0} = A\sqrt{\frac{q\varepsilon_0\varepsilon_r N}{2\Phi_i}} \tag{4-7}$$

infolge einer hohen Dotierung N ist, um so niedriger ist die Durchbruchspannung (Gl.2-95)

$$BU \approx -\frac{\varepsilon_r\varepsilon_0}{2qN} E_C^2 . \tag{4-8}$$

In Bild 4.11 sind zwei mögliche Sperrschichtkondensatoren dargestellt.

Die Spannung an den Kondensatoren muß, wie bei den Widerständen, immer so gerichtet sein, daß die pn-Übergänge gesperrt sind.

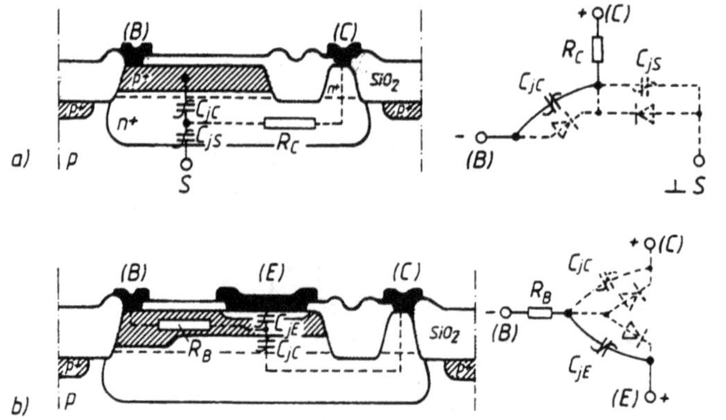

Bild 4.11

Integrierte Kondensatoren; a) BC-Sperrschichtkapazität; b) BE-Sperrschichtkapazität; (Widerstände nur für Signalpfade gezeigt)

Typ a: Dieser Typ verwendet die BC-Sperrschichtkapazität des Transistors. Da die n^--Epidotierung relativ niedrig ist, ist die flächenbezogene Sperrschichtkapazität gering, die Durchbruchspannung jedoch mit typisch 25V sehr hoch. Der serielle Kollektorwiderstand R_C ist infolge des vergrabenen Kollektors klein. Störend dagegen ist die relativ große Substratkapazität C_{jS}, die mit C_{jC} als kapazitiver Spannungsteiler im Signalpfad (B↔C) wirkt.

Typ b: In diesem Fall wird die BE-Sperrschichtkapazität des Transistors verwendet. Sie liefert infolge der hohen Dotierungen eine größere flächenbezogene Sperrschichtkapazität. Die Durchbruchspannung ist jedoch mit 4,5V geringer. Von Nachteil ist, daß der serielle Basiswiderstand R_B relativ groß ist. Dagegen ist die Kollektorkapazität C_{jC}, die als kapazitiver Spannungsteiler im Signalpfad (B↔E) wirkt, kleiner als die Substratkapazität C_{jS} im vorhergehenden Fall.

Ist es erforderlich, eine relativ große Kapazität mit geringstem Serienwiderstand zu realisieren, wird häufig die BE-Sperrschichtkapazität als Kammstruktur (Bild 4.12) realisiert. Diese Anordnung hat den wesentlichen Vorteil, daß durch die Parallelschaltung der Serienwiderstand sehr klein ist und der Anteil der Randkapazität des Übergangs im Verhältnis zur Gesamtkapazität zunimmt.

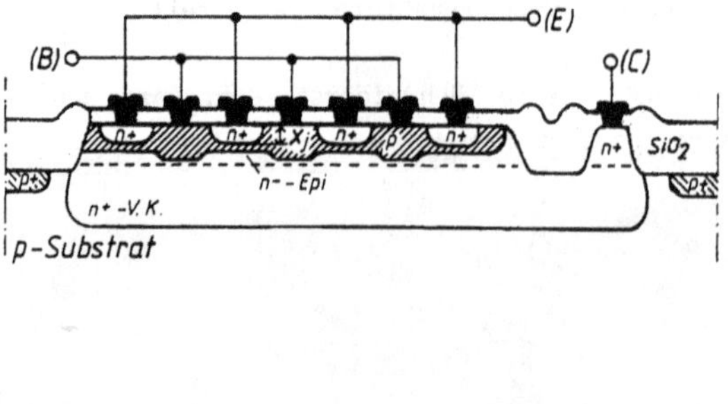

Bild 4.12

Kammstruktur bestehend aus BE-Sperrschichtkapazitäten

Der Randanteil hat infolge der höheren Dotierung (Bild 4.2) eine größere flächenbezogene Sperrschichtkapazität C_{jE} als die am Boden befindliche. Zur Vereinfachung wird die Randkapazität meist mit der Eindringtiefe x_j multipliziert

$$C^*_j = x_j \, C'_j \tag{4-9}$$

und C^*_j wird als Wert pro Länge angegeben. Durch Multiplikation mit dem Umfang des pn-Übergangs erhält man somit auf sehr einfache Weise den Kapazitätsbetrag des Randes.

4.3.3 Dioden

In diesem Kapitel werden pn-Dioden betrachtet, die mit dem beschriebenen Herstellverfahren ohne zusätzliche Prozeßschritte realisiert werden können.

pn-Diode

Der Transistor mit seinen beiden pn-Übergängen und drei Anschlüssen kann zur Realisierung von fünf verschiedenen pn-Diodentypen (Bild 4.13a) verwendet werden.

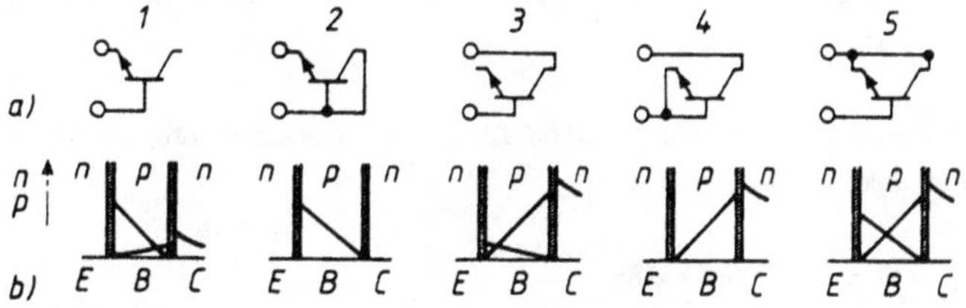

Bild 4.13
a) Realisierungen von Diodentypen; b) Minoritätsträgerverteilungen

Diese unterscheiden sich im wesentlichen in der Durchbruchspannung, der Schaltzeit und dem Serienwiderstand.

Die Durchbruchspannung der Typen 1, 2 und 5, die bei typisch 4,5V liegt, wird durch den hochdodierten EB-Übergang bestimmt. Diese Durchbruchspannung ist damit erheblich niedriger als die der anderen Typen, die ca. 25V beträgt.

Die Schaltzeit der Diode ist um so kürzer, je weniger Minoritätsträger während des Durchlaßbetriebs in die n- und p-Bereiche injiziert werden. Im Emitter sind die Minoritätsträger infolge der hohen Dotierung meist vernachlässigbar gering, so daß nur die Basis und Kollektorbereiche betrachtet zu werden brauchen. Die geringste Minoritätsträgerdichte ergibt sich bei Typ 2, bei dem nur der EB-Übergang in Durchlaßrichtung gepolt ist. Im Fall 1 ist zusätzlich noch eine geringe Ladung durch den aufgeladenen BC-Übergang vorhanden. Die Minoritätsträger nehmen noch weiter zu (Gl.2-18,2-19), wenn die niedriger dotierten BC-Übergänge in Durchlaßrichtung, wie es bei den Typen 3, 4 und 5 gezeigt ist, betrieben werden.

In der Praxis wird Diodentyp 2, der die kürzeste Schaltzeit besitzt, am häufigsten verwendet. Außerdem hat diese Variante den geringsten Serienwiderstand, wie im folgenden gezeigt wird. Zu diesem Zweck sind in Bild 4.14 die Struktur und das Ersatzschaltbild dieser Diode mit kurzgeschlossenem BC-Übergang gezeigt.

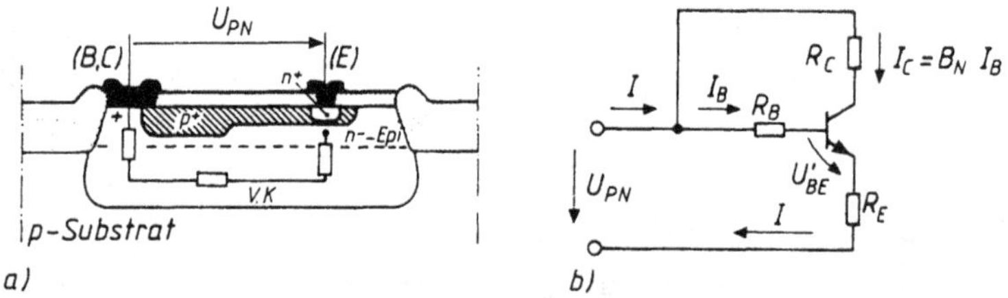

Bild 4.14
pn-Diode mit kurzgeschlossenem BC-Übergang; a) Struktur (R_B und R_E nicht gezeigt); b) Ersatzschaltbild

Aus dem Ersatzschaltbild ergibt sich folgender Zusammenhang zwischen der Spannung U_{PN} und dem Diodenstrom I:

$$U_{PN} = U'_{BE} + I_B R_B + I R_E$$

$$= U'_{BE} + I\left[\frac{R_B}{1 + B_N} + R_E\right], \qquad (4\text{-}10)$$

wobei die Strombeziehung

$$I = I_B + B_N I_B = [1 + B_N] I_B \qquad (4\text{-}11)$$

verwendet wurde.

In Gleichung (4-10) ist

$$R_S = \frac{R_B}{1 + B_N} + R_E \qquad (4\text{-}12)$$

der Serienwiderstand der Diode, an dem die Spannung IR_S abfällt. Infolge der Verstärkerwirkung des Transistors wurde somit der relativ hohe Basiswiderstand R_B um den Faktor $(1+B_N)$ reduziert.

Die wirksame Spannung zwischen Basis und Emitter

$$U'_{BE} = \frac{kT}{q} \ln \frac{I_C}{I_S} \approx \frac{kT}{q} \ln \frac{I}{I_S} \tag{4-13}$$

ergibt sich direkt aus Beziehung (3-15), wobei U_{BE}>100mV sein soll.

4.4 Bipolarer Inverter

Der in Bild 4.15 gezeigte bipolare Inverter stellt die einfachste Grundschaltung dar. Für diese werden die Arbeitspunkte durch eine überschlägige Analyse bestimmt sowie der Störabstand berechnet und der Begriff Ausgangsfächerung erklärt.

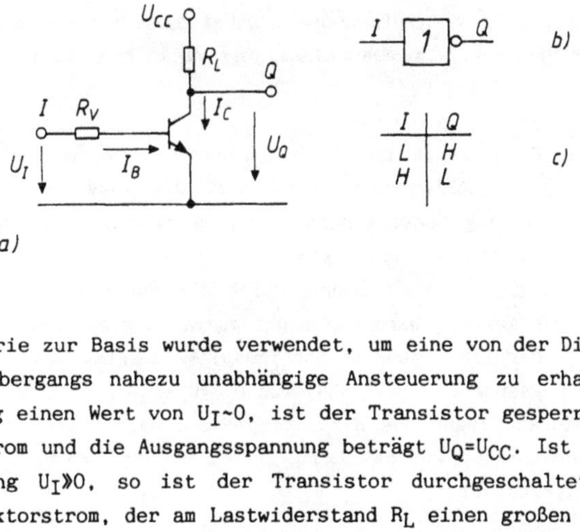

Bild 4.15
Bipolarer Inverter;
a) Schaltung;
b) Logiksymbol;
c) Wahrheitstabelle

Der Widerstand R_V in Serie zur Basis wurde verwendet, um eine von der Diodencharakteristik des BE-Übergangs nahezu unabhängige Ansteuerung zu erhalten. Hat die Eingangsspannung einen Wert von U_I~0, ist der Transistor gesperrt. Es fließt kein Kollektorstrom und die Ausgangsspannung beträgt U_Q=U_{CC}. Ist dagegen die Eingangsspannung U_I»0, so ist der Transistor durchgeschaltet. Es fließt ein großer Kollektorstrom, der am Lastwiderstand R_L einen großen Spannungsabfall verursacht, wodurch die Ausgangsspannung U_Q auf die sehr kleine Sättigungsspannung absinkt. Ordnet man den Ein- und Ausgangsspannungen binäre Zustände L (Low) für Spannung ~0V und H (High) für Spannungen »0V zu, resultiert die in Bild 4.15c gezeigte Wahrheitstabelle.

Ein detaillierteres Verhalten des Inverters kann sehr übersichtlich mit Hilfe der Übertragungskennlinie Bild 4.16 vermittelt werden.

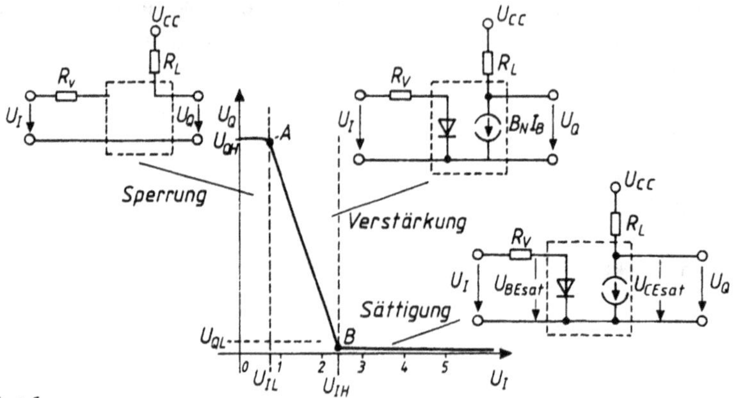

Bild 4.16

Übertragungskennlinie des bipolaren Inverters mit vereinfachten Ersatzschaltbildern

Diese beschreibt die Ausgangsspannung U_Q als Funktion der Eingangsspannung U_I des Inverters. Zur Veranschaulichung wurde das vereinfachte Ersatzschaltbild des Transistors für die entsprechenden Arbeitsbereiche Sperrung, Verstärkung und Sättigung mit aufgenommen. Dabei sind die Widerstände des Transistors in erster Näherung als vernachlässigbar klein gegenüber R_V und R_L angenommen worden.

Hat die Eingangsspannung U_I einen Wert von 0V, ist der Transistor gesperrt. Es fließt kein Kollektorstrom, so daß die Ausgangsspannung $U_Q=U_{QH}$ ist. Diese bleibt so lange unverändert, bis die Eingangsspannung einen Wert $U_I=U_{IL}$ annimmt, bei der der Transistor zu verstärken beginnt. Somit kann der Übergang von Sperrung zu Verstärkung durch die Spannungen U_{IL} und U_{QH} (Punkt A) beschrieben werden. Wird die Eingangsspannung auf einen Wert von $U_I=U_{IH}$ erhöht, gelangt der Transistor in Sättigung. Am Ausgang des Inverters stellt sich eine Sättigungsspannung (Gl.3-34) von $U_{QL}=U_{CEsat}$ ein. Diese bleibt auch dann in etwa konstant, wenn die Eingangsspannung noch weiter erhöht wird. Der Übergang von Verstärkung zur Sättigung (Punkt B) wird durch die Spannungen U_{IH} und U_{QL} charakterisiert.

Hierbei fließt ein Kollektorstrom von

$$I_C = \frac{U_{CC} - U_{CEsat}}{R_L} \tag{4-14}$$

und ein Basisstrom von

$$I_B = \frac{U_{IH} - U_{BEsat}}{R_V}, \tag{4-15}$$

aus dem sich die Spannung U_{IH} beim Übergang des Transistors von Verstärkung zur Sättigung

$$U_{IH} = U_{BEsat} + I_B R_V$$

$$= U_{BEsat} + \frac{U_{CC} - U_{CEsat}}{B_N} \frac{R_V}{R_L} \qquad (4\text{-}16)$$

berechnen läßt.

4.4.1 Störabstand beim Inverter

Bei digitalen Schaltungen ist der Störabstand eine wichtige Größe, die das Zusammenspiel von Transistoren und Bausteinen gewährleistet und aus den Koordinaten A und B der Übertragungskennlinie ermittelt werden kann.

Beim Eingang des Inverters (Bilder 4.16, 4.17) ist U_{ILmax} die maximal zulässige Spannung für den L-Zustand und U_{IHmin} die minimalste Eingangsspannung, die noch als H-Zustand interpretiert wird.

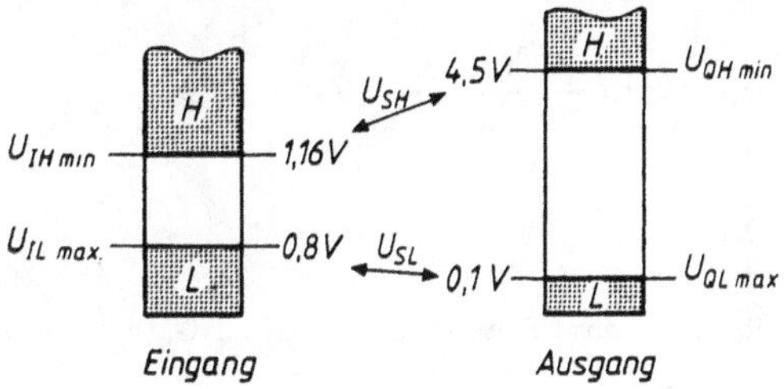

Bild 4.17 Darstellung der ungünstigsten Eingangs- und Ausgangsspannungen

Zwischen diesen Spannungswerten befindet sich der Inverter im Verstärkungsbereich, der besonders wegen der großen Streuung in der Stromverstärkung B_N nicht festgelegt werden kann. Deshalb ist diese Übergangszone ein verbotener Bereich. Beim Ausgang sind ähnlich wie beim Eingang, U_{QHmin} und U_{QLmax} die im ungünstigsten Fall auftretenden Spannungen. Da U_{QHmin} in Bild 4.17 wesentlich größer als U_{IHmin} und U_{QLmax} kleiner als U_{ILmax} ist, sind ausreichende Störabstände von

$$U_{SL} = U_{ILmax} - U_{QLmax} \qquad (4\text{-}17)$$

und

$$U_{SH} = U_{QHmin} - U_{IHmin} \qquad (4\text{-}18)$$

vorhanden. Im folgenden Beispiel sollen diese für einen Inverter bestimmt werden.

Beispiel: Welchen Wert müssen die Eingangsspannungen U_{ILmax} und U_{IHmin} bei den angegebenen Transistorparameter haben, damit am Ausgang des gezeigten Inverters die Spannungen U_{QHmin}=4,5V und U_{QLmax}=0,1V betragen?

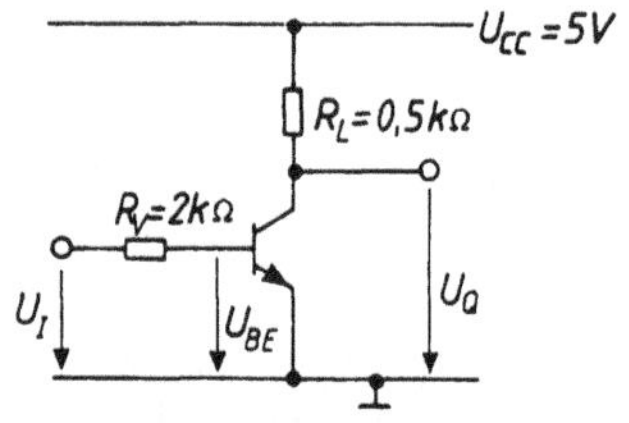

B_N=80
B_I=20
I_S=10^{-16}A

a) Gesucht: U_{ILmax}, damit am Ausgang U_{QHmin}=4,5V ist

$$U_{ILmax} = U_{BE} + I_B R_V \qquad I_C = \frac{U_{CC} - U_{QHmin}}{R_L}$$

$$= \frac{kT}{q} \ln \frac{I_C}{I_S} + \frac{I_C}{B_N} R_V \qquad = \frac{5V - 4{,}5V}{0{,}5 \cdot 10^3 \Omega} = 1mA$$

$$= 0{,}026V \ln \frac{10^{-3}A}{10^{-16}A} + \frac{10^{-3}A}{80}\, 2 \cdot 10^3 \Omega$$

$$= 0{,}80V.$$

b) Gesucht: U_{IHmin}, damit am Ausgang U_{QLmax}=0,1V beträgt.

Aus der Anforderung, daß bei $I_C=(U_{CC}-U_{QLmax})/R_L$=9,8mA die Ausgangsspannung $U_{QLmax}=U_{CEsat}$=0,1V sein muß, ergibt sich aus Gl.(3-34) ein benötigter Basisstrom von I_B=136,0µA. Die sich dabei einstellende Spannung U_{BEsat} beträgt 0,844V (Gl.3-33). Damit ist:

$$U_{IHmin} = U_{BEsat} + I_B R_V$$

$$= 0{,}844V + 0{,}136 \cdot 10^{-3} \cdot A \cdot 2 \cdot 10^3 \Omega$$

$$= 1{,}16V$$

und die Störabstände (Bild 4.17) betragen damit:

U_{SL} = 0,80V - 0,1V = 0,70V

U_{SH} = 4,5V - 1,16V = 3,34V.

Ausgangsfächerung (Fan-out)

Dieser Ausdruck gibt die mögliche Zahl der Inverter bzw. Schaltungen an, die vom Ausgang einer ähnlichen Schaltung getrieben werden können.

Im vorhergehenden Beispiel ist der Ausgang des Inverters mit keiner weiteren Schaltung belastet, wodurch U_{QHmin}=4,5V ist und sich ein Störabstand von U_{SH}=3,34V ergibt. Dieser reduziert sich bei entsprechender Belastung, wie mit Hilfe von Bild 4.18 gezeigt werden wird.

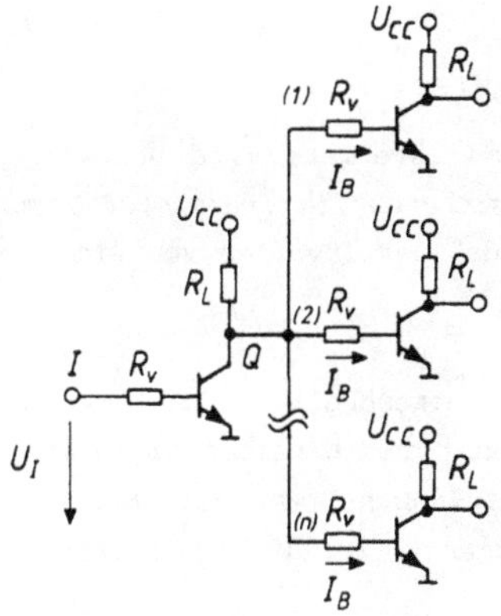

Bild 4.18
Belasteter Inverter

Entsprechend dieser Darstellung ist die Ausgangsspannung, wenn U_I~0V beträgt, am Knoten Q auf eine Spannung

$$U_{QHmin} = U_{CC} - nR_L I_B$$

$$= U_{CC} - nR_L \frac{U_{QHmin} - U_{BEsat}}{R_V}$$

$$= U_{CC} \frac{R_V}{R_V + nR_L} + U_{BEsat} \frac{nR_L}{R_V + nR_L} \tag{4-19}$$

gesunken, wobei n die Zahl der angeschlossenen Inverter ist. Die reduzierte Ausgangsspannung hat einen geringeren Störabstand U_{SH} (Gl.4-18) zur Folge. In der Praxis werden die Störabstände möglichst symmetrisch gewählt.

Leistungsverbrauch

Den Leistungsverbrauch kann man in einen statischen (P_{stat}) und dynamischen Anteil (P_{dyn}), der durch das Umladen von Kapazitäten hervorgerufen wird (Kapitel 6.6.2), aufteilen. Bei dem Inverter nach Bild 4.15 ist der dynamische Leistungsverbrauch nahezu vernachlässigbar klein gegenüber dem statischen, so daß sich ein Leistungsverbrauch von

$$P \approx P_{stat} = U_{CC} \frac{I_{C1} + I_{C2}}{2} \qquad (4\text{-}20)$$

ergibt. Dabei sind I_{C1} und I_{C2} die Kollektorströme, die fließen, wenn am Eingang die Binärzustände H oder L anliegen. Im allgemeinen wird zwischen den beiden Zuständen der Stromverbrauch gemittelt, was einem Tastverhältnis von 1:1 entspricht. In dem im vorhergehenden Beispiel berechneten Inverter ist I_{C2} nahezu vernachlässigbar klein gegenüber I_{C1}.

4.4.2 Schaltverhalten des Inverters

Das Schaltverhalten des bipolaren Inverters wird überwiegend durch den Ladungstransport und die Ladungsspeicherung im Transistor bestimmt. Dies ist in Bild 4.19 für den Fall gezeigt, daß der Inverter von einem Stromgenerator angesteuert wird.

Im Bereich A ist der Transistor abgeschaltet. Die Ausgangsspannung beträgt $U_Q=U_{CC}$. Das Ersatzschaltbild zeigt nur die beiden wirksamen Sperrschichtkapazitäten C_{jE} und C_{jC}. Während des Einschaltens gelangt der Transistor in den Bereich B. Dabei wird der BE-Übergang leitend. Die injizierten Ladungen in Basis und Emitter (Gl.3-78)

$$Q_N = Q_{BN} + Q_E \qquad (4\text{-}21)$$

werden aufgebaut. Im Ersatzschaltbild bedeutet dies, daß C_{dE} aufgeladen wird. Der Kollektorstrom beginnt zu fließen. Anschließend geht der Transistor in Sättigung (Arbeitsbereich C). Beide pn-Übergänge sind leitend. Die Sättigungsladung Q_{BS} (Bild 3.14b) wird zusätzlich aufgebaut. Die Ausgangsspannung erreicht den Wert $U_Q=U_{CEsat}$.

Der Ausschaltvorgang wird mit dem Umkehren des Basisstromes eingeleitet. Dabei wird zuerst während der Zeit t_s die Sättigungsladung Q_{BS} abgebaut, wobei die Ausgangsspannung nahezu konstant bleibt, bis der Transistor in den Arbeitsbereich D gelangt. Nach der Zeit t_r ist die Ladung Q_N in Emitter und Basis ausgeräumt und der Transistor abgeschaltet.

Die in Bild 4.19 dargestellten Schaltzeiten können in erster Näherung bestimmt werden, wobei von folgendem vereinfachten Zusammenhang ausgegangen wird. Die Schaltzeit Δt ist in etwa gleich

$$\Delta t = \frac{\Delta Q}{I_B}, \tag{4-22}$$

d.h. dem Quotienten aus der Ladungsänderung im Transistor und dem dazu benötigten Basisstrom.

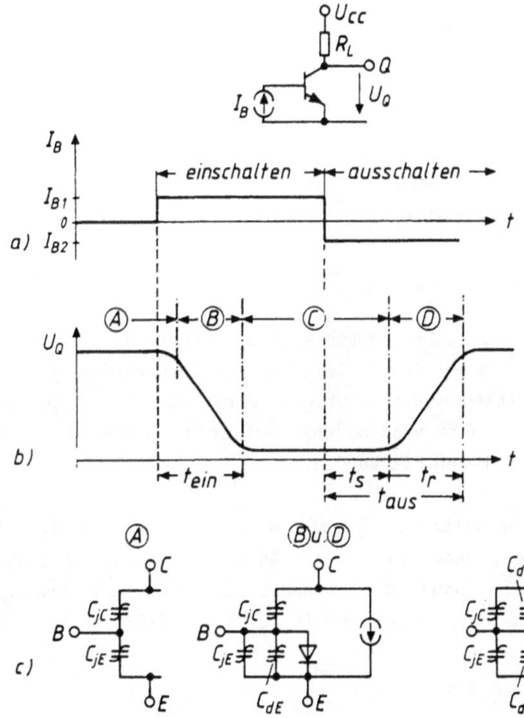

Bild 4.19
Schaltverhalten des bipolaren Transistors; a) Basisstromverlauf; b) Spannungsverlauf; c) Ersatzschaltbilder für die Arbeitsbereiche A bis D

Einschaltzeit: Im Transistor wird durch den eingeprägten Basisstrom I_{B1} bis kurz vor Sättigung die Ladung Q_N aufgebaut. Die dazu benötigte Einschaltzeit ist in etwa (Gl.3-78)

$$t_{ein} \approx \frac{\Delta Q}{I_B} = \frac{Q_N}{I_{B1}} = \tau_N \frac{I_C}{I_{B1}}. \tag{4-23}$$

Das Aufladen der Raumladungszonen (Sperrschichtkapazität) wurde dabei vernachlässigt. Nach dieser Zeit geht der Transistor in Sättigung. Der Kollektorstrom ändert sich dabei nicht merklich. Es wird die Sättigungsladung

$$Q_{BS} = \tau_S I_{BS} \tag{4-24}$$

in der Basis aufgebaut. In dieser Gleichung ist

$$I_{BS} = I_{B1} - \frac{I_C}{B_N} \tag{4-25}$$

der Anteil des Basisstroms (Gl.3-31), der als Überschuß zu dem minimal benötigten Basisstrom I_C/B_N im noch nicht gesättigten Fall vorhanden ist. τ_S ist die Sättigungszeitkonstante, die von den Injektionseigenschaften der beiden pn-Übergänge abhängig ist. Sie kann gemessen oder direkt aus dem Ersatzschaltbild des Transistors (Bild 3.11) (Aufgabe 4.1)

$$\tau_S = \frac{\tau_N B_N [1 + B_I] + \tau_I B_N B_I}{1 + B_N + B_I} \tag{4-26}$$

abgeleitet werden. In der Praxis ist fast immer $\tau_N \ll \tau_I$, $B_N \gg B_I$ und $B_N \gg 1$, so daß sich die Sättigungszeitkonstante zu

$$\tau_S \approx \tau_N + \tau_I B_I \tag{4-27}$$

vereinfacht angeben läßt. Technologisch kann die Sättigungszeitkonstante reduziert werden, indem Goldatome ins Silizium eingebracht werden /6/, wodurch die Lebensdauer der Minoritätsträger verringert wird. Die Goldkonzentration darf jedoch nicht zu hoch gewählt werden, da sonst andere Parameter, wie z.B. die Stromverstärkungen verschlechtert werden.

<u>Ausschaltzeit:</u> Die Ausschaltzeit wird mit dem Umschalten des Basisstromes von I_{B1} zu I_{B2} eingeleitet. Dabei bleibt die Ausgangsspannung so lange unverändert, bis die Sättigungsladung Q_{BS} abgebaut ist. Die dazu benötigte Sättigungszeit läßt sich aus den Beziehungen (4-22, 4-24, 4-25) zu

$$t_s \approx \frac{Q_{BS}}{|I_{B2}|} \approx \tau_S \frac{I_{B1}}{|I_{B2}|} \tag{4-28}$$

bestimmen, wobei angenommen wurde, daß $I_{B1} \gg I_C/B_N$ ist. Diese Beziehung ist vergleichbar mit derjenigen, die zur Bestimmung der Speicherzeit bei der Diode hergeleitet wurde (Gl.2-91). Ist die Sättigungsladung abgebaut, wird die Ladung Q_N beseitigt. Die dazu benötigte Abfallzeit ergibt sich in Analogie zur Einschaltzeit zu

$$t_r \approx \frac{Q_N}{|I_{B2}|} = \tau_N \frac{I_C}{|I_{B2}|}. \tag{4-29}$$

Die gesamte Ausschaltzeit setzt sich somit aus der Sättigungszeit und der Abfallzeit

$$t_{aus} = t_s + t_r \quad (4\text{-}30)$$

zusammen. Will man den Transistor schnell abschalten, wird somit ein großer Basisstrom I_{B2} benötigt. Soll der Transistor dagegen schnell eingeschaltet werden, ist ein großer Basisstrom I_{B1} erforderlich. Da dieser jedoch eine große Sättigungsladung erzeugt, resultiert eine verlängerte Speicherzeit. In der Praxis wird deshalb als Kompromiß meist $|I_{B2}|>I_{B1}>I_C/B_N$ gewählt.

Mit den beschriebenen Gleichungen kann das Schaltverhalten des Inverters in erster Näherung sehr einfach bestimmt werden. Hierbei ist jedoch zu berücksichtigen, daß das Umladen der Raumladungszonen vernachlässigt wurde und daß Änderungen, die gleichzeitig auftreten, ebenfalls nicht erfaßt wurden. Aus diesen Gründen ist es zur Erhöhung der Rechengenauigkeit unumgänglich, ein Schaltungssimulationsprogramm mit entsprechend genauem Transistormodell zu verwenden.

4.4.3 Ungesättigter Inverter

Die Sättigungszeit kann sehr stark reduziert werden, wenn der Transistor daran gehindert wird, merklich in Sättigung zu gelangen. Dies kann durch eine Schottky-Diode, die als sog. Clamp-Diode arbeitet und parallel zum BC-Übergang des Transistors geschaltet ist, erreicht werden (Bild 4.20).

Bild 4.20 Ungesättigter Inverter

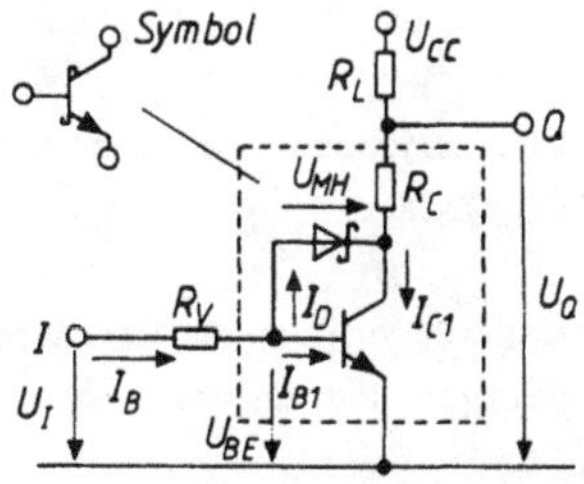

Wird der Transistor durchgeschaltet, fließt durch die Schottky-Diode ein Strom von

$$I_D = I_B - I_{B1}$$

$$= I_B - \frac{I_{C1}}{B_N}. \quad (4\text{-}31)$$

Da $B_N \gg 1$ ist und in Sättigung I_B in der Größenordnung von I_C ist, bedeutet dies, daß nahezu der gesamte Strom I_B über die Schottky-Diode und nicht in die Basis des Transistors fließt. Dadurch wird die injizierte Basisladung auf einen Wert reduziert, der in etwa dem vor Beginn der Sättigung entspricht (Bild 4.21).

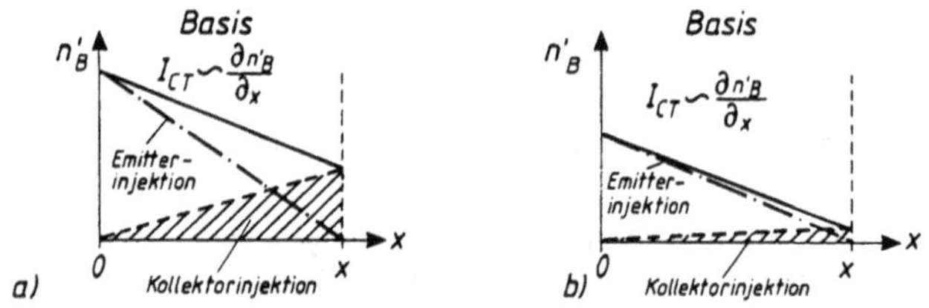

Bild 4.21
Basisinjektionen bei konstantem Kollektorstrom; a) ohne Schottky-Diode; b) mit Schottky-Diode

Die injizierte Ladung aus dem Kollektor hängt von der Spannung des in Durchlaß gepolten BC-Übergangs ab. Da diese der kleinen Schleusenspannung der Schottky-Diode von etwa 0,4V entspricht, ist die Injektion kollektorseitig stark reduziert. Die Ladungsspeicherung in der Schottky-Diode kann vernachlässigt werden, da diese so gut wie keine Minoritätsträger speichert (Kapitel 2.10.1).

Der Nachteil bei Verwendung einer Schottky-Diode ist eine erhöhte Restspannung, die den L-Pegel anhebt und den Störabstand reduziert. Aus Bild 4.20 ergibt sich diese Spannung zu

$$U_{QL} = I_C R_C + U_{BE} - U_{MH}, \tag{4-32}$$

wobei R_C der innere Kollektorwiderstand des Transistors und U_{MH} der Spannungsabfall an der Schottky-Diode ist.

Im folgenden Abschnitt werden Gatterschaltungen betrachtet, die genau wie die vorhergehenden Inverter in gesättigte und ungesättigte Schaltungen eingeteilt werden können.

4.5 Gesättigte Gatterschaltungen

Diese werden anhand von einfachen Grundschaltungen für NAND- und NOR-Gatter vorgestellt. Die Erkenntnisse werden anschließend auf TTL-Gatter übertragen. Eine NOR-Gatter Realisierung mit zwei Eingängen ist in Bild 4.22 abgebildet.

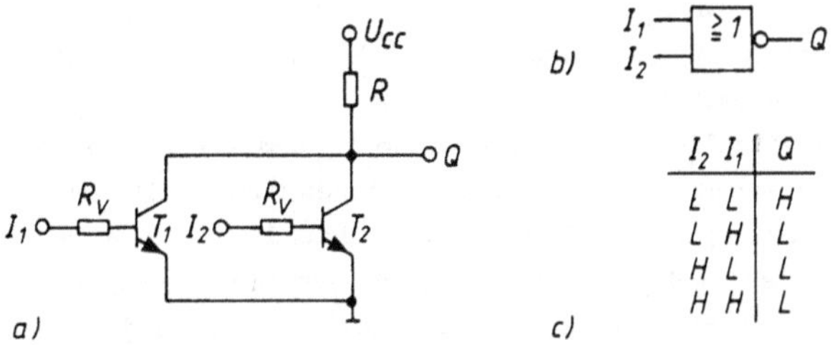

I_2	I_1	Q
L	L	H
L	H	L
H	L	L
H	H	L

Bild 4.22
NOR-Gatter; a) Schaltung; b) Logiksymbol; c) Wahrheitstabelle

Sie entsteht durch die Parallelschaltung der Transistoren T_1 und T_2, die zur Erhöhung der Packungsdichte in einer gemeinsamen Isolierinsel, wie es in Bild 4.3a gezeigt ist, angeordnet werden können. Liegt an beiden Eingängen ein L-Pegel an, dann sind T_1 und T_2 nichtleitend und am Ausgang Q herrscht ein H-Pegel. Hat dagegen mindestens ein Transistor einen H-Pegel, so entsteht am Ausgang ein L-Pegel.

Zwei gebräuchliche NAND-Gatter Implementierungen zeigt Bild 4.23.

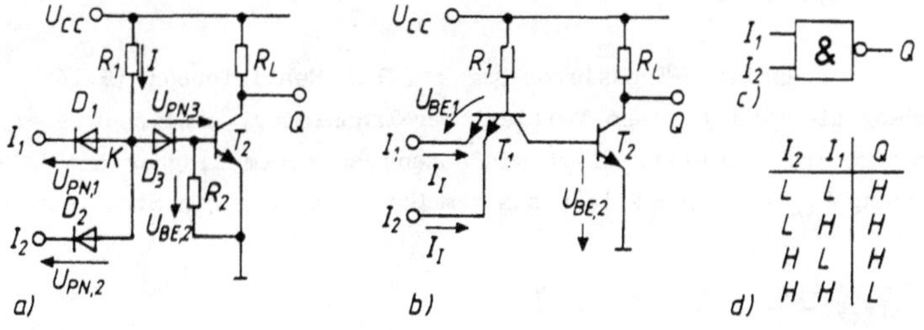

I_2	I_1	Q
L	L	H
L	H	H
H	L	H
H	H	L

Bild 4.23
NAND-Gatter; a) DTL-Schaltung; b) TTL-Schaltung; c) Logiksymbol; d) Wahrheitstabelle

Die sog. Dioden-Transistor-Logik (DTL) Schaltung besteht aus einem Diodengatter. Hat mindestens einer der Eingänge I_1 oder I_2 einen L-Pegel (U_{IL}), so ist die entsprechende Diode in Durchlaßrichtung gepolt. Die sich am Knoten K einstellende Spannung

$$U_K = U_{IL,1(2)} + U_{PN,1(2)} = U_{PN,3} + U_{BE,2} \tag{4-33}$$

muß dabei so klein sein, daß der Strom durch Diode D_3 und Transistor T_2 vernachlässigbar gering ist. Dadurch ist der Transistor nichtleitend und ein H-Ausgangspegel entsteht. Liegt dagegen an beiden Eingängen ein H-Pegel an, dann sind die Dioden D_1 und D_2 in Sperrichtung gepolt. Es kommt zu einem Stromfluß I, der sich auf den Widerstand R_2 und den Transistor T_2 aufteilt. Dieser wird durchgeschaltet und am Ausgang Q ein L-Pegel erzeugt. Wie aus der Beschreibung ersichtlich, dient die Diode D_3 dem Zweck, den Umschaltpunkt zu höheren Eingangsspannungen hin zu verschieben, um damit einen ausreichenden Störabstand zu erzeugen. Der Widerstand R_2 hat die Aufgabe, die Ausschaltzeit des Transistors zu verkürzen. Ändert sich der Eingangspegel von H auf L, so fließt durch die in Sperrichtung gepolte Diode D_3 wegen deren endlicher Trägheit ein begrenzter Strom, der die Ladung in der Basis abbaut. Durch den Widerstand R_2 wird dieser Vorgang unterstützt. Es fließt ein zusätzlicher Strom, der wie in den Gleichungen (4-28) und (4-29) beschrieben, die Ausschaltzeit verkürzt. Von Nachteil dabei ist, daß beim Einschalten des Transistors durch diesen Widerstand ebenfalls ein Strom fließt, der dem Basisstrom entzogen wird. Dies hat zur Folge, daß der Einschaltvorgang verzögert wird. Durch geeignete Wahl von R_2 kann das Schaltverhalten des Gatters symmetriert werden.

Prinzipiell kann ein NAND-Gatter auch durch die Serienschaltung von Transistoren realisiert werden. Nachteilig ist dabei jedoch, daß sich im durchgeschalteten Zustand am Ausgang die Sättigungsspannungen addieren, wodurch der Störabstand sehr stark reduziert wird. In der Praxis wird deshalb diese Realisierung nicht angewendet.

In der sog. Transistor-Transistor-Logik (TTL) Realisierung (Bild 4.23b) ist das Diodengatter durch einen Multiemitter-Transistor, ähnlich wie er in Bild 4.3b gezeigt ist, ersetzt. Liegt mindestens an einem Eingang ein L-Pegel mit der Spannung U_{IL} an, dann fließt aus dem Gattereingang ein Strom von

$$-I_I = \frac{U_{CC} - U_{BE,1(2)} - U_{IL}}{R_1} \qquad (4\text{-}34)$$

heraus. In diesem Zustand ist Transistor T_1 in Sättigung, wodurch die Eingangsspannung U_{IL} an die Basis von T_2 durchgeschaltet ist. Da $U_{IL} \approx U_{BE,2}$ und sehr klein ist, ist T_2 nichtleitend. Der Ausgang des Gatters befindet sich im H-Zustand.

Haben beide Eingänge einen H-Pegel, dann arbeitet T_1 im Inversbetrieb. Es fließt ein Strom durch R_1 und den BC-Übergang von T_1 in die Basis von T_2, so daß dieser Transistor durchschaltet (L-Pegel). Außerdem fließt ein Strom I_I infolge der Stromverstärkung von T_1 im Inversbetrieb in den Gattereingang hinein. Dieser hat eine Reduzierung des Störabstandes zur Folge, da er einen Spannungsabfall an R_L der vorhergehenden Stufe erzeugt. Um jedoch eine möglichst große Ausgangsfächerung zu erhalten, muß dieser Strom und damit die inverse Stromverstärkung B_I sehr klein gehalten werden.

Der wesentliche Vorteil des TTL- gegenüber dem DTL-Gatter ist das günstigere Schaltverhalten. Ändert sich der Eingangspegel beim TTL-Gatter von H auf L sprungartig, dann fließt anfänglich bei T_1 ein großer Kollektorstrom, der die Basisladung von T_2 sehr schnell ausräumt. Dies geschieht beim DTL-Gatter überwiegend durch den Strom, der durch R_2 fließt. Beim Umschalten von L auf H fließt beim TTL-Gatter ebenfalls ein viel größerer Strom in die Basis von T_2 hinein, da der Widerstand R_2 nicht vorhanden ist. Die Folge ist eine verkürzte Einschaltzeit von T_2.

4.5.1 Transistor–Transistor Logik (TTL)

Die älteste, handelsübliche TTL-Familie, die heute nicht mehr hergestellt wird, verwendet zur Verbesserung der Belastbarkeit eine Gegentaktausgangsschaltung (Bild 4.24).

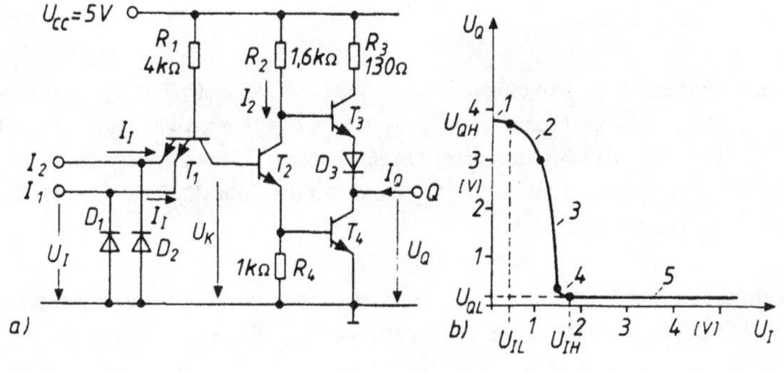

Bild 4.24
a) TTL-Gatter der 74-Familie; b) Übertragungskennlinie

Diese besteht aus dem Transistor T_3, der Diode D_3 zur Pegelverschiebung und dem Schalttransistor T_4. Der wesentliche Vorteil der Stufe ist, daß nur einer der Transistoren T_3 oder T_4 im statischen Zustand leitend ist, wodurch der statische Leistungsverbrauch dieser Schaltung sehr gering ist. Angesteuert wird die Stufe durch Transistor T_2, der am Kollektor und Emitter gegenphasige Signale liefert.

Die Funktion der Schaltung kann anhand der Übertragungskennlinie (Bild 4.24b), die man in 5 Bereiche einteilen kann, erläutert werden.

1. Bereich: Hat die Eingangsspannung an einem oder beiden Eingängen einen Wert von $U_I=U_{IL}$ (z.B. 0,4V), dann liegt an der Basis von T_2 eine Spannung von $U_K \approx U_{IL}$ an, da T_1 durchgeschaltet ist. Die Transistoren T_2 und T_4 sind nichtleitend. Die Ausgangsspannung beträgt in diesem Fall

$$U_{QH} = U_{CC} - I_2 R_2 - U_{BE,3} - U_{PN,3}$$

$$\approx U_{CC} + \frac{I_Q R_2}{B_{N,3}} - U_{BE,3} - U_{PN,3}. \qquad (4\text{-}35)$$

Aus dieser Beziehung ersieht man, daß die Belastbarkeit, d.h. der Spannungsabfall $I_Q R_2/B_N$ am Widerstand R_2 durch den Transistor T_3 wesentlich verringert wurde, da $B_N \gg 1$ ist. Im Fall des einfachen NAND-Gatters von Bild 4.23b hat der Spannungsabfall dagegen einen Wert von $I_Q R_L$.

2. Bereich: Ist $U_I > U_{IL}$ (z.B. 1,0V), beginnt T_2 zu leiten. Es entsteht ein Spannungsabfall an R_2, wodurch die Ausgangsspannung U_Q entsprechend abnimmt.

3. Bereich: Steigt die Eingangsspannung weiter an, (z.B. $U_I=1{,}6V$) wird T_4 ebenfalls leitend, da $U_K \approx U_I$ ist. Die Ausgangsspannung sinkt weiter. In diesem Zustand fließt in der Gegentaktstufe ein relativ großer Querstrom von U_{CC} nach Masse, da T_3 und T_4 gleichzeitig leitend sind.

4. Bereich: Eine geringfügige weitere Erhöhung von U_I hat zur Folge, daß T_4 und T_2 in Sättigung gelangen, wodurch T_3 gesperrt wird, da

$$U_{BE,3} = U_{BEsat,4} + U_{CEsat,2} - U_{CEsat,4} - U_{PN,3} \qquad (4\text{-}36)$$

mit ca. 0,1V sehr klein ist.
Die Diode mit ihrem Spannungsabfall $U_{PN,3}$ garantiert somit, daß T_3 sicher sperrt und kein Querstrom fließt.

5. Bereich: Eine weitere Erhöhung von U_I verursacht, daß T_1 aus dem Sättigungsbetrieb heraus in den inversen Betrieb gelangt. Die Ausgangsspannung bleibt annähernd unverändert.

Die beiden Dioden D_1 und D_2 an den beiden Eingängen haben die Aufgabe, negative Überschwinger, die durch Leitungsinduktivitäten entstehen können, auf ca. -0,7V zu begrenzen. Der Widerstand R_3 in der Ausgangsschaltung begrenzt den Strom I_Q bei Kurzschluß des Ausgangs gegenüber Masse.

4.6 Ungesättigte Gatterschaltungen

In diesem Abschnitt werden die Schaltungstechniken Schottky-TTL, CML und ECL vorgestellt, bei denen die Sättigung stark reduziert bzw. ganz vermieden werden kann.

4.6.1 Schottky-TTL

Im Abschnitt 4.4.3 wurde beschrieben, wie das Schaltverhalten des Inverters verbessert werden kann, wenn durch eine Schottky-Diode die Sättigung des Transistors nahezu vermieden wird. Ähnliche Schaltzeitverbesserungen kann man selbstverständlich bei den im vorhergehenden beschriebenen Gattern erreichen, wenn Schottky-Dioden angewendet werden. Als Beispiel wird im folgenden ein verbessertes handelsübliches TTL-NAND-Gatter der 74AS-Familie vorgestellt (Bild 4.25).

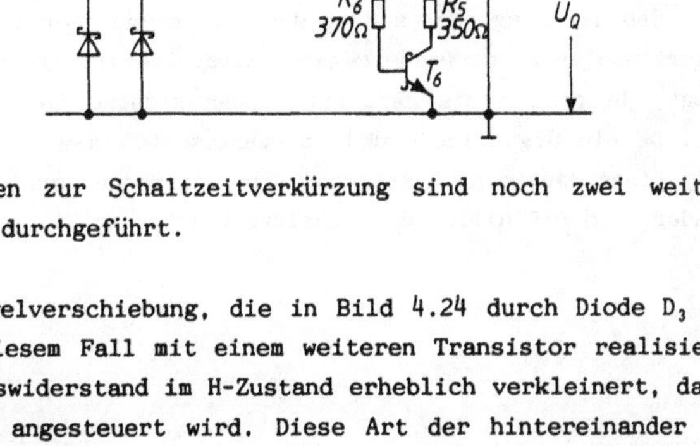

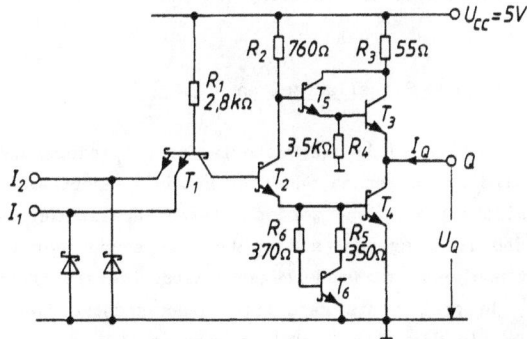

Bild 4.25
TTL-NAND-Gatter mit Schottky-Dioden der 74AS-Familie

Außer den Schottky-Dioden zur Schaltzeitverkürzung sind noch zwei weitere Schaltungsverbesserungen durchgeführt.

1. Verbesserung: Die Pegelverschiebung, die in Bild 4.24 durch Diode D_3 erreicht wurde, wird in diesem Fall mit einem weiteren Transistor realisiert. Dadurch wird der Ausgangswiderstand im H-Zustand erheblich verkleinert, da T_3 sehr niederohmig von T_5 angesteuert wird. Diese Art der hintereinander ge-

schalteten Transistoren wird Darlington-Schaltung genannt. Ein weiterer Vorteil dieser Schaltung ist, daß T_3 auch nicht bei großem Ausgangsstrom in Sättigung gelangen kann, da der durchgeschaltete Transistor T_5, wie eine Clamp-Diode wirkt.

2. Verbesserung: Der Widerstand R_4 in Bild 4.24 wurde durch das nichtlineare Netzwerk R_5, R_6 und T_6 ersetzt. Dadurch wird T_2 nur zusammen mit T_6 leitend, wodurch die Ausgangsspannung U_Q erst bei einer höheren Eingangsspannung absinkt. Eine steilere Übertragungskennlinie resultiert, die einen günstigeren Störabstand zur Folge hat. Zusammenfassend sind in Tabelle 4.3 einige typische elektrische Werte zweier Schottky TTL-NAND-Gatter dargestellt.

Familie	74AS	74ALS
U_{CC}	5V	5V
P pro Gatter	~20mW	~1mW
t_P pro Gatter	~4ns	~10ns
U_{QHmin}/U_{QLmax}	2,7V/0,5V	2,7V/0,5V
U_{IHmin}/U_{ILmax}	2,0V/0,8V	2,0V/0,8V
I_{QHmin}/I_{QLmin}	-2mA/20mA	-0,4mA/4,0mA
I_{IHmax}/I_{ILmax}	0,2mA/-2,0mA	20µA/-0,2mA

Tabelle 4.3
Elektrische Werte von Schottky TTL-NAND-Gatter /7/

Definition der Signallaufzeiten

In der Tabelle wurde die Gatterlaufzeit t_P eingeführt. Wie diese zu verstehen ist, wird im folgenden näher erläutert. Ändert man den Eingangszustand einer Digitalschaltung, dann werden interne Kapazitäten umgeladen. Eine Folge davon ist, daß die Ausgangsspannung $U_Q(t)$ gegenüber der Eingangsspannung $U_I(t)$ verzögert und verformt wiedergegeben wird. Dieser Effekt ist um so stärker ausgeprägt, je größer die kapazitive oder ohmsche Last am Ausgang der Schaltung ist. Da die Signallauf- und Übergangszeiten die maximale Arbeitsgeschwindigkeit eines Bausteins bestimmen, sind sie von äußerster Wichtigkeit für den Anwender. Die Definition der Schaltzeiten ist in Bild 4.26 erklärt.

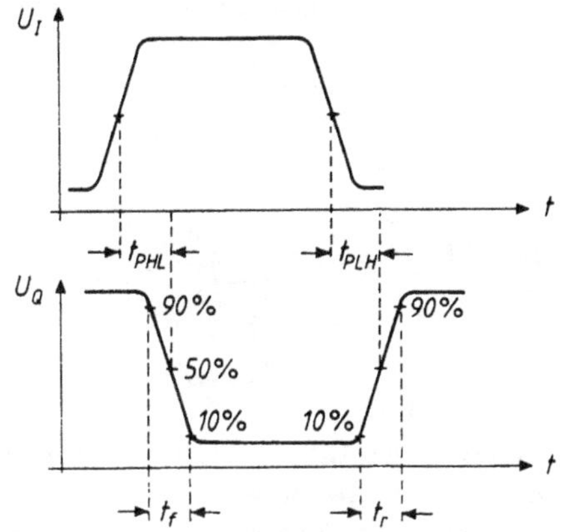

Bild 4.26
Definition der Schaltzeiten

Die Signallaufzeit t_{PHL} gibt die Impulsverzögerung zwischen Eingangs- und Ausgangsspannung an, wenn der Ausgang von H nach L wechselt. Entsprechendes gilt für die Signallaufzeit t_{PLH}. Die mittlere Signallaufzeit, auch Gatterlaufzeit genannt, ist definiert durch

$$t_P = \frac{t_{PHL} + t_{PLH}}{2} \quad . \tag{4-37}$$

Die Signalübergangszeiten t_f und t_r der Impulsflanken werden zwischen den 90%- und 10%-Punkten gemessen.

4.6.2 CML-Schaltungen

Noch kürzere Schaltzeiten als bei der Schottky-TTL sind realisierbar, wenn man die Stromschaltungstechnik (current mode logic CML) verwendet. Hierbei werden die kurzen Schaltzeiten dadurch erreicht, daß die Differenz der Logikpegel $\Delta U = U_{IH} - U_{IL}$ ca. 10mal so klein ist, wie bei den vorhergehenden Gattern, so daß sich gegenüber diesen eine deutliche Verbesserung der Schaltzeit (Gl. 4-22)

$$\Delta t = C \frac{\Delta U}{I}$$

ergibt. Die Transistoren gelangen dabei nur in schwache Sättigung. Schwache Sättigung bedeutet dabei, daß wie bei den Schottky-TTL-Gattern die Injektion kollektorseitig vernachlässigbar klein gegenüber derjenigen vom Emitter ist (Gl.3-28).

Das Grundelement der CML-Schaltungen ist der Stromschalter (Bild 4.27).

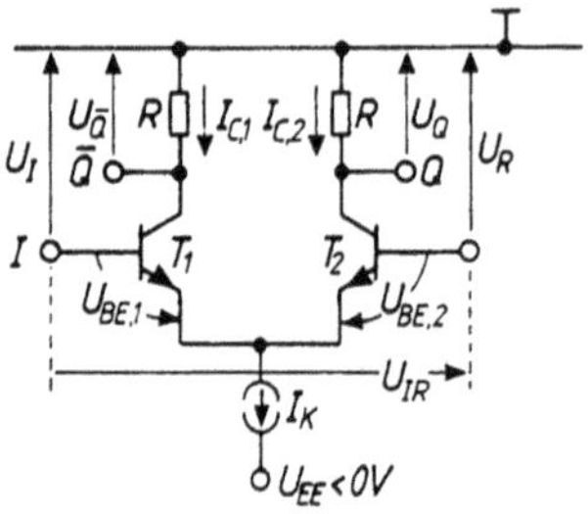

Bild 4.27
Stromschalter

Hierbei ist der positive Anschluß der Versorgungsspannung als Nullpotential, d.h. Masse definiert, so daß alle anderen Spannungen dagegen negativ sind. Der Grund für dieses Vorgehen wird im Zusammenhang mit ECL-Schaltungen später näher erläutert.

Liegt am Eingang eine Spannung von $U_{IL} < U_R$ an, wobei U_R eine Referenzspannung ist, dann ergibt sich im Idealfall, daß Transistor T_1 nichtleitend ($I_{C,1}=0$) und Transistor T_2 leitend, da $U_{BE,2} > U_{BE,1}$ ist. Durch Transistor T_2 fließt damit der gesamte Strom des Stromgenerators, so daß $I_{C,2} = I_K$ ist, wenn der Basisstrom des Transistors vernachlässigt werden kann. Am Ausgang Q entsteht damit der maximale Spannungsabfall

$$U_Q = U_{QM} = -I_K R, \tag{4-38}$$

während derjenige am Ausgang $\bar{Q}$ 0V beträgt. Ist dagegen $U_{IH} > U_R$, ergibt sich eine entgegengesetzte Situation, wobei Transistor T_1 leitend und T_2 nichtleitend geschaltet ist. Beim Stromschalter wird somit in Abhängigkeit von der Eingangsspannung U_I der Strom des Stromgenerators entweder durch Transistor T_1 oder T_2 geschaltet. Damit eine symmetrische Übertragungskennlinie entsteht, wird die Referenzspannung an Transistor T_2 in die Mitte zwischen die Eingangspegel U_{IH} und U_{IL} gelegt, so daß

$$U_R = \frac{U_{IL} + U_{IH}}{2} \tag{4-39}$$

ist.

Die erwähnte Übertragungskennlinie, an der einige grundsätzliche Abhängigkeiten demonstriert werden können, wird im folgenden hergeleitet.

An dem Stromschalter liegt eine Eingangsspannung in Bezug zur Referenzspannung von

$$U_{IR} = U_{BE,1} - U_{BE,2}$$

$$= \frac{kT}{q}\left[\ln \frac{I_{C,1}}{I_S} - \ln \frac{I_{C,2}}{I_S}\right] \qquad (4\text{-}40)$$

$$= \frac{kT}{q} \ln \frac{I_{C,1}}{I_{C,2}}$$

an, wobei von gleichen Transistoren mit gleich großen Transportströmen ausgegangen wird. Die Ausgangsspannung beträgt

$$U_Q = -I_{C,2}R. \qquad (4\text{-}41)$$

Da bei vernachlässigbar kleinen Basisströmen immer

$$I_{C,1} + I_{C,2} = I_K \qquad (4\text{-}42)$$

ist, ergibt sich aus den letzten drei Beziehungen sowie Gleichung (4-38) der Zusammenhang

$$U_Q = U_{QM}\left[1 + e^{\frac{q}{kT} U_{IR}}\right]^{-1}, \qquad (4\text{-}43)$$

der die gewünschte Übertragungskennlinie beschreibt. Diese ist in Bild 4.28 in normierter Form für verschiedene U_{QM}-Spannungen aufgetragen.

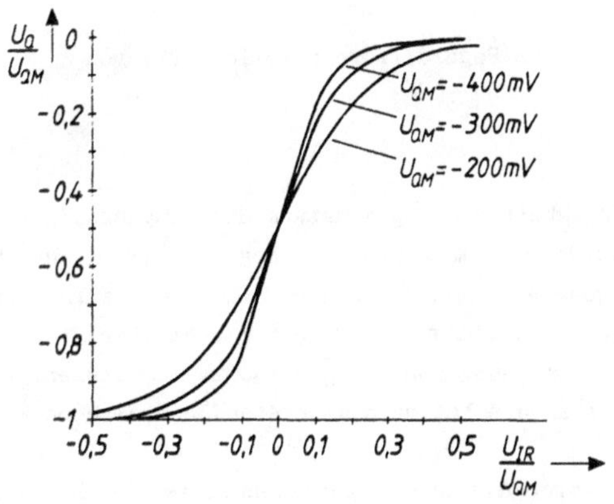

Bild 4.28
Normierte Übertragungskennlinie des Stromschalters mit U_{QM} als Parameter bei Raumtemperatur (300K)

Aus der Übertragungskennlinie ist ersichtlich, daß die Spannungsverstärkung

$$G = \frac{\partial U_Q}{\partial U_{IR}} = - U_{QM} \frac{e^{\frac{q}{kT} U_{IR}}}{\frac{kT}{q}\left[1 + e^{\frac{q}{kT} U_{IR}}\right]^2} \qquad (4\text{-}44)$$

um so kleiner ist, je kleiner die Spannung U_{QM} gewählt wird, da dann die Transistoren im flacheren Bereich der $I_C(U_{BE})$-Kennlinie arbeiten. Außerdem ist die Verstärkung um so geringer, je höher die Temperatur ist. Damit muß, wie in /8/ ausgeführt, in der Praxis die Differenz der Logikpegel mehr als 4 kT/q betragen.

Die maximal zulässige Differenz der Logikpegel richtet sich nach der Art der Kaskadierung der Stromschalter (Bild 4.29).

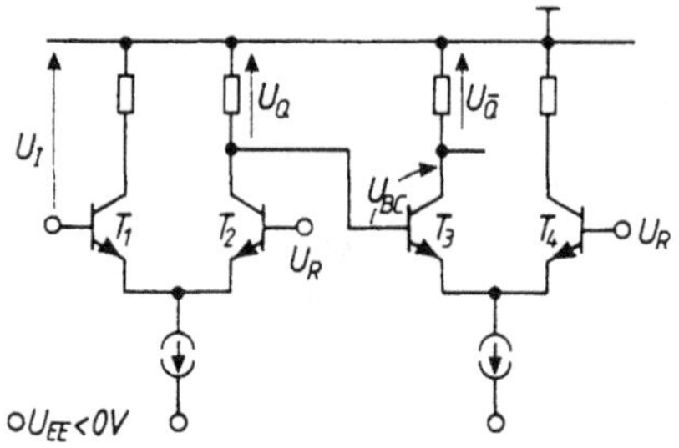

Bild 4.29
Kaskadierung von Stromschaltern

Hierbei ergibt sich eine Pegeldifferenz (Bild 4.29) von

$$U_Q - U_{\bar{Q}} = U_{BC}. \qquad (4\text{-}45)$$

Diese ist in Abhängigkeit vom Logikzustand des Eingangssignals U_I positiv oder negativ. Der positive Wert muß dabei so begrenzt sein, daß Transistor T_3 nur in schwache Sättigung gelangt. In diesem Fall ist die Injektion kollektorseitig vernachlässigbar gegenüber derjenigen vom Emitter (Gl.3-28). In der Praxis wird dabei eine Spannung von $U_Q - U_{\bar{Q}} = \pm 300$mV zugelassen. Voraussetzung dazu ist jedoch, daß der innere Kollektorwiderstand ausreichend klein ist.

Im vorhergehenden wurde die Übertragungskennlinie für den Ausgang U_Q betrachtet. Wegen der symmetrischen Anordnung des Stromschalters hat die Übertragungskennlinie für den Ausgang $U_{\bar{Q}}$ zur $U_{IR}/U_{QM} = 0$ Achse ein spiegelbildliches Verhalten. Die gewonnenen Erkenntnisse sind voll übertragbar.

Der beschriebene Stromschalter läßt sich in ein mehrfach OR/NOR-Gatter überführen, indem dem Eingangstransistor mehrere Transistoren parallel geschaltet werden (Bild 4.30).

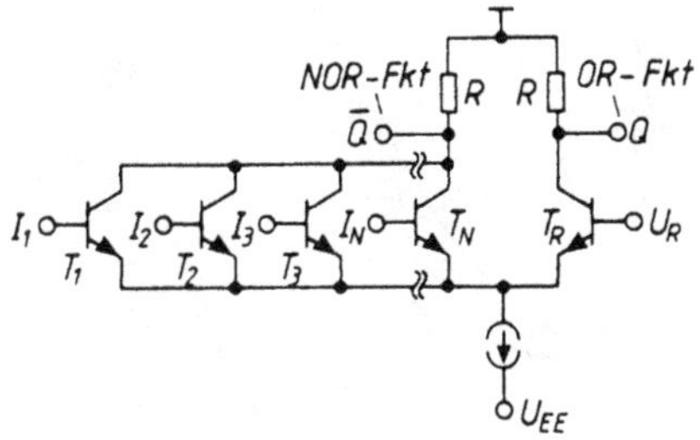

Bild 4.30
CML NOR/OR-Gatter mit mehreren Eingängen

Haben die Eingänge I_1 bis I_N die Spannung U_{IL}, dann sind Transistoren T_1 bis T_N nichtleitend und T_R leitend. Damit entstehen an den Ausgängen die Spannungen $U_Q=U_{QL}$ und $U_{\bar{Q}}=U_{\bar{Q}H}$. Hat dagegen mindestens ein Eingang einen H-Zustand, dann sind die Ausgangszustände entgegengesetzt. Eine NOR- bzw. OR-Gatterfunktion resultiert.

Die parallel geschalteten Transistoren bewirken eine Verschiebung des Ausgangspegel gegenüber dem Eingangspegel, wodurch die zulässige Zahl der parallel geschalteten Transistoren begrenzt wird. Wie es dazu kommt, wird im folgenden näher betrachtet.

Sind alle Transistoren T_1 bis T_N leitend, so wirken diese zusammen wie ein Transistor mit einer um den Faktor N vergrößerten Emitterfläche und damit einem entsprechend großen Transportstrom NI_S. Da der Transportstrom I_S von Transistor T_R davon unbeeinflußt bleibt, kommt es zu einer Unsymmetrie in der Übertragungskennlinie (Gl.4-40 bis 4-43)

$$U_Q = U_{QM}\left[1 + N e^{\frac{q}{kT} U_{IR}}\right]^{-1}. \tag{4-46}$$

Diese ist in Bild 4.31 für eine Spannung von U_{QM} = -300mV und unterschiedlicher Zahl eingeschalteter Transistoren dargestellt.

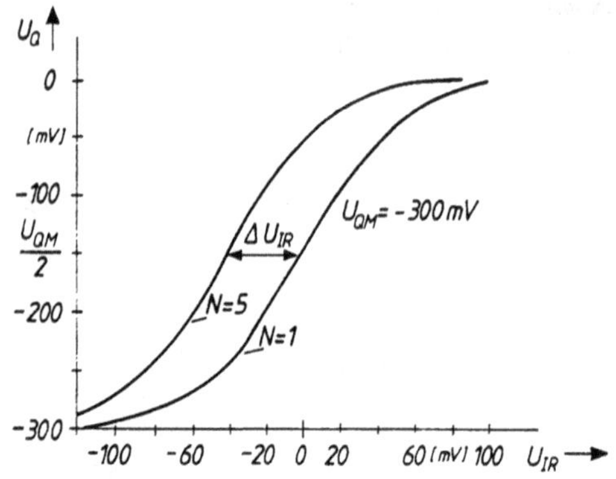

Bild 4.31
Übertragungskennlinie mit N = 1 und N = 5 bei Raumtemperatur (300K)

Die auftretende Unsymmetrie beträgt bei $U_Q = U_{QM}/2$ (Gl.4-46)

$$\Delta U_{IR} = \frac{kT}{q} \ln \frac{1}{N}. \tag{4-47}$$

Diese hat bei N = 5 einen Wert von -41,8mV. Dadurch wird der U_{QH}-Pegel entsprechend vergrößert, während der U_{QL}-Pegel verkleinert wird. Die Zahl der möglichen Eingangstransistoren hängt somit direkt von dem minimal zulässigen U_{QL}-Pegel ab.

Im vorhergehenden wurde eine kurze Beschreibung von CML-Schaltungen gegeben. Komplexere Logikfunktionen können durch die Serienschaltung von Stromschaltern erreicht werden /8/, worauf im Zusammenhang mit ECL-Schaltungen näher eingegangen wird. Ein besonderes Merkmal der CML-Schaltungen sind die geringen Logikpegel. Deshalb sind diese Gatter besonders gut für komplexe chipinterne Realisierungen geeignet, während für Aus- und Eingänge in integrierten Schaltungen größere Pegel zur Erhöhung der Störsicherheit erforderlich sind. Dies führt zu ECL-Schaltungen, die im folgenden näher beschrieben werden.

4.6.3 ECL-Schaltungen

Eine Vergrößerung der Logikpegel ist durch eine Pegelverschiebung (Bild 4.32) möglich.

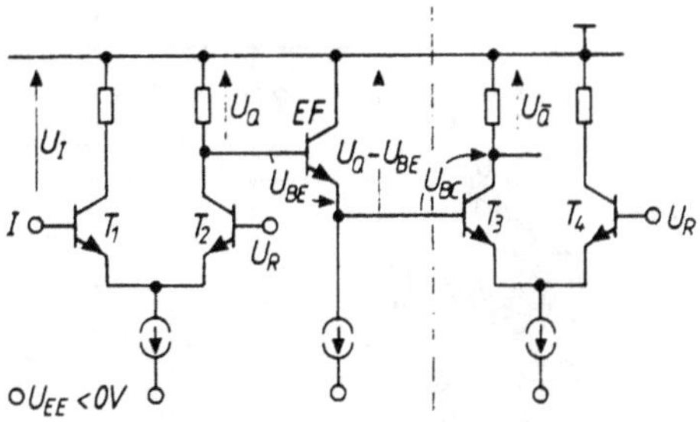

Bild 4.32
Pegelverschiebung bei kaskadierten Stromschaltern

Hierbei ist, im Vergleich zu Bild 4.29, zwischen den beiden Stromschaltern ein sog. Emitterfolger EF vorgesehen. Dieser erfüllt die Aufgabe einer Pegelverschiebung durch den Spannungsabfall U_{BE} an der Basis-Emitterdiode. Dadurch ergibt sich gegenüber Beziehung (4-45) eine vergrößerte Pegeldifferenz von

$$U_Q - U_{\bar{Q}} = U_{BC} + U_{BE}. \tag{4-48}$$

Diese ist in Abhängigkeit von den logischen Zuständen positiv oder negativ, jedoch kann der Wert der Pegelspannungen jetzt so gewählt werden, daß die Basis-Kollektordiode von Transistor T_3 nie in Durchlaßbereich gelangt, wodurch eine Injektion kollektorseitig ganz vermieden werden kann. Die Referenzspannung U_R muß selbstverständlich an die vergrößerte Pegeldifferenz entsprechend Gleichung (4-39) angepaßt werden.

Der Emitterfolger EF hat, wie gezeigt wurde, den Vorteil, daß er eine einfache Pegelverschiebung ermöglicht. Weiterhin bietet er jedoch noch den zusätzlichen Vorteil einer Impedanztransformation mit hohem Eingangs- und kleinem Ausgangswiderstand. Dadurch kann die Schaltung besser belastet werden. Man erhält die bekannte ECL-Schaltungstechnik (emitter coupled logic), auf die im folgenden anhand einer kommerziell verfügbaren Logikfamilie näher eingegangen wird.

In Bild 4.33 ist als Beispiel ein zweifach OR/NOR-Gatter der Schaltkreisfamilie MECL 10K /9/ dargestellt.

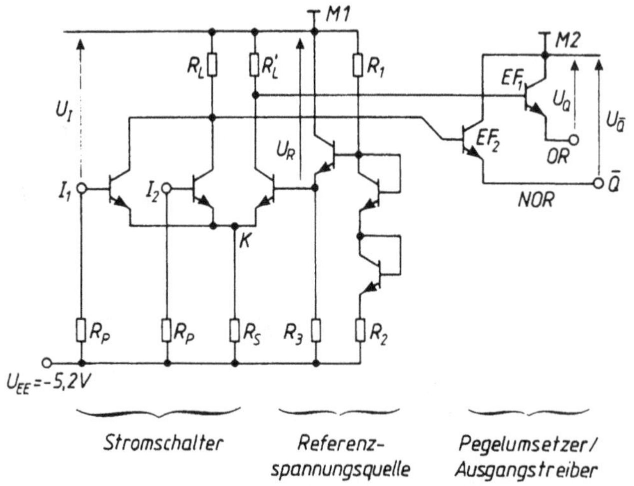

Bild 4.33

Zweifach OR/NOR-Gatter der ECL-Familie MECL 10K

Die Ausgänge bestehen aus den Emitterfolgern EF_1 und EF_2. Der Stromgenerator wurde durch einen Widerstand R_S genähert. Dies ist keine schlechte Näherung, da sich die Spannung am Knoten K nur relativ gering in Abhängigkeit von den kleinen Eingangspegeln verändert. Durch die Zuführung verschiedener Masseleitungen wird außerdem erreicht, daß Störspitzen, die bei den Ausgangstreibern entstehen, nicht die intern erzeugte Referenzspannung U_R beeinflussen. Um unbenutzte Eingänge nicht extern beschalten zu müssen, sind alle Eingänge mit hochohmigen 50kΩ Widerständen R_P versehen. Die offenen Ausgänge Q und $\bar{Q}$ ermöglichen eine individuelle Anpassung an die zu treibende Last und damit Leitungsanpassung. Gebräuchlich ist, hierbei einen externen Widerstand von 50Ω zu verwenden (Bild 4.34), der mit -2V verbunden ist /10/.

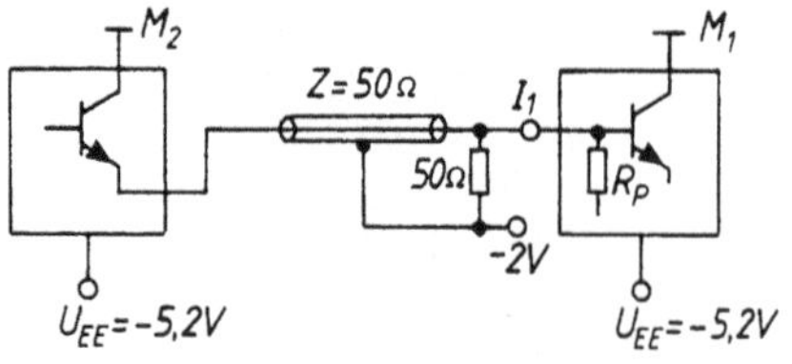

Bild 4.34

Zusammenschaltung von ECL-Gattern mit reflexionsfrei abgeschlossener Leitung

Analyse und Dimensionierung des Gatters

Um das Verhalten des Gatters weiter zu veranschaulichen, wird im folgenden eine Analyse und Dimensionierung erster Ordnung durchgeführt. Dabei wird zur Vereinfachung angenommen, daß alle Transistoren eine Stromverstärkung von $B_N \to \infty$

besitzen und daß an allen eine gleiche konstante stromunabhängige Spannung U_{BE} zwischen Basis-Emitterstrecke abfällt. Der besseren Übersicht wegen sind in Bild 4.35 die wesentlichsten Elemente des Gatters noch einmal dargestellt.

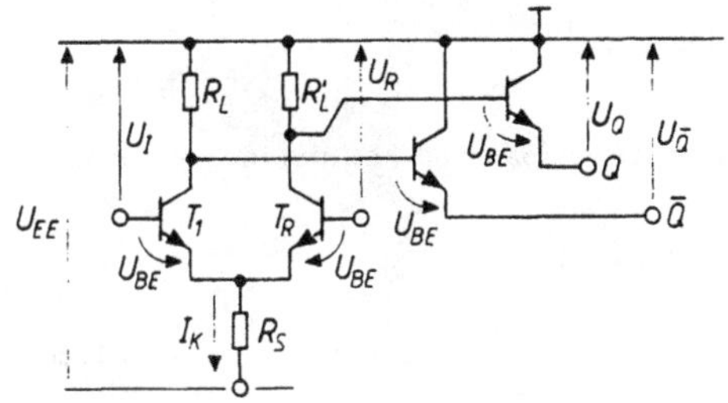

Bild 4.35
Ausschnitt aus Bild 4.33

Werden Gatter hintereinander geschaltet, dann hat das Eingangssignal die Pegel $U_{IH} = -U_{BE}$ bzw. $U_{IL} < U_R$. Entsprechend diesen beiden Fällen ergeben sich Ausgangspegel, die im folgenden bestimmt werden.

<u>1. Fall:</u> $U_{IH} = -U_{BE}$

Der Strom I_K fließt nur durch Transistor T_1, so daß an R'_L der Spannungsabfall 0 ist und am Ausgang Q eine Spannung von

$$U_{QH} = -U_{BE} \tag{4-49}$$

vorhanden ist. Diejenige am Ausgang $\bar{Q}$ ergibt sich nach Anwendung des Kirchhoff'schen $\Sigma U = 0$ Gesetzes zu

$$U_{\bar{Q}L} = (U_{EE} + 2U_{BE}) \frac{R_L}{R_S} - U_{BE}. \tag{4-50}$$

Mit den Werten $U_{QH} = -U_{BE} \approx -0{,}85V$ und $U_{\bar{Q}L} \approx -1{,}75V$ ergibt sich ein Widerstandsverhältnis R_L/R_S von ca. 0,26.
Die Ausgangspegel sind die Eingangspegel des folgenden Gatters. Daraus kann eine Referenzspannung, die genau zwischen den Eingangspegeln liegt (Gl.4-39), von

$$U_R = \frac{U_{IL} + U_{IH}}{2}$$

$$= -U_{BE} + (U_{EE} + 2U_{BE}) \frac{R_L}{2R_S} \tag{4-51}$$

bestimmt werden. Dies ist auch genau die Spannung, die in Bild 4.33 die Referenzspannungsquelle

$$U_R = -U_{BE} + (U_{EE} + 2U_{BE}) \frac{R_1}{R_1 + R_2} \quad (4\text{-}52)$$

liefert, wenn die Widerstände so gewählt werden, daß

$$\frac{R_L}{2R_S} = \frac{R_1}{R_1 + R_2} \quad (4\text{-}53)$$

ist. Die Referenzspannung hat mit den genannten Zahlen einen Wert von -1,3V.

2. Fall: $U_{IL} < U_R$

Der Strom I_K fließt jetzt nur durch Transistor T_R, so daß am Ausgang $\bar{Q}$ eine Spannung von

$$U_{\bar{Q}H} = -U_{BE} \quad (4\text{-}54)$$

vorhanden ist. Dagegen ergibt sich am Ausgang Q eine Spannung von

$$U_{QL} = (U_{EE} - U_R + U_{BE}) \frac{R'_L}{R_S} - U_{BE}$$

$$= \left[U_{EE}(1 - \frac{R_L}{2R_S}) + 2U_{BE}\,(1 - \frac{R_L}{2R_S})\right] \frac{R'_L}{R_S} - U_{BE}. \quad (4\text{-}55)$$

Bei dem Gatter haben die H-Pegel beider Ausgänge gleiche Werte. Die L-Pegel unterscheiden sich dagegen. Damit jedoch die Symmetriebedingung (Gl.4-39) eingehalten wird, muß $U_{\bar{Q}L} = U_{QL}$ sein. Durch einen Vergleich der Beziehungen (4-50) und (4-55) erhält man direkt die dazu notwendige Anforderung an die Widerstandsverhältnisse

$$\frac{R_L}{R'_L} = 1 - \frac{R_L}{2R_S}. \quad (4\text{-}56)$$

Die absoluten Werte richten sich nach der geforderten Schaltzeit, was selbstverständlich auch für Beziehung (4-53) zutrifft.

Anhand der hergeleiteten Ausgangspegel kann direkt das Temperaturverhalten des Gatters bestimmt werden. So ist:

$$\frac{\partial U_{QH}}{\partial T} = \frac{\partial U_{\bar{Q}H}}{\partial T} = -\frac{\partial U_{BE}}{\partial T} \quad (4\text{-}57)$$

und

$$\frac{\partial U_{QL}}{\partial T} = \frac{\partial U_{\bar{Q}L}}{\partial T} = -\left[1 - 2\frac{R_L}{R_S}\right] \frac{\partial U_{BE}}{\partial T}, \quad (4\text{-}58)$$

wenn die Widerstandsverhältnisse entsprechend vorhergehender Beziehung eingehalten werden. Die Temperaturabhängigkeit der Basis-Emitterspannung beträgt dabei ca. $\partial U_{BE}/\partial T = -1{,}8mV/^0C$ bei Raumtemperatur, wie im Kapitel 8.4 gezeigt ist.

Bei den vorgestellten CML- und ECL-Schaltungen wurde der positive Anschluß der Versorgungsspannung als Nullpotential, d.h. Masse gewählt. Dies hat den großen Vorteil, daß die H-Pegel nur von der Basis-Emitterspannung U_{BE} und nicht von der Versorgungsspannung U_{EE} abhängig sind. Hätte man den negativen Anschluß der Versorgungsspannung als Bezugspotential gewählt, wäre dies nicht der Fall. Alle Pegel wären dann von der Versorgungsspannung abhängig und ein zuverlässiger Betrieb nicht möglich.

In Bild 4.36 sind typische Übertragungskennlinien für ein OR/NOR-Gatter der MECL 10K-Familie /9/ dargestellt.

Bild 4.36
Übertragungskennlinie eines OR/NOR-Gatters als Funktion der Temperatur /9/
(U_{EE}=-5,2V Last: 50Ω an -2V)

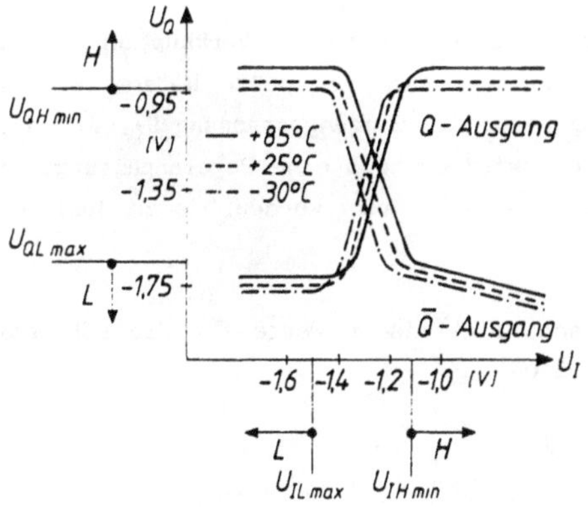

Die zunehmende Reduzierung des L-Pegels am Ausgang $\bar{Q}$ ist auf die Erhöhung des Eingangspegels U_{IH} zurückzuführen. Denn in diesem Fall steigt der Strom I_K und damit der Spannungsabfall an R_L (Bild 4.33) an. Dies kann sogar soweit führen, daß Transistor T_1 in Sättigung gelangt.

Im vorhergehenden wurde ein einfaches OR/NOR-Gatter betrachtet. Bei der Realisierung komplexerer logischer Funktionen wird ein für die ECL-Schaltungstechnik typisches Prinzip verwendet, bei dem Transistoren seriell verknüpft werden (series gating) /10,11/. Am Beispiel eines AND/NAND-Gatters soll darauf näher eingegangen werden.

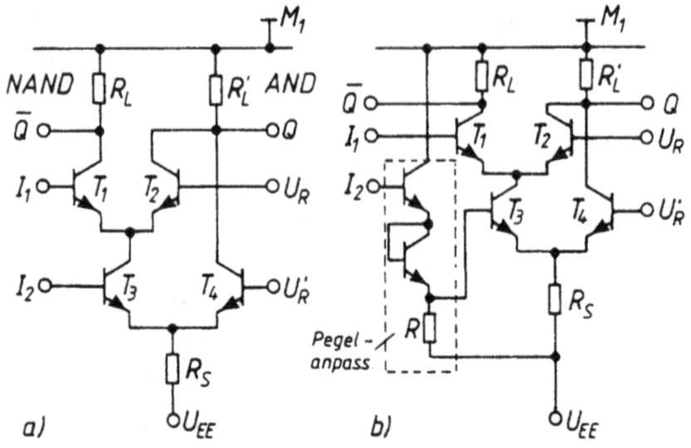

Bild 4.37
a) AND/NAND-Gatter;
b) AND/NAND-Gatter mit Pegelanpassung; (Ausgangstreiber nicht gezeigt)

Befinden sich die Eingänge I_1 und I_2 im H-Zustand, leiten die Transistoren T_1 und T_3 und $\bar{Q}$ ist im L-Zustand. Demgegenüber sind die Transistoren T_2 und T_4 nichtleitend und Q befindet sich im H-Zustand. Bei allen anderen Eingangskombinationen ist Q im H- und $\bar{Q}$ im L-Zustand.

Eine Folge der seriellen Verknüpfung von Transistoren ist, daß jede Stromschalterebene eine angepaßte Referenzspannung haben muß. Da $U'_R<U_R$ ist, muß zwangsweise die Eingangsspannung $U_{I2}<U_{I1}$ sein. Um einheitliche Pegel zu realisieren, wird deshalb eine Pegelanpassung, wie in Bild 4.37b gezeigt, durchgeführt. In der Praxis werden bis zu drei Stromschalterebenen /12, 13/ verwendet.

Typische elektrische Werte für die ECL-Familie MECL 10K sind in Tabelle 4.3 enthalten.

U_{EE}	-5,2V
P pro Gatter	25 mW
t_p pro Gatter	~1ns
U_{QHmin}/U_{QLmax}	-0,98V/-1,63V
U_{IHmin}/U_{ILmax}	-1,13V/-1,48V

Tabelle 4.4
Typische elektrische Werte der MC/10K Familie /9/ (T=25°C; Last 50Ω an -2V)

Übungen

Aufgabe 4.1

Leiten Sie die Beziehung für die Sättigungszeitkonstante (Gl.4-26)

$$\tau_S = \frac{\tau_N B_N[1 + B_I] + \tau_I B_N B_I}{1 + B_N + B_I}$$

aus dem Ersatzschaltbild des Transistors (Bild 3.11) ab. Hinweis: Die Sättigungsladung ist dabei entsprechend Beziehung (4-24)

$$Q_{BS} = \tau_S I_{BS} \text{ oder } Q_{BS} = Q_N + Q_I - I_C\tau_N,$$

wobei $I_C\tau_N$ die minimale Ladung ist, die zur Aufrechterhaltung des Kollektorstroms benötigt wird und Q_N bzw. Q_I die injizierten Ladungen (Gl.3-78, 3-80) sind.

Aufgabe 4.2

Der im Bild gezeigte Invertertransistor hat die Daten: B_N=40, B_I=2, I_S=10^{-16}A. Gesucht werden die Ausgangsspannungen, wenn U_{IH}=5V und U_{IL}=0,2V ist. Welche Ausgangsspannung würde sich ergeben, wenn U_{IL}=1V betragen würde?

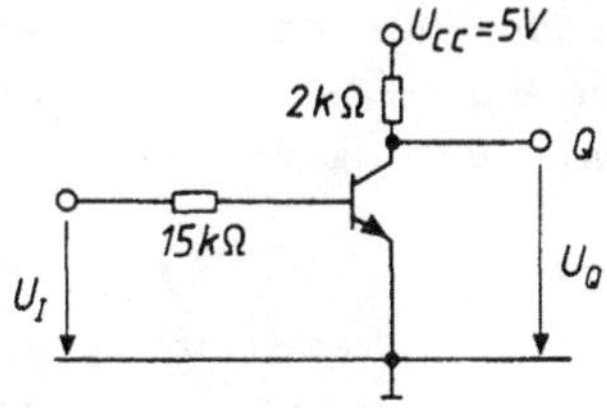

Aufgabe 4.3

Der dargestellte Inverter hat eine Ausgangsfächerung von n=5. Er wird angesteuert mit einer Eingangsspannung von U_{IHmin}=3V und U_{ILmax}=0,5V. Welche Ausgangsspannungen U_Q ergeben sich am Inverter? Wie groß sind die Störabstände für den L- und H-Zustand?
Bestimmen Sie den statischen Leistungsverbrauch des Inverters. Die Daten der Transistoren sind: B_N=40, B_I=2, I_S = 10^{-16}A

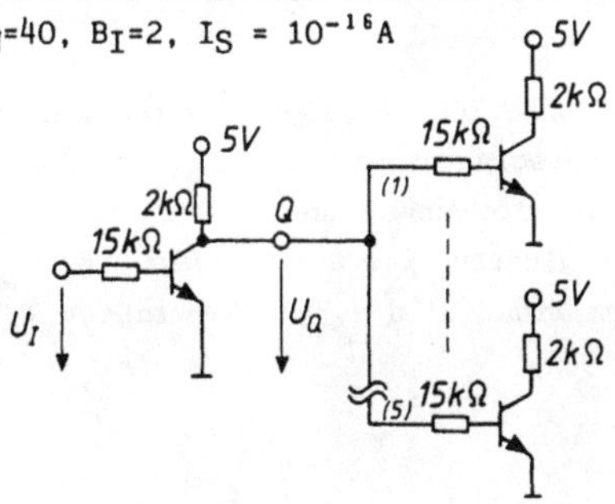

Aufgabe 4.4

Bei dem als Diode verknüpften Transistor wird bei einem Strom von I=80mA eine Spannung von U_{PN}=0,975V gemessen. Wie groß sind die Widerstände R_S und R_B? Daten des Transistors: B_N=150; $I_S=10^{-16}$A; $R_E≈0Ω$

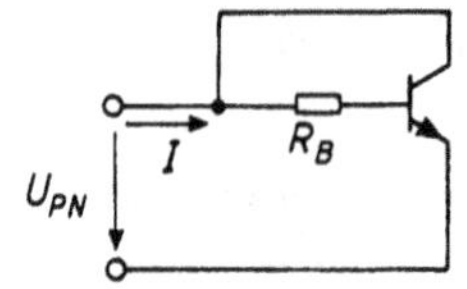

Aufgabe 4.5

Bestimmen Sie das Ein- und Ausschaltverhalten des in Bild 4.19 gezeigten Inverters, der durch Stromansteuerung geschaltet wird.

1. Wenn die Basisströme $|I_{B2}|=I_{B1}$=200µA betragen und
2. wenn $|I_{B2}|=3\cdot I_{B1}$ und $I_{B1}=15\cdot I_C/B_N$ ist. Dies stellt einen Kompromiß zur Schaltzeitverkürzung dar, da $|I_{B2}|>I_{B1}>I_C/B_N$ ist.

Die Daten des Transistors: τ_N=2ns; τ_I=8ns; B_I=5; B_N=120. Der Widerstand R_L beträgt 1kΩ und U_{CC} ist 5V.

Aufgabe 4.6

Gegeben ist die Ausgangsstufe eines TTL-Gatters der 74-Familie (Bild 4.24), wenn am Eingang mindestens ein L-Pegel anliegt. Bestimmen Sie die minimale Ausgangsspannung U_{QHmin}, wenn der Ausgangsstrom I_Q=-2mA beträgt.

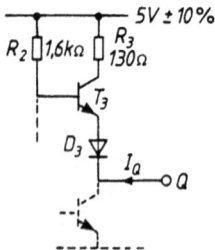

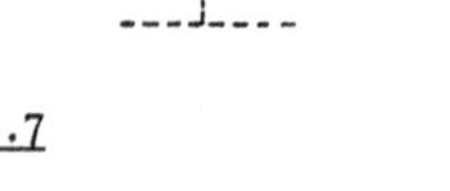

Transistor: T_3
$J_S=5\cdot10^{-8}$A/m^2 A_E=700µm^2
70<B_N<120

Diode: D_3
$J_S=10^{-7}$A/m^2 A=500µm^2

Aufgabe 4.7

Das Bild zeigt eine typische ECL-Ausgangsstufe für den Fall, daß Transistor T_2 abgeschaltet ist. Der Versorgungsspannung U_{EE} ist eine Störung v_e von ±200mV überlagert. Bestimmen Sie die Auswirkung dieser Störung auf die Ausgangsspannungen U_Q und U_S und vergleichen Sie das gefundene Ergebnis mit den Spannungszuweisungen bei ECL-Familien (Bild 4.33). Transistor T_4 hat eine Verstärkung von B_N=80.

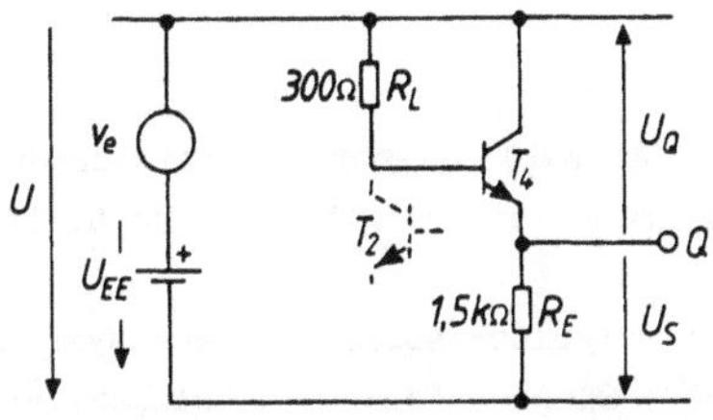

Aufgabe 4.8

Berechnen Sie die Spannung U_R der gezeigten Schaltung, die zur Erzeugung der Referenzspannung bei ECL-Gatter (Bild 4.33) verwendet wird. Hierbei ist zu berücksichtigen, daß die Verstärkung nicht unendlich groß ist.

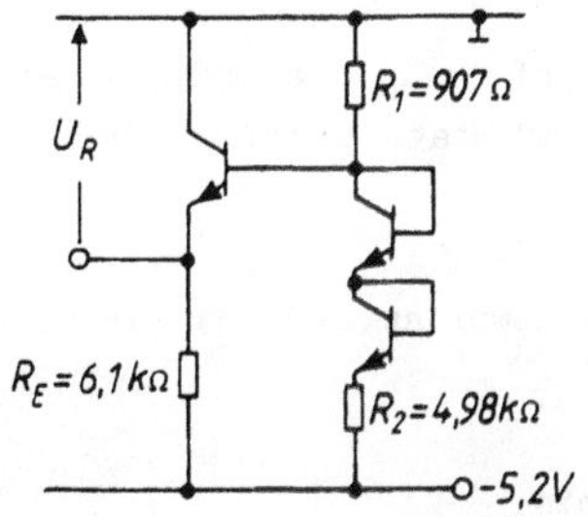

Transistor:
$J_S=5\cdot10^{-6}A/m^2$ $A_E=500\mu m^2$
$B_N=80$

Die wichtigsten Beziehungen

Schaltverhalten des bipolaren Inverters

Einschaltzeit: $t_{ein} \approx \tau_N \dfrac{I_C}{I_{B1}}$

Ausschaltzeit: $t_{aus} = t_s + t_r$

Sättigungszeit: $t_s = \tau_s \dfrac{I_{B1}}{|I_{B2}|}$

Sättigungszeitkonstante: $\tau_s = \dfrac{\tau_N B_N[1 + B_I] + \tau_I B_N B_I}{1 + B_N + B_I}$

Abfallzeit: $t_r \approx \tau_N \dfrac{I_C}{|I_{B2}|}$

Literaturhinweise

[1] A.H. Agajanian: "A bibliography on semiconductor device isolation techniques"; Solid State Technol. 18 No 4, pp 61-65, 1975

[2] H. Eggers et al: "A Polymide-Isolated Three-Layer Metallization System for Bipolar Gate Arrays"; Siemens Forsch.-u.Entwickl.-Ber. Bd.15 (1986) Nr. 2

[3] H. Murrmann: "Modern Bipolar Technology for High-Performance ICs"; Siemens Forsch.-u.Entwickl.-Ber. Bd.5 (1976) Nr. 6

[4] M.J. Callahan: "Models for the lateral pnp transistor including substrate interaction"; IEEE Trans. Electron Dev. ED-19; pp 122-123, 1972

[5] A.J. Walton et al: "Numerical Simulation of Resistive Interconnects for Integrated Circuits"; IEEE Journal of Solid-State Circuits, Vol. SC-20, No. 5, 6 Dec. 1985, pp. 1252-1258

[6] J.M. Fairfield, B.V. Gokhate: "Gold as a recombination centre in silicon"; Solid-State Electron. 8, 1965

[7] The TTL Data Book Volume 2 Texas Instruments

[8] R.L. Treadway: "DC Analysis of Current Mode Logic"; IEEE Circuits and Devices Magazen; Vol. 5, No. 2, March 1989, pp. 21-35

[9] MECL System Design Handbook Motorola Semiconductor Products Inc. 1988

[10] H.-M. Rein, R. Ranfft:"Integrierte Bipolarschaltungen"; Springer-Verlag, 1980

[11] ECL Data Book, Fairchild Semiconductor 1977

[12] W. Braeckelmann et al: "A master-slice LSI for subnanosecond random logic; "IEEE ISSCC 1977, Dig. Tech. Papers

[13] M. Suzuki et al: "43ps/5,2GHz Bipolar Macrocell Array LSIs"; IEEE ISSCC 1988, Dig. Tech. Papers pp.70-71

5.0 Feldeffekttransistor

In diesem Kapitel wird das grundsätzliche Verhalten des MOS-Transistors analysiert. Dabei wird von der einfachen MOS-Struktur ausgegangen, um daran das Kapazitätsverhalten zu studieren und um Gleichungen herzuleiten, mit denen die Ladungen der Struktur berechnet werden können. Die Begriffe Flachbandspannung und Einsatzspannung werden eingeführt. Mit den gewonnenen Beziehungen wird anschließend das Verhalten des Transistors beschrieben. Hierbei wird zwischen einfachen und genaueren Transistorgleichungen unterschieden. Die einfachen Beschreibungen dienen dem Zweck, erste überschlägige Berechnungen durchzuführen. Genauere Beziehungen führen zu Modellgleichungen, die bei der rechnergestützten Schaltungssimulation Verwendung finden. Hierbei werden die wesentlichsten Effekte zweiter Ordnung erfaßt. Dies sind u.a. Beweglichkeitsdegradation, Kurzkanaleffekte, Kanallängenmodulation sowie Bipolareffekte. Das Kapitel wird mit einer Betrachtung von Speicherelementen abgeschlossen.

5.1 MOS-Struktur

Grundsätzlich kann man die Transistoren in strom- und spannungsgesteuerte Gruppen aufteilen. Während die bipolaren Transistoren zu der Gruppe der stromgesteuerten gehören, werden die Feldeffekttransistoren (FET) spannungsgesteuert. Diese Gruppe läßt sich weiter unterteilen in Sperrschicht-Feldeffekttransistoren /1/ und solche mit isolierter Steuerelektrode. Letztere sind von überwiegender Bedeutung bei integrierten Schaltungen und werden im folgenden näher behandelt. Man unterscheidet dabei zwischen p-Kanal und n-Kanal Transistoren, wie in Bild 5.1 skizziert.

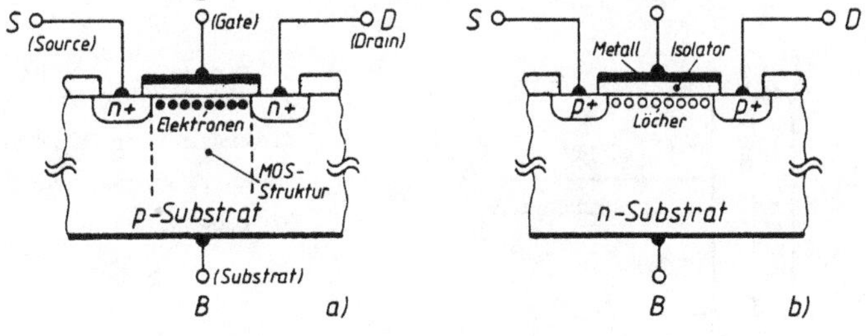

Bild 5.1
Prinzipaufbau des MOS-Transistors; a) n-Kanal-Typ; b) p-Kanal-Typ (Raumladungszonen nicht gezeigt)

Das Gate (Metall) ist über einen Isolator mit der Halbleiteroberfläche verbunden. An der Halbleiteroberfläche kann sich bei entsprechender Gatespannung ein leitender Kanal bilden, der die Source- und Draingebiete verbindet. Die in Bild 5.1 gezeigten Transistoren werden Metall-Oxid-Halbleiter (Semiconductor) Transistoren genannt. Bei dieser Bezeichnung kommt zum Ausdruck, daß das Metallgate über ein isolierendes Oxid mit dem Halbleiter verbunden ist. Die Symbole der Transistoren sind in Bild 5.2 dargestellt und in Anreicherungs- und Verarmungstypen aufgeteilt. Diese Transistoren unterscheiden sich im Stromverhalten. Während beim Anreicherungstransistor, wenn keine Gatespannung anliegt, der Drainstrom $I_{DS}=0$ ist, ist dies beim Verarmungstransistor nicht der Fall.

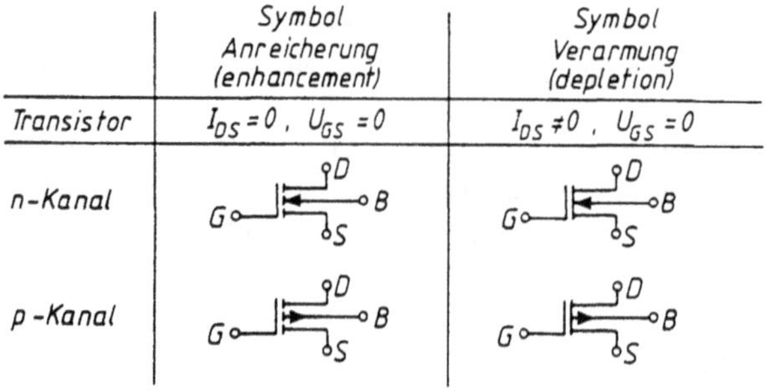
Symbol
Anreicherung
(enhancement)
Symbol
Verarmung
(depletion)
Transistor
$I_{DS}=0$, $U_{GS}=0$
$I_{DS}\neq 0$, $U_{GS}=0$
n-Kanal
p-Kanal
G
D
B
S

Bild 5.2
Übersicht über die Symbole der MOS-Transistoren

Die Metall-Oxid-Halbleiter (Semiconductor) Struktur (Bild 5.3) stellt das Grundelement des MOS-Transistors dar. (Ausschnitt aus Bild 5.1)

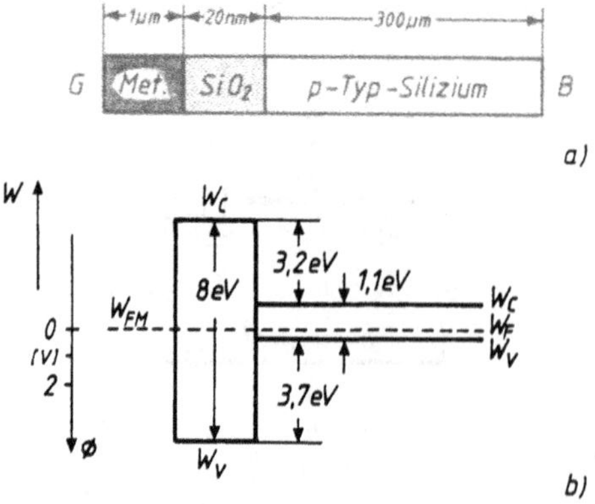

Bild 5.3
a) MOS-Struktur; b) Bänderdiagramm der MOS-Struktur im thermodynamischen Gleichgewicht

Die Struktur besteht aus einer Metallelektrode, die über einen dünnen Isolator (Siliziumdioxid SiO_2) den Halbleiter beeinflußt. Im folgenden wird ein p-Typ-Halbleiter vorausgesetzt.

Die MOS-Struktur befindet sich im thermodynamischen Gleichgewicht. Dies bedeutet im Bänderdiagramm, daß das Ferminiveau in allen Bereichen auf gleicher energetischer Höhe (Kapitel 2.1) verläuft. Da der Isolator selbst keine bewegliche Ladung besitzt, zeigen seine Leitungs- und Valenzbandkanten diejenigen Energien an, die die Elektronen bzw. Löcher der angrenzenden Materialien benötigen würden, diese Energiebarrieren zu überwinden.

5.1.1 Charakteristik der MOS-Struktur

Wird an die Klemmen der MOS-Struktur eine veränderliche Spannung U_{GB} angelegt, können drei stationäre Zustände, die Akkumulation, Verarmung und Inversion erzeugt werden. Im folgenden wird als Bezugspunkt die Halbleiterrückseite mit dem Ferminiveau W_F gewählt (Bild 5.4).

Akkumulation:

Liegt an der MOS-Struktur (Bild 5.4a) eine Gatespannung $U_{GB}<0$ an, d.h. negativer Pol an der Gateelektrode, dann zieht das am Isolator entstandene Feld Löcher aus dem p-Typ Halbleiter zur Barriere Isolator-Halbleitergrenzschicht. Dort bildet sich eine Löcheranhäufung (Akkumulation), als Gegenladung zur negativen Gateladung (Bild 5.4b). Der Verlauf der Energiebänder entspricht den auftretenden Spannungsabfällen. Im Halbleiter ist an der Halbleiteroberfläche der Energieabstand $W_F - W_V$ kleiner als im Halbleiterinnern, was einen Anstieg der Löcherkonzentration bedeutet (Gl.1-11).

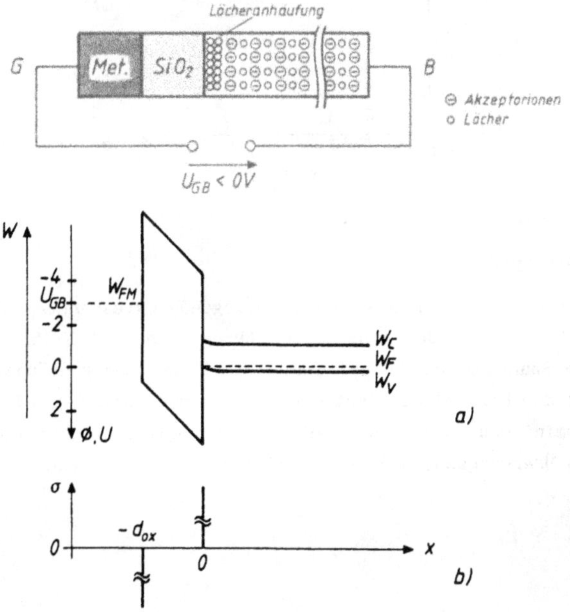

Bild 5.4
MOS-Struktur bei Akkumulation;
a) Bänderdiagramm;
b) Ladungsverteilung

Verarmung:

Wird an der MOS-Struktur die Spannung U_{GB} umgepolt (Bild 5.5), werden Löcher von der Grenzfläche Isolator-Halbleiter weggestoßen. Es entsteht eine negativ geladene Raumladungszone (RLZ) aus ionisierten Akzeptoren, als Gegenladung zur positiven Ladung der Gateelektrode (Bild 5.5b).

Im Halbleiter herrscht thermodynamisches Gleichgewicht, da dort das Ferminiveau auf gleicher energetischer Höhe verläuft. Im Bänderdiagramm ist jedoch der Energieabstand W_F-W_V an der Halbleiteroberfläche größer geworden, was einer Verarmung von Löchern entspricht.

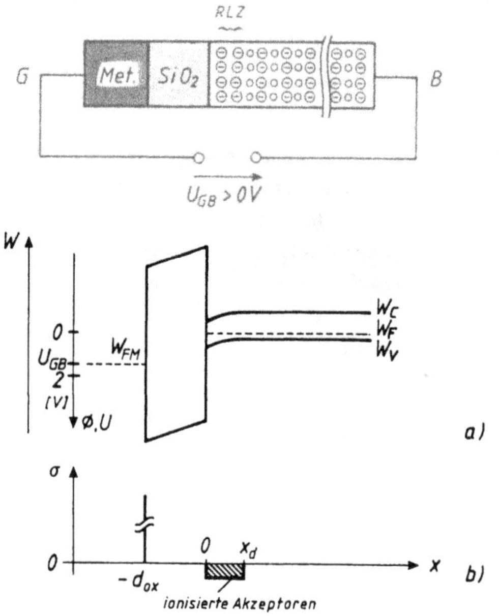

Bild 5.5
MOS-Struktur bei Verarmung;
a) Bänderdiagramm;
b) Ladungsverteilung

Tiefe Verarmung

Wird die an der MOS-Struktur anliegende Gatespannung weiter erhöht, vergrößert sich die Zone der ionisierten Akzeptoren (Bild 5.6). Entsprechend nimmt dort der Spannungsabfall und die Biegung der Energiebänder zu. In diesem Zustand ist der Halbleiter nicht mehr im thermodynamischen Gleichgewicht und somit das Ferminiveau nicht mehr auf gleicher energetischer Höhe. Dieser Zustand, der ein Übergangszustand ist, wird tiefe Verarmung (deep depletion) genannt.

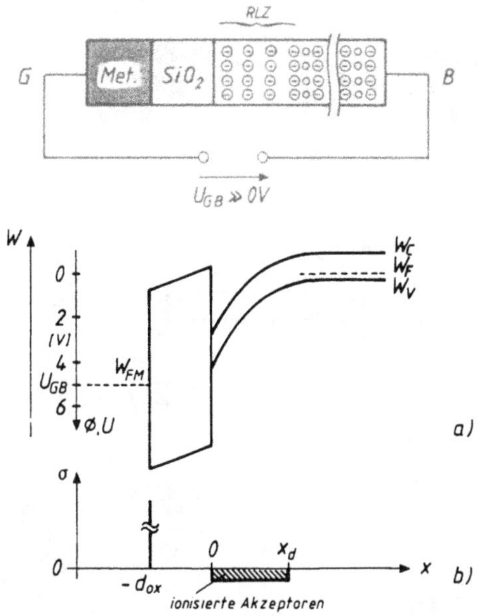

Bild 5.6
MOS-Struktur bei tiefer Verarmung;
a) Bänderdiagramm;
b) Ladungsverteilung

Inversion

Überall im Halbleiter entstehen und verschwinden durch Generation und Rekombination Ladungsträger. Infolge des großen Feldes werden jedoch in der Raumladungszone die generierten Ladungsträger getrennt. Es wandern Elektronen an die Grenzfläche zum Isolator und Löcher zum Substratanschluß. Die Elektronen an der Halbleiteroberfläche bilden eine Elektronenschicht, die Inversionsschicht genannt wird, da sie eine invertierte Polarität zu den Ladungsträgern (Löcher) im Substratmaterial besitzt. Der Aufbau dieser Schicht geschieht so lange (Sekunden), bis das thermodynamische Gleichgewicht hergestellt ist. Dabei hat sich eine starke Inversionsschicht ausgebildet. Die positive Ladung der Gateelektrode wird somit durch zusätzliche negative Ladung der Elektronen an der Halbleiteroberfläche kompensiert (Bild 5.7b). Dadurch verringert sich die Ladung der ionisierten Akzeptoren und die Weite der Raumladungszone nimmt ab. Eine weitere Erhöhung der Gatespannung hat jeweils nach Erreichen des thermodynamischen Gleichgewichts zur Folge, daß zusätzlich Elektronen an der Grenzfläche angehäuft werden. Die Ladung und Weite der Raumladungszone bleiben dabei jedoch nahezu konstant.

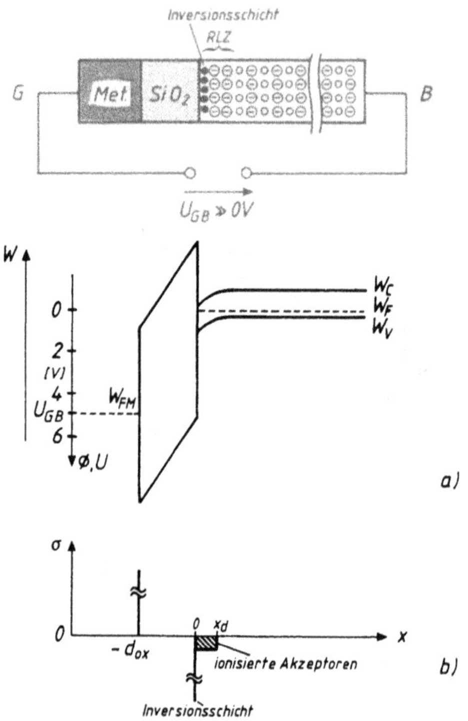

Bild 5.7
MOS-Struktur bei starker Inversion; a) Bänderdiagramm; b) Ladungsverteilung

5.1.2 Kapazitätsverhalten der MOS-Struktur

Im vorhergehenden Kapitel wurden die drei Zustände der MOS-Struktur Akkumulation, Verarmung und Inversion beschrieben. Diese Zustände haben zur Folge, daß die MOS-Struktur in Abhängigkeit von der anliegenden Spannung U_{GB}, der eine Wechselspannung überlagert ist, ein unterschiedliches Kleinsignal-Kapazitätsverhalten (Bild 5.8) zeigt.

Ist $U_{GB}<0$, herrscht an der Halbleiteroberfläche Akkumulation. Die Wechselspannungsänderung ruft eine Ladungsänderung zu beiden Seiten des Isolators (Oxid) hervor. Die MOS-Struktur verhält sich dabei wie die Kapazität eines Plattenkondensators mit dem Plattenabstand d_{ox} und dem Wert

$$C'_{ox} = \frac{\varepsilon_0 \varepsilon_{ox}}{d_{ox}}, \tag{5-1}$$

wobei C'_{ox} die flächenspezifische Oxidkapazität und d_{ox} die Dicke der Oxidschicht ist. Hat U_{GB} einen Wert >0, stellt sich eine Verarmungszone an der

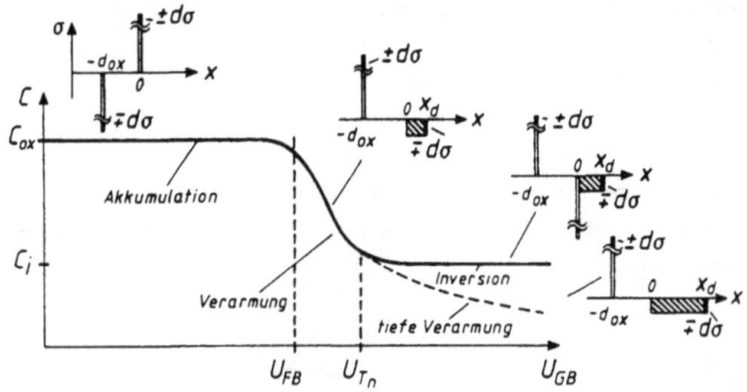

Bild 5.8
Kleinsignal-Kapazitätsverhalten der MOS-Struktur als Funktion der Gatespannung bei einer mittleren Frequenz

Halbleiteroberfläche ein, wodurch die Kapazität verringert wird. Dies kann man sich so vorstellen, als ob die Dicke der Oxidschicht d_{ox} sich um den Betrag der Dicke der Verarmungszone x_d vergrößert. Wird die Spannung U_{GB} weiter erhöht, bildet sich infolge von Generation eine Inversionsschicht. Diese bewirkt, daß sich die Raumladungszone nicht weiter ausdehnt und die Kapazität dadurch nicht weiter verringert wird. In diesem Fall verhält sich die Kapazität der MOS-Struktur wie die Reihenschaltung einer Oxidkapazität C'_{ox} (Gateelektrode-Inversionsschicht) und einer Sperrschichtkapazität C'_j (Inversionsschicht-Substrat)

$$C'_i = \left[\frac{1}{C'_j} + \frac{1}{C'_{ox}}\right]^{-1}, \tag{5-2}$$

wobei letztere einen flächenspezifischen Wert von

$$C'_j = \frac{\varepsilon_0 \varepsilon_{Si}}{x_d} \tag{5-3}$$

hat, der vergleichbar mit dem des pn-Übergangs (Gl.2-68) ist. Bisher wurde stillschweigend davon ausgegangen, daß die Spannung U_{GB} so langsam verändert wird, daß sich die MOS-Struktur immer im thermodynamischen Gleichgewichtszustand befindet. Ist dies nicht der Fall, z.B. durch zu schnelles Verändern von U_{GB}, kann die MOS-Struktur in tiefe Verarmung gelangen, wodurch die Kapazität durch Vergrößerung der Raumladungszone weiter verringert wird (gestrichelt in Bild 5.8).

In der vorhergehenden Betrachtung der Kleinsignal-Kapazität wurde vorausgesetzt, daß eine Wechselspannung mit einer mittleren Frequenz von ca. 1MHz an der MOS-Struktur anliegt und sich die Ladungsänderung am Gate und am Ende der Raumladungszone zum Substrat hin auswirkt. Wird die Frequenz jedoch so weit erniedrigt (unter 1Hz), daß die Generation-Rekombinationsrate mit der Frequenz der Wechselspannung mithält, tritt die Ladungsänderung an der Inversionsschicht auf. In diesem Fall nähert sich der Kapazitätswert dem Wert der Oxidkapazität, wie er in Bild 5.9 gestrichelt eingezeichnet ist.

Der Übergang von der Akkumulation zur Verarmung wird durch die Flachbandspannung U_{FB} und derjenige von der Verarmung zur Inversion durch die Einsatzspannung U_{Tn} charakterisiert. Auf beide Spannungen wird in den folgenden Abschnitten näher eingegangen.

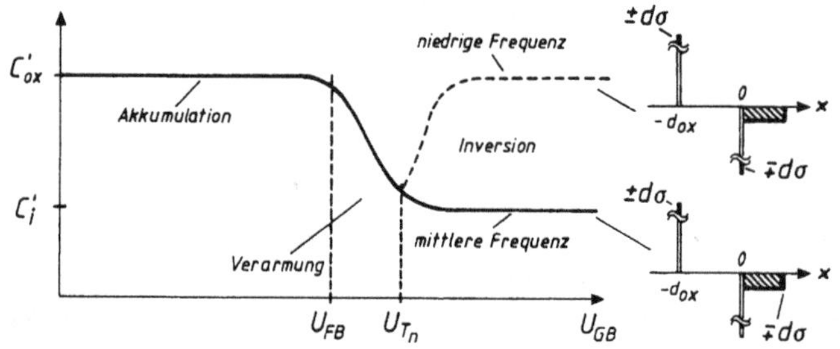

Bild 5.9
Kleinsignal-Kapazitätsverhalten der MOS-Struktur als Funktion der Gatespannung bei unterschiedlichen Frequenzen

5.1.3 Flachbandspannung

Bei der bisher betrachteten MOS-Struktur verliefen bei U_{GB}=0 die Energieniveaus der einzelnen Materialien auf energetisch konstanter Höhe (Bild 5.3). Dies ist bei einer realen MOS-Struktur nicht der Fall, da sie durch Grenzschicht- und Oxidladungen sowie unterschiedliche Austrittsarbeiten am bisher nicht betrachteten Rückseitenkontakt beeinflußt werden.

Unterschiede in den Austrittsarbeiten

Ausgangspunkt für die folgenden Überlegungen sind die Bänderdiagramme der Materialien, bevor diese in Berührung gebracht werden (Bild 5.10b). Als Referenzenergie wurde die Energie W_0 eines gerade freien Elektrons gewählt. Bei einer von außen zugeführten Energie von W_{MA} oder W_{HA} unterliegen somit die Elektronen, die sich auf dem entsprechenden Ferminiveau befinden, nicht mehr dem Einfluß des Materials. Diese zugeführte Energie wird, wie in Kapitel 2.10 beschrieben ist, Austrittsarbeit (zweiter Index A) genannt. Sie ist um so kleiner, je größer die Fermienergie eines Materials ist. Da beim Halbleiter bei dem Energieniveau W_F keine Elektronen vorhanden sind, verwendet man hier zusätzlich den Begriff der Elektronenaffinität, die die Energiedifferenz W_0-W_C angibt.

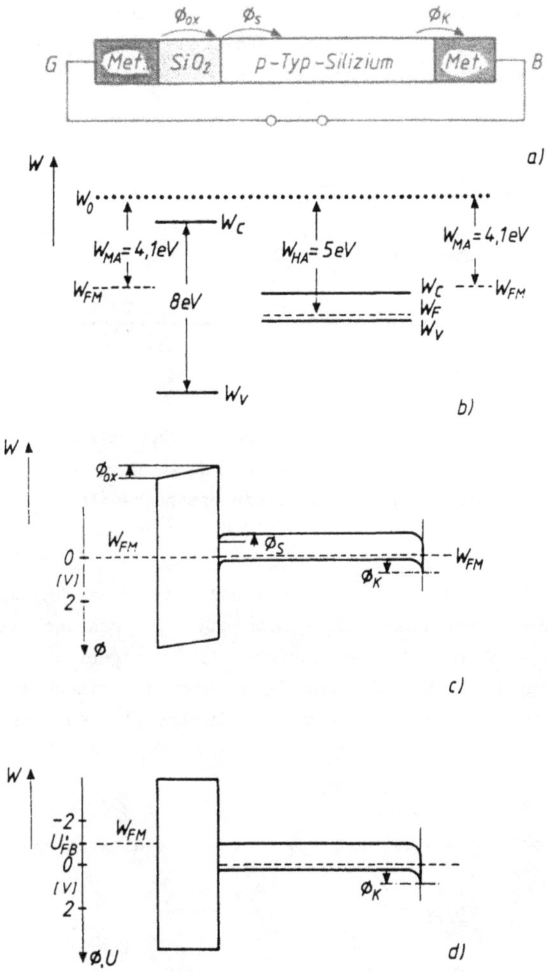

Bild 5.10
a) MOS-Struktur;
b) Bänderdiagramme der verschiedenen Materialien;
c) Bänderdiagramm der MOS-Struktur im thermodynamischen Gleichgewicht;
d) Bänderdiagramm bei Flachbandbedingungen

Was passiert nun, wenn die Rückseite der MOS-Struktur mit Metall verbunden wird? Um diese Frage zu klären, sei an das Ergebnis von Kapitel 2.1 erinnert. Es besagt, daß im thermodynamischen Gleichgewicht das Ferminiveau auf gleicher energetischer Höhe verläuft (Gl.2-8). Die Austrittsarbeit im Metall W_{MA} ist geringer als diejenige im Halbleiter W_{HA}. Dadurch ist die Wahrscheinlichkeit, daß Elektronen infolge ihrer thermischen Energie vom Metall zum Halbleiter wandern, größer als in entgegengesetzter Richtung. Es kommt zu einer netto

Elektronenwanderung vom Metall zum Halbleiter, bis das Ferminiveau eine gleiche energetische Höhe erreicht hat. Es entsteht ein Schottkykontakt mit ohmschen Charakter (Kapitel 2.10.2) und einer Kontaktspannung zwischen Metall und Halbleiter (Gl.2-96) von

$$\Phi_K = \frac{W_{MA} - W_{HA}}{q}, \tag{5-4}$$

die in diesem Beispiel einen Wert von

$$\Phi_K = \frac{4{,}1V \cdot 1{,}6 \cdot 10^{-19}As - 5{,}0V \cdot 1{,}6 \cdot 10^{-19}As}{1{,}6 \cdot 10^{-19}As} = -0{,}9V$$

hat.

Werden die Materialien zusammengefügt und das Gate mit der Rückseite verbunden, so verursacht diese Kontaktspannung eine Ladungsverschiebung innerhalb der MOS-Struktur, wodurch ein Spannungsabfall am Isolator von Φ_{OX} und im Halbleiter von Φ_S entsteht (Bild 5.10c).

Wie im vorhergehenden Abschnitt gezeigt wurde, kann die Ladung der MOS-Struktur durch eine äußere Spannung U_{GB} verändert werden. Wird diese so eingestellt, daß die Energieniveaus auf energetisch konstanter Höhe (flach) verlaufen (Bild 5.10d), dann bezeichnet man diese Spannung als Flachbandspannung. Sie kann durch Anwendung des Kirchhoff'schen Gesetzes ($\Sigma U=0$)

$$\Phi_{OX} + \Phi_S + \Phi_K - U_{GB} = 0 \tag{5-5}$$

bestimmt werden. Mit $\Phi_{OX} + \Phi_S = 0$ resultiert eine Flachbandspannung von

$$U'_{FB} = U_{GB} = \Phi_K = \frac{W_{MA} - W_{HA}}{q} \tag{5-6}$$

oder in Bezug auf die Fermienergien ausgedrückt

$$U'_{FB} = \frac{W_F - W_{FM}}{q}, \tag{5-7}$$

wobei, wie aus Bild 5.10 hervorgeht, $W_F + W_{HA} = W_O$ und $W_{FM} + W_{MA} = W_O$ sind. In dem in Bild 5.10 gezeigte Beispiel hat die Flachbandspannung einen Wert von $U'_{FB} = -0{,}9V$.

Während in den Anfangsjahren der MOS-Technik Aluminium als Gate verwendet wurde, benutzt man seit ca. 1972 als Gateelektrode ausschließlich dotiertes amorphes Polysilizium. Das hat den Vorteil, daß bei der Herstellung des Transistors Drain und Source selbstjustierend ausgeführt werden können (Kapitel 6.0). Das Polysilizium ist so stark dotiert (entartet), daß man von einem metallähnlichen Verhalten sprechen kann. Das Ferminiveau hat dabei eine Energie, die in etwa der Leitungsbandkante bei n^+Si bzw. Valenzbandkante bei p^+Si entspricht.

Oxid-Grenzschichtladung

Bei den bisherigen Betrachtungen wurde der Einfluß von Ladungen im Gateoxid und an der Grenzfläche zwischen Oxid und Silizium vernachlässigt. Letztere kommen durch die Unterbrechung der periodischen Kristallstruktur an der Halbleiteroberfläche zustande.

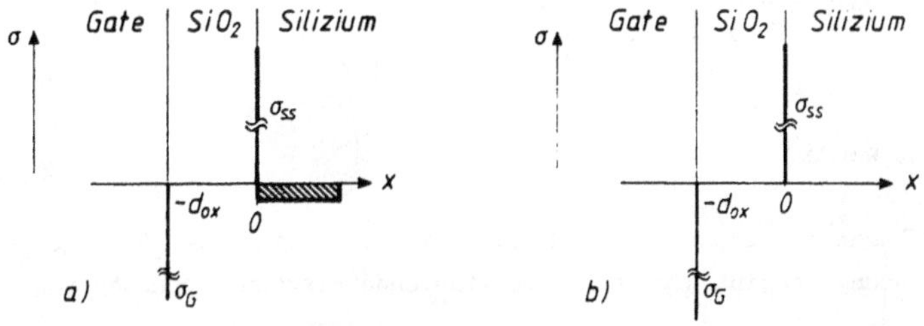

Bild 5.11
Ladung an der Grenzfläche zwischen Oxid und Silizium; a) ohne Gatespannung; b) mit Gatespannung bei Flachbandbedingungen

Diese Grenzschichtladung σ_{SS} ruft eine gleiche, aber entgegengesetzte Ladung, die sich auf das Silizium und Gate aufteilt, hervor. Dies ist in Bild 5.11a für eine positive Grenzschichtladung gezeigt. Um in diesem Fall Flachbandbedingungen im Silizium zu erreichen, muß die Gatespannung einen Wert von

$$U''_{FB} = -\frac{\sigma_{SS}}{C'_{ox}} \tag{5-8}$$

annehmen, wodurch die Ladung im Silizium verschwindet. Bei heutigen Herstellverfahren /2/ beträgt die Dichte N_{SS} der unterbrochenen Verbindungen infolge des Aufwachsens von amorphen Siliziumoxids (SiO_2) weniger als 10^{10} $cm^{-2}eV^{-1}$, d.h. σ_{SS} ist ca. $q \cdot 10^{10}$ cm^{-2}, wobei die Ladung q entsprechend dem Herstellverfahren und den Spannungsbedingungen positiv oder negativ sein kann.

Während der Herstellung kommt es trotz aller Vorsicht durch Verunreinigungen zu Ladungen im Gateoxid. Diese Verunreinigungen können organische Substanzen oder alkalische Elemente sein. Geht man von einer willkürlichen Ladungsverteilung $\rho(x)$ im Gateoxid aus (Bild 5.12),

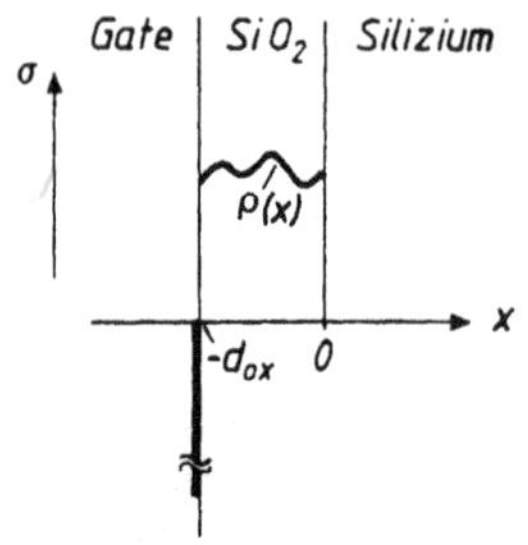

Bild 5.12
Willkürliche Ladungsverteilung im Oxid bei Flachbandbedingungen

kann eine Flachbandspannung von

$$U'''_{FB} = -\frac{1}{C'_{ox}} \int_{-d_{ox}}^{0} \frac{x}{d_{ox}} \rho(x)dx \tag{5-9}$$

abgeleitet werden.

Aus der Summe der einzelnen Beiträge von Kontaktspannung, Grenzschichtladung und Oxidladung ergibt sich eine resultierende Flachbandspannung von

$$U_{FB} = \Phi_K - \frac{\sigma_{SS}}{C'_{ox}} - \frac{1}{C'_{ox}} \int_{-d_{ox}}^{0} \frac{x}{d_{ox}} \rho(x)dx. \tag{5-10}$$

Die Auswirkung dieser Ladungen auf das Kleinsignal-Kapazitätsverhalten sind in Bild 5.13 gezeigt.

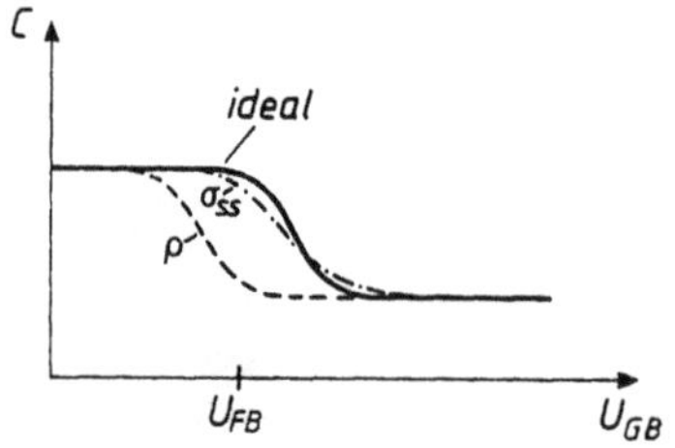

Bild 5.13
Einfluß der Oxid- und Grenzschichtladungen auf das Kleinsignal-Kapazitätsverhalten

5.1.4 Gleichungen der MOS-Struktur

In den vorhergehenden Abschnitten wurde eine Einführung in das grundsätzliche Verhalten der MOS-Struktur gegeben. Im folgenden werden die flächenbezogenen Ladungsdichten in der Raumladungszone und in der Inversionsschicht in Abhängigkeit von der Oberflächenspannung des Halbleiters berechnet. Der Wert dieser Spannung wird anschließend bei starker Inversion bestimmt. Die Einsatzspannung wird hergeleitet. Mit diesen Ergebnissen können dann die Strom-Spannungsgleichungen des MOS-Transistors abgeleitet werden. Im Text wird der Vereinfachung wegen öfters von Ladung gesprochen, obwohl immer flächenbezogene Ladungen gemeint sind.

5.1.4.1 Ladung in der Raumladungszone

Die Berechnung der Ladungen im Halbleiter kann man vereinfacht durchführen, wenn man annimmt, daß die Weite der Elektronenschicht an der Grenzfläche zwischen Isolator und Halbleiter unendlich dünn ist (Bild 5.14a).

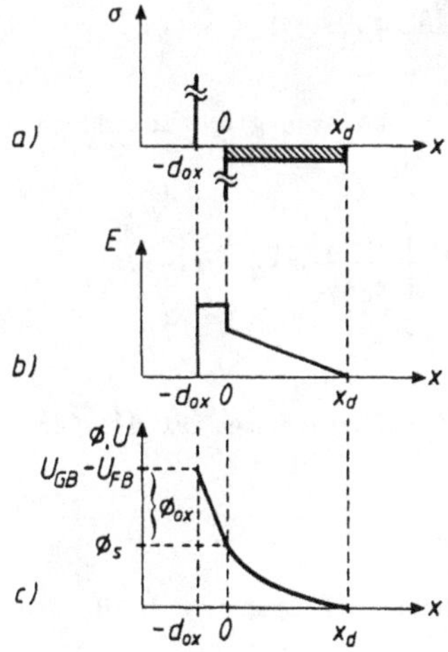

Bild 5.14
MOS-Struktur;
a) Ladungsverteilung;
b) Feldverteilung;
c) Spannungsverlauf

Durch diese als "charge sheet model" bekannte Näherung /3/ kann das elektrische Feld und die Spannung an der Halbleiteroberfläche (x=0) ausschließlich als Funktion der Ladung in der Raumladungszone berechnet werden.

Die ionisierten Akzeptoren bilden eine Raumladungszone mit einer Ladung pro Volumen von

$$\rho_d = -qN_A. \tag{5-11}$$

Der flächenbezogene Wert dieser Ladung sowie die Feld- und Spannungsverläufe im Halbleiter können mit Hilfe der Poissongleichung (Gl.1-39)

$$\frac{\partial E_{Si}(x)}{\partial x} = \frac{\rho_d}{\varepsilon_0 \varepsilon_{Si}} = \frac{-qN_A}{\varepsilon_0 \varepsilon_{Si}} \tag{5-12}$$

durch Integration

$$\int_{E_{Si}(x)}^{E_{Si}(x_d)} dE_{Si}(x) = -\int_{x}^{x_d} \frac{qN_A}{\varepsilon_0 \varepsilon_{Si}}\, dx. \tag{5-13}$$

berechnet werden.
Da im Halbleiterinneren ($x \geqq x_d$) das Feld 0 ist, resultiert der in Bild 5.14b gezeigte Feldverlauf

$$E_{Si}(x) = \frac{qN_A}{\varepsilon_0 \varepsilon_{Si}} [x_d - x]. \tag{5-14}$$

Mit der Beziehung $E = -\partial\Phi/\partial x$ ergibt sich durch nochmalige Integration

$$-\int_{\Phi(x)}^{\Phi(x_d)} d\Phi(x) = \int_{x}^{x_d} \frac{qN_A}{\varepsilon_0 \varepsilon_{Si}} [x_d - x]\, dx \tag{5-15}$$

der Spannungsverlauf im Halbleiter (Bild 5.14c) zu

$$\Phi(x) = \frac{qN_A}{2\varepsilon_0 \varepsilon_{Si}} x_d^2 \left[1 - \frac{x}{x_d}\right]^2, \tag{5-16}$$

wobei als Randbedingung die Spannung im Halbleiterinnern für $x \geqq x_d$ zu 0 gesetzt wurde.
Die sich aus dieser Beziehung ergebende Spannung an der Halbleiteroberfläche beträgt

$$\Phi(x{=}0) = \Phi_S = \frac{qN_A}{2\varepsilon_0 \varepsilon_{Si}} x_d^2. \tag{5-17}$$

Diese wichtige Spannung wird Oberflächenspannung genannt. Damit ist ein Zusammenhang zwischen der Weite der Raumladungszone und dieser Spannung

$$x_d = \sqrt{\frac{2\varepsilon_o\varepsilon_{Si}\Phi_S}{qN_A}} \tag{5-18}$$

gegeben. Die gesuchte flächenbezogene Ladung der Raumladungszone kann somit in Abhängigkeit der Oberflächenspannung

$$\sigma_d = -qN_Ax_d = -\sqrt{qN_A2\varepsilon_o\varepsilon_{Si}\Phi_S} \tag{5-19}$$

berechnet werden.

5.1.4.2 Ladung in der Inversionsschicht

Das Verhalten des MOS-Transistors wird im wesentlichen durch die Ladung Q_n der Inversionsschicht geprägt. Um sie zu berechnen, geht man von der Integralform des Gausschen Gesetzes (Gl.1-35)

$$\oint \vec{D}\cdot d\vec{A} = Q$$

aus. Sie besagt, daß die durch eine geschlossene Oberfläche ein- bzw. austretende elektrische Flußdichte D, gleich der im Volumen enthaltenen Ladung Q sein muß. Wird dieses Integral auf den in Bild 5.15 gezeigten Ausschnitt

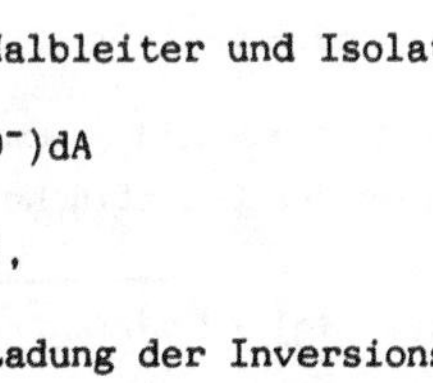

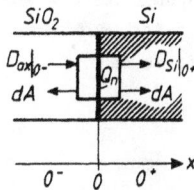

Bild 5.15
Darstellung der Diskontinuität der elektrischen Flußdichte an der Grenzschicht Halbleiter-Isolator

an der Grenzschicht zwischen Halbleiter und Isolator angewendet, resultiert

$$Q_n = D_{Si}(0^+)dA - D_{ox}(0^-)dA$$

$$\sigma_n = D_{Si}(0^+) - D_{ox}(0^-), \tag{5-20}$$

wobei σ_n die flächenbezogene Ladung der Inversionsschicht ist. 0^+ bezieht sich dabei auf die Halbleiterseite und 0^- auf die Isolatorseite der Grenzfläche. Diese Gleichung sagt aus, daß die Diskontinuität des elektrischen Flusses an der Grenzfläche Halbleiter-Isolator der Flächenladung der Inversionsschicht entspricht.

Die elektrische Flußdichte an der Halbleitergrenzfläche erhält man damit direkt aus den Beziehungen (5-14) und (5-18) zu

$$\begin{aligned} D_{Si}(0^+) &= \varepsilon_0 \varepsilon_{Si} E_{Si}(0^+) \\ &= q N_A x_d \\ &= \sqrt{q N_A 2 \varepsilon_0 \varepsilon_{Si} \Phi_S}. \end{aligned} \tag{5-21}$$

Die elektrische Flußdichte an der Isolatorseite der Grenzfläche

$$\begin{aligned} D_{ox}(0^-) &= \varepsilon_0 \varepsilon_{ox} E_{ox}(0^-) \\ &= -\varepsilon_0 \varepsilon_{ox} \frac{d\Phi}{dx}(0^-) \\ &= \varepsilon_0 \varepsilon_{ox} \frac{\Phi_{ox}}{d_{ox}} \\ &= C'_{ox} \Phi_{ox} \end{aligned} \tag{5-22}$$

kann als Funktion der Spannung Φ_{ox}, die am Isolator abfällt (Bild 5.14) beschrieben werden, wobei C'_{ox} die flächenbezogene Oxidkapazität (Gl.5-1) ist. Die Spannung Φ_{ox} am Isolator kann anhand der an der MOS-Struktur auftretenden Spannungsabfälle berechnet werden. Nimmt die Gatespannung den Wert der Flachbandbedingung an (Bild 5.10), herrschen Flachbandbedindungen. Aus diesem Grund ist U_{GB}-U_{FB} die wirksame Spannung, die die MOS-Struktur beeinflußt. Sie teilt sich, wie in Bild 5.14c gezeigt ist, auf einen Spannungsabfall im Isolator Φ_{ox} und einen im Halbleiter Φ_S auf, so daß

$$U_{GB} - U_{FB} = \Phi_{ox} + \Phi_S \tag{5-23}$$

ist. Somit ist die elektrische Flußdichte (Gl.5-22)

$$D_{ox}(0^-) = C'_{ox} \left[U_{GB} - U_{FB} - \Phi_S\right]. \tag{5-24}$$

Die gesuchte Ladung der Inversionsschicht ergibt sich damit aus der Differenz der elektrischen Flußdichten an der Grenzfläche (Gl.5-20) zu

$$\begin{aligned} \sigma_n &= -C'_{ox} \left[U_{GB} - U_{FB} - \Phi_S\right] + \sqrt{q N_A 2 \varepsilon_0 \varepsilon_{Si} \Phi_S} \\ &= -C'_{ox} \left[U_{GB} - U_{FB} - \Phi_S - \gamma \sqrt{\Phi_S}\right]. \end{aligned} \tag{5-25}$$

In dieser Gleichung ist

$$\sigma_d = -C'_{ox} \gamma \sqrt{\Phi_S} \tag{5-26}$$

die Ladung der Raumladungszone (Gl.5-19). Der Faktor

$$\gamma = \frac{1}{C'_{ox}} \sqrt{qN_A 2\varepsilon_o \varepsilon_{Si}} \tag{5-27}$$

wird Substratsteuerfaktor genannt. Auf seine Bedeutung wird später noch näher eingegangen.

Um die Ladung der Inversionsschicht σ_n zu berechnen, wird die Oberflächenspannung benötigt. Diese kann bei starker Inversion leicht ermittelt werden, wozu folgende Betrachtung bei thermodynamischen Gleichgewichtsbedingungen dienen soll.

Oberflächenspannung bei starker Inversion

Wird die Gatespannung vom niedrigen Wert ausgehend erhöht, nimmt die Oberflächenspannung Φ_S ebenfalls zu. Es entsteht eine Verarmungszone und bei größerer Gatespannung eine schwache Inversionsschicht. Wird die Gatespannung noch weiter erhöht, bildet sich eine starke Inversionsschicht aus. Diese hat zur Folge, daß die erhöhte positive Gateladung durch zusätzliche negative Gegenladung der Inversionsschicht kompensiert wird, so daß sich die Weite und Ladung der Raumladungszone so gut wie nicht mehr verändern. Damit bleibt auch die Oberflächenspannung nahezu konstant. Um zu klären, wie groß diese ist, ist in Bild 5.16 das Bänderdiagramm des Halbleiters dargestellt.

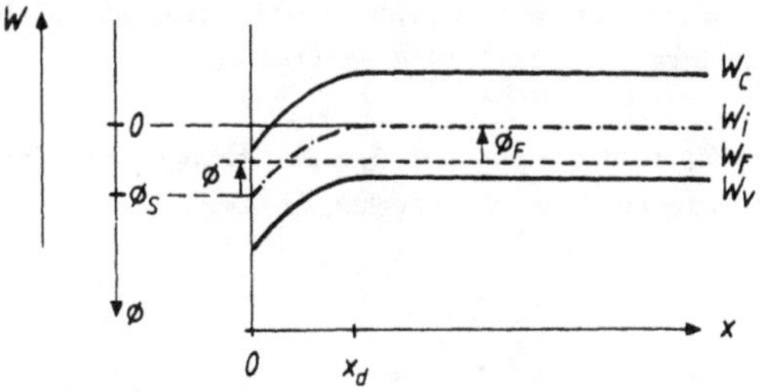

Bild 5.16
Bänderdiagramm des Halbleiters zu Beginn der starken Inversion

Die Energiebänder sind gekrümmt. Entsprechend dieser Biegung beträgt die Oberflächenspannung

$$\Phi_S = \frac{W_i(0) - W_i(\infty)}{-q}. \tag{5-28}$$

Mit Erhöhung der Gatespannung nimmt diese Spannung und die Energiedifferenz $[W_F - W_i]$ an der Halbleiteroberfläche (x=0) zu. Demzufolge steigt die Elektronendichte (Gl.1-14)

$$n(0) = n_i \, e^{\frac{W_F - W_i(0)}{kT}}$$

dort an.

Ist die Energiedifferenz $[W_i - W_F]$ an der Halbleiteroberfläche gleich groß wie diejenige im Halbleiterinnern, dann ist die Elektronendichte an der Halbleiteroberfläche gleich der Löcherdichte im Halbleiter, da entsprechend Gleichung (1-15)

$$p(\infty) = n_i \, e^{\frac{W_i(\infty) - W_F}{kT}}$$

ist. Unter diesen Bedingungen stellt sich eine Oberflächenspannung von

$$\Phi_S(Inv) = \Phi(0) + \Phi_F$$

$$= 2\Phi_F \tag{5-29}$$

ein, wobei

$$\Phi_F = \frac{W_F - W_i(\infty)}{-q} \tag{5-30}$$

Fermispannung genannt wird.

$\Phi_S(Inv)$ ist definiert als der Beginn der starken Inversion. Wird die Gatespannung nämlich weiter erhöht, bleibt die Oberflächenspannung (thermodynamisches Gleichgewicht vorausgesetzt) nahezu konstant [siehe Aufgabe 5.2]. Sie beträgt bei $N_A = 10^{15}\,cm^{-3}$ 0,58V. Mathematisch kann dieses Verhalten auf den exponentiellen Zusammenhang zwischen Bandabstand und Elektronendichte (Gl.1-14) zurückgeführt werden. Für verschieden große Gatespannungen U_{GB1} und U_{GB2} sind diese Zusammenhänge in Bild 5.17 dargestellt.

Die Fermispannung kann aus der Dotierungskonzentration direkt ermittelt werden, da, wie aus dem vorhergehenden hervorgeht

$$p(\infty) = n_i \, e^{\frac{q}{kT}\Phi_F} \tag{5-31}$$

ist und somit

$$\Phi_F = \frac{kT}{q} \ln \frac{N_A}{n_i} \tag{5-32}$$

sein muß.

Infolge der nahezu konstanten Oberflächenspannung $\Phi_S(Inv)$ bei starker Inversion beträgt die Ladung der Inversionsschicht (Gl.5-25).

$$\sigma_n = -C'_{ox}[U_{GB} - U_{FB} - \Phi_S(Inv) - \gamma\sqrt{\Phi_S(Inv)}]. \tag{5-33}$$

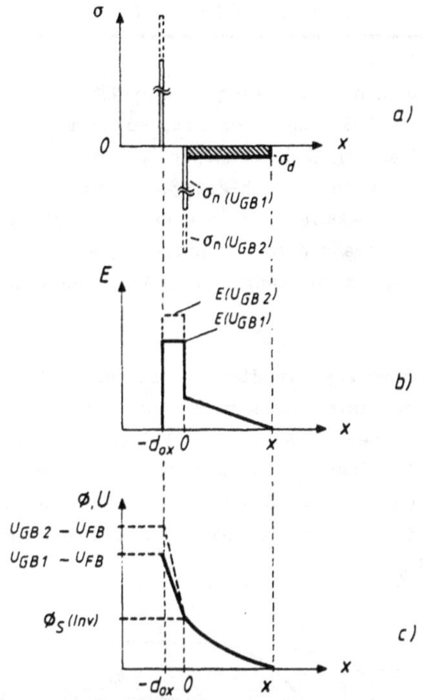

Bild 5.17
MOS-Struktur bei Inversion und verschiedenen Gatespannungen ($U_{GB2}>U_{GB1}$);
a) Ladungsverteilung;
b) Feldverlauf;
c) Spannungsverlauf

PN-Übergang in der Nähe einer MOS-Struktur

Bei der bisher betrachteten MOS-Struktur wird die Inversionsschicht durch die in der Raumladungszone thermisch generierten Ladungsträgern erzeugt (Bild 5.18a). Gleichung (5-25) beschreibt dabei zu jedem Zeitpunkt den Zusammenhang zwischen der Inversionsschichtladung und der Oberflächenspannung, die bei starker Inversion $2\Phi_F$ beträgt.

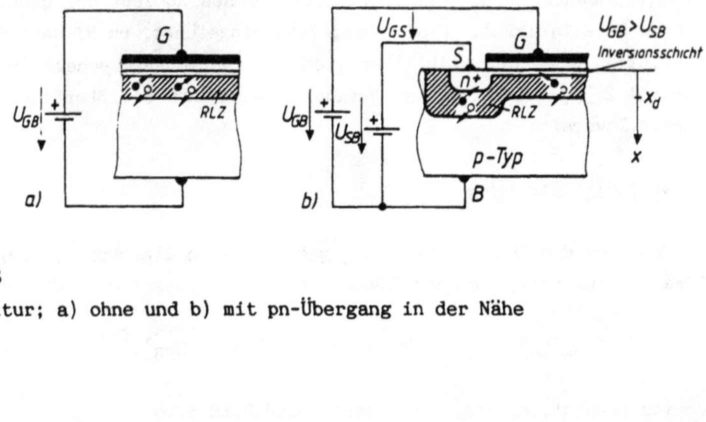

Bild 5.18
MOS-Struktur; a) ohne und b) mit pn-Übergang in der Nähe

Wird nun ein pn-Übergang in die Nähe der MOS-Struktur gebracht, wie dies der Fall beim MOS-Transistor ist, so kann die Oberflächenspannung durch eine externe Spannung U_{SB} verändert werden (Bild 5.18b). Die Inversionsschicht entsteht dabei in vernachlässigbar kurzer Zeit, indem Elektronen aus dem Reservoir des n^+-Gebietes an die Halbleiteroberfläche gelangen. Ladungsträger, die in der Raumladungszone thermisch generiert werden, fließen dagegen, wie beim gesperrten pn-Übergang, zur U_{SB}-Spannungsquelle, wodurch ein Sperrstrom entsteht.

Im Zusammenhang mit dieser Struktur stellt sich die Frage, welchen Wert die Ladung der Inversionsschicht hat. Dazu wird zuerst die Oberflächenspannung betrachtet. Der pn-Übergang und damit die Inversionsschicht ist durch die zugeführte U_{SB}-Spannung in Sperrichtung gepolt. Dadurch wird die Weite x_d und die Ladung σ_d der Raumladungszone größer. Als Folge davon nimmt die Ladung der Inversionsschicht σ_n ab. Das resultierende Bänderdiagramm ist in Bild 5.19 dargestellt.

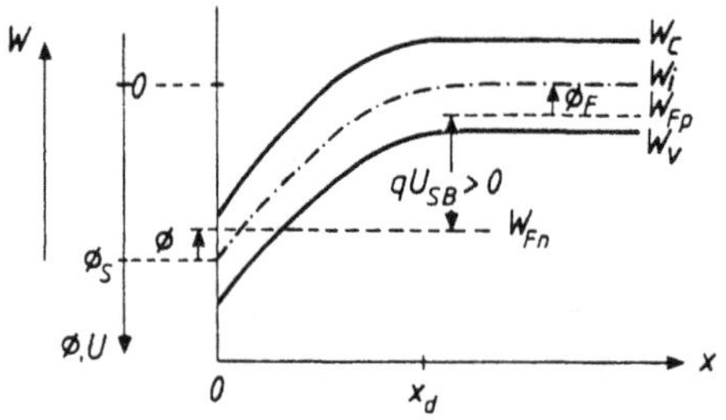

Bild 5.19
Bänderdiagramm des Halbleiters bei Anlegen einer Sperrspannung U_{SB}

Charakterisiert ist das Diagramm durch zwei quasi Ferminiveaus W_{Fp} und W_{Fn} im Halbleiterinnern und an der Halbleiteroberfläche, die energiemäßig infolge der angelegten Spannung um qU_{SB} getrennt sind. Dieses Konzept des quasi Ferminiveaus wurde bereits bei der Diode (Bild 2.4) eingeführt, um Situationen zu beschreiben, bei denen der Halbleiter nicht im thermodynamischen Gleichgewicht ist (Kapitel 2.3.3). Unter diesen Voraussetzungen ist die Oberflächenspannung bei starker Inversion

$$\Phi_S(\mathrm{Inv}) = 2\Phi_F + U_{SB} \ . \tag{5-34}$$

Sie ist damit um den Spannungswert U_{SB} größer als in Gleichung (5-29) abgeleitet. Dies hat zur Folge, daß die Ladung der Inversionsschicht (Gl.5-33)

$$\sigma_n = -C'_{ox}\left[U_{GB} - U_{FB} - 2\Phi_F - U_{SB} - \gamma\sqrt{2\Phi_F + U_{SB}}\right], \tag{5-35}$$

wie bereits erwähnt, abnimmt. Da entsprechend Bild 5.18

$$U_{GB} - U_{SB} = U_{GS} \text{ ist,} \tag{5-36}$$

ergibt sich aus Gleichung (5-35) eine Inversionsschichtladung von

$$\sigma_n = -C'_{ox}[U_{GS} - U_{FB} - 2\Phi_F - \gamma\sqrt{2\Phi_F + U_{SB}}]. \tag{5-37}$$

Die Ladung der Raumladungszone (Gl.5-26) ist in diesem Fall

$$\sigma_d = -C'_{ox}\gamma\sqrt{2\Phi_F + U_{SB}}. \tag{5-38}$$

5.1.4.3 Einsatzspannung

Die Ladung der Inversionsschicht ist in Bild 5.20 als Funktion der Gate-Sourcespannung (Gl.5-37) skizziert.

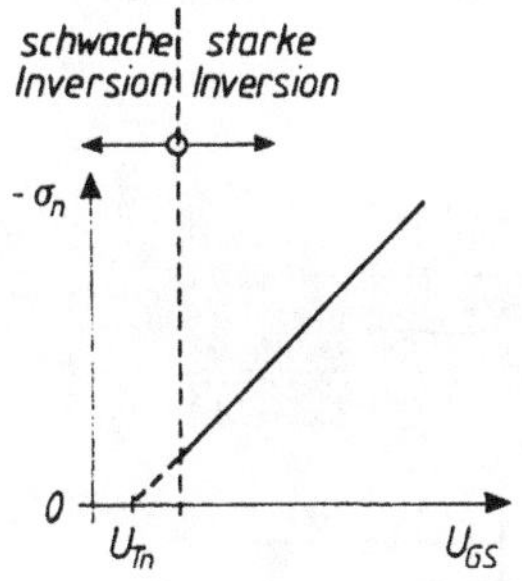

Bild 5.20
Ladung der Inversionsschicht in Abhängigkeit der Gate-Sourcespannung

Die Gültigkeit der Beziehung (5-37) ist dabei auf den Bereich der starken Inversion begrenzt. Wird die Ladung auf σ_n=0 extrapoliert, erhält man eine Gate-Sourcespannung, die Einsatzspannung genannt wird. Aus Gleichung (5-37) ergibt sich diese mit σ_n=0 zu

$$U_{Tn} = U_{FB} + 2\Phi_F + \gamma\sqrt{2\Phi_F + U_{SB}}. \tag{5-39}$$

Für den Fall, daß U_{SB}=0V ist, vereinfacht sich die Beziehung

$$U_{Ton} = U_{FB} + 2\Phi_F + \gamma\sqrt{2\Phi_F}. \tag{5-40}$$

Wird dieser Ausdruck in Gleichung (5-39) eingesetzt, resultiert:

$$U_{Tn} = U_{Ton} + \gamma[\sqrt{2\Phi_F + U_{SB}} - \sqrt{2\Phi_F}]. \tag{5-41}$$

Ein typischer Wert für die Einsatzspannung U_{Ton} ist 0,8V.

Wie aus Bild 5.20 hervorgeht, wird im Bereich der schwachen Inversion das Verhalten der Inversionsschichtladung von der U_{GS}-Spannung linear beschrieben. In Wirklichkeit ist das Verhalten davon leicht abweichend, worauf in Abschnitt 5.3.4 näher eingegangen wird.

Substratsteuereffekt

Der Faktor

$$\gamma = \frac{1}{C'_{ox}} \sqrt{q N_A 2 \varepsilon_0 \varepsilon_{Si}},$$

der bereits eingeführt und Substratsteuerfaktor genannt wurde (Gl.5-27), beschreibt den Einfluß der U_{SB}-Spannung auf die Einsatzspannung (Gl.5-41). Dieser Einfluß entsteht dadurch, daß die Gateladung σ_G, die in starker Inversion konstant ist, sich unterschiedlich auf die Gegenladungen σ_n der Inversionsschicht und σ_d der Raumladungszone aufteilt. Wird z.B. die U_{SB}-Spannung erhöht (Bild 5.21a),

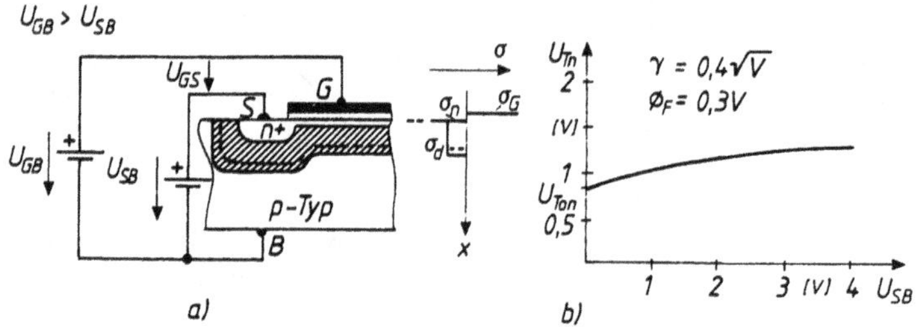

Bild 5.21
a) Einfluß der U_{SB}-Spannung auf die Ladungen der MOS-Struktur; b) Abhängigkeit der Einsatzspannung U_{Tn} von der U_{SB}-Spannung

nimmt die Weite und damit die Ladung der Raumladungszone zu und entsprechend die Ladung der Inversionsschicht ab. Die Einsatzspannung steigt an (Bild 5.21b). Dies ist ein unerwünschter Effekt, der wie es bei dem Anreicherungsinverter (Kapitel 6.6.1) beschrieben ist, dessen maximale Ausgangsspannung reduziert. Aus diesem Grund soll der Substratsteuerfaktor möglichst klein sein. Dies kann durch eine niedrige Substratdotierung bzw. eine möglichst große Gatekapazität erreicht werden. Typische Werte liegen zwischen $0,3\sqrt{V}$ und $0,4\sqrt{V}$.

5.2 Wirkungsweise des MOS-Transistors

Bild 5.22a zeigt den Querschnitt eines n-Kanal MOS-Transistors. Die Spannungsbedingungen sind so, daß eine durchgehende Inversionsschicht, auch Kanal genannt, entsteht. Die pn-Übergänge sind in Sperrichtung gepolt.

Die Ergebnisse, die bei der MOS-Struktur abgeleitet wurden, können bis auf eine Ausnahme auf den Transistor übertragen werden. Während bei der MOS-Struktur eine Inversionsschicht durch thermische Generation nach einiger Zeit erzeugt wird, entsteht diese im Fall des Transistors durch die Zufuhr von

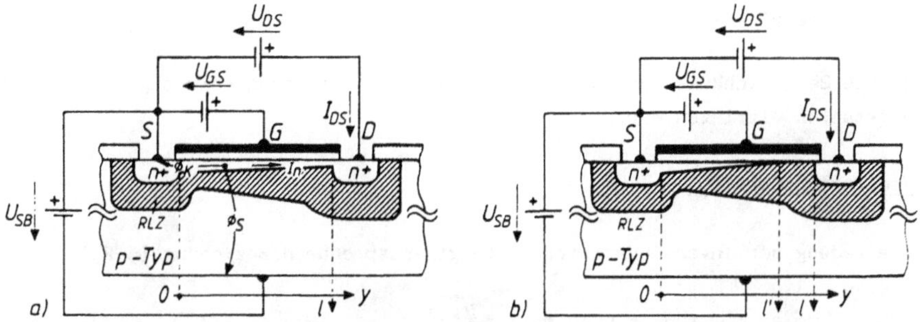

Bild 5.22
n-Kanal MOS-Transistor; a) im Widerstandsbereich ($U_{DS}<U_{GS}-U_{Tn}$); b) im Sättigungsbereich ($U_{DS}>U_{GS}-U_{Tn}$)

Elektronen aus dem Sourcegebiet in vernachlässigbar kurzer Zeit. Auf diesen Zusammenhang war bereits bei der MOS-Struktur mit einem pn-Übergang in der Nähe (Bild 5.18b) hingewiesen worden. Die Gatespannung U_{GS}, die zur Erzeugung einer Inversionsschicht benötigt wird, muß größer als die Einsatzspannung U_{Tn} sein. Da außerdem $U_{DS}>0V$ ist, entsteht entlang des Kanals ein Feld, das einen Driftstrom verursacht. Wird die Gatespannung U_{GS} erhöht, nimmt die Ladung in der Inversionsschicht und damit der Strom zu. Somit kann man sich die Verstärkerwirkung des Transistors, wie in Bild 5.23 gezeigt, veranschaulichen. Eine Änderung der Gatespannung um ΔU_{GS} verursacht eine Veränderung des Drainstromes um ΔI_{DS} und eine entsprechende Spannungsänderung $\Delta U_L=\Delta I_{DS}R_L$ an dem Widerstand R_L. Ist der Widerstand groß genug, ergibt sich eine Spannungsverstärkung von $\Delta U_L/\Delta U_{GS}$.

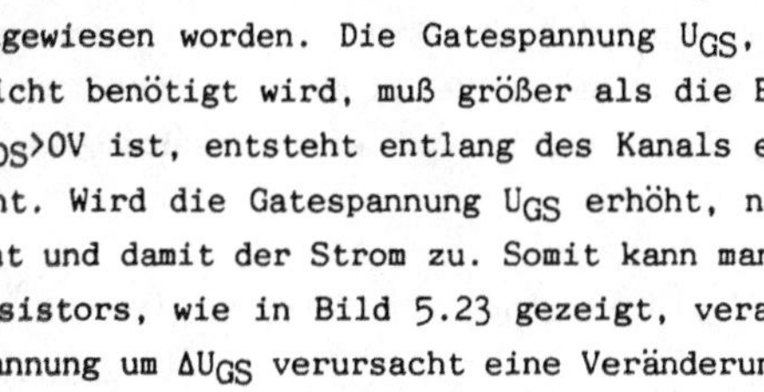

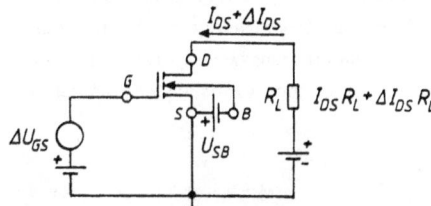

Bild 5.23
MOS-Transistor als Verstärker

5.2.1 Ableitung der Transistorgleichungen

Die Strom-Spannungsgleichungen werden unter der Voraussetzung abgeleitet, daß die Spannung U_{DS} sehr klein ist. Dadurch ergeben sich folgende Näherungen:

1. Das zwischen Gate und Kanal vorherrschende elektrische Feld ist wesentlich größer als das Feld zwischen Source und Drain. Durch diese Annahme ist die Ladung σ_n der Inversionsschicht nur von dem Gate-Kanalfeld abhängig. (Gradual-Channel Näherung)

2. Es wird eine konstante ortsunabhängige Raumladungszone entlang des Kanals vorausgesetzt.

3. Die Beweglichkeit der Ladungsträger in der Inversionsschicht hat einen konstanten mittleren Wert.

<u>Widerstandsbereich:</u>

Die Ladung der Inversionsschicht beträgt entsprechend Beziehung (5-25)

$$\sigma_n = -C'_{ox}\left[U_{GB} - U_{FB} - \Phi_S - \gamma\sqrt{\Phi_S}\right].$$

Im Unterschied zur MOS-Struktur ist jedoch beim MOS-Transistor (Bild 5.22) die Oberflächenspannung (Gl.5-34) ortsabhängig

$$\Phi_S(Inv,y) = 2\Phi_F + U_{SB} + \Phi_K(y).$$

In dieser Beziehung ist $\Phi_K(y)$ die Spannung (Kanalspannung), die sich entlang des Kanals verändert. Sie hat an der Source einen Wert von 0V und an der Drain einen Wert von U_{DS}. Damit ergibt sich eine ortsabhängige Inversionsschichtladung im MOS-Transistor von

$$\begin{aligned}\sigma_n(y) &= -\,C'_{ox}\left[U_{GB} - U_{FB} - 2\Phi_F - U_{SB} - \Phi_K(y) - \gamma\sqrt{2\Phi_F + U_{SB} + \Phi_K(y)}\right] \\ &= -\,C'_{ox}\left[U_{GS} - U_{FB} - 2\Phi_F - \Phi_K(y) - \gamma\sqrt{2\Phi_F + U_{SB} + \Phi_K(y)}\right].\end{aligned} \qquad (5\text{-}42)$$

Wird, wie bei den Näherungen ausgeführt, eine konstante ortsunabhängige Raumladungszone entlang des Kanals vorausgesetzt und dabei angenommen, daß die Oberflächenspannung der Raumladungszone sich nach der Sourcespannung $\Phi_K=0$ richtet, dann resultiert eine Inversionsschichtladung von

$$\sigma_n(y) = -C'_{ox}[U_{GS} - U_{FB} - 2\Phi_F - \Phi_K(y) - \gamma\sqrt{2\Phi_F + U_{SB}}$$

$$= -C'_{ox}[U_{GS} - U_{Tn} - \Phi_K(y)]. \qquad (5\text{-}43)$$

Hierbei ist U_{Tn} die Einsatzspannung (Gl.5-39) am Source-Ende des Transistors.

Die Drainspannung verursacht einen Driftstrom, der entsprechend der Gleichung (1-43) einen Wert von

$$\begin{aligned} I_n &= w\sigma_n v_n \\ &= w\sigma_n[-\mu_n E] \\ &= w\sigma_n \mu_n \frac{d\Phi_K}{dy} \end{aligned} \qquad (5\text{-}44)$$

annimmt, wobei w die Weite der Inversionsschicht (senkrecht zur Papierebene Bild 5.22) angibt. Mit Gleichung (5-43) und der im vorhergehenden Bild angegebenen Stromrichtungen bei der $I_n = -I_{DS}$ ist, ergibt sich der Drainstrom zu

$$I_{DS} = w\mu_n C'_{ox}\,[U_{GS} - U_{Tn} - \Phi_K]\frac{d\Phi_K}{dy}\ . \qquad (5\text{-}45)$$

Nach dem Trennen der Variablen und Integration resultiert ein Strom, der aus Kontinuitätsgründen entlang des Kanals konstant ist, von:

$$\int_{y=o}^{y=l} I_{DS}dy = w\mu_n C'_{ox}\int_{\Phi_K=0}^{\Phi_K=U_{DS}} [(U_{GS} - U_{Tn} - \Phi_K]\, d\Phi_K \qquad (5\text{-}46)$$

$$I_{DS} = \beta_n\,[(U_{GS} - U_{Tn})U_{DS} - \frac{U_{DS}^2}{2}]. \qquad (5\text{-}47)$$

Hierbei ist $\beta_n = k_n \frac{w}{l}$ und $k_n = \mu_n\, C'_{ox}$. (5-48)

β_n wird Verstärkungsfaktor des Transistors und k_n Verstärkungsfaktor des Prozesses genannt. Typische Werte für k_n liegen zwischen $30\cdot10^{-6}A/V^2$ und $120\cdot10^{-6}A/V^2$. Trägt man den Drainstrom als Funktion der Drainspannung auf (Bild 5.24a),

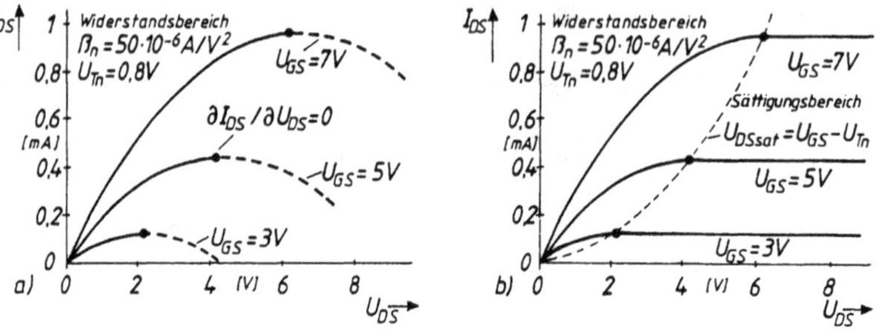

Bild 5.24
Kennlinienfeld des MOS-Transistors; a) ohne Berücksichtigung von Sättigung; b) mit Berücksichtigung von Sättigung

so ist zu beachten, daß der Drainstrom ab einem bestimmten Drainspannungswert abnimmt. Dieses unerwartete und unphysikalische Verhalten der Beziehung ist darauf zurückzuführen, daß die Stromgleichung unter der Voraussetzung einer kleinen U_{DS}-Spannung abgeleitet wurde. Diese Näherung setzt nämlich voraus, daß die Ladungsträgerdichte in der Inversionsschicht σ_n unabhängig vom Einfluß des horizontalen Feldes, d.h. des Feldes entlang der Inversionsschicht ist. Diese Annahme ist natürlich bei großen Drainspannungen nicht mehr gerechtfertigt, wodurch es zu dem in Bild 5.24 gezeigten eigentümlichen Stromverhalten kommt.

Der Drainspannungswert, bei dem die Steigung $\partial I_{DS}/\partial U_{DS}$ der Funktion 0 ist, wird Sättigungsspannung genannt. Sie ergibt sich aus Beziehung (5-47) nach Differentiation zu

$$U_{DS} = U_{DSsat} = U_{GS} - U_{Tn}. \qquad (5\text{-}49)$$

Was physikalisch passiert, wenn die Drainspannung erhöht wird, soll im folgenden näher analysiert werden.

Sättigungsbereich

Dazu ist es zweckmäßig, die Ortsabhängigkeit der Kanalspannung zu betrachten, wenn die Drainspannung erhöht wird. Die Kanalspannung kann ermittelt werden, indem in Gleichung (5-46) die Integrationsgrenzen 1 und U_{DS} in die Variablen y und Φ_K umgeändert werden. Das Resultat gibt dann die Abhängigkeit

$$I_{DS} = \mu_n C'_{ox} \frac{w}{y} \left[(U_{GS} - U_{Tn})\Phi_K - \frac{\Phi_K^2}{2}\right], \qquad (5\text{-}50)$$

die nach der ortsabhängigen Kanalspannung

$$\Phi_K(y) = [U_{GS} - U_{Tn}] - \sqrt{[U_{GS} - U_{Tn}]^2 - 2[(U_{GS} - U_{Tn})U_{DS} - \frac{U_{DS}^2}{2}]\frac{y}{l}} \tag{5-51}$$

aufgelöst werden kann, wobei der Drainstrom durch Beziehungen (5-47,48) substituiert wurde. Für drei verschiedene Drainspannungen ist dieser Zusammenhang in Bild 5.25 dargestellt.

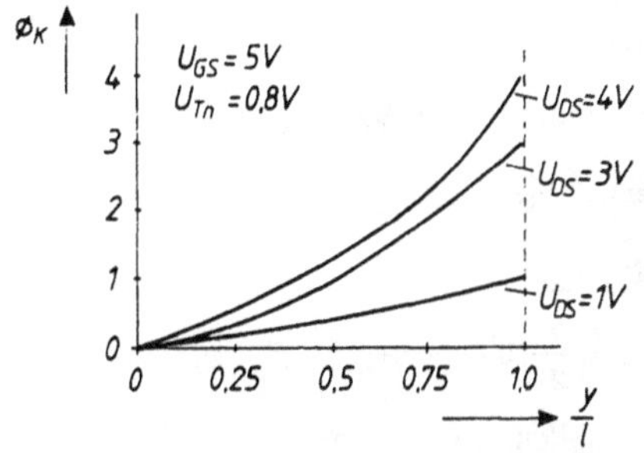

Bild 5.25
Ortsabhängigkeit der Kanalspannung Φ_K

Da der Strom (Gl.5-44)

$$I_n = w\sigma_n v_n = w\sigma_n \mu_n \frac{d\Phi_K}{dy}$$

aus Kontinuitätsgründen überall im Kanal konstant sein muß und sich die Feldstärke ($-d\Phi_K/dy$) im Kanal (Bild 5.25) kontinuierlich ändert, passen sich entsprechend die Ladungsdichte σ_n und die Elektronengeschwindigkeit v_n an. Am Drainende des Kanals stellt sich dabei die größte Feldstärke und damit Elektronengeschwindigkeit bei geringster Ladungsdichte ein. Erreicht am Drainende die Kanalspannung einen Wert von $\Phi_K(l)=U_{DSsat}$, dann geht entsprechend Beziehung (5-43) die Ladungsdichte dort gegen Null. In Wirklichkeit ist dies selbstverständlich nicht der Fall. Es stellt sich vielmehr eine endliche Ladungsträgerdichte mit sehr hoher Driftgeschwindigkeit ein. Eine weitere Erhöhung der Drainspannung hat zur Folge, daß sich drainseitig an der Halbleiter-Oberfläche eine Übergangszone ausbildet, die dadurch gekennzeichnet ist, daß die Ladung der beweglichen Ladungsträger gegenüber derjenigen der ionisierten Akzeptoren vernachlässigbar ist (Bild 5.22b). Diese Zone verhält sich dadurch ähnlich wie eine Raumladungszone, durch die die Ladungsträger beschleunigt werden. Der Drainstrom wird durch die Zahl der Elektronen pro Zeiteinheit bestimmt, die den Rand der Inversionsschicht bei l' (pinch-off point) verlassen. Entsprechend dieser Theorie stellt sich damit für Drainspannungen $U_{DS} \geq U_{DSsat} = U_{GS} - U_{Tn}$ eine konstante Spannung am Kanalende l' ein und dadurch ein konstanter Drainstrom, der Sättigungsstrom genannt wird (Bild 5.24b). Dieser hat einen Wert, den man aus der Sättigungsspannung (5-49) und der Stromgleichung (5-47) bestimmen kann

$$I_{DS} = \frac{\beta_n}{2}[U_{GS} - U_{Tn}]^2. \tag{5-52}$$

Die Gleichungen (5-47) und (5-52) beschreiben somit das in Bild 5.24b gezeigte Kennlinienfeld des n-Kanal-MOS-Transistors im Widerstands- bzw. Sättigungsbereich. Analog dazu wird der p-Kanal-MOS-Transistor durch die in der Zusammenfassung dargestellten Gleichungen beschrieben.

Zusammenfassung der Transistorgleichungen

n-Kanal-Transistor	p-Kanal-Transistor
Wid.Bereich	
$I_{DS} = \beta_n[(U_{GS} - U_{Tn})U_{DS} - \frac{U_{DS}^2}{2}]$	$I_{DS} = -\beta_p[(U_{GS} - U_{Tp})U_{DS} - \frac{U_{DS}^2}{2}]$
wenn: $U_{GS} - U_{Tn} > U_{DS}$	$\|U_{GS} - U_{Tp}\| > \|U_{DS}\|$
Sätt.Bereich	
$I_{DS} = \frac{\beta_n}{2}[U_{GS} - U_{Tn}]^2$	$I_{DS} = -\frac{\beta_p}{2}[U_{GS} - U_{Tp}]^2$
wenn: $U_{GS} - U_{Tn} \leqq U_{DS}$	$\|U_{GS} - U_{Tp}\| \leqq \|U_{DS}\|$
Einsatzspannung	
$U_{Tn} = U_{Ton} + \gamma[\sqrt{2\Phi_F + U_{SB}} - \sqrt{2\Phi_F}]$	$U_{Tp} = U_{Tpo} - \gamma[\sqrt{-2\Phi_F - U_{SB}} - \sqrt{-2\Phi_F}]$
$\Phi_F = \frac{kT}{q}\ln\frac{N_A}{n_i}$, $\gamma = \frac{\sqrt{qN_A 2\varepsilon_o\varepsilon_{Si}}}{C'_{ox}}$	$\Phi_F = -\frac{kT}{q}\ln\frac{N_D}{n_i}$; $\gamma = \frac{\sqrt{qN_D 2\varepsilon_o\varepsilon_{Si}}}{C'_{ox}}$

Tabelle 5.1
Transistorgleichungen für n- und p-Kanal Transistor

Beim p-Kanal Transistor gelten die in Bild 5.26 gezeigten Spannungs- und Stromrichtungen, wobei U_{DS}, U_{GS}, U_{SB} und die Einsatzspannung U_{Tp} negative Werte haben.

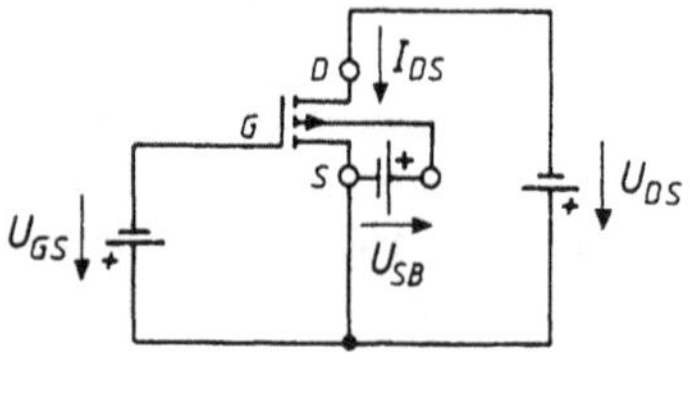

Bild 5.26
Festlegung der Strom- und Spannungsrichtungen beim p-Kanal Transistor

Der wesentlichste Unterschied zwischen n- und p-Kanaltransistoren ist die größere Beweglichkeit der Elektronen im Vergleich zu der der Löcher an der Halbleiteroberfläche. Dies geht auch aus Bild 1.15 hervor, das die Abhängigkeiten der Beweglichkeiten im Substratmaterial zeigt. An der Halbleiteroberfläche ist $\mu_n \approx 2\mu_p$ bis $3\mu_p$ und damit entsprechend Gleichung (5-48)

$$k_n \approx 2k_p \text{ bis } 3k_p. \tag{5-53}$$

Dies bedeutet, daß der n-Kanal Transistor bei gleichen Bedingungen ungefähr die zwei- bis dreifache Stromverstärkung wie der p-Kanal Transistor besitzt.

Die bisher abgeleiteten Strom-Spannungsgleichungen sind sehr einfach und übersichtlich, wodurch sie sich besonders gut für erste Abschätzungen bei der Schaltungsberechnung eignen. Genauere Gleichungen erhält man, wenn man die Annahme einer ortsunabhängigen Raumladungszone eliminiert.

5.2.2 Genauere Transistorgleichungen

Bei der vorhergehenden Ableitung der Transistorgleichungen wurde eine konstante ortsunabhängige Raumladung σ_d entlang des Kanals vorausgesetzt. In Wirklichkeit ändert diese sich jedoch in Abhängigkeit von der Kanalspannung. Im folgenden wird dieser Effekt bei dem Strom-Spannungsverhalten des Transistors mit erfaßt.

Die Inversionsschichtladung im MOS-Transistor (Gl.5-42) beträgt

$$\sigma_n(y) = - C'_{ox}[U_{GS} - U_{FB} - 2\Phi_F + \Phi_K(y) - \gamma\sqrt{2\Phi_F + U_{SB} + \Phi_K(y)}, \quad (5\text{-}54)$$

wobei hierbei berücksichtigt wurde, daß sich die Oberflächenspannung entsprechend der Beziehung

$$\Phi_S(\text{Inv},y) = 2\Phi_F + U_{SB} + \Phi_K(y) \quad (5\text{-}55)$$

verändert. Gleichung (5-54) läßt sich durch Linearisierung vereinfachen. Dazu wird der Wurzelausdruck durch die beiden ersten Glieder der Taylor Serie um die Kanalspannung an der Source Φ_K=0 herum genähert

$$\sqrt{2\Phi_F + U_{SB} + 2\Phi_K} \approx \sqrt{2\Phi_F + U_{SB}} + \frac{\Phi_K}{2\sqrt{2\Phi_F + U_{SB}}}. \quad (5\text{-}56)$$

Das Resultat ist dann eine Beschreibung der Inversionsschichtladung

$$\sigma_n(y) = -C'_{ox}[U_{GS} - U_{FB} - 2\Phi_F - \Phi_K(y) - \gamma[\sqrt{2\Phi_F + U_{SB}} + \frac{\Phi_K(y)}{2\sqrt{2\Phi_F + U_{SB}}}]$$

$$= -C'_{ox}[U_{GS} - U_{Tn} - (1 + F_B)\Phi_K(y)], \quad (5\text{-}57)$$

bei der der Faktor

$$F_B = \frac{\gamma}{2\sqrt{2\Phi_F + U_{SB}}} \quad (5\text{-}58)$$

die Ortsabhängigkeit der Raumladung erfaßt. Dies wird auch deutlich, wenn man die Ortsabhängigkeit der Ladung der Raumladungszone (Gl.5-57) betrachtet.

$$\sigma_d(y) = -C'_{ox}\gamma\left[\sqrt{2\Phi_F + U_{SB}} + \frac{\Phi_K(y)}{2\sqrt{2\Phi_F + U_{SB}}}\right] \quad (5\text{-}59)$$

Diese hat an der Source $\Phi_K(y=0)=0$ einen Wert, der, wie erwartet, mit dem Ergebnis von Gleichung (5-38) identisch ist.

Mit dieser Beschreibung für die Inversionsschichtladung kann, ähnlich wie im vorhergehenden bereits vorgeführt (Gl.5-44 bis 5-47), der Drainstrom im Widerstandsbereich ($U_{GS}-U_{Tn}>U_{DSsat}$)

$$I_{DS} = \beta_n\left[(U_{GS} - U_{Tn})U_{DS} - \frac{[1 + F_B]}{2} U_{DS}^2\right] \quad (5\text{-}60)$$

und im Sättigungsbereich ($U_{GS}-U_{Tn} \leqq U_{DSsat}$)

$$I_{DS} = \frac{\beta_n}{2} \frac{[U_{GS} - U_{Tn}]^2}{1 + F_B} \quad (5\text{-}61)$$

ermittelt werden. Die Sättigungsspannung, die sich ähnlich wie in Gleichung (5-49) bestimmen läßt, beträgt dabei

$$U_{DSsat} = \frac{U_{GS} - U_{Tn}}{1 + F_B}. \quad (5\text{-}62)$$

Die abgeleiteten genaueren Gleichungen sind bis auf den Faktor F_B (Gl.5-58), der die Ortsabhängigkeit der Raumladung erfaßt, identisch mit den vereinfachten Beziehungen (Gl.5-47, 52). Dadurch sagen die genaueren Gleichungen im Vergleich zu den vereinfachten Beziehungen auch einen etwas niedrigeren Drainstrom voraus. Dieser ist um so geringer, je höher die Substratdotierung und damit der Substratsteuerfaktor ist (Gl.5-27).

5.3 Effekte zweiter Ordnung

In diesem Kapitel werden Effekte zweiter Ordnung behandelt. Dazu gehört die Beweglichkeitsdegradation sowie Effekte, die besonders bei kleinen Geometrieabmessungen auftreten und stark das Stromspannungsverhalten des MOS-Transistors beeinflussen. Die mathematische Beschreibung der Effekte folgt dabei im wesentlichen den Ausführungen von Andrei Vladimirescu und Sally Liu /4/, wie sie im CAD-Modell Spice 2G level 3 implementiert sind.

5.3.1 Beweglichkeitsdegradation

Bei den abgeleiteten Transistorgleichungen wurde die Beweglichkeit der Ladungsträger in der Inversionsschicht durch einen mittleren konstanten Wert μ_n beschrieben. In Wirklichkeit jedoch ist dieser stark von dem vertikalen und horizontalen elektrischen Feld und damit von der Gate- und Drainspannung abhängig.

Einfluß des vertikalen Feldes

Der Grund für diesen Einfluß ist, daß das vertikale Gatefeld senkrecht auf die Elektronenbewegung zur Drain hin wirkt. Dadurch werden die Ladungsträger zur Oxid-Halbleitergrenzfläche hin beschleunigt, wodurch sie zusätzlich Stöße erleiden. Dieser Effekt wird durch die Beziehung /5/

$$\mu_S = \frac{\mu_o}{1 + \theta[U_{GS} - U_{Tn}]} \qquad (5\text{-}63)$$

beschrieben, wobei θ eine Konstante und μ_o die Beweglichkeit der Ladungsträger in der Inversionsschicht ist, wenn die elektrischen Feldstärken sehr klein sind. Ein typischer Wert für θ ist 0,1 1/V. Durch diese Beweglichkeitsreduktion kann der Drainstrom um bis zu 40% abnehmen.

Einfluß des horizontalen Feldes

In Bild 5.25 ist gezeigt, wie sich die Kanalspannung und damit das Feld entlang der Inversionsschicht verändert. Am Drainende des Kanals stellt sich dabei die größte Feldstärke und damit Elektronengeschwindigkeit ein. Zwischen dieser und der Feldstärke existiert der in Bild 5.27 skizzierte nichtlineare Zusammenhang (vergl. mit Bild 1.15),

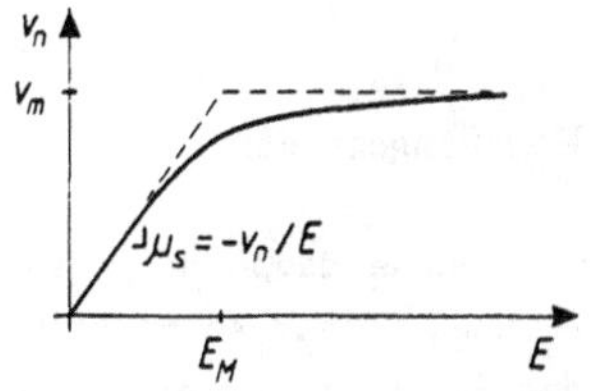

Bild 5.27
Elektronengeschwindigkeit in Abhängigkeit von der Feldstärke

wobei ab einer Feldstärke E_M die Elektronengeschwindigkeit (Sättigungsgeschwindigkeit) nahezu konstant bleibt. Dies bedeutet, daß mit zunehmender Drainspannung, d.h. horizontaler Feldstärke eine kontinuierliche Beweglichkeitsreduzierung entlang der Inversionsschicht stattfindet. Dieser Effekt ist um so ausgeprägter, je kürzer die Kanallänge ist, denn dabei ist die Feldstärke am größten. Die Beweglichkeit kann in Sättigung drainseitig einen Minimalwert von $\mu_S = -v_m/E_M$ annehmen. Die wirksame oder effektive Beweglichkeitsabnahme wird häufig durch die Beziehung /6/

$$\mu_{eff} = \begin{cases} \dfrac{\mu_S}{1 + \dfrac{U_{DS}/l}{v_m/\mu_S}} & \text{wenn } U_{DS} \leqq U_{DSsat} \\[2em] \dfrac{\mu_S}{1 + \dfrac{U_{DSsat}/l}{v_m/\mu_S}} & \text{wenn } U_{DS} > U_{DSsat} \end{cases} \tag{5-64}$$

beschrieben.

Damit ergibt sich eine weitere Verbesserung der Strom-Spannungsbeschreibung des Transistors, wenn statt der mittleren Beweglichkeit μ_n die beschriebene feldabhängige Beweglichkeit μ_{eff} verwendet wird.

Die Sättigungsspannung,

$$U_{DSsat} = \frac{v_m\, l}{\mu_S} \left[\sqrt{1 + 2\,\frac{\mu_S}{v_m\, l}\,\frac{U_{GS} - U_{Tn}}{1 + F_B}} - 1\right], \tag{5-65}$$

die sich in diesem Fall ergibt kann, wie es zur Herleitung von Gleichung (5-49) praktiziert wurde, näherungsweise aus dem Strommaximum, wenn $\partial I_{DS}/\partial U_{DS}=0$ ist, bestimmt werden.

5.3.2 Kanallängenmodulation

Bis jetzt wurde davon ausgegangen, daß der Strom auch dann konstant bleibt, wenn $U_{DS}>U_{DSsat}$ ist. An realisierten Transistoren wird jedoch eine leichte Zunahme des Stroms mit steigender U_{DS}-Spannung beobachtet. Diese Zunahme ist um so ausgeprägter, je kürzer die Kanallänge eines Transistors ist (Bild 5.28).

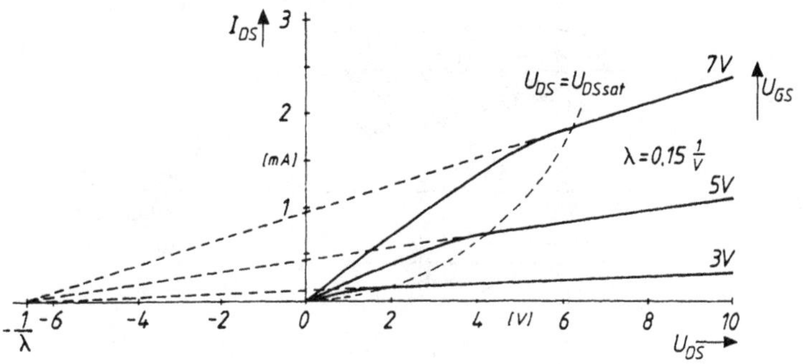

Bild 5.28

Kennlinienfeld eines MOS-Transistors mit ausgeprägter Kanallängenmodulation

Phänomenologisch /7/ läßt sich dieser Effekt, der Kanallängenmodulation genannt wird, zur ersten groben Abschätzung durch Korrektur der Gleichung (5-47,5-52) mit einem Faktor $[1 + \lambda U_{DS}]$

$$I_{DS} = \beta_n[(U_{GS} - U_{Tn})U_{DS} - \frac{U_{DS}^2}{2}][1 + \lambda U_{DS}] \qquad (5\text{-}66a)$$

wenn $U_{GS} - U_{Tn} > U_{DS}$

und

$$I_{DS} = \frac{\beta_n}{2}[U_{GS} - U_{Tn}]^2[1 + \lambda U_{DS}] \qquad (5\text{-}66b)$$

wenn $U_{GS} - U_{Tn} \leqq U_{DS}$ ist,

beschreiben. λ kann graphisch aus dem Kennlinienfeld (Bild 5.28) ermittelt werden. Und zwar ergibt sich $1/\lambda$ für den Punkt, wo sich die extrapolierten Kennlinien bei $I_{DS}=0$ in etwa schneiden. Ein typischer Wert für λ ist 0,05 1/V.

Was passiert nun physikalisch, womit die Zunahme des Stroms erklärt werden kann?

Wie bereits beschrieben, bildet sich in Sättigung drainseitig eine Übergangszone aus, die dadurch gekennzeichnet ist, daß die Ladung der beweglichen Ladungsträger gegenüber derjenigen der ionisierten Akzeptoren vernachlässigbar ist (Bild 5.29). Diese Zone verhält sich somit ähnlich wie eine Raumladungszone. Daraus folgt, daß sich die Weite dieser Zone mit zunehmender Drainspannung vergrößern muß, da am Rand der Inversionsschicht bei l' die Sättigungsspannung konstant bleibt. Durch die dadurch verursachte Verkürzung der Kanallänge um Δl nimmt das elektrische Feld entlang der verbleibenden Inversionsschicht und damit der Drainstrom zu.

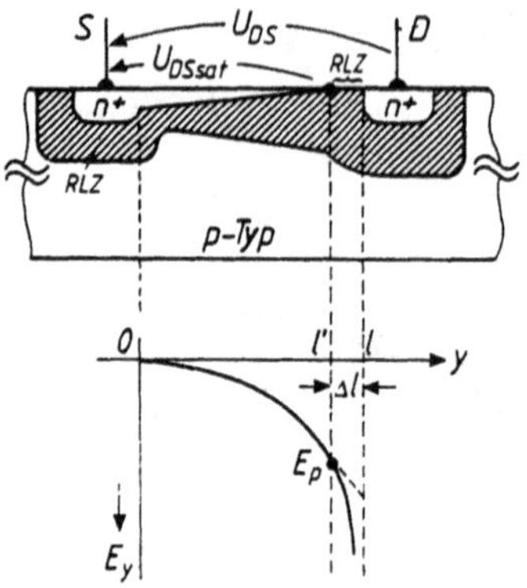

Bild 5.29
n-Kanal MOS-Transistor in Sättigung

Der Feldverlauf, der im Bereich l>y>l' auftritt, kann in Analogie zu Beziehung (Gl.2-53)

$$E_y(y) = E_p - \frac{qN_A}{\varepsilon_0 \varepsilon_{Si}} y \tag{5-67}$$

beschrieben werden, wobei E_p die Feldstärke am Abschnürpunkt l' nähert. Diese Feldstärke kann, wie in /7/ ausgeführt ist, sogar einen Wert E_M (Bild 5.27) annehmen, bei dem Sättigungsgeschwindigkeit einsetzt. Aus der Integration

$$U_{DS} = U_{DSsat} - \int_{l'}^{l} E_y(y)dy \tag{5-68}$$

ergibt sich eine effektive Kanallänge von

$$l' = l - \sqrt{\left[\frac{E_p}{2\alpha}\right]^2 + \frac{1}{\alpha}\left[U_{DS} - U_{DSsat}\right]} - \frac{E_p}{2\alpha}, \tag{5-69a}$$

wobei $\alpha = \dfrac{qN_A}{2\varepsilon_0\varepsilon_{Si}}$ ist. (5-69b)

Die Sättigungsspannung (Gl.5-65) ist damit streng genommen auch eine Funktion der Kanallänge. Damit ist ein iteratives Verfahren bei der Berechnung des Stromes erforderlich. Um dies zu vermeiden, wird bei den Rechnermodellen die Sättigungsspannung bei der Kanallänge l bestimmt.

Bei der Herleitung von Gleichung (5-69) wurde eine eindimensionale Poissongleichung gelöst. Hierbei ist jedoch, wie in /8/ ausgeführt, zu bedenken, daß es sich in Wirklichkeit um ein zweidimensionales Feldproblem handelt. Aus diesem Grund wird zur verbesserten Anpassung der Kanallängenmodulation an gemessene I_{DS}-Werte ein empirischer Paßfaktor K

$$1' = 1 - \sqrt{\left[\frac{E_p}{2\alpha}\right]^2 + \frac{K}{\alpha}\left[U_{DS} - U_{DSsat}\right]} - \frac{E_p}{2\alpha}, \qquad (5\text{-}70)$$

eingeführt.

5.3.3 Einsatzspannungsveränderung bei kleinen Geometrien

Die bisher abgeleiteten Transistorgleichungen gelten für Transistoren mit relativ großen Kanalabmessungen. Bei Kanalgeometrien, die in die Größenordnung der Weite einer Raumladungszone kommen, treten jedoch Wechselwirkungen zwischen dem Kanal, dessen Raumladungszone und den angrenzenden Source-, Drainraumladungszonen auf, die nicht mehr vernachlässigt werden können. Die dadurch verursachten Einflüsse erfaßt das erwähnte CAD-Modell durch drei voneinander unabhängige, durch geometrische Überlegungen gewonnene Korrekturterme

F_S: Kanallängeneffekt
F_N: Kanalweiteneffekt
F_σ: Draineinfluß

bei der Einsatzspannung.

Um die berechneten Korrekturterme an die durch Messung gewonnenen Werte anzugleichen, werden die entsprechenden Paßfaktoren δ bei dem Kanalweiteneffekt und η bei dem Draineinfluß eingeführt.

Transistoren mit kurzer Kanallänge

Bei der Ableitung der Transistorgleichungen wurde die Ladung der Raumladungszonen von Drain- und Sourcegebieten nicht berücksichtigt. Bei Transistoren mit kurzer Kanallänge kann dadurch ein Fehler entstehen, da die Ladung dieser Zonen die Ladung der Raumladungzone unter dem Gate verringert. Dies hat zur Folge, daß Transistoren mit kurzer Kanallänge (Bild 5.30a) eine niedrigere Einsatzspannung haben.
Im Bereich um 1µm verursacht dadurch bereits eine geringfügige Änderung der Kanallänge vom Nominalwert bei der Herstellung eine relativ große Einsatzspannungsänderung.

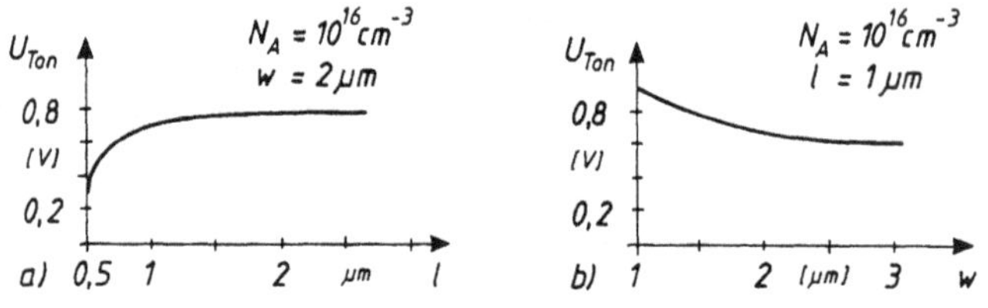

Bild 5.30
Abhängigkeit der Einsatzspannung von den Transistorgeometrien; a) Einsatzspannung als Funktion der Kanallänge; b) Einsatzspannung als Funktion der Kanalweite

Um die Abhängigkeit der Einsatzspannung von der Kanallänge zu bestimmen, wird von einem einfachen geometrischen Modell /9/ ausgegangen (Bild 5.31).

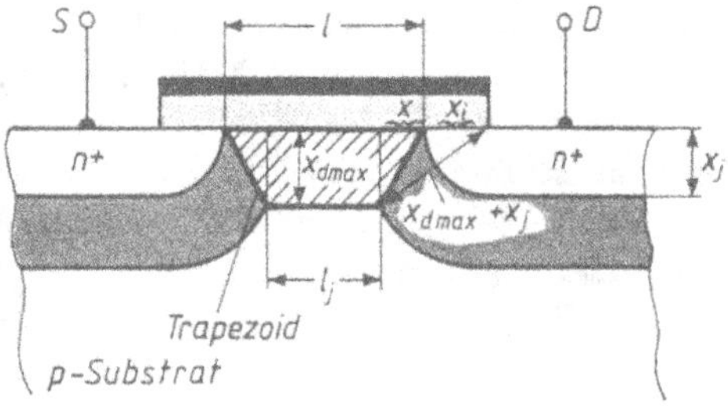

Bild 5.31
Querschnitt durch einen MOS-Transistor mit kurzer Kanallänge

Die vom Gate beeinflußte Raumladung entspricht dabei der Ladung innerhalb des Trapezoids

$$Q_{dm} = -qN_A X_{dmax} w \left[\frac{l + l_j}{2}\right]. \tag{5-71}$$

Ohne Berücksichtigung der Drain und Source Raumladung wäre diese

$$Q_d = qN_A X_{dmax} wl. \tag{5-72}$$

Aus dem Verhältnis dieser Ladungen kann ein Reduktionsfaktor

$$F_S = \frac{Q_{dm}}{Q_d} = \frac{1}{2}\left[1 + \frac{l_j}{l}\right]. \tag{5-73}$$

gebildet werden.

Aus den geometrischen Beziehungen des Bildes 5.31 ergeben sich die Zusammenhänge

$$l_j = l - 2X \tag{5-74}$$

und

$$[X + X_j]^2 + X_{dmax}^2 = [X_j + X_{dmax}]^2 . \qquad (5\text{-}75)$$

Gleichungen (5-74) und (5-75) in (5-73) eingesetzt, führen zu einem Reduktionsfaktor von:

$$F_S = 1 - \frac{X_j}{l} \left[\sqrt{1 + \frac{2X_{dmax}}{X_j}} - 1\right], \qquad (5\text{-}76)$$

der sich aus den Geometrieangaben eines Transistors sowie der Oberflächenspannung und Dotierung (Gl.5-18) ausrechnen läßt.

Die Ladung der Raumladungszone (Gl.5-38) beträgt

$$\sigma_d = - C'_{ox} \gamma \sqrt{2\Phi_F + U_{SB}} .$$

Da diese bei Kurzkanal-Transistoren um den Faktor F_S reduziert ist, ergibt sich eine entsprechend reduzierte Einsatzspannung von

$$U_{Tn} = U_{FB} + 2\Phi_F + \gamma F_S \sqrt{2\Phi_F + U_{SB}} . \qquad (5\text{-}77)$$

In dem betrachteten CAD-Modell /4/ wird ein genaueres, aber dafür auch aufwendigeres Geometriemodell eingesetzt, wobei verschiedene laterale und horizontale Eindringtiefen der Diffusion berücksichtigt werden /10/.

Transistoren mit kleiner Kanalweite

Bisher wurde das Verhalten der Einsatzspannung bei Transistoren mit kurzer Kanallänge analysiert. Eine Beeinflussung der Einsatzspannung ergibt sich aber auch, wenn die Kanalweite verkürzt wird (Bild 5.30b). Dies kann man mit Hilfe von Bild 5.32 näher erklären.

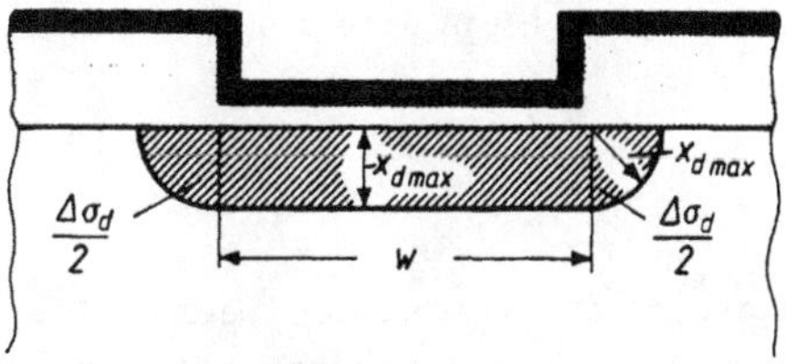

Bild 5.32
Querschnitt durch einen MOS-Transistor mit kurzer Kanalweite

Nimmt man an, daß die laterale Ausdehnung der Raumladungszone radial und nicht, wie bisher betrachtet, rechteckförmig erfolgt, so ergibt sich eine entsprechende Erhöhung der Ladung in der Raumladungszone. Aus den obigen Geometrieangaben und den Gleichungen (5-18) und (5-34) resultiert:

$$\Delta\sigma_d = \Delta Q_d \frac{1}{wl}$$

$$= -qN_A \frac{\pi[X_{dmax}]^2 l}{2} \frac{1}{wl}$$

$$= -\frac{\pi\varepsilon_0\varepsilon_{Si}[2\Phi_F + U_{SB}]}{w}. \qquad (5\text{-}78)$$

Diese zusätzliche Ladung hat eine Erhöhung der Einsatzspannung (Gl.5-39)

$$U_{Tn} = U_{FB} + 2\Phi_F + \gamma\sqrt{2\Phi_F + U_{SB}} + F_N \qquad (5\text{-}79)$$

zur Folge, wobei

$$F_N = \delta \frac{\pi\varepsilon_0\varepsilon_{Si}[2\Phi_F + U_{SB}]}{C'_{ox}\, w} \qquad (5\text{-}80)$$

und δ ein dimensionsloser Korrekturfaktor ist.

<u>Draineinfluß auf die Einsatzspannung</u>

Bei den betrachteten Kurzkanaleffekten wurde davon ausgegangen, daß Source- und Draingebiete gleiche Spannung besitzen. Werden verschiedene Spannungen angenommen, so ergeben sich veränderte Weiten X_{dmax} der Raumladungszonen von Source und Drain und damit verbunden eine Reduzierung der Einsatzspannung. Um diese komplexen Zusammenhänge /11/ vereinfacht zu beschreiben, wird im CAD-Modell ein Korrekturterm

$$F_\sigma = \eta \frac{8{,}15\cdot 10^{-22}\,(\mathrm{Fm})}{C'_{ox}\, l^3} \qquad (5\text{-}81)$$

eingeführt, wobei η ein dimensionsloser Paßfaktor ist. Die Einsatzspannungsreduzierung um

$$\Delta U_{Tn} = -F_\sigma U_{DS} \qquad (5\text{-}82)$$

kann damit direkt beschrieben werden. Die Einsatzspannung ist damit um so niedriger, je größer die Spannung U_{DS} und je kürzer die Kanallänge ist. Dies kann bis zum Punch-through (Abschnitt 5.3.7) führen, bei dem sich die Raumladungszonen von Drain- und Source berühren, wodurch ein Stromfluß entsteht, der kaum noch von der Gatespannung steuerbar ist.

Die beschriebenen Effekte beeinflussen damit insgesamt, wie im folgenden zusammenfassend dargestellt, die Einsatzspannung

$$U_{Tn} = U_{FB} + 2\Phi_F + \gamma F_S \sqrt{2\Phi_F + U_{SB}} + F_N - F_\sigma U_{DS} \tag{5-83}$$

oder entsprechend

$$U_{Tn} = U_{Ton} + \gamma F_S[\sqrt{2\Phi_F + U_{SB}} - \sqrt{2\Phi_F}] - F_\sigma U_{DS}, \tag{5-84}$$

wobei

$$U_{Ton} = U_{FB} + 2\Phi_F + \gamma F_S \sqrt{2\Phi_F} + F_N \tag{5-85}$$

ist.

5.3.4 MOS-Transistor bei schwacher Inversion

Bei der Ableitung der Stromgleichungen wurde davon ausgegangen, daß ein Drainstrom dann einsetzt, wenn die Gatespannung einen Wert hat, der größer ist als derjenige der Einsatzspannung. Ist die Gatespannung dagegen gleich oder kleiner als die Einsatzspannung, so ist der Drainstrom 0, da entsprechend der Definition der Einsatzspannung (Abschnitt 5.1.4.3) die Inversionsschichtladung 0 ist. In Wirklichkeit zeigen MOS-Transistoren bei schwacher Inversion ein davon abweichendes Verhalten, wie im folgenden gezeigt wird.

Das Stromverhalten des MOS-Transistors bei schwacher Inversion, das auch Unterschwellstromverhalten genannt wird, kann man herleiten, wenn die sog. charge sheet Näherung nicht verwendet wird und die Poissongleichung (5-12) für die gesamte Ladung im Halbleiter, bestehend aus Inversionsschicht- und Raumladung gelöst wird. Mit der gewonnenen Beziehung für die Inversionsschichtladung bei schwacher Inversion und deren anschliessenden Integration, ähnlich wie Beziehung (5-46), erhält man den gewünschten Drainstrom /11,12/

$$I_{DS} = \beta_n n[\frac{kT}{q}]^2 e^{\frac{q}{nkT}[U_{GS} - U_{Tn} - \frac{nkT}{q}]}[1 - e^{-\frac{q}{kT}U_{DS}}], \tag{5-86a}$$

$$\text{wenn} \quad U_{GS} < U_{Tn} + \frac{nkT}{q} \tag{5-86b}$$

ist. In dieser Gleichung beschreibt

$$n = \frac{C'_{ox} + C'_j}{C'_{ox}} \tag{5-86c}$$

ein Kapazitätsverhältnis, wobei sich die Sperrschichtkapazität

$$C'_j = \frac{\partial \sigma_d}{\partial \Phi_S} \qquad (5\text{-}87)$$

aus Beziehung (5-19) ermitteln läßt. Typische Werte von n liegen zwischen 1,5 und 2,5. Der Transistor zeigt somit keinen scharfen Einsatzpunkt bei U_{Tn}, sondern ein exponentielles Strom-Spannungsverhalten unterhalb der Einsatzspannung. Der Einfluß der Drainspannung ist vernachlässigbar, wenn diese größer 100mV ist.

Das folgende Beispiel soll ein Gefühl für die Größenordnung der Ströme bei schwacher Inversion vermitteln.

Beispiel:

Gegeben ist ein Transistor mit den Werten $\beta_n = 100 \cdot 10^{-6} A/V^2$, $U_{Tn} = 0{,}8V$ und $n = 2$. Gesucht werden die Drainströme bei Raumtemperatur, wenn $U_{GS} = 0{,}7V$ und $0{,}4V$ beträgt. U_{DS} soll >100mV sein.

$$I_{DS}(U_{GS}=0{,}7V) = 100 \cdot 10^{-6} A/V^2 \cdot 2 \cdot (26 \cdot 10^{-3} V)^2 e^{\frac{0{,}7V - 0{,}8V - 0{,}056V}{2 \cdot 26 \cdot 10^{-3} V}}$$

$$= 6{,}7nA$$

$$I_{DS}(U_{GS}=0{,}4V) = 100 \mu A/V^2 \cdot 2 (26 \cdot 10^{-3} V)^2 e^{\frac{0{,}4V - 0{,}8V - 0{,}056V}{2 \cdot 26 \cdot 10^{-3} V}}$$

$$= 21pA.$$

D.h., wenn $U_{GS} \approx 1/2 U_{Tn}$ ist, ist der noch fließende Drainstrom vernachlässigbar klein.

Strombeziehungen (5-60) und (5-86) wurden für starke und schwache Inversion bei unterschiedlichen Annahmen hergeleitet. Um zu vermeiden, daß dadurch eine Diskontinuität im Strom entsteht, werden die Teilströme im CAD-Modell beim Übergang von starker und schwacher Inversion angepaßt (Bild 5.33).

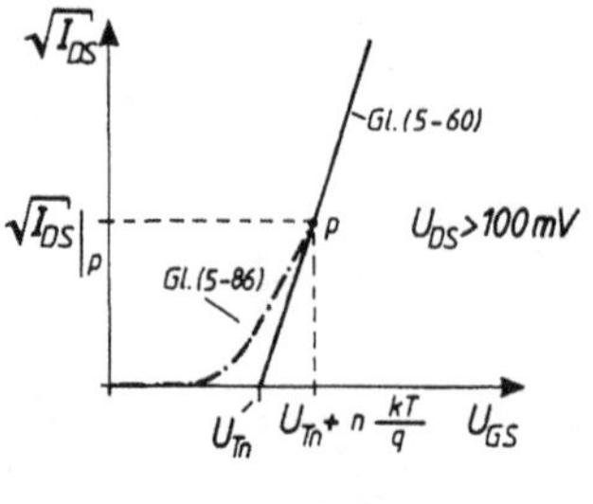

Bild 5.33
Anpassung der Teilströme beim Übergang von starker zu schwacher Inversion.

Am Schnittpunkt P mit $U_{GS}=U_{Tn}+nkT/q$ sollen die Ströme gleich groß sein. Damit ist bei $U_{DS}>100mV$,

$$I_{DS}|_P = I_P\, e^{\frac{q}{nkT}[U_{GS} - U_{Tn} - \frac{nkT}{q}]} = I_P \tag{5-88}$$

und

$$I_{DS}|_P = \beta_n[(U_{GS} - U_{Tn})U_{DS} - \frac{1 + F_B}{2}U_{DS}^2]$$

$$= \beta_n[\frac{nkT}{q}U_{DS} - \frac{1 + F_B}{2}U_{DS}^2]. \tag{5-89}$$

Hieraus resultiert eine Beschreibung für den Strom bei schwacher Inversion von

$$I_{DS} = \beta_n[\frac{nkT}{q}U_{DS} - \frac{1 + F_B}{2}U_{DS}^2]e^{\frac{q}{nkT}[U_{GS} - U_{Tn} - \frac{nkT}{q}]} \tag{5-90}$$

5.3.5 Implantierte MOS–Transistoren

Mit Hilfe der Ionenimplantation kann das Dotierungsprofil und damit die Einsatzspannung der MOS-Transistoren verändert werden. Dies ist in Bild 6.3 gezeigt, wo mittels einer Borimplantation durch Veränderung der Dotierung im Gatebereich die Einsatzspannung für n- und p-Kanal Transistoren (Gl.5-39, 5-27) eingestellt werden kann. Ist die Dotierung für den n-Kanal Transistor an der Halbleiteroberfläche z.B. größer als im Halbleiterinnern (Bild 6.3a), so kann abhängig von der Eindringtiefe der Implantation, ein spannungsabhängiger Substratsteuerfaktor, wie in Bild 5.34 skizziert, auftreten.

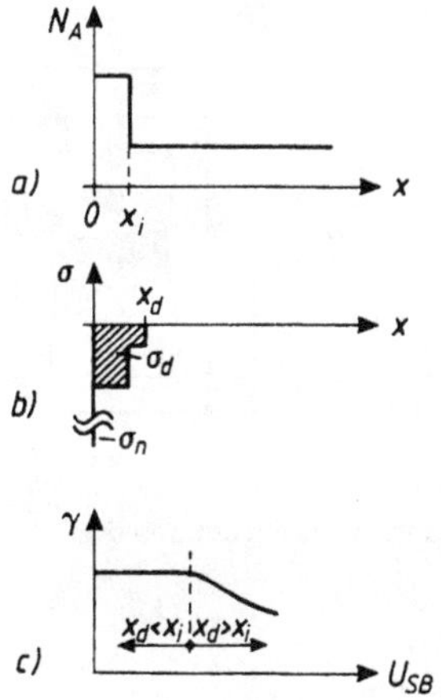

Bild 5.34
Auswirkung inhomogener Substratdotierung auf den Substratsteuerfaktor;
a) inhomogene Substratdotierung;
b) Ladung im Substrat;
c) Substratsteuerfaktor
in Abhängigkeit von U_{SB}

Die Spannungsabhängigkeit kommt dadurch zustande, daß bei kleiner U_{SB}-Spannung die Raumladungszone noch im Bereich der hohen Dotierung liegt ($x_d<x_i$) und mit zunehmender U_{SB}-Spannung in den Bereich niedriger Dotierung ($x_d>x_i$) gelangt, wodurch der Substratsteuerfaktor abnimmt.

Verarmungstransistor

Die bisher behandelten MOS-Transistoren werden Anreicherungstransistoren genannt. Ist die Spannung $U_{GS}=0$, ist der Transistor nicht leitend. Im Gegensatz dazu gibt es Transistoren, die leitend sind, obwohl die Spannung $U_{GS}=0$ ist. Diese Transistoren werden Verarmungstransistoren (depletion, normally-on) genannt. Sie spielen bei integrierten NMOS-Schaltungen eine sehr große Rolle, da sie als Ersatz für Widerstände verwendet werden (6. Kapitel).

Um einen n-Kanal Verarmungstransistor zu erzeugen, werden durch Ionenimplantation, z.B. mit Arsen an der Grenzschicht Siliziumdioxid-Halbleiter Donatoren eingebracht. Diese verhalten sich ähnlich wie die Grenzschichtladung σ_{SS} (Gl.5-8). Die Flachbandspannung wird um einen Wert von

$$\Delta U_{FB} = -\frac{\sigma_i}{C'_{ox}} \qquad (5\text{-}91)$$

verändert und damit die Einsatzspannung, wobei σ_i die Ladung der Donatoren ist. Die Einsatzspannung wird allgemein auf einen typischen Wert von -3,5V eingestellt. In erster Näherung kann man die Charakteristik des Verarmungstransistors mit den vereinfachten Gleichungen (Gl.5-47, 5-52) beschreiben. Diese Beschreibung wird um so ungenauer, je größer die Eindringtiefe der implantierten Donatoren im Kanalbereich ist. Diese können eine n-Schicht erzeugen, wodurch Drain und Source elektrisch verbunden sind. Man spricht in diesem Fall von Transistoren mit vergrabenem Kanal /13,14,15/. Um die Funktion dieser Transistoren genauer zu beschreiben, wird auf Bild 5.35 verwiesen.

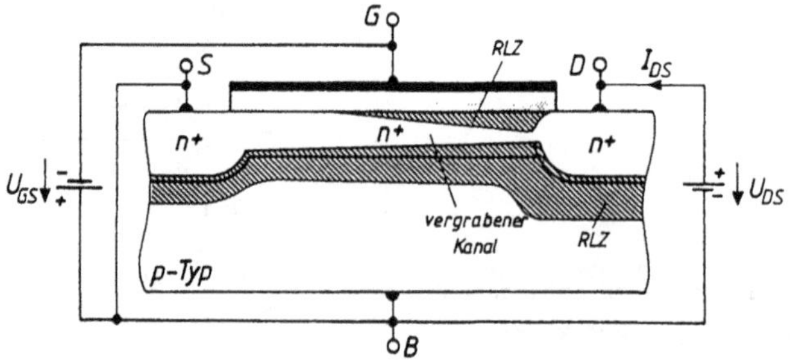

Bild 5.35
Transistor mit vergrabenem Kanal ($U_{GS}<0$)

Ist $U_{DS}>0$, fließt ein Strom I_{DS} zwischen Source und Drain, da ein leitender Kanal vorhanden ist. Dieser besitzt eine Raumladungszone zum Substrat, die am Drainanschluß größer ist, da $U_{DS}>0$ ist. Wird eine negative Gate-Sourcespannung $U_{GS}<0$ angelegt, entsteht an der Halbleiteroberfläche ebenfalls eine Raumladungszone, da dort die Elektronen abgestoßen werden. Dieser Effekt ist am Drainanschluß infolge der positiven Drain-Sourcespannung U_{DS} noch ausgeprägter. Der Stromfluß findet deshalb überwiegend im Innern des Kanals statt. Nimmt die Gate-Sourcespannung einen noch negativeren Wert an, breitet sich die Raumladungszone der Halbleiteroberfläche noch weiter aus, wodurch der Widerstand des Kanals zunimmt. Berühren sich beide Raumladungszonen, so kann der Kanal so weit abgeschnürt werden, bis kein Strom mehr fließt.

5.3.6 Temperaturverhalten des MOS–Transistors

Das Temperaturverhalten des MOS-Transistors wird bestimmt durch die Einsatzspannung U_{Tn} und den Verstärkungsfaktor des Prozesses $k_n=\mu_n C_{ox}$ (Gl.5-48). Dieser ist proportional zur Änderung der Beweglichkeit, die eine Abhängigkeit (Gl.3-65) von

$$\mu_n(T) = \mu_n(300K)\left(\frac{T}{300K}\right)^{-a_n} \qquad (5\text{-}92)$$

zeigt. Dies bedeutet, daß bei einer Temperaturerhöhung von Raumtemperatur auf 100°C die Beweglichkeit und damit die Stromverstärkung bei $a_n=1{,}5$ um ca. 35% abnimmt.

Die Änderung der Einsatzspannung U_{Tn} (Gl.5-39) kommt überwiegend durch die Temperaturabhänigkeit von Φ_F (Gl.5-32) und n_i (Gl.1-20) zustande /16/. Messungen der Einsatzspannungsänderung, als Funktion der Temperatur sind in Bild 5.36 mit der Dotierung als Parameter dargestellt.

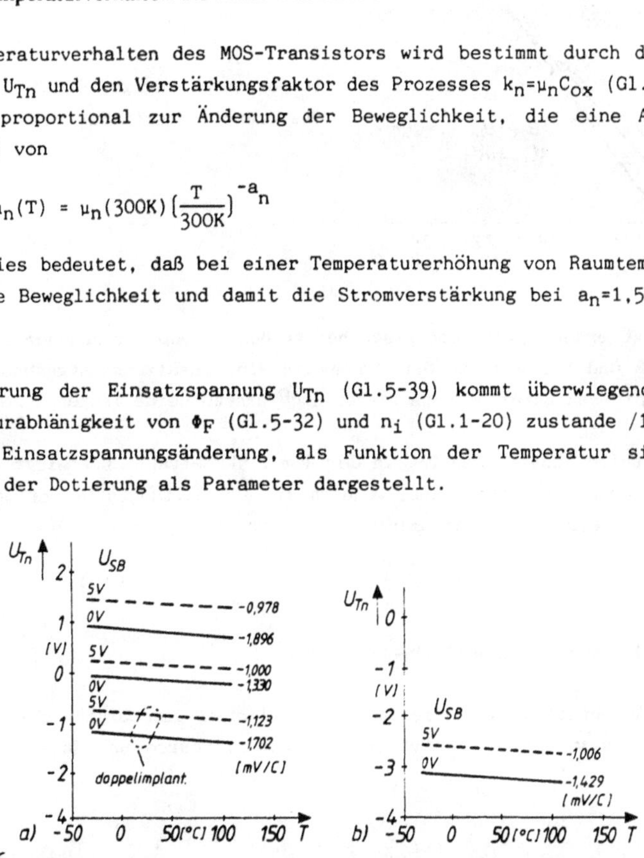

Bild 5.36
Einsatzspannungsänderung als Funktion der Temperatur mit unterschiedlicher Implantation /16/; a) Anreicherungstransistor; b) Verarmungstransistor

Danach ergibt sich eine mittlere Einsatzspannungsänderung von ca. - 1mV/°C. Betrachtet man die Auswirkung der gezeigten temperaturabhängigen Parameter, z.B. auf einen Transistor in Sättigung (Gl.5-52), ergibt sich der dargestellte Zusammenhang

$$I_{DS}(T) = \frac{\mu_n(T)C'_{ox}}{2} \frac{w}{l} \left[U_{GS} - U_{Tn}(T)\right]^2. \tag{5-93}$$

Mit zunehmender Temperatur nimmt der Drainstrom durch die Verringerung der Beweglichkeit $\mu_n(T)$ ab und gleichzeitig durch die Zunahme von $[U_{GS}-U_{Tn}(T)]$ zu. Dieser Zusammenhang ist in Bild 5.37 dargestellt.

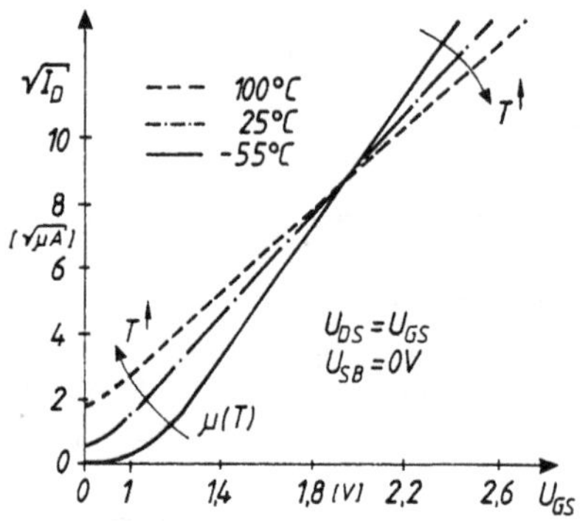

Bild 5.37
Temperaturabhängiges Stromverhalten des Transistors in Sättigung

Wie daraus zu ersehen ist, überwiegt bei großen Gatespannungen der Beweglichkeitseinfluß und bei kleinen Gatespannungen die Einsatzspannungsabhängigkeit. In einem kleineren Bereich kompensieren sich nahezu beide Temperatureinflüsse.

Da bei digitalen Schaltungen U_{GS} in der Regel 5V beträgt, überwiegt im allgemeinen der Beweglichkeitseinfluß, wodurch diese Schaltungen bei erhöhten Temperaturen ein wesentlich langsameres Schaltverhalten zeigen.

5.3.7 Durchbruchverhalten des MOS-Transistors

In diesem Abschnitt werden die drei wesentlichen Durchbruchmechanismen des MOS-Transistors von Drain zu Substrat, Drain zu Source und Gate zu Substrat betrachtet.

Lawinendurchbruch, Punchthrough

Bei MOS-Transistoren mit langem Kanal (l>2µm) ist die Drainspannung U_{DS} begrenzt durch den Lawinendurchbruch des pn-Übergangs Drain-Substrat. Hat jedoch ein Transistor einen sehr kurzen Kanal, so berühren sich schon bei einer geringeren Drainspannung die Raumladungszonen von Source und Drain. Der dabei auftretende Durchbruch wird punchthrough genannt. Der Zusammenhang zwischen Kanallänge l und maximaler Drainspannung U_{DSMAX} ist in Bild 5.38 gezeigt.

Bild 5.38
Gemessene und berechnete maximale Drainspannung U_{DSMAX} als Funktion der Kanallänge l. U_{DSMAX} ist als die Spannung definiert, bei der ein Strom von 1µA fließt /17/.

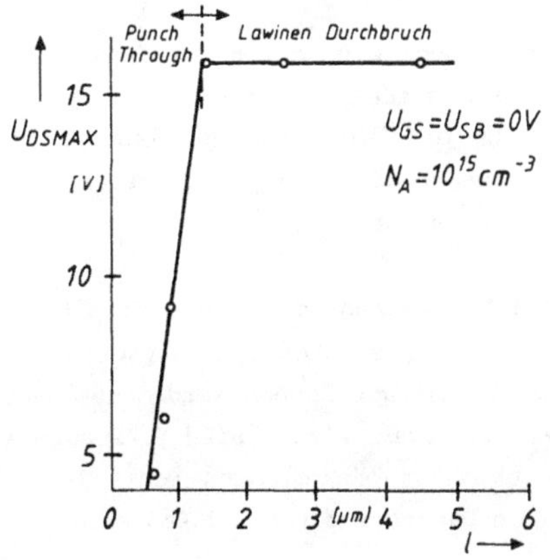

Dielektrischer Durchbruch

Beim MOS-Transistor gibt es noch einen weiteren, den dielektrischen Durchbruch. Ist die Spannung zwischen Gate und Substrat oder Kanal zu hoch, so entsteht infolge der hohen Feldstärke ein dielektrischer Durchbruch, der leitende Kanäle im Isolationsoxid erzeugt und eine permanente Zerstörung zur Folge hat. Der Richtwert der kritischen Durchbruchfeldstärke liegt bei ca. $5 \cdot 10^7$ V/cm. Diese kann durch elektrostatische Aufladung, die durch den Menschen auf den Baustein übertragen werden kann, leicht erzeugt werden. So ist es z.B. möglich, beim Gehen über einen Teppich bei 30% Luftfeuchtigkeit bis zu ± 30.000V zu erzeugen.

Aus diesem Grund werden bei integrierten MOS-Bausteinen die Gates der Eingangstransistoren mit Schutzschaltungen versehen. Für einen NMOS-Baustein, d.h. Baustein mit nur n-Kanal Transistoren, ist diese in Bild 5.39a gezeigt. Negative Spannungsspitzen werden über die Diode D1 nach Masse abgeleitet, während die positiven Spannungen durch Transistor Tr begrenzt werden. In diesem Beispiel handelt es sich um einen Transistor mit kurzer Kanallänge, dessen punchthrough-Spannung wesentlich niedriger ist als die des dielektrischen Durchbruchs. Als Alternative wird auch häufig ein Transistor mit hoher Einsatzspannung >10V benutzt, bei dem Gate und Drain verbunden sind. Die hohe

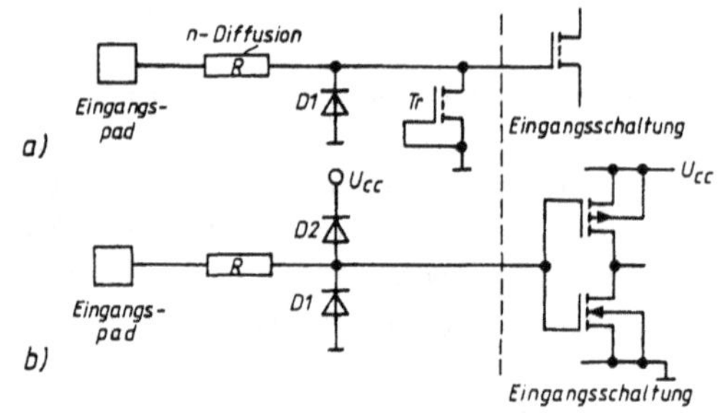

Bild 5.39
Eingangsschutzschaltung;
a) bei NMOS-Technologie;
b) bei CMOS-Technologie

Einsatzspannung wird durch die Verwendung von dickem Isolieroxid (ca. 1µm) im Gatebereich erzeugt (Kapitel 6.1). Der Widerstand R dient der Begrenzung des Stroms, um die Diode und den Transistor Tr zu schützen. Der Widerstand wird durch eine mäanderförmige n^+-Diffusion realisiert, wodurch gleichzeitig die Diode D1 entsteht.

Bei CMOS-Bausteinen, d.h. Baustein mit n- und p-Kanal Transistoren, können die negativen und positiven Spannungspitzen mit Dioden D1 und D2 (Bild 5.39b) begrenzt werden. Die Dioden werden zur Reduzierung der Latch-up Empfindlichkeit mit Schutzringen, wie in Bild 5.42 gezeigt, umgeben. Hierauf wird im nächsten Abschnitt näher eingegangen. Damit die Schutzstrukturen sicher arbeiten, darf bei einem Dauerstrom von ± 100mA kein Latch-up Effekt bemerkbar sein.

5.3.8 Bipolareffekte bei MOS-Transistoren

Mit einem MOS-Transistor ist immer ein parasitärer Bipolartransistor verknüpft. Dies wird verständlich, wenn man Bild 5.40 betrachtet. Der n-Kanal MOS-Transistor kann als bipolarer npn-Transistor wirken, wobei das Substrat als Basis und die Source-Drainübergänge als Emitter und Kollektor dienen. In einer integrierten MOS-Schaltung sind normalerweise alle pn-Übergänge gesperrt. Ein bipolarer Verstärkungseffekt tritt somit nur auf, wenn ein pn-Übergang in Durchlaßrichtung gelangt. Dies kann z.B. durch unbeabsichtigte Unterschwinger bei Eingangssignalen oder durch kapazitive Kopplungen geschehen.

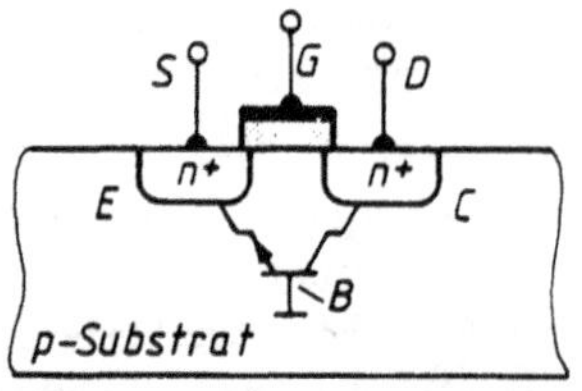

Bild 5.40
n-Kanal MOS-Transistor mit parasitärem bipolarem npn-Transistor

Vierschichtdiode, Latch-up Effekt

Bei CMOS-Schaltungen sind parasitäre npn- und pnp-Transistoren vorhanden, die als Vierschichtdiode wirken. Bei bestimmten Bedingungen können diese gezündet werden, wodurch ein quasi Kurzschlußpfad zwischen U_{CC} und Masse entsteht. Die auftretenden großen Ströme sind in der Lage, die integrierte Schaltung zu zerstören. Am Beispiel eines CMOS-Inverters, von dem zur Vereinfachung nur die Sourcegebiete gezeigt sind (Bild 5.41), soll dies näher erläutert werden.

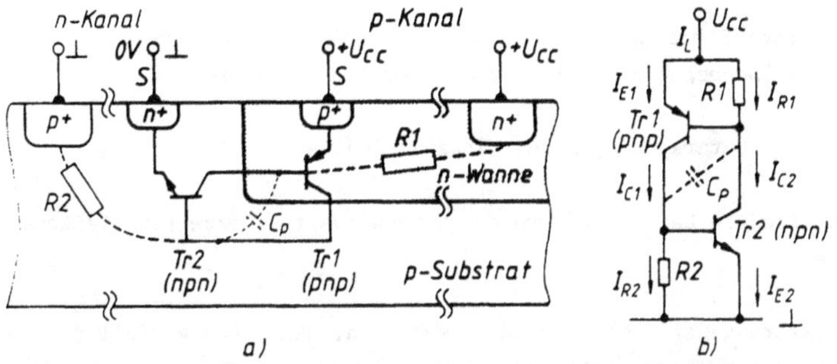

Bild 5.41
Ausschnitt aus einem CMOS-Inverter; a) Schnittbild; b) Ersatzschaltbild

In dem p-Substrat wurde durch Umdotierung eine n-Wanne erzeugt, in der die p-Kanal Transistoren enthalten sind. Die Wanne ist über eine n^+-Diffusion mit der Versorgungsspannung U_{CC} verbunden, während beim p-Substrat die Verbindung zur Masse über eine p^+-Diffusion erfolgt. Das Sourcegebiet n^+ bildet mit dem p-Substrat und der n-Wanne einen lateralen npn-Transistor (Tr2) und das Sourcegebiet p^+ mit n-Wanne und p-Substrat einen vertikalen pnp-Transistor (Tr1). Den Emitter-Basisübergängen sind die Widerstände R1 und R2, die sich aus dem Schichtwiderstand des Substrats bzw. der n-Wanne ergeben, parallel geschaltet. Die beiden miteinander verkoppelten Bipolartransistoren bilden eine pnpn-Vierschichtdiode, die, wenn einmal gezündet, unter bestimmten Bedingungen niederohmig bleibt, obwohl die Ursache für das Zünden nicht mehr vorhanden ist. Dieser Effekt wird als Latch-up bezeichnet und mit Hilfe des Ersatzschaltbildes (Bild 5.41b) näher beschrieben.

Durch irgendeine Ursache, auf die später noch näher eingegangen wird, ist z.B. die Basis-Emitter-Diode des npn-Transistors Tr2 kurzzeitig leitend, wodurch ein Kollektorstrom I_{C2} fließt. Ein Teil dieses Stroms bildet den Basisstrom für den pnp-Transistor Tr1, der wiederum einen Kollektorstrom I_{C1} hervorruft. Dieser ist in der Lage, den Basisstrom für Tr2 zu liefern. Die pnpn-Diode befindet sich dadurch in einem niederohmigen Zustand, obwohl die Ursache des

Zündens nicht mehr vorhanden zu sein braucht. Der Zündvorgang kann selbstverständlich auch eingeleitet werden, wenn die Basis-Emitter-Diode des pnp-Transistors leitend wird.

Als Beispiel für Zündursachen /18,19/ werden aufgeführt:

- Sehr steile Anstiegsflanke der Versorgungsspannung U_{CC}, die über die parasitäre Kapazität C_p einen Strom von $i=C_p\, dU/dt$ erzeugt, der die Basis-Emitterdioden leitend schalten kann.

- Sehr große Störspannungsspitzen auf den Versorgungsspannungen (U_{CC}, Masse), die die Sperrspannung der Vierschichtdiode überschreiten.

- Über- und Unterschwingen bei Eingangssignalen.

- Injektion von Ladungsträgern durch benachbarte kurzzeitige leitende pn-Übergänge.

Zur Zerstörung der Schaltung kann es kommen, wenn nach Wegfall der Zündursache die Vierschichtdiode nicht selbständig abschaltet. Dazu müssen mehrere Bedingungen erfüllt sein. Die Spannungsversorgung muß in der Lage sein, den benötigten Strom zu liefern. Außerdem müssen die beiden Bipolartransistoren eine bestimmte Stromverstärkung besitzen. Wie groß diese mindestens sein muß, wird im folgenden abgeleitet. Unter der Voraussetzung, daß die Vierschichtdiode gezündet wurde, gilt:

$$I_L = I_{C1} + I_{C2}$$
$$I_L = A_1 I_{E1} + A_2 I_{E2}$$
$$I_L = A_1[I_{E1} + I_{R1}] - A_1 I_{R1} + A_2[I_{E2} + I_{R2}] - A_2 I_{R2}$$
$$I_L = [A_1 + A_2] I_L - A_1 I_{R1} - A_2 I_{R2}, \qquad (5\text{-}94)$$

wobei $A_1=I_{C1}/I_{E1}$ und $A_2=I_{C2}/I_{E2}$ entsprechend der vorgegebenen Stromrichtungen die statischen Stromverstärkungen der Transistoren Tr1 und Tr2 in Basisschaltung sind (Gl.3.13).

Nach Umformen von Gleichung (5-94) ergibt sich

$$1 = A_1 + A_2 - A_1 \frac{I_{R1}}{I_L} - A_2 \frac{I_{R2}}{I_L}. \qquad (5\text{-}95)$$

Diese Beziehung ist erfüllt, wenn

$$A_1 + A_2 = 1 + A_1 \frac{I_{R1}}{I_L} + A_2 \frac{I_{R2}}{I_L} \text{ oder} \qquad (5\text{-}96)$$

$$B_1B_2 = 1 + B_1[1 + B_2]\,\frac{I_{R1}}{I_L} + B_2[1 + B_1]\,\frac{I_{R2}}{I_L} \qquad (5\text{-}97)$$

ist. Dabei wurde die statische Stromverstärkung in Emitterschaltung B = A/(1-A) (Gl.3-14) verwendet. Diese Gleichungen geben die allgemeinen Zündkriterien einer Vierschichtdiode wieder /20/. Sind die Widerstände R_1 und R_2 unendlich und damit I_{R1} und I_{R2} Null, so reicht schon eine Stromverstärkung von

$$A_1 + A_2 = 1 \text{ oder } B_1B_2 = 1 \text{ aus,} \qquad (5\text{-}98)$$

um die latch-up Bedingung zu erfüllen, was durch die meisten CMOS-Prozesse mit typischen Stromverstärkungen B der lateralen und vertikalen Transistoren von 2 und 20 geschieht.

Maßnahmen zur Reduzierung der Latch-up Empfindlichkeit

Die wirksamste schaltungstechnische Maßnahme zur Reduzierung der Latch-up Empfindlichkeit besteht darin, die den Emitter-Basisübergängen parallel geschalteten Widerstände zu reduzieren. Dies geschieht durch sehr niederohmige Spannungszuführungen und bei besonders gefährdeten Schaltungsteilen durch Anbringen von Schutzringen (guard ring) (Bild 5.42).

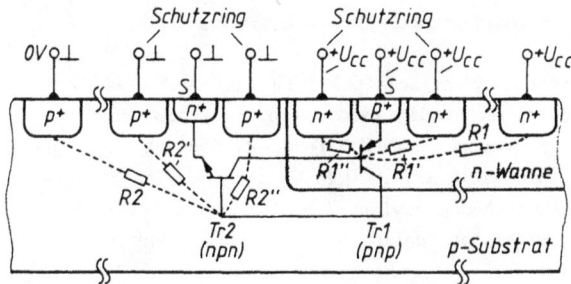

Bild 5.42
Ausschnittbild aus einem CMOS-Inverter mit Schutzringen

In der n-Wanne besteht dieser aus einem n^+-Ring, der mit U_{CC} verbunden ist und im Substrat aus einem p^+-Ring an der Masse zugeführt wird. Die dadurch entstandenen zusätzlichen Widerstände reduzieren den Gesamtwiderstand zwischen den jeweiligen Emitter-Basisübergängen, so daß es weit schwieriger ist, diese Übergänge in Durchlaßrichtung zu schalten.

Eine weitere Maßnahme besteht darin, die Stromverstärkung des lateralen npn-Transistors Tr2 durch einen möglichst großen Abstand zwischen n-Wanne und n^+-Sourcegebiet zu reduzieren. Dadurch nimmt die Basisweite zu und die Stromverstärkung (Gl.3-11) ab. Der Nachteil dabei ist, daß diese Anordnung eine große Fläche benötigt.

Die Ein- und Ausgänge von integrierten Schaltungen sind im allgemeinen die gefährdetsten Schaltungsteile, da sie durch Über- und Unterschwingen der zugeführten Eingangs- bzw. Ausgangssignale leicht gezündet werden können. Aus diesem Grund werden die Ausgangstreiber häufig nur aus n-Kanal Transistoren aufgebaut und die Eingänge der Schaltung, wie bereits erwähnt, mit besonderen Schutzringen versehen.

Die wirksamste technologische Maßnahme, die latch-up Empfindlichkeit zu reduzieren, besteht darin, ein sehr niederohmiges Substratmaterial zu verwenden (Kapitel 6.1). Dadurch ist es möglich, eine Versorgungsleitung sehr niederohmig vom Substrat, d.h. von der Scheibenrückseite her zuzuführen.

5.4 Modellierung des MOS-Transistors

Wie bei der Diode und beim bipolaren Transistor bereits durchgeführt, so wird auch im folgenden zwischen Ersatzschaltbildern und Modellierung des Transistors für CAD-Anwendungen unterschieden.

5.4.1 Dynamisches Großsignal-Ersatzschaltbild

Damit das Ersatzschaltbild für überschlägige Schaltungsberechnungen von Hand nicht zu aufwendig wird, werden die einfachen Transistorgleichungen (Tabelle 5.1) verwendet, wobei Effekte 2. Ordnung nicht berücksichtigt werden. Diese Vorgehensweise ist gerechtfertigt, da eine größere Genauigkeit bei der Schaltungsberechnung sowieso nur mit einem CAD-Verfahren und entsprechend aufwendigen Transistormodellen sinnvoll erreichbar ist.

Die Kapazitäten im Ersatzschaltbild beschreiben die Ladungsspeicherung im Transistor (Bild 5.43).

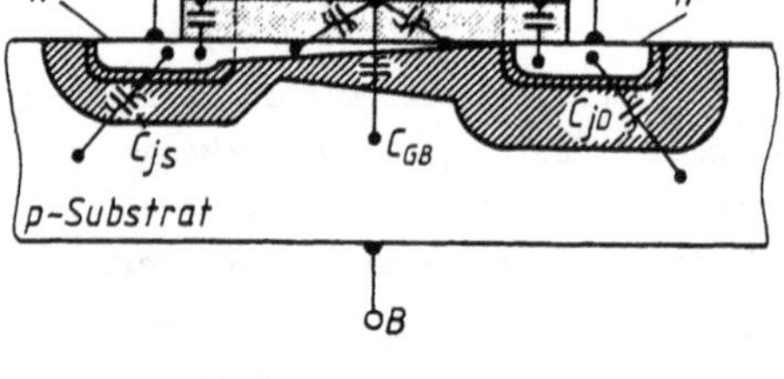

Bild 5.43
Schnittbild des MOS-Transistors mit dazugehörigen Kapazitäten

Dies sind im einzelnen:

C_{jS}, C_{jD}: Sperrschichtkapazitäten zwischen Source und Substrat bzw. Drain und Substrat, die entsprechend der Beziehung (2-66) eine Spannungsabhängigkeit von

$$C_{jS} = \frac{C_{jOS}}{[1 - U_{BS}/\Phi_i]^M} \text{ und } C_{jD} = \frac{C_{jOD}}{[1 - U_{BD}/\Phi_i]^M} \tag{5-99}$$

besitzen, wobei $U_{BS}=-U_{SB}$ und $U_{BD}=-U_{DB}$ ist.

$C_{ü}$: Gate Source- bzw. Gate Drain-Überlappkapazität.

C_{GS}, C_{GD}, C_{GB}: Gate Source-, Gate Drain- und Gate-Substratkapazität. Die Werte dieser Kapazitäten sind stark vom Arbeitsbereich des Transistors abhängig, worauf noch näher eingegangen wird.

Aus den beschriebenen Elementen ergibt sich das in Bild 5.44 gezeigte dynamische Großsignal-Ersatzschaltbild des MOS-Transistors. Die Gateelektrode kann gegenüber den anderen Anschlüssen infolge der sehr guten Isolationseigenschaft des Siliziumdioxids (S_iO_2) als unendlich hochohmig betrachtet werden.

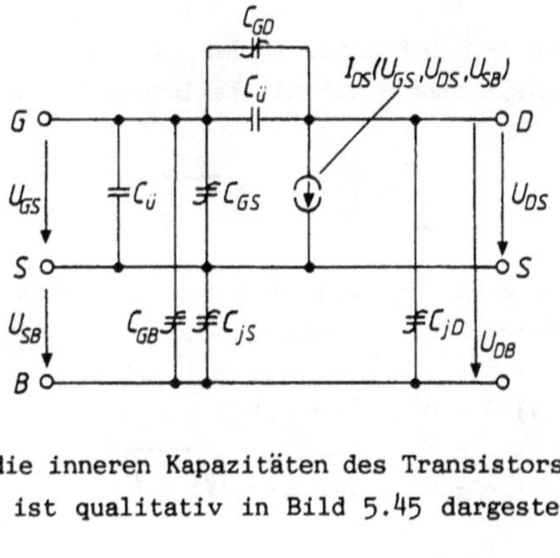

Bild 5.44
Dynamisches Großsignal-Ersatzschaltbild

Wie bereits angedeutet, sind die inneren Kapazitäten des Transistors stark vom Arbeitsbereich abhängig. Dies ist qualitativ in Bild 5.45 dargestellt, wobei U_{DS} konstant gehalten wird.

Ist der Transistor gesperrt, d.h. $U_{GS}<U_{Tn}$, dann hat die Gate-Substratkapazität einen Wert von $C_{GB}=C_{ox}$. Wird U_{GS} erhöht, gelangt der Transistor in Sättigung. Es bildet sich ein Kanal aus, wodurch die Kapazität $C_{GB}=0$ wird und eine Kapazität zwischen Gate und Source C_{GS} entsteht. Wird U_{GS} weiter erhöht, gelangt der Transistor in den Widerstandsbereich, wodurch ein durchgehender Kanal vorhanden ist und sich eine zusätzliche Kapazität C_{GD} zwischen Gate und Drain ausbildet. In diesem Zustand nehmen die Kapazitäten den gleichen Wert von

$$C_{GS} = C_{GD} = \frac{1}{2} C_{ox} \tag{5-100}$$

an.

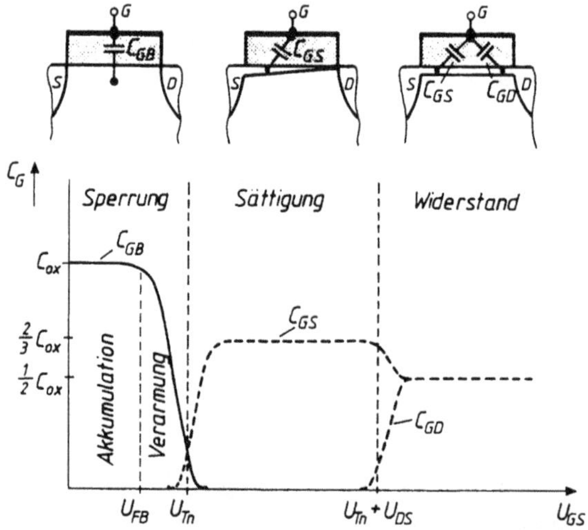

Bild 5.45
Qualitative Darstellung der inneren Kapazitäten; U_{DS} = konst./21/

Der Wert von C_{GS} in Sättigung, der noch nicht bestimmt war, läßt sich mit Hilfe der Kanalspannung (Gl.5-51) herleiten. Diese hat in Sättigung eine Ortsabhängigkeit von

$$\Phi_K(y) = [U_{GS} - U_{Tn}][1 - \sqrt{1 - \frac{y}{l}}], \qquad (5\text{-}101)$$

wobei für $U_{DS}=U_{GS}-U_{Tn}$ als Sättigungsbedingung verwendet wurde. Damit ergibt sich eine ortsabhängige Ladungsdichte der Inversionsschicht (Gl.5-43) von

$$\sigma_n(y) = - C'_{ox}\,[U_{GS} - U_{Tn} - \Phi_K(y)]$$
$$= - C'_{ox}[U_{GS} - U_{Tn}]\sqrt{1 - \frac{y}{l}} \qquad (5\text{-}102)$$

und nach Integration

$$w\int_0^l \sigma_n(y)dy = - wC'_{ox}[U_{GS} - U_{Tn}]\int_0^l \sqrt{1 - \frac{y}{l}}\,dy \qquad (5\text{-}103)$$

eine Gesamtladung in der Inversionsschicht von

$$Q_n = - \frac{2}{3}\,C_{ox}[U_{GS} - U_{Tn}]. \qquad (5\text{-}104)$$

Entsprechend der Definition (Gl.2-63) für eine Kleinsignalkapazität ergibt sich diese zwischen Gate und Source zu

$$C_{GS} = \left|\frac{\partial Q_n}{\partial U_{GS}}\right| = \frac{2}{3}\,C_{ox}. \tag{5-105}$$

Der absolute Wert wurde verwendet, da im Gegensatz zu Beziehung (2-63) die negative Ladung der Inversionsschicht zur Ableitung eingesetzt wurde.

5.4.2 Kleinsignal-Ersatzschaltbild

Genau wie beim bipolaren Transistor, so läßt sich auch hier aus dem dynamischen Großsignal-Ersatzschaltbild ein Kleinsignal-Ersatzschaltbild erstellen. Bild 5.46 zeigt dazu die drei möglichen auf die Source bezogenen Kleinsignal-Ansteuerungen des Transistors mit ihrer Auswirkung auf die Transistorkennlinien.

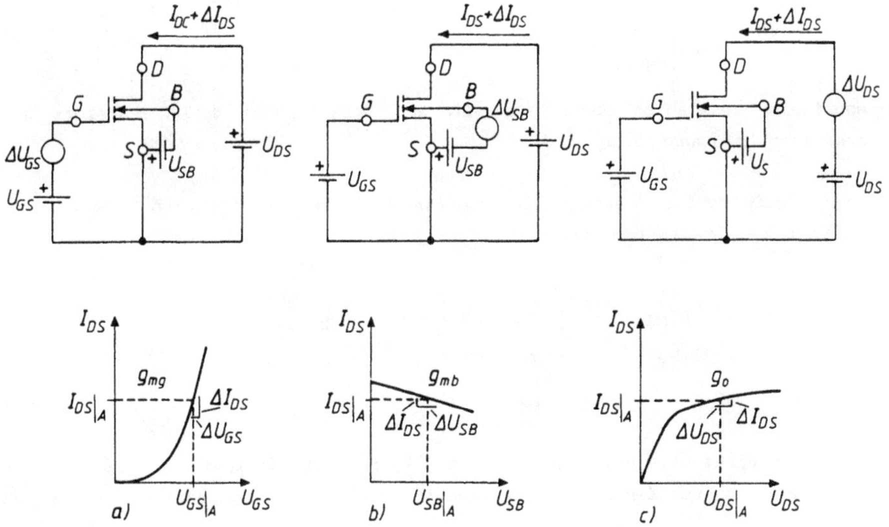

Bild 5.46
Kleinsignal-Ansteuerung des Transistors und ihre Auswirkung auf die Transistorkennlinien; a) Gatesteuerung; b) Substratsteuerung; c) Drainsteuerung

Die Drainansteuerung verursacht dabei infolge der Kanallängenmodulation eine Änderung des Drainstroms. Da dieser Effekt sehr wichtig bei Analogschaltungen ist, wird die im vorhergehenden verwendete einfache Transistorbeschreibung (Tabelle 5.1) durch die phänomenologische Beschreibung der Kanallängenmodulation (Gl.5-66) erweitert.

Die Auswirkung auf jede verursachte Spannungsänderung kann durch drei Leitwertparameter beschrieben werden. Im einzelnen sind dies:

Gatesteilheit

$$g_{mg} = \left.\frac{\partial I_{DS}}{\partial U_{GS}}\right|_{U_{SB},\ U_{DS},} \tag{5-106}$$

Substratsteilheit

$$g_{mb} = \left.\frac{\partial I_{DS}}{\partial U_{SB}}\right|_{U_{GS},\ U_{DS},} \tag{5-107}$$

Ausgangsleitwert

$$g_{o} = \left.\frac{\partial I_{DS}}{\partial U_{DS}}\right|_{U_{SB},\ U_{GS},} \tag{5-108}$$

wobei die konstanten Spannungen, die den Arbeitspunkt des Transistors beschreiben, mit angegeben sind.

Werden alle drei Spannungen gleichzeitig verändert, ergibt sich eine gesamte Änderung des Drainstroms von

$$\Delta I_{DS} = \left.\frac{\partial I_{DS}}{\partial U_{GS}}\right|_{U_{SB},U_{DS}} \Delta U_{GS} + \left.\frac{\partial I_{DS}}{\partial U_{SB}}\right|_{U_{GS},U_{DS}} \Delta U_{SB} + \left.\frac{\partial I_{DS}}{\partial U_{DS}}\right|_{U_{SB},U_{GS}} \Delta U_{DS}$$

$$= g_{mg}\,\Delta U_{GS} + g_{mb}\,\Delta U_{SB} + g_{o}\,\Delta U_{DS}. \tag{5-109}$$

Diese Beziehung wird durch das in Bild 5.47 gezeigte Kleinsignal-Ersatzschaltbild, wenn man von den Kleinsignalkapazitäten absieht, die aus dem dynamischen

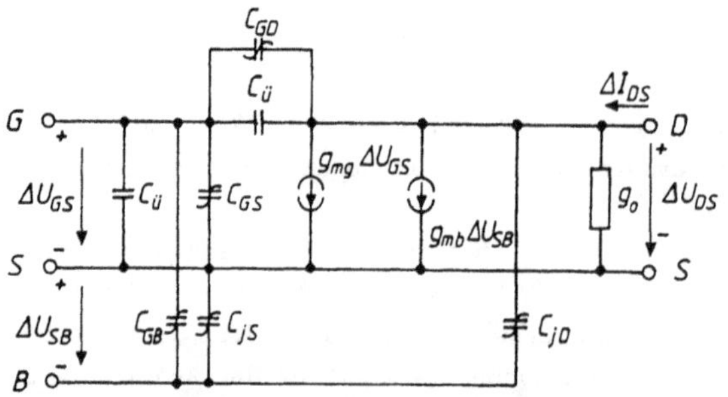

Bild 5.47 Kleinsignal-Ersatzschaltbild des MOS-Transistors

Großsignal-Ersatzschaltbild übernommen wurden, wiedergegeben. Das Ersatzschaltbild ist natürlich auch dann gültig, wenn statt der Spannungsänderungen zeitvariable Spannungen anliegen.

Ausgehend von den einfachen Transistorgleichungen (Tabelle 5.1 und Gl.5-66) haben die Kleinsignalparameter folgende Abhängigkeit:

Gatesteilheit

Durch Differentiation der Stromgleichung für den Sättigungsbereich (5-66b) erhält man

$$g_{mg} = \beta_n[U_{GS} - U_{Tn}][1 + \lambda U_{DS}]$$

$$= \sqrt{2I_{DS}\beta_n[1 + \lambda U_{DS}]}. \qquad (5\text{-}110)$$

Die Steilheit steigt mit der Wurzel aus dem Drainstrom an und ist durch die Kanallängenmodulation von der Drainspannung abhängig. Diese Abhängigkeit kann jedoch gering gehalten werden, wenn Transistoren mit mittlerer statt kurzer Gatelänge verwendet werden, so daß $\lambda < 0{,}01$ 1/V ist.

Wird dagegen der Transistor im Widerstandsbereich betrieben, ergibt sich eine Steilheit aus Gleichung (5-66a) zu

$$g_{mg} = \beta_n U_{DS}[1 + \lambda U_{DS}]. \qquad (5\text{-}111)$$

Diese ist proportional zur Drainspannung und somit ungeeignet zur Kleinsignalverstärkung, da in einem Spannungsverstärker die Drainspannung nicht konstant gehalten werden kann.

Substratsteilheit

Es gibt Analogschaltungen, bei denen eine Spannungsänderung ΔU_{SB} zwischen Source und Substrat des Transistors (Bild 5.46b) auftreten kann und sich nachteilig auswirkt. Dies ist besonders bei NMOS-Schaltungen der Fall, wo Transistoren als Ersatz für Widerstände verwendet werden. Die Ursache ist der Substratsteuereffekt (Abschnitt 5.1.4.3), der einen unerwünschten Einfluß auf die Einsatzspannung und somit auf den Drainstrom des Transistors hat.

Nach Differenzierung der Stromgleichung im Sättigungsbereich (5-66b) erhält man

$$g_{mb} = \sqrt{2I_{DS}\beta_n[1 + \lambda U_{DS}]}\,[-\frac{\partial U_{Tn}}{\partial U_{SB}}]. \qquad (5\text{-}112)$$

Wird als weiteres die Beziehung für die Einsatzspannung (Gl.5-41)

$$U_{Tn} = U_{Ton} + \gamma\left[\sqrt{2\Phi_F + U_{SB}} - \sqrt{2\Phi_F}\right]$$

nach U_{SB} differenziert, resultiert eine Steilheit des Substrats von

$$g_{mb} = \frac{-\gamma}{2}\sqrt{\frac{2I_{DS}\beta_n[1 + \lambda U_{DS}]}{2\Phi_F + U_{SB}}}, \qquad (5\text{-}113)$$

die im Gegensatz zur Steilheit des Gates einen negativen Wert besitzt (Bild 5.46b) und damit der Gatesteuerung g_{mg} entgegenwirkt.

Ausgangsleitwert

Dieser ergibt sich nach Differentation von Beziehung (5-66b) zu

$$g_o = \frac{I_{DS}\lambda}{1 + \lambda U_{DS}}. \qquad (5\text{-}114)$$

Der Ausgangsleitwert beschreibt die Steigung der Ausgangskennlinie im Sättigungsbereich. Ist λ=0, d.h. es liegt keine Kanallängenmodulation vor, so ist, wie erwartet g_o=0.

5.5 Transistormodell für CAD-Anwendungen

Im Schaltungssimulationsprogramm Spice /4/ sind mehrere Transistormodelle von unterschiedlicher Komplexität enthalten. Allen Modellen gemeinsam ist die Aufteilung des Transistors in ein äußeres Modell, auch Modellrahmen genannt, der sich aus den parasitären Elementen des Transistors zusammensetzt und ein inneres Modell, das durch die Transistorgleichungen beschrieben wird. Diese Aufteilung hat den Vorteil, daß der Modellrahmen der jeweils entsprechenden Transistorgeometrie angepaßt werden kann, ohne daß das innere Modell verändert werden muß.

5.5.1 Modellrahmen

Um den Modellrahmen näher zu analysieren, ist es zweckmäßig, das Schnittbild des Transistors (Bild 5.48) noch einmal zu betrachten.

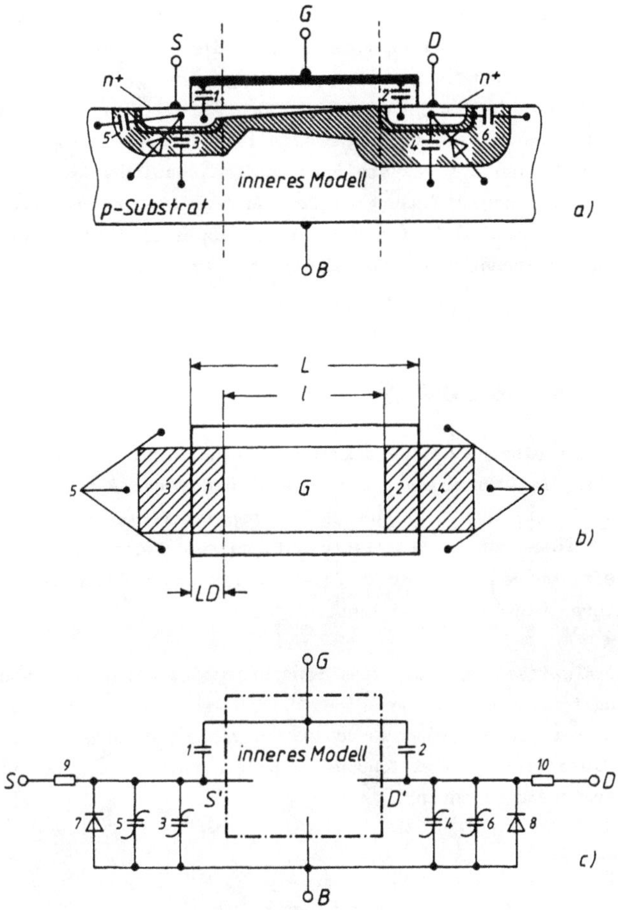

Bild 5.48
MOS-Transistor; a) Schnittbild; b) Draufsicht; c) Elektr. Ersatzschaltbild des Modellrahmens

Wie zu ersehen ist, besteht der Modellrahmen aus den folgenden Elementen:

1,2 Gate Source- bzw. Gate Drain Überlappkapazität $C^{*}_{\ddot{u}}$ pro Kanalweite

3,4 Drain- bzw. Source Sperrschichtkapazität C'_{j} pro Fläche

5,6 Drain- bzw. Source Sperrschichtkapazität C^{*}_{j} pro Länge

7,8 Source- bzw. Draindiode, zur Berechnung der Ströme im Substrat

9,10 Source- bzw. Drainwiderstände, die bisher vernachlässigt wurden.

Bei den Diffusionsgebieten wird die Sperrschichtkapazität in einen Boden- und Wandanteil aufgeteilt. Dies wird gemacht, um die unterschiedlichen Kapazitätswerte, die durch eine nichthomogene Dotierung hervorgerufen werden, zu berücksichtigen. Hierbei ist es gebräuchlich, den kapazitiven Bodenanteil flächenspezifisch und den Wandanteil längenspezifisch anzugeben (Kapitel 4.3.2). Dies hat den Vorteil, daß die gesamte Sperrschichtkapazität des Diffusionsgebiets aus den topologischen Abmessungen (Draufsicht) leicht bestimmt werden kann. Dabei ist zu beachten, daß sich der gesamte kapazitive Wandanteil nur aus den mit 5 bzw. 6 bezeichneten Umfang (Bild 5.48b) ergibt.

5.5.2 Inneres Transistormodell

Die Genauigkeit einer Schaltungssimulation kann nicht größer sein, als diejenige, mit der die Transistoren beschrieben und deren Parameter bestimmt werden. Daraus folgt, daß möglichst alle Transistoreffekte beschrieben werden müssen. Dies führt zu einem relativ aufwendigen Gleichungssystem, das zudem nicht einheitlich von Anwender zu Anwender ist und außerdem einer kontinuierlichen Weiterentwicklung unterliegt.

Die heute am weitest verbreiteten Transistormodelle basieren nahezu alle auf der ursprünglichen Version von Andrej Vladimirescu und Sally Liu /4/ in Spice 2G level 3. Aus diesem Grund wurde in den vorhergehenden Abschnitten bereits näher auf diese Transistorgleichungen eingegangen, so daß hier eine Zusammenfassung ausreichend erscheint.

<u>Einsatzspannung:</u>

$$U_{Tn} = U_{Ton} + \gamma F_S \left[\sqrt{2\Phi_F + U_{SB}} - \sqrt{2\Phi_F}\right] - F_\sigma U_{DS},$$

$$U_{Ton} = U_{FB} + 2\Phi_F + \gamma F_S \sqrt{2\Phi_F} + F_N$$

Kanalweiteneffekt:

$$F_N = \delta \frac{\pi \varepsilon_0 \varepsilon_{Si} [2\Phi_F + U_{SB}]}{C'_{ox}\, w}$$

Kanallängeneffekt:

$$F_S = 1 - \frac{X_j}{l}\left[\sqrt{1 + \frac{2X_{dmax}}{X_j}} - 1\right]$$

(Beschreibung von F_S wurde von Dang /9/ erweitert)

Draineinfluß: $F_\sigma = \eta \dfrac{8{,}15 \cdot 10^{-22}\,(\mathrm{Fm})}{C'_{ox}\, l^3}$

Stromgleichung (starke Inversion)

$$I_{DS} = \beta_n[(U_{GS} - U_{Tn}) - \frac{1 + F_B}{2} U_{DSX}]U_{DSX}$$

$$U_{DSX} = \begin{cases} U_{DS} \text{ wenn } U_{GS} - U_{Tn} > U_{DS} \\ U_{DSsat} \text{ wenn } U_{GS} - U_{Tn} \leqq U_{DS} \end{cases}$$

$$\beta_n = \mu_{eff} C'_{ox} \frac{w}{l}$$

$$F_B = \frac{\gamma F_S}{2\sqrt{U_{SB} + 2\Phi_F}} + F_N$$

(bei F_B wurden Kurzkanaleffekte berücksichtigt)

$$\mu_{eff} = \frac{\mu_S}{1 + \frac{U_{DS}/l}{\mu_S/v_m}}$$

$$\mu_S = \frac{\mu_o}{1 + \theta[U_{GS} - U_{Tn}]}$$

$$U_{DSsat} = \frac{v_m l}{\mu_S} [\sqrt{1 + 2 \frac{\mu_S}{v_m l} \frac{U_{GS} - U_{Tn}}{1 + F_B}} - 1]$$

(U_{DSsat} von Spice 2G level 3 Version abweichend)

Kanallängenmodulation

$$\Delta l = l - l' = \sqrt{[\frac{E_P}{2\alpha}]^2 + \frac{K}{\alpha}[U_{DS} - U_{DSsat}]} - \frac{|E_P|}{2\alpha}$$

$$\alpha = \frac{qN_A}{2\varepsilon_0\varepsilon_{Si}}$$

Stromgleichung (schwache Inversion)

$$I_{DS} = \beta_n[\frac{nkT}{q}U_{DSX} - \frac{1 + F_B}{2}U_{DSX}^2]e^{\frac{q}{nkT}[U_{GS} - U_{Tn} - \frac{nkT}{q}]}$$

$$\text{wenn } U_{GS} < U_{Tn} + \frac{nkT}{q}$$

Die wichtigsten typischen Parameter, die das Transistormodell beschreiben, sind in Tabelle 5.2 für einen 1,5µm-CMOS-Prozeß, auf den in Kapitel 6 näher eingegangen wird, zusammengefaßt.

Text	Spice	Beschreibung	n-Kanal Trans.	p-Kanal Trans.	Dimension
U_{Ton}	VTO	Einsatzspannung bei U_{SB}=0V	0,8	-0,8	V
k_n, k_p	KP	Verstärkungsfaktor des Prozesses	$120 \cdot 10^{-6}$	$40 \cdot 10^{-6}$	A/V^2
γ	GAMMA	Substratsteuerfaktor	0,3	0,4	$\sqrt{V}$
$2\Phi_F$	PHI	Oberflächenpotential	0,78	0,70*	V
d_{ox}	TOX		$20 \cdot 10^{-9}$	$20 \cdot 10^{-9}$	m
$N_{A(D)}$	NSUB		$5 \cdot 10^{16}$	10^{16}	cm^{-3}
x_j	XJ	Eindringtiefe Diffusion	$0{,}3 \cdot 10^{-6}$	$0{,}4 \cdot 10^{-6}$	m
μ_o	UO	Oberflächenbeweglichkeit	695	232	cm^2/Vs
v_m	VMAX	Maximale Driftgeschwindigk.	$1{,}5 \cdot 10^5$	$2{,}5 \cdot 10^5$	m/s
δ	DELTA	Kanalweitenfaktor	0,04	0,09	
θ	THETA	Beweglichkeitsänderung	0,10	0,19	1/V
η	ETA	Draineinfluß auf U_{Tn}	0,25	0,30	
κ	KAPPA	Kanallängenmodulation	1	5	
R_D, R_S	RSH	Bahnwiderstand der Drain- bzw. Sourcediffusion	40	60	Ω/□
$C^*_Ü$	CGSO	Gate-Source Überlapp-kapazität pro Kanalweite	$0{,}34 \cdot 10^{-9}$	$0{,}34 \cdot 10^{-9}$	F/m
$C^*_Ü$	CGDO	Gate-Drain Überlappkapazität pro Kanalweite	$0{,}34 \cdot 10^{-9}$	$0{,}34 \cdot 10^{-9}$	F/m
C'_j	CJ	pn-Kapazität pro Fläche bei U_{SB}=0V	$0{,}3 \cdot 10^{-3}$	$0{,}5 \cdot 10^{-4}$	F/m^2
M	MJ	Kapazitätskoeffizient der Fläche	0,5	0,5	
C^*_j	CJSW	pn-Kapazität je Länge bei U_{SB}=0V	$0{,}1 \cdot 10^{-9}$	$0{,}1 \cdot 10^{-9}$	F/m
M	MJSW	Kapazitätskoeffizient des Wandanteils	0,33	0,33	
Φ_i	PB	Diffusionsspannung	0,70	0,64	V
J_S	JS	Sättigungsstromdichte der D/S-Dioden	10^{-10}	10^{-10}	A/m^2

Tabelle 5.2 Modellparameter eines 1,5µm CMOS-Prozesses (siehe auch Tabellen 6.2 u. 6.3)
(* In Spice positiver Wert)

Das Kleinsignal-Modell wird in fast allen Schaltungssimulationsprogrammen direkt aus dem beschriebenen dynamischen Großsignal-Ersatzschaltbild abgeleitet, indem die Kleinsignal-Komponenten durch Differentiation am gewünschten Arbeitspunkt bestimmt werden.

5.5.3 Ladungsmodell des inneren Transistors

Bisher wurde das Ladungsverhalten des inneren Transistors phänomenologisch durch die Abhängigkeiten der inneren Kapazitäten vom Arbeitspunkt (Bild 5.45) beschrieben. Die Beschreibung dieses Verhaltens wurde bei den älteren MOS-Modellen übernommen /21/. Hierbei treten jedoch unter Umständen Probleme mit der Ladungserhaltung auf. Dies ist besonders störend bei dynamischen Schaltungen, bei denen die Speicherung von Ladung äußerst wichtig ist. Aus diesem Grund werden heute überwiegend ladungsorientierte Beschreibungen für das innere Verhalten des Transistors verwendet /22/. Im folgenden wird darauf näher eingegangen, wobei der Übersicht halber auf die Berücksichtigung von Effekten 2. Ordnung verzichtet wird.

Zur Erstellung des Ladungsmodells werden die Knotenladungen an den Anschlüssen zum inneren Transistor (Bild 5.49)

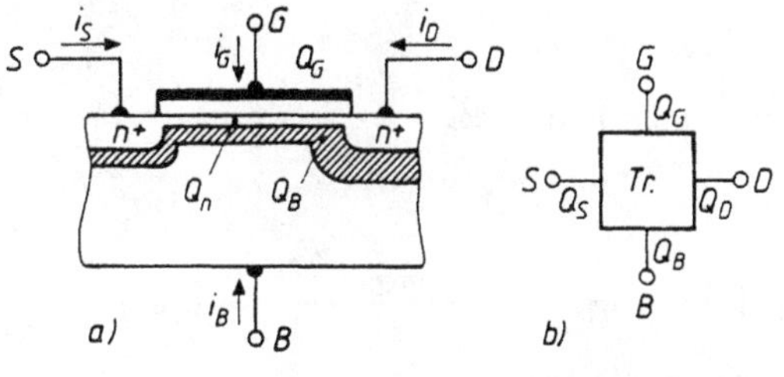

Bild 5.49
a) Ladungen beim MOS-Transistor; b) Innerer Transistor mit Knotenladungen

bestimmt. Aus der Änderung der Ladung nach der Zeit, können die in die Klemme hereinfließenden Ströme

$$i_G = \frac{\partial Q_G}{\partial t}; \; i_B = \frac{\partial Q_B}{\partial t}; \quad i_S + i_D = \frac{\partial [Q_S + Q_D]}{\partial t} \tag{5-115}$$

bestimmt werden. Hierbei wird davon ausgegangen, daß die Ladungen zu jeder Zeit aus den in diesem Moment anliegenden Klemmenspannungen bestimmt werden können. Dies ist eine quasi-statische Betrachtung, die bereits in Kapitel 2.5.2 bei der Diode vorgestellt wurde.

Die Gateladung Q_G stellt, wie in Bild 5.49 gezeigt ist, die Spiegel- oder Gegenladung zu derjenigen im Halbleiter Q_n plus Q_B dar. Um sie zu bestimmen, geht man deshalb von der im Halbleiter gespeicherten flächenbezogenen Ladung (Gl.5-57, 5-59)

$$\sigma_G(y) = -[\sigma_n(y) + \sigma_d(y)]$$

$$= C'_{ox}[U_{GS} - U_{FB} - 2\Phi_F - \Phi_K(y)] \qquad (5\text{-}116)$$

aus. Die gesamte Gateladung ergibt sich durch Integration über der Gatelänge zu

$$Q_G = w \int_0^l \sigma_G(y)dy. \qquad (5\text{-}117)$$

Da die Abhängigkeit der Ladung vom Ort nicht bekannt ist, wird eine Variablentransformation (Gl.5-44)

$$dy = \frac{-w\sigma_n\mu_n}{I_{DS}} d\Phi_K \qquad (5\text{-}118)$$

durchgeführt. Danach resultiert unter Verwendung von Gleichungen (5-116, 5-57, 5-60) und Integration, eine Gateladung von

$$Q_G = -\frac{w^2\mu_n}{I_{DS}} \int_0^{U_{DS}} \sigma_G(\Phi_K)\sigma_n(\Phi_K)d\Phi_K$$

$$= wlC'_{ox}[U_{GS} - U_{FB} - 2\Phi_F - \frac{U_{DS}}{2} + \frac{1 + F_B}{12F_I} U_{DS}^2], \qquad (5\text{-}119a)$$

wobei zur Vereinfachung

$$F_I = U_{GS} - U_{Tn} - \frac{1 + F_B}{2} U_{DS} \qquad (5\text{-}119b)$$

eingeführt wurde. Da die Gateladung bekannt ist, kann das Kapazitätsverhalten des inneren Transistors, das in Bild 5.45 dargestellt ist, nachvollzogen werden.

Im Fall der Sättigung und mit F_B=0, ergibt sich aus Beziehung (5-119) eine Kleinsignalkapazität zwischen Gate und Source von

$$\frac{\partial Q_G}{\partial U_{GS}} = C_{GS} = \frac{2}{3} wl\, C'_{ox}. \qquad (5\text{-}120)$$

Das Resultat ist identisch mit demjenigen von Gleichung (5-105). Dies ist nicht überraschend, da bei starker Inversion Φ_S unabhängig von U_{GS} ist und dadurch $\partial Q_G/\partial U_{GS} = \partial Q_n/\partial U_{GS}$ sein muß.

Die Ladung am Substratanschluß kann ähnlich wie die Gateladung bestimmt werden. Demnach ist

$$Q_B = w \int_0^l \sigma_d(y)dy$$

$$= -\frac{w^2 \mu_n}{I_{DS}} \int_0^{U_{DS}} \sigma_d(\Phi_K)\sigma_n(\Phi_K)d\Phi_K$$

$$= -wlC'_{ox}[\gamma\sqrt{2\Phi_F + U_{SB}} + \frac{F_B}{2}U_{DS} - \frac{[1 + F_B]}{12F_I} U_{DS}^2], \tag{5-121}$$

wobei Beziehungen (5-57, 5-59, 5-60 und 5-118) verwendet wurden.

Die bisherigen Ladungen waren eindeutig den Klemmen G und B zuzuordnen. Dies ist nicht so einfach für die Kanalladung (Bild 5.49a)

$$Q_n = -[Q_G + Q_B] \tag{5-122}$$

möglich, die auf die beiden Anschlüsse Source und Drain aufgeteilt werden muß. In dem Transistormodell Spice 2G level 3 wird die Kanalladung der Einfachheit halber gleichmäßig auf Source und Drain aufgeteilt, so daß

$$Q_D = Q_S = \frac{Q_n}{2} \tag{5-123}$$

ist.

5.5.4 Bestimmung der Modellparameter

Soll ein Transistormodell einen gemessenen Transistor beschreiben, so werden die Parameter benötigt, die den geringsten Fehler zwischen Modell und gemessenen Werten liefern. Verwendet man die genaueren Transistorgleichungen (5-60,5-61), so gibt sich für den in Bild 5.50 gezeigten Fall,

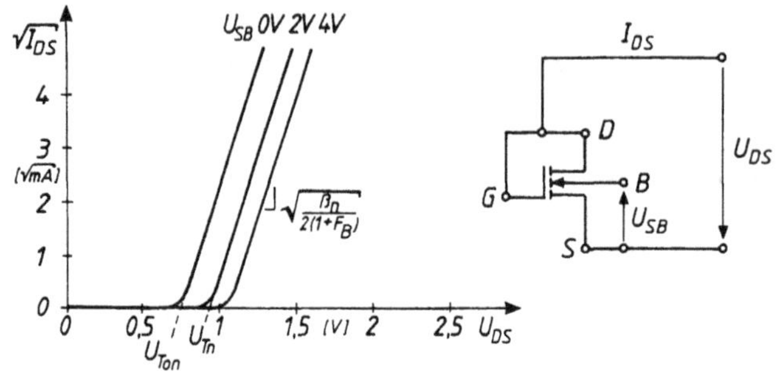

Bild 5.50
$\sqrt{I_{DS}}$ als Funktion der Drainspannung

bei dem der Transistor in Sättigung ist, der lineare Zusammenhang

$$\sqrt{I_{DS}} = \sqrt{\frac{\beta_n}{2[1 + F_B]}}\,[U_{GS} - U_{Tn}]. \qquad (5\text{-}124)$$

Der auf I_{DS}=0 extrapolierte Wert entspricht der Einsatzspannung U_{Ton}, wenn U_{SB}=0 ist. Die gemessene Abweichung bei kleinen Drainspannungen von der Geraden kommt durch den vernachlässigten Unterschwellstrom und bei großen Strömen durch die Abnahme der Beweglichkeit bei großen Drain- und Gatespannungen zustande.

Um den Substratsteuerfaktor γ zu gewinnen, wird die Einsatzspannung bei verschiedenen Spannungen U_{SB} gemessen (Bild 5.50) und als Funktion der Wurzelausdrücke (Bild 5.51) aufgetragen.

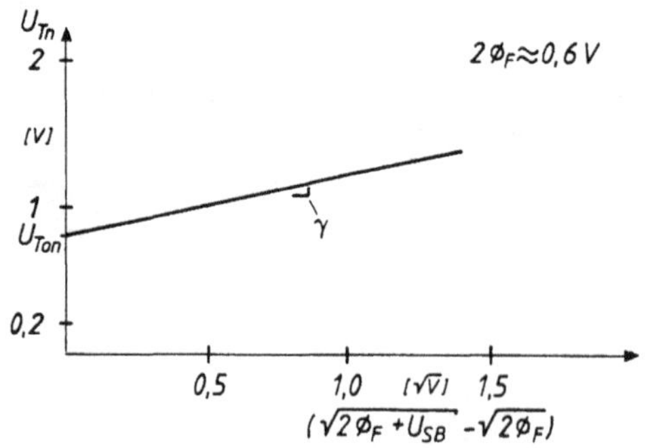

Bild 5.51
Diagramm zur Ermittlung des Substratsteuerfaktors

Die Steigung der Kennlinie entspricht dann dem gesuchten Substratsteuerfaktor, da die Einsatzspannung entsprechend Gleichung (5-41)

$$U_{Tn} = U_{Ton} + \gamma\left[\sqrt{2\Phi_F + U_{SB}} - \sqrt{2\Phi_F}\right]$$

beschrieben wird, wobei Effekte bei kleinen Geometrieabmessungen vernachlässigt wurden.

Der Verstärkungsfaktor des Transistors $ß_n$ kann aus der Steigung der Kennlinie (Bild 5.50)

$$\sqrt{\frac{ß_n}{2[1 + F_B]}} = \sqrt{\frac{k_n w/l}{2[1 + F_B]}} \tag{5-125}$$

ermittelt werden, wobei der Faktor F_B entsprechend der Gleichung (5-58)

$$F_B = \frac{\gamma}{2\sqrt{\Phi_F + U_{SB}}}$$

berechnet werden kann. Sind die Geometriemaße w/l des Transistors bekannt, läßt sich der Verstärkungsfaktor k_n des Prozesses bestimmen.

Im vorhergehenden Beispiel wurde gezeigt, wie einige Modellparameter einfach ermittelt werden können. In Wirklichkeit ist die Parameterbestimmung wesentlich komplizierter, da diese zum Teil sehr stark voneinander abhängig sind. Dies wird besonders deutlich, wenn man z.B. an die Abhängigkeit der Beweglichkeit von der Drain- und Sourcespannung denkt, die durch den Parameter θ beschrieben wird oder die Paßfaktoren v_m, δ, μ und K ermitteln will. In der Praxis wird deshalb fast immer ein automatisches Parameter Extraktionsverfahren verwendet, bei dem nahezu alle Parameter so lange verändert werden, bis der Fehler zwischen Modell und gemessenen Transistordaten ein Minimum annimmt /23,24/. Dabei verlieren häufig die Parameter ihre physikalische Bedeutung.

Wie man sich das Verfahren vorstellen kann, ist in Bild 5.52 demonstriert.

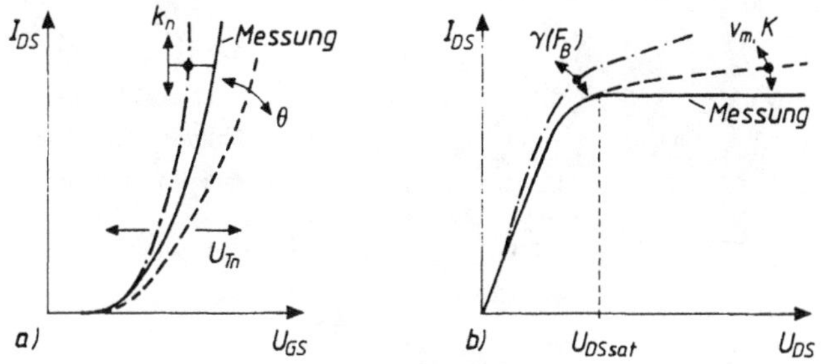

Bild 5.52
Einfluß der Modellparameter auf die Kennlinienfelder; a) $I_{DS}(U_{GS})$; b) $I_{DS}(U_{DS})$

5.6 Sonderbauelemente

In diesem Abschnitt werden Halbleiter-Speicherelemente beschrieben und deren Verhalten analysiert. Die gewonnenen Erkenntnisse werden dann, nach eingehendem Studium der verschiedensten Schaltungstechniken, in Kapitel 7.4.3 dazu verwendet, die Funktion von Halbleiterspeichern zu erklären. Als Einführung in die Ein-Transistor-Speicherzelle werden zuerst Ladungsverschiebeelemente betrachtet, um daran den Zusammenhang zwischen Oberflächenspannung und Ladung zu analysieren.

5.6.1 Ladungsverschiebeelemente

Ladungsverschiebeelemente, auch Charge Coupled Devices (CCD) genannt, sind Elemente, die aus eng benachbarten MOS-Strukturen aufgebaut sind. Sie wurden in dieser Form erstmals von Boyle und Smith /25/ im Jahre 1970 beschrieben. Heute finden diese Elemente überwiegend als Bildsensoren /26/ Anwendung. In diesem Fall entspricht die gespeicherte Ladung der eingefallenen Lichtmenge.

Wie ein CCD prinzipiell funktioniert, soll anhand eines 3 Phasen CCDs (Bild 5.53) beschrieben werden. Dies kann sehr anschaulich geschehen, wenn man die Oberflächenspannungen Φ_S unter den Elektroden betrachtet, wenn keine Ladung vorhanden ist.

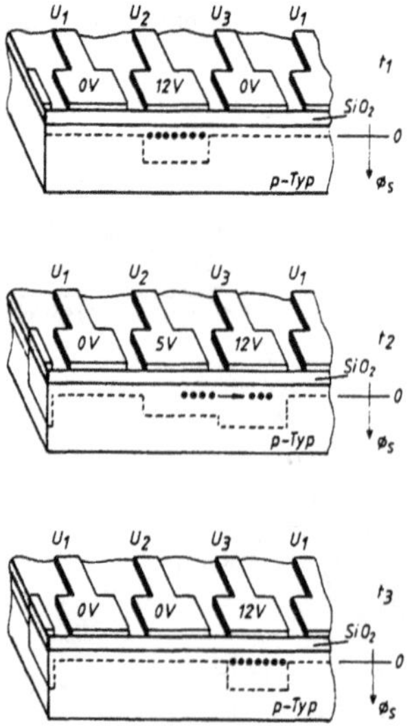

Bild 5.53
Prinzipielle Anordnung eines 3 Phasen CCDs bei verschiedenen Spannungsbedingungen

Zur Zeit t_1 liegt an der mittleren Gateelektrode die Spannung U_2=12V und an der darunter liegenden Halbleiteroberfläche die Ladung σ_n. Um die Ladung entlang der Halbleiteroberfläche nach rechts zu verschieben, wird zum Zeitpunkt t_2 eine Spannung von U_3=12V an die rechts benachbarte Gateelektrode gelegt und die Spannung U_2 auf 5V erniedrigt. Die negative Ladung wandert zur höheren Oberflächenspannung. Zur Zeit t_3 ist die Ladungsübertragung abgeschlossen (U_2=0V). Die folgende Übertragung nach rechts geschieht durch Anlegen einer Spannung U_1 = 12V und Erniedrigung der Spannung U_3 auf 5V usw. Das CCD funktioniert somit wie ein analoges Schieberegister, bei dem die Ladungsmenge proportional der Information ist.

Die Oberflächenspannungen kann man als Funktion der Oberflächenladung σ_n aus der bereits abgeleiteten Beziehung (5-25)

$$\sigma_n = -C'_{ox}[U_{GB} - U_{FB} - \Phi_s] + \sqrt{qN_A 2\varepsilon_o\varepsilon_{si}\Phi_S}$$

berechnen, indem diese nach Φ_s aufgelöst wird. Das Resultat ist

$$\Phi_S = U_w + U_d[1 - \sqrt{1 + 2U_w/U_d}], \qquad (5\text{-}126a)$$

wobei $$U_d = \frac{\frac{qN_A\varepsilon_o\varepsilon_{si}}{2}}{C'_{ox}} \text{ und} \qquad (5\text{-}126b)$$

$$U_w = U_{GB} - U_{FB} + \frac{\sigma_n}{C'_{ox}} \text{ ist.} \qquad (5\text{-}126c)$$

Zur Veranschaulichung ist die Oberflächenspannung bei verschiedenen Inversionsschichtladungen σ_n in Bild 5.54 wiedergegeben.

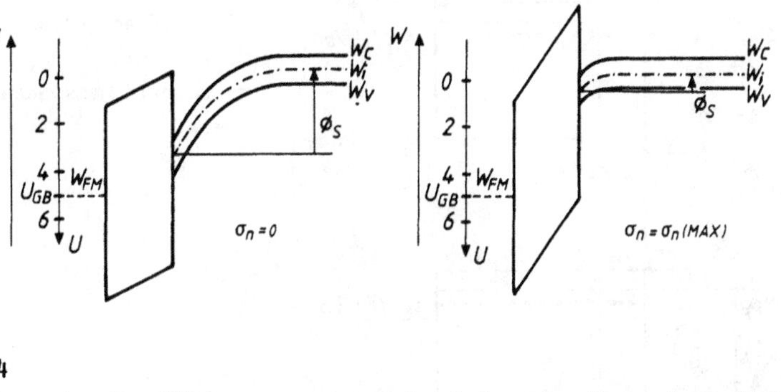

Bild 5.54
Abhängigkeit der Oberflächenspannung von der Ladung der Inversionsschicht

5.6.2 Ein-Transistor-Speicherzelle

Halbleiterspeicher sind Bauelemente, die große Mengen digitaler Information speichern können. Die Entwicklung dieser Speicher wurde geprägt durch die Forderung nach möglichst niedrigen Kosten pro Bit. Dies führte zur Entwicklung der Ein-Transistor-Speicherzelle, die von allen Speicherzellen die geringste Chipfläche benötigt. Die Zelle besteht aus einem sog. Auswahltransistor Tr und einer MOS-Struktur, auch MOS-Kapazität genannt, bei der die zu speichernde Information als unterschiedliche Elektronenmenge an der Halbleiteroberfläche gespeichert wird (Bild 5.55). Ein binärer L-Zustand entspricht dabei einer kleinen ($\Phi_S \approx 0{,}6V$) und ein binärer H-Zustand einer großen Oberflächenspannung ($\Phi_S \approx 4{,}5V$). Das Gate des Auswahltransistors ist als Wortleitung (WL) und das Diffusionsgebiet als Bitleitung (BL) ausgebildet. Die Zellen können dadurch matrixförmig angeordnet werden.

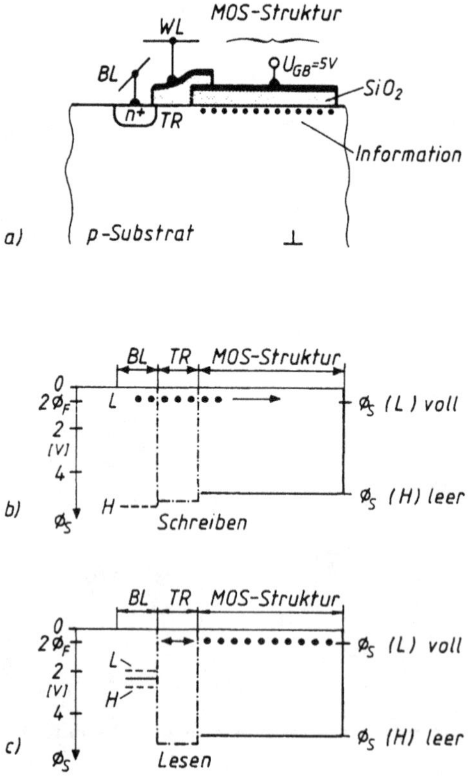

Bild 5.55
Ein-Transistor-Speicherzelle;
a) Schnittbild;
b) Oberflächenspannungen beim Schreiben;
c) Oberflächenspannungen beim Lesen

Für die verschiedenen Bereiche der Zelle sind in Bild 5.55 die Oberflächenspannungen bei unterschiedlichen Betriebsbedingungen angegeben. Elektronen können von der Bitleitung an die Halbleiteroberfläche der MOS-Struktur oder von ihr an die Bitleitung gelangen, wenn der Auswahltransistor eingeschaltet ist, d.h. wenn die Wortleitung eine positive Spannung von z.B. 7V hat. Liegt unter diesen Bedingungen an der Bitleitung eine sehr kleine Spannung an (L), so wandern Elektronen zur höheren Oberflächenspannung der MOS-Struktur. Hat dagegen die Bitleitung eine große Spannung (H), bleibt die MOS-Struktur leer oder wird von Ladungsträgern entleert. Die beschriebenen Bedingungen sind an einem Ausschnitt aus einer Zellmatrix in Bild 5.56a dargestellt.

Soll die Information gelesen werden, wird die Bitleitung von der Informationsquelle getrennt und auf eine Spannung ($U_{CC}/2=2{,}5V$) vorgeladen. Die Bitleitung wirkt dadurch wie eine vorgeladene Kapazität mit dem Wert C_B (Bild 5.56b). Aktiviert man den Auswahltransistor, wandern im Fall des gespeicherten L-Zustandes Elektronen zur höheren Spannung an die Bitleitung, wodurch diese um typisch 100mV entladen wird. Ist dagegen ein H-Zustand gespeichert, wandern die Elektronen von der Bitleitung zur hohen Oberflächenspannung der MOS-Struktur. Dadurch wird an der Bitleitung eine um 100mV größere Spannung erzeugt.

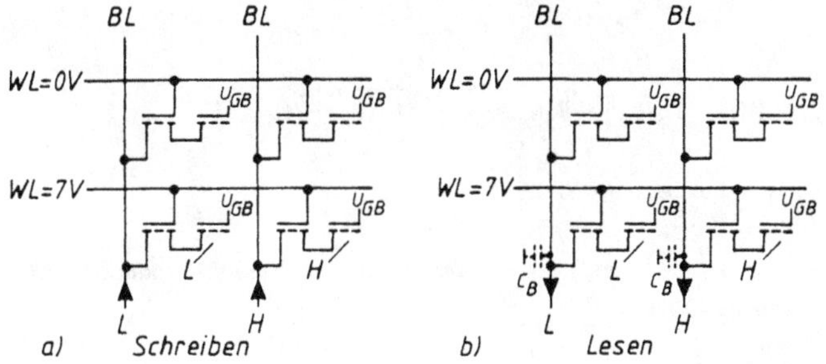

Bild 5.56
Zellmatrix bei Schreib- und Lesebedingungen

Die ladungsabhängige Spannungsänderung an der Bitleitung gelangt verstärkt und aufbereitet an den Ausgang des Speichers. Wie dies im einzelnen geschieht, ist in Kapitel 7.4.3 beschrieben.

Das Ersatzschaltbild der Ein-Transistor-Speicherzelle /27/ kann man aus der Beziehung für die Oberflächenladung (5-25)

$$\sigma_n = - C'_{ox} [U_{GB} - U_{FB} - \Phi_S] + \sqrt{qN_A 2\varepsilon_0\varepsilon_{si}\Phi_S}$$

herleiten, indem die Kleinsignalkapazität durch Differentiation

$$C'_{sp} = \frac{\partial\sigma_n}{\partial\Phi_s} = C'_{ox} + C'_j(\Phi_s) \qquad (5\text{-}127)$$

bestimmt wird. Hierbei ist C'_j eine Sperrschichtkapazität mit dem Wert

$$C'_j = \frac{1}{2}\sqrt{qN_A 2\varepsilon_0\varepsilon_{si}}\,\frac{1}{\sqrt{\Phi_S}}. \tag{5-128}$$

Die Speicherkapazität C'_{sp} ergibt sich somit aus der Parallelschaltung der Oxid- und Sperrschichtkapazität, wie es mit Ersatzschaltbild (Bild 5.57) gezeigt ist.

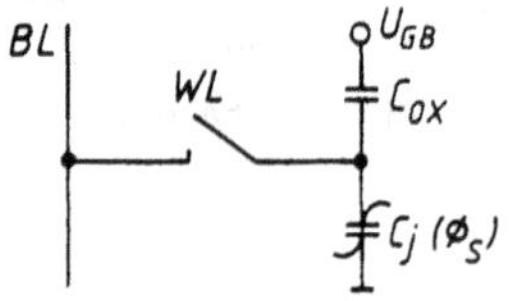

Bild 5.57
Ersatzschaltbild der Ein-Transistor-Speicherzelle

Der Ladungsunterschied zwischen einem binären H- und einem L-Zustand erhält man durch Integration von Gleichung (5-127)

$$\Delta\sigma_n = \sigma(H) - \sigma(L) = \int_{\Phi_S(L)}^{\Phi_S(H)} C'_{sp}(\Phi_S)\,d\Phi_S$$

$$= C'_{ox}[\Phi_S(H) - \Phi_S(L)] + \sqrt{qN_A 2\varepsilon_0\varepsilon_{si}}\left[\sqrt{\Phi_S(H)} - \sqrt{\Phi_S(L)}\right] \tag{5-129}$$

oder direkt aus Beziehung (5-25).

Hierbei ist $\Phi_S(L)=2\Phi_F$ und $\Phi_S(H)$ das maximale Oberflächenpotential der MOS-Struktur, wenn $\sigma_n=0$ ist.

Bei z.B. dynamischen 1Mbit-Speichern ist die gesamte Zellfläche der Ein-Transistor-Zelle ca. $29\mu m^2$ und davon die der MOS-Struktur in etwa $14\mu m^2$ /28/. Daraus resultiert ein Elektronenunterschied zwischen einem binären H- und L-Zustand von weniger als 10^6 Elektronen.

Durch Generation von Ladungsträgern sammeln sich im Laufe der Zeit an der Halbleiteroberfläche Elektronen an. Aus diesem Grund kann der Leerzustand bei der MOS-Struktur nur für einen bestimmten Zeitraum garantiert werden. In der Praxis haben sich dabei Werte für verschiedene Speichergenerationen von 2, 4, 8 und 16ms durchgesetzt, in dem die Generation von Ladungsträgern vernachlässigt werden kann. Nach Verstreichen dieser Zeit muß die Information der Speicherzelle jedoch gelesen und aufbereitet wieder zurückgeschrieben werden (Refresh).

5.6.3 Nichtflüchtige Speicherzellen

Den größten Nachteil, den die Halbleiterspeicher besitzen, ist, daß die gespeicherte Information verloren geht, sobald die Versorgungsspannung abgeschaltet wird. Um diesen Nachteil der sog. flüchtigen Speicherung zu beseitigen, wurden die verschiedensten Halbleiterstrukturen analysiert. Eine Zusammenfassung ist in /29/ enthalten. Die ersten großintegrierten programmier- und löschbaren Nur-Lese-Speicher wurden von Frohman-Bentchkowsky /30/ entwickelt und Floating-Gate-Avalanche-Injection MOS (FAMOS) genannt. In modifizierter Form ist dieses Verfahren das heute meist verbreitetste. Eine danach aufgebaute Elektrisch Programmierbare ROM Zelle (EPROM) ist in Bild 5.58 dargestellt. Sie besteht aus einem MOS-Transistor mit einem zusätzlichen isolierten Silizium-Gate (Floating-Gate), das keine Verbindung nach außen besitzt.

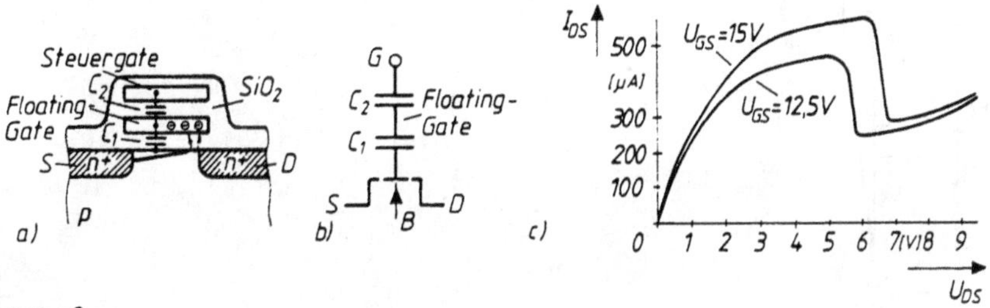

Bild 5.58

a) Elektrisch Programmierbare ROM Zelle (EPROM); b) Ersatzschaltbild; c) Programmiercharakteristik

Die nichtflüchtige Speicherung beruht darauf, daß Elektronen auf das isolierte Floating-Gate gebracht werden. Infolge der sehr guten Isolierung dieses Gates durch SiO_2 bleibt die Ladung dort für mehr als 10 Jahre erhalten.

In Bild 5.58c ist der I_{DS}-Strom einer Zelle als Funktion von der U_{DS}-Spannung bei zwei verschiedenen U_{GS}-Werten dargestellt. Die wirksame Gatespannung ergibt sich dabei aus der kapazitiven Spannungsteilung C_2/C_1. Da Transistoren mit kurzen Kanallängen (1~1µm) verwendet werden, entsteht mit zunehmender Drainspannung drainseitig ein großes Feld. Dies hat zur Folge, daß die Elektronen am Kanalende bis zur Sättigungsgeschwindigkeit beschleunigt werden. Man spricht in diesem Fall von heißen Elektronen. Ein geringer Anteil dieser heißen Elektronen hat eine ausreichende Energie, um über die Isolationsbarriere des Gateoxids (SiO_2) auf das Floating-Gate zu gelangen.
Durch die negative Aufladung des Floating-Gates mit Elektronen steigt die Einsatzspannung des Transistors stark an und der Strom sinkt (Bild 5.58c). Dieser Vorgang ist im Bänderdiagramm (Bild 5.59) mit 1) dargestellt.

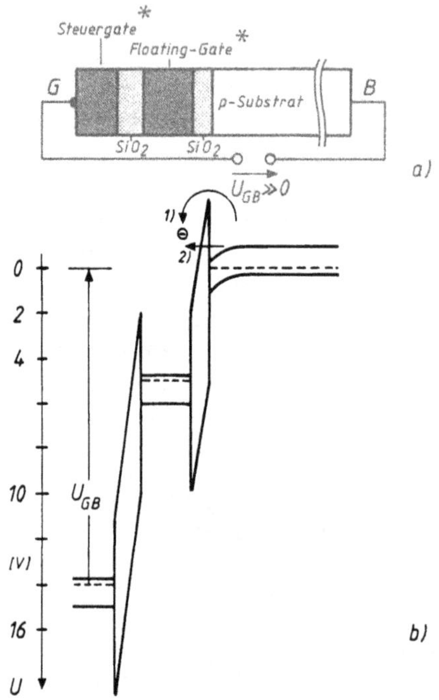

Bild 5.59
a) Schnitt durch eine EPROM-Struktur;
b) Bänderdiagramm während des Programmiervorgangs
(* n-Typ Poly-Silizium-Gate)

Abhängig, ob das Gate nun aufgeladen wurde oder nicht, stellen sich unterschiedliche Einsatzspannungen ein, denen man binäre Zustände zuordnen kann (Bild 5.60).

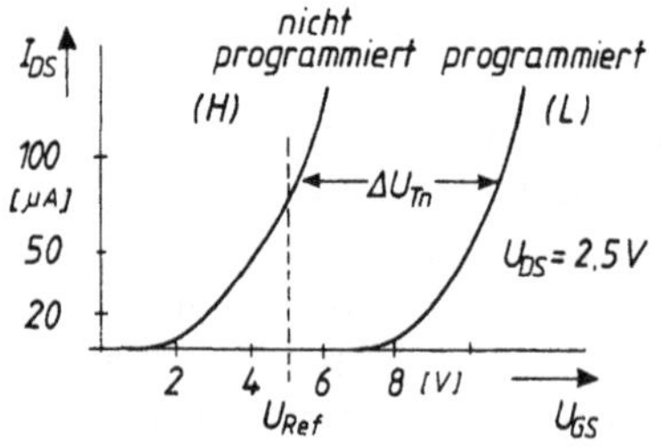

Bild 5.60
I_{DS} (U_{GS}) Charakteristik einer EPROM-Zelle vor und nach dem Programmieren

Durch Abfragen der Zelle mit einer Referenzspannung von U_{Ref}=5V kann man anhand des fließenden Stromes feststellen (lesen), in welchem binären Zustand sich die EPROM-Zelle befindet. Wie das Programmieren und Lesen bei einem EPROM-Baustein, bei dem die Zellen matrixförmig angeordnet sind, geschieht, ist in Bild 5.61 gezeigt.

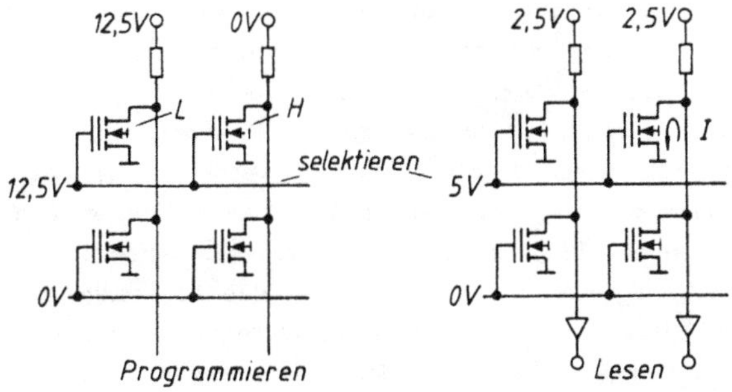

Bild 5.61

Prinzipschaltbild der Zellenmatrix bei Programmier- und Lesebedingungen

In dieser Anordnung werden die Steuergates der Zellen gleichzeitig zum Lesen und Programmieren der Zellen verwendet. Damit besteht eine Zelle nur aus einem Transistor, wodurch sie sehr platzsparend angeordnet werden kann.

Ein Löschen der Ladung auf dem Floating-Gate wird dadurch erreicht, daß man die EPROM-Bausteine einer intensiven UV-Strahlung für ca. 20 min aussetzt. Zu diesem Zweck besitzen diese Bausteine einen transparenten Gehäusedeckel. Durch die Bestrahlung erhalten die gespeicherten Elektronen eine genügende Energie, um über die SiO_2-Barrieren in den Halbleiter zurückzugelangen. Ein EPROM-Baustein kann einige hundert mal gelöscht und programmiert werden.

Das Programmieren und Löschen der EPROM-Bausteine geschieht in speziell dafür entwickelten Geräten. Die Bausteine müssen dazu der Schaltungsplatine entnommen werden. Um dieses umständliche Verfahren zu umgehen und um außerdem mehr Systemflexibilität zu erhalten, wurden elektrisch löschbare und programmierbare Bausteine (Electrically Erasable and Programmable ROMs, EEPROMs) in unterschiedlichsten Techniken /31,32/ entwickelt.

Bei einem Verfahren ist die Zelle ähnlich wie in Bild 5.58 aufgebaut. Das Gateoxid des Floating-Gates beträgt jedoch statt 20nm in einem kleinen Bereich (Bild 5.62a) nur noch wenige nm.

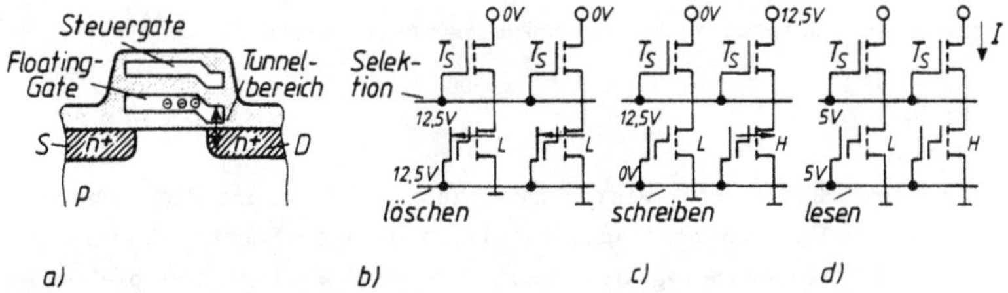

Bild 5.62

a) EEPROM-Zelle ohne Auswahltransistor; b) Löschbedingungen; c) Schreibbedingungen; d) Lesebedingungen [Substratanschlüsse nicht gezeigt.]

Dadurch können Elektronen bei hoher Spannung zwischen Steuergate und Drain durch die SiO_2-Barriere auf das Floating-Gate tunneln (in Bild 5.59 mit 2) eingezeichnet). Diesen Vorgang nennt man Fowler-Nordheim Tunneleffekt. Ein Drainstrom zur Erzeugung heißer Elektronen ist somit nicht mehr erforderlich. Damit die Zellen in einer Matrix selektiert werden können, ist jede mit einem sog. Auswahltransistor T_S versehen. Sollen die Zellen gelöscht werden, wird eine Spannung von ca. 12,5V an alle Gates gelegt, während die Draingebiete an 0V liegen. Dadurch tunneln Elektronen auf alle Floating-Gates (Bild 5.62b). Beim Schreiben (Bild 5.62c) liegt dagegen 0V an allen Floating-Gate Transistoren, wodurch in Abhängigkeit von der Drainspannung, Elektronen zurück zur Drain tunneln können. Sollen die Zellen ausgelesen werden (Bild 5.62d), wird eine Spannung von 5V an alle Floating-Gate Transistoren gelegt und deren Zustand über die Auswahltransistoren abgefragt. Die EEPROM-Zellen sind bis zu 10^6mal umprogrammierbar. Die Begrenzung kommt durch unerwünschte Fehlstellenbildung im Gateoxid infolge der großen Feldstärke zustande.

Übungen

Hinweis: Wenn benötigt, verwenden Sie bei der Berechnung die einfachen Transistorgleichungen nach Tabelle 5.1

Aufgabe 5.1

Gegeben ist eine MOS-Struktur mit p-leitendem Substrat. Die Austrittsarbeit des Metalls sei 4,7eV, die Elektronenaffinität des Substrats 4,6eV (unter Elektronenaffinität versteht man die Energiedifferenz W_0-W_C) in (Bild 5.10). Die Dicke des Gateoxids beträgt 30nm, wobei $\varepsilon_{OX}=3{,}9$ ist. Die Ladungsträgerdichte an der Grenzschicht zwischen Oxid und Substrat ist $\sigma_{SS}=q\cdot 10^{10}\,cm^{-2}$. Im Oxid ist keine Ladung vorhanden.

a) Berechnen Sie die Kapazität des Oxids. b) Stellen Sie eine Tabelle auf, die die Einsatzspannung des Transistors in Abhängligkeit von der Dotierung des Substrats für $N_A=10^{15}$, 10^{16} und $10^{17}cm^{-3}$ zeigt. c) Führt eine der verschiedenen Dotierungen zu einem Verarmungstransistor?

Aufgabe 5.2

Bei der MOS-Struktur setzt starke Inversion ein, wenn die Elektronenkonzentration an der Halbleiteroberfläche n_s gleich der der Substratdotierung N_A ist. Die Oberflächenspannung Φ_s hat dabei den Wert Φ_S(Inv) und bleibt auch bei größerer Gatespannung und Inversionsschichtladung näherungsweise konstant.

Skizzieren Sie für diesen Fall das Bänderdiagramm und weisen Sie nach, daß sich der Wert der Oberflächenspannung nur noch um ca. 60mV ändert, wenn n_s um den Faktor 10 zunimmt.

Aufgabe 5.3

Nachfolgend ist die Kleinsignalkapazität einer n-Kanal MOS-Struktur in Abhängigkeit von der Gatespannung für mittlere Frequenzen dargestellt. Das Si-Substrat sei mit $N_A=10^{16}\,cm^{-3}$ dotiert.

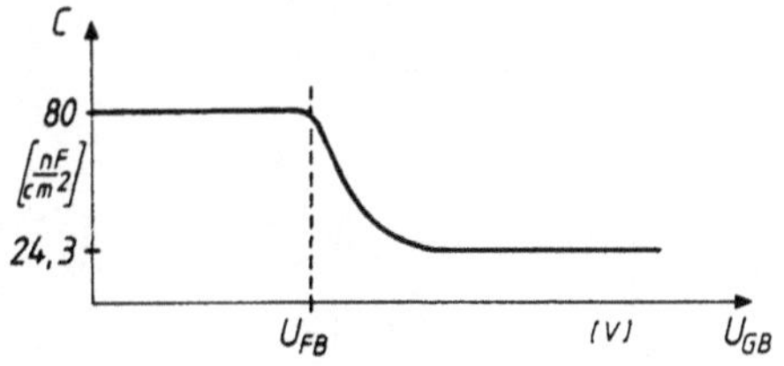

a) Wie groß ist die maximale Weite der Verarmungszone?

b) Berechnen Sie die Oberflächenspannung bei Beginn von starker Inversion.

c) Wie groß ist die Einsatzspannung des Transistors, wenn die Flachbandspannung $U_{FB}=-0{,}1V$ beträgt und $U_{SB}=0V$ ist.

d) Wie groß ist die Einsatzspannung bei $U_{SB}=5V$?

Aufgabe 5.4

Gegeben ist eine MOS-Kapazität einer 1-Transistor-Speicherzelle mit folgenden Daten: $U_{GB}=5V$; Substratdotierung: $N_A=10^{16}\,cm^{-3}$; Flachbandspannung: $U_{FB}=-0{,}5V$; Dielektrizitätskonstante: $\varepsilon_{ox}=3{,}9$; Oxiddicke: $d_{ox}=15nm$; Fläche: $A=14\mu m^2$;

a) Welche Oberflächenspannungen Φ_S("L") und Φ_S("H") stellen sich in der Zelle ein? b) Berechnen Sie den maximalen Elektronenunterschied zwischen einem binären L-und H-Zustand. c) Wie ändert sich dieser Elektronenunterschied, wenn die Oberflächenspannung unter dem Auswahltransistor Tr (Bild 5.55) nur 3V betragen würde?

Aufgabe 5.5

Ein n-Kanal-Transistor mit $w/l=1{,}5$; $d_{ox}=20nm$; $\varepsilon_{ox}=3{,}9$; $\mu_n=600cm^2/Vs$ und $U_{SB}=0V$ wird als steuerbarer Widerstand eingesetzt.

a) Um wieviel muß die Gatespannung größer als die Einsatzspannung sein, damit für sehr kleine Drain-Source-Spannungen ($U_{DS}\to 0$) ein Widerstand von 2,5 kΩ zwischen den Drain-Source-Klemmen des Transistors meßbar wird?

b) Wie groß ist für diesen Widerstand die Elektronendichte σ_n der Inversionsschicht?

Aufgabe 5.6

Der im Bild gezeigte NMOS-Transistor ist Teil eines TTL-Ausgangstreibers einer integrierten Schaltung. Im hochohmigen Zustand, d.h. wenn die Spannung U_{GS}=0,3V ist, darf der Drainstrom einen Wert von 10µA (TTL-Spezifikation) nicht überschreiten. Überprüfen Sie, welchen minimalen Wert die Einsatzspannung bei einem Temperaturbereich von 0°C bis 90°C annehmen darf, so daß die Spezifikation nicht verletzt wird.

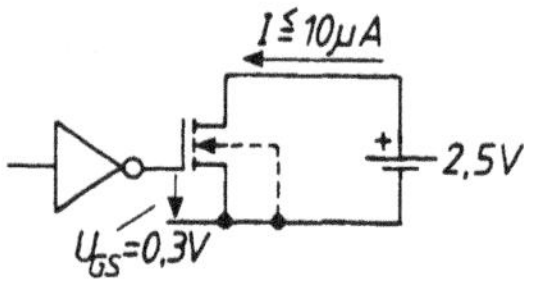

Transistordaten: w/l=2000
$k_n = 120 \cdot 10^{-6}$ A/V^2;
n = 1,5

Aufgabe 5.7

Berechnen Sie nach den genaueren Transistorgleichungen (5-60) und (5-61) einige Punkte der Ausgangskennlinie eines n-MOS-Transistor für verschiedene Spannungen zwischen Source und Drain. Vergleichen Sie dabei die Werte, die Sie mit den vereinfachten Transistorgleichungen (Gl.5-47,5-52) erhalten. Transistordaten: U_{SB}=0V, U_{FB}=-0,5V, U_{GS}=3V; d_{ox}=30nm, ε_{ox}=3,9, $N_A=5 \cdot 10^{15}$ cm^{-3},w/l=10, k_n=30µA/V^2.

Aufgabe 5.8

a) Zeigen Sie, daß die kritische Ladungsmenge auf dem Gate eines MOS-Transistors, welche einen dielektrischen Durchbruch verursacht, nur von der Gate-Fläche und der Dielektrizitätskonstanten des Oxids abhängt.
b) Welche Anzahl von Elektronen wird bei einem Transistor mit w/l=5 und l=5µm benötigt, um die Durchbruchfeldstärke von $5 \cdot 10^6$ V/cm zu erreichen?

Aufgabe 5.9

Durch einen n-Kanal-Transistor mit k_n=30µA/V^2, w/l=5 und U_{Tn}=1,0V fließt ein Strom von 300µA. Die Gate-Source-Spannung beträgt 5V. Wie groß ist die Drain-Source-Spannung?

Aufgabe 5.10

Erstellen Sie die Werte für den Modellrahmen, wie in Bild 5.48 gezeigt, für den in der Draufsicht dargestellten n-Kanal-Transistor. Die Spannungen betragen U_{DS}=5V und U_{SB}=0V. Die Werte sind der Tabelle 5.2 zu entnehmen.

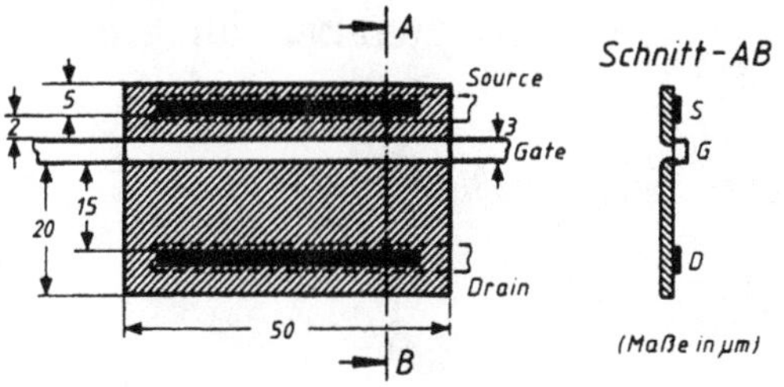

Aufgabe 5.11

In dem gezeigten Bild ist ein MOS-Transistor als sog. MOS-Diode verschaltet. Wie groß ist die Spannung zwischen Drain und Source? Welchen Wert nimmt diese an, wenn das Geometrieverhältnis w/l sehr groß gewählt wird?

Transistordaten: $k_n = 120\mu A/V^2$; $w/l=5$; $U_{Ton}=0{,}8V$

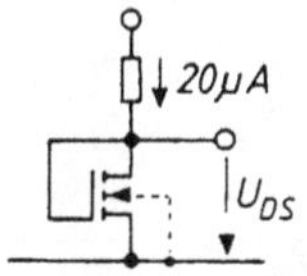

Die wichtigsten Beziehungen

Ladung der Verarmungszone (p-Typ-H.L)

$$\sigma_d = -\sqrt{qN_A 2\varepsilon_o\varepsilon_{Si}\Phi_S} = -C'_{ox}\gamma\sqrt{\Phi_S}$$

Ladung der Inversionsschicht (p-Typ-H.L)

$$\sigma_n = -C'_{ox}\left[U_{GB} - U_{FB} - \Phi_S\right] + \sqrt{qN_A 2\varepsilon_o\varepsilon_{Si}\Phi_S}$$

$$= -C'_{ox}\left[U_{GB} - U_{FB} - \Phi_S - \gamma\sqrt{\Phi_S}\right]$$

Transistorgleichungen

n-Kanal Transistor	p-Kanal Transistor
Wid.Bereich	
$I_{DS} = \beta_n\left[(U_{GS} - U_{Tn})U_{DS} - \frac{U_{DS}^2}{2}\right]$	$I_{DS} = -\beta_p\left[(U_{GS} - U_{Tp})U_{DS} - \frac{U_{DS}^2}{2}\right]$
wenn $U_{GS} - U_{Tn} > U_{DS}$	wenn $\lvert U_{GS} - U_{Tp}\rvert > U_{DS}\rvert$
Sättig. Bereich	
$I_{DS} = \frac{\beta_n}{2}\left[U_{GS} - U_{Tn}\right]^2$	$I_{DS} = -\frac{\beta_p}{2}\left[U_{GS} - U_{Tp}\right]^2$
wenn $U_{GS} - U_{Tn} \leqq U_{DS}$	wenn $\lvert U_{GS} - U_{Tp}\rvert \leqq \lvert U_{DS}\rvert$
Einsatzspannung	
$U_{Tn} = U_{Ton} + \gamma\left[\sqrt{2\Phi_F + U_{SB}} - \sqrt{2\Phi_F}\right]$	$U_{Tp} = U_{Tpo} - \gamma\left[\sqrt{-2\Phi_F - U_{SB}} - \sqrt{-2\Phi_F}\right]$
$U_{Ton} = U_{FB} + 2\Phi_F + \gamma\sqrt{2\Phi_F}$	$U_{Tpo} = U_{FB} + 2\Phi_F - \gamma\sqrt{-2\Phi_F}$
$\gamma = \frac{\sqrt{qN_A 2\varepsilon_o\varepsilon_{Si}}}{C'_{ox}}$	$\gamma = \frac{\sqrt{qN_D 2\varepsilon_o\varepsilon_{Si}}}{C'_{ox}}$
$\Phi_F = \frac{kT}{q}\ln\frac{N_A}{n_i}$	$\Phi_F = -\frac{kT}{q}\ln\frac{N_D}{n_i}$
$\beta_n = k_n\frac{w}{l};\ k_n = \mu_n C'_{ox}$	$\beta_p = k_p\frac{w}{l};\ k_p = \mu_p C'_{ox}$

Literaturhinweise

[1] W.Kellner,H.Kniepkamp: "GaAs-Feldeffekttransistoren"; Springer Verlag, 1984

[2] E.H. Nicollian et al: "MOS (Metal Oxide Semiconductor) Physics and Technology, Wiley-Interscience Publication, 1982

[3] J.R. Brews: "A Charge-Sheet Model of the MOSFET"; Solid-State Electronics; Vol. 21, pp. 345-355; 1978

[4] A. Vladimirescu et al: "The simulation of MOS integrated circuits using Spice 2;" Memorandum No UCB/ERL M80/7 University of California, Berkeley, Feb 1980

[5] G. Merckel et al: "An Accurate Large-Signal MOS Transistor Model for Use in Computer-Aided Design"; IEEE Transactions on Electron Devices; Vol. ED-19 No. 5, pp. 681-690, May 1972

[6] G.T. Wright: "Current/voltage characteristics, channel pinchoff and field dependence of carrier velocity in silicon insulated-gate field-effect transistors"; Elektronics Letters, Vol. 6, No. 4, 19th Feb. 1970

[7] H. Shichman, D.H. Hodges: "Modeling and Simulation of Insulated Gate-Field-Effect Transistor Switching Circuits"; IEEE Journal of Solid-State Circuits, Vol. SC-3, No. 3, Sep. 1968, pp 285-289

[8] G. Baum et al: "Drift Velocity Saturation in MOS-Transistors;" IEEE Transactions on Electron Devices; Vol. ED-17, pp. 481-482; Un. 1970

[9] L.D. Yau: "A Simple Theory to Predict the Treshold Voltage of Short-Channel IGFETs"; Solid-State Electron, 17, 1059, 1974

[10] L.M. Dang: "A Simple Current Model for Short-Channel IGFET and Its Application to Circuit Simulation;" IEEE Journal of Solid-State Circuits; Vol. SC-14, No 2, pp. 358-367; April 1979

[11] K.N. Ratnakumar et al: "New IG FET Short-Channel Threshold Voltage Model," IEEE International Electron Device Meeting; pp. 204-2o6; 1981

[12] J.R. Brews: "Physic of the MOS Transistor", Silicon Integrated Circuits; Part A; Academic Press 1981

[13] W.H. Schroen: "NATO Advanced Study Institute on Process and Device Modelling for Integrated Circuit Design"; Universite Catholique De Louvain July 19-29 (1977)

[14] J.S.T. Huang et al: "Modeling of Ion-Implanted Silicon-Gate Depletion-Mode IGFET"; IEEE Transactions Electron Devices, Vol. ED-22, No 11, Nov. 1975

[15] Y.A. El-Mamsy: "Analysis and Characterization of the Depletion-Mode IGFET"; IEEE Journal of Solid-State Circuits, Vol.SC-15, No, 3 June 1980

[16] B.S. Song: "Threshold-Voltage Temperature Drift in Ion-Implanted MOS Transistors" IEEE Transactions on Electron Devices, Vol. ED-29, No. 4, April 1982

[17] J.J. Barnes et al: "Short-Channel MOSFETs in the Punch-through Current Mode"; IEEE Trans. Electron. Devices ED-26, p. 446 (1979)

[18] B.L. Gregory and B.D. Schater: "Latch up in CMOS integrated circuits"; IEEE T. Nuclear Science, Vol NS-2, 1973, pp. 293-299

[19] J.M. Dishman: "Limitation of the maximum operation voltage of CMOS integrated circuits"; IEEE Int. El.Dev. Meeting, Tech.Dig. Washington Dec. 1975

[20] J. Hu Genda: "A Better Understanding of CMOS Latch-Up"; IEEE Transactions on Electron Devices, Vol. ED-31, No 1, January 1984; pp 62-67

[21] J.E. Meyer: "MOS Models and circuit simulation", RCA Rev, Vol, 32, pp.42-63 Mar. 1971

[22] D.E. Ward et al: "A Charge-Oriented Model for MOS Transistor Capacitances"; IEEE Journal of Solid-State Circuits, Vol. SC-13, No 5; pp. 703-708, Oct. 1978

[23] P. Conway et al: "Extraction of MOSFET parameters using the Simplex direct search optimization method"; IEEE Transactions on Electron Devices, Vol. ED-32, pp. 694-698, Oct. 1985

[24] C.F. Machala et al: "An efficient algorithm for the extraction of parameters with high confidence from nonlinear models"; IEEE Electron Device letters, Vol. EDL-7, pp. 214-218, April 1986

[25] W. Boyle, G. Smith: "Charge Coupled Semiconductor Devices"; Bell Syst. Techn. Jour. 49, 587-593 (1970)

[26] P.G. Jespers et al: "Solid State Imaging"; NATO Advanced Study Institutes Series E: Applied Science No 16, Noordhoff International Publishing

[27] Y.A. El-Mansy and R.A. Burghard: "Design Parameters of the Hi-C DRAM Cell"; IEEE Journal of Solid-State-Circuits, Vol. SC-17, No.3, Oct.1982

[28] S. Fuji et al: "A 50µA Standby 1MWx1b/256kWx4b CMOS DRAM"; IEEE Intern. Solid-State Circuits Conference, Digest of Technical Papers; Vol. XXIX Feb. 1986, pp. 266-267

[29] Y. Nishi and H. Iizuka: "Nonvolatile Memories"; Applied Solid Science, Supplement 2, Academic Press 1981

[30] D. Frohman-Bentchkowsky: "A fully decoded 2048-bit electrically programmable FAMOS read-only-memory"; IEEE J. Solid-State Circuits, Vol. SC-6, pp. 301-306, Oct.1971

[31] G. Samachisa et al: "A 128K Flash EEPROM Using Double-Polysilicon Technology"; IEEE Journal of Solid-State Circuits; Vol. SC-22, No. 5, Oct. 1987, pp. 676-683

[32] D. Cioaca: "A Million-Cycle CMOS 256K EEPROM"; IEEE Journal of Solid-State Circuits; Vol. SC-22, No. 5, Oct. 1987, pp. 684-692

6.0 Grundlagen integrierter MOS-Schaltungen

In diesem Kapitel werden, ausgehend von der Beschreibung des Herstellablaufs eines CMOS-Prozesses elektrische und geometrische Entwurfsunterlagen abgeleitet. Diese sind die wesentlichsten Unterlagen für den Entwurf digitaler und analoger Schaltungen.

Die grundsätzliche Dimensionierung von Transistoren bei digitalen Anwendungen wird am Beispiel eines einfachen Inverters behandelt. Hierbei werden als Lastelemente Anreicherungs-, Verarmungs- und Komplementärtransistoren verwendet, um Logikpegel, Leistungsverbrauch und Schaltverhalten zu analysieren. Treiberschaltungen und Transferelemente werden anschließend vorgestellt. Die gewonnenen Erkenntnisse sind direkt auf komplexere Digitalschaltungen, wie in Kapitel 7 beschrieben, übertragbar.

6.1 Herstellung einer integrierten CMOS-Schaltung

Die Herstellung integrierter MOS-Schaltungen geschieht heute fast ausschließlich in Silizium-Gatetechnik. Diese kann man entsprechend dem Herstellaufwand in die einfachere NMOS-Technik, bei der nur Transistoren vom n-Kanal-Typ erzeugt werden und in die aufwendigere CMOS-Technik bei der noch zusätzlich p-Kanal Transistoren hergestellt werden, aufteilen. Die CMOS-Technik ermöglicht es, Schaltungen mit sehr geringem Leistungsverbrauch und großem Signal-Geräuschabstand herzustellen. Diese Eigenschaften sind mitverantwortlich für die dominierende Rolle der CMOS-Technik bei VLSI-Systemen (Very Large Scale Integration). Im folgenden wird deshalb die Herstellfolge dieses Verfahrens näher beschrieben und im Anschluß daran kurz auf die NMOS-Technik eingegangen.

Von den vielen unterschiedlichen CMOS-Prozessen /1/ wird eine weitverbreitete Variante, die zwei Diffusionswannen verwendet, näher beschrieben. Der Vorteil dieses Verfahrens ist, daß infolge der beiden voneinander unabhängigen Diffusionswannen, die Parameter der n- und p-Kanaltransistoren wie z.B. Einsatzspannung, Substratsteuerfaktor und Durchbruchspannungen unabhängig von einander optimiert werden können. Der folgende Herstellungsablauf wird an einem Komplementärinverter demonstriert.

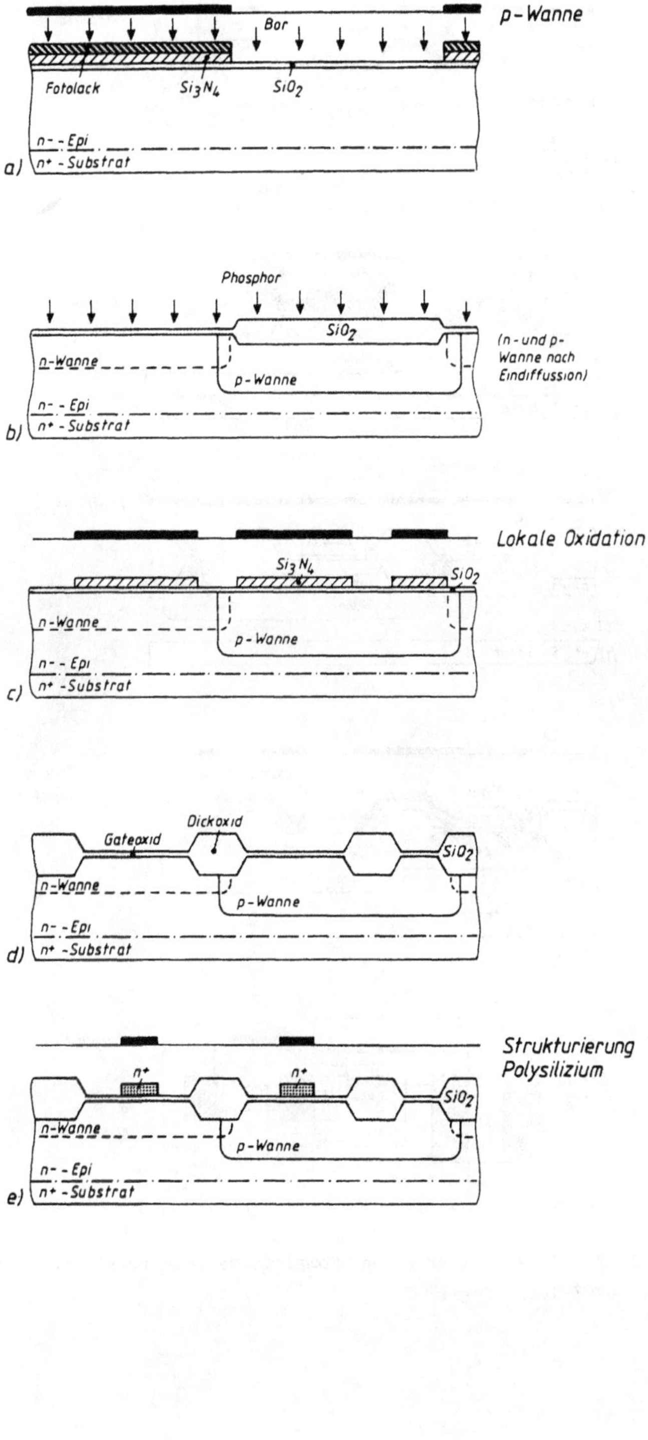
p-Wanne
Bor
Fotolack
Si_3N_4
SiO_2
n- - Epi
n+ - Substrat
a)
Phosphor
SiO_2
(n- und p-
Wanne nach
Eindiffussion)
n-Wanne
p-Wanne
n- - Epi
n+ - Substrat
b)
Lokale Oxidation
Si_3N_4
SiO_2
n-Wanne
p-Wanne
n- - Epi
n+ - Substrat
c)
Dickoxid
Gateoxid
SiO_2
n-Wanne
p-Wanne
n- - Epi
n+ - Substrat
d)
Strukturierung
Polysilizium
n+
n+
SiO_2
n-Wanne
p-Wanne
n- - Epi
n+ - Substrat
e)

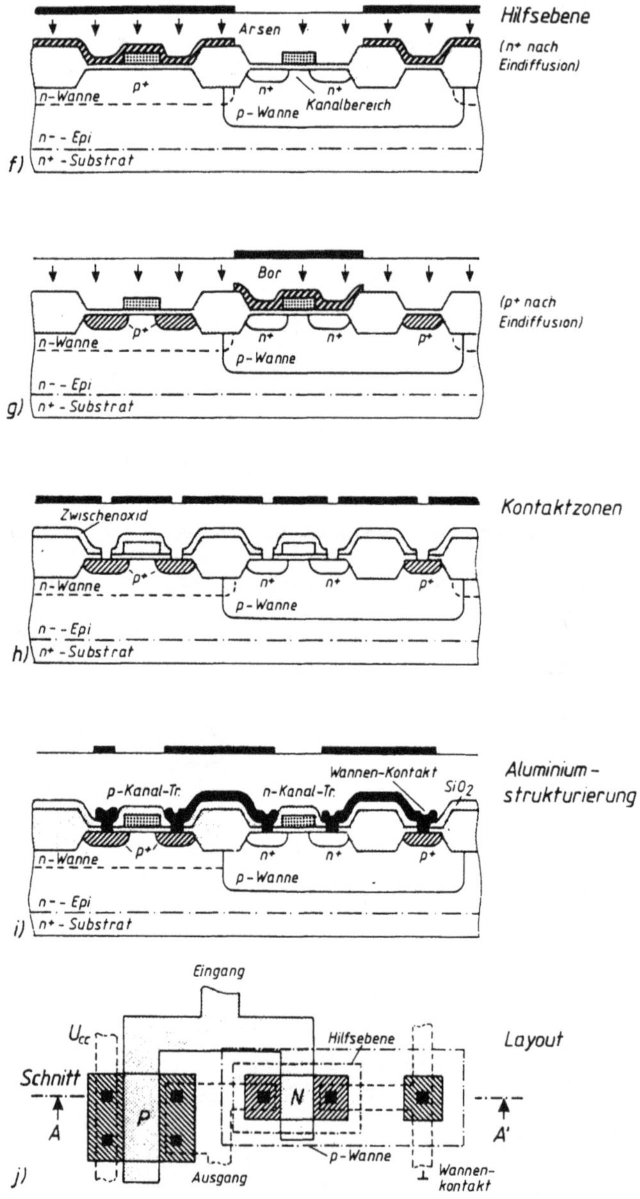

Bild 6.1

Herstellablauf eines integrierten Komplementärinverters mit Maskenvorlage (Layout) in CMOS-Technologie

Herstellung der Diffusionswannen

Das Anfangsmaterial der Siliziumscheibe (Wafer) ist ein sehr niederohmiges n^+-Substrat, auf das eine ca. 7-8µm dicke n^--Epitaxieschicht (Epi) mit einer relativ niedrigen Dotierung von $3 \cdot 10^{14} cm^{-3}$ aufgebracht wird. Durch das niederohmige Substrat mit einem spezifischen Widerstand von 0,01Ωcm wird die Latch-up Empfindlichkeit der gesamten Schaltung wesentlich reduziert (Kapitel 5.3.8). Die Diffusionswannen werden, wie in /2/ beschrieben, selbstjustierend und aneinander angrenzend implantiert und anschließend mit Temperaturschritten eindiffundiert. Dazu bedeckt man die Siliziumscheibe ganzflächig mit einer dünnen Siliziumdioxidschicht (SiO_2) und hierauf mit einer Siliziumnitridschicht (Si_3N_4). Danach wird die Scheibe mit einem Fotolack beschichtet und durch die 1. Maske, die die Strukturen der p-Wannen enthält, belichtet. Nach dem Entwickeln des Fotolackes und einigen weiteren Prozeßschritten wird dann der Fotolack und die Doppelschicht an den Stellen weggeätzt, an denen p-Wannen entstehen sollen (Fig. 6.1a). Dazu wird die Scheibe ganzflächig mit Bor implantiert, wobei der Fotolack mit der darunterliegenden Doppelschicht als Maskierung dient. Während der Eindiffusion oxidiert die Scheibe. Es entsteht jedoch nur dort eine Oxidschicht, wo keine Si_3N_4-Schicht vorhanden ist. Dieses Oxid dient in der darauffolgenden Phosphorimplantation und Eindiffusion (Bild 6.1b) als Maskierung, wodurch in den verbleibenden Bereichen n-Diffusionswannen entstehen. Durch die insgesamt zweimalige Diffusion von Bor kommt es zu verschiedenen Eindringtiefen bei den Diffusionswannen.

Lokale Oxidation

Nach dem Wegätzen des Oxids wird die Siliziumscheibe wiederum ganzflächig mit einer SiO_2-Si_3N_4-Doppelschicht bedeckt und mit Hilfe einer weiteren Fototechnik strukturiert (Bild 6.1c). Bei der anschließenden Oxidation wächst an den Stellen Oxid (Dickoxid) auf, an denen kein Si_3N_4 vorhanden ist. Die Doppelschicht wird nach der Oxidation abgeätzt (Bild 6.1d) und anschließend ganzflächig das dünne Gateoxid aufgebracht.

Strukturierung von Polysilizium

Nach dem Herstellen des Gateoxids erfolgt eine ganzflächige Abscheidung von Polysilizium auf der Scheibe, das anschließend mit Phosphor oder Arsen dotiert wird. In den folgenden Prozeßschritten wird dann mit Hilfe einer weiteren Fototechnik das Polysilizium selektiv weggeätzt (Bild 6.1e).

Source-Drain-Implantationen

Damit die Source-Draingebiete der n- und p-Kanal Transistoren entsprechend verschieden implantiert werden können, wird durch eine weitere Fototechnik (Hilfsebene) der ganzflächig aufgebrachte Fotolack strukturiert und so die nicht zu implantierenden Bereiche abgedeckt. Anschließend geschieht die Arsenimplantation durch das Gateoxid hindurch. Hierbei wirkt das Polysiliziumgate mit dem Oxid wie eine Maske für den darunterliegenden Kanalbereich des n-Kanal-Transistors, wodurch das Gate selbstjustierend zu den Source- und Draingebieten angeordnet ist (Bild 6.1f). Nach der Eindiffusion des Arsens werden die n-Kanal-Transistoren mit Fotolack abgedeckt und eine Borimplantation durchgeführt. Genau wie beim n-Kanal-Transistor, so wirkt auch beim p-Kanal-Transistor das Polysiliziumgate als Maske für den darunter befindlichen Kanalbereich, so daß auch bei diesem Transistor die p^+-Source- und Draingebiete selbstjustierend angeordnet sind. Das n^+-dotierte Polysilizium Gate des p-Kanaltransistors wird durch die Borimplantation nicht umdotiert, sondern lediglich die Leitfähigkeit (Gl.1-47) leicht reduziert.

Kontaktierungen und Verbindungen

Anschließend wird die ganze Scheibe durch Abscheidung von SiO_2 mit einer Zwischenoxidschicht bedeckt, in die mit Hilfe einer weiteren Fototechnik Öffnungen geätzt werden (Bild 6.1h). Diese Öffnungen dienen als Kontaktzonen für das anschließende Verdrahten der Source-Drain- und Gategebiete mit Aluminium. Die Scheibe wird in einem weiteren Prozeßschritt ganzflächig mit Aluminium, dem Titan und Silizium zugesetzt ist, gesputtert und entsprechend der gewünschten Verdrahtung strukturiert (Bild 6.1i).

Ist das geschehen, wird eine Schutzschicht aus Nitrid oder Phosphorglas auf die ganze Scheibe aufgebracht. Mit einer weiteren Maske (nicht dargestellt) werden dann die Anschlußflecken freigeätzt, mit denen der Chip mit den Gehäusebeinchen verbunden werden kann.

In Bild 6.1j ist zusätzlich zu der Herstellfolge das Layout des im Prozeßablauf dargestellten Komplementärinverters gezeigt. Unter Layout versteht man die geometrische Abbildung einer Schaltung oder eines Transistors. Diese dient dazu, die Masken herzustellen.

Zur besseren Veranschaulichung der Prozeßfolge wurde zwischen der Source des n-Kanal-Transistors und dem p-Wannenkontakt ein Dickoxidsteg vorgesehen. Auf diesen kann verzichtet werden, wenn, wie in diesem Fall, Source und Masse direkt verbunden sind.

Zusätzliche Prozeßschritte

Dickoxid-Transistoren: Benachbarte Diffusionsgebiete sind durch Dickoxidstege voneinander getrennt. Infolge von Oberflächenzuständen und Oxidladungen entsteht besonders im p-Wannenbereich unter dem Dickoxidsteg leicht eine Inversionsschicht, wodurch es zu einer ungewünschten Verbindung zwischen benachbarten Diffusionsgebieten kommen kann. Wird über den Dickoxidsteg eine Leiterbahn aus Polysilizium oder Aluminium geführt, so kann sogar ein parasitärer Transistor entstehen.

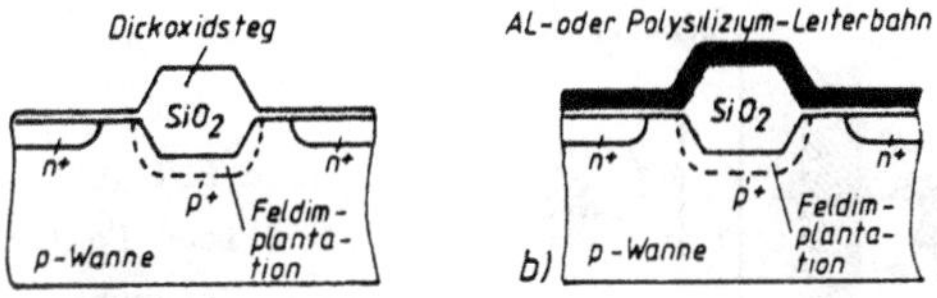

Bild 6.2
a) Dickoxidsteg; b) Dickoxid-Transistor

Damit dieser sog. Dickoxidtransistor unwirksam wird, muß dieser eine Einsatzspannung U_{TF} besitzen, deren Wert größer ist als der der Versorgungsspannung U_{CC} der Schaltung. Dies wird durch eine zusätzliche lokale Feldimplantation mit Bor in diesen Bereichen nach der Herstellung der Diffusionswannen erreicht. Dadurch ergeben sich Einsatzspannungen von U_{TF}>10V.

Einstellung der Einsatzspannungen: Um die Einsatzspannungen der n- und p-Kanal Transistoren auf die gewünschten Werte von 0,8V bzw. -0,8V einzustellen, wird vor der Abscheidung des Polysiliziums (Bild 6.1e) eine ganzflächige Borimplantation durchgeführt. Dadurch ergeben sich die im Bild 6.3 gezeigten Dotierungsprofile im n- und p-Kanalbereich.

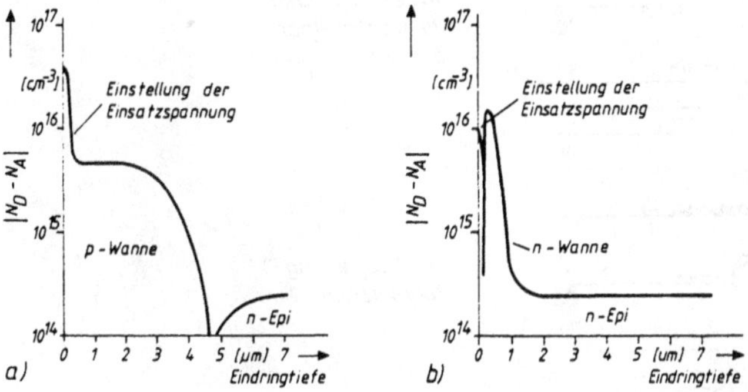

Bild 6.3
Dotierungsprofil; a) n-Kanal Transistor; b) p-Kanal Transistor

Vergrabener Kontakt: Bei der beschriebenen CMOS-Technik stehen drei Verdrahtungsebenen, nämlich Aluminium, Polysilizium und Diffusion zur Verfügung. Während die Al-Leitungen über aktive Gebiete (Transistoren) geführt werden dürfen, sind die Diffusion- und Polysiliziumebene nicht als unabhängige Verdrahtungsebenen verwendbar. Kreuzungen Diffusion-Polysilizium sind wegen der Selbstjustierung (Bild 6.1f,g) ohne einen Transistor zu erzeugen, nicht realisierbar.

Die möglichen Leiterbahnverbindungen Aluminium-Diffusion (1) und Polysilizium-Metall (2) sind in Bild 6.4 dargestellt.

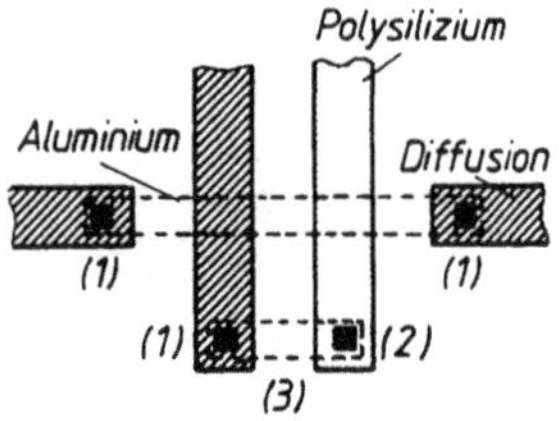

Bild 6.4
Mögliche Leiterbahnverbindungen und Kreuzungen

Eine Verbindung Polysilizium-Diffusion ist nur über Aluminium (3) möglich. Diese platzaufwendige Verbindung kann durch einen sog. vergrabenen Kontakt (buried contact) umgangen werden. Dazu muß jedoch der Prozeß um einen zusätzlichen Schritt erweitert werden.

Ausgangspunkt dazu ist die Verwendung einer zusätzlichen Maske, die nach dem Aufbringen des Gateoxids (6.1d) zur Definition des Ätzloches eingesetzt wird (Bild 6.5a). In diesem Bereich wird das Gateoxid abgeätzt. Die folgenden Prozeßschritte sind mit denen von Bild 6.1 identisch. Abscheidung und Strukturierung des phosphordotierten Polysiliziums (Bild 6.5b und c) sowie Arsen Implantation.

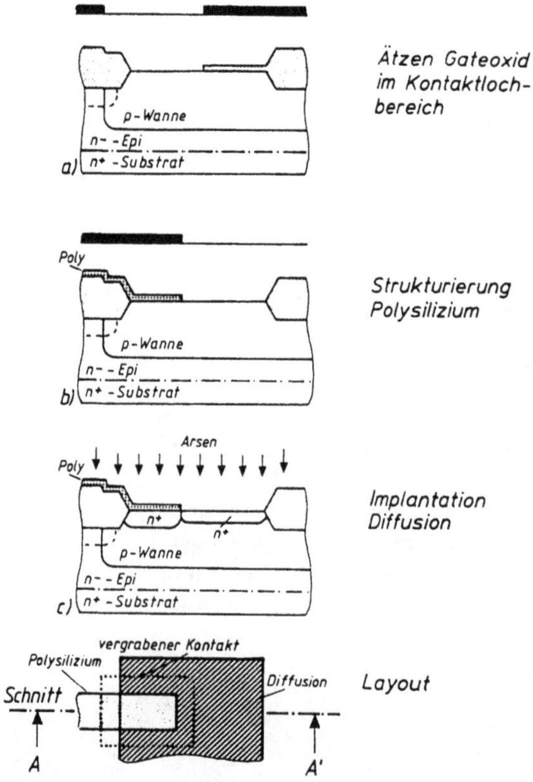

Bild 6.5
Prozeßschritte zur Herstellung eines vergrabenen Kontaktes

Bei der folgenden Diffusion gelangt das Phosphor aus dem Polysilizium und das implantierte Arsen ins Silizium. Es entsteht der gewünschte Kontakt zwischen dem n^+-dotierten Polysilizium und der darunter befindlichen n^+-Diffusion. Ein Kontakt des n^+-dotierten Polysiliziums mit einem p-dotierten Gebiet, wie es im Bereich des p-Kanal-Transistors von Vorteil wäre, ist so nicht möglich, da hierbei ein pn-Übergang entstehen würde.

Verbesserte Verdrahtungen

Mit der Verbesserung der Schalteigenschaften von Transistoren infolge der fortlaufenden Strukturverkleinerungen, beeinflussen zunehmend die Verdrahtungsebenen das Schaltverhalten einer Schaltung. So hat z.B. Polysilizium einen typischen Bahnwiderstand von 25Ω/□, so daß relativ große Signallaufzeiten auf Polysiliziumbahnen entstehen.

Silizide: Bei einer an Bedeutung zunehmenden Technik, die keinen zusätzlichen Maskenschritt erfordert, wird der Bahnwiderstand des Gates oder einer entsprechenden Leiterbahn durch den Aufbau einer Sandwich-Struktur wesentlich verringert (Bild 6.6).

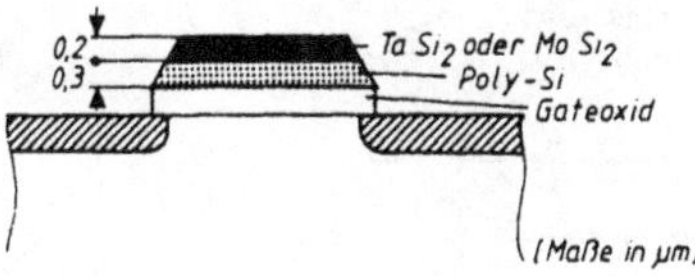

Bild 6.6
Silizid-Gate

Die Schichtfolge des Gates besteht dabei aus Polysilizium und einem $TaSi_2$-oder $MoSi_2$-Silizid. Mit dieser Methode werden die Bahnwiderstände auf 2 bis 3Ω/□ erniedrigt.

Doppellagen Aluminium: Eine weitere Methode die Schalteigenschaften einer Schaltung zu verbessern besteht darin, die Packungsdichte durch eine weitere Verdrahtungsebene aus Aluminium zu erhöhen. Dazu wird die 1. Aluminiumebene zur Isolierung z.B. mit Nitrid beschichtet und an den Stellen geöffnet, wo das Alumunium 1 mit dem Aluminium 2 über sog. Via Holes, verbunden werden soll (Bild 6.7).

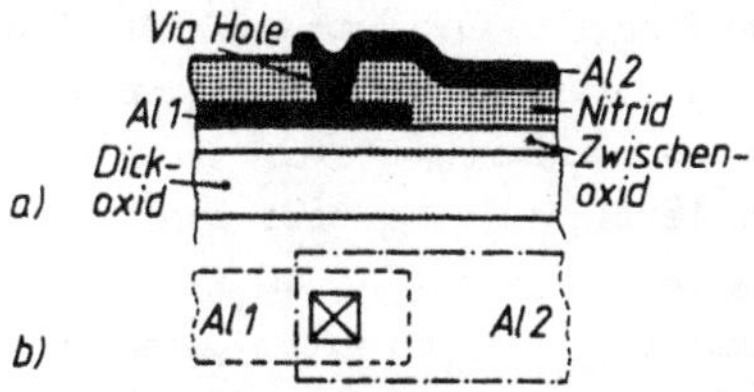

Bild 6.7
Doppellagenverdrahtung;
a) Querschnitt;
b) Layout

Infolge der relativ dicken isolierenden Nitridschicht ist das Kontaktloch der 2. Aluminiumebene größer als das der 1. Ebene. In der Praxis wird meist das Al2 zur Zuführung von Versorgungsleitungen verwendet, während Al1 zur Verbindung diverser Schaltungsteile eingesetzt wird. Die beschriebene Doppellagenverdrahtung erfordert zwei zusätzliche Maskenschritte. Eine Verbindung von Al2 auf Diffusion oder Polysilizium ist nur indirekt über Al1 möglich.

6.2 Herstellung einer integrierten NMOS-Schaltung

Wie bereits erwähnt, benötigt die NMOS-Technik den geringsten Aufwand bei der Herstellung, da keine Diffusionswannen erforderlich sind. Das Anfangsmaterial der Siliziumscheibe besteht aus einem p-Substrat mit einer Bordotierung von ca. 10^{15} cm^{-3}. Die zur Herstellung erforderlichen Prozeßschritte sind vergleichbar mit denen des n-Kanal Transistors bei der CMOS-Technik (Bild 6.1d bis i). Im allgemeinen benötigt ein Inverter in NMOS-Technik (Bild 6.8) jedoch zusätzlich zu dem Anreicherungs- noch einen Verarmungstransistor (Kapitel 5.3.5), den man als Ersatz für einen Widerstand verwendet. Dieser wird durch eine zusätzliche Arsenimplantation im Kanalbereich erzeugt. Der Bereich ist im Layout durch ein Rechteck mit Diagonalen symbolisiert.

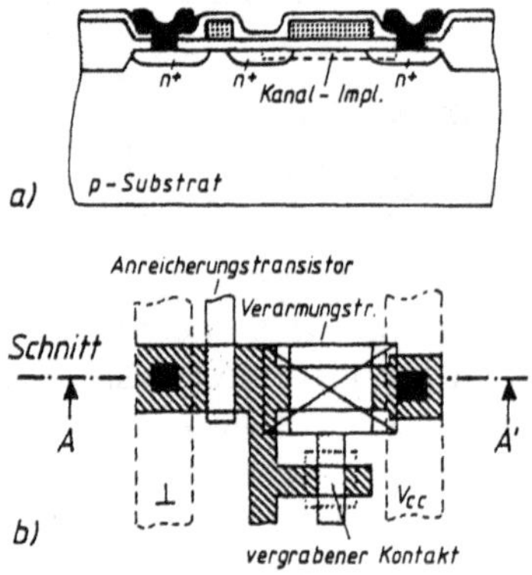

Bild 6.8
Inverter in NMOS-Technik;
a) Querschnitt;
b) Layout

6.3 Geometrische Entwurfsregeln

Will man eine integrierte MOS-Schaltung entwerfen, müssen die zulässigen geometrischen Entwurfsregeln, d.h. minimale Abstände und Abmessungen von Diffusionsgebieten, Polysilizium- und Aluminiumbahnen sowie Kontaktlöchern vorliegen. Nur wenn diese Abmessungen nicht unterschritten werden, kann eine große Ausbeute bei der Fertigung garantiert werden. Unter Ausbeute versteht man das Verhältnis von guten Chips zur Anzahl der möglichen Chips auf einer Scheibe. Werden auf der anderen Seite zu große Geometriemaße gewählt, nimmt die Schaltung viel Siliziumfläche ein, wodurch die Anzahl der möglichen Chips abnimmt. Zusätzlich zu den Minimalmaßen, die fertigungstechnisch auf eine Scheibe übertragbar sind, gibt es weitere Randbedingungen, die diese beeinflussen. Zur Veranschaulichung seien einige angeführt. Der Abstand zwischen Diffusionsgebieten ergibt sich durch die benötigte Spannungsfestigkeit und die Minimalbreite durch den noch zulässigen Schichtwiderstand. Ein möglichst kleiner Übergangswiderstand bestimmt die Minimalmaße der Kontaktlöcher. Weiterhin müssen die Entwurfsregeln die Toleranz der Justierung der Maske auf der Siliziumscheibe berücksichtigen. Zwei Bespiele dafür sind angeführt. Die Kontaktzone (Bild 6.9a) ist gegenüber der Diffusion dejustiert, wodurch ein Kurzschluß zwischen Aluminium und Substrat entsteht. Sind Polysilizium- und Diffusionsgebiete des Transistors dejustiert, entsteht eine Diffusionsbrücke zwischen Source und Drain (Bild 6.9b).

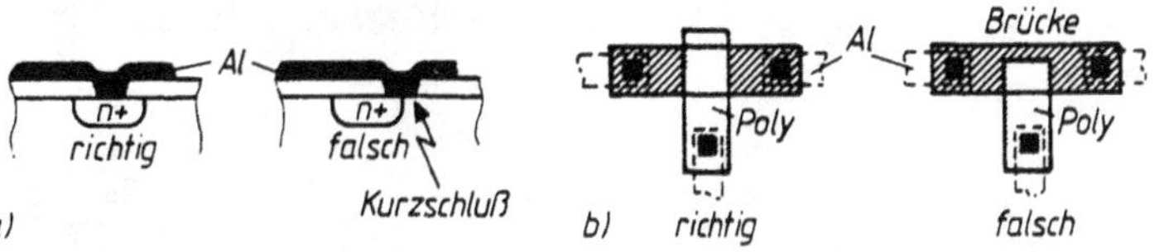

Bild 6.9
Dejustierungen: a) zwischen Aluminium und Diffusion; b) zwischen Polysilizium und Diffusionsgebiete

Unter Berücksichtigung aller Einflüsse entstehen die geometrischen Entwurfsunterlagen, die die minimal zulässigen Abstände und Breiten zur Herstellung eines Layouts beinhalten. Diese sind für einen typischen Siliziumgate CMOS-Prozeß mit einer mittleren Strukturabmessung von ca. 1,5 µm am Beispiel eines Komplementärinverters in Bild 6.10 vorgestellt und detaillierter in Tabelle 6.1 zusammengefaßt.

Bild 6.10
Layout eines Komplementärinverters

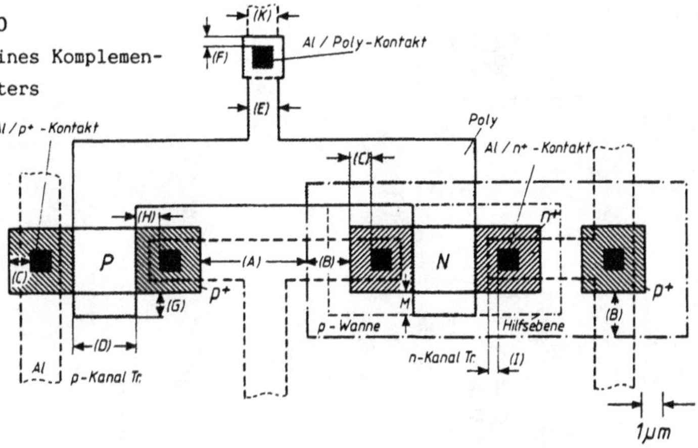

(A)	Abstand p^+/p-Wanne	(G)	Überlappung Poly
(B)	Überlappung p-Wanne/n^+; p-Wanne/p^+	(H)	Abstand Kontaktloch/Poly
(C)	Überlappung Kontaktloch Diffusion	(I)	Abstand Kontaktloch/Al
(D)	Kanallänge	(K)	Mindestbreite Al
(E)	Mindestbreite Poly	(M)	Abstand Hilfsebene
(F)	Überlappung Kontaktloch/Poly		

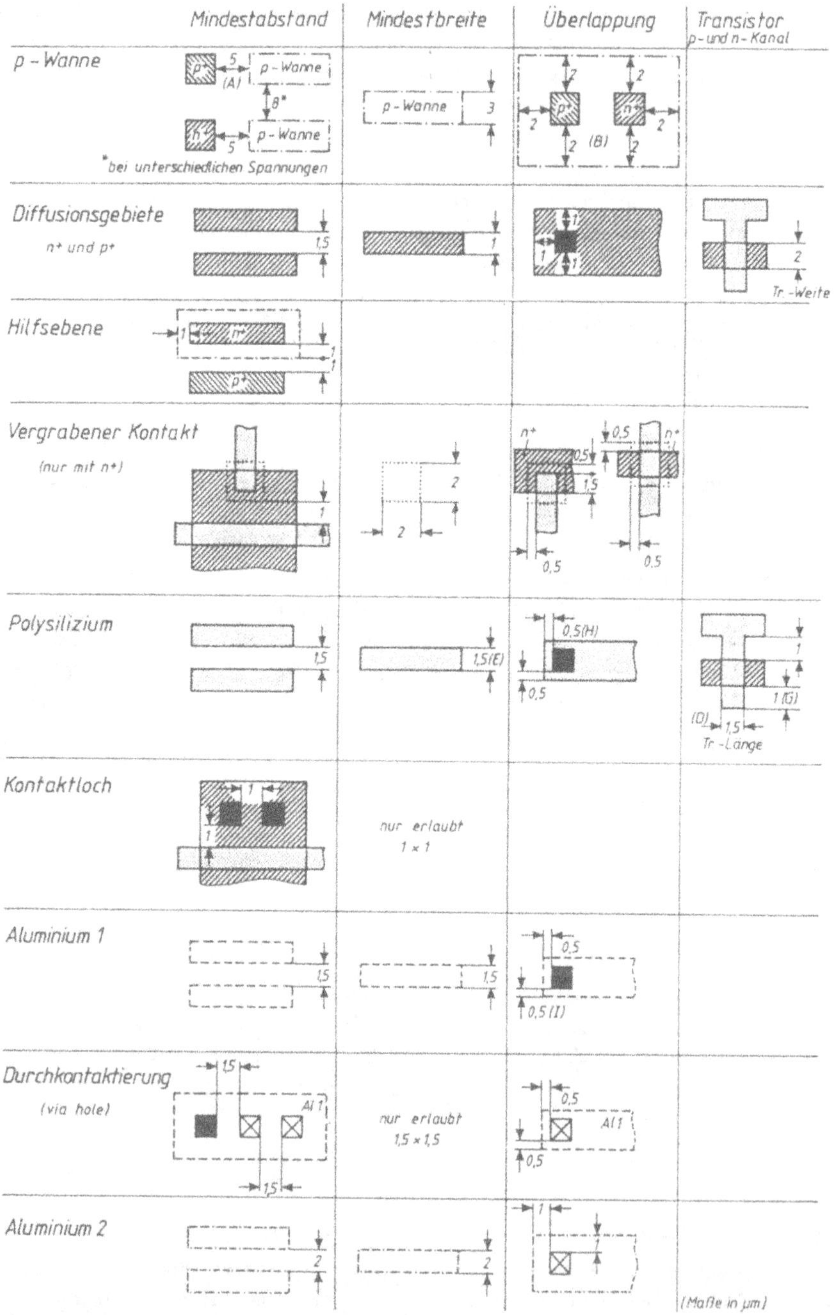

Tabelle 6.1
Geometrische Entwurfsregeln für einen 1,5µm-CMOS Prozeß (Zeichenmaße)

Zusammenhänge zwischen Zeichen- und Realisierungsmaßen beim Transistor

Die beschriebenen geometrischen Entwurfsunterlagen geben die minimal zulässigen Abstände und Breiten als Zeichenmaß (Designmaß) zur Erstellung eines Layouts wieder. Diese Maße werden dann mit Hilfe der Fototechnik (Maskengröße) auf die Siliziumscheibe übertragen. Dabei ergeben sich die in Bild 6.11 gezeigten unterschiedlichen Abmessungen zwischen Zeichenmaß und Realisierungsmaß beim Transistor.

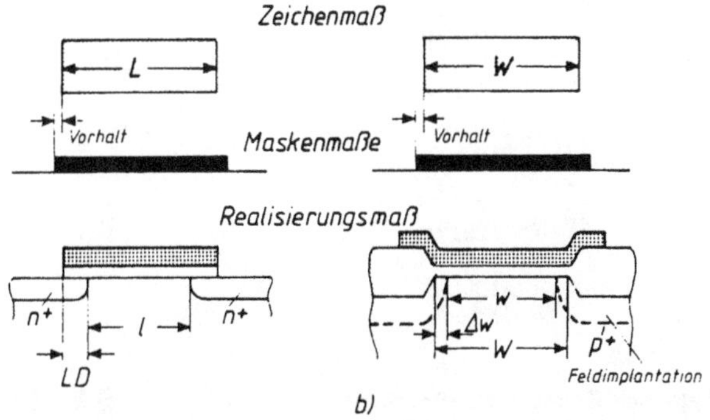

Bild 6.11
Zeichen- und Realisierungsmaße beim Transistor; a) Gatelänge; b) Gateweite

Aus den Bildern geht hervor, daß die realisierten Transistoren eine Länge von

$$l = L - 2LD \quad (6\text{-}1)$$

und eine Weite von

$$w = W - 2\Delta W \quad (6\text{-}2)$$

besitzen.

LD ist das Maß, das die Unterdiffusion unter dem Gate angibt. Bei dem beschriebenen 1,5µm-CMOS Prozeß ist diese ca. 0,2µm, so daß eine minimale Kanallänge von $l = 1{,}5\mu m - 2 \cdot 0{,}2\mu m = 1{,}1\mu m$ hergestellt werden kann. Die Verkürzung der Kanalweite durch die Feldimplantation beträgt ca. 0,1µm.

6.4 Elektrische Entwurfsregeln

Beim Entwurf einer integrierten Schaltung werden außer den geometrischen noch die elektrischen Entwurfsregeln benötigt. Dazu gehören die Parameter der Transistoren (Tabelle 5.2) sowie die Kapazitäts- und Widerstandswerte von Leiterbahnen, die im folgenden für den in Kapitel 6.1 vorgestellten 1,5µm-CMOS-Prozeß aufgeführt sind.

Material	Bahnwiderstand [Ω/□]
n^+-Diffusion	40Ω/□ ± 4Ω/□
p^+-Diffusion	60Ω/□ ± 8Ω/□
Polysilizium	30Ω/□ ± 6Ω/□
(Polyzid)	2,0Ω/□ ± 0,5Ω/□
Kontaktlöcher Al/Diffusion (1µmx1µm)	20Ω ± 5Ω
Al1	50mΩ/□
(Al2)	50mΩ/□
(Via hole) 1,5µmx1,5µm	1Ω
p-Wanne	12kΩ/□
n-Wanne	10kΩ/□

Tabelle 6.2
Bahnwiderstände des 1,5µm CMOS-Prozesses

	Kapazität	
Gate/Substrat (d_{ox} = 20 nm)	$C'_{GB} = 1{,}7\cdot10^{-3}$ F/m^2	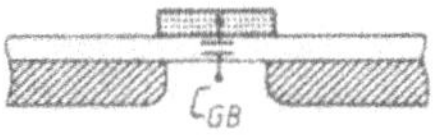
Gateüberlappung n.-u.p-Transistor (LD = 0,2 µm)	$C^*_{ü} = 0{,}34\cdot10^{-9}$ F/m	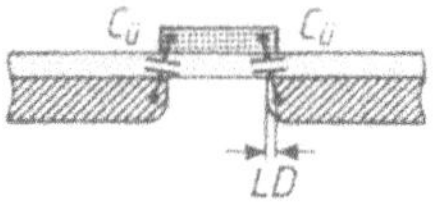
Poly/Dickoxid (d_{ox} = 400 nm)	$C'_{P} = 8{,}6\cdot10^{-5}$ F/m^2	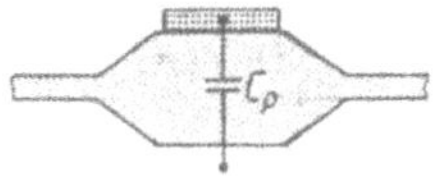
Al/Dickoxid (X_{Z1} = 800 nm)	$C'_{Al} = 2{,}9\cdot10^{-5}$ F/m^2	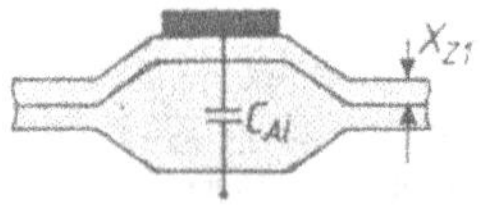
Al/Poly (X_{Z2} = 800 nm)	$C'_{AP} = 4{,}4\cdot10^{-5}$ F/m^2	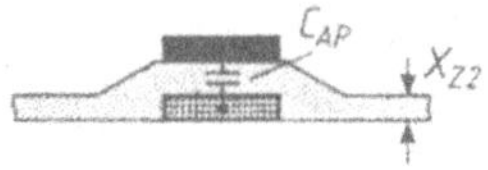
n^+/p-Wanne	$C'_j = 0{,}3\cdot10^{-3}$ F/m^2; M ≈ 0,5 $C^*_j = 0{,}1\cdot10^{-9}$ F/m; M ≈ 0,33	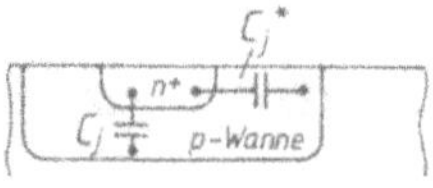
p^+/n-Wanne	$C'_j = 0{,}5\cdot10^{-4}$ F/m; M ≈ 0,5 $C^*_j = 0{,}1\cdot10^{-9}$ F/m; M ≈ 0,33	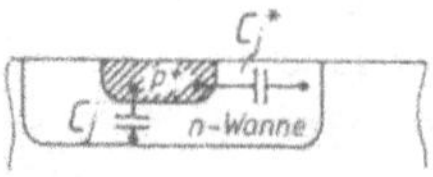

Tabelle 6.3
Kapazitäten des 1,5µm CMOS-Prozesses [F/m^2 ≙ pF/µm^2; F/m ≙ 10^6 pF/µm]

Elektromigration

Fließt z.B. durch eine Aluminium-Leiterbahn ein zu großer Strom, was besonders bei U_{CC}- und Masse-Verbindungen möglich ist, so kann dies zu einer Unterbrechung der Leiterbahn führen. Der Grund dafür ist die große Anzahl von Elektronen, die Kollisionen mit den Al-Atomen hervorrufen und diese in eine Vorzugsrichtung verschieben. Damit dieser Effekt nicht auftritt, darf die Stromdichte einen Wert von ca.

$$J = 1\text{mA}/\mu\text{m}^2$$

nicht überschreiten. Mit einer Al-Dicke von 1µm ergibt sich damit ein maximal zulässiger Strom pro Al-Breite von 1mA/µm.

6.5 CAD-Werkzeuge beim physikalischen Entwurf integrierter Schaltungen

In den vorhergehenden Kapiteln wurden geometrische und elektrische Entwurfsunterlagen für bipolare sowie im besonderen für MOS-Herstellverfahren vorgestellt. Diese Unterlagen dienen zusammen mit den Modellen und Parametern der entsprechenden Bauelemente dem physikalischen Entwurf einer integrierten Schaltung. Wie dies im Detail abläuft und durch Computer-Aided-Design (CAD)-Werkzeuge /3/ unterstützt wird, wird im folgenden näher betrachtet. Dazu ist in Bild 6.12 ein allgemeiner Verfahrensablauf dargestellt, der in die Kategorien

1. Systementwurf
2. Logikentwurf
3. Schaltungsentwurf
4. Layout-Entwurf

aufgegliedert werden kann. Hierbei werden die ersten beiden Entwurfsebenen häufig als logischer Entwurf und die beiden letzten Ebenen als physikalischer Entwurf bezeichnet. Da letzterer zum Themenkreis dieses Buches zählt, wird er detaillierter betrachtet.

Die Ausgangsbasis für den gezeigten Verfahrensablauf ist eine Systemspezifikation, aus der eine entsprechende Architektur entwickelt wird. Diese besteht aus Blöcken wie z.B. Rechenwerke, Steuereinheiten, Datenspeicher, usw. Ausgehend von dieser Struktur wird der Logikentwurf durchgeführt. Als Ergebnis liegt dann ein Logikplan vor, der aus verknüpften Gattern, Flipflops, Multiplexern, usw. besteht. Dieser wird in einem weiteren Verfahrensabschnitt direkt in die Schaltkreisebene überführt, wobei die in den folgenden Abschnitten beschriebenen Schaltungen verwendet werden können. Zur Optimierung und Verifizierung der Schaltungen wird dabei die Schaltungssimulation, die bereits in Bild 2.14 skizziert wurde, eingesetzt.

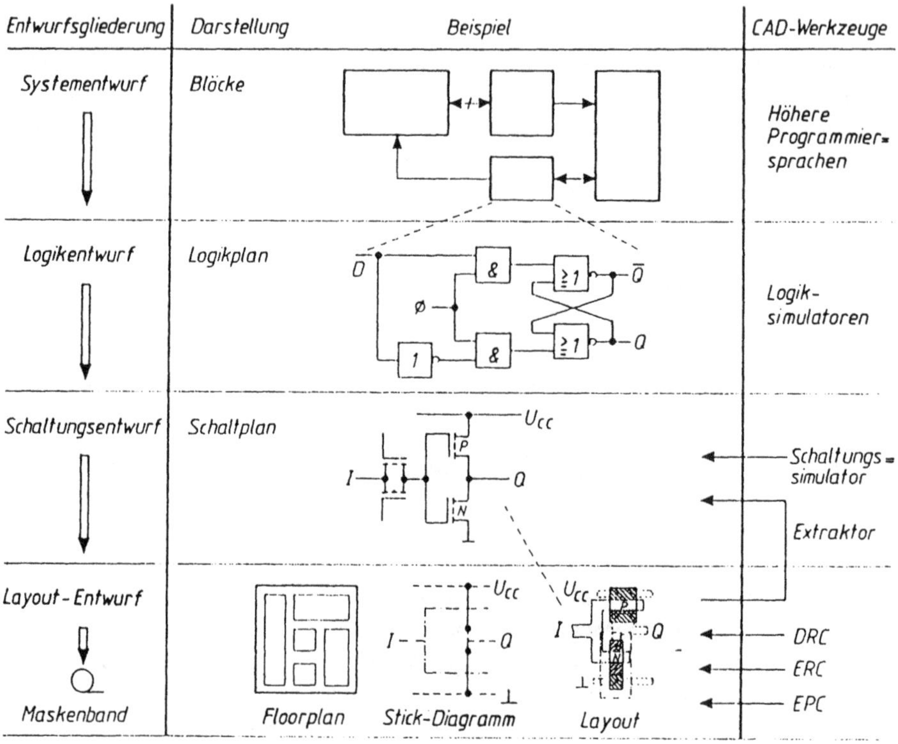

Bild 6.12
Entwurfsgliederung mit Beispielen und CAD-Werkzeuge

Ausgehend von dem entworfenen Schaltplan beginnt die Layout-Phase, in der alle Maskenebenen geometrisch konstruiert werden müssen. Da das gesamte Layout der Schaltung in ein Rechteck passen muß, geht man von einer Flächenplanung (Floorplan) aus, in der die verschiedensten Schaltungsteile plaziert werden. Hierbei können besonders kritische Geschwindigkeitspfade und Stromverbraucher berücksichtigt werden. Als Hilfsmittel für die Layout-Konstruktion dienen häufig Stick-Diagramme, die vereinfachte symbolische Darstellungen erlauben. Diese können dann von Hand oder mit Rechnerunterstützung in das eigentliche Layout umgesetzt werden. Ist das gesamte Layout fertiggestellt, wird ein Maskenband, auch Steuerband genannt, erzeugt und mit dessen Hilfe an einem Patterngenerator die Masken zur Herstellung des ICs generiert. Doch bevor dies geschieht, muß das Layout auf seine Richtigkeit überprüft werden. Hierzu kommen die folgenden Prüfprogramme in Frage.

Entwurfsregel-Überprüfung (Design Rule Check DRC): Mit diesem Prüfprogramm wird die Einhaltung der geometrischen Entwurfsunterlagen (z.B. Tabelle 6.1) überprüft. Hierbei werden Abstands-, Breiten- oder Überlappungsverletzungen gemeldet /4,5/.

Schaltungsextraktion: Verknüpfungsfehler können mit dem vorhergehenden Test nicht gefunden werden. Aus diesem Grund wurden Extraktionsprogramme /6/ entwickelt, mit deren Hilfe aus einem Layout die Beschreibung des Schaltkreises (Netzliste aus Transistoren) gewonnen werden kann. Durch einen Vergleich mit der Vorgabe sind dann Fehler feststellbar. Zusätzlich können noch die parasitären Widerstände und Kapazitäten aus dem Layout ermittelt und an einen Schaltungssimulator weitergegeben werden (vergl. mit Bild 2.14), so daß dann eine realitätsnahe Schaltungssimulation durchgeführt werden kann.

Elektrische Regel-Überprüfung (Electrical Rules Check ERC): Ausgehend von den bei der Schaltungsextraktion bestimmten elektrischen Verbindungen kann der ERC-Test durchgeführt werden. Beispiele für Regelverletzungen sind:
- Kurzschlüsse zwischen Masse und U_{CC}
- Netze, von denen kein Weg nach Masse bzw. U_{CC} führt,
- offene Anschlüsse
- Kurzschlüsse zwischen Drain und Source eines MOS-Transistors oder bei einer bipolar Technologie;
- Kurzschlüsse zwischen Emitter-Basis oder
- Basis mit Masse oder U_{CC} verbunden.

Parameter Überprüfung (Electrical Parameter Check EPC): Eine weitere Verifikation besteht in der Anwendung des EPC-Tests. Hierbei werden geometriebedingte elektrische Eigenschaften des Layouts abgefragt. Darunter fallen:
- Weite und Länge der Transistoren
- zu hochohmige Leitungen und
- Knoten mit zu großer kapazitiver Belastung.

Ausgehend von den vorgestellten Entwurfsunterlagen und Transistorparametern werden in den folgenden Abschnitten die wichtigsten Grundschaltungen behandelt und Layouts vorgestellt.

6.6. MOS-Inverter

Der MOS-Inverter ist die einfachste Grundschaltung, an der nahezu alle wesentlichen Eigenschaften von MOS-Schaltungen, wie:

- w/l-Dimensionierung
- Spannungsreduzierung durch die Einsatzspannung
- Wirkung des Substratsteuerfaktors
- Leistungsverbrauch
- Schaltverhalten

erklärt werden können. Aus diesem Grund wird der MOS-Inverter im folgenden detailliert behandelt. Dabei wird versucht, möglichst einfache Beziehungen aufzustellen, um erste grobe Schätzungen zur Dimensionierung einer Schaltung durchzuführen. Die endgültige Dimensionierung wird dann zweckmäßigerweise mit einem Schaltungsanalyseprogramm /7/ mit entsprechenden Transistormodellen auf einem Rechner durchgeführt.

In der einfachsten Form ist der MOS-Inverter in Bild 6.13 dargestellt.

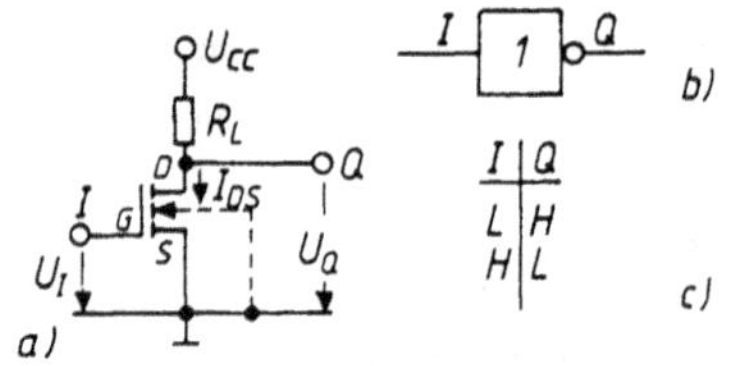

Bild 6.13
MOS-Inverter a) Schaltung;
b) Logiksymbol; c) Wahrheitstabelle

Liegt am Eingang I eine Spannung $U_I < U_{Tn}$, ist der Transistor nichtleitend. Da kein Drain-Sourcestrom fließt, beträgt die Ausgangsspannung $U_Q = U_{CC}$. Ist dagegen die Eingangsspannung $U_I \gg U_{Tn}$, ist der Transistor stark leitend. Es fließt ein großer Drain-Sourcestrom, der am Lastwiderstand R_L einen großen Spannungsabfall verursacht. Die Ausgangsspannung U_Q sinkt dadurch auf einen sehr kleinen Wert. Ordnet man den Ein- und Ausgangsspannungen binäre Zustände L (Low) für Spannungen $< U_{Tn}$ und H (High) für Spannungen $> U_{Tn}$ zu, resultiert die in Bild 6.13 gezeigte Wahrheitstabelle.

Der Widerstand R_L könnte durch lange mäanderförmige Leiterbahnen aus Diffusions- oder Polysiliziumstreifen realisiert werden. Da dazu relativ viel Siliziumfläche benötigt wird, verwendet man Transistoren als Lastelemente. Abhängig von der verwendeten Technologie ergeben sich dadurch die in Bild 6.14 gezeigten Inverterrealisierungen, die im folgenden analysiert werden.

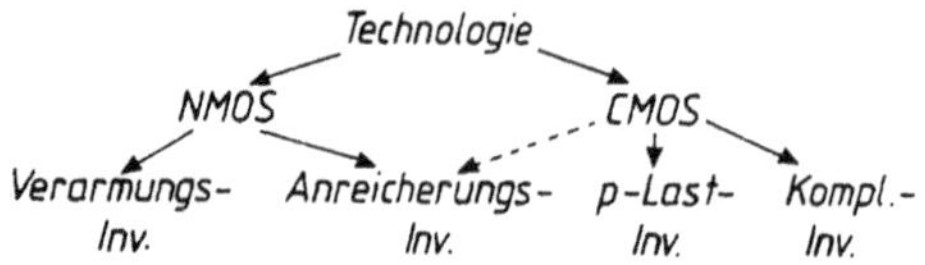

Bild 6.14
Übersicht über Inverterrealisierungen

6.6.1 NMOS–Inverter

Verarmungsinverter

Dies ist die gebräuchlichste Inverterrealisierung in NMOS-Technologie. Bei dem als Last verwendeten Verarmungstransistor (Bild 6.15) sind Gate und Source zusammengeschlossen. Da der Transistor eine negative Einsatzspannung hat (Kapitel 5.3.5), ist er auch leitend, wenn Gate und Source verbunden sind (U_{GS} = 0V). Das Layout ist besonders platzsparend, da ein vergrabener Kontakt (Bild 6.15b) dazu verwendet wird, Gate (Polysilizium) und Source (Diffusion) zu verbinden. Das Substrat einer integrierten Schaltung ist gemeinsam für alle Transistoren (Bild 6.8). Es liegen in diesem Fall 0V an.

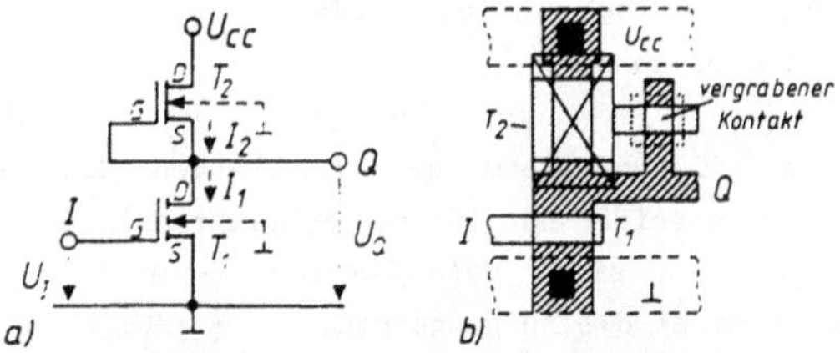

Bild 6.15
Verarmungsinverter;
a) Schaltung;
b) Layout

Treibt ein MOS-Inverter einen anderen Inverter oder Schaltung, muß die Ausgangsspannung im Low-Zustand $U_{QL}<U_{Tn}$ sein. Mit dieser Forderung ist sichergestellt, daß die folgende Schaltung sicher sperrt.

In der Praxis wird meist ein Wert, bei dem noch ein ausreichender Störabstand gegeben ist, von

$$U_{QL} = 1/2\ U_{Tn} \tag{6-3}$$

verwendet. Aus dieser Bedingung kann das Geometrieverhältnis der Invertertransistoren wie folgt bestimmt werden.

Der Lasttransistor T_2 befindet sich mit einer Einsatzspannung von -3,5V in Sättigung, da $[U_{GS,2}-U_{Tn,2}] = [0-U_{Tn,2}] \leqq U_{DS,2}$ ist und der Schalttransistor T_1 im Widerstandsbereich, da $[U_{GS,1}-U_{Tn,1}] = [U_{IH,1}-U_{Tn,1}] > U_{DS,1}$ ist. Die zusätzlichen Indices beziehen sich dabei auf den entsprechenden Transistor. Damit ergibt sich aus den einfachen Transistorgleichungen (5-47) und (5-52)

$$I_2 = I_1$$

$$\frac{\beta_{n,2}}{2}\,[-U_{Tn,2}]^2 = \beta_{n,1}\,[(U_{IH} - U_{Tn,1})U_{QL} - \frac{U^2_{QL}}{2}] \tag{6-4}$$

und Berücksichtigung von Beziehung (6-3) ein Verstärkungsverhältnis von

$$Z = \frac{\beta_{n,1}}{\beta_{n,2}} = \frac{k_{n,1}}{k_{n,2}} \frac{[w/l]_1}{[w/l]_2} = \frac{[-U_{Tn,2}]^2}{[U_{IH} - U_{Tn,1}]U_{Tn,1} - (U_{Tn,1}/2)^2}. \qquad (6\text{-}5)$$

Dieses Verstärkungsverhältnis ist stark abhängig von der Eingangsspannung U_{IH}. In den überwiegenden Fällen ist diese gleich U_{CC}, da der Inverter meist von einer gleichartigen Schaltung angesteuert wird. Damit ergibt sich für die folgenden Werte: $k_{n,1} = 30 \cdot 10^{-6} A/V^2$, $k_{n,2} = 25 \cdot 10^{-6} A/V^2$, $U_{Tn,2} = -3{,}5$ V, $U_{Tn,1} = 0{,}8$ V und $U_{IH} = U_{CC} = 5$ V ein Verstärkungsverhältnis von $Z = 3{,}8$ und ein Geometrieverhältnis von $(w/l)_1/(w/l)_2 = 3{,}2$. Um die Funktion der Schaltung unter allen Bedingungen zu gewährleisten, muß in der Praxis der Versorgungsspannungs- und Temperaturbereich sowie die Streuung der Prozeßdaten mitberücksichtigt werden. Dies mag zur Folge haben, daß ein etwas größeres Geometrieverhältnis erforderlich ist.

Bisher wurde stillschweigend davon ausgegangen, daß die Einsatzspannungen konstant sind. Dies trifft nur für den Schalttransistor T_1 zu, bei dem Source und Substrat verbunden sind. Beim Lasttransistor T_2 herrscht dagegen zwischen Source und Substrat die Ausgangsspannung $U_Q = U_{SB}$. Diese Spannung hat entsprechend Gleichung (5-41) über die Substratsteuerung eine Veränderung der Einsatzspannung in Abhängigkeit der Ausgangsspannung zur Folge (Aufgabe 6.2). Dadurch ist die Stromergiebigkeit des Transistors geringer, wodurch das Schaltverhalten des Inverters (Abschnitt 6.6.3) ungünstig beeinflußt wird.

Leistungsverbrauch

Den Leistungsverbrauch kann man in einen statischen P_{stat} und einen dynamischen Anteil P_{dyn} aufteilen, der durch das Umladen von Kapazitäten hervorgerufen wird. Da bei dem vorgestellten Inverter im durchgeschalteten Zustand ein relativ großer statischer Leistungsverbrauch auftritt, kann der dynamische Anteil (Abschnitt 6.6.2), der wesentlich kleiner ist, vernachlässigt werden.

Für den Verarmungsinverter ergibt sich demnach ein Leistungsverbrauch von

$$P_{stat} = I_2 \, U_{CC} \, S$$

$$= \frac{\beta_{n,2}}{2} [-U_{Tn,2}]^2 \, U_{CC} \, S, \qquad (6\text{-}6)$$

da T_2 im Sättigungsbereich ist, wenn T_1 durchgeschaltet ist. Der Faktor S gibt das Taktverhältnis, d.h. das Zeitverhältnis von eingeschaltetem zu ausgeschaltetem Zustand, indem kein Strom fließt an. In den meisten praktischen Fällen ist das Taktverhältnis 50%, d.h. S = 0,5.

Anreicherungsinverter

Ein NMOS-Inverter mit Anreicherungstransistor als Lastelement ist in Bild 6.16a dargestellt.

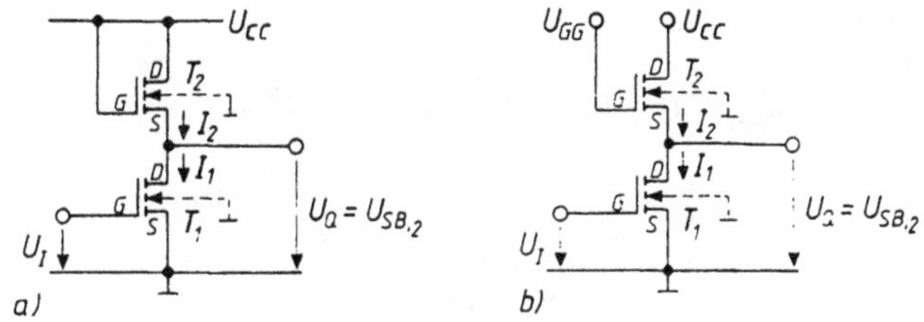

Bild 6.16
Anreicherungsinverter; a) gesättigte Last; b) ungesättigte Last

Die Verstärkungs- und Geometrieverhältnisse können ähnlich, wie im vorhergehenden Fall ermittelt werden. Der Lasttransistor mit einer Einsatzspannung von $U_{Tn} = 0{,}8V$ ist immer in Sättigung, da $(U_{GS,2} - U_{Tn,2}) < U_{DS,2}$ ist. Damit ergibt sich:

$$I_2 = I_1$$

$$\frac{\beta_{n,2}}{2}[U_{GS,2} - U_{Tn,2}]^2 = \beta_{n,1}[(U_{IH} - U_{Tn,1})U_{QL} - \frac{U^2_{QL}}{2}]$$

und mit $U_{GS,2} = U_{CC} - U_{QL};\ U_{QL} = U_{Tn}/2$ (6-7)

$U_{Tn,1} = U_{Tn,2} = U_{Tn}$ und $k_{n,1} = k_{n,2}$

ein Verstärkungsverhältnis von

$$Z = \frac{\beta_{n,1}}{\beta_{n,2}} = \frac{[w/l]_1}{[w/l]_2} = \frac{[U_{CC} - 3/2U_{Tn}]^2}{[U_{IH} - U_{Tn}]U_{Tn} - [U_{Tn}/2]^2}. \quad (6\text{-}8)$$

Bei Verwendung der im vorhergehenden Beispiel aufgeführten Transistorparametern und Spannungen ergibt sich ein Verstärkungs- und Geometrieverhältnis von $Z = 4{,}5$.

Ein wesentlicher Nachteil des Anreicherungstransistors als Lastelement ist, daß die maximale Ausgangsspannung

$$U_{QH} = U_{CC} - U_{GS,2} = U_{CC} - U_{Tn,2} \quad (6\text{-}9)$$

nicht den Wert der Versorgungsspannung erreicht, sondern um die Einsatzspannung $U_{Tn,2}$ des Lasttransistors verringert ist. Dies wird verständlich, wenn man bedenkt, daß der Lasttransistor nicht mehr leitet, wenn die Spannung $U_{GS,2} \leq U_{Tn,2}$ ist.

Die Einsatzspannung des Lasttransistors ist, wie bereits erwähnt, durch den Substratsteuereffekt von der Ausgangsspannung U_Q, die gleich der Source-Substratspannung $U_{SB,2}$ des Transistors ist, abhängig (Bild 5.21). Dadurch wird die Einsatzspannung größer, wodurch die Ausgangsspannung des Inverters noch weiter reduziert wird. Diese läßt sich aus der Beziehung für die Einsatzspannung (5-41) mit $U_{SB,2} = U_{QH}$

$$U_{Tn,2} = U_{Ton,2} + \gamma\left[\sqrt{2\Phi_F + U_{QH}} - \sqrt{2\Phi_F}\right] \tag{6-10}$$

und Gleichung (6-9)

$$U_{QH} = U_{CC} - U_{Ton,2} - \gamma\left[\sqrt{2\Phi_F + U_{QH}} - \sqrt{2\Phi_F}\right]$$

zu

$$U_{QH} = U_N + \gamma^2/2 - \gamma\sqrt{U_N + 2\Phi_F + \gamma^2/4} \tag{6-11a}$$

ermitteln, wobei

$$U_N = U_{CC} - U_{Ton,2} + \gamma\sqrt{2\Phi_F} \tag{6-11b}$$

ist.

Um ein Gefühl für den Einfluß des Substratsteuerfaktors auf die Ausgangsspannung zu vermitteln, wird folgendes Beispiel berechnet:

Beispiel:

Gegeben ist ein Anreicherungsinverter nach Bild 6.16a. Der Schalttransistor T_1 ist nichtleitend. Welchen maximalen Wert kann die Ausgangsspannung annehmen, wenn $U_{Ton,2} = 0{,}8V$, $2\Phi_F = 0{,}6V$, $\gamma = 0{,}4\sqrt{V}$ und $U_{CC} = 5$ V betragen?

Die Werte, in Gleichung (6-11) eingesetzt, ergeben eine maximale Ausgangsspannung von $U_{QH} = 3{,}67$ V. Würde die Änderung der Einsatzspannung nicht berücksichtigt, wäre die Ausgangsspannung $U_{QH} = U_{CC} - U_{Ton,2} = 4{,}2$ V und der gemachte Fehler ca. 15 %.

Wird mit dieser niedrigen Ausgangsspannung ein Inverter betrieben, so muß dessen Verstärkungsverhältnis Z dem niedrigeren Eingangssignal U_{QH} angepaßt werden. Werte von Z>12 sind gebräuchlich. Dieses große Geometrieverhältnis ist aus zwei Gründen nicht wünschenswert: erstens wird relativ viel Siliziumfläche benötigt, um den Inverter zu realisieren und zweitens ist die Gatekapazität des Schalttransistors entsprechend groß, wodurch die Schaltzeit des treibenden Inverters verlängert wird.

Um diese Nachteile, die durch die niedrige Ausgangsspannung entstehen, zu vermeiden, kann der Lasttransistor, wie in Bild 6.16b gezeigt, durch Zufügung einer zusätzlichen Versorgungsspannung U_{GG} erhöht werden. Ist $U_{GG} > [U_{CC} + U_{Tn,2}]$, ist der Transistor immer ungesättigt und die maximale Ausgangsspannung U_{QH} be-

trägt U_{CC}. Heutige MOS-Schaltungen verfügen nicht mehr über zwei Versorgungsspannungen. Durch Bootstrapschaltungen (Abschnitt 6.7) kann jedoch eine momentane Spannung erzeugt werden, die der Spannung U_{GG} entspricht.
Beim Anreicherungsinverter beträgt der Leistungsverbrauch

$$P_{stat} = I_2 U_{CC} S$$

$$= \frac{\beta_{n,2}}{2} [U_{GS,2} - U_{Tn,2}]^2 U_{CC} S$$

$$= \frac{\beta_{n,2}}{2} [U_{CC} - U_{QL} - U_{Tn,2}]^2 U_{CC} S$$

$$= \frac{\beta_{n,2}}{2} [U_{CC} - \frac{3}{2} U_{Tn}]^2 U_{CC} S, \qquad (6\text{-}12)$$

wobei $U_{Tn,1} = U_{Tn,2} = U_{Tn}$ sein soll.

6.6.2 CMOS-Inverter

In Bild 6.17 sind zwei Typen von CMOS-Invertern dargestellt.

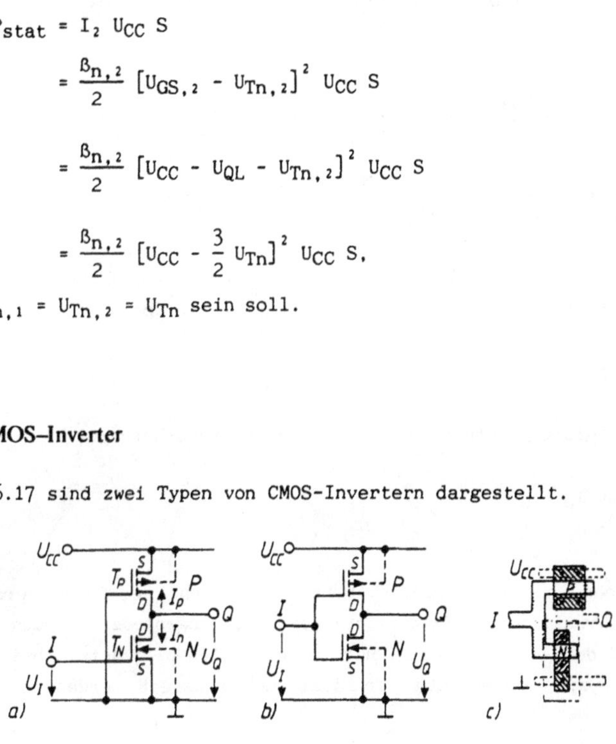

Bild 6.17
a) P-Last-Inverter; b) Komplementärinverter; c) Layout des Komplementärinverters (ohne Hilfsebene)

Im Fall a) ist das Gate des p-Kanal-Transistors mit Masse verbunden, während im Fall b) das Gate des n- und p-Kanaltransistors gemeinsam den Eingang des Inverters bilden. Da in beiden Fällen für n- und p-Kanal-Transistoren Source und Substrat verbunden sind, entsteht kein Substratsteuereffekt.

P-Last-Inverter

Bei diesem Inverter übernimmt der p-Kanal Transistor die Funktion des Lastelements, da er immer leitend ist. Sein Verhalten ist dadurch ähnlich dem der NMOS-Inverter, weswegen er häufig auch Quasi-NMOS-Inverter genannt wird.

Im durchgeschalteten Zustand U_I=U_{IH} ist T_p in Sättigung (Tabelle 5.1), da

$$|U_{GS,p} - U_{Tp}| < |U_{DS,p}|$$
$$|-U_{CC} - U_{Tp}| < |-U_{CC} + U_{QL}|$$
$$|-U_{CC} - U_{Tp}| < |-U_{CC} + U_{Tn}/2| \qquad (6\text{-}13)$$

und $|U_{Tp}| = U_{Tn}$ ist. Damit ergibt sich ein Verstärkungsverhältnis von:

$$-I_p = I_n$$
$$\frac{\beta_p}{2} [-U_{CC} - U_{Tp}]^2 = \beta_n \left[(U_{IH} - U_{Tn})U_{QL} - \frac{U^2_{QL}}{2}\right]$$
$$Z = \frac{\beta_n}{\beta_p} = \frac{k_n[w/l]_n}{k_p[w/l]_p} = \frac{[-U_{CC} - U_{Tp}]^2}{[U_{IH} - U_{Tn}]U_{Tn} - [U_{Tn}/2]^2}, \qquad (6\text{-}14)$$

wobei $U_{QL}=U_{Tn}/2$ sein soll. Mit den Werten $U_{Tn}=0{,}8V$, $U_{Tp}=-0{,}8V$ und $U_{IH}=U_{CC}=5V$ muß ein Verstärkerverhältnis von $Z=5{,}5$ eingehalten werden.

Leistungsverbrauch:

Der statische Leistungsverbrauch des P-Last-Inverters beträgt

$$P_{stat} = I_p\, U_{CC}\, S$$
$$= \beta_p/2\, [-U_{CC} - U_{Tp}]^2\, U_{CC}\, S. \qquad (6\text{-}15)$$

Dieser statische Leistungsverbrauch kann nahezu ganz vermieden werden, wenn die Gates der Transistoren (Bild 6.16b) gemeinsam angesteuert werden. Aus diesem Grund wird der P-Last-Inverter nur in den Fällen eingesetzt, bei denen die Zahl der in Serie geschalteten Transistoren reduziert werden muß (Kapitel 7.1.1).

Komplementärinverter

Der in Bild 6.17b gezeigte Komplementärinverter ist somit der weitaus wichtigere.

Hat die Eingangsspannung U_I einen Wert von U_{CC}, dann ist der n-Kanal Transistor sehr niederohmig, während der p-Kanal Transistor extrem hochohmig, d.h. gesperrt ist, da seine Gate-Sourcespannung Null ist. Dadurch ist die Ausgangsspannung $U_{QL}\approx 0V$. Der Strom des Inverters entspricht dem sehr kleinen Leckstrom des p-Kanal Transistors.

Liegt am Eingang des Inverters die Spannung $U_I=0V$ an, so ist der n-Kanal Transistor extrem hochohmig und der p-Kanal Transistor sehr niederohmig. Es fließt nur der sehr kleine Leckstrom des n-Kanal Transistors. Die Ausgangsspannung hat den Wert von $U_{QH}\approx U_{CC}$. D.h. der Spannungsunterschied zwischen Low (0V) und

High (U_{CC}) am Ausgang beträgt U_{CC}. Damit entfällt jegliche Anforderung an das Verstärkungsverhältnis (Z-Verhältnis) der Transistoren, wie sie für die vorhergehenden Inverter z.B. durch Gleichung (6-5) vorlag. Die Transistorgeometrien können somit auf eine maximale Geschwindigkeit (Abschnitt 6.6.4) oder einen maximalen Signal-Geräuschabstand, wie im folgenden beschrieben wird, optimiert werden.

Maximaler Signal-Geräuschabstand

In Bild 6.18 ist die Übertragungskennlinie des Komplementärinverters, die die Ausgangsspannung als Funktion der Eingangsspannung beschreibt, dargestellt.

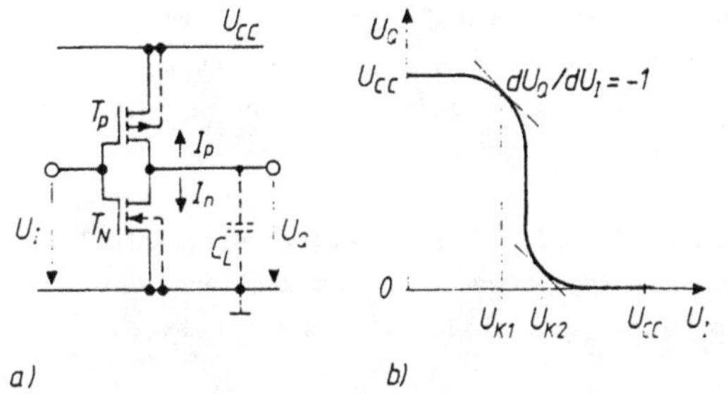

Bild 6.18
a) Komplementärinverter;
b) Übertragungskennlinie

Wird das Eingangssignal von 0V ausgehend erhöht oder von U_{CC} ausgehend erniedrigt, so tritt eine Änderung des Ausgangssignals von $dU_Q/dU_I = -1$ bei einer Eingangsspannung von U_{K1} oder entsprechend bei U_{K2} auf. Die Punkte mit der Steigung -1 sind als Kippunkte des Inverters definiert. Die binären Eingangssignale sollten einen möglichst großen Abstand (Störabstand) von diesen Kippunkten haben. In diesem Fall kann nämlich den Eingangssignalen eine möglichst große Störung überlagert sein, bevor sich das Ausgangssignal ändert.

Wird ein symmetrischer Störabstand $U_{K1} = U_{CC} - U_{K2}$ gewählt, müssen die Ströme I_p und I_n und somit die Verstärkungsfaktoren gleich groß sein. Damit ist

$$\beta_p = \beta_n$$

und

$$\left[\frac{w}{l}\right]_p = \frac{k_n}{k_p} \left[\frac{w}{l}\right]_n . \qquad (6\text{-}16)$$

Infolge der 2- bis 3fach geringeren Beweglichkeit im p-Kanal Transistor ergibt sich ein Geometrieverhältnis von

$$\left[\frac{w}{l}\right]_p = 2 \div 3 \left[\frac{w}{l}\right]_n \qquad (6\text{-}17)$$

Leistungsverbrauch

Aus der vorhergehenden Beschreibung ist ersichtlich, daß immer ein Transistor nichtleitend ist und damit nur ein sehr kleiner Leckstrom I_{LL} fließt, wodurch der statische Leistungsverbrauch

$$P_{stat} = U_{CC}\, I_{LL} \tag{6-18}$$

im Picowattbereich liegt. Dieser extrem geringe Leistungsverbrauch ist das hervorstechendste Merkmal des Komplementärinverters.

Nur während des Umschaltens, d.h. bei der Änderung des Eingangssignals von $U_I = 0V$ nach $U_I = U_{CC}$ und umgekehrt, tritt ein merklicher Leistungsverbrauch auf. Diesen kann man in zwei Anteile zerlegen. Einen, der durch einen Querstrom hervorgerufen wird und einen anderen, der durch das Umladen von Kapazitäten entsteht.

Im folgenden wird zuerst der Querstromanteil betrachtet. Dieser kommt dadurch zustande, daß während des Umschaltens kurzzeitig beide Transistoren leitend sind. Dies ist in Bild 6.19 dargestellt.

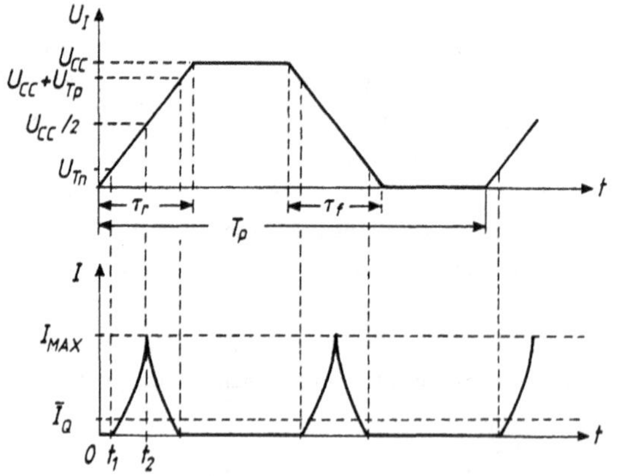

Bild 6.19
Querstromverhalten des Komplementärinverters

Während der Zeit von t_1 nach t_2 steigen die Eingangsspannung U_I und der Strom an, bis er sein Maximum erreicht hat. Da in diesem Zeitintervall $U_Q > [U_I - U_{Tn}]$ ist, befindet sich der n-Kanal Transistor in Sättigung und der Strom durch den Inverter beträgt

$$I(t) = \frac{\beta_n}{2}\,[U_I(t) - U_{Tn}]^2 \;. \tag{6-19}$$

Unter der Annahme, daß der Inverter symmetrisch aufgebaut ist, d.h. $ß_n=ß_p=ß$ und $U_{Tn}=-U_{Tp}$ ist, erreicht der Strom sein Maximum, wenn U_I den Wert von $U_{CC}/2$ annimmt. Über die Zeit betrachtet ist dann der Stromverlauf symmetrisch (Bild 6.19). Während einer Periodendauer T_p fließt ein Durchschnittsstrom von

$$\bar{I}_Q = 4 \frac{1}{T_p} \int_{t_1}^{t_2} I(t)dt = \frac{2ß}{T_p} \int_{t_1}^{t_2} [U_I(t) - U_{Tn}]^2 \, dt. \tag{6-20}$$

Hat das Eingangssignal, wie gezeigt, einen linearen und symmetrischen Verlauf, dann ist $\tau_r = \tau_f = \tau$ und

$$U_I(t) = \frac{U_{CC}}{\tau} t. \tag{6-21}$$

Der durchschnittliche Querstrom beträgt

$$\bar{I}_Q = \frac{2ß}{T_p} \int_{t_1}^{t_2} [\frac{U_{CC}}{\tau} t - U_{Tn}]^2 \, dt$$

$$= \frac{1}{12} \frac{ß}{U_{CC}} [U_{CC} - 2U_{Tn}]^3 \frac{\tau}{T_p}, \tag{6-22}$$

wobei $t_1=U_{Tn}/U_{CC}\tau$ und $t_2=\tau/2$ ist. Damit ergibt sich ein Leistungsverbrauch von

$$P_Q = \bar{I}_Q U_{CC} = \frac{ß}{12} [U_{CC} - 2U_{Tn}]^3 \frac{\tau}{T}. \tag{6-23}$$

Dies ist sicherlich kein unerwartetes Resultat. Es besagt, daß der Leistungsverbrauch um so geringer ist, je kürzer die Anstiegs- und Abfallzeiten τ des Eingangssignals sind.

Was passiert nun, wenn der Ausgang des Inverters, wie in Wirklichkeit, mit einer Kapazität C_L belastet ist? In diesem Fall wird die Kapazität beim Schalten des Inverters durch den p-Kanal Transistor aufgeladen und durch den n-Kanal Transistor entladen. Diese Ströme verursachen in den Transistoren einen entsprechenden Leistungsverbrauch, der im folgenden bestimmt wird. Dabei wird vorausgesetzt, daß die Anstiegs- und Abfallzeiten τ_r, τ_f (Bild 6.20) am Ausgang des Inverters wesentlich kleiner sind als die Periodendauer T_p.

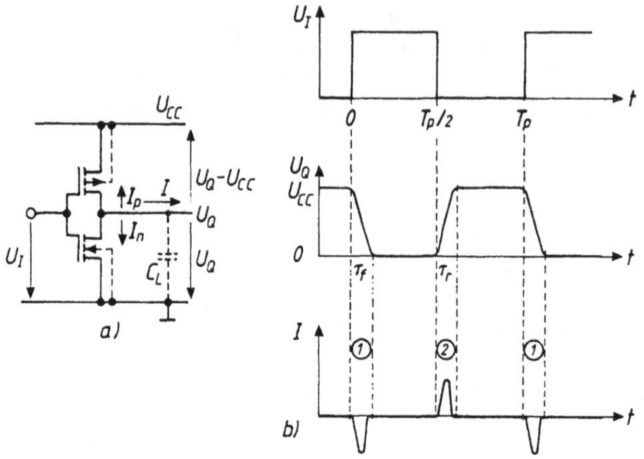

Bild 6.20
a) Komplementärinverter mit kapazitiver Last;
b) Zeitverhalten

Der durchschnittliche dynamische Leistungsverbrauch im Inverter beträgt dann

$$P_{dyn} = \frac{1}{T_p}\Big[\underbrace{\int_0^{T_p/2} I_n U_Q dt}_{①} + \underbrace{\int_{T_p/2}^{T_p} I_p\,(U_Q - U_{CC})dt}_{②}\Big]. \qquad (6\text{-}24)$$

① Leistungsverbrauch im n-Kanal Transistor durch Entladen von C_L

② Leistungsverbrauch im p-Kanal Transistor durch Aufladen von C_L

Da $I=C_L dU_Q/dt$ ist, ergeben sich die Ströme durch den n- und p-Kanal Transistor in den entsprechenden Zeitintervallen zu $I_n=-C_L dU_Q/dt$ und $I_p=-C_L dU_Q/dt$. Ein dynamischer Leistungsverbrauch von

$$P_{dyn} = -\frac{C_L}{T_p}\Big[\int_{U_{CC}}^{o} U_Q dU_Q + \int_{o}^{U_{CC}} (U_Q - U_{CC})dU_Q\Big]$$

$$= \frac{C_L}{T_p} U_{CC}^2$$

$$= C_L f U_{CC}^2 \qquad (6\text{-}25)$$

resultiert, wobei $f = 1/T_p$ die Taktfrequenz ist.

Die wesentliche Aussage dieser Beziehung ist, daß der dynamische Leistungsverbrauch nicht von den Transistorparametern, sondern vielmehr von der Frequenz abhängig ist.

Der gesamte Leistungsverbrauch des Komplementärinverters, der sich aus den beschriebenen Einzelbeiträgen zusammensetzt, ist somit

$$P = P_{stat} + P_Q + P_{dyn}. \tag{6-26}$$

Wie bereits erwähnt, ist der P_{stat}-Anteil vernachlässigbar klein. Ebenso kann der P_Q-Anteil vernachlässigt werden, solange das Eingangssignal U_I und das Ausgangssignal U_Q vergleichbare Anstiegs- und Abfallzeiten haben /8/. D.h. beim CMOS-Inverter ist in den meisten Fällen der dynamische Leistungsverbrauch die dominierende Komponente.

6.6.3 Schaltverhalten der NMOS-Inverter

In diesem und dem folgenden Abschnitt wird das Schaltverhalten der NMOS- und CMOS-Inverter analysiert. Die Ergebnisse dieser Analyse werden dann zusammen mit denen aus dem vorhergehenden Abschnitt verwendet, um die Dimensionierung der Inverter vorzunehmen.

Im allgemeinen ist die vom Ausgang Q eines Inverters getriebene Last rein kapazitiv. Dies ist im Bild 6.21 am Beispiel einer Hintereinanderschaltung zweier Komplementärinverter gezeigt.

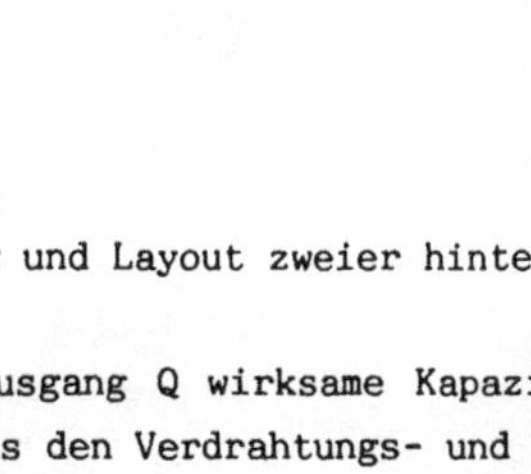

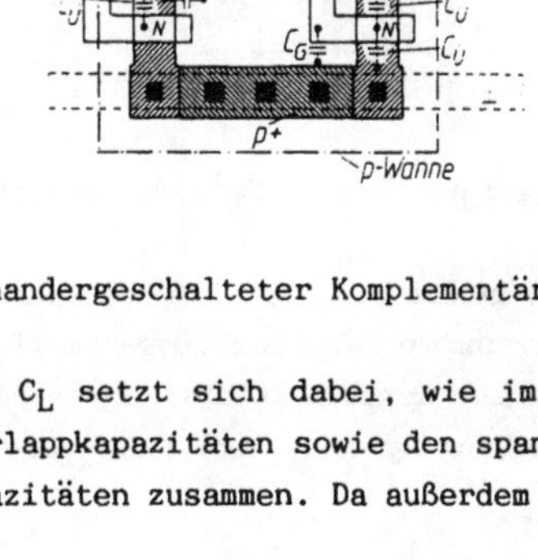

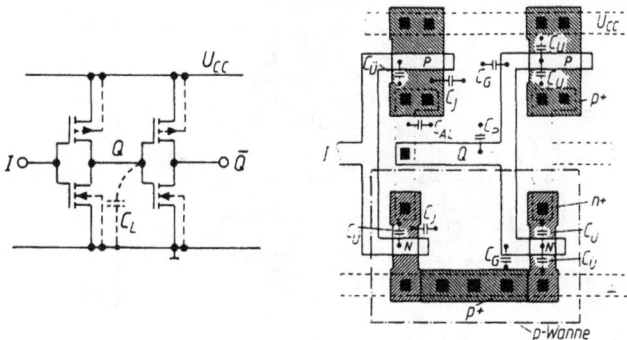

Bild 6.21
Schaltung und Layout zweier hintereinandergeschalteter Komplementärinverter

Die am Ausgang Q wirksame Kapazität C_L setzt sich dabei, wie im Layout gezeigt, aus den Verdrahtungs- und Überlappkapazitäten sowie den spannungsabhängigen nichtlinearen Gate- und pn-Kapazitäten zusammen. Da außerdem die Transistorgleichungen nichtlinear sind, kann eine genaue Berechnung des Schaltverhaltens nur mit einem Netzwerkanalyseprogramm, in das man die einzelnen Kapazitäts- und Widerstandswerte sowie Transistorparameter eingibt, durchgeführt werden.

Die im folgenden vorgestellten überschlägigen Berechnungen sind ungenau, jedoch aus zwei Gründen erforderlich:

a) um allgemein ein Gefühl für das Schaltverhalten von MOS-Schaltungen zu vermitteln und um
b) eine erste grobe Schätzung zur Dimensionierung durchzuführen.

Die Gleichungen sollten deswegen einfach und übersichtlich sein. Um diese Anforderungen zu erfüllen, werden folgende Voraussetzungen gemacht:

1. C_L ist eine mittlere spannungsunabhängige Lastkapazität.
2. Der Substratsteuereffekt des Lasttransistors wird bei den NMOS-Invertern vernachlässigt.
3. Am Eingang des Inverters wird eine Sprungfunktion angelegt.
4. Alle Leiterbahnwiderstände sind vernachlässigbar klein.
5. Beim Entladen der Lastkapazität wird bei den NMOS-Invertern der Strom des Lasttransistors nicht berücksichtigt. Auf diese Vereinfachung wird später noch näher eingegangen.

Verarmungsinverter

Bild 6.22 zeigt das Schaltverhalten des Verarmungsinverters.

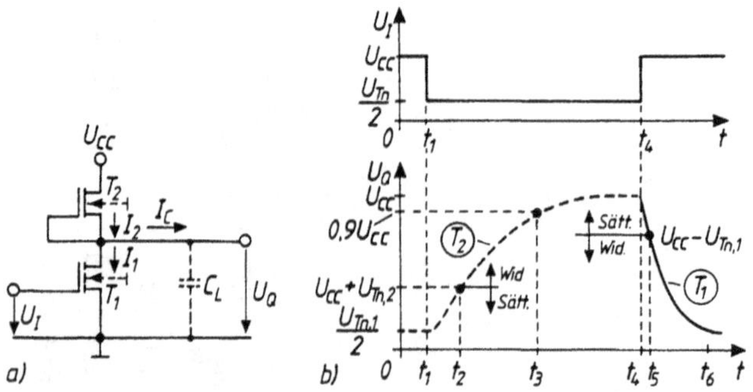

Bild 6.22
a) Verarmungsinverter; b) Schaltverhalten

Zur Zeit t_1 ändert sich die Eingangsspannung abrupt von $U_I=U_{CC}$ auf $U_I=U_{Tn,1}/2$. Der Schalttransistor T_1 ist gesperrt ($I_1=0$). Die Lastkapazität C_L wird durch den Strom des Lasttransistors ($I_2=I_C$) bis auf U_{CC} aufgeladen. Zur Zeit t_4 springt die Eingangsspannung wieder abrupt auf $U_I=U_{CC}$ zurück. Der Schalttransistor ist leitend und die Lastkapazität wird mit dem Differenzstrom ($I_C=I_2-I_1$) bis auf die Restspannung entladen. Im folgenden werden die auftretende Anstiegs- und Abfallzeit der Ausgangsspannung bestimmt.

Anstiegszeit: Zu Beginn des Aufladens von t_1 bis t_2 befindet sich der Lasttransistor T_2 in Sättigung, bis seine Drain-Sourcespannung $U_{DS,2} = [U_{GS,2}-U_{Tn,2}]$, d.h. $[U_{CC}-U_Q]=[-U_{Tn,2}]$ ist und damit die Ausgangsspannung den Wert $U_Q=U_{CC}+U_{Tn,2}$ erreicht. Ab t_2 ist der Lasttransistor im Widerstandsbereich.

Da der Laststrom I_2 gleich dem Ladestrom der Kapazität I_C ist, ergibt sich für das Zeitintervall t_2-t_1 der Zusammenhang

$$C_L \frac{dU_Q}{dt} = \frac{\beta_{n,2}}{2} [-U_{Tn,2}]^2$$

$$\int_{t_1}^{t_2} dt = \frac{2 C_L}{\beta_{n,2}[-U_{Tn,2}]^2} \int_{U_Q=U_{Tn,1}/2}^{U_Q=U_{CC}+U_{Tn,2}} dU_Q$$

$$t_2 - t_1 = \frac{2 C_L}{\beta_{n,2}[-U_{Tn,2}]^2} [U_{CC} + U_{Tn,2} - U_{Tn,1}/2]. \qquad (6\text{-}27)$$

Für das Zeitintervall t_3-t_2, wobei t_3 der Zeitpunkt ist, bei dem die Ausgangsspannung den Wert von 0,9 U_{CC} erreicht hat, resultiert die Beziehung

$$C_L \frac{dU_Q}{dt} = \beta_{n,2} [(-U_{Tn,2})(U_{CC} - U_Q) - \frac{(U_{CC} - U_Q)^2}{2}]. \qquad (6\text{-}28)$$

Nach Trennen der Variablen und Integration ergibt sich

$$t_3 - t_2 = \frac{C_L}{\beta_{n,2} U_{Tn,2}} \ln [\frac{0{,}1U_{CC}}{-0{,}1 U_{CC} - 2 U_{Tn,2}}]. \qquad (6\text{-}29)$$

Die gesamte Anstiegszeit ist damit:

$$t_r = t_3 - t_1 = \frac{C_L}{\beta_{n,2}} [\frac{2(U_{CC} + U_{Tn,2} - U_{Tn,1}/2)}{[-U_{Tn,2}]^2} + \frac{1}{U_{Tn,2}} \ln \frac{0{,}1 U_{CC}}{-0{,}1U_{CC} - 2U_{Tn,2}}]. \qquad (6\text{-}30)$$

Mit den typischen Werten von $U_{Tn,1}=0{,}8V$; $U_{Tn,2}=-3{,}5V$ und $U_{CC} = 5V$ läßt sich diese Gleichung zu

$$t_r = \frac{C_L}{\beta_{n,2}} 0{,}9 \; [V^{-1}] \qquad (6\text{-}31)$$

vereinfachen. Die Gleichung besagt, daß die Anstiegszeit um so kürzer ist, je kleiner die Lastkapazität und je größer der Verstärkungsfaktor ist. In Wirklichkeit ergibt sich eine etwas längere Anstiegszeit, wenn der Substratsteuerfaktor berücksichtigt wird. Der Grund dafür ist, daß die Einsatzspannung $U_{Tn,2}$ mit zunehmender Ausgangsspannung U_Q ebenfalls zunimmt (Bild 5.21).

Abfallzeit: Wie bereits erwähnt, wird die Lastkapazität mit der Differenz der Ströme $I_C=I_2-I_1$ (Bild 6.22a) entladen. Der Schalttransistor ist bis zur Zeit t_5 in Sättigung. Die Ausgangsspannung hat dann den Wert von $U_Q=U_{CC}-U_{Tn,1}$ erreicht. In diesem Zeitintervall (t_5-t_4) ist der Lasttransistor im relativ hochohmigen Widerstandsbereich und sein Laststrom I_2 wesentlich geringer als der Schaltstrom I_1, so daß zur Vereinfachung I_2 vernachlässigt werden kann. Der gemachte Fehler ist dabei < 3 %. Damit ergibt sich:

$$C_L \frac{dU_Q}{dt} = -\frac{\beta_{n,1}}{2}\left[U_{CC} - U_{Tn,1}\right]^2 \tag{6-32}$$

und nach Trennen der Variablen und Integration eine Zeit von:

$$t_5 - t_4 = \frac{2C_L}{\beta_{n,1}} \frac{U_{Tn,1}}{\left[U_{CC} - U_{Tn,1}\right]^2}. \tag{6-33}$$

Im Zeitintervall t_6-t_5 ist der Schalttransistor im Widerstandsbereich und der Lasttransistor geht vom Widerstands- in den Sättigungsbereich mit der größeren Stromergiebigkeit. Zur Vereinfachung wird auch hier angenommen, daß der Laststrom vernachlässigbar ist. Der gemachte Fehler ist jedoch ca. 20 %.

Unter dieser Voraussetzung ist:

$$C_L \frac{dU_Q}{dt} = -\beta_{n,1}\left[(U_{CC} - U_{Tn,1})U_Q - \frac{U_Q^2}{2}\right] \tag{6-34}$$

und nach Trennen der Variablen und Integration

$$t_6-t_5 = \frac{C_L}{\beta_{n,1}\left[U_{CC} - U_{Tn,1}\right]} \ln\left[4\frac{U_{CC}}{U_{Tn,1}} - 5\right]. \tag{6-35}$$

Die gesamte Abfallzeit ist somit

$$t_f = t_6 - t_4 = \frac{C_L}{\beta_{n,1}\left[U_{CC} - U_{Tn,1}\right]}\left[\frac{2U_{Tn,1}}{\left[U_{CC} - U_{Tn,1}\right]} + \ln\left(4\frac{U_{CC}}{U_{Tn,1}} - 5\right)\right]. \tag{6-36}$$

Mit den typischen Werten, wie sie zur Vereinfachung von Gleichung (6-31) führten, ergibt sich auch hier eine vereinfachte Form von

$$t_f = \frac{C_L}{\beta_{n,1}}\ 0{,}8\ [V^{-1}] \tag{6-37}$$

Gleichungen (6-37) und (6-31) sind ähnlich und unterscheiden sich im wesentlichen nur durch die Verstärkungsfaktoren. Damit ergibt sich ein Verhältnis von Anstiegs- zu Abfallzeit von

$$\frac{t_r}{t_f} \approx \frac{\beta_{n,1}}{\beta_{n,2}} = Z. \qquad (6\text{-}38)$$

Dies bedeutet, daß die Anstiegszeit um das Verstärkungsverhältnis Z länger ist als die Abfallzeit.

Anreicherungsinverter

Anstiegszeit: Bei diesem Inverter (Bild 6.23) befindet sich der Lasttransistor immer in Sättigung.

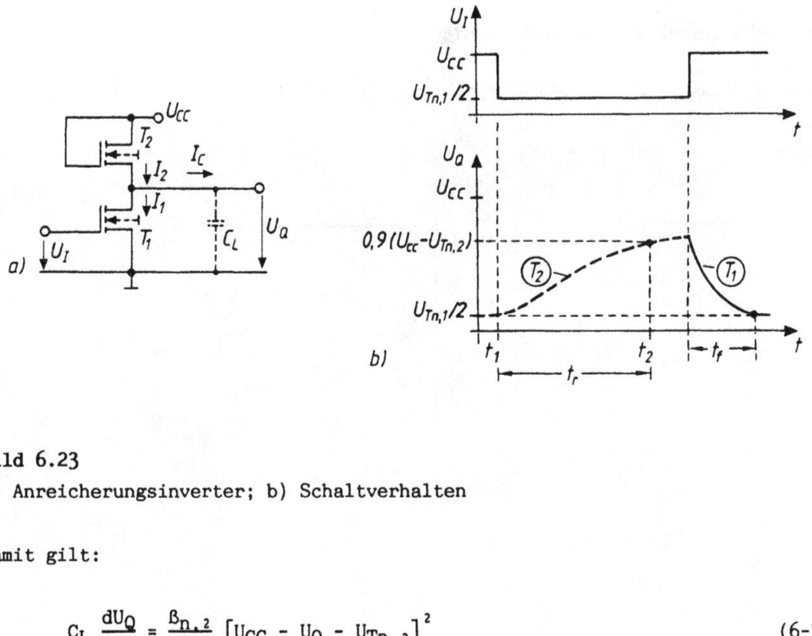

Bild 6.23
a) Anreicherungsinverter; b) Schaltverhalten

Damit gilt:

$$C_L \frac{dU_Q}{dt} = \frac{\beta_{n,2}}{2} \left[U_{CC} - U_Q - U_{Tn,2}\right]^2 \qquad (6\text{-}39)$$

Nach Trennen der Variablen und Integration resultiert eine Anstiegszeit von

$$t_r = \frac{2C_L}{\beta_{n,2}} \left[\frac{1}{0{,}1(U_{CC} - U_{Tn})} - \frac{1}{U_{CC} - 3/2U_{Tn}}\right], \qquad (6\text{-}40)$$

wobei $U_{Tn,2} = U_{Tn,1} = U_{Tn}$ ist.
Dabei wurde eine obere Integrationsgrenze von $U_Q = 0{,}9[U_{CC}-U_{Tn}]$ eingesetzt. Es sei hier noch einmal darauf hingewiesen, daß die maximale Ausgangsspannung U_Q um den Wert der Einsatzspannung (Gl.6-9) unter U_{CC} liegt.

Mit den Werten von U_{Tn}=0,8V und U_{CC}=5V ergibt sich die Vereinfachung

$$t_r = \frac{C_L}{\beta_{n,2}} 4{,}2\ [V^{-1}]. \tag{6-41}$$

Vergleicht man diese Anstiegszeit mit der des Verarmungstransistors (Gl.6-31), so ist ersichtlich, daß der Anreicherungstransistor eine wesentlich langsamere Aufladung hervorruft. Die Ursache dafür ist die sich ändernde Gate-Source-Spannung $U_{GS,2}(t) = U_{CC}-U_Q(t)$.

Abfallzeit: Wird bei der Bestimmung der Abfallzeit der Laststrom I_2 vernachlässigt, kann diese Zeit, wie im vorhergehenden Fall, mit Gleichung (6-37) bestimmt werden.

6.6.4 Schaltverhalten der CMOS–Inverter

Das Schaltverhalten der beiden CMOS-Inverter ist in Bild 6.24 dargestellt.

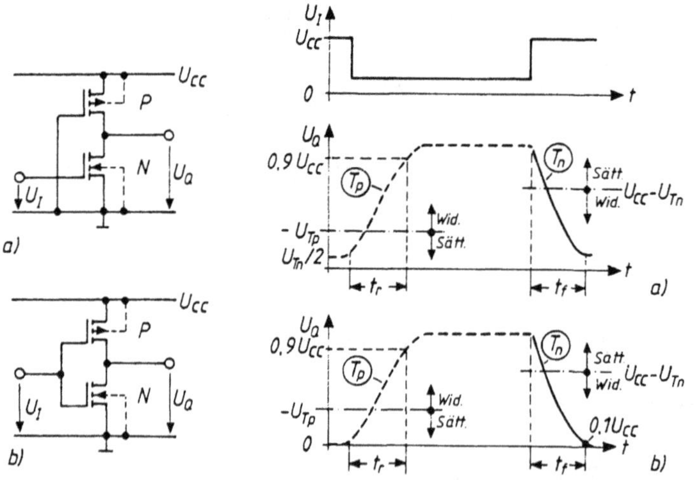

Bild 6.24
Schaltverhalten; a) P-Last-Inverter; b) Komplementärinverter

Wie bereits in Abschnitt 6.6.2 erwähnt, ist bei diesen Invertern der Substratsteuerfaktor nicht wirksam, da Source und Substrat von jedem Transistor verbunden sind. Dadurch bleiben die Einsatzspannungen konstant, wodurch es nicht zu einer Vergrößerung der Anstiegszeit, wie bei den NMOS-Invertern, kommt.

P-Last-Inverter

Für den in Bild 6.24a gezeigten P-Last-Inverter ergibt sich nach einer ähnlichen Ableitung, wie im vorhergehenden Kapitel vorgestellt, eine Anstiegszeit von

$$t_r = \frac{C_L}{\beta_p} \frac{1}{U_{CC} + U_{Tp}} \left[\frac{2}{U_{CC} + U_{Tp}} \left(-U_{Tp} - \frac{U_{Tn}}{2}\right) + \ln \frac{1{,}9\, U_{CC} + 2U_{Tp}}{0{,}1 U_{CC}} \right], \qquad (6\text{-}42)$$

wobei die im Bild gezeigten Integrationsgrenzen verwendet werden. Mit den Werten $U_{Tn} = 0{,}8V$; $U_{Tp} = -0{,}8V$ und $U_{CC} = 5V$ resultiert die vereinfachte Form

$$t_r = \frac{C_L}{\beta_p} 0{,}7\ [V^{-1}] \qquad (6\text{-}43)$$

Die Abfallzeit

$$t_f = \frac{C_L}{\beta_n} 0{,}8\ [V^{-1}]$$

ist identisch zu der bereits abgeleiteten Beziehung (6-37).

Komplementärinverter

Für diesen Inverter ergeben sich mit den in Bild 6.24b festgelegten Integrationsgrenzen die folgenden Anstiegs- und Abfallzeiten

$$t_r = \frac{C_L}{\beta_p} \frac{1}{U_{CC} + U_{Tp}} \left[\frac{-2U_{Tp}}{U_{CC} + U_{Tp}} + \ln \frac{1{,}9U_{CC} + 2U_{Tp}}{0{,}1U_{CC}} \right] \qquad (6\text{-}44)$$

$$t_f = \frac{C_L}{\beta_n} \frac{1}{U_{CC} - U_{Tn}} \left[\frac{2U_{Tn}}{U_{CC} - U_{Tn}} + \ln \frac{1{,}9U_{CC} - 2U_{Tn}}{0{,}1U_{CC}} \right]. \qquad (6\text{-}45)$$

Verwendet man die vorhergehenden Werte, lassen sich die Beziehungen zu

$$t_r = \frac{C_L}{\beta_p} 0{,}75\ [V^{-1}] \qquad (6\text{-}46)$$

und

$$t_f = \frac{C_L}{\beta_n} 0{,}75\ [V^{-1}] \qquad (6\text{-}47)$$

vereinfachen.

Verzögerungszeit des MOS-Inverters

Ursache für die Verzögerungszeit beim Inverter ist das endliche Laden und Entladen der gesamten Lastkapazität. Im vorhergehenden wurden zur Berechnung der Lade- und Entladezeiten Sprungfunktionen am Eingang des Inverters angelegt. In

Wirklichkeit jedoch hat die Eingangsfunktion, genau wie die Ausgangsfunktion, eine endliche Anstiegs- und Abfallzeit, so daß sich die in Bild 6.25 gezeigten Zusammenhänge ergeben.

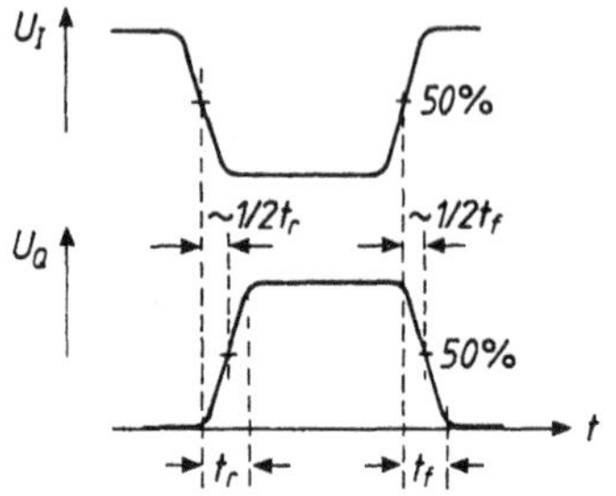

Bild 6.25
Darstellung der Inverterverzögerung

Daraus ergibt sich für überschlägige Berechnungen bei den Invertern eine durchschnittliche Verzögerungszeit von

$$t_d = \frac{t_r/2 + t_f/2}{2} = \frac{t_r + t_f}{4} . \tag{6-48}$$

6.6.5 Dimensionierung der MOS-Inverter

In den beiden vorhergehenden Abschnitten wurde beschrieben, wie die MOS-Inverter dimensioniert werden können und wie man anschließend die Anstiegs- und Abfallzeiten bestimmt. Beginnt man den Entwurf einer integrierten Schaltung, so ist die Situation meist genau umgekehrt. Aus der Spezifikation bzw. dem Pflichtenheft liegt die Geschwindigkeitsanforderung vor. Die geforderten Verzögerungszeiten bzw. Anstiegs- und Abfallzeiten sind bekannt und bestimmen damit die Geometriemaße.

Inverter mit Z-Verhältnis: Bei den NMOS- und P-Last-Invertern (Inverter mit Verstärkungsverhältnis Z, Tabelle 6.4) interessieren meist nur die Anstiegszeiten t_r der Ausgangssignale, da die Abfallzeiten t_f im Vergleich dazu vernachlässigbar sind (Gl.6-38). Damit ergibt sich der folgende Weg zur Festlegung der Transistorgeometrien: Mit Hilfe der Beziehungen für die Anstiegszeit wird die Geometrie des Lasttransistors bestimmt. Liegt diese fest, kann die Geometrie des Schalttransistors anhand der Gleichung für das Verstärkungsverhältnis Z berechnet werden.

Inverter ohne Z-Verhältnis: Beim Komplementärinverter werden die Transistorgeometrien nur durch die geforderten Verzögerungszeiten und damit Anstiegs- bzw. Abfallzeiten bestimmt. Voraussetzung dazu ist, daß der Leistungsverbrauch P_Q (Gl.6-23) nicht berücksichtigt zu werden braucht.

Liegen die Transistorgeometrien fest, kann der Entwurf (Layout) des Inverters mit Hilfe der geometrischen Entwurfsregeln erstellt werden. Aus diesem Entwurf können dann die tatsächlichen parasitären Kapazitäten und Widerstände extrahiert werden. Eine anschließende rechnerunterstützte Schaltungssimulation dient dann der Verifikation und weiteren Optimierung der Schaltung.

Der besseren Übersicht halber sind die wichtigsten Beziehungen, die der überschlägigen Inverterdimensionierung dienen, in Tabelle 6.4 zusammengefaßt.

Invertertyp	Z	t_r	t_f
Verarmungsinverter	3,8	$\frac{C_L}{\beta_{n,2}}\ 0{,}9[V^{-1}]$	$\frac{C_L}{\beta_{n,1}}\ 0{,}8[V^{-1}]$
Anreicherungsinverter	4,5	$\frac{C_L}{\beta_{n,2}}\ 4{,}2[V^{-1}]$	"
P-Last-Inverter	5,5	$\frac{C_L}{\beta_p}\ 0{,}7[V^{-1}]$	"
Komplementärinverter	-	$\frac{C_L}{\beta_p}\ 0{,}75[V^{-1}]$	$\frac{C_L}{\beta_n}\ 0{,}75[V^{-1}]$

Tabelle 6.4
Verstärkungsverhältnis sowie Anstiegs- und Abfallzeiten der MOS-Inverter (Werte gelten für: U_{IH}=5V; U_{CC}=5V; Verarmungstransistor U_{Tn}=-3,5V; Anreicherungstransistor U_{Tn}=0,8V; U_{Tp}=-0,8V)

In diesem Zusammenhang sei daran erinnert, daß die aufgeführten zweistelligen Genauigkeiten im Zusammenhang mit den gemachten Angaben zu verstehen sind. Dies soll nicht darüber hinwegtäuschen, daß die Beziehungen nur für erste Abschätzungen zu verwenden sind.

Serien- und Parallelschaltung von Schalttransistoren

Bei Gatterschaltungen werden Transistoren in Serie und Parallel geschaltet. Im folgenden soll bestimmt werden, wie diese Transistoren bei Gatterschaltungen mit Z-Verhältnis im Vergleich zu entsprechenden Invertern dimensioniert werden müssen. Dazu ist in Bild 6.26 ein Vergleich angestellt. Die Spannungsbedingung $U_{QL}=1/2\ U_{Tn}$ (Gl.6-3) darf bei allen Invertern mit Z-Verhältnis nicht überschritten werden. Der Widerstand des Schalttransistors mit dem Verstärkungsfaktor β_S beträgt dabei

$$R_S = \frac{U_{QL}}{\beta_S[(U_{IH} - U_{Tn})U_{QL} - \frac{U^2_{QL}}{2}]}$$

$$\approx \frac{1}{\beta_S[U_{IH} - U_{Tn}]}, \qquad (6\text{-}49)$$

da U_{QL} relativ klein ist.

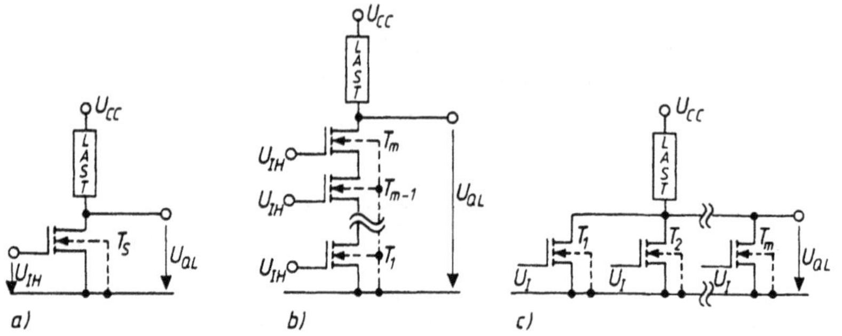

Bild 6.26
Schaltungen mit Z-Verhältnis; a) Inverter; b) Serienschaltung (NAND-Gatter); c) Parallelschaltung (NOR-Gatter)

Der gesamte Widerstand der in Serie geschalteten m gleichen Transistoren mit jeweils dem Verstärkungsfakor β_n (Bild 6.26b) ist dagegen

$$\Sigma R \approx \frac{m}{\beta_n[U_{IH} - U_{Tn}]}. \qquad (6\text{-}50)$$

Um zu garantieren, daß bei der Serienschaltung der Transistoren ebenfalls die U_{QL}-Bedingung eingehalten wird, muß $\Sigma R = R_S$ sein.

Daraus resultiert das Geometrieverhältnis eines jeden in Serie geschalteten Transistors von

$$\beta_n = m\,\beta_S$$

$$\left[\frac{w}{l}\right] = m\left[\frac{w}{l}\right]_S. \qquad (6\text{-}51)$$

Da beim Layout meist die minimale Gatelänge verwendet wird, bedeutet dies, daß bei der Serienschaltung von m-Transistoren, die Kanalweite w eines jeden Einzeltransistors m-fach größer sein muß, als die bei einem vergleichbaren Inverter.

Bei der Parallelschaltung von Transistoren (NOR-Gatter) kann der schlechteste Fall auftreten, wenn nur einer der Transistoren durchgeschaltet ist. Deshalb muß jeder einzelne der parallel geschalteten Transistoren T_1 bis T_m so dimensioniert werden, wie ein vergleichbarer Schalttransistor T_S beim Inverter.

Unter Berücksichtigung des vorhergehenden, sind in Bild 6.27 die Layouts der Schaltungen von Bild 6.26 mit zwei in Serie bzw. parallel geschalteten Transistoren dargestellt, wobei als Lastelemente die gleichen Verarmungstransistoren verwendet wurden.

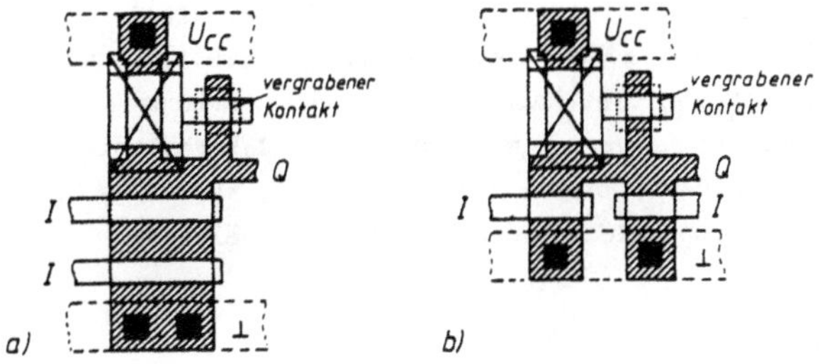

Bild 6.27
Layouts; a) NAND-Gatter mit 2 Eingängen; b) NOR-Gatter mit 2 Eingängen

Bei der Serienschaltung werden die Transistorgeometrien und damit die parasitären Kapazitäten größer. Um zu vermeiden, daß dadurch die Schaltzeiten zunehmen, werden in der Praxis meist nie mehr als vier Transistoren in Serie geschaltet.

6.7 Treiberschaltungen

Treiberschaltungen werden in einer integrierten Schaltung dazu benötigt, relativ große Kapazitäten, wie sie im Zusammenhang mit Daten- und Taktzuführungen auftreten, umzuladen. Diese Situation ist in Bild 6.28a dargestellt,

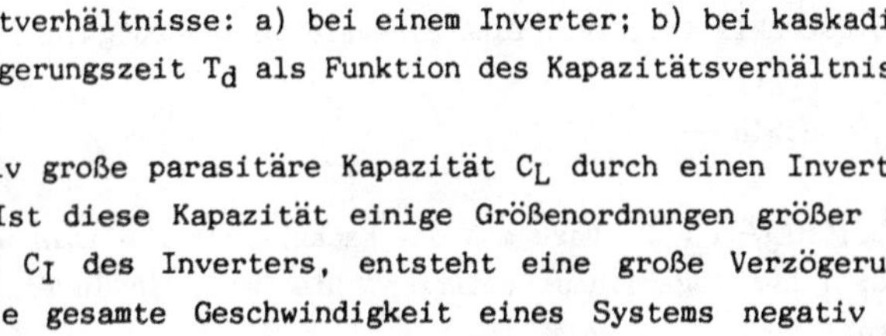

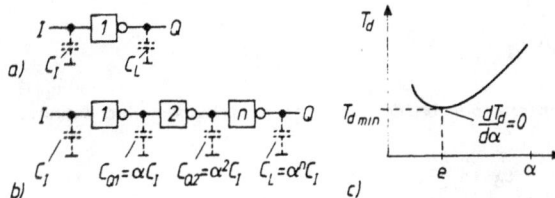

Bild 6.28
Kapazitive Lastverhältnisse: a) bei einem Inverter; b) bei kaskadierten Invertern; c) Verzögerungszeit T_d als Funktion des Kapazitätsverhältnisses α

wo eine relativ große parasitäre Kapazität C_L durch einen Inverter umgeladen werden soll. Ist diese Kapazität einige Größenordnungen größer als die Eingangskapazität C_I des Inverters, entsteht eine große Verzögerungszeit (Gl. 6-48), die die gesamte Geschwindigkeit eines Systems negativ beeinflussen kann. Eine wesentliche Erhöhung der Stromergiebigkeit des Inverters durch Vergrößerung des (w/l)-Verhältnisses hilft nur bedingt. Durch diese Maßnahme nimmt nämlich die Eingangskapazität des Inverters, die sich überwiegend aus der Gatekapazität zusammensetzt, ebenfalls stark zu. Eine Inverterkette dagegen kann Abhilfe schaffen /9,10/. Der erste Inverter der Kette mit einer Eingangskapazität von C_I und relativ kleinem (w/l)-Verhältnis treibt eine Lastkapazität C_{Q1}, die α mal größer ist als C_I. Der zweite Inverter mit größerem (w/l)-Verhältnis treibt eine Kapazität C_{Q2}, die wiederum α mal größer ist als C_{Q1} usw., bis der n-te Inverter mit größtem (w/l)-Verhältnis die große Lastkapazität C_L treibt. Damit stellt sich die Frage, wieviele Inverter werden in der Kette benötigt, und wie muß das Kapazitätsverhältnis

$$\alpha = \frac{C_Q}{C_I} \tag{6-52}$$

eines jeden Inverters gewählt werden, damit eine minimale Verzögerungszeit realisiert werden kann.

Ein Inverter in einer Inverterkette hat eine Verzögerungszeit t_d, wenn er einen Inverter mit gleichem (w/l)-Verhältnis treibt. In diesem Fall ist $C_I = C_Q$. Ist es jedoch das Ziel, eine Inverterkette mit einem um den Faktor α zunehmenden Kapazitätsverhältnis zu realisieren, steigt die Verzögerungszeit eines jeden Inverters auf

$$t'_d = \alpha t_d \tag{6-53}$$

an. Daraus ergibt sich eine gesamte Verzögerungszeit der Inverterkette von

$$T_d = nt'_d = n\alpha t_d. \tag{6-54}$$

Da (siehe Bild 6.28b)

$$C_L = \alpha^n C_I \tag{6-55}$$

ist, resultiert aus den beiden letzten Beziehungen der Zusammenhang

$$T_d = \frac{\alpha}{\ln\alpha} t_d \ln \frac{C_L}{C_I}, \tag{6-56}$$

der in Bild 6.28c skizziert ist. Eine minimale Verzögerungszeit von

$$T_{dmin} = et_d \ln \frac{C_L}{C_I} \tag{6-57}$$

ergibt sich bei $dT_d/d\alpha = 0$. Dazu muß das Kapazitätsverhältnis $\alpha = e$, d.h. den Wert des natürlichen Logarithmus besitzen. Die Zahl der in diesem Fall benötigten Inverter

$$n = \ln \frac{C_L}{C_I} \tag{6-58}$$

resultiert damit direkt aus Gl. (6-55).

Realisiert man die Kette aus Komplementärinvertern, ergibt sich die in Bild 6.29 gezeigte Situation, wobei $(w/l)_p = 2(w/l)_n$ gewählt wurde.

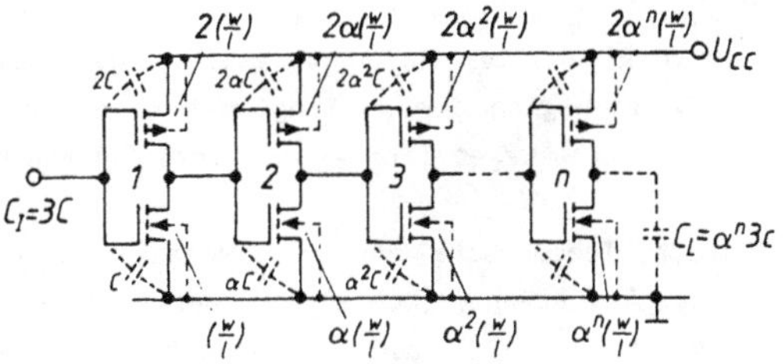

Bild 6.29

Inverterkette mit minimaler Verzögerungszeit $[\alpha = e;\ (w/l)_p = 2(w/l)_n]$

Der Komplementärinverter ist die ideale Treiberschaltung, um große kapazitive Lasten zu treiben. Der statische Leistungsverbrauch ist nahezu Null. Gleiche Anstiegs- und Abfallzeiten sind realisierbar. Steht dagegen nur eine NMOS-Technologie zur Verfügung, so ist es wünschenswert, Schaltzeiten, die mit dem des Komplementärinverters vergleichbar sind, zu realisieren, ohne daß dabei der statische Leistungsverbrauch stark ansteigt. Bild 6.30 zeigt zwei derartige Schaltungen, die diese Anforderung in etwa erfüllen.

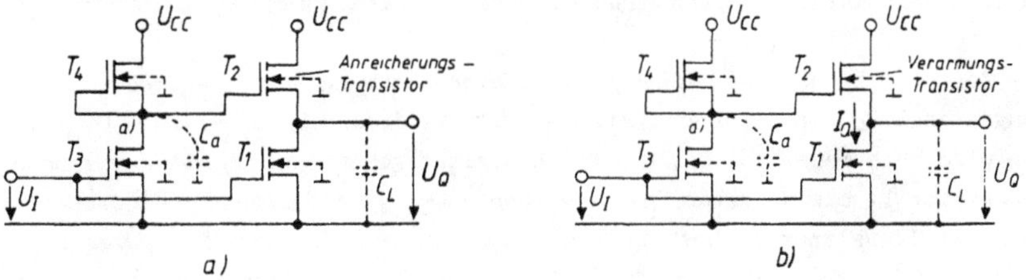

Bild 6.30

Treiberschaltungen; a) mit Anreicherungstransistor als Ausgangslast; b) mit Verarmungstransistor als Ausgangslast

Das Eingangssignal U_I gelangt an beide Inverter (Bild 6.30a). Die Spannung U_a am Knoten a) des Inverters T_3, T_4, die dem invertierten Eingangssignal entspricht, treibt den Lasttransistor des Ausgangstreibers T_2. Dadurch sind die Anreicherungstransistoren T_2 und T_1 nie gleichzeitig leitend, wenn man das Zeitintervall, in dem sich das Eingangssignal ändert, nicht betrachtet. Die Transistoren können dadurch so dimensioniert werden $(w/l)_2 > (w/l)_1$, daß die Anstiegszeit in etwa gleich der kurzen Abfallzeit ist.

Ein Nachteil dieses Treibers ist, daß die maximale Ausgangsspannung um den Wert der Einsatzspannung (Gl. 6-9) verringert ist. Soll dies vermieden werden, kann das Lastelement durch einen Verarmungstransistor (Bild 6.30b) ersetzt werden. Ist $U_{IH} > U_{Tn1}$ fließt zwar dann ein Querstrom I_Q, der aber nicht größer als der des normalen Verarmungs-NMOS-Inverters (Bild 6.16) ist. Die Anstiegszeit wird jedoch im Vergleich dazu wesentlich kürzer. Dies ist darauf zurückzuführen, daß $C_a << C_L$ ist und die Spannung U_a am Knoten a eine sehr kurze Anstiegszeit im Vergleich zum Ausgangssignal U_Q hat. Dadurch erhält der Verarmungstransistor T_2 zu Beginn der Anstiegszeit eine Gate-Source-Spannung von maximal U_{CC} und somit eine wesentlich gesteigerte Stromergiebigkeit.

Eine weitere Möglichkeit, Treiberschaltungen zu konzipieren ergibt sich, wenn eine kapazitive Spannungsüberhöhung (bootstrap) verwendet wird. Dies soll am Beispiel der Schaltung (Bild 6.31), die nur Anreicherungstransistoren benötigt, näher erklärt werden.

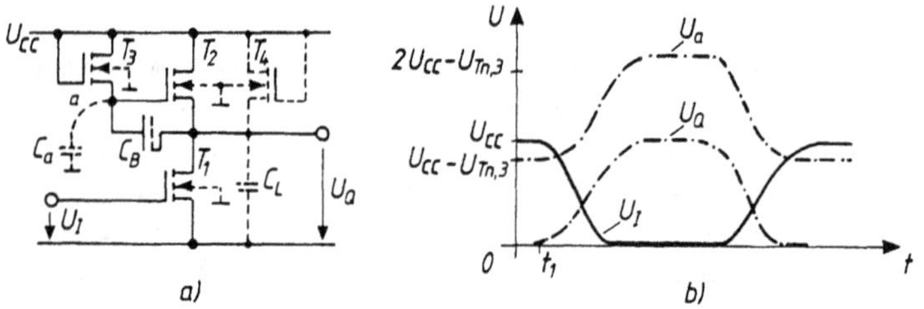

Bild 6.31
Inverter mit interner Spannungsüberhöhung; a) Schaltung; b) Zeitverhalten

Zur Zeit $t < t_1$ hat das Eingangssignal eine Spannung von $U_I = U_{CC}$ und das Ausgangssignal U_Q eine Spannung von U_{QL}, die in diesem Beispiel zu ~ 0V angenommen wird. Die Kapazität C_B, die MOS-Kapazität genannt wird, ist damit über den Transistor T_3 bis auf eine Spannung $(U_{CC} - U_{Tn,3})$ aufgeladen. Bei dieser Spannung ist Transistor T_3 hochohmig. Ändert sich das Eingangssignal von U_{CC} nach 0V $(t > t_1)$, so wird T_1 hochohmig und die Kapazität C_L durch den Strom des Lasttransistors T_2 aufgeladen. Die Ausgangsspannung U_Q steigt an und mit ihr die Spannung U_a am Knoten a, die einen Maximalwert von $2U_{CC}-U_{Tn,3}$ erreichen kann. Transistor T_3 bleibt hochohmig. Damit wirkt die MOS-Kapazität C_B wie eine eingebaute Batterie mit einer Spannung von $(U_{CC}-U_{Tn,3})$. Diese Spannung entspricht einer konstanten Gate-Source-Spannung von Transistor T_2, der dadurch mit einer gesteigerten Stromergiebigkeit die Lastkapazität C_L auf den vollen Wert der Versorgungsspannung auflädt.

Die MOS-Kapazität C_B wird durch eine MOS-Struktur, wie sie in Bild 5.18b dargestellt ist, realisiert. Diese hat eine relativ große Kapazität zwischen Gate und Source, was in diesem Fall von Vorteil ist.

In der Praxis ist am Knoten a immer eine parasitäre Kapazität C_a vorhanden. Diese bewirkt eine Reduzierung der Maximalspannung U_a, da während der Anstiegszeit ein Ladungsausgleich zwischen C_B und C_a stattfindet. Um diesen zu reduzieren, soll $C_B \gg C_a$ sein. Diese Forderung wird erleichtert, wenn man bedenkt, daß ein Teil der MOS-Kapazität durch die relativ große Gate-Source-Kapazität von T_2 bereits gegeben ist.

Knoten a besteht zum Teil aus dem Sourcegebiet von Transistor T_3 und damit aus einem gesperrten pn-Übergang. Damit verbunden ist immer ein Leckstrom, der die MOS-Kapazität in einer gewissen Zeit entladen kann. Nimmt man an, daß ebenfalls am Ausgang ein parasitärer Leckstrom fließt, so kann die Ausgangsspannung bis auf einen Wert von $U_{CC} - U_{Tn,3} - U_{Tn,2}$ absinken. Um dies zu vermeiden, wird häufig parallel zum Lasttransistor T_2 ein sehr hochohmiger Haltetransistor T_4 vorgesehen. Dieser verhindert, daß die Ausgangsspannung unter einen Wert von $U_{CC} - U_{Tn,4}$ sinkt.

Ausgangstreiber

Besondere Bedeutung kommt den Ausgangstreibern einer integrierten MOS-Schaltung zu, da diese in den überwiegenden Fällen die Schnittstelle zu den relativ niederohmigen Eingängen von TTL-Schaltungen herstellen müssen. Dies ist in Bild 6.32 am Beispiel eines Datenbusses dargestellt,

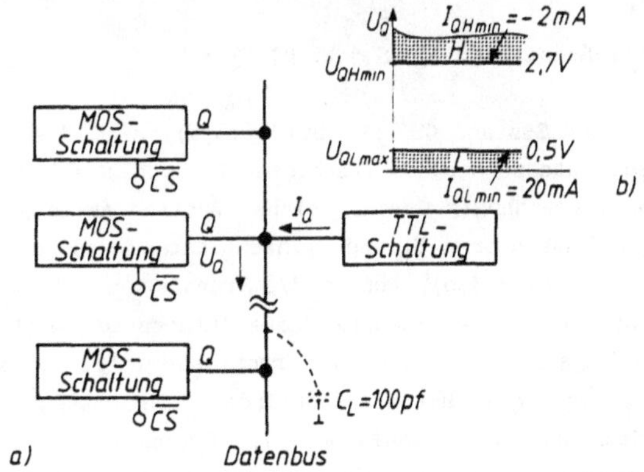

Bild 6.32
a) Ansteuerung eines Datenbusses; b) Spannungspegel von Schottky-TTL-Gatter (74AS)

der von mehreren MOS-Schaltungen angesprochen werden kann. Damit dies nicht gleichzeitig geschieht, wird eine der Schaltungen über den $\overline{CS}$-Anschluß (chip select) ausgewählt, während die Datenausgänge der verbleibenden Schaltungen in einem hochohmigen Zustand verbleiben. Dieser Zustand wird Tri-State genannt.

Treiben die MOS-Schaltungen eine TTL-Schaltung (fan-out 1), so muß der Datenausgang der MOS-Schaltung die Spezifikation eines TTL-Gatters erfüllen (Bild 6.32b, Tabelle 4.3). Außerdem muß eine parasitäre Kapazität ($C_L \approx 100pf$), die sich aus der gesamten Busanordnung ergibt, möglichst schnell umgeladen werden.

Diese Anforderungen haben zur Folge, daß die Ausgangstransistoren der Treiberschaltungen T_1, T_2 sehr groß sind und in etwa ein Geometrieverhältnis von $(w/l) \approx 500$ besitzen. Eine derartige Schaltung in CMOS-Technik ist in Bild 6.33 dargestellt.

Zur Vereinfachung der Zeichnungen wird in den folgenden Abschnitten auf die Darstellung der Substratanschlüsse verzichtet und die Transistoren mit N≙n-Kanal- bzw. P≙p-Kanal-Transistoren gekennzeichnet.

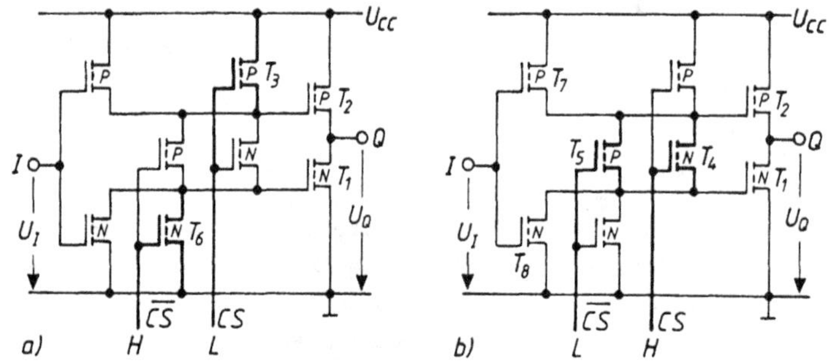

Bild 6.33
Ausgangstreiber-Schaltung; a) CS = L; b) CS = H

Hat Chipselect den Zustand CS = L (Bild 6.33a), sind die Transistoren T_3 und T_6 leitend. Die Gatespannung am Transistor T_1 beträgt 0V und die am Transistor T_2 U_{CC} und zwar unabhängig davon, welcher Zustand am Eingang I herrscht. Dadurch sind die Transistoren T_1 und T_2 nichtleitend und im sog. Tri-State. Ist dagegen CS = H (Bild 6.33b), können die Transistoren T_5 bzw. T_4 in Abhängigkeit vom Zustand des Dateneingangs diese Information weitergeben. Liegt ein H-Zustand am Eingang, dann sind die Transistoren T_8, T_4 und T_2 leitend, wodurch sich der Ausgang im H-Zustand befindet. Liegt dagegen am Eingang ein L-Zustand an, dann sind die Transistoren T_7, T_5 und T_1 leitend. Der Ausgang befindet sich dadurch im L-Zustand. Der Vorteil dieser Schaltung ist, daß das Chipselect-Signal direkt die Ausgangstransistoren steuert und dadurch einen sehr schnellen CS-Zugriff ermöglicht.

Durch das Umladen der großen Lastkapazität am Datenausgang entstehen Störspannungen in den Zuleitungen zum Ausgangstreiber, die so groß werden können, daß ein Ausfall der Schaltung verursacht werden kann. Um dies zu vermeiden, dürfen bestimmte Anstiegs- und Abfallzeiten am Datenausgang nicht unterschritten werden /11/, worauf im folgenden näher eingegangen wird. In Bild 6.34 ist gezeigt, wie die Lastkapazität durch den Ausgangstreiber auf- und entladen wird.

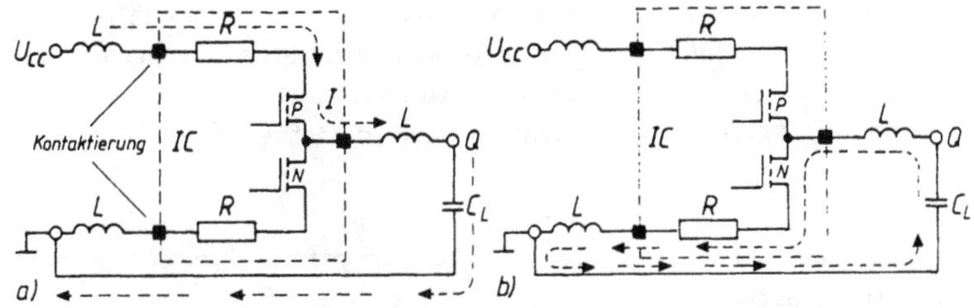

Bild 6.34
IC nach Kontaktierung; a) Aufladen von C_L; b) Entladen von C_L

Dabei wurden die Induktivitäten L der Anschlußdrähte, die die integrierte Schaltung (IC) mit dem Gehäuse verbinden sowie die Widerstände R der Zuleitungen auf dem IC mit aufgeführt. Durch diese Anordnung ergibt sich ein direkter Zusammenhang zwischen der Stromänderung dI/dt am Ausgang und den Störspannungen auf den Leitungen. In Bild 6.35 ist dazu das Stromverhalten des Ausgangstreibers während des Schaltvorgangs dargestellt.

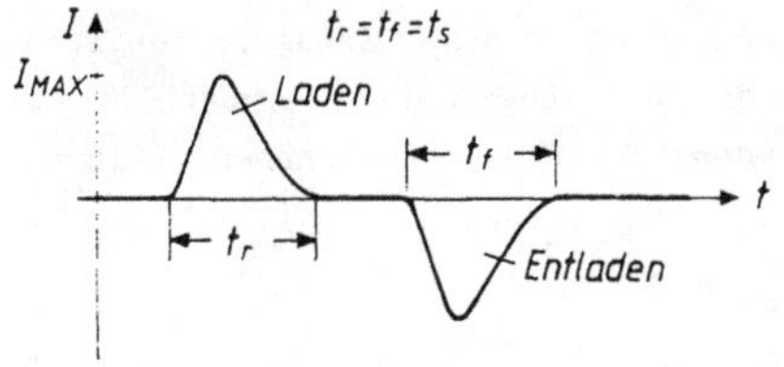

Bild 6.35
Stromverlauf während der Lade- (t_r) und Entladezeit (t_f)

Wird angenommen, daß die Stromänderung am Ausgang in etwa durch die Beziehung

$$\left|\frac{dI}{dt}\right|_{MAX} \approx \frac{I_{MAX}}{t_s/2} \tag{6-59}$$

beschrieben werden kann (siehe Bild 6.35), ergibt sich mit

$$Q_L \approx I_{MAX} \cdot t_s/2 = C_L U_{CC} \tag{6-60}$$

der Zusammenhang

$$\left|\frac{dI}{dt}\right|_{MAX} \approx \frac{4 C_L U_{CC}}{t_s^2}, \tag{6-61}$$

wodurch Störspannungen an den Induktivitäten und Widerständen von U_L = LdI/dt bzw. RI(t) erzeugt werden. Diese Störspannungen sind damit, wie erwartet, um so größer, je kürzer die Schaltzeit t_s ist. Mit den Werten C_L = 50pf, t_s = 3ns, U_{CC} = 5V und L = 5nH, ergibt sich bereits eine Störspannung an den Induktivitäten von etwa U_L = 0,6V. Die Situation wird weiter verschärft, wenn ein Baustein mehrere Datenausgänge besitzt, die gleichzeitig geschaltet werden können.

Die Störspannungen können mit folgenden Maßnahmen bzw. durch folgende Kompromisse reduziert werden:

1) Verlängerung der Schaltzeit (Gl.6-61);
2) Datenausgänge mit verschiedenen Verzögerungszeiten versehen, so daß die Ausgänge zeitlich gestaffelt schalten oder
3) Gehäuse mit mehreren Versorgungsanschlüssen verwenden.

6.8 Transfer-Elemente

Bisher wurden die MOS-Transistoren ausschließlich als Schalt- oder Lastelemente verwendet. Öfters muß jedoch in einer integrierten Schaltung zeitweise eine Verbindung zwischen zwei Schaltungsknoten hergestellt werden. Dies kann mit Hilfe eines n- oder p-Kanal Transistors geschehen (Bild 6.36).

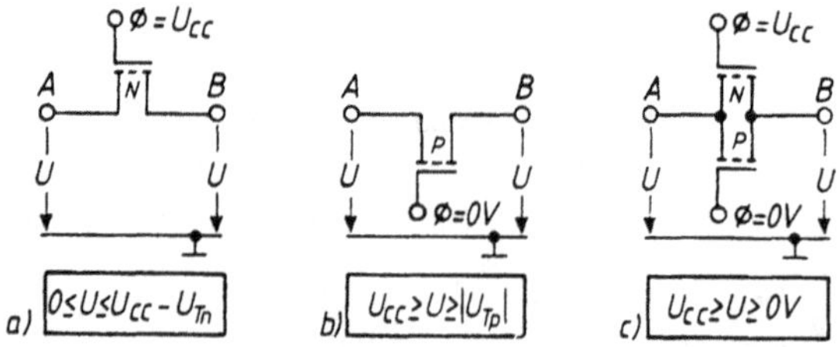

Bild 6.36
Transfer-Elemente; a) n-Kanal; b) p-Kanal; c) n- und p-Kanal parallel

Durch einen entsprechenden Takt Φ am Gate des Transistors ist die Verbindung A-B offen oder hergestellt. Hat der Takt eine Spannung von Φ = U_{CC} beim n-Kanal Transistor (Bild 6.36a), so ist die maximal übertragbare Spannung von A nach B oder umgekehrt auf U = U_{CC}-U_{Tn} begrenzt. Diese Spannungsreduzierung ist vergleichbar mit dem Fall, bei dem ein Anreicherungstransistor als Lastelement beim Inverter verwendet wird und die Ausgangsspannung U_{QH} sich um den Wert der Einsatzspannung verringert (Gl.6-9). Wird mit dieser erniedrigten Spannung ein folgender Inverter getrieben, so muß dessen Z-Verhältnis dem niedrigen Spannungspegel angepaßt werden. Will man dies umgehen, muß die Taktspannung einen Wert von Φ > U_{CC}+U_{Tn} besitzen, was durch eine Spannungsüberhöhungsschaltung erreicht werden kann.

Verwendet man einen p-Kanal Transistor als Transfer-Element, ist die Situation umgekehrt. Es kann nur eine Spannung zwischen A und B von $U \geq |U_{Tp}|$ übertragen werden, wenn der Transistor mit Φ = 0V eingeschaltet wird.

Eine Reduzierung der übertragbaren Spannung kann vermieden werden, wenn n-und p-Kanal Transistoren (Bild 6.36c) parallel geschaltet werden. Haben die Taktspannungen die Werte $\Phi = U_{CC}$ und $\bar{\Phi}$ = 0V, so ist, wie aus der vorhergehenden Erklärung hervorgeht, immer gewährleistet, daß ein Transistor leitet und eine Spannung von $U_{CC} \geq U \geq 0V$ übertragen werden kann. Haben dagegen die Taktspannungen die Werte Φ = 0V und $\bar{\Phi} = U_{CC}$, so sind beide Transistoren gesperrt.

Übungen

Hinweis: Wenn benötigt, verwenden Sie bei der Berechnung die einfachen Transistorgleichungen nach Tabelle 5.1

Aufgabe 6.1

Gegeben ist folgende Inverterschaltung

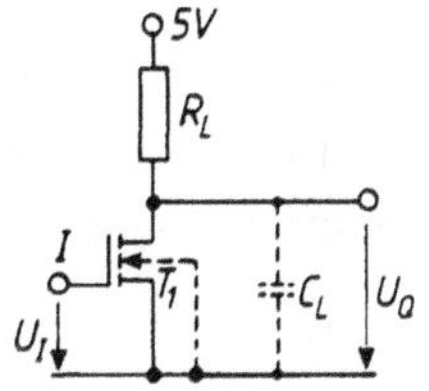

U_{Ton} = 0,8 V
k_n = 30 µA/V²
C_L = 0,5 pF

a) Wie groß muß der Lastwiderstand R_L sein, damit die Lastkapazität C_L bei gesperrtem Transistor in 10 ns auf ca. 86 % (zwei Zeitkonstanten) aufgeladen wird?

b) Wie groß muß das Geometrieverhältnis w/l des Schalttransistors gewählt werden, damit die Ausgangsspannung U_Q auf 0,4 V absinkt, wenn man an den Eingang eine Spannung von U_I = 5 V gibt?

c) Wie muß die w/l-Dimensionierung geändert werden, wenn die Eingangsspannung nur U_I = 4 V beträgt?

Aufgabe 6.2

Gegeben ist ein Inverter mit Verarmungstransistor als Lastelement. Die Eingangsspannung U_I beträgt 0V. Wie groß ist die maximale Ausgangsspannung U_Q, wenn U_{CC} = 50 V ist?

$U_{Ton,2}$ = -3,5V
Φ_F = 0,3V
γ = $0,7\sqrt{V}$

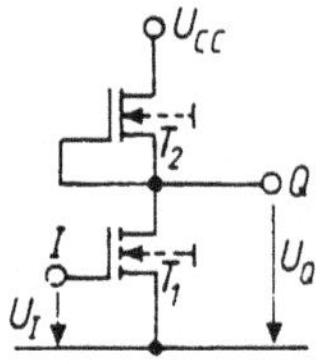

Aufgabe 6.3

Als Last wird bei einem Inverter ein Anreicherungstransistor verwendet. Die Eingangsspannung U_I beträgt 0V.

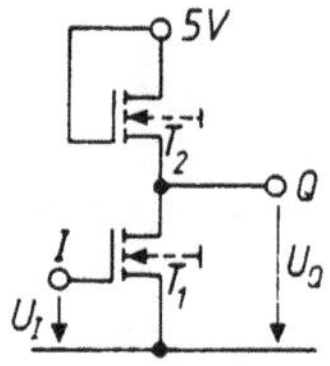

$U_{Ton,2}$ = 1,0 V
γ_2 = $0,6\sqrt{V}$
Φ_F = 0,30 V

a) Arbeitet der Lasttransistor T_2 im linearen oder im Sättigungsbereich?
b) Wie hoch ist die maximale Ausgangsspannung?

Aufgabe 6.4

Gegeben ist ein Komplementärinverter, der mit einem periodischen Signal, wie es in Bild 6.19 gezeigt ist, getaktet wird. Das Signal ist spezifiziert mit: T = 50 ns und $\tau_r = \tau_f$ = 2 ns.

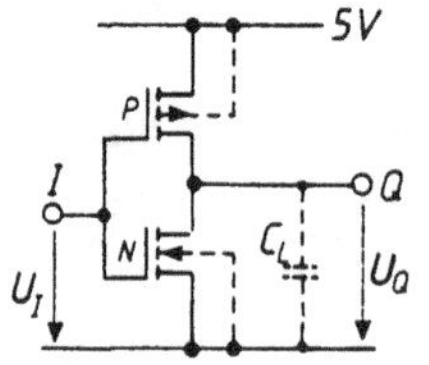

$\beta_n = \beta_p$ = 120 µA/V^2
$U_{Ton} = -U_{Top}$ = 0,8 V
C_L = 0,5 pF

Berechnen Sie den Leistungsverbrauch, der durch den Querstrom hervorgerufen werden kann und vergleichen Sie diesen mit dem dynamischen Leistungsverbrauch.

Aufgabe 6.5

Dimensionieren Sie die Transistoren des gezeigten Verarmungsinverters für den Fall, daß die Anstiegszeit 5 ns betragen soll. Wie groß ist die resultierende Abfallzeit? Der Substratsteuerfaktor ist vernachlässigbar.

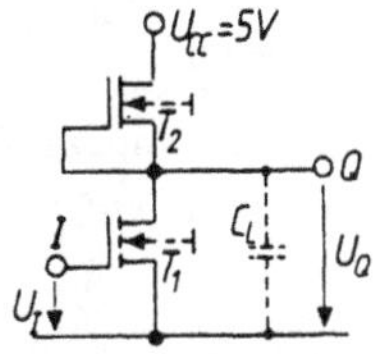

Verarmungstransistor:
$U_{Ton,2}$=-3,5V, $k_{n,2}$=25µA/V²

Anreicherungstransistor:
$U_{Ton,1}$=0,8V, $k_{n,1}$=30µA/V²
C_L=0,7pF; U_{IL}=0,4V; U_{IH}=U_{CC}

Aufgabe 6.6

Zwei Verarmungsinverter sind über einen NMOS-Trenntransistor T_3, an dem ein Takt Φ anliegt, gekoppelt. Dies ist der Fall bei dynamischen Schieberegistern. Dimensionieren Sie die Transistoren T_1 und T_2, wenn die Anstiegszeit am Ausgang Q 5 ns betragen soll.

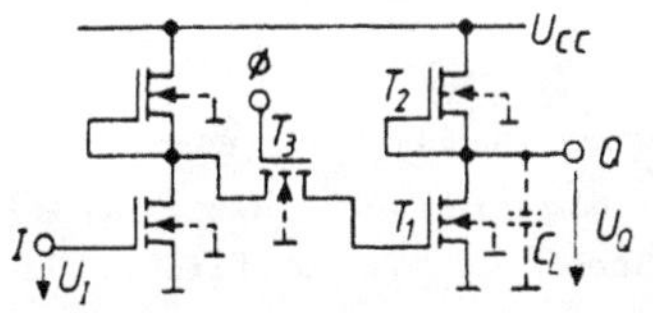

Anreicherungstransistor:
U_{Ton}=0,8V, k_n=30µA/V²;γ=0,5$\sqrt{V}$
Φ_F = 0,3 V

Verarmungstransistor:
U_{Ton}=-3,5V; k_n=25µA/V²; γ=0,6$\sqrt{V}$
C_L = 0,2 pF

Versorgungsspannung U_{CC} : 5 V ± 10 %; Taktspannung Φ: 0,3 V oder U_{CC}

Aufgabe 6.7

Gegeben ist eine Treiberschaltung. Dimensionieren Sie alle Transistoren, so daß die Lastkapazität C_{LO} = 50 pF in 100 ns aufgeladen werden kann. Die elektrischen Daten der Transistoren sind der Aufgabe 6.6 zu entnehmen.

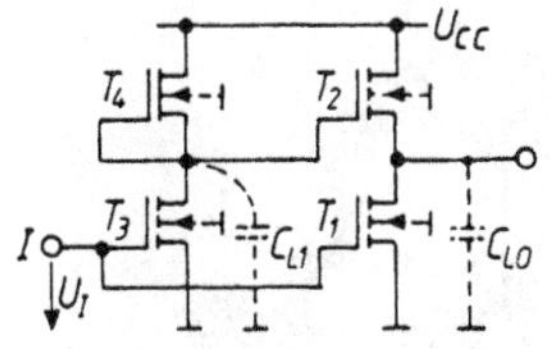

C'_{ox} = 1 fF/µm² und l_{min}=2 µm
Versorgungsspannung U_{CC}=5V

Eingangssignale: U_{IL}=0,3V;U_{IH}=5V

Aufgabe 6.8

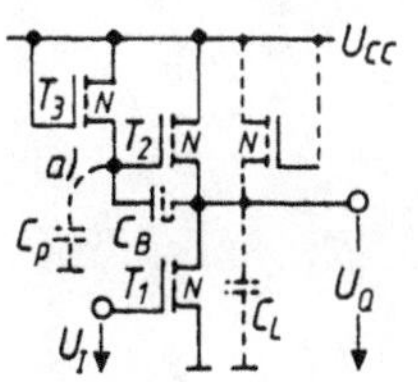

Wie groß ist die maximale Spannung U am Knoten a) der gezeigten NMOS-Schaltung, wenn C_B = 0,3 pF und C_P = 0,05 pF betragen? Die Versorgungsspannung U_{CC} ist 5 V.
Für alle Transistoren gilt: U_{Ton} = 0,8V; γ = 0,5 $\sqrt{V}$; k_n = 30µA/V²; Φ_F = 0,3V

Aufgabe 6.9

Dimensionieren Sie die gezeigte Gatter-Schaltung, wenn die Lastkapazität C_L = 0,8 pF innerhalb von 5 ns aufgeladen werden soll. Die elektrischen Daten der Transistoren sind der Aufgabe 6.6 zu entnehmen.

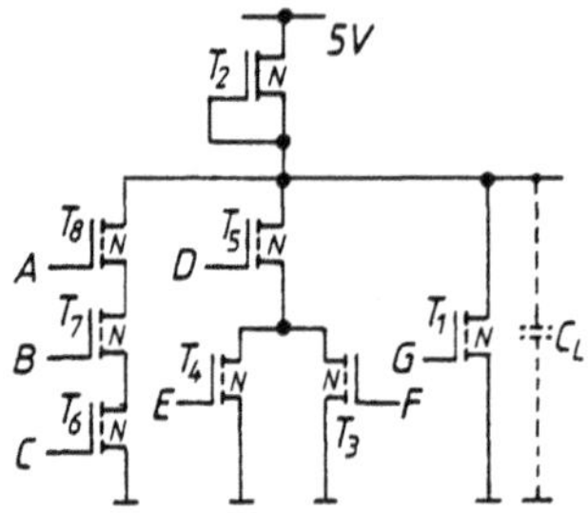

Aufgabe 6.10

In einer integrierten Schaltung wird die Versorgungsspannung mit einer 5 mm langen und 20 µm breiten Al-Bahn einer Teilschaltung zugeführt. Wie groß ist der Spannungsabfall, wenn in der Schaltung ein Strom von 100 mA fließt. Besteht in diesem Fall ein Qualitätsrisiko?

Aufgabe 6.11

Zeichnen Sie das Layout der folgenden Schaltung und bestimmen Sie die parasitären Kapazitäten und Widerstände. Die Entwurfsunterlagen und Prozeßdaten sind den Tabellen 6.1, 6.2 und 6.3 zu entnehmen. Die zusätzliche Ebene, die die Implantation zur Erzeugung des Verarmungstransistors beschreibt, ist im folgenden Bild charakterisiert.

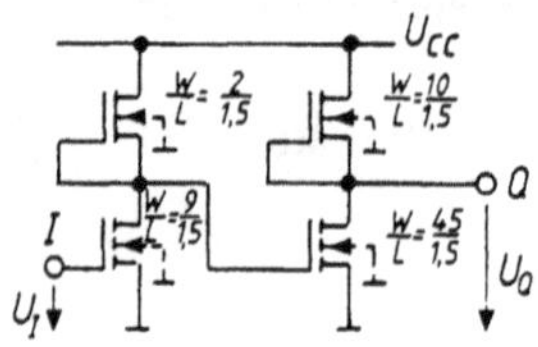

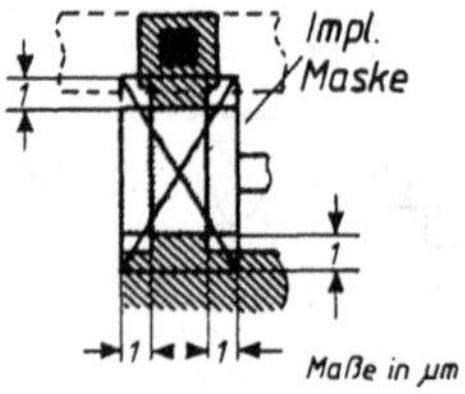

Bemerkung: w und l sind Zeichenmaße.

Aufgabe 6.12

Berechnen Sie die maximale Ausgangsspannung U_{QMAX} für die in den Bildern a) bis c) gegebenen Transistorschaltungen.

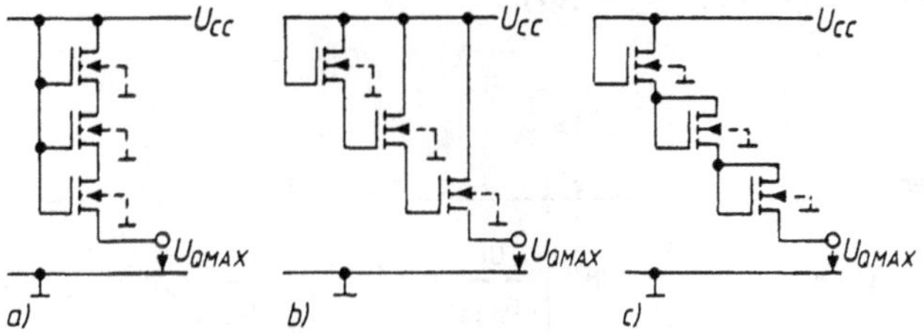

Die Daten sind: $U_{CC} = 5V$; $U_{Ton} = 0,8V$; $\gamma = 0,3\sqrt{V}$; $\Phi_F = 0,3V$

Aufgabe 6.13

Ein IC hat vier Datenausgänge, wodurch beim gleichzeitigen Schalten der Ausgangstreiber große Störspannungen erzeugt werden. Würden Sie als Lösung die Schaltzeiten verlängern oder die Ausgänge gestaffelt schalten?

Aufgabe 6.14

Bestimmen Sie die Ausgangsspannung U_Q bei dem gezeigten Komplementärinverter, wenn die Eingangsspannung $U_I = 2,2$ V beträgt.

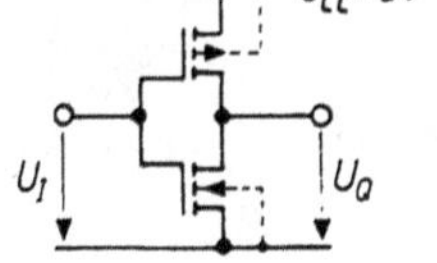

Transistordaten:
$k_n = 120\mu A/V^2$; $(w/l)_n = 2$
$k_p = 40\mu A/V^2$; $(w/l)_p = 4$
$U_{Ton} = 0,8V$; $U_{Top} = -0,8V$

Die wichtigsten Beziehungen

Verstärkungsverhältnis sowie Anstiegs- und Abfallzeiten der MOS-Inverter (Werte gelten für: U_{IH}=5V; U_{CC}=5V; Verarmungstransistor U_{Tn}=-3,5V; Anreicherungstransistor U_{Tn}=0,8V; U_{Tp}=-0,8V)

Invertertypen	Z	t_r	t_f
Verarmungsinverter	3,8	$\frac{C_L}{\beta_{n,2}}\ 0{,}9[V^{-1}]$	$\frac{C_L}{\beta_{n,1}}\ 0{,}8[V^{-1}]$
Anreicherungs-Inverter	4,5	$\frac{C_L}{\beta_{n,2}}\ 4{,}2[V^{-1}]$	"
P-Last-Inverter	5,5	$\frac{C_L}{\beta_p}\ 0{,}7[V^{-1}]$	"
Komplementärinverter	-	$\frac{C_L}{\beta_p}\ 0{,}75[V^{-1}]$	$\frac{C_L}{\beta_n}\ 0{,}75[V^{-1}]$

U_{QH} beim Anreicherungsinverter

$$U_{QH} = U_{CC} - U_{Tn,2}$$

$$U_{QH} = U_N + \gamma^2/2 - \gamma\sqrt{U_N + 2\Phi_F + \gamma^2/4}$$

mit

$$U_N = U_{CC} - U_{Ton,2} + \gamma\sqrt{2\Phi_F}$$

Leistungsverbrauch beim CMOS-Inverter

$$P_Q = \frac{\beta}{12}\,[U_{CC} - 2U_{Tn}]^3\,\frac{\tau}{T}$$

$$P_D = C_L f U_{CC}^2$$

Literaturhinweise

[1] G.Zimmer: "CMOS-Technologie"; Oldenbourg Verlag, ISBN3-486-27121-0; (1982)

[2] L.C. Parillo et al: "Twin-Tub CMOS- A Technology for VLSI Circuits"; IEEE Int.El.Dev.Meeting, pp.752-755 (1980)

[3] W. Rosenstiel et al: "Rechnergestützter Entwurf hochintegrierter MOS-Schaltungen"; Springer Verlag, 1989

[4] C.M. Baker et al: "Tools for Verifying Integrated Circuit Designs"; Lambda Magazin, 1980

[5] T.G. Szymanski et al: "Space Effective Algorithms for VLSI Network Analysis"; 20th Design Automation Conference, 1983

[6] S.M. Trimberger: "An Introduction to CAD for VLSI"; Kluwer, 1987

[7] L.W. Nagel: "SPICE 2: A computer program to simulate semiconductor circuits"; Memorandum No. ERL-M520 9.Mai 75, Electronics Research Laboratorium, University of California, Berkley

[8] Harry I.M. Veendrick: "Short-Circuit Dissipation of Static CMOS Circuitry and Its Impact on the Design of Buffer Circuits;" IEEE Journal of Solid-State Circuits, Vol. SC-19, No. 4, August 1984

[9] H.C. Lin: "An Optimized Output Stage for MOS Integrated Circuits"; IEEE Journal of Solid-State Circuits, Vol. SC-10; No. 2, April 1975

[10] D. Deschacht et al: "Explicit Formulation of Delays in CMOS Data Paths"; IEEE Journal of Solid-State Circuits, Vol. 23, No. 5, Oct. 1988, pp. 1257-1264

[11] M. Shoji: "Reliable chip design method in high performance CMOS VLSI"; ICCD 86 Digest, Oct. 1986, pp. 389-392

7.0 Schaltnetze und Schaltwerke in CMOS-Technik

Aufbauend auf den im vorhergehenden Kapitel an Grundschaltungen gewonnenen Erkenntnissen werden in diesem detailliertere Schaltungs- und Layouttechniken anhand von Schaltnetzen und Schaltwerken vorgestellt. Dabei wird entsprechend der zunehmenden Bedeutung der CMOS-Technik diese ausschließlich zur Realisierung der Schaltungen verwendet.

Ausgehend von Schaltnetzen mit einfachen Gatterschaltungen wird zuerst eine Einführung in die grundsätzlichen Vor- und Nachteile statischer- und getakteter CMOS-Schaltungen gegeben. Aufbauend auf diesen Resultaten werden dann verschiedene logische Felder, wie z.B. Dekoder- und PLA-Anordnungen analysiert. Bei den Schaltwerken werden unterschiedlichste Flipflop Realisierungen betrachtet, die dann anschließend zur Implementierung von Registern und Zählern herangezogen werden. Das Kapitel wird mit einem Überblick über Halbleiterspeicher und deren grundsätzliche Funktion abgeschlossen, wobei die Analysen von Speicherzellen (Kapitel 5) voll zur Geltung kommen.

7.1 Statische Schaltnetze

Ein digitales System besteht fast immer aus Schaltnetzen und Schaltwerken. Diese unterscheiden sich dadurch, daß Schaltwerke einen Speicher und damit ein Gedächtnis besitzen. Da Schaltwerke zur Synchronisierung der einzelnen Schaltungsteile einen Takt benötigen, kann man diesen auch vorteilhaft bei den Schaltnetzen einsetzen. Eine Übersicht über gebräuchliche statische und getaktete CMOS-Schaltungstechniken zeigt Bild 7.1.

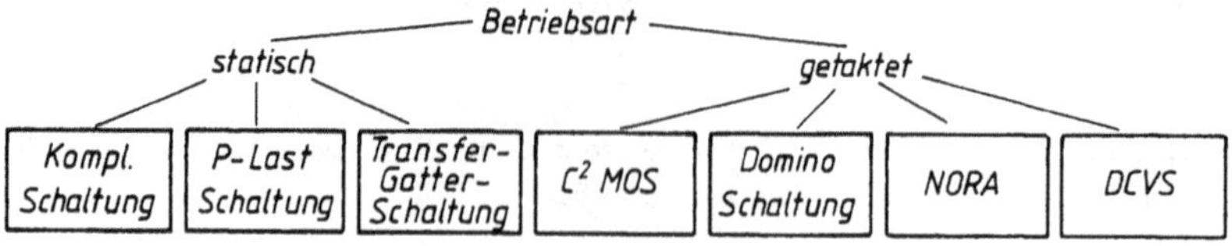

Bild 7.1
CMOS-Schaltungstechniken

Im folgenden werden zuerst einfache statische Gatterschaltungen näher betrachtet.

7.1.1 Statische Gatterschaltungen

Das Wesentliche bei diesen Gattern ist, daß sie sich wie ein Komplementärinverter verhalten, bei dem kein Ruhestrom fließt. Dies erreicht man dadurch, daß zu jeder Serien- bzw. Parallelschaltung von n-Kanal Transistoren eine entsprechende Parallel- bzw. Serienschaltung von p-Kanal Transistoren vorgesehen wird. Am Beispiel der folgenden zweifach NAND- und NOR-Gatter wird dies näher beschrieben.

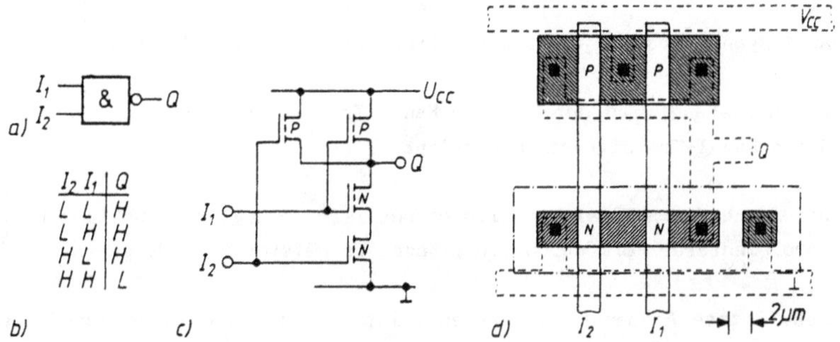

Bild 7.2
Zweifach NAND-Gatter; a) Logiksymbol; b) Wahrheitstabelle; c) Schaltung; d) Layout

Befinden sich beide Eingangspegel des NAND-Gatters im H-Zustand, leiten beide n-Kanal Transistoren, während die p-Kanal Transistoren nichtleitend sind. Ein Ruhestrom kann somit nicht fließen. Dies trifft auch beim NOR-Gatter (Bild 7.3) zu. Haben beide Eingangspegel den L-Zustand, sind die p-Kanal Transistoren leitend und die n-Kanal Transistoren nichtleitend.

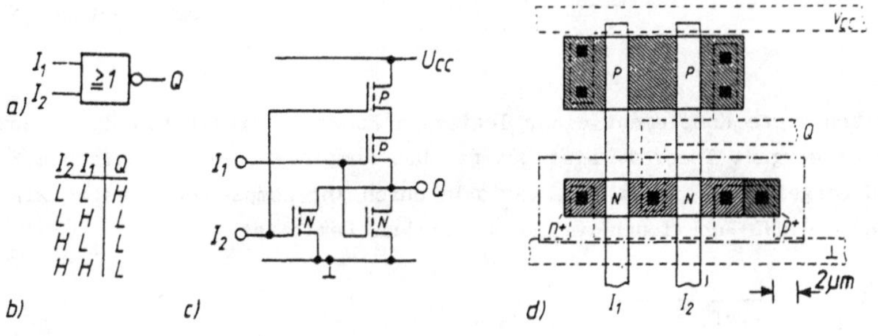

Bild 7.3
Zweifach NOR-Gatter; a) Logiksymbol; b) Wahrheitstabelle; c) Schaltung; d) Layout

Zur Erstellung der gezeigten Layouts wurden die geometrischen Entwurfsregeln von Tabelle 6.1 verwendet.

Aus den vorgestellten einfachen statischen Gatterschaltungen ist folgendes erkennbar:

1. Alle n-Kanal Transistoren können platzsparend in einer gemeinsamen p-Wanne angeordnet werden.

2. Am Ausgang herrscht immer ein definierter H- oder L-Zustand.

3. Der H-Zustand wird durch die p-Kanal-Transistoren und der L-Zustand durch die n-Kanal-Transistoren garantiert.

4. Die durch die n-Kanal Transitoren realisierte logische Funktion kann man in komplementärer Form durch die p-Kanal Transistoren wiedergeben.

Wie das letzte Argument zu verstehen ist und auf komplexere Funktionen angewendet werden kann, wird im folgenden näher erläutert. Dazu ist in Bild 7.4 ein allgemeines komplementäres Netzwerk dargestellt, wobei Q(I) die H-Zustände und $\bar{Q}$(I) die L-Zustände am Ausang Q beschreibt.

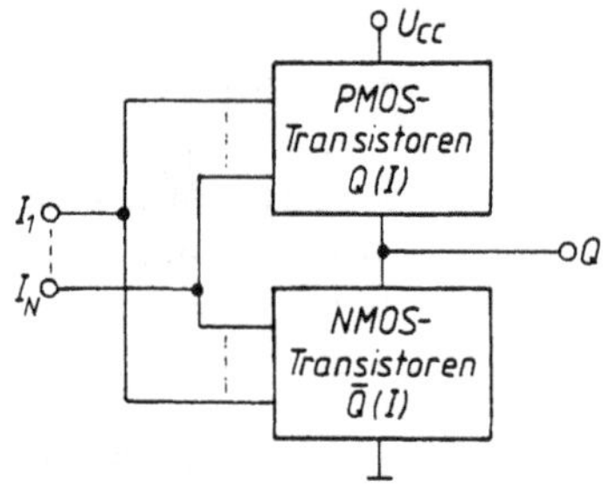

Bild 7.4
Allgemeines komplementäres Netzwerk

Das benötigte Komplement einer logischen Funktion erhält man durch Anwendung von De Morgans Theorem. Dies besagt: Das Komplement einer logischen Funktion wird hergeleitet, indem jede Variable durch ihr Komplement ersetzt wird sowie ODER- und UND-Funktionen vertauscht werden. Damit ist

$$Q = \overline{I_1 v I_2 v I_3 \ldots} = \bar{I}_1 \bar{I}_2 \bar{I}_3 \ldots$$

bzw.

$$Q = \overline{I_1 I_2 I_3 \ldots} = \bar{I}_1 v \bar{I}_2 v \bar{I}_3 v \ldots \quad (7\text{-}1)$$

Soll z.B. die Funktion $\bar{Q} = I_1[I_2 v I_3] v I_4 I_5 v I_6$ implementiert werden, so ist die Verknüpfung der n-Kanal Transistoren durch diese Angabe festgelegt.

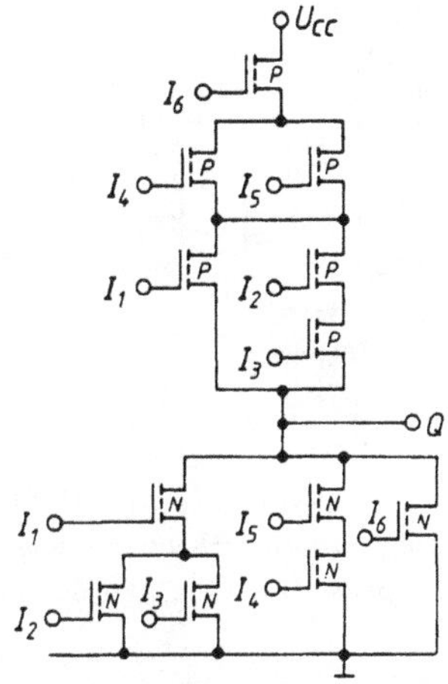

Bild 7.5
Komplementärschaltung

Die Verschaltung $Q = [\bar{I}_1 v \bar{I}_2 \bar{I}_3][\bar{I}_4 v \bar{I}_5]\bar{I}_6$ der p-Kanal Transistoren erhält man durch Anwendung De Morgans Theorem. Da bei den p-Kanal Transistoren die L-Zustände an den Eingängen zu H-Zuständen am Ausgang führen, ist die Komplementierung der Eingangsvariablen damit bereits ausgeführt.

Die Umsetzung in komplexe Komplementärschaltungen kann man noch einfacher erreichen, wenn man De Morgans Theorem direkt auf die Gatterdarstellung anwendet. Dies ist am Beispiel einfacher Zweifachgatter in Bild 7.6 demonstriert.

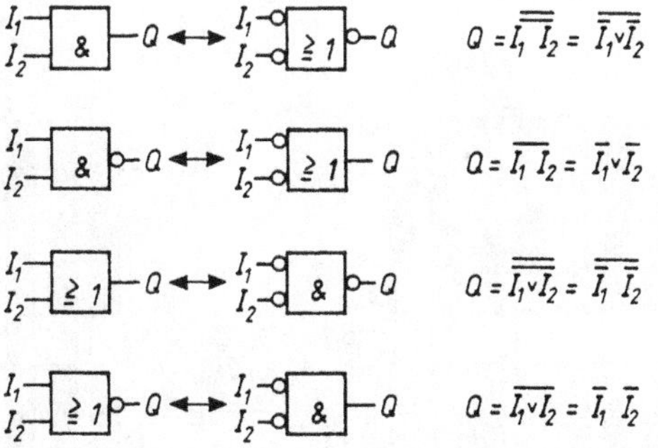

Bild 7.6
Anwendung De Morgans Theorem auf Gatterdarstellung

Entsprechend dieser Umwandlungsvorschrift erhält man damit aus der n-Kanal Transistor Realisierung $\bar{Q} = I_1[I_2 v I_3] v I_4 I_5 v I_6$ direkt diejenige für die p-Kanal Transitoren (Bild 7.7), wobei sich die doppelte Negation aufhebt.

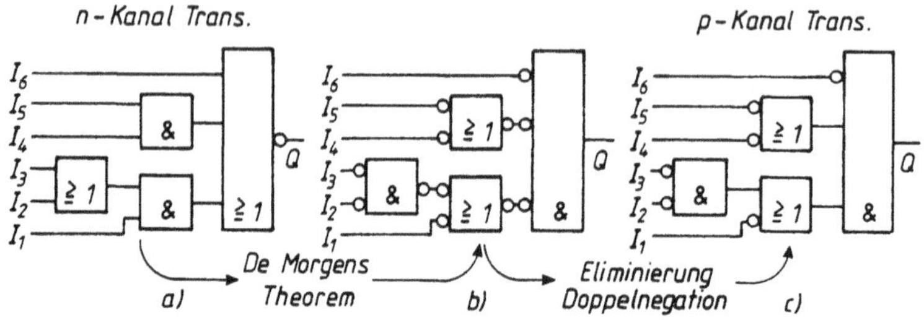

Bild 7.7
Logische Funktion $\bar{Q} = I_1[I_2 v I_3] v I_4 I_5 v I_6$; a) Realisierung durch n-Kanal Transistoren; b) Realisierung durch p-Kanal Transistoren mit doppelter Negation; c) Realisierung durch p-Kanal Transistoren nach Eliminierung der Doppelnegation.

7.1.2 Layout statischer Gatterschaltungen

Das Layout verschachtelter statischer Komplementärgatter kann besonders vorteilhaft gestaltet werden, wenn die Polybahnen orthogonal zu den p- und n-Bereichen sowie den Versorgungsleitungen U_{CC} (Metall) und Masse (Metall) angeordnet werden. Dies ist in Bild 7.8a am Beispiel der vorhergehenden Schaltung (Bild 7.5) dargestellt. In diesen Bildern sowie in den folgenden Abschnitten werden zur Vereinfachung die p-Wannen mit Anschlüssen nicht mehr dargestellt.

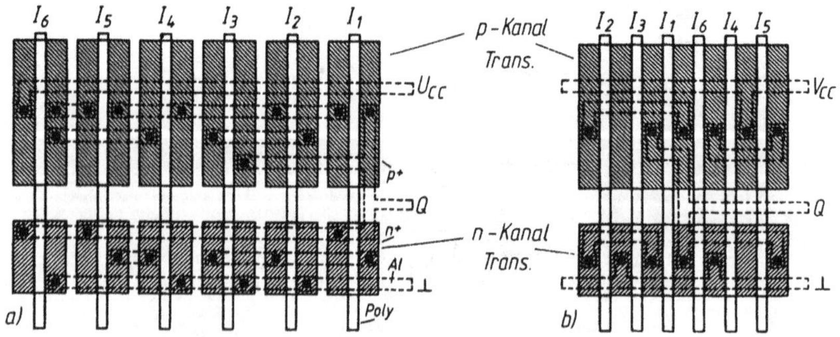

Bild 7.8
Layout der Komplementärschaltung von Bild 7.5 (p-Wanne nicht gezeigt); a) individuelle Transistoren; b) verschachtelte Transistoren

Die Polybahnen verlaufen vertikal. Schneiden diese eine n- bzw. p-Diffusionsbahn, entstehen n- bzw. p-Kanal Transistoren. Die Verknüpfung der individuellen Transistoren untereinander ist mit Metallbahnen ausgeführt. Diese stellen eine direkte Umsetzung der Schaltung ins Layout dar. Das Layout kann flächenmäßig minimiert werden, wenn es gelingt, die Abstände zwischen den Diffusionsbereichen zu reduzieren bzw. ganz zu eliminieren, wie es in Bild 7.8b dargestellt ist. Dies ist möglich, wenn Source- bzw. Drainanschlüsse von Transistoren eines gleichen Typs durch gemeinsame Diffusionsgebiete zusammengeschaltet werden können. Damit dies optimal geschieht, muß eine entsprechende Reihenfolge der Polybahnen (Transistoren) festgelegt werden. Dazu wird, wie in /1/ beschrieben, die Komplementärschaltung durch einen Graphen dargestellt und an diesem die Reihenfolge der Polybahnen bestimmt. Wie dies zu verstehen ist, wird im folgenden an einem einfachen Gatter mit der logischen Funktion

$Q = \overline{I_1 I_2 v I_3 I_4}$ demonstriert.

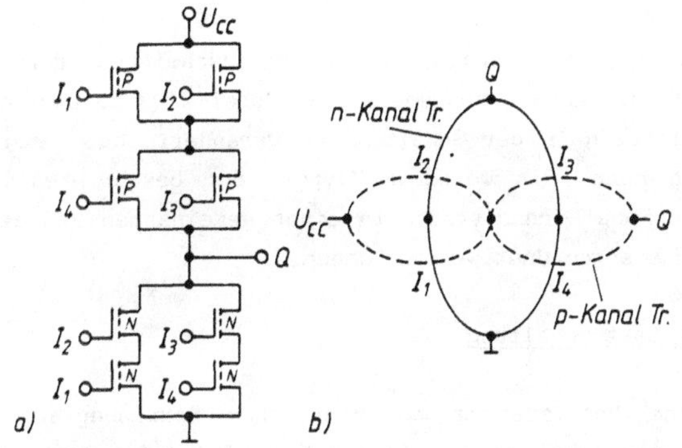

Bild 7.9
Logische Funktion $Q = \overline{I_1 I_2 v I_3 I_4}$; a) Schaltung; b) Graph

Der Graph (Bild 7.9) besteht aus zwei Teilen, einer repräsentiert die n-Kanal und der andere die p-Kanal Transistoren. Die Knotenpunkte (Ecken) entsprechen den Source-Drainanschlüssen und die Zweige (Kanten) zwischen den Knoten einem Transistor. Die Bezeichnung der Eingangsvariablen wurde übertragen. Die p- und n-Kanalteile des Graphs sind genau wie bei der Schaltung komplementär zueinander angeordnet. Der Zweck dieser Darstellung ist, in jedem Teilgraphen einen Pfad ausfindig zu machen, der alle Zweige (Transistoren) beinhaltet, ohne daß ein Zweig zweimal erfaßt wird. Existiert für den n- und p-Graphen eine identische Zweigfolge (Transistorfolge), dann können die n- und p-Kanal Transistoren in der gleichen Reihenfolge entlang eines n- bzw. p-Diffusionsstreifens realisiert werden. Dieser Pfad (in Bild 7.10 I_2, I_1, I_4, I_3) wird Eulerpfad genannt.

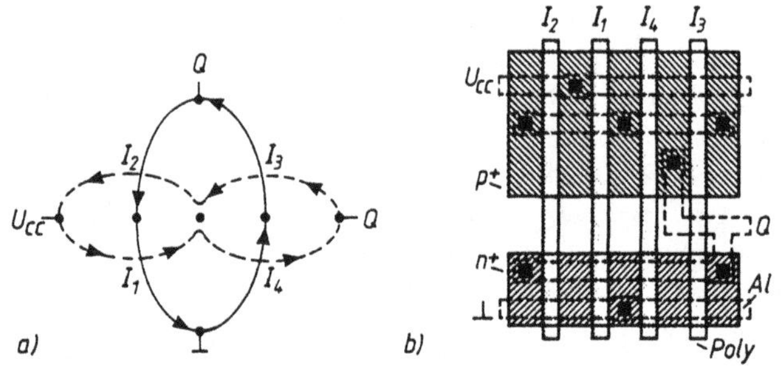

Bild 7.10
Logische Funktion
$Q = \overline{I_1 I_2 v I_3 I_4}$;
a) Graph; b) Layout

Existiert kein einheitlicher Eulerpfad, so können kleinere Pfade gewählt werden, auf die die obere Beschreibung zutrifft. Eine Unterbrechung des Eulerpfades bedeutet jedoch immer eine entsprechende Unterbrechung von Diffusionsgebieten.

Der vorgestellte Layoutstil kann, wie in /1/ beschrieben, dazu verwendet werden, automatisch ein Layout zu generieren. Dabei wird zusätzlich die Gruppierung der Transistoren in der Schaltung so verändert, daß immer ein Eulerpfad gefunden werden kann. Ein weiterer Vorteil der beschriebenen Layouttechnik ist, daß alle n-Kanal Transistoren in einer gemeinsamen und dadurch flächensparenden p-Wanne angeordnet werden können.

Realisierung: P-Last-Schaltung

Die beschriebene Realisierung von statischen Komplementärschaltungen kann durch die Komplementärbildung zu einem relativ hohem Schaltungsaufwand und damit zu einem entsprechend großen Bedarf an Layoutfläche führen. Will man dies vermeiden, kann man die gesamte p-Kanal Verknüpfung durch eine einzige P-Last ersetzen (Bild 7.11).

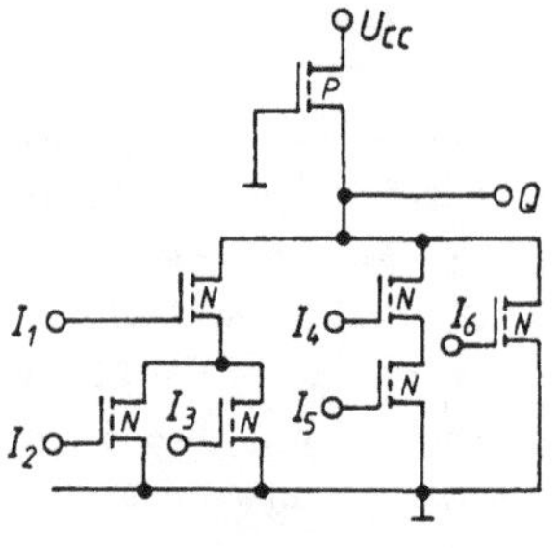

Bild 7.11
P-Last Realisierung der in Bild 7.5 dargestellten Verknüpfung

Damit ergeben sich Gatterschaltungen mit Z-Verhältnis, deren Dimensionierung bei der Serien- bzw. Parallelschaltung von Transistoren (Kapitel 6.6.5) beschrieben wurde.

Vergleicht man die elektrischen Werte von statischen Komplementär- mit P-Lastschaltungen, so ergeben sich folgende Vorteile zugunsten der Komplementärschaltung:

1. kein stat. Leistungsverbrauch,
2. größerer Signal-Geräuschabstand und
3. eine höhere Schaltgeschwindigkeit,

da Knotenkapazitäten, infolge der kleineren Transistorgeometrien, die kein Z-Verhältnis erfüllen müssen, geringer sind.

7.1.3 Transfer-Gatterschaltungen

In dieser Schaltungsvariante werden die im Kapitel 6.8 beschriebenen Transfer-Elemente zur Implementierung von Gatterschaltungen verwendet. Als Beispiel wird ein 4 zu 1 Multiplexer (Datenauswähler) beschrieben (Bild 7.12).

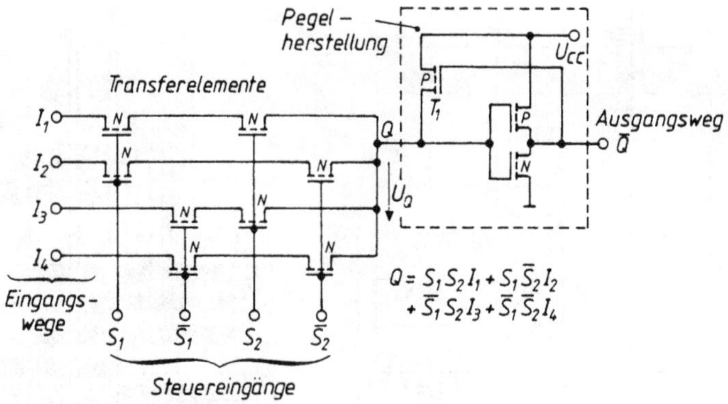

Bild 7.12
4 zu 1 Multiplexer mit Pegelherstellung

Jeweils eine der vier Eingangsvariablen I_1 bis I_4 kann in Abhängigkeit von den Steuereingängen (S_1, S_2) zum Ausgang durchgeschaltet werden. Zur Reduzierung des Aufwands wurden die Transfer-Elemente nur aus n-Kanal Transistoren realisiert. Um die damit verbundene Verringerung der Ausgangsspannung auf $U_{QH}=U_{CC}-U_{Tn}$ zu vermeiden, kann man die gezeigte Schaltung zur vollen Pegelherstellung verwenden.

Diese Schaltung besteht aus einem Komplementärinverter mit einem rückgekoppelten p-Kanal Transistor T_1. Gelangt über den Multiplexer ein H-Zustand an den Eingang des Inverters, so geht dessen Ausgang in den L-Zustand. Dadurch wird Transistor T_1 leitend und ein voller H-Pegel von $U_{QH}=U_{CC}$ am Eingang des Inverters erzeugt. Gelangt dagegen ein L-Zustand von einem Eingang I über den Multiplexer zum Eingang des Inverters, müssen die n-Kanal Transfer-Elemente so lange gegen den p-Kanal Transistor T_1 arbeiten, bis der Ausgang des Inverters $\bar{Q}$ den H-Zustand erreicht hat und T_1 nichtleitend wird.

Bei der (w/l)-Dimensionierung von T_1 und dem Multiplexer ist zu berücksichtigen, daß während der H→L Zustandsänderung bei Q ein Strompfad über diese Komponenten existiert. Um ein sicheres Umschalten zu garantieren, sollte das Geometrieverhältnis Z deshalb so gewählt werden, daß bei voll leitendem Transistor T_1 die Eingangsspannung U_{QL} am Inverter ca. 1,5V beträgt.

Als Alternative zu dieser Schaltung können die Transfer-Elemente aus parallel geschalteten p- und n-Kanal Transistoren, wie in Bild 6.36c gezeigt, realisiert werden. Dies bedeutet jedoch, daß jeder n-Kanal Transistor seine eigene p-Wanne, die an Masse angeschlossen sein muß, besitzt. Um die zur Realisierung benötigte Siliziumfläche gering zu halten, wurden deshalb die p- und n-Kanal Transistoren, wie in Bild 7.13 dargestellt, getrennt angeordnet.

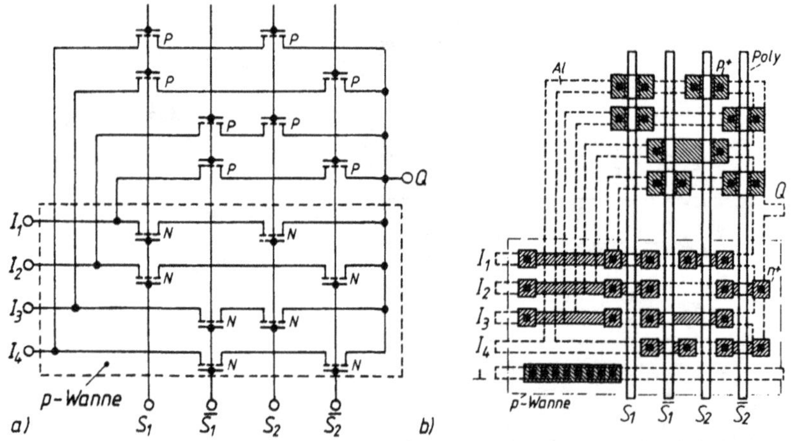

Bild 7.13
4 zu 1 Multiplexer; a) Schaltung mit n-Kanal Transistoren in einer gemeinsamen p-Wanne; b) Layout

Diese Vorgehensweise hat, wie bereits früher erwähnt, den wesentlichen Vorteil, daß alle n-Kanal Transistoren in einer gemeinsamen und dadurch flächesparenden p-Wanne angeordnet werden können. Diese Maßnahme ist um so zwingender, je komplexer eine Schaltung und um bei dem Beispiel zu bleiben, je mehr Eingangswege der Multiplexer besitzt.

Im vorhergehenden wurde gezeigt, wie Transfer-Gatter vorteilhaft zur Implementierung eines Multiplexers verwendet werden können. Diese Schaltungstechnik ist aber nicht auf diesen einen Fall begrenzt, sondern kann vielmehr auf beliebige Logikfunktionen angewendet werden. In /2,3/ sind Wege beschrieben, wie dies formal durchgeführt werden kann. Im folgenden wird darauf kurz eingegangen.

Bei den Transfer-Gattern bestimmen die Steuervariablen und die Verbindungsfunktion die Ausgangszustände (Bild 7.14).

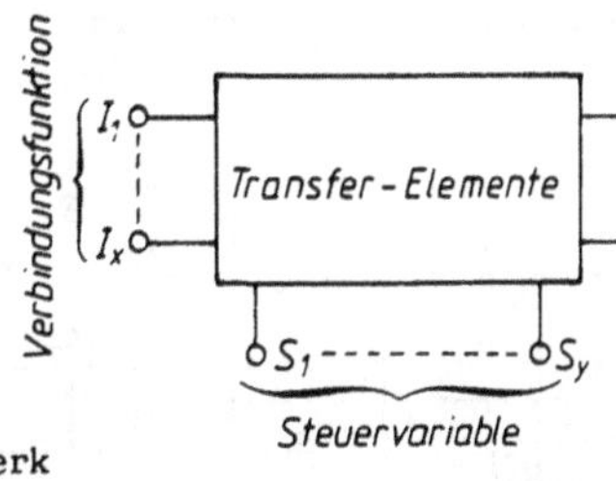

Bild 7.14
Transfer-Gatternetzwerk

Die Verbindungsfunkion, die die Eingangsvariablen des Multiplexers ersetzt, kann konstante Zustände (L, H) sowie variable Größen (x_i, $\bar{x}_i$) besitzen. Die Steuervariablen kontrollieren dabei die Transfer-Elemente derart, daß ähnlich wie beim Multiplexer nur jeweils eine Eingangsgröße mit dem Ausgang verbunden ist. Dadurch ist der Ausgangszustand immer definiert und es kann jede beliebige Summe von binären Produkttermen $Q = F_1(I_1) v F_2(I_2) \ldots . F_i(I_i)$ erzeugt werden. Hierbei beschreibt $F_i = (S_1 \ldots S_i)$ die Steuerfunktion mit der die Transfer-Elemente aktiviert werden und $I_i = (L, H, x_i, \bar{x}_i)$ die Eingangsfunktion.

Synthese von Transfer-Gatterschaltungen

Eine Synthese von komplexen Transfer-Gatterschaltungen kann durch Anwendung eines modifizierten Karnaugh-Diagramms erfolgen, in das die Verbindungsfunktion aufgenommen wird. Dies wird am folgenden Beispiel demonstriert.

Die Funktion $Q = A\bar{B}$ v CA v $C\bar{B}$ ist in dem Karnaugh-Diagramm (Bild 7.15a) eingetragen.

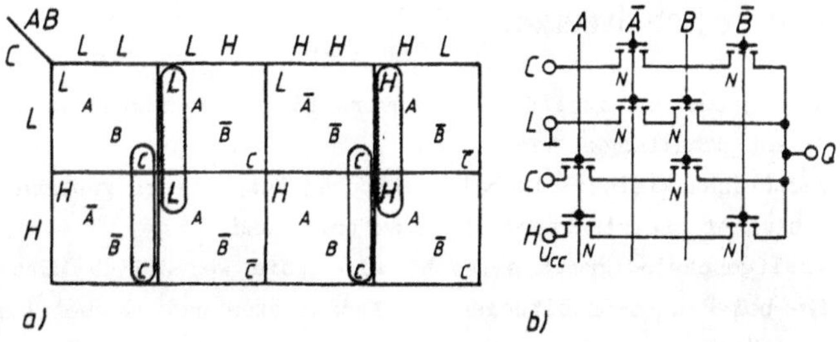

Bild 7.15
a) Modifiziertes Karnaugh-Diagramm; b) Schaltungsrealisierung

Die Verbindungsfunktion erhält man durch folgende Fragestellung: Mit welcher der vorliegenden Variablen kann der jeweilige Zustand (L oder H) erreicht werden? Anschließend wird, ähnlich wie bei der Minimierung der Terme im Karnaugh-Diagramm verfahren und gemeinsame Variable oder Zustände erfaßt (punktiert in Bild 7.15a). Das Resultat ist in diesem Fall: $Q = \bar{A}\bar{B}(C) \vee \bar{A}B(L) \vee AB(C) \vee A\bar{B}(H)$. Die schaltungstechnische Realisierung der Funktion ist in Bild 7.15b gezeigt, wobei der volle H-Pegel durch die bereits beschriebenen Methoden hergestellt werden kann. Weitere Varianten ergeben sich durch Zusammenfassung anderer Variablen. So ergibt sich z.B. bei der in Bild 7.16 gezeigten Darstellung

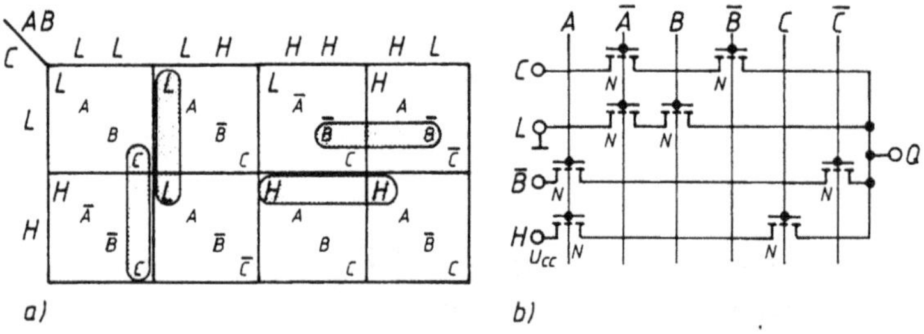

Bild 7.16
Variante zur Realisierung in Bild 7.15

die Funktion $Q = \bar{A}\bar{B}(C) \vee \bar{A}B(L) \vee A\bar{C}(\bar{B}) \vee AC(H)$. Vergleicht man beide schaltungstechnische Realisierungen, so ist diejenige von Bild 7.15b wegen der geringen Anzahl von Steuervariablen zu bevorzugen.

Aus den schaltungstechnischen Darstellungen gehen die Vor- und Nachteile der Transfer-Gatterschaltungen hervor. Der einfachen Realisierung steht die Zunahme der Verzögerungszeit, die durch die Serienschaltung der Transfer-Elemente verursacht wird, entgegen, wodurch diese Art der Gatterrealisierung meist nur auf einfache logische Funktionen angewendet wird.

7.2 Getaktete Schaltnetze

Diese Schaltungstechnik stellt einen Kompromiß zwischen statischen Komplementär- und P-Last-Schaltungen her, indem

1. die Layoutfläche kleiner als bei statischen Komplementärgattern ist,
2. kein statischer Leistungsverbrauch auftritt und
3. eine Schaltgeschwindigkeit erreicht wird, die wesentlich kürzer ist, als diejenige bei P-Last-Schaltungen, da Kapazitäten und hierbei besonders die Gatekapazitäten reduziert werden können.

7.2.1 Getaktete Gatterschaltungen (C^2MOS)

Das Prinzip dieser Schaltungstechnik (Clocked CMOS, C^2MOS) ist in Bild 7.17 dargestellt.

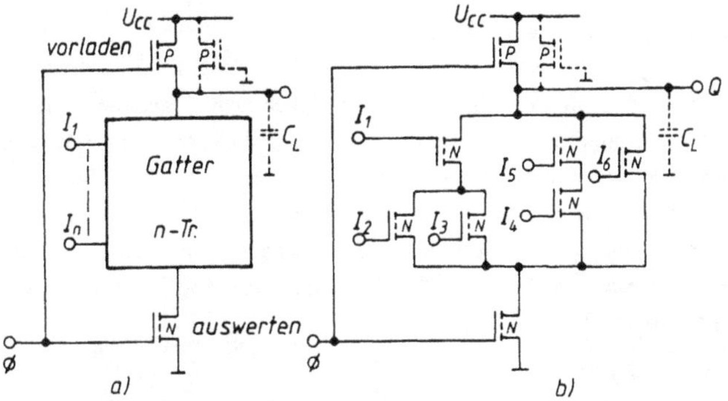

Bild 7.17
C^2MOS-Schaltung; a) Prinzip; b) mit Gatteranordnung

Hat der Takt den Zustand Φ = L, ist der p-Kanal Transistor leitend, während der n-Kanal Transistor nichtleitend ist. Die parasitäre Kapazität C_L am Ausgang wird auf die Spannung U_{CC} vorgeladen (precharge). Ändert sich der Takt nach Φ = H, wird der p-Kanal Transistor nichtleitend und der n-Kanal Transistor leitend. Die Auswertung der n-Kanal Gatter beginnt, da in Abhängigkeit von den Zuständen I_1 bis I_n die Kapazität entladen oder nicht entladen wird. In Bild 7.17b wurde als Beispiel für ein Gatter mit n-Kanal Transistoren die Anordnung von Bild 7.11 verwendet.

In Bild 7.17 ist jeweils gestrichelt ein p-Kanal Transistor, auch Haltetransistor genannt, vorgesehen. Dieser soll verhindern, daß bei niedrigen Taktfrequenzen durch nicht beabsichtigtes Entladen von C_L infolge von Leckströmen, ein H- in einen L-Zustand übergeht. Somit muß der Strom, der durch den p-Kanal Transistor fließt, größer sein als der zu erwartende Leckstrom an diesem Knoten. Da dieser sehr klein ist ($<10^{-16}$A), genügt auch ein kleines (w/l)-Verhältnis, um diese Bedingung zu erfüllen. Restspannungen beim U_{QL}-Zustand sind dadurch vernachlässigbar. Damit können kleine Transistorgeometrien für die n-Kanal Transistoren des Gatters gewählt werden, wodurch kleine Gatekapazitäten resultieren. Es ergeben sich die bereits aufgeführten Vorteile.

Von Nachteil ist, daß

1. sich die Eingangspegel I_1 bis I_n nur während des Vorladens ändern dürfen, da sonst ein Ladungsausgleich stattfinden kann, der die Ausgangsspannung U_Q verringert und

2. eine einfache Kaskadierung der Gatter nur mit zusätzlichem Schaltungsaufwand möglich ist.

Diese beiden Punkte werden im folgenden detaillierter betrachtet.

Ladungsausgleich bei dynamischen Schaltungen

Bei allen dynamischen Schaltungen kann es durch das Zusammenschalten von Kapazitäten zu einem ungewünschten Ladungsausgleich kommen, wodurch Spannungen unzulässig abgesenkt werden und die Funktion der Schaltung nicht mehr gewährleistet ist. Am folgenden Beispiel, bei dem eine Variablenänderung nach dem Vorladen auftritt, soll dies näher erläutert werden. In Bild 7.18 ist dazu ein Teil der Schaltungen von Bild 7.17b wiedergegeben incl. einer parasitären Kapazität C_A am Knoten A.

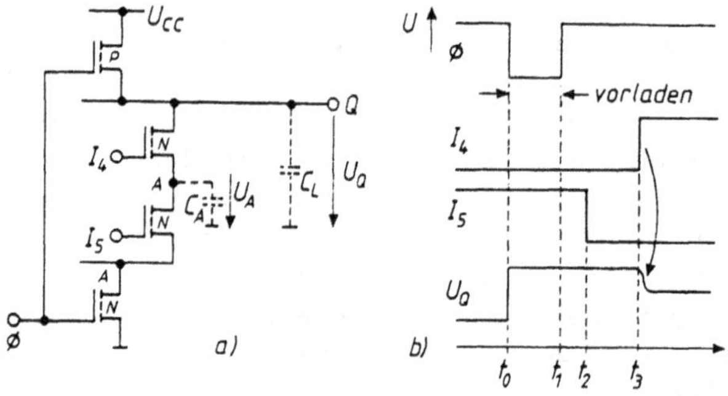

Bild 7.18
Prinzip des Ladungsausgleichs; a) Teilausschnitt aus Schaltung von Bild 7.17b; b) Zeitabläufe

Zur Zeit t_0 wird C_L auf eine Spannung U_Q=U_{CC} aufgeladen und zur Zeit t_1 C_A auf eine von U_A=0V, da I_5 sich im H-Zustand befindet. Diese Spannungen an den Kapazitäten bleiben auch erhalten, wenn sich der Eingang I_5 zur Zeit t_2 von H nach L verändert. Ändert sich dagegen I_4 zur Zeit t_3 von L nach H, werden die vorgeladenen Kapazitäten zusammengeschaltet, wodurch ein Ladungsausgleich zwischen beiden stattfindet. Es stellt sich am Ausgang Q eine reduzierte Spannung von

$$U'_Q = \frac{Q_G}{C_G} = \frac{C_L U_Q + C_A U_A}{C_A + C_L}$$

$$= \frac{C_L}{C_A + C_L} U_{CC} \qquad (7\text{-}2)$$

ein, wobei Q_G die Gesamtladung und C_G die Gesamtkapazität ist.

Abhilfe bzw. Verringerung dieses Effekts kann durch folgende Maßnahmen erreicht werden:

1. die Änderung der Eingangssignale wird auf die Vorladezeit begrenzt,
2. ein Haltetransistor mit vergrößertem w/l-Verhältnis gegenüber Anordnung von Bild 7.17 wird am Ausgang vorgesehen,
3. das Layout wird so gestaltet, daß in etwa $C_A < C_L/10$ ist oder
4. das Ausgangssignal, wenn es in invertierter Form vorliegt, wird über einen p-Kanal Transistor (gestrichelt in Bild 7.19 gezeigt) rückgekoppelt.

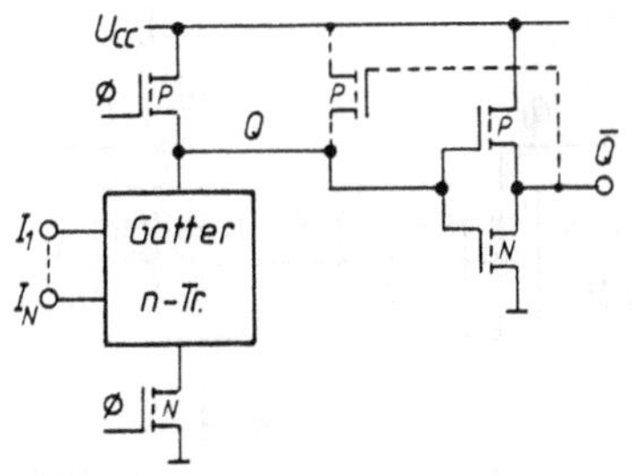

Bild 7.19
Getaktete Gatterschaltung mit Anordnung zur Reduzierung des Ladungsausgleichs

Diese Anordnung hat gegenüber der Lösung mit dem Haltetransistor den Vorteil, daß nur ein kurzzeitiger Strompfad durch das Gatter vorhanden ist. Dieser tritt auf, wie bereits im Zusammenhang mit Bild 7.12 beschrieben wurde, wenn sich am Ausgang Q der Zustand von H nach L verändert.

7.2.2 Dominoschaltungen

Wie bereits erwähnt, ist eine Kaskadierung von getakteten Gatterschaltungen nur mit zusätzlichem Schaltungsaufwand möglich. Warum dies so ist, ist in Bild 7.20 demonstriert.

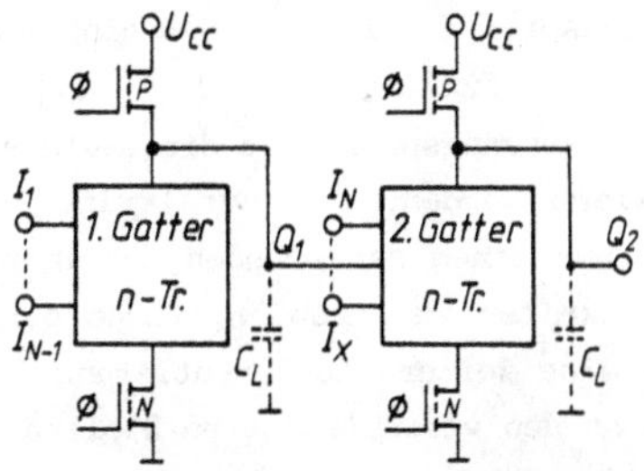

Bild 7.20
Nicht erlaubte Kaskadierung von getakteten Gattern

Die Kapazitäten C_L sind über die p-Kanal Transistoren auf eine Spannung U_{CC} vorgeladen. Ändert sich der Takt Φ von L nach H, werden beide Gatter gleichzeitig aktiviert. Abhängig von den Variablen I_1 bis I_{N-1} kann der Ausgang Q_1 einen L-Zustand annehmen. Da dies jedoch nur verzögert geschieht, wird die logische Information am Eingang des 2. Gatters, das ja gleichzeitig mit dem 1. Gatter aktiviert wird, falsch interpretiert. Eine Abhilfe kann dadurch erreicht werden, daß das 2. Gatter mit einem verzögerten Takt angesteuert wird oder man das Dominoprinzip /4/ anwendet. Hierbei werden infolge der eingeführten Inverter nur nichtinvertierte Signale weitergegeben (Bild 7.21).

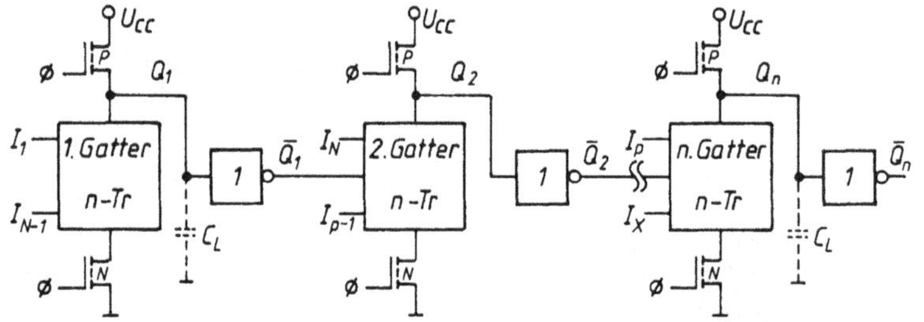

Bild 7.21
Dominoprinzip

Diese ändern sich nach Aktivierung der Gatter natürlich auch nur verzögert, jedoch mit dem wesentlichen Unterschied, daß hierbei sich der logische Zustand in Abhängigkeit der Variablen nur von L nach H verändern kann. Eine richtige Signalfortpflanzung ist gewährleistet, die ähnlich wie beim Dominospiel abläuft.

Wie aus der Beschreibung hervorgeht, ist der große Vorteil des Dominoprinzips die einfache Ansteuerung, bei der sich innerhalb einer Taktperiode die Logikzustände über viele Stufen hinweg fortpflanzen können. Nachteilig ist dagegen, daß nur nichtinvertierende Logikstrukturen verwendet werden können. Wie eine gegebene Funktion in eine derartige Struktur überführt werden kann, ist im folgenden Beispiel gezeigt, in dem die bereits in den vorhergehenden Abschnitten betrachtete Funktion $\bar{Q} = I_1[I_2 v I_3] v I_4 I_5 v I_6$ in Dominotechnik realisiert werden soll. Ausgangspunkt ist die Implementierung in Bild 7.7a. Diese muß nun so modifiziert werden, daß nur Dominogates entstehen. Ein Dominogate setzt sich dabei aus einem negierenden Logikgatter und einem Inverter zusammen. Um alle Möglichkeiten zu erkunden, wurde durch Anwendung von de Morgans Theorem (Bild 7.6) eine weitere Implementierung (Bild 7.22b) aufgenommen. Hierbei ergeben sich an den verschiedensten Stellen doppelte Negationen, die alle in ein Dominogate überführt werden können. In der Implementierung in Bild 7.22c wurde dies an zwei Stellen durchgeführt. Zusätzlich wurden die Negationen an den Eingängen durch negierte Eingangsvariablen ersetzt. Die Schaltungsrealisierung in Bild 7.22d resultiert. Ebenfalls möglich wäre eine Anordnung, wie sie in Bild 7.22e gezeigt ist, wobei zwei doppelte Negationen direkt in die ursprüngliche Logik eingeführt wurden.

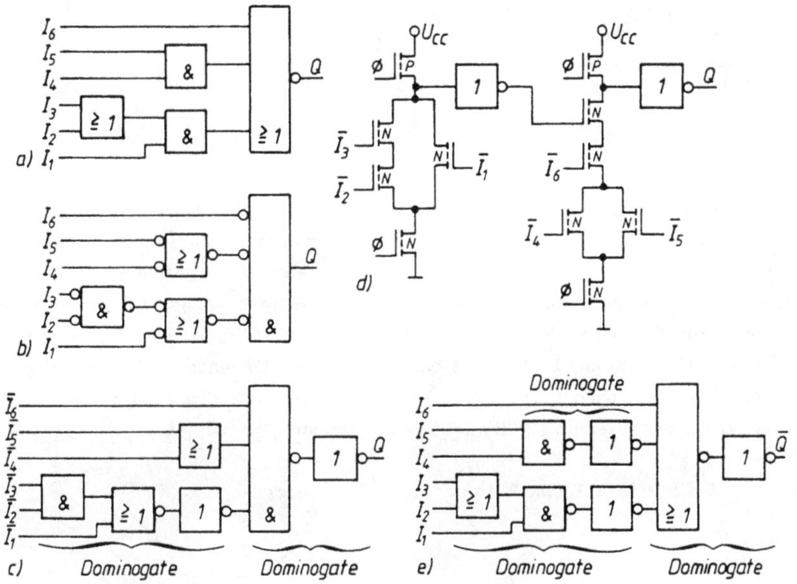

Bild 7.22
Umsetzung der Funktion $\bar{Q} = I_1[I_2vI_3]vI_4I_5vI_6$

Sollte eine Umwandlung in Dominogates an einigen Stellen nicht möglich sein, so kann eine Lösung dadurch erreicht werden, daß diese Schaltungsteile mit einem verzögerten Takt Φ' angesteuert werden. Das vorhergehende Beispiel war zur Demonstration gedacht. In Wirklichkeit kommen die erwähnten Vorteile der Dominotechnik jedoch erst richtig zum Tragen, wenn die Logikstruktur wesentlich komplexer ist.

7.2.3 Modifizierte Dominoschaltung (NORA)

Eine größere Flexibilität beim Logikentwurf erhält man, wenn alternativ n- und p-Kanal Logikblöcke kaskadiert werden (Bild 7.23).

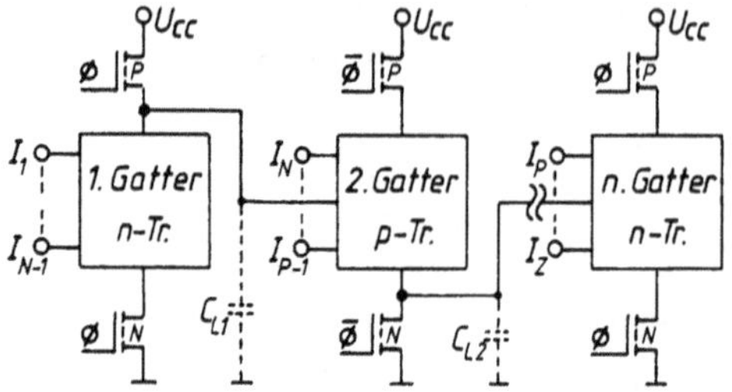

Bild 7.23
Modifizierte Dominoschaltung

Auf zwischengeschaltete Inverter kann verzichtet werden. Während des Vorladens ist Φ = L und $\bar{\Phi}$ = H, da $\bar{\Phi}$ dem invertierten Signal Φ entspricht. C_{L1} wird auf eine Spannung von U_{CC} und C_{L2} auf eine Spannung von 0V aufgeladen. Dadurch ist gewährleistet, daß beim Aktivieren der Gatter, wenn Φ in den H- und $\bar{\Phi}$ in den L-Zustand übergeht, eine Fehlinterpretierung der Variablen nicht erfolgt, da die n- bzw. p-Gatter nur leitend werden, wenn sich die entsprechenden Eingänge von L nach H bzw. H nach L verändern. Da die Signalfortpflanzung immer richtig abläuft, wird diese Technik NORA (NO RACE) genannt /5/.

Ein Beispiel für diese Technik ist in Bild 7.24 dargestellt.

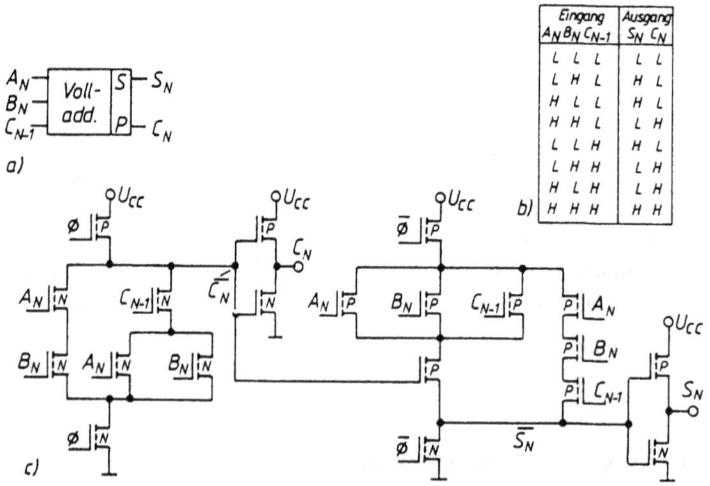

Eingang A_N	B_N	C_{N-1}	Ausgang S_N	C_N
L	L	L	L	L
L	H	L	H	L
H	L	L	H	L
H	H	L	L	H
L	L	H	H	L
L	H	H	L	H
H	L	H	L	H
H	H	H	H	H

Bild 7.24
Volladdierer; a) Symbol; b) Wahrheitstabelle; c) NORA-Schaltung

Hierbei handelt es sich um einen Volladdierer, der die logischen Funktionen

$$S_N = [A_N \oplus B_N] \oplus C_{N-1}$$

und $$C_N = [A_N \oplus B_N] C_{N-1} \vee A_N B_N \qquad (7\text{-}3)$$

realisiert.

Bei allen bisher vorgestellten getakteten Schaltungen haben während des Vorladens die Ausgänge entweder einen L- oder H-Zustand. Dies ist in Bild 7.25a z.B. für den beschriebenen Addierer dargestellt.

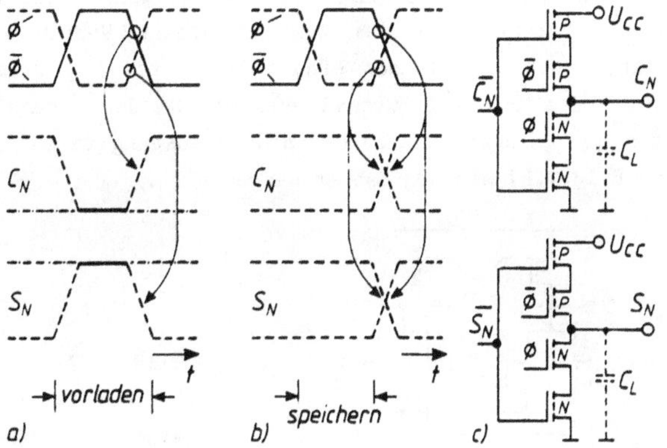

Bild 7.25
a) Zeitdiagramm des Volladdierers nach Bild 7.24c; b) Zeitdiagramm des Volladdierers mit modifiziertem Ausgangsinverter; c) Modifizierte Ausgangsinverter

Will man dies vermeiden (Bild 7.25b), was für die weitere Verarbeitung der Daten wichtig ist, so kann die Information während des Vorladens an den Ausgängen zwischengespeichert werden. Dazu wurden, wie in Bild 7.25c gezeigt, die Ausgangsinverter modifiziert. In der Vorladezeit, wenn Φ = L und $\bar{\Phi}$ = H ist, sind die Ausgänge C_N und S_N hochohmig geschaltet. Ihre Zustände ändern sich nicht, da die Kapazitäten entsprechend auf- oder entladen sind. Diese Art der Informationsspeicherung wird dynamisch genannt, da die Ladung der Kapazitäten infolge von Leckströmen nur für eine bestimmte Zeit garantiert werden kann.

7.2.4 Differentiell kaskadierte Schaltung (DCVS)

Die Grundidee /6/ dieser sog. DCVS (Differential Cascaded Voltage Switch)-Schaltungstechnik ist in Bild 7.26 dargestellt.

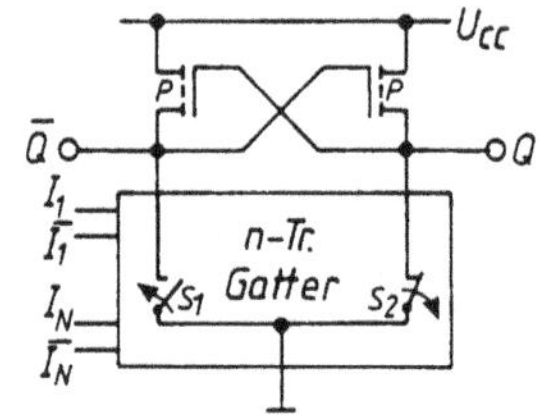

Bild 7.26
Darstellung einer differentiell kaskadierten statischen Schaltung

Man benötigt zu dieser differentiellen Technik die wahren und komplementären Eingangsvariablen. Entsprechend dem Zustand dieser Variablen liefert das n-Transistor Gatter einen leitenden Pfad (als S_1 bzw. S_2 dargestellt) nach Masse, wodurch Q oder $\bar{Q}$ den L-Zustand annimmt. Da die p-Kanal Transistoren kreuzgekoppelt sind, gelangt dadurch der andere Ausgang in den H-Zustand. Als Beispiel ist in Bild 7.27 ein XOR-Gatter dargestellt.

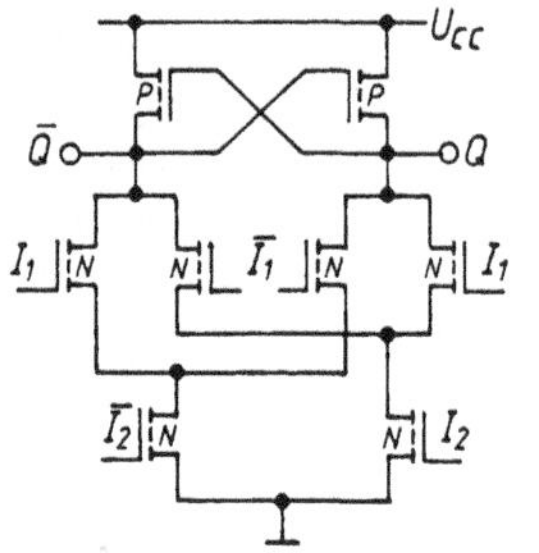

Bild 7.27
Differentiell kaskadiertes statisches XOR-Gatter

Hierbei ist die Verknüpfung der Transistoren für den Ausgang Q gegeben durch: $Q = I_1\bar{I}_2 v \bar{I}_1 I_2$ und diejenige für den komplementären Ausgang durch:

$\bar{Q} = \overline{I_1\bar{I}_2 v \bar{I}_1 I_2} = I_1 I_2 v \bar{I}_1\bar{I}_2$. Wie dieses Beispiel zeigt, können Standard Logikentwurfsmethoden angewendet werden /7/, um derartige Schaltungen zu realisieren.

Im vorhergehenden wurde das statische DCVS-Prinzip vorgestellt. Hierbei müssen die n-Kanal Transistoren, ähnlich wie in Abschnitt 7.1.3 beschrieben, beim Schalten gegen den p-Kanal Transistor arbeiten, bis ein Ausgang den H- und der andere den L-Zustand erreicht hat. Nach Beendigung des Schaltvorgangs fließt kein statischer Strom mehr durch die Schaltung. Die Strombelastung während des Schaltens hat den Nachteil, daß die statische DCVS-Technik ein langsameres

Schaltverhalten, als die eines herkömmlichen statischen Schaltnetzes (Abschnitt 7.1) besitzt. Um dies zu umgehen, können auch bei der differentiellen Schaltungstechnik getaktete Verfahren angewendet werden.

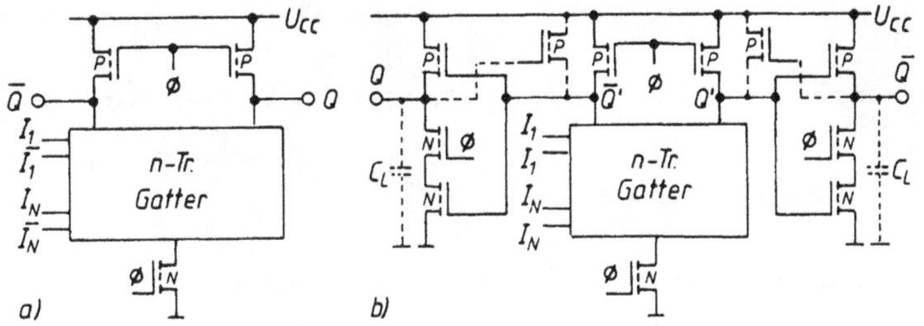

Bild 7.28
Darstellung differentiell kaskadierter getakteter Schaltungen; a) Differentielle C^2MOS-Anordnung; b) Differentielle Domino/NORA-Anordnung

Die Anordnung von Bild 7.28a beruht auf dem im Abschnitt 7.2.1 beschriebenen C^2MOS-Prinzip, während diejenige von Bild 7.28b eine Änderung des Domino-Prinzips mit dynamischer Zwischenspeicherung darstellt. Während des Vorladens (Φ=1) ist $\bar{Q}'$ und Q'=H, wodurch die Ausgänge Q und $\bar{Q}$ in dieser Zeit hochohmig geschaltet sind und die Information an C_L als unterschiedliche Ladungsmenge zwischengespeichert wird. Gestrichelt eingezeichnet sind zwei Rückkopplungstransistoren, die, wie im Abschnitt 7.2.1 beschrieben, einen unerwünschten Ladungsausgleich unterdrücken.

Zusammenfassend können folgende Vorteile der DCVS-Technik aufgeführt werden:

a) Invertierte und nichtinvertierte Ausgänge stehen zur Verfügung. Dadurch kann der Logikentwurf von Domino-Schaltungen, der ansonsten nur nichtinvertierende Logik zuläßt, vereinfacht werden und

b) die getaktete DCVS-Technik liefert infolge der differentiellen Ansteuerung die kürzesten Schaltzeiten /8/ von allen beschriebenen Schaltungstechniken.

Diese Vorteile werden durch eine etwas größere Chipfläche pro Gatter erkauft.

7.2.5 Schaltverhalten der Gatter

Zur überschlägigen Bestimmung der Anstiegs- bzw. Abfallzeiten t bei Gattern kann auf das Ergebnis bei den Komplementärinvertern (Gl.6-46 und Gl.6-47)

$$t = \frac{C_L}{\beta} \, 0{,}75 \; [V^{-1}] \qquad (7\text{-}4)$$

zurückgegriffen werden. Hierbei ist ß die Verstärkung eines p- oder n-Kanal Transistors und C_L die gesamte parasitäre Kapazität am Ausgang des Gatters.

Sind m-Transistoren parallel geschaltet, ergibt sich eine Streuung der Zeit von

$$\frac{C_L}{\beta} \, 0{,}75 \; [V^{-1}] \leqq t \leqq \frac{1}{m} \frac{C_L}{\beta} \, 0{,}75 \; [V^{-1}]. \qquad (7\text{-}5)$$

Diese hängt davon ab, wieviel Transistoren gleichzeitig aktiviert werden.

Werden dagegen m-Transistoren in Serie geschaltet, resultiert eine verlängerte Zeit von

$$t = m \frac{C_L}{\beta} \, 0{,}75 \; [V^{-1}]. \qquad (7\text{-}6)$$

Die in dieser Gleichung angegebene Zeit gibt den besten Fall wieder, wie im folgenden Beispiel für die Serienschaltung von n-Kanal Transistoren bei einem vierfach NAND-Gatter (Bild 7.29) demonstriert wird.

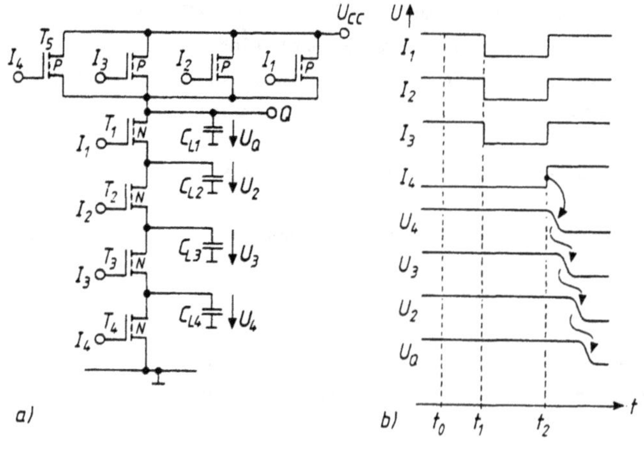

Bild 7.29
a) Vierfach NAND-Gatter; b) Zeitverhalten

Zur Zeit t_0 herrschen an den Eingängen die in Bild 7.29b angegebenen Zustände. Dadurch sind die Transistoren T_1, T_2, T_3 und T_5 leitend geschaltet, wodurch sich die Spannungen U_Q bis U_4 einstellen. Zur Zeit t_1 werden an die Eingänge I_1 bis I_3 L-Zustände angelegt. Die Spannungen U_Q bis U_4 bleiben dadurch unverändert. Ändern sich jedoch zur Zeit t_2 alle Eingangspegel von L nach H, so kann sich die Ausgangsspannung U_Q erst dann ändern, wenn nacheinander die Kapazitäten C_{L4} bis C_{L1} entladen werden. Dies führt zu einer Erhöhung gegenüber der in Gleichung (7-6) angeführten Entladezeit, wobei sich der Substratsteuerfaktor zusätzlich negativ auswirkt. Um die Entladezeit zu verringern, können die n-Kanal Transistoren, wie in /9/ beschrieben, gestaffelt dimensioniert werden. Bild 7.30 zeigt für diesen Fall das Layout des vorhergehenden Vierfach NAND-Gatters.

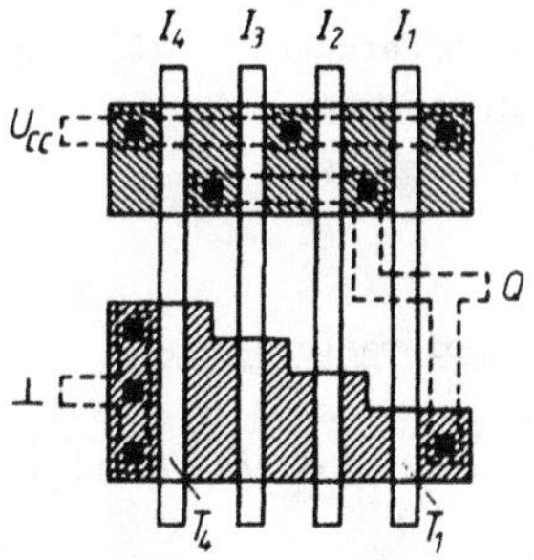

Bild 7.30
Layout eines Vierfach NAND-Gatters

Der am nächsten zum Ausgang Q liegende Transistor T_1 hat dabei die kleinste Weite, während derjenige am nächsten zur Masse liegende Transistor T_4 die größte Weite besitzt. In Abhängigkeit von der Strukturfeinheit der CMOS-Technologie ist durch diese Maßnahme eine Verkürzung der Abfallzeit von 15 bis 25% erreichbar.

7.3 Logische Felder

Im vorhergehenden wurden die verschiedensten Eigenschaften von Grundelementen der Schaltnetze analysiert. Diese können verknüpft werden, um komplexere Schaltnetze zu realisieren. Dabei entstehen fast immer unregelmäßige Layout-Strukturen. Mit Hilfe von logischen Feldern können diese systematisch angeordnet werden. Dadurch ist ab einer bestimmten Zahl von Gattern, die von der verwendeten Technik abhängt, die Chipfläche pro Gatter geringer (Bild 7.31).

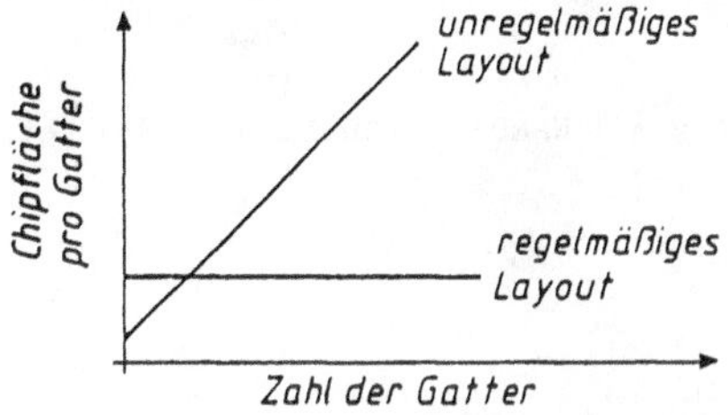

Bild 7.31
Vergleich von unregelmäßigem und regelmäßigem Layout

Im folgenden werden als Beispiele für logische Felder Dekoder, ROMs und PLAs näher betrachtet.

7.3.1 Dekoder

In vielen digitalen Schaltungen und insbesondere bei Speichern werden Dekoder verwendet. Dies sind Schaltungen, die ein N-bit-Eingangswort in ein M-bit-Ausgangswort umwandeln, wobei $M=2^N$ ist. Bei jedem Ausgangswort hat stets nur ein Ausgang einen Binärzustand H(L), während die verbleibenden Ausgänge die Binärzustände L(H) besitzen. Im folgenden werden Dekoder in verschiedenen Schaltungstechniken vorgestellt.

Statischer Komplementärdekoder

Als Beispiel wird ein 1 aus 4 NOR-Dekoder (Bild 7.32)

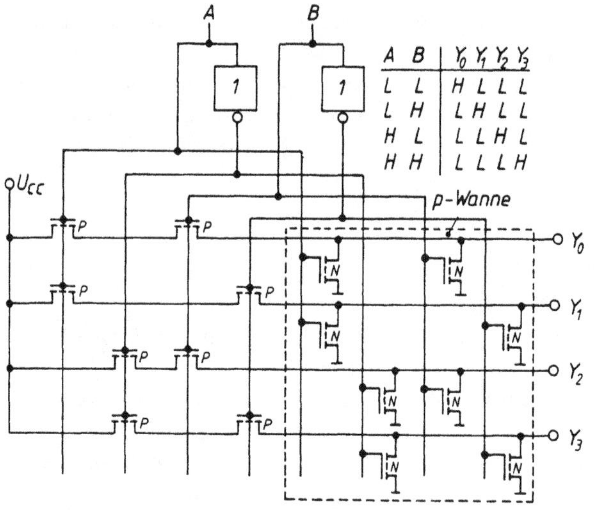

A	B	Y_0	Y_1	Y_2	Y_3
L	L	H	L	L	L
L	H	L	H	L	L
H	L	L	L	H	L
H	H	L	L	L	H

Bild 7.32
1 aus 4 NOR-Dekoder in statischer Komplementärtechnik mit Wahrheitstabelle

und ein 1 aus 4 NAND-Dekoder (Bild 7.33) betrachtet.

Bild 7.33
1 aus 4 NAND-Dekoder in statischer Komplementärtechnik mit Wahrheitstabelle

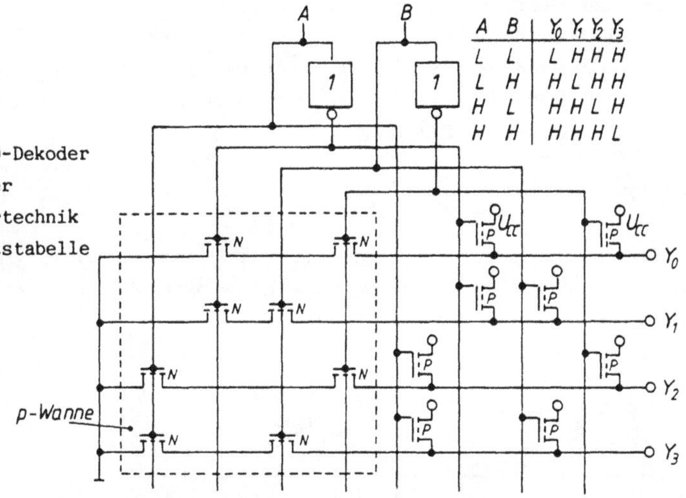

A	B	Y_0	Y_1	Y_2	Y_3
L	L	L	H	H	H
L	H	H	L	H	H
H	L	H	H	L	H
H	H	H	H	H	L

Die Grundelemente für diese Dekoder bilden die bereits beschriebenen NOR- und NAND-Gatter.

Alle n-Kanal Transistoren können zur Einsparung von Siliziumfläche, wie angedeutet, in einer gemeinsamen p-Wanne angeordnet werden. Nachteilig bei diesen Dekodern ist, daß die p-Kanal bzw. n-Kanal Transistoren seriell angeordnet sind, wodurch es bereits ab m=4 zu relativ langsamen Anstiegs- bzw. Abfallzeiten am Ausgang kommt. Um diese zu vermeiden, werden Dekoder häufig kaskadiert. Dieses Prinzip ist in Bild 7.34 an einem 1 aus 16 Dekoder demonstriert.

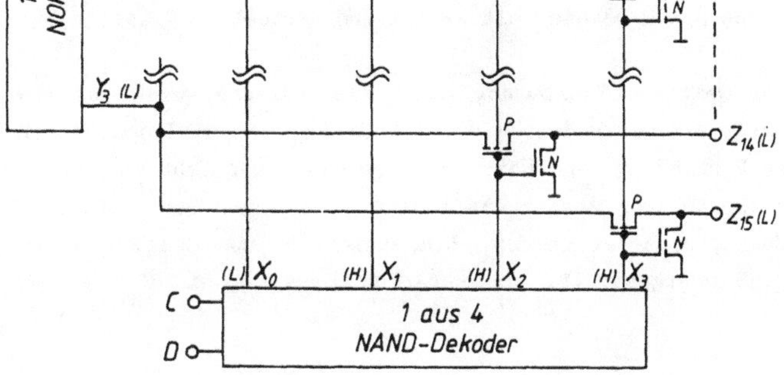

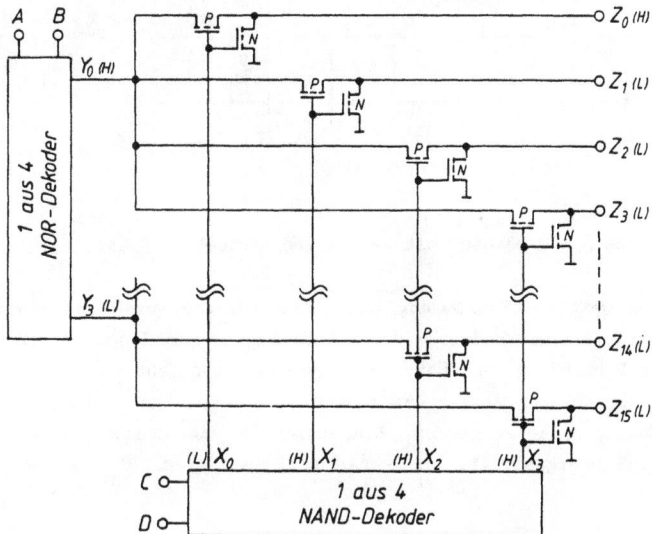

Bild 7.34
Kaskadierung von Dekodern

Zur Nachdekodierung wird ein Komplementärinverter verwendet, der an der Source des p-Kanal Transistors angesteuert wird. Wie an dem Beispiel zu ersehen, kann der H-Pegel des NOR-Dekoders nur dann zum Ausgang Z_0 gelangen, wenn der NAND-Dekoder einen L-Pegel liefert. (Die im ungünstigsten Fall an den Z-Ausgängen auftretende Spannung wird in Aufgabe 7.7 berechnet)

P-Last-Dekoder

Genau wie bei den Gatterschaltungen kann die P-Last Technik mit ihren Vor- und Nachteilen auch bei den Dekodern verwendet werden. Als Beispiel ist in Bild 7.35 ein 1 aus 8 NOR-Dekoder dargestellt.

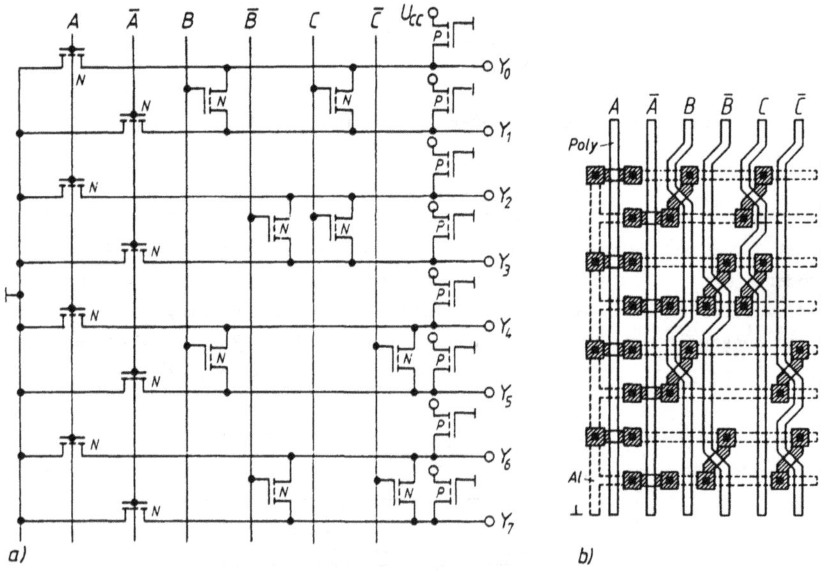

Bild 7.35
1 aus 8 NOR-Dekoder mit P-Last und virtueller Masse; a) Schaltung; b) Layout

Zur weiteren Einsparung von Siliziumfläche wurde das Prinzip der virtuellen Masse mit verwendet. Hierbei wird den n-Kanal Transistoren keine separate Masse Verbindung zugeführt, sondern dies geschieht mit Hilfe der gerad- oder ungeradzahligen Ausgangsleitungen y, die zur Masse mit Hilfe der A, Ā Eingänge durchgeschaltet werden. Ein Ausschnitt aus dem kompakten Layout ist in Bild 7.35b dargestellt, wobei die Leitungen A bis C̄ mit Polysilizium ausgeführt sind. Noch besser wäre es, hierfür Polyzid zu verwenden, da dadurch der unvermeidlich große Leitungswiderstand von 30Ω/□ auf ca. 2Ω/□ (Tabelle 6.2) gesenkt werden könnte.

Dynamischer Komplementärdekoder

Die bei den dynamischen Gatterschaltungen vorgestellten Prinzipien sind selbstverständlich auch bei den Dekodern anwendbar. Im folgenden wird als Beispiel für diese Kategorie von Schaltungen ein weit verbreiteter NOR-Dekoder (Bild 7.36) vorgestellt.

Ist Φ=L und $\bar{\Phi}$=H, dann sind alle Ausgänge der NOR-Gatter im L-Zustand und alle n-Kanal-Transistoren gesperrt. Die p-Kanal Transistoren leiten, wodurch die mit den Y-Leitungen verbundenen parasitären Kapazitäten C auf U_{CC} aufgeladen werden. Ändern die Φ-Signale ihren Zustand, findet die Dekodierung durch entsprechende Entladung bzw. Nichtentladung der Kapazitäten statt.

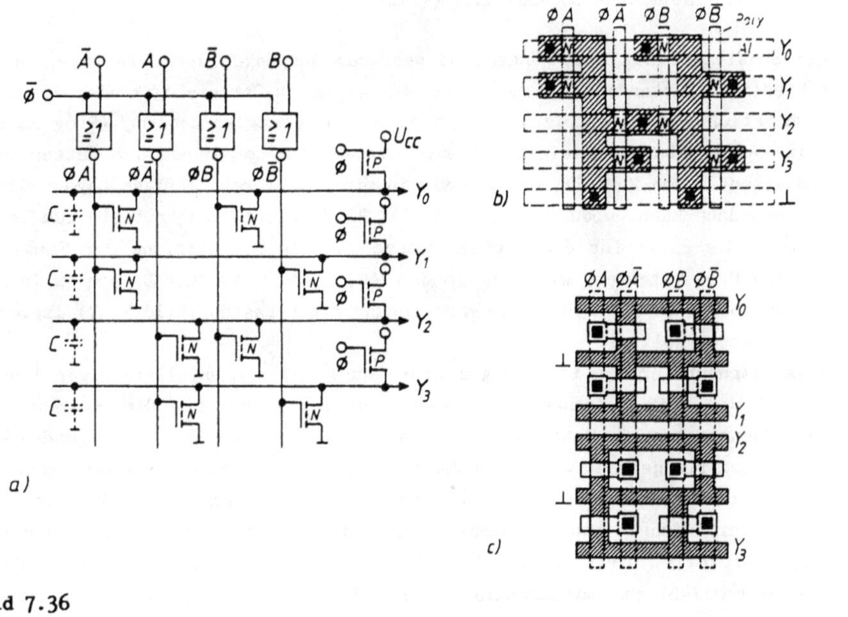

Bild 7.36
Dynamischer 1 aus 4 NOR-Dekoder; a) Schaltung; b) Layout: Eingänge Polysilizium, Ausgänge Al; c) Layout: Eingänge Al, Ausgänge Diffusion

Zwei mögliche Dekoder-Layouts sind dargestellt. In Bild 7.36b wurden die Eingänge als Polysilizium- und die Y-Ausgänge als Aluminiumbahnen ausgeführt. Die Masseanschlüsse der n-Kanal Transistoren werden über gemeinsame Diffusionsstreifen realisiert. Da diese mit ca. 40Ω/□ relativ hochohmig sind, müssen diese periodisch mit den niederohmigen Al-Leitungen kontaktiert werden. Vorteil dieser Anordnung ist der geringe Abstand der Y-Ausgänge. Dieser wird bei Halbleiterspeichern gefordert, bei denen mit dem Dekoder Speicherelemente mit geringen Abmessungen ausgewählt werden müssen. Von Nachteil ist dagegen die Polysiliziumbahn, die sich infolge ihres großen Kapazitäts- und Widerstandsbelags wie eine Verzögerungsleitung verhält. Wie bereits im vorhergehenden erwähnt, würde eine Polyzidbahn die Situation wesentlich verbessern.

Eine Alternative zu diesem Layout ist in Bild 7.36c gezeigt. Hierbei sind die Eingänge als Aluminium- und die Ausgänge als Diffusionsbahnen ausgeführt. Es resultiert ein wesentlich größerer Abstand der Y-Ausgänge als im vorhergehenden Beispiel. Der wesentliche Vorteil jedoch ist, daß lediglich eine Signalverzögerung auf den Diffusionsbahnen auftritt. Diese ist jedoch meist vernachlässigbar, da diese Leitungen wesentlich kürzere Abmessungen als die der Eingangsleitungen besitzen.

7.3.2 Programmierbare Logikanordnung (PLA)

Ein Schaltnetz mit N-Eingängen und mehreren Ausgängen kann bis zu 2^N unterschiedliche Zustände einnehmen. Diese können durch Gatter-Logik oder durch die Kombination zweier Matrizen als programmierbare Logikanordnung (Programmable Logic Array PLA) realisiert werden. Letztere hat gegenüber der Gatter-Logik den wesentlichen Vorteil, daß man sie in einer sehr regelmäßigen Layout-Struktur anordnen kann, wodurch die in Bild 7.31 dargestellten Vorteile zum Tragen kommen. Die Basis für die Logikanordnung ist die Realisierung der Summe von binären Produkttermen, wie z.B. $Q_1=\bar{A}B \vee A\bar{B}$, $Q_2=\bar{A}\bar{B} \vee \bar{A}B$, $Q_3=A\bar{B}$, die im folgenden anhand einer NOR-NOR-Matrizen Anordnung mit P-Lasten (Bild 7.37) implementiert werden soll.

Ausgangspunkt für die im Bild gezeigte Matrix ist ein unvollständiger 1 aus 4 NOR-Dekoder. Die Ausgänge des Dekoders sind gleichzeitig die Eingänge der nachgeschalteten NOR-Matrix mit den Ausgängen Q_1 bis Q_3, die im folgenden Programmiermatrix genannt wird. Die Verknüpfung der Gattertransistoren geschieht, wie aus dem Layout zu ersehen ist, mit Hilfe von Kontaktzonen, die die benötigten Verbindungen von Draingebieten mit den Aluminiumleiterbahnen der Ausgänge herstellt. Diese Art der Verknüpfung hat den Vorteil, daß die Schaltung bis einschließlich Zwischenoxid (Bild 6.1h) vorgefertigt werden kann. Die eigentliche Programmierung, d.h. Realisierung der Wahrheitstabelle kann dann später durch Einfügen von entsprechenden Kontaktzonen, usw. realisiert werden.

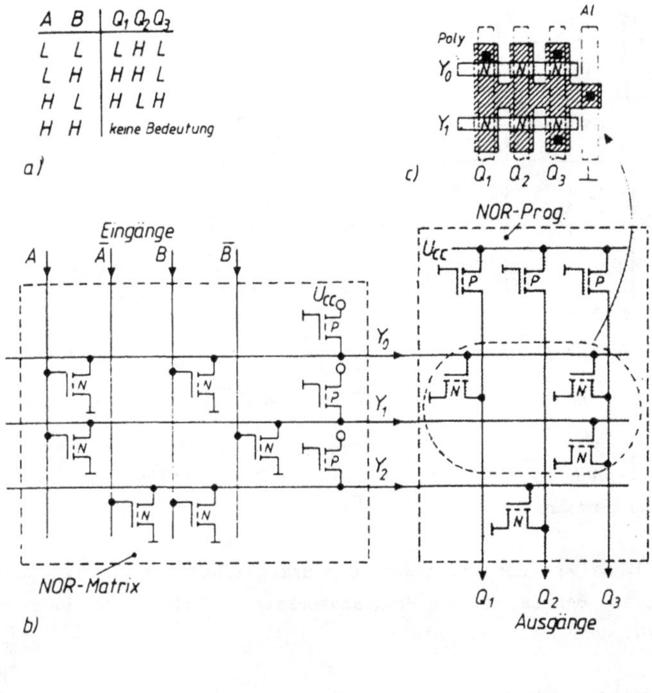

A	B	$Q_1 Q_2 Q_3$
L	L	L H L
L	H	H H L
H	L	H L H
H	H	keine Bedeutung

Bild 7.37
PLA mit NOR-NOR Matrizen; a) Wahrheitstabelle; b) Schaltung; c) Ausschnitt aus dem Layout

Eine noch flächensparendere Logikanordnung kann durch die Verwendung von NAND-NAND-Matrizen erreicht werden, wobei die Programmierung durch Ionenimplantation geschehen kann. Dieses Verfahren wird im folgenden Beispiel (Bild 7.38) vorgestellt, wobei eine dynamische Schaltungstechnik angewendet wird und die im vorhergehenden bereits gewählte Summe von binären Produkttermen realisiert werden soll.

Der NAND-Dekoder setzt sich aus den bereits in den vorhergehenden Abschnitten behandelten Elementen zusammen. Es wird jedoch darauf hingewiesen, daß dieser bei jedem Ausgangswort stets nur einen L-Zustand liefert (Bild 7.33). Dies ist zum Verständnis der Wirkungsweise des nachgeschalteten NAND-Programmierfeldes wichtig. Wie bereits erwähnt, geschieht dort die Programmierung bzw. Verknüpfung durch Ionenimplantation im Transistorbereich. Dadurch werden diese Transistoren in Verarmungstransistoren (Kapitel 5.3.5) umgewandelt. Diese können dadurch bei Anlegen eines L-Zustandes vom Dekoder nicht mehr nichtleitend geschaltet werden, wodurch, wie in Bild 7.38 dargestellt, sich an den Ausgängen die Zustände Q_1=L, Q_2=H und Q_3=L einstellen, wenn Y_0=L ist.

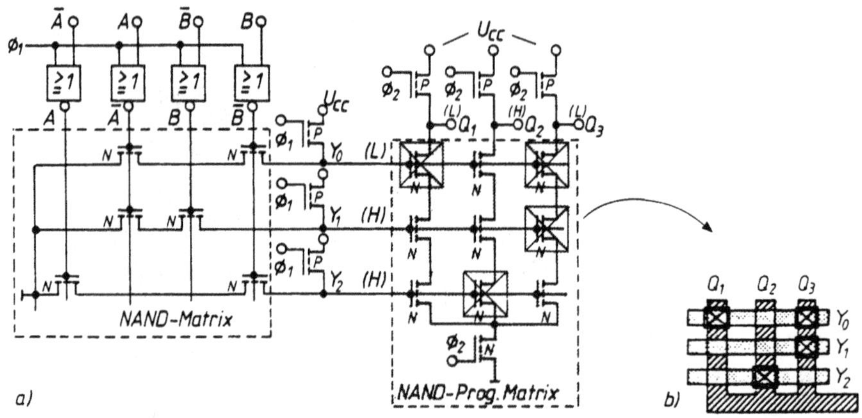

Bild 7.38
PLA mit NAND-NAND Matrizen; a) Schaltung; b) Ausschnitt aus dem Layout der NAND-Programmiermatrix

Die durch diese Art der Programmierung ermöglichte Einsparung von Siliziumfläche geht aus dem Layout der Programmiermatrix (Bild 7.38b) hervor, bei dem keine Kontaktzonen benötigt werden.

Ein wesentlicher Nachteil dieser Anordnung ist die langsame Abfallzeit, die durch die Serienschaltung der Transistoren, besonders bei größeren Feldern verursacht wird. Um diesen Effekt zu mildern, wurde bereits die dynamische Schaltungstechnik angewendet.

In /10,11/ sind weiterführende PLA-Konzepte vorgestellt, bei denen die Matrizen ineinander verschachtet sind. Dies hat den Vorteil, daß insgesamt eine noch bessere Ausnutzung der Siliziumfläche erreicht werden kann.

7.4 Schaltwerke

Wie in Abschnitt 7.1 beschrieben, kann ein digitales System in Schaltnetze und Schaltwerke aufgeteilt werden. Der wesentliche Unterschied besteht darin, daß die Schaltwerke ein Gedächtnis oder besser gesagt, einen Datenspeicher besitzen, dessen Grundelement das Flipflop ist.

7.4.1 Flipflops

Bei MOS-Schaltungen sind von den vielen bekannten Flipflop-Typen das RS- sowie das D-Flipflop am bedeutensten. Diese können asynchron oder mit Takten synchron betrieben werden, worauf im folgenden näher eingegangen wird.

Ungetaktetes RS-Flipflop

Ein derartiges Flipflop kann aus zwei kreuzgekoppelten NOR-Gattern (Bild 7.39)

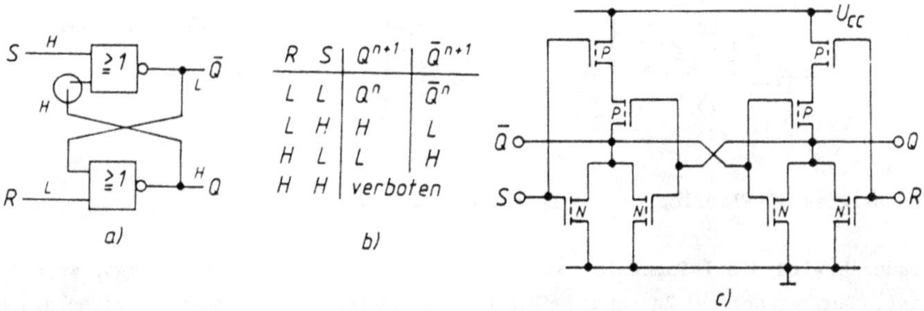

Bild 7.39
RS-Flipflop; a) Logikdarstellung; b) Wahrheitstabelle; c) Schaltung

aufgebaut werden. Die Eingänge sind mit Setzeingang S (set) und Rücksetzeingang R (reset) bezeichnet. Liegt am Setzeingang ein H-Zustand an, dann ist $\bar{Q}$=L. Da der Ausgang $\bar{Q}$ mit einem Eingang des zweiten NOR-Gatters verbunden ist und am Reseteingang ein L-Zustand anliegt, ist Q=H. Wird nun Q mit dem zweiten Eingang des ersten NOR-Gatters verbunden (Kreis in Bild 7.39a), so bleiben die kreuzgekoppelten NOR-Gatter in dem beschriebenen Zustand, auch wenn sich der Setzeingang von H auf L ändert. Ist dagegen R=H, dann gelangt das Flipflop in den entgegengesetzten Zustand. Das Flipflop hat somit zwei stabile Zustände, in die es mit H am Setz- bzw. Rücksetzeingang gebracht werden kann.
Ist R=S=L, dann tritt keine Zustandsänderung auf. Dies ist in der Wahrheitstabelle durch den alten Zustand Q^n gekennzeichnet. Ist dagegen R=S=H, dann haben die Ausgänge den Zustand L und sind nicht mehr invertiert zueinander. Diese Ansteuerung ist verboten, da sich das Flipflop in keinem bistabilen Zustand befindet. Die schaltungstechnische Realisierung des RS-Flipflops ist in Bild 7.39c dargestellt. Um das Flipflop in sequenziellen Funktionsblöcken zu verwenden, muß es synchron, d.h. taktgesteuert betrieben werden.

Getaktetes RS-Flipflop

Das getaktete RS-Flipflop wird durch die Verknüpfung der R- und S-Eingänge mit zwei AND-Gatter und einem Steuertakt Φ erreicht (Bild 7.40).

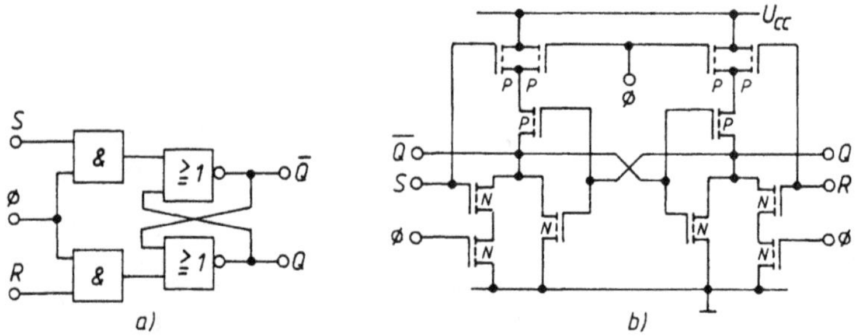

Bild 7.40
Getaktetes RS-Flipflop; a) Logikdarstellung; b) Schaltung

Dadurch wird die Information an den R- und S-Eingängen erst wirksam, wenn Φ=H ist. Der verbotene Zustand R=S=H bleibt bestehen. Die schaltungstechnische Realisierung des Flipflops (Bild 7.40b) ist dadurch entstanden, daß die AND-Gatter nicht separat, sondern direkt in den Zweigen des Flipflops eingebracht wurden.

Der Nachteil des verbotenen Zustandes R=S=H wird mit dem folgenden D-Flipflop umgangen.

Getaktetes D-Flipflop

Hierzu wird dem Rückstelleingang immer der invertierte Zustand des Setzeingangs zugeführt (Bild 7.41a).

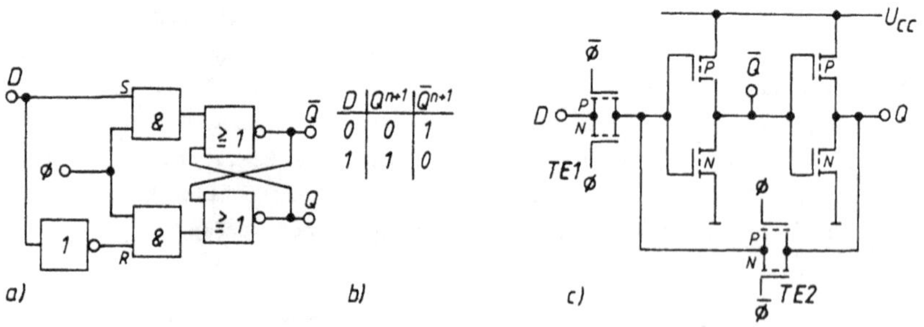

D	Q^{n+1}	$\bar{Q}^{n+1}$
0	0	1
1	1	0

Bild 7.41
Getaktetes D-Flipflop; a) Logikdarstellung; b) Wahrheitstabelle; c) Schaltung

Die schaltungstechnische Realisierung des Flipflops kann selbstverständlich durch Abänderung des in Bild 7.40 dargestellten RS-Flipflops erfolgen oder, wie in Bild 7.41b gezeigt, durch die Verwendung von Transfer-Elementen. Die Speicherung der Daten geschieht über die durch das Transfer-Element TE2 rückgekoppelten Inverter. Soll das Flipflop Information übernehmen, wird das Transfer-Element TE1 aktiviert und TE2 deaktiviert. Die Deaktivierung von TE2 ist nötig, damit die Information am Eingang D nicht gegen den niederohmigen Ausgang Q arbeiten muß.

Die bisher vorgestellten Flipflops sind alle statisch, d.h. die gespeicherte Information bleibt in den kreuzgekoppelten NOR-Gattern oder Invertern so lange erhalten, wie die Versorgungsspannung anliegt. Im Gegensatz dazu gibt es dynamische Flipflops, bei denen die Information als unterschiedliche Ladungsmenge in einer Kapazität C_L gespeichert wird. Der Vorteil dabei ist, daß der zur Realisierung benötigte Aufwand relativ gering ist. Von Nachteil ist jedoch, daß durch nicht zu vermeidende Leckströme die Speicherzeit auf Millisekunden begrenzt ist, wodurch eine minimale Taktfrequenz von ca. 500Hz nicht unterschritten werden darf.

Die bekanntesten Realisierungen von dynamischen D-Flipflops sind in Bild 7.42 zusammengestellt.

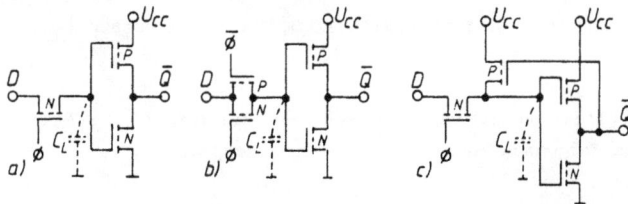

Bild 7.42
Dynamische D-Flipflops

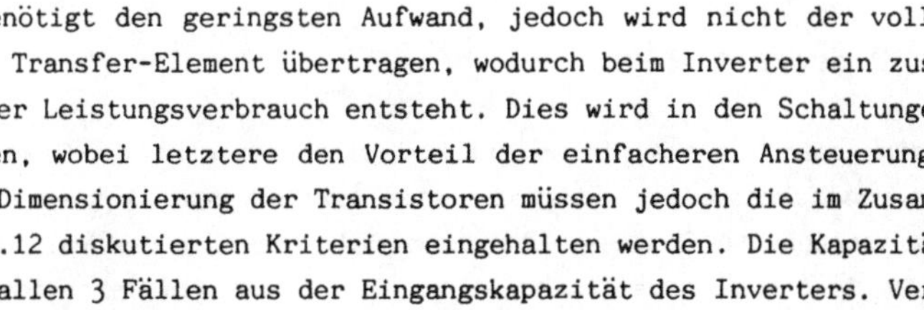

Schaltung a) benötigt den geringsten Aufwand, jedoch wird nicht der volle H-Pegel durch das Transfer-Element übertragen, wodurch beim Inverter ein zusätzlicher statischer Leistungsverbrauch entsteht. Dies wird in den Schaltungen b) und c) vermieden, wobei letztere den Vorteil der einfacheren Ansteuerung besitzt. Bei der Dimensionierung der Transistoren müssen jedoch die im Zusammenhang mit Bild 7.12 diskutierten Kriterien eingehalten werden. Die Kapazität C_L ergibt sich in allen 3 Fällen aus der Eingangskapazität des Inverters. Verwendet werden diese Flipflops meist bei Registern und Zählern, die im Abschnitt 7.4.2 näher betrachtet werden.

Die beschriebenen getakteten Flipflops, ob in statischer oder dynamischer Ausführung, werden gesetzt oder rückgesetzt, wenn der Takt in den Zustand H übergeht. Während der Dauer dieses Zustandes sind die Eingänge der Flipflops mit den Ausgängen direkt verkoppelt. Somit kann sich während dieser Zeit eine Zustandsänderung am Eingang direkt auf die Ausgänge übertragen. Dieser Nachteil kann mit dem Master-Slave-Prinzip umgangen werden.

Master-Slave-Prinzip

Hierbei werden zwei Flipflops, z.B. D-Flipflops wie in Bild 7.43 gezeigt, hintereinander geschaltet. Das erste wird vom Takt Φ_1 gesteuert, während das zweite vom Takt Φ_2 kontrolliert wird.

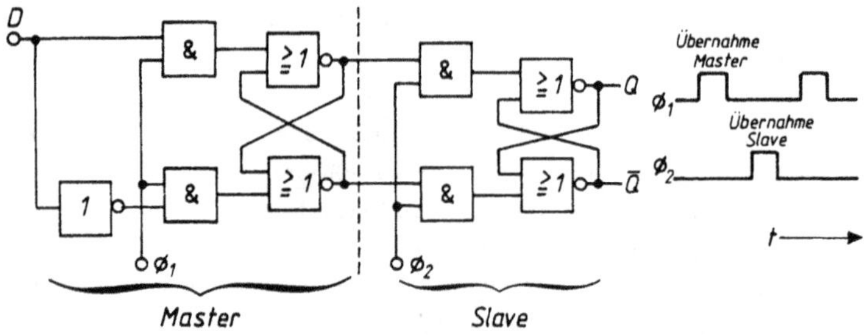

Bild 7.43
Master-Slave D-Flipflop mit Taktfolge

Da die Takte nichtüberlappend sind, stellt man sicher, daß nur jeweils eines der beiden Flipflops Daten übernehmen kann. Damit können die Eingangsdaten zu keinem Zeitpunkt den Ausgang direkt beeinflussen. Das Flipflop kann somit Daten übernehmen, während gleichzeitig der alte Zustand am Ausgang beibehalten wird.

Auf mögliche schaltungstechnische Realisierungen von Master-Slave Flipflops wird im folgenden Abschnitt näher eingegangen.

7.4.2 Register und Zähler

Register bestehen aus hintereinander geschalteten Master-Slave Flipflops. Mit Hilfe von Taktimpulsen an gemeinsamen Taktleitungen können Daten in die jeweils benachbarte Stufe geschoben werden. Die Eingabe und Ausgabe der Daten kann seriell oder parallel erfolgen. Deshalb werden derartige Register gerne zur Serienparallel- oder Parallelserienumwandlung verwendet.

Als Beispiel ist in Bild 7.44 ein Serien-Parallelregister, auch Schieberegister genannt, in drei verschiedenen Schaltungstechniken dargestellt.

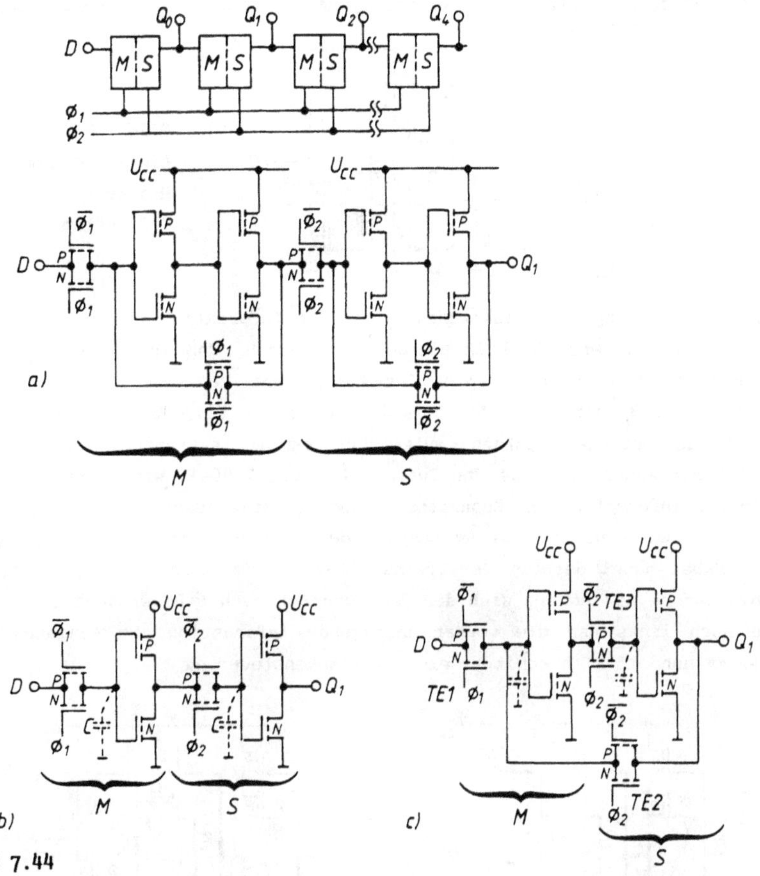

Bild 7.44
Realisierungen von Serien-Parallelregistern mit: a) statischen Master-Slave D-Flipflops; b) dynamischen Master-Slave D-Flipflops; c) Quasi-statischen Master-Slave D-Flipflops

Die Realisierung mit statischen a) und dynamischen Master-Slave Flipflops b) ergeben sich direkt aus der Anwendung der bereits beschriebenen D-Flipflops. In Realisierung c) ist dagegen ein quasi statisches Master-Slave Flipflop, bei dem der Master dynamisch und der Slave statisch arbeitet, gezeigt. Bis auf das Transferelement TE2 entspricht die Funktion und Schaltung der dynamischen Anordnung b). Mit der Rückkopplung über TE2 kann für die Zeit, während Φ_2=H ist, das Flipflop in den statischen Zustand gebracht werden. Dadurch hat das Register den Vorteil, daß es keine untere Grenzfrequenz besitzt.

Im vorhergehenden wurden bei den Registern zwei Taktpulse Φ_1 und Φ_2 sowie deren Komplement benötigt. Im folgenden werden ein Register und ein asynchroner Zähler vorgestellt, die nur einen Takt benötigen /12/. Ausgangsbasis ist das in Bild 7.45 dargestellte invertierende dynamische Master-Slave D-Flipflop.

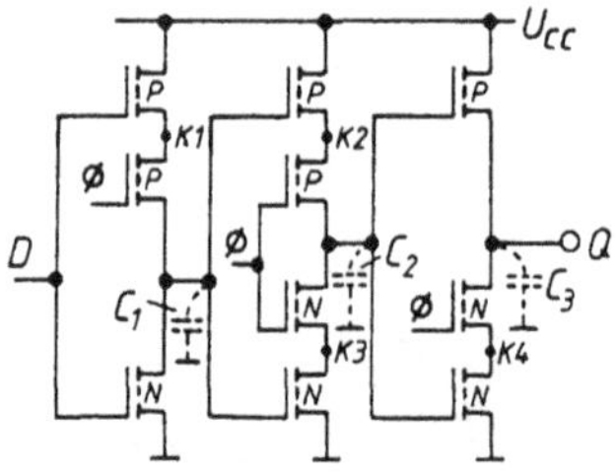

Bild 7.45
Eintakt dynamisches Master-Slave D-Flipflop

Abhängig vom Eingangs- und Taktzustand wird die Information in den Kapazitäten C_1 bis C_3 gespeichert. Wichtig hierbei ist jedoch, daß zu keiner Zeit eine leitende Verbindung vom Eingang zum Ausgang besteht.
Zur leichteren Beschreibung der Funktionsweise des Flipflops wurden in Bild 7.46 alle auftretenden Zustände aufgeführt und die aktivierten Transistoren stärker hervorgehoben. Hat Φ den Zustand L (Bild 7.46a), werden abhängig von der Eingangsinformation die Kapazität C_1 und C_2 aufgeladen. Während dieses Zustandes ist die Kapazität C_3 am Ausgang des Flipflops immer vom Eingang getrennt. Dabei hängt der Ort der Trennstelle, wie im Bild 7.46a gezeigt, vom Eingangszustand ab. Ändert sich der Takt von Φ=L nach Φ=H, wandert die Trennstelle nach links und die vorher anliegende Information zum Ausgang (Bild 7.46b). Es handelt sich somit um eine Einflankensteuerung.

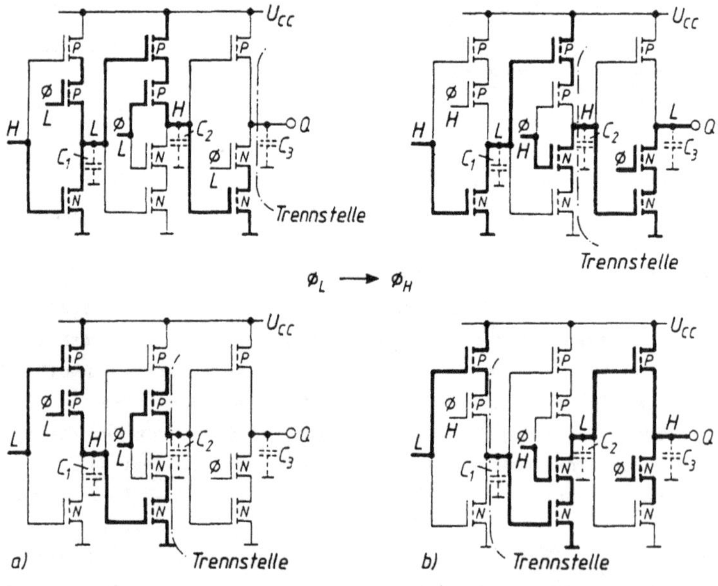

Bild 7.46
Binärzustände beim Eintakt dynamischen Master-Slave D-Flipflop; a) bei Φ = L und b) bei Φ = H

Das betrachtete Flipflop kann man genau, wie die bereits beschriebenen Flipflops, als Register oder Zähler verwenden. Ein asynchroner Binärzähler bzw. Frequenzteiler läßt sich dabei sehr einfach aus der in Bild 7.47 gezeigten Zusammenschaltung der Flipflops mit einem Inverter erreichen.

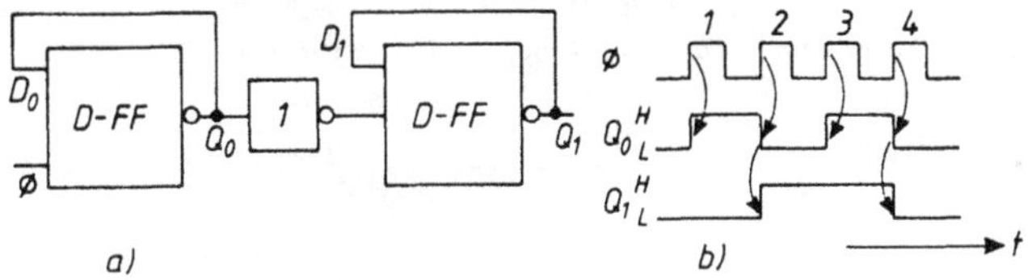

Bild 7.47
a) Asynchroner Binärzähler mit Flipflops entsprechend Bild 7.45; b) Impulsverlauf

Da der Ausgang Q mit dem jeweiligen Eingang D verbunden ist, ergibt sich in jeder Stufe eine Frequenzteilung.

7.4.3 MOS-Speicher

Ein Schaltwerk benötigt zur Speicherung der Information Datenspeicher. Von diesen wurden im vorhergehenden Abschnitt statische und dynamische Flipflops vorgestellt und dazu verwendet, Register zu realisieren. Es gibt aber noch weitere Datenspeicher, die in einer Übersicht nach der Art der Informationsspeicherung in Bild 7.48 zusammengestellt sind.

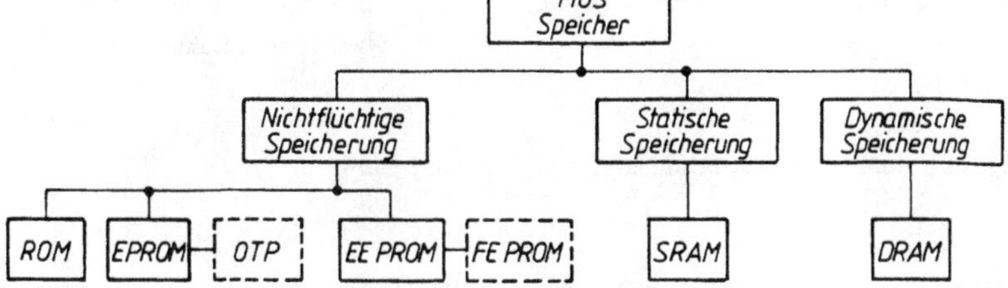

Bild 7.48
Einteilung der MOS-Speicher nach Art der Informationsspeicher

Bei der nichtflüchtigen Speicherung bleibt die gespeicherte Information erhalten, auch wenn die Versorgungsspannung abgeschaltet wird. Dies ist bei den beiden anderen Gruppen nicht der Fall. Man unterteilt diese nach der Taktfrequenz. Während die statischen Speicher keine untere Taktfrequenzgrenze besitzen, benötigen die dynamischen Speicher einen periodischen Takt, der zur Erneuerung der gespeicherten Information erforderlich ist.

Die in Bild 7.48 gezeigten Speichertypen werden als Untereinheit in integrierten digitalen Systemen oder als Standard Bausteine eingesetzt. Die Bedeutung der Speicherbezeichnungen ist aus Tabelle 7.1 zu entnehmen.

	Bezeichnung	Bemerkung
ROM	Read Only Memory	Nur-Lese-Speicher
EPROM	Electrically Programmable ROM	Elektrisch programmierbar, mit UV-Strahlung löschbar
OTP	One Time Programmable EPROM	Einmal elektrisch programmierbar (EPROM ohne transparenten Gehäusedeckel)
EEPROM	Electrically Erasable Programmable ROM	Byteweise elektrisch programmierbar und byteweise elektr. löschbar
F-EPROM	Flash Erasable PROM	Byteweise elektrisch programmierbar und global elektrisch löschbar
SRAM	Static Random Access Memory	Statischer Speicher mit wahlfreiem Zugriff
DRAM	Dynamic Random Access Memory	Dynamischer Speicher mit wahlfreiem Zugriff

Tabelle 7.1
Übersicht über die Bezeichnungen bei MOS-Speicher

Im folgenden werden die wesentlichsten Schaltungen, die man zum besseren Verständnis der Funktionsweise der verschiedenen Speicher benötigt, vorgestellt. Dabei ist es nicht das Ziel, Spezifikationen von käuflichen Standard Produkten zu erläutern.

Nur-Lese-Speicher (ROM)

Die einfachste Art, Daten nichtflüchtig zu speichern, kann, wie in der beschriebenen programmierbaren Logikanordnung (Abschnitt 7.3.2) ausgeführt, durch das Vorhandensein oder Nichtvorhandensein von Transistoren erreicht werden. Sind alle möglichen programmierbaren Zustände berücksichtigt, spricht man nicht mehr von einem PLA sondern von einem ROM. In Bild 7.49 ist das Blockschaltbild eines derartigen Speichers dargestellt.

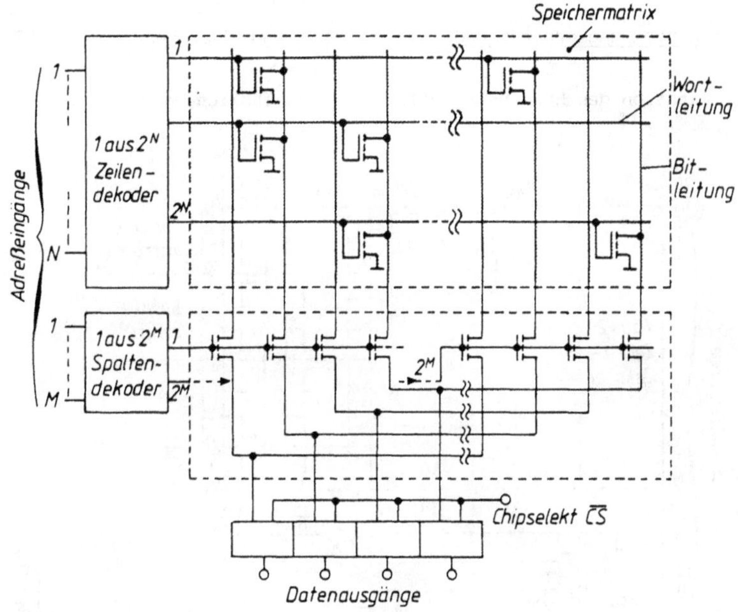

Bild 7.49
Blockschaltbild eines ROMs

In diesem Beispiel können die (N+M) Eingänge, auch Adreßeingänge genannt, $2^{(N+M)}$ unterschiedliche Ausgangswörter (z.B. zu je 4 Bit) an den Datenausgängen erzeugen. Mit Hilfe des Zeilendekoders wird eine Wortleitung (Zeile) aus der Speichermatrix ausgewählt. Der geometrische Aufbau des Speichers erfordert fast immer wesentlich mehr Spalten als Datenausgänge. Deshalb wird über eine Spaltenauswahlschaltung, die von einem Spaltendekoder gesteuert wird, die Selektion der entsprechenden Bitleitung (Spalte) durchgeführt und zu den Datenausgängen durchgeschaltet. Diese können über ein Chipselektsignal $\overline{CS}$ gemeinsam in einen hochohmigen Zustand gebracht werden. Dies ist erforderlich, wie in Abschnitt 6.7 beschrieben wurde, wenn mehrere Speicher parallel betrieben werden sollen.

Wie beim PLA, so kann auch der Nur-Lese-Speicher vorgefertigt werden. Dies kann je nach Aufbau der Speichermatrix bis einschließlich Zwischenoxid erfolgen. Die Programmierung kann dann durch Einsetzen von Kontaktlöchern, wie es in Bild 7.37c dargestellt ist, durchgeführt werden.

Bei ROMs wird die Programmierung beim Hersteller durchgeführt. Will der Anwender mehr Flexibilität und die Programmierung selbst realisieren, kann er die im folgenden aufgeführten Speicher verwenden.

Elektrisch programmierbarer und optisch löschbarer Speicher (EPROM, OPT)

Die Organisation des Speichers (Bild 7.50) ist ähnlich, wie die des ROMs aufgebaut.

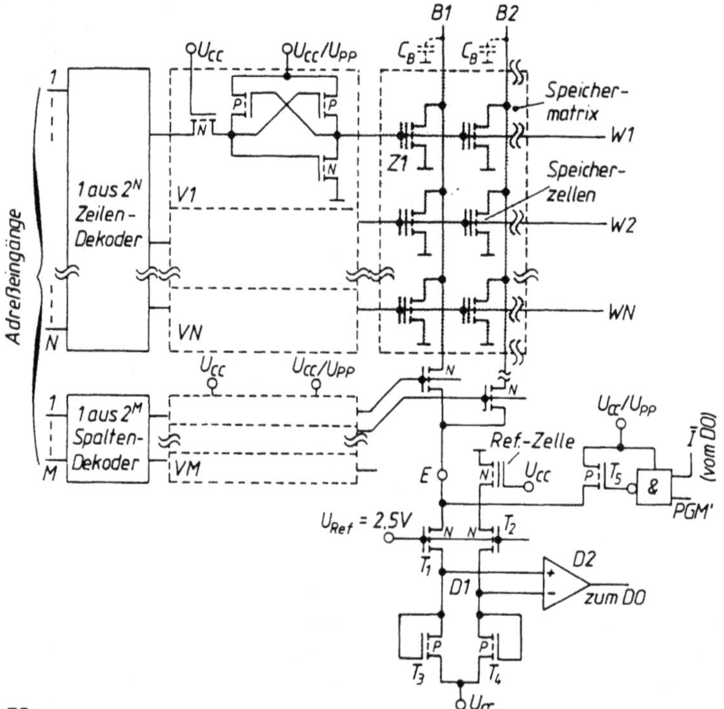

Bild 7.50

Ausschnitt aus einer EPROM-Speichermatrix mit Lese- und Programmierschaltungen

Als Speicherelemente werden jedoch statt Transistoren, die in Kapitel 5.6.3 beschriebenen EPROM-Zellen verwendet. Mit dem Zeilendekoder wird z.B. über die Schaltung V1 (Abschnitt 7.1.3) die Wortleitung W1 mit einer Spannung von $U=U_{CC}$ angesteuert und die Zellen an dieser Wortleitung aktiviert. Eine Nachselektion der Bitleitungen erfolgt mit einem Spaltendekoder. Dadurch gelangt z.B. die Information der Zelle Z1 an den Eingang E des Leseverstärkers mit den Transistoren T_1 bis T_4. Dieser vergleicht den Strom der Zelle mit dem einer Referenzzelle, indem die an den Transistoren T_3 und T_4 entstehenden Spannungen einem Differenzverstärker D2 zugeführt werden. Der Differenzverstärker wird später im Zusammenhang mit SRAMs näher betrachtet. Abhängig vom Programmierzustand der Zelle (siehe Bild 5.60) beträgt der Zellstrom I(L)~0A bzw. I(H)~100µA. Um mit diesem Strom die Bitleitung, die eine relativ große parasitäre Kapazität C_B besitzt, schnell umladen zu können, sind in dem Leseverstärker zwei Transistoren T_1, T_2 vorgesehen. Da diese an einer im Speicher erzeugten Referenzspannung von ca. U_{Ref}=2,5V liegen, wird die Spannung an der Bitleitung auf $U_B=U_{Ref}-U_{Tn}-\Delta U$ begrenzt, wodurch eine schnellere Umladung der Bitleitung ($\Delta t=C_B\Delta U/I$) erreicht wird. Hierbei ist ΔU der Spannungsabfall, der entsteht, wenn ein Zellstrom fließt. Der Spannungsabfall liegt bei ca. 200mV /13/. Ein weiterer Vorteil der geringen Spannung an der Bitleitung ist, daß ein unbeabsichtigtes Umprogrammieren der Zellen während des Lesens wesentlich unwahrscheinlicher ist. Verstärkt gelangt das zu lesende Signal über den Differenzverstärker D2 zum Datenausgang DO.

Die Programmierung der EPROMs geschieht dadurch, daß durch ein von außen angelegtes Signal $\overline{PGM}$ die Datenausgänge zu Dateneingängen umgeschaltet werden (nicht gezeigt) und eine Programmierspannung von U_{PP}=12,5V angelegt wird. Dadurch ändert sich die Spannung an den mit U_{CC}/U_{PP} bezeichneten Klemmen von 5V auf 12,5V, wodurch die Gates der Zellen mit dieser hohen Spannung angesteuert werden. Gleichzeitig gelangt über ein NAND-Gatter und einen Transistor T_5 die zu speichernde Information an die Bitleitung. Die Programmierzeit beträgt bei diesen Spannungen ca. 10µs/Byte.

Wie in Kapitel 5.6.3 beschrieben wurde, haben die EPROMs einen transparenten Gehäusedeckel, damit sie durch UV-Strahlung gelöscht werden können. Um die Gehäusekosten zu senken, werden EPROMs ohne diesen Deckel im Plastikgehäuse (OTP) geliefert. Dadurch ist nur eine einmalige Programmierung möglich.

Nicht nur das Löschen, sondern auch das Programmieren der EPROMs geschieht in speziell dafür entwickelten Geräten. Dazu müssen die Bausteine der Schaltungsplatine entnommen werden. Will man eine größere Systemflexibilität erhalten und die Bausteine auf der Platine programmieren, können die folgenden Bausteintypen verwendet werden.

Elektrisch umprogrammierbare Speicher (EEPROM, F-EPROM)

Das EEPROM ist sehr ähnlich wie das EPROM aufgebaut. Zusätzlich wird jedoch, wie in Kapitel 5.6.3 (Bild 5.62) gezeigt ist, ein Auswahltransistor sowie eine Lösch/Schreibleitung benötigt. Diese wird, wie der Auswahltransistor, von dem Zeilendekoder angesprochen, so daß eine byteweise Umprogrammierung möglich ist. Zur Erinnerung sei noch einmal darauf hingewiesen, daß die Zahl der möglichen Umprogrammierzyklen infolge unerwünschter Fehlstellenbildung im Gateoxid auf ca. 10^6 begrenzt ist.

Wird keine byteweise Löschung benötigt, kann ein Speicher mit einer globalen Löschung (F-EPROM) realisiert werden /14/. Dies hat den Vorteil, daß wie beim EPROM kein Auswahltransistor benötigt wird, wodurch die Chipfläche und dadurch die Herstellkosten reduziert werden können.

Zum Umprogrammieren wird bei den EEPROMs der Fowler-Nordheim Tunneleffekt verwendet. Der Vorteil dabei ist, daß beim Umprogrammieren sehr kleine Ströme von wenigen nA fließen, wodurch es leichter ist, die zum Umprogrammieren benötigte hohe Spannung in dem IC selbst zu erzeugen /15/. Eine dazu häufig verwendete Schaltung mit kapazitiver Spannungsvervielfachung wird im folgenden vorgestellt.

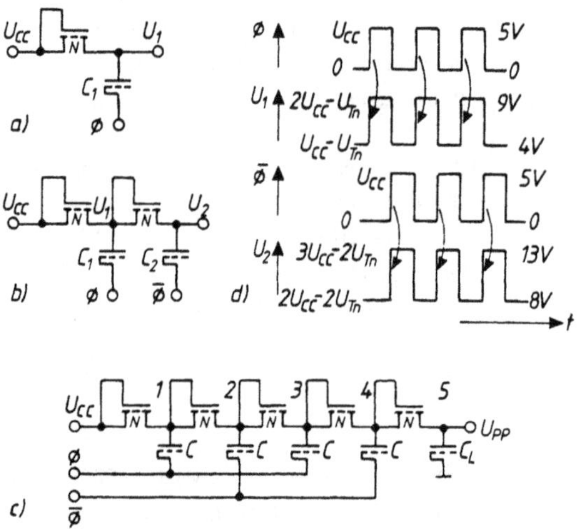

Bild 7.51

Prinzip der Spannungsvervielfachung; a) einstufige -; b) zweistufige -; c) vierstufige Anordnung; d) Zeitdiagramm

Ausgangspunkt ist die einstufige Anordnung in Bild 7.51a. Eine n-Kanal MOS-Kapazität wird auf eine Spannung $U_1 = U_{CC}-U_{Tn}$ aufgeladen, wobei die Taktspannung $\Phi = 0V$ ist. Ändert sich diese auf $\Phi = U_{CC}$, so ergibt sich eine Spannungserhöhung am Ausgang auf $U_1 = U_{CC}-U_{Tn}+\Phi = 2U_{CC}-U_{Tn}$ (Bild 7.51d). Über den Transistor kann dabei kein Strom fließen, da bei diesen Spannungsbedingungen die Funktionen von Source und Drain vertauscht sind und der Transistor gesperrt ist. Da er in dieser Konfiguration wie eine Diode wirkt, bezeichnet man ihn häufig als MOS-Diode. Wird eine weitere Stufe angeschlossen (Bild 7.51b), wobei die Kapazität C_2 mit dem komplementären Takt verbunden ist, ergibt sich eine weitere Spannungserhöhung auf $U_2 = 3U_{CC}-2U_{Tn}$. Hierbei ist angenommen, daß die Substratsteuerung vernachlässigbar ist, wodurch die Einsatzspannungen der Transistoren gleich groß sind. Außerdem soll in diesem Beispiel $C_1 \gg C_2$ sein, so daß man keinen Ladungsausgleich zu berücksichtigen hat und die erhöhte Spannung sofort entsteht. Wird die Schaltung erweitert (Bild 7.51c), so ergibt sich eine maximale Spannung von

$$U_{PP} = n(U_{CC} - U_{Tn}) \quad (7\text{-}7)$$

wobei n die Zahl der in Serie geschalteten Transistoren ist. Der am Ausgang liegende Transistor hat dabei den Zweck, wie eine Diode die Spannung zu glätten. In der Schaltung wurden gleich große Kapazitäten verwendet, wodurch es zum Ladungsausgleich kommt. Dies bedeutet jedoch nicht, daß die maximale Ausgangsspannung nicht erreicht wird, sondern nur, daß dazu mehrere Taktzyklen benötigt werden. Um dies zu beschleunigen, können die Kapazitäten, wie es in Bild 7.52 gezeigt ist,

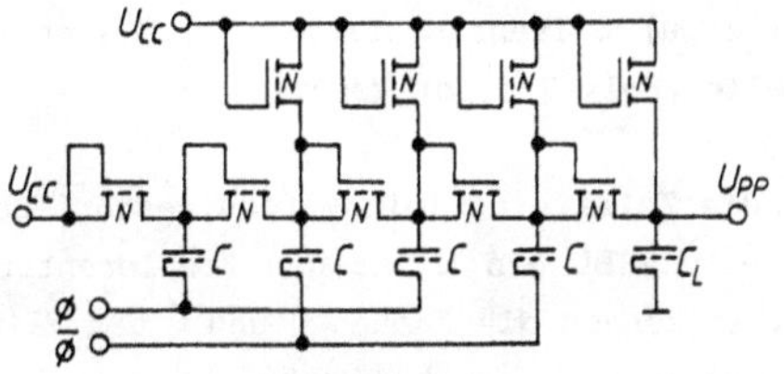

Bild 7.52
Schaltung zur Spannungsvervielfachung mit Vorladung

durch weitere MOS-Dioden bereits auf $U_{CC}-U_{Tn}$ vorgeladen werden. Die Takte der Schaltung werden bei den EEPROMs von einem frei laufenden Oszillator mit ca. 10MHz erzeugt.

Statischer Speicher (SRAM)

Dies sind Speicher mit wahlfreiem Zugriff, die als Speicherzelle ein statisches Flipflop verwenden. Die Zelle in Bild 7.53a wird 6-Transistorzelle genannt.

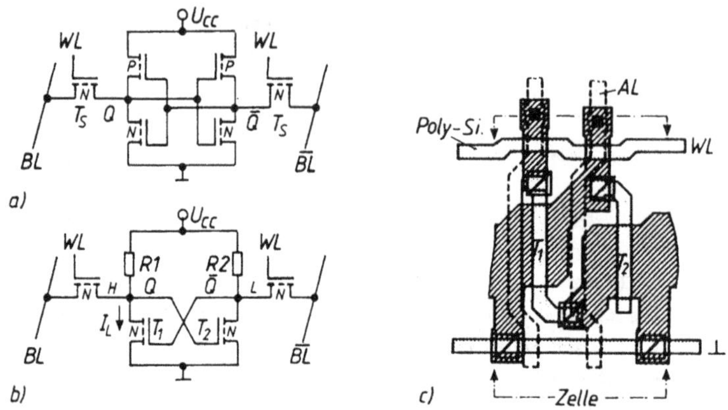

Bild 7.53
SRAM-Zelle; a) 6-Transistorzelle; b) 4-Transistorzelle; c) Layout der 4-Transistorzelle (Poly 2 nicht gezeigt)

Soll in die Zelle eine Information geschrieben werden und liegt dabei z.B. an der Bitleitung BL ein L und das Komplementäre dieses Signals an der Bitleitung $\overline{BL}$, so können die Knoten Q und $\overline{Q}$ des Flipflops bei durchgeschalteten Auswahltransistoren T_S in den beabsichtigten Zustand gebracht werden. Ausgelesen wird die Zelle, indem die Auswahltransistoren wiederum aktiviert und die Bitleitungen durch das Flipflop umgeladen und anschließend abgefragt werden.

Eine weitere statische Zelle ist in Bild 7.53b dargestellt. Hierbei handelt es sich um eine 4-Transistorzelle, die als Last Widerstände verwendet. Beim Schreiben ist nach dem Abschalten der Auswahltransistoren die Information in der Zelle gespeichert. Hierbei ist jeweils nur ein Transistor leitend (z.B. T2). Dies bedeutet, daß durch den entsprechenden Widerstand (R2) ein Strom fließt. Da in einem Halbleiterspeicher sehr viele Speicherzellen vorhanden sind, muß der Strom möglichst klein gehalten werden. Dies wird dadurch erreicht, daß undotierte Polysiliziumbahnen, die einen Widerstand im GΩ-Bereich haben, als Lastwiderstände verwendet werden. Der Einsatz derart hochohmiger Widerstände ist aus zwei Gründen möglich:

1. der Leckstrom I_L, der fast ausschließlich aus dem Unterschwellstrom des nichtleitenden Transistors (T1) besteht, ist so gering (Kapitel 5.3.4), daß selbst bei dem hochohmigen Lastwiderstand kein störender Spannungsabfall, der den H-Pegel an R1 reduziert, auftritt und

2. die Umladung der Bitleitungen während des Lesens nicht über die Widerstände, sondern ausschließlich über die Auswahl- und Flipflop Transistoren erfolgt, wozu die Bitleitungen z.B. auf 4V vorgeladen werden müssen.

Der große Vorteil der 4-Transistor- gegenüber der 6-Transistorzelle ist, daß sie nur ca. 2/3 der Layoutfläche benötigt. Hierbei sind zwei Lagen von Polysilizium erforderlich. Die erste Lage (Poly-Si) wird für die Realisierung der Wortleitung und Zelltransistoren verwendet und die zweite, sehr hochohmige Lage zur Implementierung der Widerstände. Da die Polysiliziumlagen unabhängig voneinander sind, kann die zweite Lage platzsparend über der ersten angeordnet werden (nicht im Bild gezeigt). Infolge des Flächenvorteils wird die Zelle heutzutage in nahezu allen hochintegrierten Speicherbausteinen verwendet.

Statische Speicher sind fast ausschließlich asynchrone Speicher. D.h. ein von außen angelegter Takt ist nicht vorhanden. Damit jedoch getaktete Schaltungen verwendet werden können, wird heute bei fast allen diesen Speichern ein interner Takt aus der Adreßänderung erzeugt. Der Vorteil dabei ist, daß eine wesentlich kürzere Zugriffszeit, das ist die Zeit, die von der Adreßänderung bis zum gültigen Datenausgang vergeht, erreichbar sind /16/.

Im folgenden wird zuerst die generelle Funktion des Speichers und anschließend die Takterzeugung betrachtet. Einen Ausschnitt aus der Speichermatrix mit zugehörigen Schaltungsteilen ist in Bild 7.54 dargestellt, wobei 4-Transistorzellen verwendet werden.
Während des Lesevorgangs, der jetzt näher betrachtet werden soll, liegen an W' = 0V. Der Takt Φ_P hat zunächst ebenfalls eine Spannung von 0V, wodurch die Transistoren T_1 und T_2 leitend geschaltet sind. Der Zweck dieser Transistoren ist es, eventuelle Unterschiede bei den Eingangsspannungen der Transistoren T_3 bis T_6 auszugleichen. In dieser sog. Vorladephase werden die Bitleitungen BL, $\overline{BL}$ und die Busleitungen BS, $\overline{BS}$ durch die genannten Transistoren T_3 bis T_6 auf eine Spannung von $U_{CC} - U_{Tn} \approx 5V - 1V = 4V$ aufgeladen. Der Lesezyklus beginnt mit einer Adreß- oder Chipselect-Änderung. Daraus wird der Takt ATD abgeleitet, der wiederum eine Änderung von $\Phi_P = 0V$ auf U_{CC} verursacht. Die Spannungen an den Bit- und Busleitungen bleiben unverändert erhalten. Verzögert aktiviert der Takt Φ_{sel} die Dekoder, was zur Folge hat, daß eine selektierte Wortleitung WL angesteuert wird. Die Auswahltransistoren der ausgewählten Zellen leiten, wodurch alle Bitleitungsspannungen dort reduziert werden, wo die Zelle am Ausgang einen L-Zustand besitzt. Über die Spaltenauswahl gelangt die als Differenzspannung vorliegende Information einer Zelle an einen Differenzverstärker. Dieser wird verzögert durch den Takt Φ_R aktiviert.

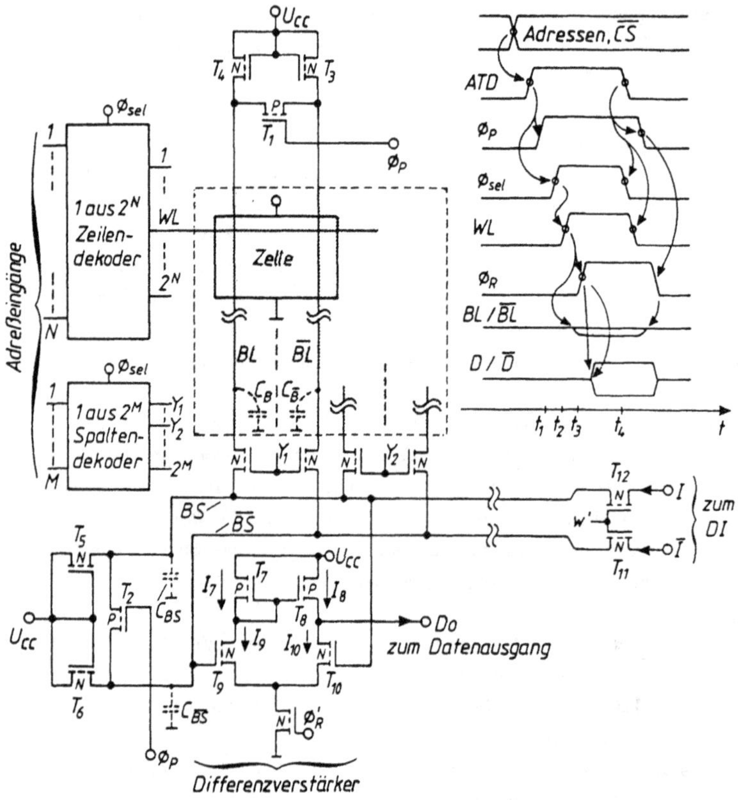

Bild 7.54
Ausschnitt aus der Speichermatrix eines SRAMs mit zugehörigen Schaltungsteilen und Zeitdiagramm beim Lesen. (U_{CC}=5V)

Der Differenzverstärker ist ähnlich wie ein Stromschalter (Kapitel 4.6.2) aufgebaut. Die Lasttransistoren T_7, T_8 sind als sog. Stromspiegel-Schaltung ausgeführt, die eine Erhöhung der Verstärkung bewirkt. Der Strom, der durch den sich in Sättigung befindlichen Transistor T_7 fließt, beträgt (Tabelle 5.1)

$$I_7 = - I_{DS,7} = \frac{\beta_{p,7}}{2}[U_{GS} - U_{Tp}]^2. \tag{7-8}$$

Da die Gate-Sourcespannung dieses Transistors auch an Transistor T_8 anliegt, fließt durch diesen ein Strom von

$$I_8 = - I_{DS,8} = \frac{\beta_{p,8}}{2}[U_{GS}-U_{Tp}]^2, \tag{7-9}$$

wodurch sich ein Stromverhältnis, auch Stromspiegelung genannt, von

$$\frac{I_7}{I_8} = \frac{\beta_{p,7}}{\beta_{p,8}} \tag{7-10}$$

einstellt, wenn von gleichen Einsatzspannungen ausgegangen wird.

Liegt nun z.B. am Gate von Transistor T_9 eine größere Spannung als am Gate von T_{10} an, so ist $I_9 > I_{10}$. Wird $\beta_{p,7} = \beta_{p,8}$ gewählt, dann ist dadurch $I_8 = I_7 = I_9$ und $I_8 >> I_{10}$. Es stellt sich am Ausgang D_0 eine erhöhte Ausgangsspannung ein, wobei Transistor T_8 in den Widerstandsbereich gelangt. Ist dagegen die Gatespannung an Transistor T_{10} größer als an T_9, so ergibt sich eine umgekehrte Situation, wobei Transistor T_{10} in den Widerstandsbereich übergeht. Eine erniedrigte Ausgangsspannung ist die Folge. Die Ausgangsspannung wird weiterverarbeitet und zum Datenausgang gebracht. Die Transistoren T_3 bis T_6, die zum Vorladen der Bit- und Busleitungen dienen, sind so dimensioniert, daß die Spannungsänderung zwischen den Bus- und Bitleitungen während des Lesens nicht mehr als etwa 100mV beträgt. Diese Begrenzung ist notwendig, um wie beim vorher beschriebenen EPROM die Bit- und Busleitungskapazitäten durch die Zellen schnell umladen zu können.

Während des Schreibvorgangs haben die Signale W' und Φ_p eine Spannung von U_{CC}. Die Transistoren T_1 und T_2 sind nichtleitend und die Transistoren T_{11} und T_{12} leitend. Dadurch können die Dateneingangssignale I, $\bar{I}$ eine selektierte Speicherzelle in den gewünschten Zustand kippen.

Der beschriebene Taktablauf muß von außen gesteuert werden. Da bei einem asynchronen SRAM, wie bereits erwähnt, kein Takt vorhanden ist, wird zur Initialisierung des internen Taktablaufs die Änderung der Chipselect- und der Adreßsignale herangezogen. Wie die Änderung einer Flanke entdeckt werden kann, wird im folgenden betrachtet.

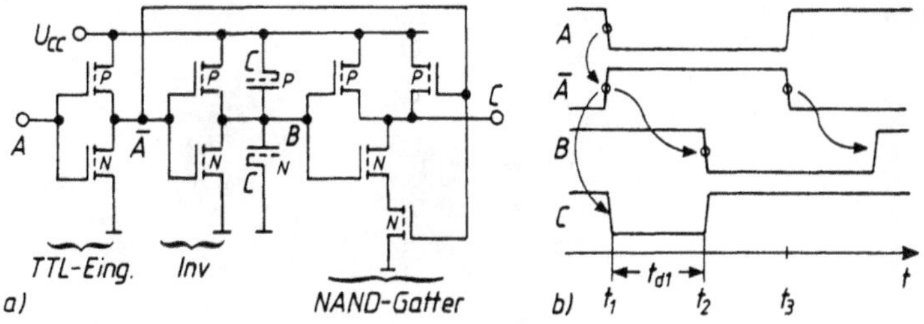

Bild 7.55
a) Lokale ATD-Schaltung; b) Zeitdiagramm

Ändert sich die Adresse A an der TTL-Eingangsstufe (Bild 7.55) von H nach L, so ändert sich entsprechend das invertierte Signal $\bar{A}$ (t_1). An dem NAND-Gatter liegen, infolge der Signalverzögerung durch den Inverter kurzzeitig zwei H-Zustände an, bis der Ausgang B des Inverters seinen L-Zustand erreicht hat (t_2). Die Signalverzögerung durch den Inverter (t_{d1}) wurde dabei durch zwei symmetrisch angebrachte MOS-Kapazitäten eingestellt. Damit ist die sog. lokale Address Transition Detection (ATD) abgeschlossen, denn eine Adreßänderung von L → H zur Zeit t_3 macht sich am Ausgang C nicht bemerkbar. Um diese Änderung zu entdecken, muß bei obiger Schaltung ein zusätzlicher Inverter vorgesehen werden.

Alle auftretenden Flankenänderungen werden in einem NOR-Gatter zusammengefaßt (Bild 7.56) und daraus ein zentraler ATD-Takt erzeugt. Dabei wird der Lasttransistor T_1 von der Adreßänderung ausgehend so gesteuert, daß sehr kurze ansteigende und abfallende Flanken bei dem ATD-Takt entstehen. Durch einen positiven Impuls an einem Ausgang $\bar{C}$ wird das $\overline{ATD}$-Signal auf 0V gebracht (t_1). Transistor T_1 ist dabei anfänglich nichtleitend, da der Ausgang Q der Inverterkette sich im H-Zustand befindet. Eine kurze abfallende Flanke ist die Folge. Dieser H-Zustand ändert sich jedoch nach einer Verzögerungszeit von t_{d2}, wodurch Transistor T_1 leitend wird (t_3). Dies geschieht, bevor der Impuls $\bar{C}$ den L-Zustand (t_4) erreicht hat. Da Transistor T_1 leitend ist, resultiert eine kurze Anstiegszeit, wenn Impuls $\bar{C}$ in den L-Zustand geht. Das Ende des ATD-Taktes wird durch die Zustandsänderung bei $\bar{C}$ bestimmt. Dazu muß die Verzögerungszeit t_{d1} (Bild 7.55) immer größer sein als t_{d2}, was durch entsprechende Dimensionierung der symmetrisch angeordneten MOS-Kapazitäten erreicht wird. Da die Weite des ATD-Taktes von der Verzögerungszeit t_{d1} abhängig ist, ist die Zeit nach der letzten Adressenänderung (gestrichelt im Zeitdiagramm angedeutet) immer konstant, was zu einer Minimierung der Zugriffszeit beim Speicher führt. Der gestrichelt eingezeichnete Inverter ist sehr hochohmig dimensioniert. Er dient dem Zweck, den H-Pegel bei dem NOR-Gatter, wenn T_1 nichtleitend ist, zu garantieren.

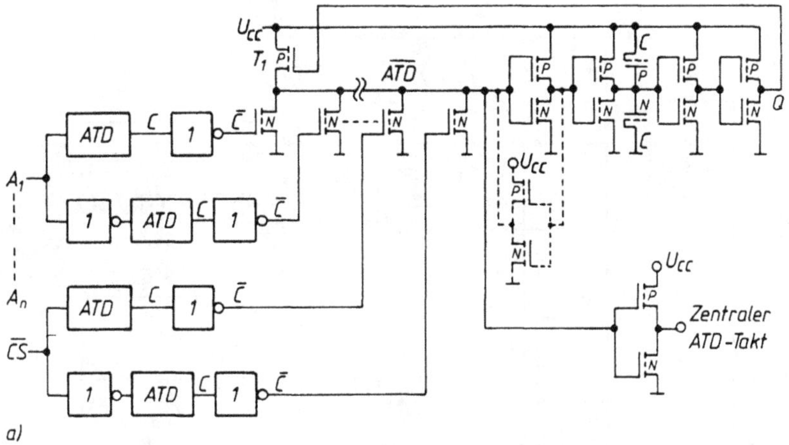

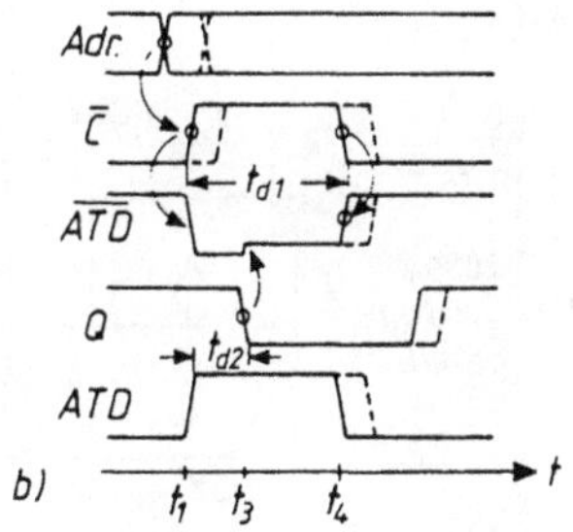

Bild 7.56
a) Schaltung zur Erzeugung eines zentralen ATD-Taktes;
b) Zeitdiagramm /17/

Wie bereits erwähnt, führt die ATD-Technik zu einer wesentlichen Verkürzung der Zugriffszeit. Infolge dieses Vorteils wird sie heute auch vermehrt bei nichtflüchtigen Speichern eingesetzt.

<u>Dynamische Speicher (DRAM)</u>

Hierbei handelt es sich um Speicher, bei denen die Information, wie in Kapitel 5.6.2 beschrieben, als unterschiedliche Ladungsmenge in Ein-Transistor-Zellen gespeichert wird. Wie der Speicher aufgebaut ist und wie der Auslesevorgang abläuft, wird im folgenden (Bild 7.57) näher betrachtet.

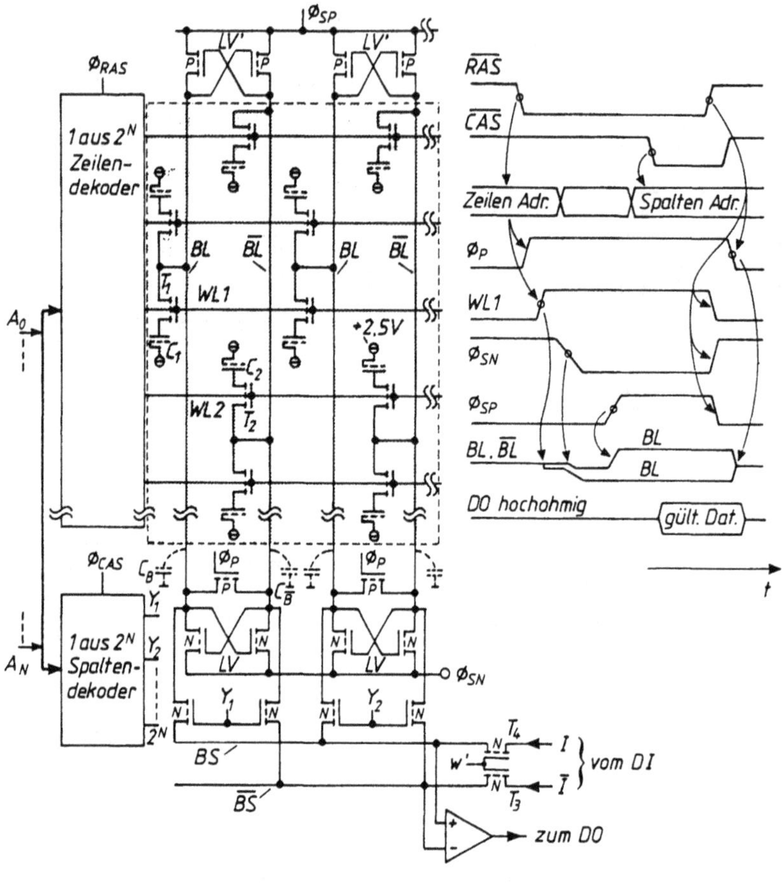

Bild 7.57
Ausschnitt aus der Speichermatrix eines DRAMs mit den wichtigsten Schaltungsteilen sowie Zeitdiagramm beim Lesen

Die Adressen werden - zur Reduzierung der Gehäuseanschlüsse und damit Kosten - zeitlich gestaffelt in den Speicher gebracht. Dazu dienen die Steuersignale $\overline{RAS}$ (Row Address Strobe) und $\overline{CAS}$ (Column Address Strobe). Da die Ladungen der Zellen sehr kleine Spannungsänderungen an den Bitleitungen erzeugen, können nur differentielle Leseverfahren angewendet werden. Dazu sind die Zellen an den Bitleitungen so angeordnet, daß bei Aktivieren einer Wortleitung (z.B. WL1) nur jede zweite Bitleitung (BL bzw. $\overline{BL}$) eine Lesesignal überträgt. Dadurch können die verbleibenden Bitleitungen als Referenzleitungen verwendet werden. Wird dagegen eine andere Wortleitung (z.B. WL2) angesteuert, vertauschen sich die Funktion von Referenz- und Bitleitung. Um die Zellen platzsparend anzuordnen, werden jeweils zwei Zellen über eine gemeinsame Kontaktzone mit der Bitleitung verbunden (Bild 7.58).

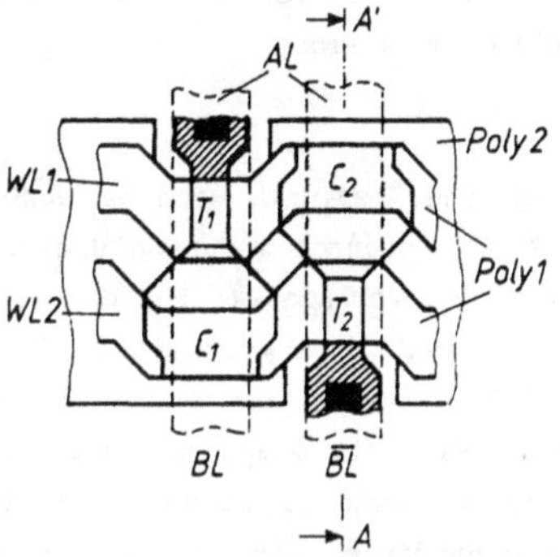

Bild 7.58
Layout von zwei 1-Transistor-Zellen nach dem sog. gefaltenen Bitleitungskonzept

Zur weiteren Platzsparung wurden zwei überlappende Lagen Polysilizium verwendet, wobei Poly-Si1 als Wortleitung und gleichzeitig als Gateelektrode der Auswahltransistoren (T_1, T_2) dient und Poly-Si2 als Elektrode für die MOS-Kapazitäten (C_1, C_2). Durch diese kompakte Anordnung benötigt die 1-Transistorzelle in etwa nur 50% der Fläche einer statischen 4-Transistorzelle mit Poly-Si-Lasten. Die Folge davon ist ein wesentlicher Kostenvorteil der DRAMs gegenüber den SRAMs.

Der Querschnitt der Zelle ist zusammen mit neuen Zellentwicklungen in Bild 7.59 dargestellt.

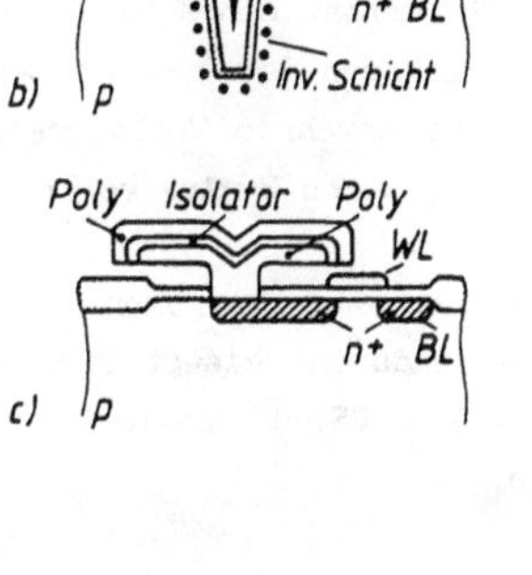

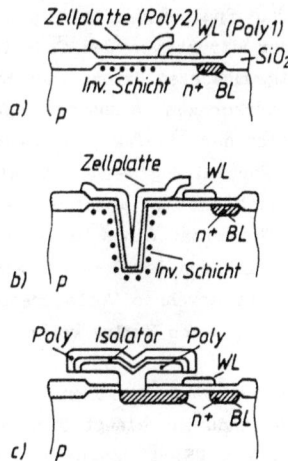

Bild 7.59
Ein-Transistor-Zellen
a) Planare Zelle
Schnitt A-A' (Bild 7.58)

b) Trench-Zelle

c) Stacked-Zelle
(AL-Anschlüsse nicht gezeigt)

Die Neuentwicklungen haben dabei zum Ziel, auf kleinster Fläche möglichst viel Ladung zu speichern. Dies wird bei der sog. Trench-Zelle dadurch erreicht, daß die MOS-Struktur als Graben ausgeführt ist. Dagegen wird bei der sog. Stacked-Zelle keine MOS-Struktur verwendet. Der Speicher-Kondensator besteht vielmehr aus einem pn-Sperrschicht- sowie einem Poly-Poly-Anteil, der wie ein Plattenkondensator wirkt.

Ein Lesezyklus bei dem Speicher beginnt, wenn das $\overline{RAS}$-Signal den Zustand von H nach L verändert (Bild 7.57). Dadurch gelangen die Zeilenadressen an den Zeilendekoder. Verzögert wird der Vorladetakt Φ_P, der einen Ladungsausgleich zwischen den Bitleitungen verursacht, abgeschaltet. Die Bitleitungen haben dadurch einen Vorladepegel von $U_{CC}/2$, auf dessen Erzeugung später noch näher eingegangen wird. Es folgt ein Takt Φ_{RAS}, mit dem die ausgewählte Wortleitung (z.B. WL1) aktiviert wird, wodurch ein Ladungsausgleich zwischen selektierten Zellen und Bitleitungen stattfindet. Ist dabei z.B. in der Zelle mit Transistor T_1 und Kapazität C_1 ein L(H)-Zustand gespeichert, so wird die Bitleitung BL um ca. 50 bis 100mV entladen (geladen), wogegen die benachbarte Bitleitung $\overline{BL}$ unverändert bleibt. Es liegt somit jeweils ein Differenzsignal an den Leseverstärkern LV, die aus kreuzgekoppelten n-Kanal Transistoren bestehen. Diese wirken wie Flipflops, die durch das anliegende Differenzsignal eine Vorzugsrichtung besitzen. Ändert sich der Takt Φ_{SN} von H nach L, kippen die Flipflops in diese Richtung, wodurch die Lesesignale verstärkt werden. Der volle Pegel (U_{CC}, 0V) auf den Bitleitungen wird durch die kreuzgekoppelten p-Kanal Transistoren (LV'), die durch den Takt Φ_{SP} angesteuert werden, hergestellt. Die Wortleitung WL1 hat zu dieser Zeit noch ein H-Signal, wodurch die verstärkten Lesesignale in die Zellen zurückgeschrieben werden. Durch die Änderung des $\overline{CAS}$-Taktes von H nach L gelangen die Spaltenadressen an den Spaltendekoder. Dieser wird von einem Takt Φ_{CAS}, der direkt von dem $\overline{CAS}$-Signal abgeleitet ist, angesteuert. Dadurch werden die gewünschten Daten einer Spalte über den Datenbus BS, $\overline{BS}$ und einen Differenzverstärker zum Datenausgang DO durchgeschaltet. Der Lesezyklus ist beendet, wenn sich der $\overline{RAS}$-Takt von L nach H verändert. Die Leseverstärker VL, VL' sowie die Wortleitung werden deaktiviert. Zeitlich versetzt ändert sich der Takt Φ_P von H nach L, wodurch die Bitleitungen kurzgeschlossen werden. Da immer eine Kapazität eines Bitleitungspaars (C_B oder $\overline{C_B}$) auf U_{CC} und die andere auf 0V aufgeladen ist, findet immer ein Ladungsausgleich statt, wodurch sich der bereits erwähnte Vorladepegel von $U_{CC}/2$ einstellt. Damit ist der Speicher für den nächsten Zyklus vorbereitet.

Während eines Schreibvorgangs liegt an W' = U_{CC}, wodurch die Transistoren T_3 und T_4 leitend sind. Dadurch gelangt die von außen anliegende Information I, $\overline{I}$ über die Busleitungen BS, $\overline{BS}$ sowie die Spalten- und Zeilenauswahl an die entsprechende Zelle.

Die binäre Information ist in den Zellen als unterschiedliche Ladungsmenge gespeichert. Da, wie in Kapitel 5.6.2 beschrieben, sich im Laufe der Zeit an der Halbleiteroberfläche der MOS-Kapazität Elektronen ansammeln, kann der H-Zustand nur für einen bestimmten Zeitraum garantiert werden. Deshalb muß nach Verstreichen dieser sog. Refreshzeit die Information aller Zellen im Speicher erneuert werden. Dies geschieht dadurch, daß periodisch alle Adressen der Zeilendekoder durchlaufen werden, wobei die Information der Zellen, wie bei einem Lesezyklus, gelesen und erneuert zurückgeschrieben werden. Da dies gleichzeitig bei allen Zellen einer Zeile passiert, ist die Zeit, die dazu verwendet wird, sehr gering. Heutige 4M-bit Speicher /18/ benötigen dazu 1024 Zyklen. Beträgt hierbei die Zykluszeit 150ns, ergibt sich daraus eine Gesamtzeit von 154µs. Dies entspricht, bezogen auf eine Refreshzeit von 16ms einer ca. 1%igen Nichtverfügbarkeit des Speichers.

Übungen

Hinweis: Wenn benötigt, verwenden Sie bei der Berechnung die einfachen Transistorgleichungen nach Tabelle 5.1

Aufgabe 7.1

Zeichnen Sie die Schaltung einer programmierbaren Logikanordnung (PLA), die die folgende Wahrheitstabelle realisiert. Welche Funktion wird durch die angegebene Wahrheitstabelle beschrieben?

A	B	C	Q_1	Q_2
L	L	L	L	L
H	L	L	H	L
L	H	L	H	L
H	H	L	L	H
L	L	H	H	L
H	L	H	L	H
L	H	H	L	H
H	H	H	H	H

Aufgabe 7.2

Für ein ROM soll ein statischer 1 aus 256 CMOS-Dekoder entworfen werden. Die kapazitive Belastung jedes Ausgangs y_o bis y_{255} beträgt 0,2 pf. Überprüfen Sie, ob eine Verzögerungszeit (Bild) von 15 ns realisiert werden kann. Erstellen Sie zur Abschätzung der parasitären Elemente ein Teil-Layout der Matrix, ähnlich wie es in Bild 7.36b gezeigt ist. Die Prozeßdaten sind den Tabellen 6.1 bis 6.3 zu entnehmen.

Zusätzlich ist gegeben: $k_p = 40\mu A/V^2$; $k_n = 120\mu A/V^2$; Hinweis: Verwenden Sie P-Last-Schaltungen

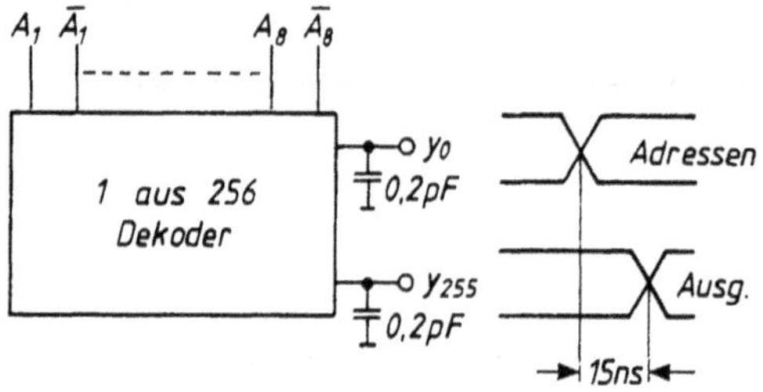

Aufgabe 7.3

Entwerfen Sie die Schaltung für ein dynamisches Schieberegister in CMOS-Technik, jedoch mit der Möglichkeit, die Daten nach rechts und links zu verschieben.

Aufgabe 7.4

Berechnen Sie das Geometrieverhältnis der Transistoren in der gezeigten 16-fach ODER-Schaltung, wenn die Anstiegs- und Abfallzeit an jedem Knoten ca. 2ns betragen soll. Das Prinzip der Schaltung ist in Abschnitt 7.1.3 beschrieben.

Die Daten der Transistoren:
$k_n = 120\mu A/V^2$; $k_p = 40\mu A/V^2$;
$l_{min} = 1,3\mu m$

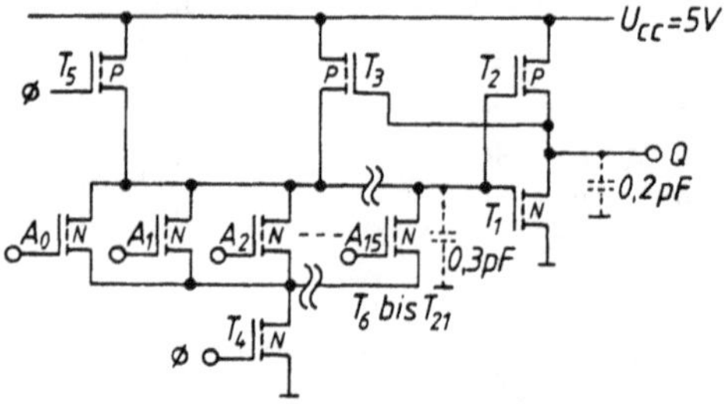

Aufgabe 7.5

In Bild 7.44b ist ein dynamisches Serien-Parallelregister dargestellt. Weitere Alternativen ergeben sich dadurch, daß die Transferelemente direkt in dem Inverter vorgesehen sind.

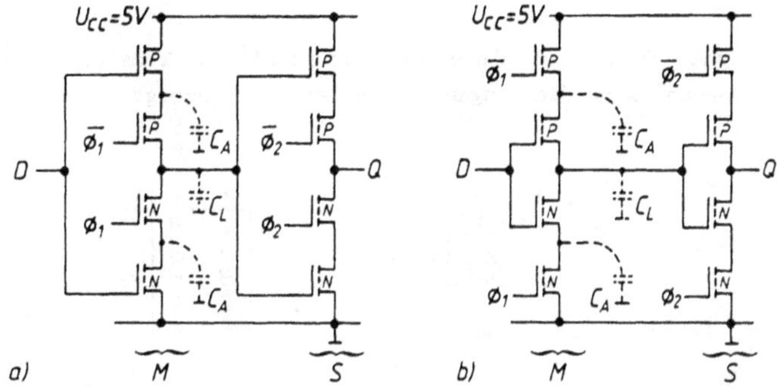

Welche der im Bild gezeigten Realisierungen ist zu bevorzugen? Welche H- und L-Spannungen können sich im schlechtesten Fall bei der nicht zu empfehlenden Anordnung an C_L einstellen, wenn $C_L=2C_A$ ist?

Aufgabe 7.6

Realisieren Sie die Funktion $Q = \overline{I_1 v I_2 I_3 [I_4 v I_5]}$ in einer statischen Komplementärschaltung. Verwenden Sie dabei De Morgans Theorem.

Aufgabe 7.7

Bei der in Bild 7.34 gezeigten Kaskadierung von Dekodern entsteht an den Z-Ausgängen ein verschlechterter Logikpegel. a) Tritt dieser beim L- oder H-Zustand auf? b) Welchen Wert hat dieser Pegel, wenn U_{Top} = -0,8V; Φ_F = -0,3V; γ = 0,4$\sqrt{V}$ und U_{CC} = 5V betragen? c) Wie kann Abhilfe geschaffen werden?

Aufgabe 7.8

Für die gezeigte statische Speicherzelle sollen die maximal zulässigen Widerstandswerte bestimmt werden. Der Spannungsabfall an R darf im gesamten Temperaturbereich (0°C bis 90°C) auf keinen Fall 1V überschreiten. Als dominierender Leckstrom ist bei den Transistoren nur der Unterschwellstrom zu betrachten.

Daten der Transistoren:
$U_{Tn}(0°C)$ = 0,60V; $U_{Tn}(90°C)$ = 0,51V;
n = 2; $\beta_n(0°C)$ = 150µA/V²;
$\beta_n(90°C)$ = 110µA/V²

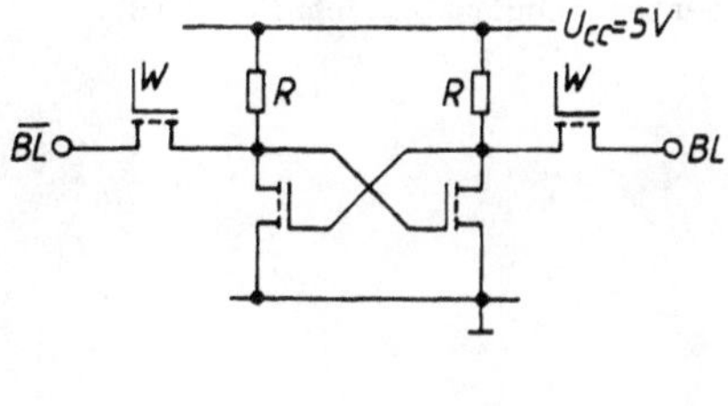

Aufgabe 7.9

Realisieren Sie die logische Funktion $Q = AB\bar{C} \vee \bar{A}BC \vee \bar{A}\bar{B}C \vee \bar{A}\bar{B}\bar{C}$ in einer Transfer-Gatterschaltung.

Aufgabe 7.10

Welche logischen Funktionen können mit der gezeigten Transfer-Gatterschaltung realisiert werden, wenn die Eingangsvariablen, wie gezeigt, verändert werden?

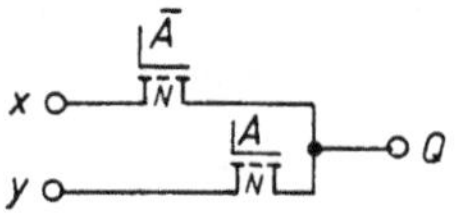

x	y	Q
L	B	
H	$\bar{B}$	
B	H	?
$\bar{B}$	L	
B	$\bar{B}$	

Hier bedeutet L = 0V und H = U_{CC}.

Aufgabe 7.11

Realisieren Sie die logische Funktion $Q = \overline{I_1 I_2 \vee (I_3 \vee I_4)(I_5 \vee I_6)}$ in einer statischen Komplementärschaltung und erstellen Sie dazu das Layout. Verwenden Sie dabei den in Abschnitt 7.1.2 beschriebenen Layoutstil und bestimmen Sie nach Möglichkeit einen gemeinsamen Eulerpfad.

Aufgabe 7.12

Implementieren Sie die Funktion $Q = \bar{I}_1 \bar{I}_2 (I_3 \vee I_4 \vee I_5 I_6) \vee \bar{I}_7 \bar{I}_8 (I_9 \vee \bar{I}_{10})$ in einer Dominoschaltungstechnik.

Aufgabe 7.13

Realisieren Sie die Funktion $\bar{Q} = AB \vee C(D \vee E)$ in einer differenziell kaskadierten Schaltung (DCVS).

Aufgabe 7.14

Entwerfen Sie ein 4-Eingangs XOR-Gatter $Q = A \oplus B \oplus C \oplus D$ in differenziell kaskadierter Schaltungstechnik (DCVS).

Aufgabe 7.15

In Bild 7.27 ist ein differenziell kaskadiertes statisches XOR-Gatter gezeigt. Hierbei arbeiten beim Schalten anfänglich die n-Kanal- gegen die p-Kanal Transistoren. Das Kippen des Gatters soll bei einer Kippspannung U_{QL} = 1,5V bzw. $U_{\bar{Q}L}$ = 1,5V erfolgen. Dimensionieren Sie die n-Kanal Transistoren für den Fall, daß folgende Daten vorliegen:

U_{Tn} = 0,8V; U_{Tp} = -0,8V; U_{CC} = 5V; k_n = $120 \cdot 10^{-6}$A/V und k_p = $40 \cdot 10^{-6}$A/V. Die p-Kanal Transistoren besitzen ein w/l-Verhältnis von 2.

Aufgabe 7.16

Mit Hilfe der in Bild 7.37 dargestellten programmierbaren Logikanordnung (PLA) und dem in Bild 7.44a gezeigten Master-Slave D-Flipflop soll wie in der Skizze dargestellt, ein Zähler mit der in der Tabelle angegebenen Zählfolge realisiert werden.

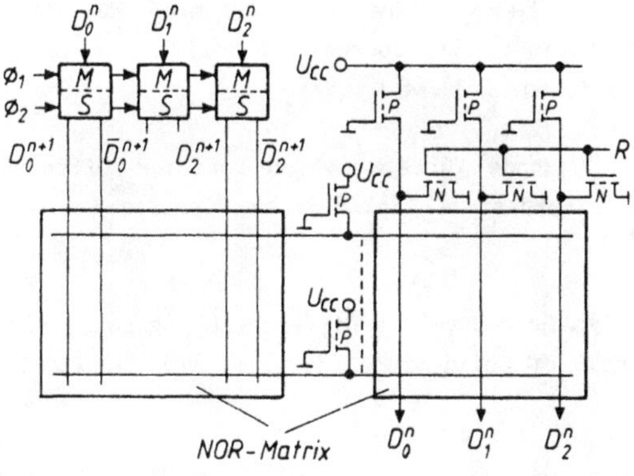

D_0	D_1	D_2
L	L	L
L	H	L
H	H	L
L	L	H
H	H	H
H	L	H

Skizzieren Sie die Verknüpfung der beiden NOR-Matrizen. Damit der Zähler definiert zu zählen beginnt, wurde ein Reset-Eingang (R) vorgesehen.

Literaturhinweise

[1] T. Uehara et al: "Optimal Layout of CMOS Functional Arrays"; IEEE Transaction on Computers, Vol. C-30, No. 5, May 1981, pp. 305-312

[2] S. Whitaker: "Pass. Transistor Networks Optmize n-MOS Logic"; Electronics, Sept. 22, 1983 pp. 144-148

[3] D. Radhakrishan et al: "Formal Design Procedure for Pass Transistor Switching Circuits"; IEEE Journal of Solid-State Circuits; Vol. SC-20, No. 2, April 1985, pp. 531-536

[4] M.H. Krambeck et al: "High Speed Compact Circuits with CMOS"; IEEE Journal of Solid-State Circuits, Vol. SC-17, Vo. 3, June 1982, pp. 614-619

[5] N.F. Goncalves et al: "NORA: A Racefree Dynamic CMOS Technique for Pipelined Logic Structures"; IEEE Journal of Solid-State Circuits, Vol. SC-18, No. 3, June 1983, pp. 261-266

[6] L.G. Heller et al: "Cascade Voltage Switch Logic: A Differential CMOS Logic Family"; IEEE International Solid-State Circuits Conference, Feb. 1984; pp. 16-17

[7] K.M. Chu et al: "Design Procedure for Differential Cascode Voltage Switch Circuits"; IEEE Journal of Solid-State Circuits, Vol. SC-21, No. 6, Dec. 1986, pp. 1082-1087

[8] K.M. Chu et al: "A Comparison of CMOS Circuit Techniques: Differential Cascade Voltage Switch Logic Versus Conventional Logic"; IEEE Journal of Solid-State Circuits, Vol. SC-22, No. 4, August 1987, pp. 528-532

[9] M. Shoji: "FET Scaling in Domino CMOS Gates"; IEEE Journal of Solid-State Circuits, Vol. SC-20, No. 5, October 1985

[10] G.D. Hachtel et al: "An Algorithm for Optimal PLA Folding"; IEEE Trans. Computer-Aided Design CAD-1; 1982 pp. 63-77

[11] K.F. Smith: "Design of Regular Arrays Using CMOS in PPL"; Proceedings IEEE Int. Conference on Computer Design ICCD, Nov. 1983, pp. 158-161

[12] Y.J. Ren et al: "A True Single-Phase-Clock Dynamic CMOS Circuit Technique"; IEEE Journal of Solid-State Circuits, Vol. SC-22, No. 5, October 1987, pp. 899-901

[13] N. Ohtsuka et al: "A 4-Mbit CMOS EPROM"; IEEE Journal of Solid-State Circuits, Vol. SC-22, No. 5, October 1987, pp. 669-675

[14] F.Masuoka et al: "A 256K Flash EEPROM using Tripel Polysilicon Technology"; ISSCC Digest of Technical Papers, Vol. XXVIII, Feb. 1985, pp. 168-169

[15] J.I. Miyamato et al: "An Experimental 5-V-Only 256-Kbit CMOS EEPROM with a High-Performance Single-Polysilicon Cell"; IEEE Journal of Solid-State Circuits, Vol. SC-21, No. 5, October 1986

[16] K. Sasaki et al: "A 15ns 1Mb CMOS SRAM"; ISSCC Digest of Technical Papers, Vol. XXXI, Feb. 1988, pp. 174-175

[17] S. Kayano et al: "25-ns 256Kx1/64Kx4 CMOS SRAM's"; IEEE Journal of Solid-State Circuits, Vol. SC-21, No. 5, October 86

[18] J. Harter et al: "A 60ns Hot Electron Resistant 4M DRAM with Trench Cell"; ISSCC Digest of Technical Papers, Vol. XXXI, Feb. 1988, pp.244-245

8.0 Integrierte BICMOS-Schaltungen

Die CMOS-Technik hat sich in den letzten Jahren zur Standard Technologie für VLSI-Schaltungen entwickelt. Dies war überwiegend bedingt durch die hohe Packungsdichte bei geringem Leistungsverbrauch. Demgegenüber bietet die Bipolartechnik höhere Taktfrequenzen jedoch auf Kosten einer wesentlich niedrigeren Packungsdichte. Aus diesem Grund stellt die Kombination der beiden Techniken (BICMOS) in einer integrierten Schaltung (Bild 8.1)

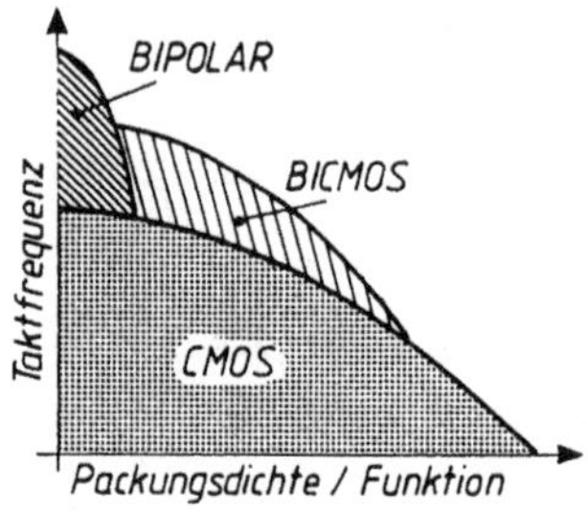

Bild 8.1
Zusammenhang zwischen Taktfrequenz und Packungsdichte bei verschiedenen Herstellverfahren

einen sehr guten Kompromiß zwischen beiden Anforderungen dar. Dieser wird erkauft mit höheren Herstellkosten, die durch das aufwendigere Herstellverfahren entstehen. Als Anwendung kommen in Frage: schnelle Speicher und Mikroprozessoren sowie Semi-Kundenschaltungen, wie Gate-Arrays und Standard-Zellen.

In diesem Kapitel wird zuerst kurz ein typisches Herstellverfahren betrachtet. Anschließend werden die charakteristischen Daten von CMOS- und Bipolar-Schaltungen verglichen. An einem BICMOS-Treiber werden Entwurfskriterien diskutiert. Bandabstands-Referenzschaltungen sowie ECL-Peripherieschaltungen werden vorgestellt und als Beispiel die Auswirkungen von BICMOS auf Halbleiterspeicher analysiert.

8.1 Herstellung einer BICMOS-Schaltung

Ein BICMOS-Herstellverfahren kann von einem existierenden bipolaren oder CMOS-Prozeß abgeleitet werden. Berücksichtigt man dabei jedoch die hohe Packungsdichte der CMOS-Technik, so wird die Majorität der Transistoren aus MOS-Transistoren bestehen. Aus diesem Grund ist es zweckmäßig, einen existierenden CMOS-Prozeß zu verwenden und ihn entsprechend abzuändern.

Die npn-Transistoren haben im Vergleich zu pnp-Transistoren ein wesentlich kürzeres Schaltverhalten, da sie mit wesentlich schmaleren Basisweiten erzeugt werden können (Kapitel 3.1). Um derartige Transistoren in einem CMOS-Prozeß zu realisieren, muß das Substrat aus p-Material bestehen (Bild 8.2).

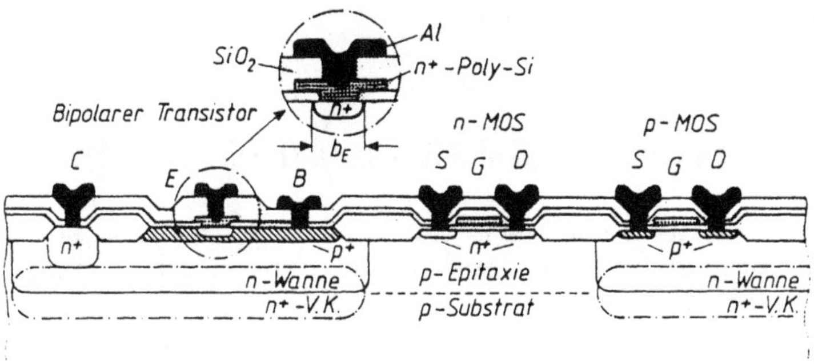

Bild 8.2
Bauelemente bei einem BICMOS-Prozeß

Dadurch sind die n^+-Kollektoren benachbarter bipolar Transistoren voneinander durch pn-Übergänge gesperrt, wenn an dem p-Substrat die negativste Spannung (Masse) der Schaltung anliegt. Die n-Kollektoren können im einfachsten Fall durch die n-Wanne der p-Kanal Transistoren erzeugt werden. Da die Dotierung der Wanne zur Vermeidung eines großen Substratsteuerfaktors relativ niedrig ist, entsteht jedoch ein unzulässig hoher Kollektorwiderstand. Um diesen zu reduzieren, wird ein vergrabener n^+-Kollektor (V.K) verwendet. Dieser kann ebenfalls unter der n-Wanne des p-Kanal Transistors angeordnet werden. Dadurch wird die Wanne niederohmiger angeschlossen und die Latch-up Empfindlichkeit gesenkt. Eine weitere Reduzierung des Kollektorwiderstandes ist durch eine zusätzliche n^+-Dotierung beim Kollektorkontakt, wie in Kapitel 4.1 beschrieben, möglich.

Der erste Herstellungsschritt ist damit die selektierte Implantation von Antimon ins Substrat, um die vergrabenen Kollektoren zu erzeugen. Anschließend erfolgt das Aufwachsen einer p-Epitaxie von etwa 1µm Dicke.

Die folgenden Schritte zur Erzeugung der n- und p-Kanal Transistoren sind ähnlich, wie die in Kapitel 6.1 beschriebenen, wenn man von dem Epitaxietyp und der Wannenherstellung absieht. Zusätzlich ist jedoch noch eine Borimplantation zur Erzeugung der Basisbereiche erforderlich. Die Emitterbereiche können dagegen gleichzeitig mit der Arsen Implantation der Source-Drainbereiche der n-Kanal Transistoren erzeugt werden /1/. Will man jedoch sehr schnelle Transistoren erzeugen, müssen noch geringere Eindringtiefen von Emitter- und Basisdotierungen erreicht werden. In diesem Fall ist die Verwendung von Emittern aus Polysilizium erforderlich. Hierbei dient das mit Arsen dotierte Polysilizium als Dotierquelle zur Erzeugung des darunterliegenden Emitters (Bild 8.2). Emittereindringtiefen <50nm sind realisierbar. Ein weiterer Vorteil des Polysilizium-Emitters ist, daß die minimale Emitterbreite b_E nicht von der Größe der Kontaktzonen und der Justiertoleranzen, wie in Kapitel 4.1 beschrieben, abhängt, sondern nur von dem minimalen Emitterfenster. Dadurch können kleinere Basiswiderstände realisiert werden.

8.2 Vergleich von CMOS- und Bipolargattern

Um die Möglichkeiten der BICMOS-Technik besser beurteilen zu können, wird im folgenden ein Vergleich der wesentlichsten Merkmale von CMOS- und Bipolargattern durchgeführt.

Die Anstiegs- und Abfallzeit eines Gatters kann in erster Näherung durch die Beziehung (Gl.4-22)

$$\Delta t = \frac{C \Delta U}{I} \tag{8-1}$$

beschrieben werden. Auf die Gatter in Bild 8.3 angewendet

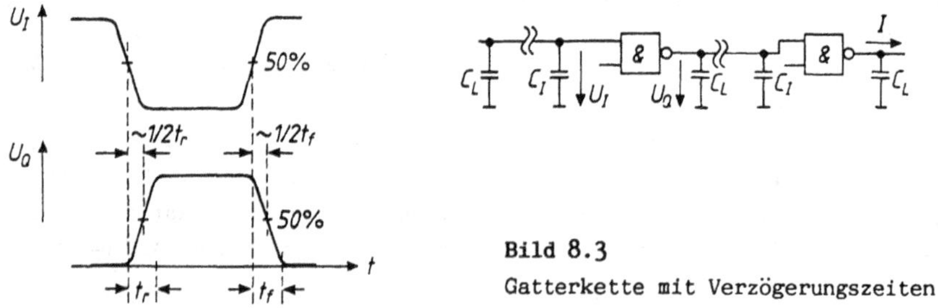

Bild 8.3
Gatterkette mit Verzögerungszeiten

ergibt sich dabei eine durchschnittliche Verzögerungszeit (Gl.6-48) von

$$T_d = \frac{t_r + t_f}{4}$$

$$= \frac{(C_I + C_L)\Delta U_Q}{2I}, \tag{8-2}$$

wobei angenommen wurde, daß die Anstiegszeit t_r gleich der Abfallzeit t_f ist. C_L und C_I sind dabei die Verdrahtungs- bzw. Eingangskapazität einer bipolaren [$C_I = C_{bip}$] bzw. einer MOS [$C_I = C_{MOS}$] Realisierung. Wird vorausgesetzt, daß die Gatter unabhängig von der Implementierung den gleichen Strom I liefern, resultiert ein Verhältnis zwischen den Verzögerungszeiten beider Gatter von

$$\frac{T_{dbip}}{T_{dMOS}} = \frac{(C_{bip} + C_L)\Delta U_{Qbip}}{(C_{MOS} + C_L)\Delta U_{QMOS}}. \qquad (8\text{-}3)$$

Da der bipolare Transistor ein exponentielles Strom-Spannungsverhalten (Gl. 3-15)

$$I_C = I_S(e^{\frac{q}{kT}U_{BE}} - 1)$$

besitzt und der MOS-Transistor in Sättigung ein quadratisches Verhalten (Gl.5-52)

$$I_{DS} = \frac{\beta_n}{2}(U_{GS}-U_{Tn})^2,$$

aufweist, genügen bei den bipolaren Gattern bereits geringe Spannungsänderungen von etwa $\Delta U_{Qbip} \leqq 0{,}5V$ (Kapitel 4.6.2), um binäre Zustände zu definieren, während bei MOS Gattern dazu Werte von $\Delta U_{QMOS} = 5V$ benötigt werden. Daraus resultiert ein Vorteil in der Verkürzung der Verzögerungszeit bei der Bipolarimplementierung von etwa

$$T_{dbip} \approx 0{,}1\ T_{dMOS}, \qquad (8\text{-}4)$$

wenn angenommen wird, daß die Verdrahtungskapazität wesentlich größer als die entsprechende Eingangskapazität ist. Dies ist der Fall, wenn z.B. lange chipinterne Busleitungen angesteuert werden. Nicht ganz so günstig ist die Situation, wenn die Verdrahtungskapazität vernachlässigbar ist, gegenüber den Eingangskapazitäten der Gatter. In diesem Fall resultiert nämlich

$$T_{dbip} \approx 0{,}1\ \frac{C_{bip}}{C_{MOS}}\ T_{dMOS}. \qquad (8\text{-}5)$$

D.h. der Vorteil der Verzögerungszeitverkürzung bei einer Bipolarimplementierung hängt stark von dem Verhältnis der Eingangskapazitäten ab. Hierbei hat der bipolare Transistor eine Kleinsignal-Kapazität (Gl.3-83) von

$$C_{bip} = \tau_N \frac{q}{kT} I_C + C_{jE}, \qquad (8\text{-}6)$$

die bei Vernachlässigung des Sperrschichtanteils, zu der folgenden mittleren umzuladenden Kapazität

$$\bar{C}_{bip} = \frac{1}{U_{BE}} \int_{o}^{U_{BE}} \tau_N \frac{q}{kT} I_S e^{\frac{q}{kT}U} dU$$

$$= \frac{1}{U_{BE}} \tau_N I_C(U_{BE}) \qquad (8\text{-}7)$$

führt. Wird vorausgesetzt, daß sich der MOS-Transistor in Sättigung befindet, resultiert eine entsprechende Kapazität (Gl.5-105) von

$$C_{MOS} = \frac{2}{3} C'_{ox}wl. \qquad (8\text{-}8)$$

Der wesentliche Unterschied zwischen den beiden Kapazitäten besteht in der Stromabhängigkeit von C_{bip}. Da in den meisten praktischen Fällen $C_{bip} < 5\ C_{MOS}$ ist, verbleibt jedoch noch immer ein deutlicher Vorteil (Gl.8-5) zugunsten der Bipolarlösung.

Betrachtet man den Leistungsverbrauch der verschiedenen Schaltungstechniken, so ergibt sich das folgende Bild. Bipolarschaltungen in Stromschaltungstechnik (Kapitel 4.6.2) haben einen fast ausschließlich statischen Leistungsverbrauch von

$$P = U_{CC}I, \qquad (8\text{-}9)$$

während diejenigen in CMOS-Technik fast nur einen dynamischen Verbrauch von (Gl.6-25)

$$P = CU_{CC}^2 f$$

besitzen. Dieser kann einen Wert von Null annehmen, wenn die Taktrate f=0 ist. D.h. CMOS-Gatter haben einen wesentlich geringeren Leistungsverbrauch als Bipolar-Gatter, was selbst bis zu einigen 100MHz noch zutrifft /2/.

Aus den vorhergehenden Überlegungen ergeben sich die folgenden allgemeinen Hinweise zur Realisierung einzelner Schaltungsteile in einer BICMOS-Technik.

CMOS-Schaltungen: Gatter und logische Felder, die eine hohe Packungsdichte bei geringem Leistungsverbrauch benötigen.

Bipolare Schaltungen: Schaltungsteile, wie z.B. Rechenwerke, die höchste Geschwindigkeitsanforderungen erfüllen müssen sowie Treiber für Busleitungen und Datenausgänge.

Bisher wurden CMOS- oder bipolare Schaltungslösungen einzeln betrachtet. Eine Kombination von bipolaren und MOS-Transistoren führt dagegen zu BICMOS-Schaltungen mit neuen Eigenschaften. Typische Beispiele dafür sind die folgenden BICMOS-Treiber und -Gatter.

8.3 BICMOS-Treiber und -Gatter

Eine der wichtigsten BICMOS-Grundschaltungen ist der sog. Totempol-Treiber. Die bipolare Ausgangsstufe liefert im Vergleich zu einem reinen Komplementärtreiber (Bild 6.18) verstärkte Ausgangsströme, was zu verbesserten Treibereigenschaften und höheren Schaltgeschwindigkeiten führt.

Bild 8.4
a) BICMOS-Treiber;
b) BICMOS-Treiber mit verbesserten Schalteigenschaften

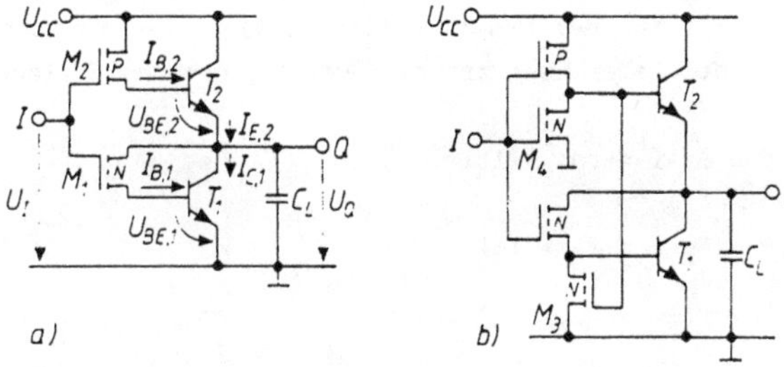

Liegt am Eingang des Treibers (Bild 8.4a) ein L-Signal an, ist der p-Kanal Transistor M_2 leitend und der n-Kanal Transistor M_1 nichtleitend. Da Transistor M_2 leitet, fließt ein Basisstrom $I_{B,2}$ in den bipolaren Transistor T_2 hinein, wodurch ein Emitterstrom entsteht und die Kapazität C_L auf eine Spannung von $U_{QH} = U_{CC} - U_{BE,2}$ auflädt. Ändert sich am Eingang das Signal von L nach H, dann ist Transistor M_2 nichtleitend und M_1 leitend. In den bipolaren Transistor T_1 fließt ein Basisstrom $I_{B,1}$, der verstärkt als Kollektorstrom $I_{C,1}$ die Kapazität bis auf einen Wert von $U_{QL} = U_{BE,1}$ entlädt. Dies ist beabsichtigt, um ähnlich, wie bei dem ungesättigten Inverter (Bild 4.20), die Sättigung, die das Schaltverhalten negativ beeinflußt, zu vermeiden. Da die Transistorpaare T_1M_1 bzw. T_2M_2 im Idealfall nie gleichzeitig leiten, entsteht bei dem Treiber nur ein dynamischer Leistungsverbrauch.

Aus dem Vorhergehenden könnte man meinen, daß der BICMOS-Treiber einen um B_N verstärkten Lade- bzw. Entladestrom liefert. Dies trifft jedoch leider nur in bestimmten Fällen zu. Wovon dies im einzelnen abhängt, wird im folgenden näher untersucht.

Dazu wird zuerst der Entladevorgang von C_L (Bild 8.5) betrachtet.

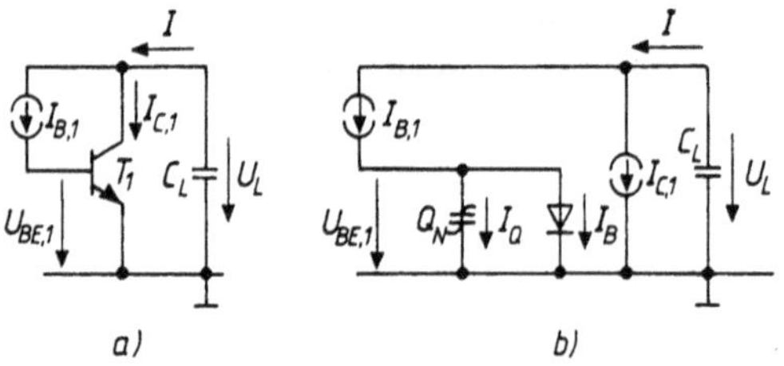

Bild 8.5
a) Wirksame Elemente des BICMOS-Treibers während des Entladevorgangs;
b) Bipolarer Transistor ersetzt durch Ersatzschaltbild

Der MOS-Transistor M_1 wurde durch einen Stromgenerator ersetzt. Das ist zwar nicht ganz korrekt, da der Transistor während des Entladens von C_L in den Widerstandsbereich übergeht. Diese Vereinfachung ist jedoch gegenüber dem - wie gezeigt werden wird - ungünstigen Verhalten des bipolaren Transistors vernachlässigbar. Ebenso sind die parasitären Kapazitäten des MOS-Transistors vernachlässigbar im Vergleich zu der Basis-Emitterkapazität des bipolaren Transistors /3/. Aus dem Ersatzschaltbild kann, wie im folgenden gezeigt wird, eine Differentialgleichung erstellt werden, die den Entladevorgang beschreibt.

Für den Basisstrom gilt:

$$I_{B,1} = I_Q + I_B = \frac{dQ_N}{dt} + \frac{I_{C,1}}{B_N}. \qquad (8\text{-}10)$$

Da entsprechend Beziehung (3-78)

$$Q_N = \tau_N I_{C,1}$$

ist, resultiert die Differentialgleichung

$$\frac{dI_{C,1}}{dt} + \frac{I_{C,1}}{\tau_N B_N} = \frac{I_{B,1}}{\tau_N}, \qquad (8\text{-}11)$$

wobei die Umladung der BE-Sperrschichtkapazität vernachlässigt wurde. Die Lösung dieser Gleichung liefert einen zeitabhängigen Kollektorstrom von

$$I_{C,1}(t) = I_{B,1}B_N[1- e^{-t/\tau_N B_N}]. \qquad (8\text{-}12)$$

Hierbei sind zwei Grenzfälle von besonderem Interesse,

a) wenn $t \gg \tau_N B_N$, denn in diesem Fall ist

$$I_{C,1} = I_{B,1}B_N \qquad (8\text{-}13)$$

und

b) wenn $t \ll \tau_N B_N$, denn dann ist

$$I_{C,1}(t) = I_{B,1} \frac{t}{\tau_N}. \tag{8-14}$$

Der Fall a) entspricht den allgemeinen Erwartungen eines zeitunabhängigen Kollektorstromes, während Fall b) einen linear mit der Zeit zunehmenden Strom beschreibt, der wesentlich kleiner ist als im Fall a). Dies bedeutet selbstverständlich auch, daß die Kapazität langsamer entladen wird. Der Grund dafür ist, daß der überwiegende Teil des Basisstromes dazu verwendet wird, die Basis-Emitterladung Q_N (Gl.3-78) aufzubauen, während im Fall a) dies bereits geschehen ist. Diese beiden Fälle sind zum Vergleich in Bild 8.6a skizziert.

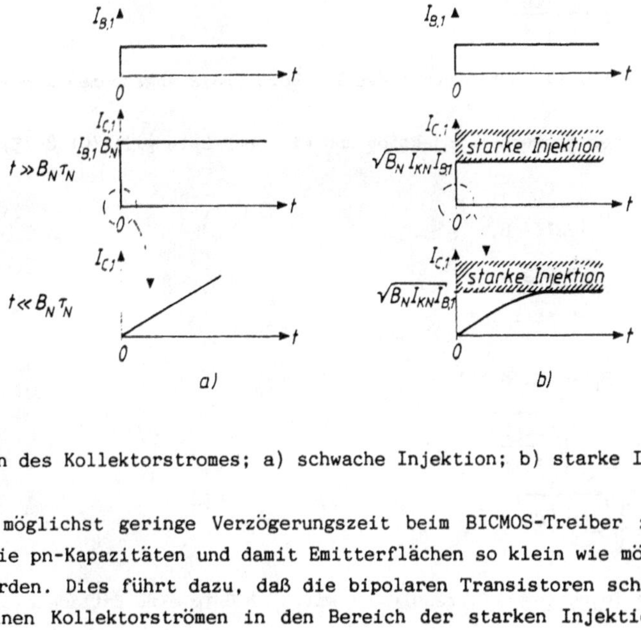

Bild 8.6
Verhalten des Kollektorstromes; a) schwache Injektion; b) starke Injektion

Um eine möglichst geringe Verzögerungszeit beim BICMOS-Treiber zu erhalten, müssen die pn-Kapazitäten und damit Emitterflächen so klein wie möglich ausgeführt werden. Dies führt dazu, daß die bipolaren Transistoren schon bei relativ kleinen Kollektorströmen in den Bereich der starken Injektion gelangen, wodurch ein Verstärkungsabfall (Gl.3-144) von

$$B_{NK} = \sqrt{\frac{I_{KN}}{I_B} B_N}$$

auftritt. I_{KN} ist dabei der Knickstrom im Normalbetrieb. Hieraus ergibt sich ein Kollektorstrom, wenn keine zeitliche Strömänderung ($dI_{C,1}/dt = 0$) mehr auftritt, von

$$I_{C,1} = B_{NK} \cdot I_{B,1}$$

$$= \sqrt{B_N I_{KN} I_{B,1}}. \quad (8\text{-}15)$$

Dieser Kollektorstrom, der geringer ist als der bisher betrachtete, ist in Bild 8.6b für die beiden Fälle t viel größer oder viel kleiner als $B_N\tau_N$ skizziert.

In Abhängigkeit von dem jeweiligen Kollektorstromverhalten lassen sich unterschiedliche Entladezeiten

$$t_f = C \frac{\Delta U}{I}$$

$$= C_L \frac{U_{CC}/2}{I_{B,1} + I_{C,1}} \quad (8\text{-}16)$$

abschätzen, wobei als Schaltpunkt des Treibers $U_{CC}/2$ angenommen wurde.

Für den Fall der <u>schwachen Injektion</u> und mit $t_f \gg B_N\tau_N$ gilt (Gl.8-13)

$$t_f = C_L \frac{U_{CC}/2}{(B_N+1) I_{B,1}}$$

$$\approx C_L \frac{U_{CC}/2}{B_N\, I_{B,1}} \quad (8\text{-}17)$$

bzw. mit $t_f \ll B_N\tau_N$ (Gl.8-14)

$$t_f \approx \frac{\tau_N}{2} \left[\sqrt{\frac{2C_L U_{CC}}{\tau_N I_{B,1}}} - 1\right]$$

$$\approx \sqrt{\frac{\tau_N C_L U_{CC}}{2 I_{B,1}}}. \quad (8\text{-}18)$$

Tritt <u>starke Injektion</u> auf, resultiert mit $t_f \gg B_N\tau_N$ eine Entladezeit von

$$t_f \approx \frac{C_L U_{CC}/2}{\sqrt{B_N I_{KN} I_{B,1}}} \quad (8\text{-}19)$$

bzw. wenn $t_f \ll B_N\tau_N$ ist, eine die sich aus Anteilen von Beziehungen (8-18) und (8-19) zusammensetzt.

Bei der starken Injektion nimmt nicht nur die Verstärkung des Transistors ab, sondern zusätzlich noch die Transitzeit τ_N zu. Wird dies, wie in Bild 3.34 skizziert berücksichtigt, tritt noch eine weitere Zunahme der Entladezeit auf.

Bisher wurde nur die Entladezeit analysiert, die von $I_{B,1}$ und $I_{C,1}$ abhängt, wenn man nur die Ströme betrachtet. Im Fall der Aufladezeit ist die Situation sehr ähnlich, da die Kapazität durch die Ströme $I_{B,2} + I_{C,2} = I_{E,2}$ aufgeladen wird. Setzt man voraus, daß $I_{B,2} = I_{B,1}$ und $I_{C,2} = I_{C,1}$ sind, ergeben sich Aufladezeiten, die mit den vorher abgeleiteten Beziehungen identisch sind.

Damit bei dem BICMOS-Treiber kein unerwünschter Querstrom fließt, soll Transistor T_1 (Bild 8.4a) gesperrt sein, wenn Transistor T_2 leitet bzw. umgekehrt. Um dies zu gewährleisten, muß die Ladung in dem entsprechenden Transistor (siehe Kapitel 4.5) abgebaut werden. Dies geschieht mit Hilfe der in Bild 8.4b gezeigten zusätzlichen Transistoren M_3 und M_4.

Aus den vorhergehenden Betrachtungen ergeben sich somit folgende Anforderungen an den Bipolartransistor:

a) möglichst großer Knickstrom I_{KN} pro Emitterfläche

b) Transitzeit τ_N so kurz wie möglich und

c) möglichst hohe Durchbruchspannung zwischen Basis und Emitter.

Die letzte Forderung resultiert aus der folgenden Betrachtung. Liegt am Eingang des Treibers ein L-Zustand an, dann ist die Lastkapazität C_L auf einen H-Zustand, der maximal den Wert von U_{CC} annehmen kann, aufgeladen. Ändert sich jetzt der Eingangszustand von L nach H, so wird Transistor M_4 (Bild 8.4b) leitend, wodurch an die Basis von Transistor T_2 0V gelangen. Ist die Lastkapazität und damit die Entladezeit relativ groß, so herrscht im Moment des Umschaltens zwischen Basis und Emitter von Transistor T_2 eine Spannung von $U_{BE} \approx -U_{CC}$. D.h. die BE-Durchbruchspannung des Transistors muß deutlich über diesem Wert liegen.

Der BICMOS-Treiber kann, wie in Bild 8.7 gezeigt ist, leicht in ein NAND- bzw. NOR-Gatter mit verbesserten Treibereigenschaften verwandelt werden. Dies wird besonders bei mehr als Zweifachgatter durch einen relativ hohen zusätzlichen Schaltungsaufwand erkauft. Dieser kann, wie in dem Bild gezeigt, reduziert werden, wenn die Ladung in den bipolaren Transistoren T_1 bzw. T_2 statt mit MOS-Transistoren mit Hilfe von Widerständen abgebaut wird. Die Widerstände können dabei, wenn vorhanden, durch niedriger dotierte Polysiliziumstreifen (ca. 1000Ω/□) realisiert werden. Ein Nachteil der Widerstandsbeschaltung ist jedoch, daß die zum Treiben der bipolaren Transistoren benötigten Basisströme durch die parallel zu den Basis-Emitterdioden liegenden Widerstände reduziert werden.

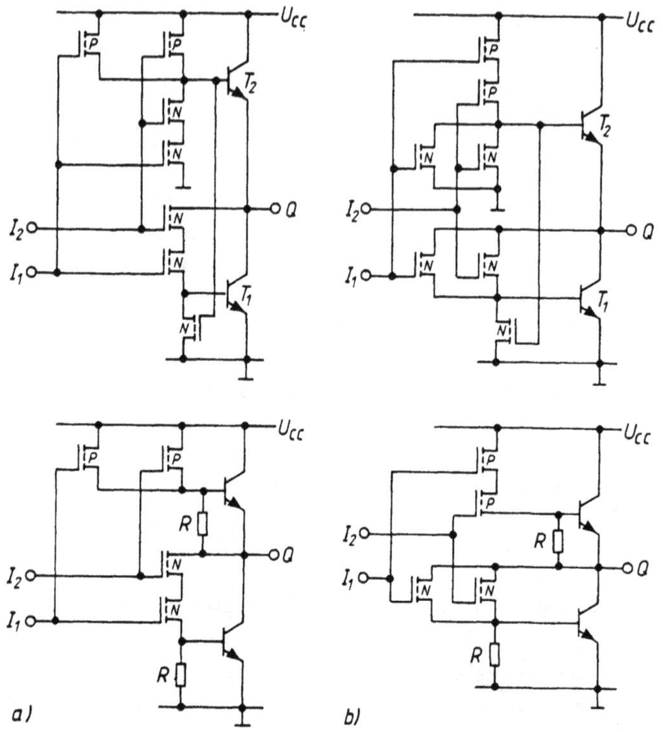

Bild 8.7
Gatter mit verbesserten Treibereigenschaften; a) NAND-Gatter; b) NOR-Gatter

8.4 Bandabstands-Referenzspannung

Durch die Verfügbarkeit von bipolaren Transistoren können Bandabstands-Referenzspannungen (bandgap reference voltages) erzeugt werden. Die sehr genaue und nahezu temperaturunabhängige Referenzspannung eignet sich hervorragend für chipinterne Spannungsregelungen. Das von Widlar vorgeschlagene Prinzip /4/ beruht darauf, daß sich eine Referenzspannung aus einer Basis-Emitterspannung $U_{BE}(T)$ sowie einer Spannung $U_T(T)$ zusammensetzt (Bild 8.8).

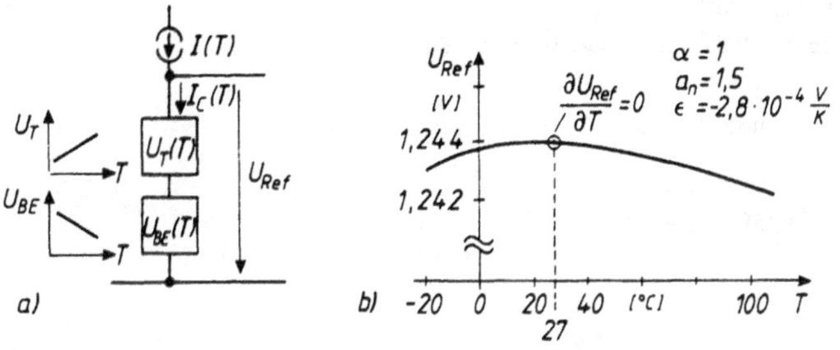

Bild 8.8
a) Prinzip der Bandabstands-Referenz; b) Temperaturgang der Referenzspannung

Hier wird der negative Temperaturkoeffizient der U_{BE}-Spannung durch einen positiven Temperaturkoeffizienten der Spannung U_T gerade so kompensiert, daß sich die Temperaturkoeffizienten gegenseitig aufheben. Die Spannung U_T wird dabei aus der Differenz zweier U_{BE}-Spannungen hergeleitet.

In der Schaltung stellt sich, wie gezeigt werden wird, eine Referenzspannung U_{Ref} ein, die näherungsweise gleich der Spannung U_{go} ist und die dem extrapolierten Wert des Bandabstandes W_{go}/q für $T \to 0$ entspricht. Bevor auf die Details der Schaltung eingegangen wird, ist es zweckmäßig, zuerst die Temperaturabhängigkeit der U_{BE}-Spannung näher zu betrachten.

Temperaturabhängigkeit der U_{BE}-Spannung

Der Kollektorstrom hat, wie in Gleichung (3-67) abgeleitet wurde, eine Temperaturabhängigkeit

$$I_C = E\left(\frac{T}{300K}\right)^{(4-a_n)} e^{\frac{-W_g(T)}{kT}} e^{\frac{q}{kT} U_{BE}} ,$$

wobei angenommen wurde, daß $U_{BE} > 100mV$ ist und dadurch der -1 Term vernachlässigt werden kann. Diese Gleichung nach U_{BE} aufgelöst liefert:

$$U_{BE}(T) = \frac{kT}{q}\left[\ln \frac{I(T)}{[A]} - \ln \frac{E}{[A]} - (4-a_n)\ln \frac{T}{[300K]} + \frac{W_g(T)}{kT}\right]. \qquad (8\text{-}20)$$

Da, wie aus Bild 8.8 hervorgeht $I_C(T) = I(T)$ ist, geht das Temperaturverhalten des Stromgenerators mit in diese Beziehung ein. Daraus ergibt sich eine Änderung der U_{BE}-Spannung als Folge einer Temperaturänderung von

$$\frac{dU_{BE}}{dT} = -\frac{1}{T}\left[U_g - \frac{dU_g}{dT} T + \frac{kT}{q}\left(4 - a_n - \frac{T}{I(T)} \frac{dI}{dT}\right) - U_{BE}(I,T)\right], \qquad (8\text{-}21)$$

wobei $U_g = W_g/q$ ist.
Wird in erster Näherung angenommen, daß

1. sich der Bandabstand (Gl.3-69)

$$U_g = U_{go} + \frac{dU_g}{dT} T$$

$$= U_{go} + \varepsilon T \tag{8-22}$$

linear mit der Temperatur ändert, wobei wie bereits erwähnt, U_{go} die Spannung ist, die dem extrapolierten Wert des Bandabstandes W_{go}/q für $T \to 0$ entspricht und

2. der Stromgenerator, dessen Verhalten stark von der Realisierung abhängt (Bild 8.10), eine Temperaturabhängigkeit von

$$I = FT^{\alpha} \tag{8-23}$$

hat, wobei F eine temperaturunabhängige Konstante ist, dann ergibt sich aus Gleichung (8-21) die Beziehung

$$\frac{dU_{BE}}{dT} = - \frac{1}{T}[U_{go} + \frac{kT}{q} (4 - a_n - \alpha) - U_{BE} (I,T)] \tag{8-24}$$

Beispiel:

Es wird der Temperaturgradient von U_{BE} bei der Temperatur T = 300K (27°C) gesucht, wobei a_n = 1,5 und U_{go} = 1,205V betragen. Es soll ein temperaturunabhängiger Strom von 10^{-3}A fließen, d.h. α ist 0. Der Transportstrom des Transistors beträgt 10^{-16}A.

Aus diesen Angaben ergibt sich eine U_{BE}-Spannung von

$$U_{BE}\ (27^{o}C,\ 1mA) = 26mV \ln \frac{10^{-3}}{10^{-16}} = 0,778\ V,$$

und ein entsprechender Temperaturgradient (Gl.8-24) von

$$\left.\frac{dU_{BE}}{dT}\right|_{T=27^{o}C} = - 1,77 \frac{mV}{^{o}C}.$$

Dieser Temperaturgang muß in einer Bandabstands-Referenzschaltung durch einen gegenläufigen Temperaturgang von dU_T/dT möglichst exakt kompensiert werden. Es sind viele Schaltungen bekannt, die dies bewerkstelligen /5,6/. Eine weit verbreitete Variante ist in Bild 8.9 dargestellt.

Bild 8.9
Bandabstands-Referenzschaltung

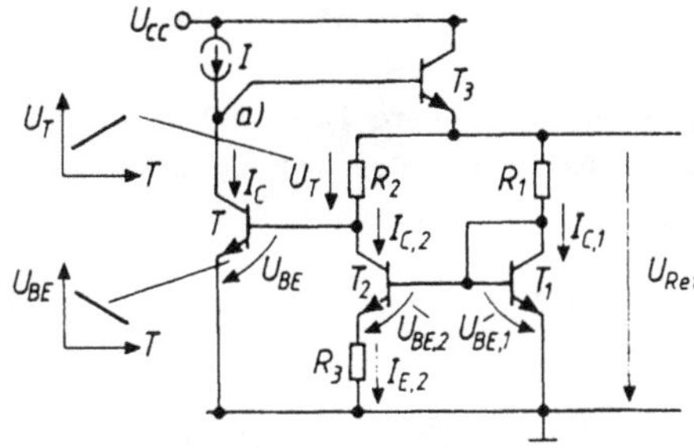

Die Schaltung verwendet eine Rückkopplungsschleife, bestehend aus dem Transistor T_3, um den Arbeitspunkt der Schaltung einzustellen. Sinkt z.B. die Spannung U_{Ref}, dann nimmt auch die U_{BE}-Spannung am Transistor T ab und damit der Kollektorstrom I_C. Dadurch steigt die Spannung am Knoten a) und entsprechend nimmt die Referenzspannung zu. Es stellt sich ein stabiler Arbeitspunkt ein, bei dem die Referenzspannung einen Wert von

$$U_{Ref} = U_{BE}(T) + U_T(T) \tag{8-25}$$

annimmt. Hierbei hat die U_{BE}-Spannung einen negativen und wie gezeigt werden wird, die U_T-Spannung einen positiven Temperaturkoeffizienten. Wird angenommen, daß die Stromverstärkung der Transistoren ausreichend groß ist, dann ist $I_{C2} \approx I_{E2}$, wodurch sich eine Spannung

$$\begin{aligned} U_T &= R_2 I_{C,2} \\ &= \frac{R_2}{R_3}(U_{BE,1} - U_{BE,2}) \\ &= \frac{R_2}{R_3}\frac{kT}{q}\ln\frac{I_{C,1}(R_1)}{I_{C,2}(R_2)}\gamma \end{aligned} \tag{8-26}$$

mit positivem Temperaturkoeffizienten einstellt. In dieser Gleichung ist

$$\gamma = \frac{I_{S,2}}{I_{S,1}} = \frac{A_2}{A_1} \tag{8-27}$$

das Verhältnis der Transportströme bzw. deren Emitterflächen. Damit ergibt sich eine Referenzspannung von

$$U_{Ref} = U_{BE}(T) + \frac{R_2}{R_3}\frac{kT}{q}\ln\frac{I_{C,1}(R_1)}{I_{C,2}(R_2)}\gamma . \tag{8-28}$$

Um eine möglichst vollständige Kompensation der Temperaturgänge zu erreichen, kann die U_T-Spannung durch geeignete Wahl der Werte von R_2/R_3, $I_{C,1}/I_{C,2}$ und γ eingestellt werden. Das Verhältnis der Kollektorströme ist dabei wiederum abhängig von den Widerständen R_1 und R_2.

Wie die Wahl der Werte im Detail zu erfolgen hat, wird im folgenden näher analysiert. Dazu wird der Temperaturkoeffizient der Referenzspannung näher betrachtet. Aus den Beziehungen (8-28) und (8-24) ergibt sich diese zu

$$\frac{dU_{Ref}}{dT} = -\frac{1}{T}\left[U_{go} + \frac{kT}{q}(4 - a_n - \alpha) - U_{BE}(I,T)\right]$$

$$+ \frac{R_2}{R_3}\frac{k}{q}\ln\frac{I_{C,1}(R_1)}{I_{C,2}(R_2)}\gamma . \tag{8-29}$$

Hieraus kann die Dimensionierungsvorschrift abgeleitet werden. Sollen sich bei der Temperatur T_R die Temperaturkoeffizienten exakt aufheben, dann muß

$$\left.\frac{dU_{Ref}}{dT}\right|_{T_R} = 0 \tag{8-30}$$

sein. Damit ergibt sich aus Beziehung (8-29) die Dimensionierungsvorschrift, nämlich daß

$$\frac{1}{T_R}\left[U_{go} + \frac{kT_R}{q}(4 - a_n - \alpha) - U_{BE}(I,T_R)\right] = \frac{R_2}{R_3}\frac{k}{q}\ln\frac{I_{C,1}(R_1)}{I_{C,2}(R_2)}\gamma \tag{8-31}$$

sein muß. Dies wiederum führt zu einer Referenzspannung (Gl.8-28), die einen Wert von

$$U_{Ref}(T_R) = U_{go} + \frac{kT_R}{q}(4 - a_n - \alpha) \tag{8-32}$$

besitzt.

Beispiel:

Die Dimensionierung der in Bild 8.9 gezeigten Schaltung erfolgt so, daß Bedingung (Gl.8-30) bei T_R = 300K (27°C) eingehalten wird. Mit den Faktoren a_n = 1,5 und α = 1 und U_{go} = 1,205V ergibt sich dann bei dieser Temperatur eine Referenzspannung von (Gl.8-32)

$$U_{Ref}(300K) = 1{,}244V.$$

Den Temperaturgang der Schaltung erhält man direkt aus Gleichung (8-28) unter Verwendung der Beziehungen (8-31, 8-32, 8-23) zu

$$U_{Ref}(T) = \frac{kT}{q}\left[\alpha \ln\left(\frac{T}{T_R}\right) - (4 - a_n)\ln\frac{T}{T_R} + \frac{1}{k}\left(\frac{W_g(T)}{T} - \frac{W_g(T_R)}{T_R}\right)\right] + \frac{T}{T_R}U_{Ref}(T_R). \tag{8-33}$$

Dieser ist in Bild 8.8b für den Fall gezeigt, daß $\varepsilon = -2{,}8 \cdot 10^{-4}$ V/K (Gl. 8-22) beträgt. Wie daraus zu ersehen, ist der Temperaturgang < 2mV. In der Praxis /7/ werden Werte erreicht, die im Temperaturbereich von 30°C bis 150°C bei < 15mV liegen. Die etwas größere Abweichung ist zum Teil auf die ungenaue Beschreibung des Bandabstandes (Gl. 8-22) /8/ zurückzuführen.

Die schaltungstechnische Realisierung des Stromgenerators, auf die bisher verzichtet wurde, wird im folgenden näher betrachtet. Die wesentlichste Anforderung an den Stromgenerator ist dabei, daß er unabhängig von Versorgungsspannungsschwankungen ist. Denn nur so kann erreicht werden, daß auch die Referenzspannung unabhängig davon bleibt. Zu diesem Zweck wurde die in Bild 8.9 gezeigte Referenzschaltung durch eine sog. Stromspiegelschaltung, die bereits in Abschnitt 7.4.3 beschrieben wurde, erweitert.

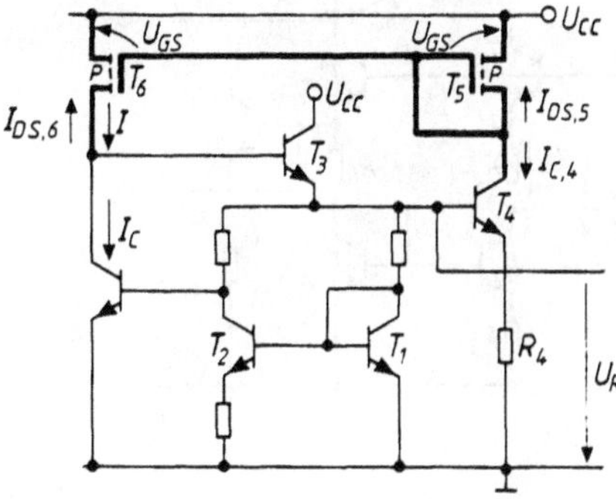

Bild 8.10
Bandabstands-Referenzschaltung mit realisiertem Stromgenerator

Durch den zusätzlichen Transistor T_4 fließt ein Kollektorstrom $I_{C,4}$, der von der Referenzspannung und dem Widerstand R_4 abhängt. Dieser Strom wird mit Hilfe der beiden p-Kanal Transistoren in einen Strom I überführt (gespiegelt). Der Strom, der durch den sich in Sättigung befindlichen Transistor T_5 fließt, beträgt (Tabelle 5.1)

$$I_{C,4} = -I_{DS,5} = \frac{\beta_{p,5}}{2}[U_{GS} - U_{Tp}]^2. \tag{8-34}$$

Da die Gate-Sourcespannung auch an Transistor T_6 anliegt, fließt durch diesen ein Strom von

$$I = - I_{DS,6} = \frac{\beta_{p,6}}{2}[U_{GS} - U_{Tp}]^2, \tag{8-35}$$

wodurch sich ein Stromverhältnis

$$\frac{I}{I_{C,4}} = \frac{\beta_{p,6}}{\beta_{p,5}} \tag{8-36}$$

einstellt, wenn von gleichen Einsatzspannungen ausgegangen wird. Da $I_{C,4}$ nicht von Versorgungsspannungsschwankungen beeinflußt wird, trifft dies demnach auch für den gespiegelten Strom I zu.

Im vorhergehenden wurde die Erzeugung einer temperatur- und spannungsabhängigen Referenzspannung beschrieben, die auf das Nullpotential Masse bezogen ist. Durch Änderung der in Bild 8.10 gezeigten Schaltung /9/ ist es möglich, eine Referenzspannung in Bezug auf die Versorgungsspannung U_{CC} zu erzeugen (Bild 8.11).

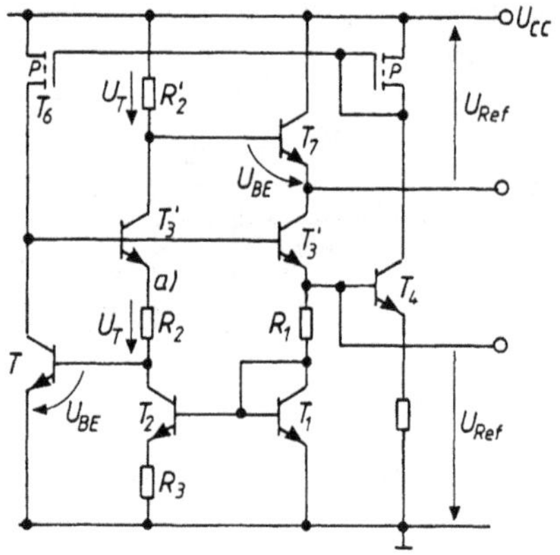

Bild 8.11
Bandabstands-Referenzschaltung mit U_{Ref} bezogen auf Masse und U_{CC}

Dies ist besonders bei ECL-Schaltungen wichtig, auf die im nächsten Abschnitt näher eingegangen wird. Im Vergleich zu Bild 8.10 wurde die Funktion von Transistor T_3 auf die beiden Transistoren T_3' übertragen. Haben diese eine gleiche U_{BE}-Spannung, dann liegt am Knoten a) ebenfalls die Referenzspannung, die sich aus der U_{BE}-Spannung von Transistor T und der Spannung U_T am Widerstand R_2 zusammensetzt. Ist $R_2 = R_2'$, dann ergibt sich eine Referenzspannung mit Bezug auf die Versorgungsspannung U_{CC}. Diese setzt sich dabei aus dem Spannungsabfall U_T an R_2' und der U_{BE}-Spannung von Transistor T_7 zusammen. Hierbei wird vorausgesetzt, daß die U_{BE}-Spannungen von Transistor T und T_7 den gleichen Wert besitzen.

Der absolute Wert der Referenzspannungen kann durch geeignete Wahl R_2/R_3 I_{C1}/I_{C2} und γ, wie in Gleichung (8-28) beschrieben, modifiziert werden. Die Änderung ist jedoch auf einen kleinen Spannungsbereich begrenzt, solange eine möglichst vollständige Temperaturkompensation erreicht werden soll.

Für größere Spannungsabweichungen gegenüber dem in Gleichung (8-28) hergeleiteten Wert kann ein sog. Spannungsumformer (Bild 8.12) verwendet werden, wobei $U_O > U_{Ref}$ ist.

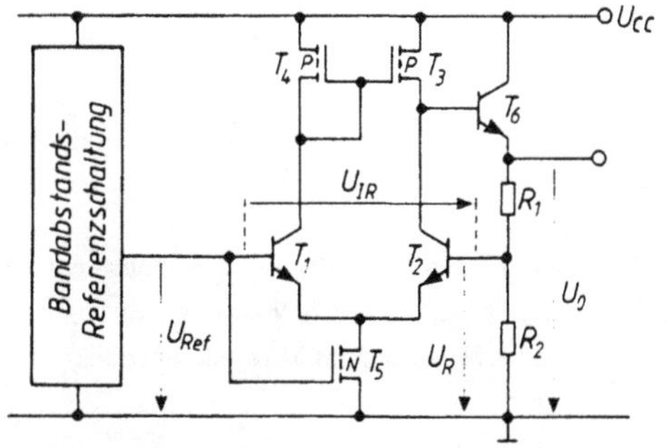

Bild 8.12
Spannungsumformer mit Bandabstands-Referenzschaltung nach Bild 8.10

Dieser besteht aus einem Stromschalter mit den Transistoren T_1 und T_2. Zur Erhöhung der Verstärkung wurden die Lastelemente durch eine Stromspiegelschaltung (Transistoren T_3, T_4) ersetzt. Damit sich Parameterschwankungen bei den MOS-Transistoren in etwa ausgleichen, kann man den Stromgenerator durch einen n-Kanal Transistor realisieren. Transistor T_6 bildet eine Rückkopplung zum Eingang des Stromschalters. Dadurch wird die Spannung U_R so nachgeregelt, bis die Differenzspannung U_{IR} = 0V beträgt und $U_R = U_{Ref}$ ist. Damit stellt sich am Ausgang der Schaltung eine Spannung von

$$U_O = U_{Ref}\left[1 + \frac{R_1}{R_2}\right] \qquad (8\text{-}37)$$

ein, die entsprechend dem Widerstandsverhältnis eingestellt werden kann.

Bandabstands-Referenzschaltungen können, wie in /10,11/ beschrieben, auch in einem "nur" CMOS-Prozeß realisiert werden, wenn man parasitäre Bipolartransistoren verwendet. Dies ist in Bild 8.13 an einem Beispiel gezeigt. Hierbei werden die Source-Draingebiete des n-Kanal MOS-Transistors als Emitter bzw. Kollektor verwendet. In diesem Beispiel ist dabei der Emitter ganz von dem Kollektor umgeben. Die Basis wird über den Wannenanschluß kontaktiert. Damit keine leitende Verbindung über den Kanal des MOS-Transistors entsteht, wurde das Gate mit Masse verbunden. Ein wesentlicher Nachteil dieser Anordnung ist,

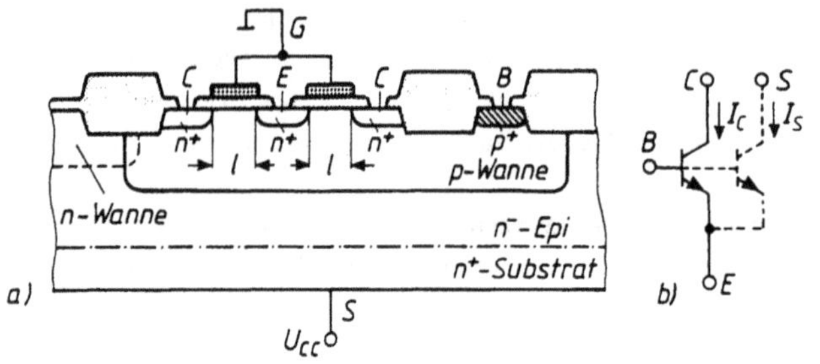

Bild 8.13
Lateraler npn-Transistor; a) Schnitt durch eine Realisierung in einem CMOS-Prozeß; b) Transistor Symbol

daß ebenso ein npn-Transistor zum Substrat existiert, wobei das Substrat als Kollektor wirkt. Hierdurch kommt es zu einem unerwünschten Substratstrom, der nicht für alle Anwendungsfälle akzeptabel ist.

8.5 ECL-Peripherieschaltungen

In diesem Abschnitt werden Umsetzer von ECL- auf CMOS-Pegel für Eingangsschaltungen und von CMOS- auf ECL-Pegel für Ausgangstreiber betrachtet. Diese Schaltungen sind von besonderer Bedeutung, da bisher in "nur" CMOS-Technik ECL-Schnittstellen unter Massenfertigungsbedingung nicht zufriedenstellend realisiert werden konnten. Der Grund dafür sind Fertigungsstreuungen bei den Parametern, die sich sehr ungünstig auf die kleinen ECL-Pegel (Tabelle 4.4) auswirken. So ist die Offset-Spannung zwischen benachbarten MOS-Transistoren, gleiche Ströme vorausgesetzt, $\Delta U_{Tn} \approx 20mV$ bis 30mV und derjenige von bipolaren Transistoren nur $\Delta U_{BE} \approx 0,5mV$ bis 1mV.

In Bild 8.14 ist eine ECL-Eingangsschaltung dargestellt. Unter den Voraussetzungen, daß die U_{BE}-Spannung bei allen bipolaren Transistoren 0,8V und die Einsatzspannung der p-Kanal MOS-Transistoren -0,8V betragen, stellen sich in erster Näherung und in Abhängigkeit von den H- bzw. L-Zuständen die im Bild aufgeführten Spannungen ein.

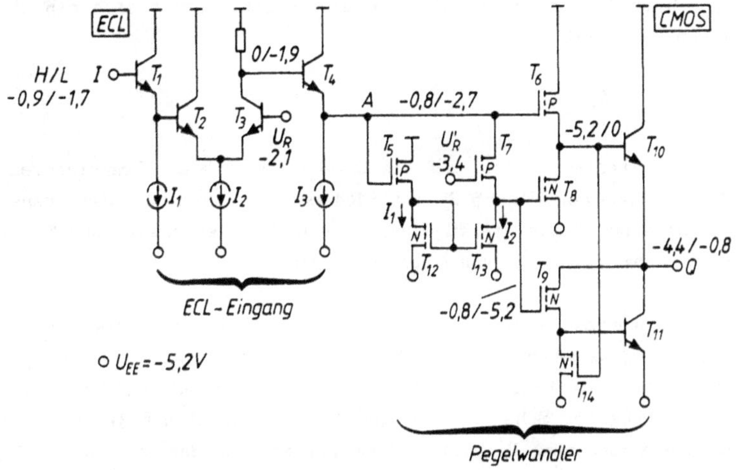

Bild 8.14
ECL-Eingangsschaltung mit Pegelwandler /12/

Die ECL-Eingangsschaltung besteht aus einem Emitterfolger T_1, der den Stromschalter T_2, T_3 ansteuert. Die wesentlichen Vorteile des Emitterfolgers sind dabei ein höherer Eingangswiderstand sowie ein größerer Spannungshub am Ausgang der Eingangsschaltung. Liegen am Eingang -0,9V bzw. -1,7V an, dann stellt sich am Ausgang A der Eingangsschaltung eine Spannung von -0,8V bzw. -2,7V ein. Mit -0,8V am Ausgang sind die Transistoren T_5 und T_6 nichtleitend, so daß der Strom I_1 und damit I_2 = 0A beträgt. Transistor T_7 ist leitend, da am Gate dieses Transistors eine Referenzspannung von U'_R = -3,4V anliegt. Dadurch stellt sich an den Gates der Transistoren T_8 und T_9 eine Spannung von -0,8V ein, wodurch diese Transistoren leitend geschaltet sind. Dies hat zur Folge, daß die Transistoren T_{10} nichtleitend und T_{11} leitend sind. Am Ausgang Q stellt sich eine Spannung von -4,4V ein.

Liegt dagegen am ECL-Eingang eine Spannung von -1,7V an, dann hat der Ausgang A eine Spannung von -2,7V. Dadurch sind die Transistoren T_6 und T_5 leitend und T_7 nichtleitend. Es fließt ein Strom von (Tabelle 5.1)

$$I_1 = \beta_{n,12}(U_{GS} - U_{Tn})^2$$

durch Transistor T_{12} und solange Transistor T_{13} in Sättigung ist, in diesem ein Strom von

$$I_2 = \beta_{n,13}(U_{GS} - U_{Tn})^2.$$

Da (U_{GS} - U_{Tn}) für beide Transistoren gleich ist, ergibt sich ein Stromverhältnis von (Gl.8-36)

$$\frac{I_2}{I_1} = \frac{\beta_{n,13}}{\beta_{n,12}}.$$

Die Folge des Stromes I_2 ist, daß die Gatekapazitäten der Transistoren T_9, T_8 bis auf eine Spannung von -5,2V entladen werden, wodurch diese Transistoren nichtleitend sind. Damit stellt sich, da die Transistoren T_6 und T_{14} leitend sind, am Ausgang Q eine Spannung von -0,8V ein.

Um die ECL-Eingangsschaltung unabhängig von Spannungs- und Temperaturänderungen auszuführen, ergeben sich die folgenden Anforderungen an die Spannungs- und Stromquellen. Die H- und L-Pegel (Bild 8.14) sind auf 0V, d.h. auf die positivste Spannung der Schaltung bezogen (siehe Kapitel 4.6.3). Dies muß auch für die Referenzspannung U_R gelten. Denn nur so kann der Einfluß von U_{EE}-Versorgungsspannungsschwankungen auf die Eingangspegel vermieden werden. Außerdem sollte die Referenzspannung die U_{BE}(T)-Abhängigkeit von Transistor T_1 (Bild 8.14) aufweisen, damit sich alle temperaturabhängigen U_{BE}-Änderungen beim Stromschalter kompensieren. Somit muß die Referenzspannung einen Wert von

$$U_R \doteq \frac{U_{IH} + U_{IL}}{2} - U_{BE}(T) \qquad (8\text{-}38)$$

besitzen, der im Vergleich zu Beziehung (4-39) um den Wert von U_{BE}(T) abgesenkt ist. Diese Forderung wird durch die in Bild 8.15 gezeigte Schaltung erfüllt,

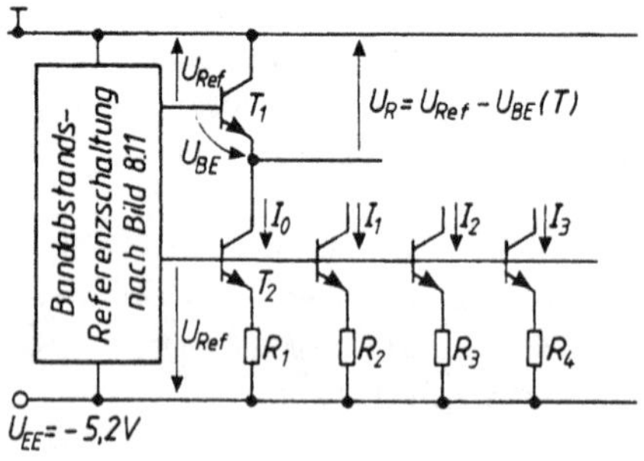

Bild 8.15
Strom-Spannungsreferenzen für die ECL-Eingangsschaltung nach Bild 8.14

die die beschriebene Bandabstands-Referenzschaltung von Bild 8.11 verwendet und eine Referenzspannung in Bezug auf 0V von

$$U_R = U_{Ref} - U_{BE}(T) \qquad (8\text{-}39)$$

liefert.

Der Strom I_O, der durch Transistor T_1 fließt, wird durch einen Stromgenerator erzeugt, der in Bezug auf die U_{EE}-Versorgungsspannung unabhängig ist. Der Stromgenerator besteht aus Transistor T_2 und Widerstand R_1, der mit der entsprechenden Referenzspannung verbunden ist. Es fließt ein Strom von

$$I_O = \frac{U_{Ref} - U_{BE,2}(T)}{R_1}. \tag{8-40}$$

Diese Anordnung stellt einen nahezu perfekten Stromgenerator dar, wenn man von der Basisweitenmodulation (Kapitel 3.2.2) absieht. In diesem Fall ist der Strom auch dann konstant, wenn eine Änderung der Kollektor-Basisspannung vorliegt. Die anderen Stromgeneratoren liefern die in Bild 8.14 erforderlichen weiteren Ströme I_1 bis I_3.

Mit der vorhergehenden Schaltung ist damit das schwierige Problem, die Umsetzung von ECL- auf CMOS-Pegel lösbar. Dagegen ist diejenige von CMOS- auf ECL-Pegel vergleichsweise leicht erreichbar. In Bild 8.16 ist eine derartige Schaltung mit Kompensation gegenüber Temperatur- und Versorgungsspannungsschwankungen dargestellt.

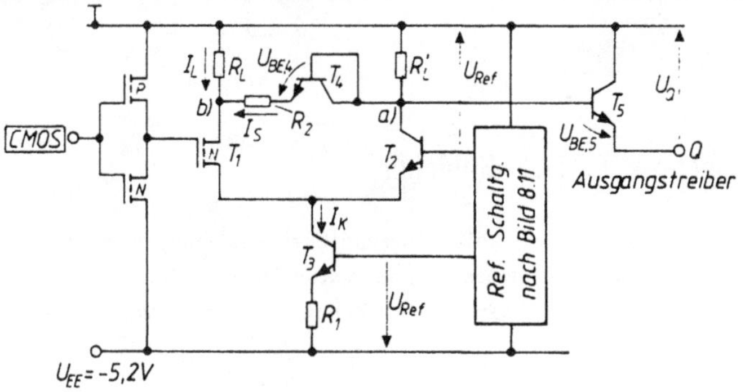

Bild 8.16

ECL-Ausgangsschaltung mit CMOS/ECL-Pegelwandlung und Bandabstands-Referenzschaltung nach Bild 8.11; Temperaturkompensation nach /9/

Der Stromschalter besteht aus einem n-Kanal-Transistor T_1 und einem bipolaren Transistor T_2. Dadurch ist es möglich, den Stromschalter direkt mit einem CMOS-Komplementärinverter anzusteuern. Die Referenzspannungen werden durch die in Bild 8.11 gezeigte Bandabstands-Referenzschaltung erzeugt. Dadurch sind die Ausgangspegel U_{QH} und U_{QL} unabhängig von Versorgungsspannungsschwankungen. Damit die Ausgangspegel auch unabhängig von Temperaturschwankungen sind, muß die Temperaturänderung der Basis-Emitterspannung $U_{BE,5}(T)$ des Ausgangstreibers T_5

kompensiert werden. Die Kompensation hängt nun davon ab, welchen Zustand der Ausgangspegel hat, d.h. durch welchen Transistor des Stromschalters der Strom I_K des Stromgenerators fließt.

Befindet sich der Ausgang im L-Zustand (U_{QL}), dann fließt der Strom I_K durch Transistor T_2. Steigt in diesem Fall die Temperatur, so nimmt die Basis-Emitterspannung vom Ausgangstransistor $U_{BE,5}$ ab. Diese Spannungsabnahme wird durch eine Zunahme des Stromes I_K (Gl.8-40)

$$I_K = \frac{U_{Ref} - U_{BE,3}(T)}{R_1}$$

kompensiert, da dieser einen entsprechend zunehmenden Spannungsabfall an R'_L hervorruft.

Befindet sich dagegen der Ausgang im H-Zustand (U_{QH}), dann fließt der Strom I_K durch Transistor T_1 und teilt sich in I_L und I_S auf. Der Strom I_S, der durch die zusätzlichen Elemente R_2 und T_4 fließt, ist verantwortlich für die Temperaturkompensation. Steigt z.B. die Temperatur an, dann sinkt die Spannung am Knoten b). Außerdem nimmt die U_{BE}-Spannung von Transistor T_4, der als Diode geschaltet ist, ab. Die Folge ist, daß der Strom I_S zunimmt. Dadurch sinkt die Spannung am Knoten a), wodurch die Reduzierung der $U_{BE,5}$-Spannung kompensiert wird.

8.6 Statische BICMOS-Speicher

Im Kapitel 7.4.3 wurden MOS-Halbleiterspeicher ausführlich behandelt. Im folgenden werden am Beispiel eines statischen BICMOS-Speichers mit ECL-Peripherieschaltungen der Einsatz der BICMOS-Technik demonstriert und deren Vorteile beschrieben.

Eine der wichtigsten Grundschaltungen, die das Zeitverhalten eines Speichers wesentlich bestimmen, ist der Dekoder. Dieser wurde in Bild 8.17 in ECL-Technik ausgeführt. Der große Vorteil dabei ist, daß infolge der geringen Spannungsänderungen die relativ großen parasitären Kapazitäten der Dekoderleitungen schnell umgeladen werden können (Gl.8-1).

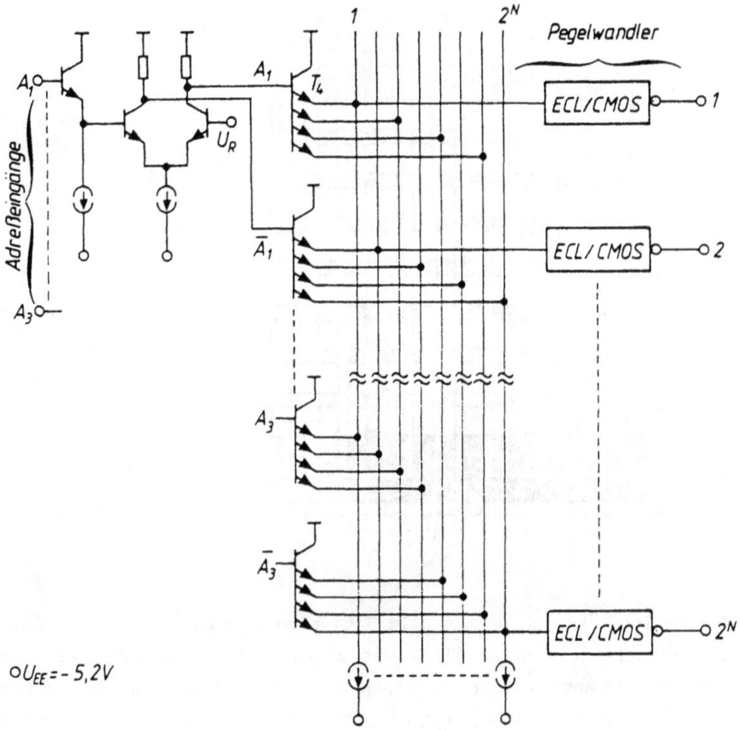

Bild 8.17
ECL 1 aus 8 NOR-Dekoder

Ausgangsbasis für den gezeigten Dekoder /12/ ist die in Bild 8.14 dargestellte ECL-Eingangsschaltung mit Pegelwandlung. Dabei wurde Transistor T_4 als Multiemitter-Transistor ausgebildet und entsprechend verknüpft. Der Pegelwandler wurde unverändert von Bild 8.14 übernommen, so daß zur weiteren Signalverarbeitung CMOS-Pegel zur Verfügung stehen. Das Layout des NOR-Dekoders läßt sich infolge der Multiemitter-Transistoren sehr vorteilhaft gestalten (Bild 8.18). Hierbei wurde ein verteilter gemeinsamer Kollektor für den gesamten Dekoder verwendet. Da dieser mit Masse verbunden ist, hat die relativ große Sperrschichtkapazität des Kollektors zum Substrat C_{JS} keinen Einfluß auf das Schaltverhalten.

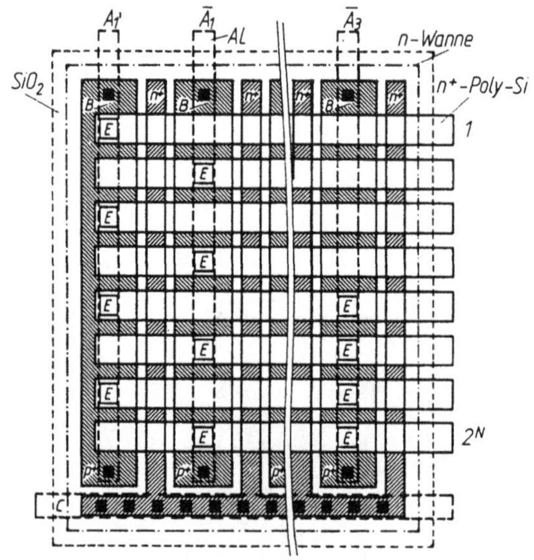

Bild 8.18
Teil-Layout eines 1 aus 8 NOR-Dekoders

In Bild 8.19 ist, ähnlich wie in Bild 7.54 bereits vorgestellt, ein Ausschnitt aus der Speichermatrix eines SRAMs mit zugehörigen Schaltungsteilen gezeigt. Hierbei wurde zur Ansteuerung der stark kapazitiv belasteten Wortleitung (WL) ein BICMOS-Treiber verwendet, der über eine Blockauswahl /13/ und einen Zeilendekoder angesteuert wird. Mit Hilfe der Blockauswahl werden kleinere Bereiche in der Speichermatrix angesprochen. Dies hat den Vorteil, daß dazu weniger Leistung erforderlich ist und die Umladung der Wortleitung schnell geschieht. Liegt z.B. am Ausgang 1 des Zeilendekoders ein H-Zustand, dann entsteht ein entsprechender an der Wortleitung nur dann, wenn gleichzeitig an der Blockauswahl-Leitung ein L-Zustand herrscht. In allen anderen Fällen hat die Wortleitung einen L-Zustand. Als Speicherzelle wurde eine 4-Transistorzelle mit Widerständen (siehe Bild 7.53) verwendet. Diese Zelle ist diejenige, die heute auf kleinster Fläche realisiert werden kann. Die Vorladungsschaltungen entsprechen denjenigen von Bild 7.54. Als Leseverstärker wurde ein getakteter Stromschalter eingesetzt. Da dieser eine geringe Offsetspannung besitzt, können bereits kleine Spannungsunterschiede zwischen den Bitleitungen BL und $\overline{BL}$ entdeckt und über einen Pegelumsetzer an die ECL-Ausgangsschaltung weitergegeben werden.

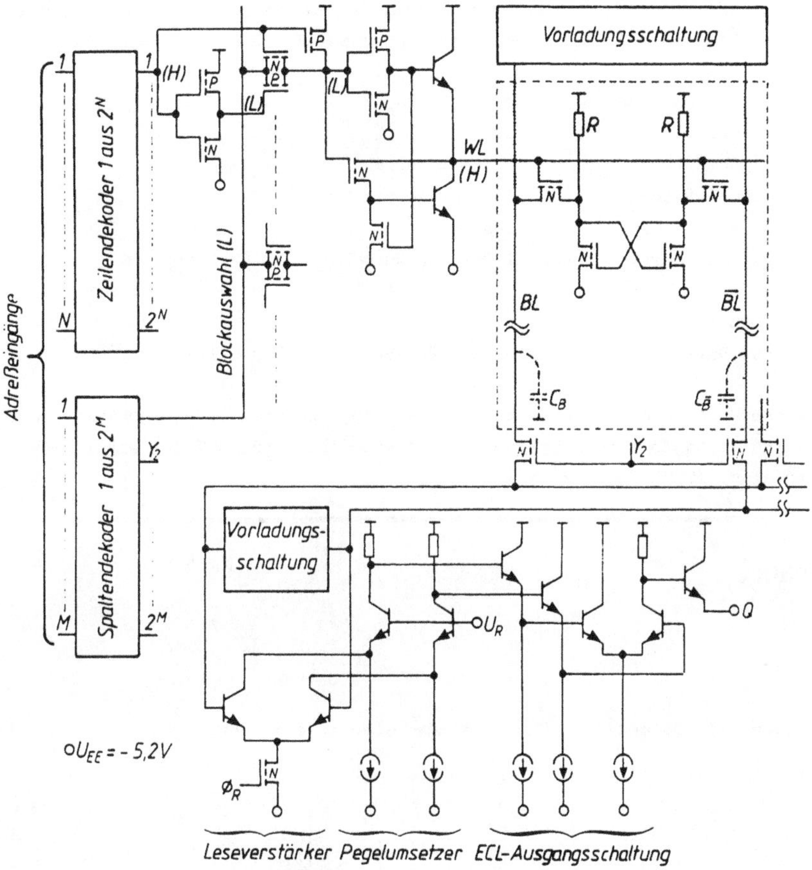

Bild 8.19

Ausschnitt aus der Speichermatrix eines SRAMs mit zugehörigen BICMOS-Schaltungsteilen

Das vorgestellte Beispiel demonstriert ganz typisch den Einsatz von bipolaren und MOS-Transistoren. Während die bipolaren Transistoren zum Treiben von Lasten und Verstärken kleiner Signale verwendet werden, finden die MOS-Transistoren überall dort Einsatz, wo eine hohe Packungsdichte erforderlich ist. Das Resultat ist bei den Speichern eine etwa 50%ige Verkürzung der Zugriffszeit und eine 5 bis 10%ige Reduzierung des Leistungsverbrauchs gegenüber einer Nur-CMOS-Realisierung. Die Leistungsreduzierung ist darauf zurückzuführen, daß die Summe der umzuladenden parasitären Kapazitäten in der gesamten Schaltung durch den Einsatz von bipolaren Transistoren leicht reduziert wird. Als Beispiel sind in Tabelle 8.1 die Daten eines typischen 1Mb-SRAMs zusammengefaßt.

Technologie	0,8µm BICMOS
Organisation	1M x 1
Chipfläche	8,5mm x 14,1mm
Cellfläche	5,2µm x 14,6µm
Zugriffszeit	8ns
Leistungsverbrauch	700mW, 100MHz; U_{EE} = -4,5V (ECL 100K)

Tabelle 8.1
Typische Daten eines 1Mb-SRAMs mit ECL-Schnittstellen /12/

Aus dem Vorhergehenden geht hervor, daß die erwähnten Verbesserungen nicht nur bei SRAMs, sondern auch bei den anderen Speichern (Bild 7.48) erreichbar sind, wenn eine BICMOS-Technik verwendet wird.

Übungen

Aufgabe 8.1

Gegeben ist die gezeigte Bandabstands-Referenzschaltung.

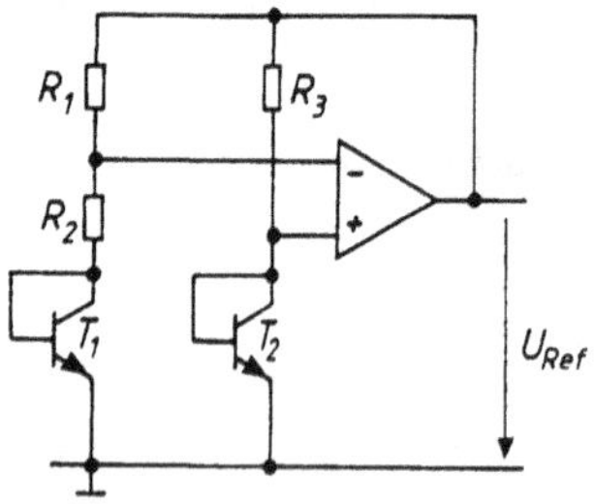

Bestimmen Sie für den Fall, daß es sich um einen idealen Operationsverstärker handelt (Verstärkung → ∞; Offset-Spannung 0, Eingangsströme 0) die Referenzspannung U_{Ref} und betrachten Sie deren Temperaturverhalten.

Aufgabe 8.2

Im Zusammenhang mit Gleichung (8-5) wurde behauptet, daß in den meisten praktischen Fällen $C_{bip} < 5\ C_{MOS}$ ist. Überprüfen Sie diese Behauptung und vergleichen Sie dazu die Eingangskapazitäten von einem bipolaren und einem MOS-Transistor. Beide Transistoren sollen als Stromgenerator wirken, wobei jeweils ein Strom von 1mA fließen soll.

Bipolarer Transistor: $\tau_N = 30ps$; $I_S = 10^{-16}A$; C_{jE} vernachlässigbar

MOS-Transistor: $C'_{ox} = 1{,}7\cdot10^{-3}F/m^2$; $k_n = 120\cdot10^{-6}A/V^2$; $l_{min} = 1{,}5\mu m$;
$U_{Ton} = 0{,}8V$; $U_{GS} = 5V$

Aufgabe 8.3

Der im Bild gezeigte BICMOS-Treiber soll überschlägig dimensioniert werden.

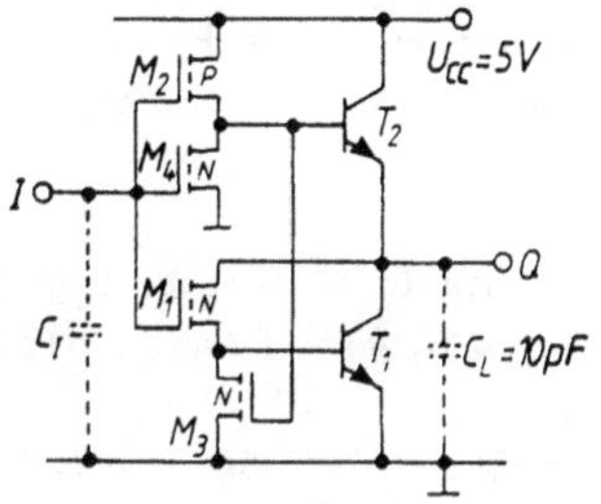

Dabei soll die Lastkapazität C_L am Ausgang in 1ns umgeladen werden. Die Technologiedaten sind:

Bipolarer Transistor: $\tau_N = 30\cdot10^{-12}s$; $B_N = 175$; $I_{KN} = 4\cdot10^{-3}A$
Emitterfläche: $b_E = 2\mu m$; $L_E = 8\mu m$
N-Kanal Transistor: $k_n = 120\cdot10^{-6}A/V^2$; $U_{Ton} = 0{,}8V$
P-Kanal Transistor: $k_p = 40\cdot10^{-6}A/V^2$; $U_{Top} = -0{,}8V$.
Für beide MOS-Transistoren gilt außerdem: $C'_{ox} = 1{,}7\cdot10^{-3}F/m^2$; $l_{min} = 1{,}5\mu m$
Berechnen Sie:

1.) die Emitterflächen, wenn starke Injektion vermieden werden soll;
2.) die mittlere Basis-Emitterkapazität (der Sperrschichtanteil ist vernachlässigbar);
3.) die Eingangskapazitäten von M_1, M_2, M_3 und M_4;
4.) das Kapazitätsverhältnis C_L/C_I.

Literaturhinweise

[1] H. Klar et al: "BICMOS for High Performance High Density Applications"; AEÜ, Band 42; Heft 2; 1988; pp 65-74

[2] B. Zehner et al: "BICMOS, a Technology for High-Speed/High-Density ICs"; Siemens Forsch.- u. Entwickl.-Ber. Bd. 17, Nr. 6, 1988; pp 278-283

[3] G.P. Rosseel et al: "Influence of Device Parameters on the Switching Speed of BICMOS Buffers"; IEEE Journal of Solid-State Circuits; Vol. 24, No. 1, 1989, pp 90-99

[4] R.J. Widlar: "New Developments in IC Voltage Regulators"; IEEE Journal of Solid-State Circuits, Vol. SC-6, No. 1, Feb. 1971, pp 2-7

[5] K.E. Kuijk: "A Precision Reference Voltage Source"; IEEE Journal of Solid-State Circuits, Vol. SC-8, No. 3, June 1973, pp 222-226

[6] H.J. van Kessel: "A New Bipolar Reference Current Source"; IEEE Journal of Solid-State Circuits, Vol. SC-21, No. 4, August 1986, pp 561-567

[7] H.V. Tran et al: "BICMOS Current Source Reference Network for VLSI BICMOS with ECL Circuitry"; IEEE International Solid-State Circuits Conference Digest of Technical Papers, Vol. XXXII CAT. No. 89CH2562-7; pp 120-121

[8] Y.P. Tsividis: "Accurate Analysis of Temperature Effects in I_C-V_{BE} Characteristics with Application to Bandgap Reference Sources"; IEEE Journal of Solid-State Circuits, Vol. SC-15; No. 6, DEC 1980, pp 1076-1084

[9] H.H. Muller et al: "Fully Compensated Emitter-Coupled Logic: Eliminating the Drawbacks of Conventional ECL"; IEEE Journal of Solid-State Circuits, Vol. SC-8; No. 5, Oct. 1973, pp 362-367

[10] M.G. Degrauwe et al: "CMOS Voltage Reference Using Lateral Bipolar Transistors"; IEEE Journal of Solid-State Circuits, Vol. SC-20, No. 6, Dec. 1985, pp 1151-1157

[11] B.S. Song et al: "A Precision Curvature-Compensated CMOS Bandgap Reference"; IEEE Journal of Solid-State Circuits, Vol. SC-18, No. 6, DEC 1983, pp 634-643

[12] H. Tran, et al: "An 8ns BICMOS 1Mb ECL SRAM with a Configurable Memory Array Size"; IEEE International Solid-State Circuits Conference, Vol. XXXII-IEEE CAT.No.89CH2562-7; pp 32-33

[13] M. Suzuki et al: "A 3,5ns, 500mW 16kb BICMOS ECL RAM"; IEEE International Solid-State Circuits Conference, Vol. XXXII-IEEE CAT.No.89CH2562-7; pp. 36-37

Sachregister

Abfallzeit,
bipolarer Inverter 206,
Verarmungsinverter 342,
Anreicherungsinverter 344,
p-Last-Inverter 345,
Komplementärinverter 345
BICMOS-Inverter 428
Abrupter PN-Übergang 58
Address Transition Detection 410
Äquivalente Zustandsdichte 28
Akkumulation 233
Akzeptor 23, 31
Anreicherungsinverter 331
Anreicherungstransistor 232
Anstiegszeit,
bipolarer Inverter 205,
Verarmungsinverter 341,
Anreicherungsinverter 343,
p-Last-Inverter 344,
Komplementärinverter 344
BICMOS-Inverter 428
Ausgangsfächerung 203
Ausgangskennlinie 120, 127, 137
Ausgangsleitwert,
bipolarer Transistor 151
MOS-Transistor 284
Ausgangstreiber 222, 353, 354, 443
Austrittsarbeit 98, 103, 238
Bändermodell 18
Bahnwiderstand 192
Bandabstand 143
Bandabstands-Referenz 432
Bandgap reference voltage 432
Basiskontakt 138, 184
Basislaufzeit 148
Basisschaltung 144
Basisstrom 119, 139, 190
Basisweite 114, 133
Basisweitenmodulation 134, 153, 157, 165, 167, 168
Basiswiderstand 140, 161, 173, 184
Besetzungswahrscheinlichkeit 26
Beweglichkeit 37, 142, 261, 273
BICMOS-Schaltung 422
Binärzähler 399
Bipolarer Transistor 112
Bitleitung 298
Bohrsches Atommodell 17
Boltzmannkonstante 25
Boltzmannstatistik 25
Bootstrap 352
CAD-Modelle,
Diode 92
bipolarer Transistor 172
MOS-Transistor 288
CAD-Werkzeuge 325
Charge Coupled Device 296
Charge-sheet model 243
Chipselekt 353, 401
Clamp-Diode 207
Clocked CMOS 375
CML NOR/OR-Gatter 219
CML-Schaltung 215
CMOS-Schaltung 312
Computer-Aided-Design 325
Datenbus 353
Darlington 214
De Morgans Theorem 366
Dekoder,
statisch, komplementär 386
Kaskadierung 387
p-Last 388
Masse, virtuell 388
dynamisch, komplementär 389
ECL 445
Depletion Näherung 76, 79
Design Rule Check 327
D-Flipflop, dynamisch 395
Dichteprodukt 29, 65
Dickoxid-Transistoren 316
Dielektrische Relaxation 63
Dielektrischer Durchbruch 275
Differential Cascaded Voltage Switch 382
Differenzverstärker 407, 414
Diffusion 41
Diffusionskapazität,
pn-Diode 81, 83
bipolar Trans. 147, 149, 153
Diffusionskonstante 42
Diffusionslänge 44, 49
Diffusionsspannung 57, 60, 74, 95
Diffusionsstrom 41, 58
Diffusionswannen 312, 315
Dimensionierung, MOS-Inverter 346
Diodengleichung 67
Dioden-Transistor-Logik 209
Dominoschaltung 377, 379
Donator 23, 31
Dotierte Halbleiter 22
Dotierungsdichte 31
Drainstrom 255, 260
Driftgeschwindigkeit 36
Driftstrom 38, 59

Durchbruchverhalten,
Diode 96,
bipolarer Transistor 143,
MOS-Transistor 274
Durchlaßrichtung 60, 71
Dynam. Großsignal-Ersatzschaltb.
Diode 86
bipolarer Transistor 147, 163
MOS-Transistor 28
Dynamic Random Access Memory 400
Early-Spannung 135, 167
Ebers-Moll Modell 126
ECL-Familie 222
ECL-Schaltung 220
Effektive Masse 37
Eigenleitungsträderdichte 22
Einflankensteuerung 398
Eingangskapazität 425
Eingangsleitwert, 151
Eingangsschutzschaltung 276
Einsatzspannung 251, 268, 272,
273, 294, 317, 332
Einstein-Beziehung 42
Electrical Parameter Check 327
Electrical Rules Check 327
Electrically Erasable
Programmable ROM 400
Electrically Programmable ROM 400
Elektrisches Feld 34
Elektromigration 325
Elektronenaffinität 98
Elektronenenergie 33
Elektronengeschwindigkeit 261
Elektronenstromdichten 42
Elektronenvolt 18
Emissionskoeffizient 73
Emitter, Polysilizium 423
Emitterfolger 221
Emitterkontakt 120
Emitterrandverdrängung 138
Emitterschaltung 144
Emitterstrom 117
Emitterverzögerung 148
Emitterwiderstand 161
Energie, kinetisch 19, 40
potentiell 19, 40
Abstand 19
Löcher 20
Elektronen 20
Energieabstand 19
Energiebänder 18
Energiedifferenz 33
Energieniveau 17
Entladezeit, BICMOS 430
Entwurfsunterlagen (elektr.) 323
Entwurfsunterlagen (geom.) 320
Epitaxie 133, 183
Eulerpfad 369
Extraktion 47
Fan-out 203
Feldeffekttransistor 231
Fermi-Verteilungsfunktion 24
Ferminiveau 25, 31, 58, 65
Fermispannung 34, 248
Flachbandbedingung 246
Flachbandspannung 238, 240, 272
Flash Erasable PROM 400
Flipflop 393
Floating-Gate 301, 302
Floorplan 326
Fowler-Nordheim Tunneleffekt
304, 404
Frequenz 3dB 137
Frequenzverhalten 157
Gatesteilheit 285
Gatterkette 424
Gatterschaltung,
Layout 368
statische, MOS 365
Transfer 371
Gaußsches Gesetz 35
Generation 21, 29, 43, 61
Generationsstrom 71
Gleichstromanalyse 86
Golddotierung
Herstellung:
MOS-Schaltungen 312
Bipolare Schaltungen 181
BICMOS Schaltungen 422
Grenzschichtladung 241
Grenzstrom 133
Gummel-Poon-Modell 163, 172
Gummelzahl 122
Haltetransistor 375
Hybrid-π-Ersatzschaltbild 151,155
Impedanz Transformation 221
Implantierte MOS-Transistoren 271
Induktivität, Anschlußdrähte 355
Inhomogener Halbleiter, 56
Injektion, schwach;
Definition 44,
Diode 67,72,
bipolarer Transistor 130,169
Injektion stark;
Definition 44,
Diode 67, 72
bipolarer Transistor 130,131,
139, 158, 164, 170
Intrinsicdichte 21, 28
Intrinsicniveau 28

Inversbetrieb 113
Inversion 235
Inversionsschichtladung 259
Inverter, bipolar 199
ungesättigt 207
MOS 327
NMOS 329
CMOS 333
Inverterkette 349
Ionisation 31
Ionisationsenergie 23
Isolierverfahren 181
Kanallänge 253, 265, 323
Kanallängenmodulation 262
Kanalspannung 254, 257
Kanalweite 255, 267, 323
Kapazität, MOS 404
Kapazitätskoeffizient (grading coefficient) 79
Karnaugh-Diagramm 373
Kirkeffekt 131
Kleinsignal-Ersatzschaltbild,
Diode 90
bipolarer Transistor 150
MOS-Transistor 283
Kleinsignal-Kapazitätsverhalt.237
Kleinsignalkapazität 83, 95, 282, 299
Knickkennlinie 90, 122
Knickstrom, 171, 431
Knotenladung 291
Kollektordiode 160
Kollektorkontakt 184
Kollektorstrom, Sättigung 128
Kollektorstrom 118
Kollektorwiderstand 160, 183
Kondensator 195
Kontaktspannung 74, 100, 240
Kontaktwiderstand 106
Kontinuitätsgleichung 42
Konzentrationsverlauf 185
Kovalente Verbindung 17, 22
Kreisfrequenz 155
Kurzkanaleffekte 265
Ladung, Inversionsschicht 245
Ladung, Raumladungszone 245
Ladungsausgleich 376
Ladungselement 87, 147, 149
Ladungsmodell, MOS-Transistor 291
Ladungsspeicherung 153
Ladungsträgerdichte 26
Ladungsträgermultiplikation 144
Ladungsträgertransport 36
Ladungsverschiebeelemente 296
Latch-up 279, 315, 423
Lateraler pnp-Transistor 188
Laufzeit 84
Lawinendurchbruch 145, 275
Lawineneffekt 96
Layout 86, 316
Lebensdauer 44
Leckstrom 73
Leistungsverbrauch,
bipolarer Inverter 204,
Verarmungsinverter 330,
Anreicherungsinverter 333,
p-Last-Inverter 334
Komplementärinverter 336
Leiterbahnverbindung 318
Leitfähigkeitsmodulation 141
Leitungsband 18
Leitungsbandelektronen 19
Leitwert, Diode 91
Leseverfahren, differentiell 412
Leseverstärker 414, 446
Löcherkonzept 19
Löcherstromdichten 42
Logische Felder 385
Lokale Oxidation 184, 315
Majoritätsträger 31
Majoritätsträgerladung 121, 137, 165, 166
Majoritätsträgerstrom 61
Majoritätsträgerverteilung 63
Master-Slave Flipflop 396
Metallkontakt 49, 69
Minoritätsträger 31
Minoritätsträger-Lebensdauer 47
Minoritätsträgerstrom 61
Minoritätsträgerverteilung 63, 69, 116
MOS-Kapazität 298, 352
MOS-Schaltung 312
MOS-Struktur 231, 243
MOS-Transistor (n-Kanal) 258, 308
MOS-Transistor (p-Kanal) 258, 308
MOS-Transistor 253
Modellrahmen 159, 286
Moll-Ross 121
Multiemitter 188, 210, 445
Multikollektor 188
Multiplexer 371
NAND-Gatter 209
Netzwerk, komplementär 366
NMOS-Schaltung 320
Normalbetrieb 113
N-Typ Halbleiter 23
Oberflächenspannung 244, 249, 297
Ohmsche Kontakte 105
One Time Programmable EPROM 400

OR/NOR-Gatter 221
Oxidkapazität 236
Oxidladung 242
Oxidwall-Isolation 181
Parameter,
Diode 92,
MOS-Transistor 290,
bipolarer Transistor 186, 162, 173
Parameter Extraktion 295
Passive Bauelemente 190
Pauli Prinzip 18
Pegelverschiebung ,
Stromschalter 221
Pegelwandler, ECL 441
Peripherieschaltung, ECL 440
Phononenstreuung 36
Pinch-off point 257
Pinch-Widerstand 194
P-Last Inverter 333
PN-Diode 197
Poissonsche Gleichung 35, 76
Polysilizium 315
Polysiliziumgate 316
Potentialdifferenz 33
Produktterm 390
Programmable Logic Array PLA 390
Programmierbare Logikanordn. 390
Programmierung 303, 390, 403
Prüfprogramm 326
P-Typ Halbleiter 23
Punchthrough 275
Quasi-Ferminiveau 65, 250
Quasi-statisch,
Diode 85
MOS-Transistor 291
Querstrom,
Komplementärinverter 336
Randkapazität 197
Raumladungszone 59, 75, 77, 97, 244
Read Only Memory 400
Rechnerunterstützter Entwurf (CAD) 85
Referenzenergie 33, 73
Referenzpotential 33, 73
Referenzschaltung 437
Referenzspannung 432
Refresh 300
Refreshzeit 415
Register 396
Rekombination 21, 29, 43, 45, 61, 72, 130
Restspannung 208
Reststrom 68, 103, 104
Sättigungsbereich 256
Sättigungsbetrieb 127
Sättigungsgeschwindigkeit 37, 131, 264
Sättigungsladung 128, 204, 206
Sättigungsspannung 129, 256, 257, 262
Sättigungsstrom 257
Sättigungszeit 206, 207
Schaltnetz 364, 374
Schaltung, P-Last 370
Schaltungsextraktion 327
Schaltungssimulation 85, 288
Schaltungstechnik, CMOS 364
Schaltverhalten,
Diode 93
bipolarer Inverter 204
MOS-Inverter 339
Schaltverhalten,
Inverter 204,
bipolar 205,
NMOS 339,
CMOS 344,
MOS-Gatter 383,
BICMOS 427
Schaltwerk 364, 392
Schleusenspannung 90, 104
Schottky-Barriere 100, 101, 103
Schottky-Diode 99, 207, 213
Schottkykontakt 240
Schottky-TTL
Schutzringe, guard ring 279
Schwache Inversion 251, 269
Schwellspannung, s. Einsatzsp.
Serien-Parallelschaltung,
Transistoren 347
Series gating 225
Signal-Geräuschabstand 335
Signallaufzeit 214
Silizide 319
Source-Drain-Implantation 315
SPICE 86, 92
Spaltendekoder 401
Spannungsbezugspunkt 33, 73, 438
Spannungsumformer 439
Spannungsvervielfachung 404
Speicher, MOS 399
ROM 401
EPROM, OPT 402
EEPROM, F-EPROM 403
SRAM 405
DRAM 411
BICMOS 444
Speicherzeit 93

Speicherzellen:
Statisch 406
Ein-Transistor 298, 413
Nichtflüchtig 301
Sperrichtung 60
Sperrschichtkapazität 237,
pn-Diode 74,77
Schottky-Diode 104
bipolar Transistor 139, 147, 149, 153, 162, 186
MOS-Transistor 280, 324
Sperrstrom 68, 73
Starke Inversion 247, 251
Static Random Access Memory 400
Steilheit, bipol.Transistor 151
MOS-Transistor 284
Stick-Diagramm 326
Störabstand 201, 210, 329
Störstellenstreuung 36
Stromdichte 19
Stromgenerator 222, 439, 443
Stromquelle 442
Stromrichtung 118
Strom-Spannungsreferenz 442
Stromschalter 216, 218
Stromspiegelung 408
Stromverstärkung 119, 120, 137, 171
Substratdiode 160
Substratdotierung, MOS 252
Substratsteilheit 285
Substratsteuereffekt 252, 332
Substratsteuerfaktor 247, 294, 330
Substratvorspannung 252
Takterzeugung 407
Teilchenbewegungen 20, 39
Temperaturkompensation, ECL 443
Temperaturverhalten,
Intrinsicdichte 30
Diode 95
bipolarer Transistor 142
MOS-Transistor 273
ECL-Pegel 224
U_{BE}-Spannung 433
Thermische Bewegung 37
Thermische Emission 101
Thermische Geschwindigkeit 41
Thermodynamisches Gleichgewicht 24, 59, 65
Tiefe Verarmung 234
Totempol 427
Transfer-Element 356, 372
Transientenanalyse 86
Transistorgleichung, MOS 258
Transitfrequenz 155, 158
Transitzeit 82, 95, 148, 188
Transportmodell 126, 162
Transportstrom 121, 124, 126, 136, 137, 165
Treiber, BICMOS 427, 446
Treiberschaltung 349
Tri-State 353
TTL 210
Tunneleffekt 96
Überschuß-Basisstrom 128
Überschußdichte 45
Überschußladung 93
Übertragungskennlinie,
bipolarer Inverter 199,
CMOS-Inverter 335,
ECL-Schaltung 217, 220, 225
TTL-Schaltung 211
Umprogrammierzyklen 403
Unterschwellstrom 406
Valenzband 18
Valenzbandelektronen 19
Vektorielle Größen 39
Verarmung 234
Verarmungsinverter 329
Verarmungstransistor 232, 272, 320
Verarmungszone 236
Verbindungsfunktion 373
Vergrabener Kollektor 183, 189
Vergrabener Kontakt 317
Verstärkungsfaktor 255, 295
Verstärkungsverhältnis 330
Verzögerungszeit, MOS-Inv. 345
Verzögerungszeit 350
Vierschichtdiode 277
Virtuelle Masse 388
Volladdierer 380
Vorwärtstransitzeit 158
Wechselstromanalyse 86
Widerstand 40, 191, 195
Widerstandsbereich 254
Wortleitung 298
XOR-Gatter 382
Zähler 396
Zeilendekoder 401
Zenerdurchbruch 97
Zündkriterien 278, 279
Zustandsdichte 26
Zwischenoxid 185

www.ingramcontent.com/pod-product-compliance
Lightning Source LLC
Chambersburg PA
CBHW081523190326
41458CB00015B/5444
* 9 7 8 3 4 8 6 2 4 7 8 8 6 *